中国科协学科发展研究系列报告

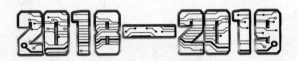

学科发展报告

综合卷

—— COMPREHENSIVE REPORT ON ——
ADVANCES IN SCIENCES

中国科学技术协会 / 主编

中国科学技术出版社
·北 京·

图书在版编目（CIP）数据

2018—2019学科发展报告综合卷 / 中国科学技术协会主编 . —北京：中国科学技术出版社，2021.11

（中国科协学科发展研究系列报告）

ISBN 978-7-5046-8526-1

Ⅰ.① 2… Ⅱ.①中… Ⅲ.①科学技术—技术发展—研究报告—中国—2018—2019 Ⅳ.① N12

中国版本图书馆 CIP 数据核字（2020）第 037019 号

策划编辑	秦德继 许 慧
责任编辑	赵 佳 高立波
装帧设计	中文天地
责任校对	张晓莉
责任印制	李晓霖

出 版	中国科学技术出版社
发 行	中国科学技术出版社有限公司发行部
地 址	北京市海淀区中关村南大街16号
邮 编	100081
发行电话	010-62173865
传 真	010-62179148
网 址	http://www.cspbooks.com.cn

开 本	787mm×1092mm 1/16
字 数	700千字
印 张	30.5
版 次	2021年11月第1版
印 次	2021年11月第1次印刷
印 刷	河北鑫兆源印刷有限公司
书 号	ISBN 978-7-5046-8526-1 / N·275
定 价	150.00元

2018—2019

学科发展报告综合卷

专 家 组

组　长　李静海

副组长　项昌乐　吕昭平

成　员　（按姓氏笔画排序）

王蕴红　王蓉祥　任胜利　刘兴平　吴孔明

何满潮　林润华　姜永茂　龚旗煌　董尔丹

编 写 组　（按姓氏笔画排序）

万建民　丰镇平　王礼恒　王成勇　王如竹

王清印　王瑞元　史　辑　冯西桥　任胜利

刘　琳　汤广福　孙长颢　杜　鹏　李　昂

李亚栋　李德仁　杨玉芳　杨学明　杨树兴

杨维中　肖　宏　何援军　邹汝平　汪友华

张守攻　张红伟　张维明　武湛君　范文慧

周　琪　赵　明　赵一方　胡四一　段宇宁

饶子和　洪及鄙　洪开荣　索传军　徐　文

梅旭荣　梁兴杰　韩忠超　雒建斌

学术秘书　邵　兰　胡　力　孙　隽　黄　岑　崔红霞

徐婉桢

当今世界正经历百年未有之大变局。受新冠肺炎疫情严重影响，世界经济明显衰退，经济全球化遭遇逆流，地缘政治风险上升，国际环境日益复杂。全球科技创新正以前所未有的力量驱动经济社会的发展，促进产业的变革与新生。

2020 年 5 月，习近平总书记在给科技工作者代表的回信中指出，"创新是引领发展的第一动力，科技是战胜困难的有力武器，希望全国科技工作者弘扬优良传统，坚定创新自信，着力攻克关键核心技术，促进产学研深度融合，勇于攀登科技高峰，为把我国建设成为世界科技强国作出新的更大的贡献"。习近平总书记的指示寄托了对科技工作者的厚望，指明了科技创新的前进方向。

中国科协作为科学共同体的主要力量，密切联系广大科技工作者，以推动科技创新为己任，瞄准世界科技前沿和共同关切，着力打造重大科学问题难题研判、科学技术服务可持续发展研判和学科发展研判三大品牌，形成高质量建议与可持续有效机制，全面提升学术引领能力。2006 年，中国科协以推进学术建设和科技创新为目的，创立了学科发展研究项目，组织所属全国学会发挥各自优势，聚集全国高质量学术资源，凝聚专家学者的智慧，依托科研教学单位支持，持续开展学科发展研究，形成了具有重要学术价值和影响力的学科发展研究系列成果，不仅受到国内外科技界的广泛关注，而且得到国家有关决策部门的高度重视，为国家制定科技发展规划、谋划科技创新战略布局、制定学科发展路线图、设置科研机构、培养科技人才等提供了重要参考。

2018 年，中国科协组织中国力学学会、中国化学会、中国心理学会、中国指挥与控制学会、中国农学会等 31 个全国学会，分别就力学、化学、心理学、指挥与控制、农学等 31 个学科或领域的学科态势、基础理论探索、重要技术创新成果、学术影响、国际合作、人才队伍建设等进行了深入研究分析，参与项目研究和报告编写的专家学者不辞辛劳，深入调研，潜心研究，广集资料，提炼精华，编写了 31 卷学科发展报告以及 1 卷综合报告。综观这些学科发展报告，既有关于学科发展前沿与趋势的概观介绍，也有关于学科近期热点的分析论述，兼顾了科研工作者和决策制定者的需要；细观这些学科发展报告，从中可以窥见：基础理论研究得到空前重视，科技热点研究成果中更多地显示了中国力量，诸多科研课题密切结合国家经济发展需求和民生需求，创新技术应用领域日渐丰富，以青年科技骨干领衔的研究团队成果更为凸显，旧的科研体制机制的藩篱开始打破，科学道德建设受到普遍重视，研究机构布局趋于平衡合理，学科建设与科研人员队伍建设同步发展等。

在《中国科协学科发展研究系列报告（2018—2019）》付梓之际，衷心地感谢参与本期研究项目的中国科协所属全国学会以及有关科研、教学单位，感谢所有参与项目研究与编写出版的同志们。同时，也真诚地希望有更多的科技工作者关注学科发展研究，为本项目持续开展、不断提升质量和充分利用成果建言献策。

中国科学技术协会

2020 年 7 月于北京

前言
PREFACE

距离党的十九大提出加快建设创新型国家已经 3 年，中国科技创新水平以及面临的内外环境均发生了深刻的变化。随着各学科世界一流成果不断涌现，学科发展步入总量并行的历史阶段，学科发展的环境也呈现深化改革、持续改善的良好态势。2018 年，中国科协组织中国化学会、中国机械工程学会等 31 个全国学会，分别就化学、机械工程等 31 个学科的发展情况进行了系统研究，编辑出版了《中国科协学科发展研究系列报告》。

中国科协组织有关单位和相关专家在上述 31 个学科发展报告的基础上，编写了《2018—2019 学科发展报告综合卷》(以下简称《综合卷》)。《综合卷》分为 3 章和附件部分：第一章以新华社、科技部、国家自然科学基金委、国家统计局等官方网站，WOS、ESI、OECD 等数据库以及第三方权威报告中的数据信息作为客观数据来源依据，结合各学科领域专家的咨询建议，梳理 2018—2019 年我国科技领域学科发展的总体情况，从宏观层面分析我国科技领域总体学科发展态势，评析学科发展存在的问题与挑战，提出促进学科发展的启示与建议；第二章以此次《中国科协学科发展研究系列报告》中的 31 个学科发展报告为基础，对 31 个学科近年的研究现状、国内外研究进展比较、学科发展趋势与展望等分别进行综述；第三章为 31 个学科发展报告主要内容的英文介绍。附件为 2018—2019 年与学科发展相关的资料。《综合卷》学科排序根据相关全国学会在中国科协的编号顺序排列。

为做好《综合卷》的研究工作，中国科协学会学术部组织成立了《综合卷》专家组和编写组。专家组由中国科协学会与学术工作专门委员会及有关专家组成，编写组由《中国学术期刊（光盘版）》电子杂志社有限公司、中国科学院科技战略咨询研究院、中国农业大学、中国科学院植物研究所、《中国科学》杂志社的专家以及 31 个学会选派的学科专家组成。其中：第一章和附件由《中国学术期刊（光盘版）》电子杂志社有限公司、中国科学院科技战略咨询研究院、中国农业大学、中国科学院植物研究所、《中国科学》杂志社负责组织开展研究工作并完成编写任务；第二章和第三章由相关学科对应的 31 个学会负责组织开展研究工作并完成编写任务。

《综合卷》第一章内容是对我国科技领域学科发展的宏观概述，由于各个数据源的学科分类标准和数据颗粒度不相一致，不同指标的数据难以放在相同的学科分类标准下进行比较，因此相关指标数据均采用原始数据的学科分类予以呈现。另外，由于各个学科成果众多而篇幅有限，所以第一章中的"学科发展动态"一节无法将各学科重大成果一一列举，敬请见谅。《综合卷》的第二章主要在 31 个学科发展报告的基础上综合而成，仅概括相关学科的重要进展和总体情况，难以完整地反映我国科技领域学科发展的全貌。尤其考虑到编写时间仓促，数据统计口径众多，任务量大，加之调研工作确有一定难度，虽经多方努力，仍难免存在问题或遗憾，敬请广大读者谅解并指正。在此，也谨向所有为《综合卷》编写付出辛勤劳动的专家学者和工作人员表达诚挚的谢意！

本书编写组

2020 年 8 月

目　录

第一章　学科发展综述

第二章　相关学科进展与趋势

第三章　相关学科进展与趋势简介（英文）

附件

第一章

学科发展综述

第一节　学科建设进入新时代

学科作为一个发展的概念，随着历史的演进，内涵在不断地丰富和发展。从早期的以学术分类为核心的人类知识体系中的基础组成部分，到后来的以组织规训说为核心的现代教育和科学研究的基本学术单元，学科在科学的发展过程中始终位于科学知识体系的中心位置。科学知识以学科为谱系增长、更替、分化乃至变革，科研机构通常以学科为基础开展研究活动，教育机构以学科为基础设置专业、传承知识；科学家以学科为中心形成科学共同体进而以学科门类出版科技期刊和举办学术会议开展学术交流。加强学科建设，促进学科均衡可持续发展，在提升自主创新能力和推进创新驱动发展方面具有重大意义。党的十九大报告[1]中提出"加快建设创新型国家"，明确指出：创新是引领发展的第一动力，是建设现代化经济体系的战略支撑。同时对中国科技学科的发展和建设提出了多个方面的要求：对于科技和学科发展前沿，提出了"要瞄准世界科技前沿，强化基础研究，实现前瞻性基础研究、引领性原创成果重大突破"；对于科技和学科成果的应用，提出了"加强应用基础研究，拓展实施国家重大科技项目，突出关键共性技术、前沿引领技术、现代工程技术、颠覆性技术创新，为建设科技强国、质量强国、航天强国、网络强国、交通强国、数字中国、智慧社会提供有力支撑"；对于学科发展的环境建设，提出了"加强国家创新体系建设，强化战略科技力量"；对于学科队伍建设，提出"培养造就一大批具有国际水平的战略科技人才、科技领军人才、青年科技人才和高水平创新团队"。这四方面的要求为2018—2019年学科建设和发展指明了方向。

事实上，近两年科技领域的一些突发事件也为以长周期布局为特征的学科建设提供了相当强烈的紧迫性需求。2018年4月发生的美国商务部发布对中兴通讯出口权限禁令事件[2]和2019年5月发生的IEEE（电气与电子工程师学会）限制华为参与旗下学术期刊审稿的事件[3]直接暴露了我国在学科发展基础方面的不足，一方面是在硬实力上，当前若干学科的发展水平还不能为我国核心产业领域提供足够的支撑；另一方面是在软环境上，以科技期刊为标志的评价权和话语权严重受制于海外。针对这些直接暴露的问题以及背后的深层次原因，国家在2018—2019年密集出台了多项重要政策，部署了多项重大行动。本小节将从学科政策、学科投入、平台建设和基础资源四个方面，对2018—2019年

的学科建设情况进行综述。

一、学科建设进入"深改时间"，立体精准多方面的顶层设计驱动改革发展

（一）基础研究与前沿领域：导向加强，系统提升

在基础研究和学科前沿发展方面，国务院于 2018 年 2 月发布了《关于全面加强基础科学研究的若干意见》（以下简称《基础研究意见》）[4]，首先提出了我国在基础研究方面的核心问题：我国基础科学研究短板依然突出，数学等基础学科仍是最薄弱的环节，重大原创性成果缺乏，基础研究投入不足、结构不合理，顶尖人才和团队匮乏，评价激励制度亟待完善，企业重视不够，全社会支持基础研究的环境需要进一步优化。《基础研究意见》确立了我国基础科学研究"三步走"的发展目标，提出到 21 世纪中叶，把我国建设成为世界主要科学中心和创新高地，涌现出一批重大原创性科学成果和国际顶尖水平的科学大师，为建成富强民主文明和谐美丽的社会主义现代化强国和世界科技强国提供强大的科学支撑。《基础研究意见》从五个方面进行了重点部署安排。一是完善基础研究布局。从教育抓起，对数学、物理等重点基础学科给予更多倾斜；加强基础前沿科学研究，强化重大科学问题的超前部署；优化国家科技计划基础研究支持体系等。二是建设高水平研究基地。布局建设国家实验室，聚焦国家目标和战略需求，打造国家战略科技力量；加强基础研究创新基地建设，优化国家重点实验室等创新基地布局；强化对科技创新基地的定期评估考核和调整。三是壮大基础研究人才队伍。培养造就具有国际水平的战略科技人才和科技领军人才，加强中青年和后备科技人才培养，稳定高水平实验技术人才队伍，建设高水平创新团队。四是提高基础研究国际化水平。继续参与他国或多国发起的国际大科学计划和大科学工程，立足我国现有条件，在相关优势特色领域选择具有合作潜力的若干项目进行培育，力争发起组织新的国际大科学计划和大科学工程；加快提升我国基础科学研究水平和原始创新能力。五是优化基础研究发展机制和环境。加强基础研究顶层设计和统筹协调，建立基础研究多元化投入机制，进一步深化科研项目和经费管理改革，推动基础研究与应用研究融通，促进科技资源开放共享，建立完善符合基础研究特点和规律的评价机制，加强科研诚信建设等。《基础研究意见》的出台不仅为指标驱动的学科建设和发展提供了明确的战略目标和系统化的方案框架，同时也标志着学科建设进入了新时代。

2018 年 3 月，国务院发布了《积极牵头组织国际大科学计划和大科学工程方案》（以下简称《大科学方案》）[5]，指出要坚持"国际尖端、科学前沿，战略导向、提升能力，中方主导、合作共赢，创新机制、分步推进"的原则。明确了我国牵头组织国际大科学计划和大科学工程面向 2020 年、2035 年以及 21 世纪中叶的"三步走"发展目标，提出到 21 世纪中叶，形成一批具有国际影响力的标志性科研成果，全面提升我国科技创新实力，增强凝聚国际共识和合作创新能力，提升我国在全球科技创新领域的核心竞争力和话语权，为全球重大科技议题作出贡献。《大科学方案》从四个方面提出了牵头组织国际大科学计划和大科学工程的重点任务。一是制定战略规划，确定优先领域。结合当前战略前沿领域发展趋势，立足我国现有基础条件，组织编制规划，围绕物质科学、宇宙演化、生命起源、地球系统等领域的优先方向、潜在项目、建设重点、组织机制等，制定发展路线图，科学有序推进各项任务实施。二是做好项目的遴选论证、培育倡议和启动实施。遴选具有合作潜力的若干项目进行重点培育，发出相关国际倡议，开展磋商与谈判，视情确定启动实施项目。要加强与国家重大研究布局的统筹协调，做好与"科技创新2030—重大项目"等的衔接。三是建立符合项目特点的管理机制。依托具有国际影响力的国家实验室、科研机构、高等院校、科技社团，整合各方资源，组建成立专门科研机构、股份公司或政府间国际组织进行大科学计划项目的规划、建设和运营。四是积极参与他国发起的国际大科学计划和大科学工程。继续参与他国发起或多国共同发起的大科学计划，积极承担项目任务，深度参与运行管理，积累组织管理经验，形成与我国牵头组织国际大科学计划和大科学工程互为补充、相互支持、有效联动的良好格局。新时代我国牵头组织国际大科学计划和大科学工程具有重要意义。国际大科学计划和大科学工程以实现重大科学问题的原创性突破为目标，是基础研究在科学前沿领域的全方位拓展，对于推动世界科技创新与进步、应对人类社会面临的共同挑战具有重要支撑作用。

随后，教育部在2018年4月印发了《高等学校人工智能创新行动计划》[6]，在第一项重点任务中明确提出，加强新一代人工智能基础理论研究。聚焦人工智能重大科学前沿问题，促进人工智能、脑科学、认知科学和心理学等领域深度交叉融合，重点推进大数据智能、跨媒体感知计算、混合增强智能、群体智能、自主协同控制与优化决策、高级机器学习、类脑智能计算和量子智能计算等基础理论研究，为人工智能范式变革提供理论支撑，为新一代人工智能重大理论创新打下坚实基础。同年7月下发了《高等学校基础研究珠峰计划》（以下简称《珠峰计划》）[7]，提出在推动高等学校基础研究全面发展基础上，组建世界一流创新大团队，建设世界领先科研大平台，培育抢占制高点科技大项目，持续产出引领性原创大成果。《珠峰计划》要求充分认识基础学科的基石作用，重视基本理论和学科建设，对数学、物理等重点或薄弱基础学科给予更多倾斜，在基地建设、招生指标等资源配置上加强布局。2019年7月，科技部、教育部、中国科学院、国家自然科学基金委联合下发了《关于加强数学科学研究工作方案》（以下简称《数学方案》）的通知[8]，从持续稳定支持基础数学研究，支持高校和科研院所建设基础数学中心，加大支持应用数学研究，支持地方政府依托高校、科研院所和企业建设应用数学中心，加强交流研讨与科学问题凝练，加强国际合作六个方面做出了安排，不仅为数学学科的发展提供了顶层设计，同时也为其他基础学科的发展规划提供了样板。

（二）创新平台和条件资源：融合发展，开放共享

在学科平台建设和条件资源方面，各部委在两年间密集出台了多项政策。从学科的建

设主体高等教育领域的"双一流"建设方面,到不同层次和功能的创新平台,再到学科建设与发展所高度依赖的设施、设备和数据,均有相对应的、面向问题提供顶层设计方案的政策,构建了系统化的政策框架体系,体现出了融合发展和开放共享的特点。

在高校方面,2018年8月,教育部、财政部、国家发展改革委印发了《关于高等学校加快"双一流"建设的指导意见》(以下简称《"双一流"指导意见》)[9],对当前高校落实"双一流"建设总体方案和实施办法进行具体指导。《"双一流"指导意见》对"双一流"高校提出了全面深化改革的明确要求,重点要加强以下几方面能力的建设:增强服务重大战略需求能力,建设高素质教师队伍,突出一流科研对一流大学建设的支撑作用。在学科布局上,意见强调要构建协调可持续发展的学科体系,打破传统学科之间的壁垒,以"双一流"建设学科为核心,以优势特色学科为主体,以相关学科为支撑,整合相关传统学科资源,促进基础学科、应用学科交叉融合,在前沿和交叉学科领域培植新的学科生长点。《"双一流"指导意见》还提出创新学科组织模式,瞄准国家重大战略和学科前沿发展方向,以服务需求为目标,以问题为导向,以科研联合攻关为牵引,以创新人才培养模式为重点,依托科技创新平台、研究中心等,整合多学科人才团队资源,着重围绕大物理科学、大社会科学为代表的基础学科,生命科学为代表的前沿学科,信息科学为代表的应用学科,组建交叉学科,促进哲学社会科学、自然科学、工程技术之间的交叉融合。

在相对传统的创新平台方面,2018年6月,科技部、财政部印发《关于加强国家重点实验室建设发展的若干意见》(以下简称《重点实验室意见》)[10]。国家重点实验室是国家组织开展基础研究和应用基础研究、聚集和培养优秀科技人才、开展高水平学术交流、具备先进科研装备的重要科技创新基地,是国家创新体系的重要组成部分。本着坚持系统布局、能力提升、开放合作、科学管理的原则,《重点实验室意见》指出,到2020年,国家重点实验室的整体水平、开放力度、科研条件和国际影响力显著提升。经优化调整和新建,国家重点实验室总量保持在700个左右。其中,学科国家重点实验室保持在300个左右,企业国家重点实验室保持在270个左右,省部共建国家重点实验室保持在70个左右。到2025年,国家重点实验室体系全面建成,科研水平和国际影响力大幅跃升。在完善国家重点实验室发展体系方面提出,优化国家重点实验室总体布局,重点推进学科国家重点实验室建设发展,大力推动企业国家重点实验室建设发展,加大省部共建国家重点实验室建设力度,组建学科交叉国家研究中心,推动国家重点实验室组建联盟。学科重点实验室建设方面,提出围绕数学、物理、化学、地学、生物、医学、农学、信息、材料、工程和智能制造等相关领域,在干细胞、合成生物学、园艺生物学、脑科学与类脑、深海深空深地探测、物联网、纳米科技、人工智能、极端制造、森林生态系统、生物安全、全球变化等前沿方向布局建设。在交叉学科国家研究中心方面,强调适应大科学时代基础研究特点,加强自然科学与社会科学的融合,聚焦符合科学发展趋势且对未来长远发展产生巨大推动作用的前沿科学问题,聚焦可能形成重大科学技术突破且对经济发展方式产生重大影响的基础科学问题,聚焦学科交叉前沿研究方向,开展前瞻性、战略性、前沿性基础研究。2018 年 7 月，教育部印发《前沿科学中心建设方案（试行）》[11]。前沿科学中心由承担建设任务的高等学校结合"双一流"建设规划布局，汇聚整合各类创新资源，发挥学科群优势培育和建设。中心面向世界会聚一流人才团队，促进学科深度交叉融合，建设体制机制改革示范区，率先实现前瞻性基础研究、引领性原创成果的重大突破，在关键领域自主创新中发挥前沿引领作用。

新时代背景下，直接面向经济社会发展需求的创新平台也在规划和发展中。2019 年 1 月，国家卫生健康委员会办公厅印发了《国家医学中心和国家区域医疗中心设置实施方案》[12]。国家医学中心主要定位于，在疑难危重症诊断与治疗、高层次医学人才培养、高水平基础医学研究与临床研究成果转化、解决重大公共卫生问题、医院管理等方面代表全国顶尖水平、发挥牵头作用，在国际上有竞争力。引领全国医学技术发展方向，为国家政策制定提供支持，会同国家区域医疗中心带动全国医疗、预防和保健服务水平提升。国家区域医疗中心主要定位于，在疑难危重症诊断与治疗医学人才培养、临床研究、疾病防控、医院管理等方面代表区域顶尖水平。协同国家医学中心带动区域医疗、预防和保健服务水平提升，努力实现区域间医疗服务同质化。该方案提出，到 2020 年，根据需要，设置相应专科的国家医学中心和国家区域医疗中心，建成以国家医学中心为引领，国家区域医疗中心为骨干的国家、省、地市、县四级医疗卫生服务体系。方案还明确了各专业类别的国家医学中心和国家区域医疗中心设置目标：2019 年，完成神经、呼吸和创伤专业类别的国家医学中心和儿科、心血管、肿瘤、神经、呼吸和创伤专业类别的国家区域医疗中心设置。2020 年，完成妇产、骨科、传染病、口腔、精神专业类别的国家医学中心和妇产、骨科、传染病、老年医学、口腔、精神专业类别的国家区域医疗中心设置。

2019 年 8 月，科技部印发《国家新一代人工智能开放创新平台建设工作指引》[13]。文件明确，新一代人工智能开放创新平台重点由人工智能行业技术领军企业牵头建设，鼓励联合科研院所、高校参与建设并提供智力和技术支撑。开放创新平台应围绕《新一代人工智能发展规划》[14] 重点任务中涉及的具有重大应用需求的细分领域组织建设，原则上每个具体细分领域建设一家国家新一代人工智能开放创新平台，不同开放创新平台所属细分领域应有明确区分和侧重。2019 年 9 月，科技部印发了《关于促进新型研发机构发展的指导意见》（以下简称《新型机构意见》）[15]，对于新型研发机构进行了定义，是聚焦科技创新需求，主要从事科学研究、技术创新和研发服务，投资主体多元化、管理制度现代化、运行机制市场化、用人机制灵活的独立法人机构，可依法注册为科技类民办非企业单位（社会服务机构）、事业单位和企业。针对促进新型研发机构发展，《新型机构意见》明确，通过发展新型研发机构，进一步优化科研力量布局，强化产业技术供给，促进科技成果转移转化，推动科技创新和经济社会发展深度融合。

针对条件资源，2018 年 2 月，科技部、财政部印发《国家科技资源共享服务平台管理办法》[16]，围绕国家或区域发展战略，针对重点利用科学数据、生物种质与实验材料等科技资源在国家层面设立的专业化、综合性公共服务平台做出了重要的部署。同年 4

月，国务院办公厅印发了《科学数据管理办法》[17]，进一步加强和规范科学数据管理，保障科学数据安全，提高开放共享水平，更好地为国家科技创新、经济社会发展和国家安全提供支撑。同年6月，多部委联合印发《促进国家重点实验室与国防科技重点实验室、军工和军队重大试验设施与国家重大科技基础设施的资源共享管理办法》[18]。2019年6月，科技部办公厅印发《国家野外科学观测研究站建设发展方案（2019—2025）》[19]。同年10月，教育部印发《高等学校国家重大科技基础设施建设管理办法（暂行）》[20]。

（三）队伍建设与人才培养：评价改革，力在拔尖

在队伍建设和人才培养方面，中共中央、国务院在2018年1月下达了《中共中央 国务院关于全面深化新时代教师队伍建设改革的意见》（以下简称《教师队伍意见》）[21]。《教师队伍意见》是中华人民共和国成立以来中共中央出台的第一个专门面向教师队伍建设的里程碑式政策文件。在高校教师方面，《教师队伍意见》提出了三点，一是全面提高高等学校教师质量，建设一支高素质创新型的教师队伍。着力提高教师专业能力，推进高等教育内涵式发展。二是深化高等学校教师人事制度改革。三是推进高等学校教师薪酬制度改革。对于队伍建设中的人才评价和流动问题，《教师队伍意见》明确指出，推动高等学校教师职称制度改革，将评审权直接下放至高等学校，由高等学校自主组织职称评审、自主评价、按岗聘任。条件不具备、尚不能独立组织评审的高等学校，可采取联合评审的方式。推行高等学校教师职务聘任制改革，加强聘期考核，准聘与长聘相结合，做到能上能下、能进能出。教育、人力资源社会保障等部门要加强职称评聘事中事后监管。深入推进高等学校教师考核评价制度改革，突出教育教学业绩和师德考核，将教授为本科生上课作为基本制度。坚持正确导向，规范高层次人才合理有序流动。随着中央文件的出台，各地方也出台配套的政策。2019年1月，北京市人力资源和社会保障局、北京市教育委员会修订出台了《北京市高等学校教师职务聘任管理办法》[22]，高校教师将进行分类评价，职称和岗位聘任实行聘期制，同时将加强职称评审权下放后的监管。将高校教师职称从"一把尺子量到底"改为"干什么、评什么"，强化教师以教书育人为主。同时，建立高校职称评审代表作制度，从"评论文"改为"评成果"，教师可从论文、论著、精品课程、教学课例、专利、研究报告等不同成果中，任选最能体现能力水平的作为职称评审的主要内容。在教育教学的基础上，将高校教师按照教学为主、教学科研为主和社会服务为主等进行分类，制定侧重不同的评价标准。

2018年2月，中共中央办公厅、国务院办公厅印发《关于分类推进人才评价机制改革的指导意见》（以下简称《人才评价意见》）[23]，针对我国人才评价机制仍存在分类评价不足、评价标准单一、评价手段趋同、评价社会化程度不高、用人主体自主权落实不够等突出问题，重点提出分类健全人才评价标准，改进和创新人才评价方式，加快推进重点领域人才评价改革。在科技人才方面，提出改革科技人才评价制度。围绕建设创新型国家和世界科技强国目标，结合科技体制改革，建立健全以科研诚信为基础，以创新能力、质

量、贡献、绩效为导向的科技人才评价体系。对主要从事基础研究的人才，着重评价其提出和解决重大科学问题的原创能力、成果的科学价值、学术水平和影响等。对主要从事应用研究和技术开发的人才，着重评价其技术创新与集成能力、取得的自主知识产权和重大技术突破、成果转化、对产业发展的实际贡献等。对从事社会公益研究、科技管理服务和实验技术的人才，重在评价考核工作绩效，引导其提高服务水平和技术支持能力。实行代表性成果评价，突出评价研究成果质量、原创价值和对经济社会发展实际贡献。改变片面将论文、专利、项目、经费数量等与科技人才评价直接挂钩的做法，建立并实施有利于科技人才潜心研究和创新的评价制度。注重个人评价与团队评价相结合。适应科技协同创新和跨学科、跨领域发展等特点，进一步完善科技创新团队评价办法，实行以合作解决重大科技问题为重点的整体性评价。对创新团队负责人以把握研究发展方向、学术造诣水平、组织协调和团队建设等为评价重点。尊重认可团队所有参与者的实际贡献，杜绝无实质贡献的虚假挂名。《人才评价意见》的制定出台是深入实施人才强国战略、全面深化人才发展体制机制改革的重大举措，有力地推进了人才评价机制改革，不仅为队伍建设的高质量发展指明了方向，而且为后续工作开展提供了框架指南。随着中共中央和国务院文件相继下发，2018 年 6 月，学科人才培养的主要资助机构国家自然科学基金委员会在《国家自然科学基金委员会关于避免人才项目异化使用的公开信》[24] 郑重声明：国家自然科学基金人才项目资助项目负责人开展基础研究工作，要在一定期限内完成相应的科研任务，不是荣誉称号。国家自然科学基金人才项目定位于支持基础研究优秀人才快速成长，是对项目负责人的一种阶段性认可和支持，希望他们在项目资助下更上一个台阶，不是为其贴上"永久"的标签。科技界应当更加关注项目负责人获资助后是否在科学研究中取得进步。有关部门和依托单位应当设置科学的评价标准，在人才培养和人才引进中坚持品德、能力、业绩导向，坚持凭能力、实绩、贡献评价人才，克服唯资历、看帽子等倾向。人才队伍的评价改革拉开了学科建设深化改革的大幕。

为落实人才评价改革的部署，国家自然科学基金委员会地球科学部（以下简称地学部）在 2019 年人才项目评审中推行了一项新的举措[25]，具体做法是：给会议评审专家每人发了一张一页纸的"基础科学研究评价的 4 个考虑方面"，建议专家们根据基础科学研究的主要学术贡献及其科学意义，可以选择 4 类学术创新中的一项或多项进行评价：一是方法学创新，是否创立了原创性的科学研究方法，可被用来解决重要的科学问题；二是关键科学证据，是否为重要科学问题的解决提供了新的、关键的、可靠的证据；三是理论认知或社会需求，是否对所在学科的认知体系或对解决重要社会需求背后的基础科学问题有实质贡献；四是学科发展，研究工作是否可以导致领域研究方向、范畴、视野（视角）的变革或者领域认知体系的显著进步，从而促进学科发展。该项举措不仅为人才评价深化改革政策的落地提供了具有高度参考意义的重要经验，而且标志着人才评价深化改革的工作已经蹚过了以"破四唯"为界限的深水区，进入到以创新能力、质量、贡献、绩效为导向的新阶段。

紧跟着深化改革的步伐，新的队伍建设文件很快出台了。2018 年 9 月，教育部下发了《关于加快建设高水平本科教育　全面提高人才培养能力的意见》[26]，决定实施"六卓越一拔尖"计划 2.0，联合多部委同步下发有《关于实施基础学科拔尖学生培养计划 2.0 的意见》[27]《关于加强医教协同实施卓越医生教育培养计划 2.0 的意见》[28]《关于加强农科教结合实施卓越农林人才教育培养计划 2.0 的意见》[29]以及《关于实施卓越教师培养计划 2.0 的意见》[30]。全面实施"六卓越一拔尖"计划 2.0，发展新工科、新医科、新农科、新文科，提高高校服务经济社会发展能力。新工科建设将应对第四次工业革命的需要，加强战略急需人才培养。新医科作为构建健康中国的重要基础，要实现从治疗为主到生命全周期、健康全过程的全覆盖，提升全民健康力。新农科要用现代科学技术改造升级涉农专业，助力打造天蓝水净、食品安全、生活恬静的美丽中国。基础学科拔尖学生培养将遵循基础学科拔尖创新人才成长规律，建立拔尖人才脱颖而出的新机制，在基础学科拔尖学生培养试验计划前期探索的"一制三化"（导师制、小班化、个性化、国际化）等有效模式基础上，进一步拓展范围、增加数量、提高质量、创新模式，形成拔尖人才培养的中国标准、中国模式和中国方案。将原先的单个计划变成系列计划的组合，由"单兵作战"转向"集体发力"，标志着人才培养改革发展正式进入新时代。

2019 年 4 月，教育部、中央政法委、科技部、工业和信息化部、财政部、农业农村部、卫生健康委员会、中国科学院、中国社会科学院、中国工程院、林业和草原局、中医药管理局、中国科学技术协会在天津联合召开"六卓越一拔尖"计划 2.0 启动大会。4 月同期，教育部下发了《关于实施一流本科专业建设"双万计划"的通知》[31]。同年 9 月，教育部印发的《关于深化本科教育教学改革全面提高人才培养质量的意见》[32]提出严把考试和毕业出口关，坚决取消毕业前补考等"清考"行为。其中，在严把考试和毕业关方面，相关负责人表示，将严肃处理各类毕业设计（论文）中的学术不端行为，严格毕业要求，严把学位授予关，健全人才培养质量过程监管制度。同年 10 月，教育部印发了《关于一流本科课程建设的实施意见》[33]，围绕课程目标导向、提升教师能力、改革教学方法、科学评价学生学习、强化激励机制等提出了 22 项改革举措。至此，面向不同层次（研究生、本科生）、不同学科（理、工、农、医）的人才培养体系的改革发展政策框架基本搭建完成。

（四）学术环境和科技期刊：深化改革，对标一流

在学术环境方面，国家先后在科研诚信、科技评价和科技期刊方面进行了重点部署。中共中央办公厅、国务院办公厅在 2018 年 5 月印发了《关于进一步加强科研诚信建设的若干意见》（以下简称《诚信意见》）[34]，着重把握了以下几个方面：一是结合科技创新发展趋势和社会信用体系建设的总体进展，加强顶层设计，细化实化措施；二是总结科研诚信建设实践经验，凝练有效措施；三是坚持问题导向，从完善科研诚信管理工作机制、加强科研活动全流程诚信管理、严肃查处严重违背科研诚信要求的行为等方面提出相应措施，着力补短板、强弱项；四是突出需求牵引，积极回应科研机构、高等学校特别是一线

科研人员的关切和需求，注重可操作性。《诚信意见》明确了6个方面的具体任务：一是完善科研诚信管理工作机制和责任体系，确定由科技部、中国社科院分别负责自然科学领域和哲学社会科学领域科研诚信工作的统筹协调和宏观指导；二是加强科研活动全流程诚信管理，将科研诚信建设要求落实到项目指南、立项评审、过程管理、结题验收和监督评估等科技计划管理全过程；三是进一步推进科研诚信制度化建设，完善教育宣传、诚信案件调查处理、信息采集、分类评价等管理制度；四是切实加强科研诚信教育和宣传，将科研诚信纳入单位日常管理；五是严肃查处严重违背科研诚信要求的行为，建立跨部门联合调查机制；六是加快推进科研诚信信息化建设，对科研人员、相关机构和组织等的科研诚信状况进行记录。此次发布的《诚信意见》进一步明确了科研诚信建设的总体要求、工作机制、责任体系、重点任务、主要措施等，对培育和践行社会主义核心价值观，切实解决制约科研诚信建设突出问题，鼓励科研人员潜心研究、勇攀科学高峰，加快建设创新型国家意义重大。文件从宏观层面对科研诚信建设提出指导意见，不仅有正面引导、反面惩治，而且明确了科研诚信建设和不端行为处理的管理机制、责任主体和处理原则。2019年9月，多部委联合下发了《科研诚信案件调查处理规则（试行）》（以下简称《诚信处理规则》）[35]。抄袭、剽窃、侵占他人研究成果或项目申请书、违反科研伦理规范等被列入违背科研诚信要求的行为（以下简称科研失信行为）。一并被列入科研失信行为的还包括：①编造研究过程，伪造、篡改研究数据、图表、结论、检测报告或用户使用报告；②买卖、代写论文或项目申请书，虚构同行评议专家及评议意见；③以故意提供虚假信息等弄虚作假的方式或采取贿赂、利益交换等不正当手段获得科研活动审批，获取科技计划项目（专项、基金等）、科研经费、奖励、荣誉、职务职称等；④违反奖励、专利等研究成果署名及论文发表规范；⑤其他科研失信行为。这份文件由科技部、中央宣传部、最高人民法院等20个部门联合发布，从职责分工、调查、处理、申诉复查、保障与监督等方面，明确了统一的调查处理规则。《诚信处理规则》明确了10条处理措施，分别为：科研诚信诚勉谈话；一定范围内或公开通报批评；暂停财政资助科研项目和科研活动，限期整改；终止或撤销财政资助的相关科研项目，按原渠道收回已拨付的资助经费、结余经费，撤销利用科研失信行为获得的相关学术奖励、荣誉称号、职务职称等，并收回奖金等。该文件对科研失信行为涉及的不同情况，细化了微观操作程序、具体调查处理举措以及相关责任等。

在诚信建设的基础上，2018年7月，中共中央办公厅、国务院办公厅印发了《关于深化项目评审、人才评价、机构评估改革的意见》（以下简称《"三评"意见》）[36]，明确了"三评"改革的主要目标："十三五"期间要在优化"三评"工作布局、减少"三评"项目数量、改进评价机制、提高质量效率等方面实现更大突破，使科技资源配置更加高效，科研机构和科研人员创新创业潜能活力竞相迸发，科技创新和供给能力大幅提升，科技进步对经济社会发展作出更大贡献。意见从进一步优化科研项目评审管理机制、改进科技人才评价方式、完善科研机构评估制度、加强监督评估和科研诚信体系建设、加强组织实施确保政策措施落地见效等5个方面提出具体要求。《"三评"意见》强调，聚焦"三评"工作中存在的突出问题，从破除体制机制障碍入手，找准突破口，更加注重质量、贡献、绩效，树立正确评价导向，增强针对性，突出实招硬招，提高改革的含金量和实效性。针对自然科学、哲学社会科学、军事科学等不同学科门类特点，建立分类评价指标体系和评价程序规范。推行同行评价，引入国际评价，进一步提高科技评价活动的公开性和开放性，保证评价工作的独立性和公正性，确保评价结果的科学性和客观性。深化"三评"改革是推进科技评价制度改革的重要举措，是树立正确评价导向、优化科研生态环境的必然要求。"三评"改革打破了"四唯"倾向——唯论文、唯职称、唯学历、唯奖项，突出品德、能力、业绩导向，推行代表作评价制度，注重标志性成果的质量、贡献、影响。把学科领域活跃度和影响力、重要学术组织或期刊任职、研发成果原创性、成果转化效益、科技服务满意度等作为重要评价指标。将进一步激发科研人员积极性和创造性，为构建科学、规范、高效、诚信的科技评价体系，推进分类评价制度建设，发挥评价指挥棒和风向标作用，营造潜心研究、追求卓越、风清气正的科研生态环境提供有力的支撑。

随着《诚信意见》和《"三评"意见》的下发，学科建设的主体——高等学校和科研院所也相继出台了配套的政策。以清华大学为例，2019 年 4 月发布了《清华大学关于完善学术评价制度的若干意见》（以下简称《清华意见》）[37]。在评价体系方面，《清华意见》强调，要建立突出质量贡献的学术评价制度，坚持以能力、质量、贡献评价人才，强调学术水平和实际贡献，突出代表性成果在学术评价中的重要性。《清华意见》还鼓励教师以高质量的学术成果服务经济社会发展，支持教师参与解决影响经济社会发展的重大问题并作出实质性贡献。在评价主体方面，《清华意见》强调要进一步发挥学术共同体的作用，增强学术共同体的自律，尊重学术共同体的学术判断，发挥学术共同体在学术标准制定和学术评价过程中的作用，完善各类学术组织和学术机构的职责和工作规程。同时，清华大学修订了《攻读博士学位研究生培养工作规定》[38]，明确提出：不再以学术论文作为评价博士生学术水平唯一依据，并且不再将博士在学期间发表论文达到基本要求作为学位申请的硬性指标。一方面，鼓励依据学位论文以及多元化的学术创新成果评价博士生学术水平，不再以学术论文为唯一依据，激励博士生开展原创性、前沿性、跨学科研究；另一方面，由各学科制定学术创新成果要求，不再设立学校层面的统一要求，尊重学科特点和差异。

科研院所中，中国科学院大连化学物理研究所也通过不断探索科研评价的新方法，逐步构建了一套对于科研院所具有借鉴意义的"定性和定量相结合"研究组考核评价体系[39]。定量考核每年进行一次，主要是由科技处向各个研究组发放表格，由各个研究组填写一年来的各种成果，包括发表的论文、获得的奖项、申报的专利、国际组织任职、大会报告、技术成果转化情况、科研经费等方面。这种定量考核在研究所内并不属于重要的评价内容，它已成为日常工作的一部分，只做评价的基本参考。对于定性考核，每两年实行一次，包括实验室实地考核和学术委员会考核两个环节。实验室实地考核的专家组由学术委员会委员、咨询委员会委员、研究室（部）负责人、职能部门负责人组成，专家组通过听取汇报、查阅实验记录、针对性提问、实验室检查等方式对研究组进行系统性考核，考核内容涵盖实验室（部）及科研仪器平台建设、学风及科研道德建设、人才队伍及团队建设、创新文化建设等方面，并围绕研究组在发展过程中遇到的问题、困难，有针对性地提出意见和建议。定性考核中的学术委员会考核是定性考核最为重要的环节，学术委员会要看一个研究组的基础研究是不是达到了世界前沿，解决了什么科学问题，在领域内的影响力及研究组的发展方向如何，是否有发展潜力。如果是从事应用研究的要看是不是解决了产业化急需的关键工程技术问题，看研究组所做的研究在国民经济主战场能发挥什么作用。定性考核结果将决定研究组在所内的排名，决定一个研究组能否继续存留。如果学术委员会给研究组的评价不高，又看不到什么发展前景，那么这个研究组就可能会被淘汰。一旦被淘汰，该研究组就会并入其他的研究组，或被解散。至于研究组发表了多少篇论文、争取到了多少科研经费，都不是最重要的。这套"定性定量相结合"的方法在激发科研人员创新活力、优化学科布局、提高研究所核心竞争力等方面起到了重要的促进作用。

医学院校是医学研究和医学人才培育的重要基地，在医学学科建设和发展中都占有核心的地位，为发挥医学科技评价导向作用，有利于加速推进医学科技创新体系建设，提升医学科技创新能力。中国医学科学院 2019 年首次发布了中国医学院校科技量值（Science and Technology Evaluation Metrics，STEM）[40]，对全国 110 所独立医学院校和设立医学学科的综合大学科技量值进行测算，并在指标体系中增加了与高等院校相关的科技指标。为了积极落实评价深化改革的政策，2018 年度 STEM 有三项直接的举措，一是对学术不端论文和项目进行五倍减分处理；二是对于临床研究凸显临床导向，纳入被国际权威指南引用的研究论文指标；三是降低人才帽子等间接指标权重。面向改革方向的指标体系，不仅为我国医学学科的发展水平评价提供了标尺，同时为 2020 年启动高等学校学科评估提供了积极的参考。

科技期刊方面，2018 年 11 月，中央第五次深化改革会议审议通过了《关于深化改革培育世界一流科技期刊的意见》[41]。会议强调，科技期刊传承人类文明，荟萃科学发现，引领科技发展，直接体现国家科技竞争力和文化软实力。要以建设世界一流科技期刊为目标，科学编制重点建设期刊目录，做精做强一批基础和传统优势领域期刊。中国科协在《面向建设世界科技强国的中国科协规划纲要》[42] 提出推动建立科技期刊分类评价体系。把握基础研究、应用研究、科学普及等不同类型科技期刊的功能定位，发挥学会的学术优势，按照不同学科领域特点，推动建立科技期刊分类评价标准，引导国内科技期刊坚持以价值导向办刊。探索分领域发布自然科学类高质量学术期刊分级目录，在全球遴选认定和应用推广，推动国内外、中英文科技期刊同质等效，引导期刊专注提升学术水平，引导优秀科研成果在高质量期刊首发。2019 年 8 月，中国科协、中宣部、科技部、教育部四部门联合印发《关于深化改革 培育世界一流科技期刊的意见》[43]。9 月，中国科协等七部门联合启动了中国科技期刊卓越行动计划。至此，学科建设的"龙头"与"龙尾"形成了发展创新链上的政策闭环。

二、学科发展的资助规模连续提升，结构进一步优化

（一）总体投入位居世界第二，投入强度接近第一集团

1. 总体经费投入

随着我国持续深入实施创新驱动发展战略以及一系列科学发展中长期规划的推出，近年来，我国不断加大科技经费投入，国家财政科技支出连年保持较快增长（图 1-1），研究与试验发展（R&D）经费投入强度稳步提高（图 1-2），为创新实力提升提供了有力保障。其中，2018 年国家财政科学技术支出为 9518.2 亿元，比 2017 年增长 13.5%，增速较上年提高 5.5 个百分点；财政科学技术支出与国家财政支出之比为 4.31%，比上年提高 0.18 个百分点。

图 1-1　国家财政科学技术支出（2013—2018 年）

数据来源：2018 年全国科技经费投入统计公报

图 1-2　我国 R&D 经费支出和投入强度（2013—2018 年）

数据来源：2018 年全国科技经费投入统计公报

自 2013 年 R&D 经费总量超过日本以来，我国的 R&D 经费投入一直稳居世界第二。2018 年，全国共投入 R&D 经费达到 19677.9 亿元，比 2017 年增加 2071.8 亿元，增长 11.8%，连续 3 年保持了两位数增速；R&D 经费投入强度（与国内生产总值之比）为 2.19%，比上年提高 0.04 个百分点。

2018 年，我国 R&D 经费投入强度与 2017 年韩国（4.55%）、以色列（4.54%）、瑞典（3.40%）、瑞士（3.37%）、日本（3.21%）等以及经济合作与发展组织（OECD）成员国平均水平（2.37%）相比还有很大差距，但已经超过欧盟的平均水平（1.97%），并且与发达国家的差距正在逐年缩小（表 1-1）。

表 1-1　部分国家及地区 R&D 经费投入强度　　　　　（单位：%）

序号	国家/地区	2013 年	2014 年	2015 年	2016 年	2017 年
1	韩国	4.15	4.29	4.22	4.23	4.55
2	以色列	4.09	4.18	4.26	4.39	4.54
3	瑞典	3.30	3.14	3.26	3.27	3.40
4	瑞士	—	—	3.37	—	3.37
5	日本	3.31	3.40	3.28	3.16	3.21
6	奥地利	2.95	3.08	3.05	3.13	3.16
7	丹麦	2.97	2.91	3.05	3.10	3.05
8	德国	2.82	2.87	2.91	2.92	3.04
9	美国	2.71	2.72	2.72	2.76	2.79
10	芬兰	3.29	3.17	2.89	2.74	2.76
11	比利时	2.33	2.39	2.46	2.56	2.70
12	法国	2.24	2.28	2.27	2.22	2.19
13	中国	2.00	2.03	2.07	2.12	2.15
14	冰岛	1.70	1.95	2.20	2.13	2.10
15	挪威	1.65	1.71	1.93	2.03	2.09
16	荷兰	1.93	1.98	1.98	2.00	1.99
17	新加坡	1.94	2.10	2.19	2.09	1.95
18	斯洛文尼亚	1.63	1.82	2.06	2.42	2.57
19	捷克	1.24	1.29	1.34	1.56	1.78

数据来源：2019 年 11 月 OECD 公布数据统计。

按投入类型看，全国基础研究经费突破千亿元，达到 1090.4 亿元，比 2017 年增长 11.8%；应用研究经费 2190.9 亿元，增长 18.5%；试验发展经费 16396.7 亿元，增长 10.9%。基础研究、应用研究和试验发展经费所占比重分别为 5.5%、11.1% 和 83.3%。

2013—2018年，基础研究投入经费持续增加，R&D经费占比也在不断提高。2018年，在R&D投入经费大幅提升的背景下，继续保持基础研究的经费占比，保障基础科学研究领域的经费投入，从而推动学科均衡协调可持续发展（图1-3）。

图1-3 基础研究经费和R&D经费支出占比（2013—2018年）

数据来源：2018年全国科技经费投入统计公报

从活动主体看，各类企业经费支出15233.7亿元，比上年增长11.5%；政府属研究机构经费支出2691.7亿元，增长10.5%；高等学校经费支出1457.9亿元，增长15.2%。企业、政府属研究机构、高等学校经费支出所占比重分别为77.4%、13.7%和7.4%。由此可见，企业已成为技术创新的主体，是全社会R&D经费增长的主要拉动力量。

从地区来看，中西部地区投入明显加快。2018年，我国东、中、西部地区R&D经费分别为13189.9亿元、3287.4亿元和2490.6亿元，分别比2017年增长11.0%、16.6%和13.4%（图1-4）。东部地区R&D经费占全国比重达67.0%，继续保持领先优势；中

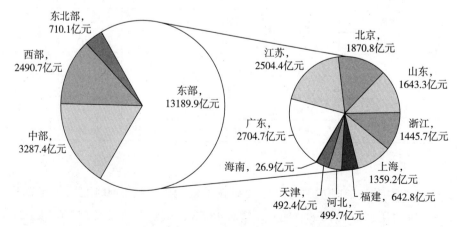

图1-4 2018年全国各区域R&D经费投入情况

数据来源：2018年全国科技经费投入统计公报

西部地区追赶步伐加快，其中中部地区占全国比重由 2013 年的 15.0% 提高到 2018 年的 16.7%，西部地区占比由 2013 年的 12.0% 提高到 2018 年的 12.7%。

2. R&D 人员投入

R&D 人员全时当量指全时人员数加非全时人员按工作量折算为全时人员数的总和，反映投入从事拥有自主知识产权的研究开发活动的人力规模。2009—2018 年我国 R&D 人员总量（全时当量）持续增加（图 1-5），2018 年全国全时工作量人员达到 438.14 万人年，比 2017 年增加了 34.78 万人年，增长速度提高了 1 倍。

图 1-5　2009—2018 年中国 R&D 人员全时当量

数据来源：2018 年全国科技经费投入统计公报

国际上，通常以 R&D 人员指标比较各国科技人才的情况，2017 年，中国 R&D 人员总量 403.36 万人年，远远超过日、俄、德、韩、法、英等国家，比欧盟 R&D 人员总和都多。从万名就业人员中 R&D 人员的数量来看，我国 R&D 人员投入强度不断上升（图 1-6）。2015 年中国 R&D 人员投入强度为 27.3 人年，2018 年为 31.4 人年。

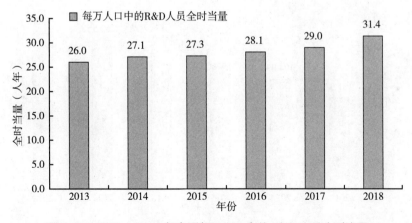

图 1-6　2013—2018 年中国每万人口中的 R&D 人员全时当量

数据来源：2018 年全国科技经费投入统计公报

图 1-7 展示了世界主要国家的 R&D 人员数据。相比其他国家，我国虽然在 R&D 人员总量上占有比较明显的优势，但密度较低，2017 年万名就业人员中 R&D 人员仅为 52.0 人 / 万人，仅为德国、韩国、法国的 1/3。

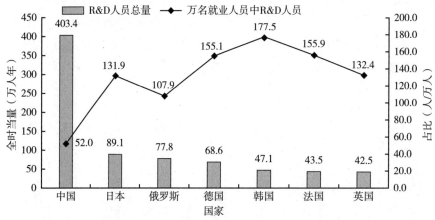

图 1-7　2017 年各主要国家 R&D 人员数量与人口基数的占比

数据来源：2019 年 11 月 OECD 公布数据统计

（二）基金与项目资助力度进一步加大

1. 国家自然科学基金

基础研究决定科技创新的深度和广度，国家自然科学基金为全面培育我国源头创新能力作出了重要贡献，成为我国支持基础研究的主要渠道。2013—2018 年，国家自然科学基金投入由 161.62 亿元增长至 275.87 亿元，资助投入年均增长率 11.3%（图 1-8）。2018 年国家自然科学基金面上项目资助 18947 项，直接费用 111.52 亿元；重点项目资助 701 项，直接费用 20.54 亿元。

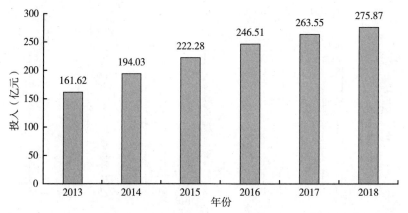

图 1-8　2013—2018 年国家自然科学基金中央财政拨款

数据来源：2013—2018 年《国家自然科学基金委年度报告》

2018 年，国家自然科学基金资助最多的 3 个学部分别是医学科学部、工程与材料学部和生命科学部，其中，医学科学部资助最多的学科领域为肿瘤学，共计 7.9610 亿元；工程与材料学部资助最多的学科领域为建筑环境与结构工程，共计 6.8665 亿元；生命科学部资助最多的学科领域为作物学，共计 2.5507 亿元。图 1–9 为 2018 年国家自然科学基金各个学部批准项目资助资金分布情况。

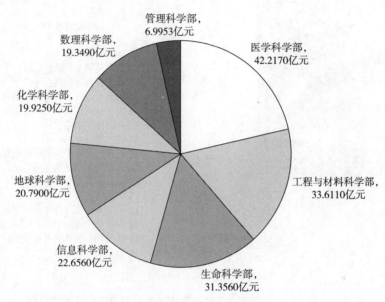

图 1–9 2018 年国家自然科学基金各个学部批准项目资助资金分布情况

数据来源：2018 年《国家自然科学基金委年度报告》

2018 年基金资助包括面上项目、青年科学基金项目、重点项目、联合基金项目、地区科学基金项目、重大研究计划项目、国际（地区）合作研究项目、国家重大科研仪器研制项目、基础科学中心项目、重大项目、国家杰出青年科学基金项目、优秀青年科学基金项目、创新研究群体项目、应急管理项目、国际（地区）合作交流项目、海外及港澳学者合作研究基金项目、外国青年学者研究基金项目、数学天元基金项目等 18 个项目类型（图 1–10）。其中，面上项目和青年科学基金占到总资助额度的 59.5%，面上项目直接经费和间接经费总金额达到 132.9 亿元，青年科学基金项目直接经费和间接经费总金额达到 49.8 亿元。2018 年资助基础科学中心项目数为 4 项，直接经费金额为 7.5 亿元；2019 年资助基础科学中心项目数增加到 13 项，直接经费金额为 10.2 亿元，资助项目数和金额同往年相比得到大幅增加。2018 年，四川省、湖南省、安徽省、吉林省成为最新加入区域创新发展联合基金的省份，将与国家自然科学基金委共同投入经费 17 亿元，围绕军民融合、现代种业、人工智能、新材料等课题，解决区域发展中的重要科学问题和关键技术问题。中国电子科技集团有限公司、中国海洋石油集团有限公司、中国石油化工股份有限公司加入企业创新发展联合基金，与国家自然科学基金委共同投入经费 6.875 亿元，围绕人工智能、海洋油气资源勘探开发、新能源等企业发展中的关键科学问题开展研究[44]。随着国家自然科学基金改革的深入，在促进学科深度交叉融合、协同创新、学科发展，推动若干重要领域或者科学前沿取得突破等方面，基金的资助规模和力度持续扩大。

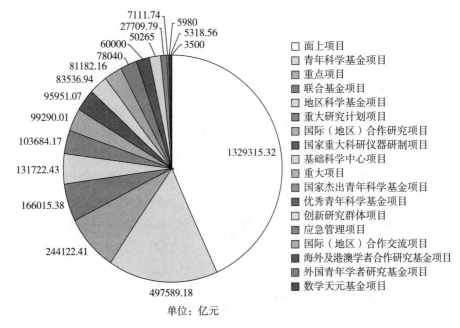

7111.74
27709.79
60000
50265
5980
5318.56
3500
78040
81182.16
83536.94
95951.07
99290.01
103684.17
131722.43
166015.38
244122.41
497589.18
1329315.32

□ 面上项目
□ 青年科学基金项目
▨ 重点项目
▨ 联合基金项目
□ 地区科学基金项目
▨ 重大研究计划项目
□ 国际（地区）合作研究项目
▨ 国家重大科研仪器研制项目
□ 基础科学中心项目
□ 重大项目
▨ 国家杰出青年科学基金项目
▨ 优秀青年科学基金项目
□ 创新研究群体项目
▨ 应急管理项目
□ 国际（地区）合作交流项目
▨ 海外及港澳学者合作研究基金项目
▨ 外国青年学者研究基金项目
▨ 数学天元基金项目

单位：亿元

图 1-10　2018 年国家自然科学基金各类型项目资助额度情况
数据来源：2018 年《国家自然科学基金委年度报告》

为加强国家重大战略需求领域布局，重点支持前沿领域重大科学问题研究，基金委优先支持与突破战略性关键核心技术相关的基础科学研究，加强源头部署。在关键领域、"卡脖子"的地方下大功夫，选择一批关系根本和全局的科学问题予以突破。2018 年资助重大项目 38 个，平均资助强度由 1700 万元 / 项提高至 2000 万元 / 项。同时，按计划启动了 4 个重大研究计划，分别为"多层次手性物质的精准构筑""糖脂代谢的时空网络调控""西太平洋地球系统多圈层相互作用"及"肿瘤演进与诊疗的分子功能可视化研究"。在此基础上，2018 年度专门增加 1 个重大研究计划立项指标，紧密围绕航空发动机和燃气轮机重大专项中的基础科学问题，组织实施"航空发动机高温材料 / 先进制造及故障诊断科学研究"重大研究计划。

为构建交叉融合的学科布局提供基础支撑，2018 年对 5 个学部学科代码进行了调整。化学科学部对申请代码进行了全面调整，将无机化学、有机化学、物理化学、高分子科学、分析化学、化学工程及工业化学、环境化学、化学生物学 8 个资助方向调整为新的 8 个项目资助方向：B01 合成化学、B02 催化与表界面化学、B03 化学理论与机制、B04 化学测量学、B05 材料化学与能源化学、B06 环境化学、B07 化学生物学、B08 化学工程与工业化学。这 8 个资助方向包括了合成和催化等核心化学的内容，化学生物学等交叉和前沿学科方向，以及面向国家战略需求的环境、化工、能源等方向。生命科学部新增 C0510 合成生物学，删除了 C13 下的 C130104 农业信息学、C130105 农业系统工程、C130409 饲料作物种质资源与遗传育种 3 个三级代码，部分代码进行了名称替换。地球科学部新增 D07 环境地球科学和土壤学。信息科学部新增 F06 人工智能、F07 交叉学科中的信息科学，并对其他申请代码做了相应调整。管理科学部在二级代码 G0202 组织理论与组织行为下新增 G020201 组织理论、G020202 组织行为 2 个三级代码。2019 年对 2 个学部学科进行了调整，生命科学部 C05 生物物理、生物化学与分子生物学拆分成 C05 生物物理与生物化学、C21 分子生物学与生物技术，部分代码进行了名称替换，地球科学部根据学科发展趋势进行了调整，新增部分二级代码和三级代码，部分二级代码和三级代码调整了所属一级代码。

国家杰出青年科学基金在培养青年人才、激发青年人才创新积极性、推动科技创新上起到不可替代的作用。其选拔和培养的科技人才已成为科技强国建设的重要人才储备，在引领中国前瞻性基础科学发展方面起到重要支撑作用。同往年相比，从资助力度来看，国家杰出青年科学基金从 2017 年资助 198 人，增长到 2019 年的 296 人，优秀青年基金项目数量也从 2018 年的 400 人，增加到 2019 年的 625 人，数量大幅增加（图 1–11）。其中，大部分杰出青年项目集中在我国东部科研实力较强的高校与中国科学院及其下属科研机构中。

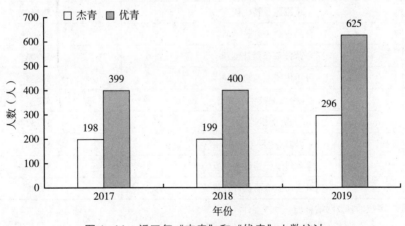

图 1–11　近三年"杰青"和"优青"人数统计

数据来源：基金委官方网站数据

2. 国家重点研发计划

国家重点研发计划由原来的国家重点基础研究发展计划（"973"计划）、国家高技术研究发展计划（"863"计划）、国家科技支撑计划、国际科技合作与交流专项、产业技术研究与开发基金和公益性行业科研专项等整合而成，是针对事关国计民生的重大社会公益性研究，以及事关产业核心竞争力、整体自主创新能力和国家安全的战略性、基础性、前瞻性重大科学问题、重大共性关键技术和产品，为国民经济和社会发展主要领域提供持续性的支撑和引领。截至 2019 年 11 月，科技部已公布 2018 国家重点研发计划重点专项 63 项（注：统计过程中，定向项目和增补项目合并到初始项目中），这些专项代表着国家重点发展的学科领域。每个专项下细分多个项目，入选项目约 1300 个，总经费超过 259.5 亿元。63 个重点专项见附件 1。其中资助金额超过 5 亿元的重点专项如表 1–2 所示。

表 1–2　国家重点研发计划部分重点专项学科领域及经费资助情况

序号	专项名称	中央财政经费（万元）
1	公共安全风险防控与应急技术装备	128655
2	重大自然灾害监测预警与防范	110253
3	固废资源化	86170
4	新能源汽车	82013
5	合成生物学	79783
6	变革性技术关键科学问题	78597
7	宽带通信和新型网络	74628
8	化学肥料和农药减施增效综合技术研发	61973
9	场地土壤污染成因与治理技术	60801
10	增材制造与激光制造	58830
11	干细胞及转化研究	58544
12	食品安全关键技术研发	57713
13	蓝色粮仓科技创新	54906
14	可再生能源与氢能技术	53873
15	深海关键技术与装备	53745
16	智能机器人	53132.43
17	地球观测与导航	52531
18	重大科学仪器设备开发	51960.36
19	光电子与微电子器件及集成	50388

数据来源：科技部官方网站整理。

　　2018 年新增 17 项重点专项，主要集中在制造、新能源、数字、健康、通信、环境等领域（表 1–3）。其中，围绕部分"卡脖子"问题，2018 年新增"制造基础技术与关键部件"专项 42 项，"网络协同制造与智能工厂"专项 33 项、"光电子与微电子器件及集成"专项 29 项等。新增专项中，金额最大的是"固废资源化"，共计 8.6 亿多元，专项研究领域涉及冶炼、垃圾处理、回收利用等。

表 1-3　2018 年新增国家重点研发计划学科领域

序号	专项名称	数量（项）	中央财政经费（万元）
1	制造基础技术与关键部件	40	46094
2	固废资源化	38	86170
3	合成生物学	37	81998
4	场地土壤污染成因与治理技术	33	60801
5	网络协同制造与智能工厂	33	48987
6	可再生能源与氢能技术	31	53873
7	光电子与微电子器件及集成	29	50388
8	主动健康和老龄化科技应对	26	45188
9	宽带通信和新型网络	24	74628
10	蓝色粮仓科技创新	17	56253
11	综合交通运输与智能交通	16	34610
12	物联网与智慧城市关键技术及示范	15	30422
13	科技冬奥	12	34049
14	绿色宜居村镇技术创新	10	34698
15	主要经济作物优质高产与产业提质增效科技创新	10	36525
16	核安全与先进核能技术	6	15316
17	发育编程及其代谢调节	1	7050

数据来源：科技部官方网站整理。

在 2017 年投入的基础上，2018 年持续加大对某些重大专项的投入，比如："公共安全风险防控与应急技术装备""生殖健康及重大出生缺陷防控研究""新能源汽车""重大慢性非传染性疾病防控研究"等（表 1-4）。其中，"重大自然灾害监测预警与防范"增加了 5.4 亿元投入，"变革性技术关键科学问题"增加了 4.3 亿元投入。

表 1-4　2018 年持续增加投入的国家重点研发计划学科领域　　（单位：万元）

序号	专项名称	2018 年中央财政经费	2017 年中央财政经费	增长额度
1	重大自然灾害监测预警与防范	110253	56294	53959
2	变革性技术关键科学问题	78597	35166	43431
3	公共安全风险防控与应急技术装备	143840	101218	42622
4	生殖健康及重大出生缺陷防控研究	58081	16639	41442
5	新能源汽车	99681	71646	28035
6	重大慢性非传染性疾病防控研究	60884	44204	16680
7	食品安全关键技术研发	57713	43154	14559

续表

序号	专项名称	2018年中央财政经费	2017年中央财政经费	增长额度
8	增材制造与激光制造	58830	45451	13379
9	深海关键技术与装备	53745	45634	8111
10	智能机器人	53133	45858	7275
11	云计算和大数据	47541	40942	6599
12	海洋环境安全保障	33022	27573	5449
13	智能电网技术与装备	37623	37202	421

数据来源：科技部官方网站整理。

2017—2018年国家重点研发计划项目共2682项，其中，高校及科研院所共承担1819项，占总项目数的67.8%；企业承担83项，占总项目数的33.2%。可以看出高校及科研院所在战略性、基础性、前瞻性重大科学问题研究中占有主导地位。

表1-5是2017—2018年国家重点研发计划校企合作的情况统计，2018年共有33个专项由高校及研究院所和企业共同承担，其中，"公共安全风险防控与应急技术装备"项目数最多，共62项，高校及科研院所承担38项、企业承担24项；其次，"重大自然灾害监测预警与防范"共有项目59项，高校及科研院所承担51项、企业承担8项。2017年共有34个专项由高校及研究院所和企业共同承担，其中，"国家质量基础的共性技术研究与应用"项目数最多，共75项，高校及科研院所承担66项、企业承担9项；其次，"数字诊疗装备研发"共有项目71项，高校及科研院所承担17项、企业承担54项。

表1-5　2017—2018年国家重点研发计划校企合作情况　　（单位：项）

专项名称	2018年高校及科研院所项目数	2018年企业项目数	2018年项目数	2017年高校及科研院所项目数	2017年企业项目数	2017年项目数
公共安全风险防控与应急技术装备	38	24	62	22	13	35
重大自然灾害监测预警与防范	51	8	59	29	2	31
智能机器人	15	35	50	6	38	44
重大慢性非传染性疾病防控研究	23	22	45	14	24	38
中医药现代化研究	28	15	43	23	17	40
国家质量基础的共性技术研究与应用	33	7	40	66	9	75
深海关键技术与装备	23	12	35	11	12	23

续表

专项名称	2018 年高校及科研院所项目数	2018 年企业项目数	2018 年项目数	2017 年高校及科研院所项目数	2017 年企业项目数	2017 年项目数
变革性技术关键科学问题	33	1	34	11	2	13
干细胞及转化研究	25	5	30	37	6	43
增材制造与激光制造	2	28	30	17	6	23
生殖健康及重大出生缺陷防控研究	23	7	30	9	2	11
数字诊疗装备研发	14	15	29	17	54	71
新能源汽车	5	21	26	6	14	20
畜禽重大疫病防控与高效安全养殖综合技术研发	22	2	24	22	1	23
食品安全关键技术研发	21	3	24	20	0	20
煤炭清洁高效利用和新型节能技术	13	8	21	12	11	23
海洋环境安全保障	19	1	20	19	0	19
水资源高效开发利用	19	1	20	26	4	30
云计算和大数据	16	3	19	12	3	15
智能电网技术与装备	5	14	19	9	11	20
生物医用材料研发与组织器官修复替代	6	12	18	5	13	18
绿色建筑及建筑工业化	10	8	18	11	9	20
深地资源勘查开采	10	7	17	19	1	20
化学肥料和农药减施增效综合技术研发	15	0	15	20	1	21
蛋白质机器与生命过程调控	15	0	15	34	1	35
现代食品加工及粮食收储运技术与装备	10	4	14	11	3	14
地球观测与导航	12	1	13	16	0	16
全球变化及应对	12	0	12	23	1	24
战略性先进电子材料	9	3	12	24	13	37
智能农机装备	7	4	11	11	6	17
大气污染成因与控制技术研究	10	1	11	25	12	37

续表

专项名称	2018年高校及科研院所项目数	2018年企业项目数	2018年项目数	2017年高校及科研院所项目数	2017年企业项目数	2017年项目数
材料基因工程关键技术与支撑平台	11	0	11	16	3	19
七大农作物育种	8	2	10	20	0	20
农业面源和重金属污染农田综合防治与修复技术研发	7	2	9	13	2	15
精准医学研究	6	0	6	26	11	37
生物安全关键技术研发	5	1	6	8	0	8
网络空间安全	4	2	6	8	6	14
典型脆弱生态修复与保护研究	5	0	5	30	1	31
高性能计算	4	0	4	17	1	18
先进轨道交通	2	2	4	0	7	7

三、平台建设谋求深度融合，面向战略需求，协同打造一流平台

（一）一流学科建设与基础研究平台：学科交叉融合聚焦内涵式发展

2018年8月，三部委联合印发的《"双一流"指导意见》，对当前高校落实"双一流"建设总体方案和实施办法提出具体指导，进一步明确建设高校的责任主体、建设主体、受益主体地位，引导高校深化认识，转变理念，走内涵式发展道路，确保实现建设方案的目标任务。针对学科建设，《"双一流"指导意见》在全面深化改革、探索一流大学部分指明了优化学科布局的方向，要求构建协调可持续发展的学科体系。立足学校办学定位和学科发展规律，打破传统学科之间的壁垒，以"双一流"建设学科为核心，以优势特色学科为主体，以相关学科为支撑，整合相关传统学科资源，促进基础学科、应用学科交叉融合，在前沿和交叉学科领域培植新的学科生长点。在强化内涵建设、打造一流学科高峰部分，提出了明确学科建设内涵、突出学科优势与特色、拓展学科育人功能、打造高水平学科团队和梯队、增强学科创新能力、创新学科组织模式6个方面的要求。尤其是在创新学科组织模式方面，提出着重围绕大物理科学、大社会科学为代表的基础学科，生命科学为代表的前沿学科，信息科学为代表的应用学科，组建交叉学科，促进哲学社会科学、自然科学、工程技术之间的交叉融合。

2018年，北京市教委提出北京高校高精尖学科建设方案，面向北京高校遴选一批"高精尖"学科进行重点建设，力争经过两至三个周期建设，推动北京高校调整和优化学

科布局结构，促进学科间进一步融合发展，形成一批国际或国内一流的优势特色学科以及新兴前沿交叉学科，对于入选学科，采取项目管理方式，在建设周期内按照每个学科最高5000万元的总额予以支持[45]。表1-6给出了部属高校高精尖学科建设立项的情况，36个立项学科中，仅有环境学科和安全科学与工程与教育部的学科体系有直接关联。北京市教委的学科建设方案，突破了教育部学科的框架体系，为交叉学科的高水平发展探索一条新的道路。

表 1-6　北京高校高精尖学科建设立项情况

依托单位	立项学科
北京大学	智慧医疗工程与技术、人工智能、分子光谱学
清华大学	环境学科、先进材料及其加工技术、安全科学与工程
北京科技大学	安全科学与工程、人工智能科学与工程
北京交通大学	新一代信息技术及应用
北京航空航天大学	网络空间安全、人工智能、先进无人飞行器
北京理工大学	光机电微纳制造科学与技术、空天智能信息网络科学与技术
北京化工大学	新能源材料与器件、生物安全
北京邮电大学	网络空间治理与网络智能计算、信息功能材料与光电信息系统
北京协和医学院	群医学
中国农业大学	农业绿色发展、作物智能育种生物学
北京林业大学	生态修复工程学、城乡人居生态环境学
北京中医药大学	中医生命科学、系统中药学
北京师范大学	认知神经学、陆地表层学
华北电力大学	清洁能源学
中国矿业大学	城市工程地球物理、城市地下空间工程
中国石油大学	城市能源供给安全与保障、清洁低碳能源工程
中国地质大学	城市地质环境与工程
中国科学院大学	智能科学与技术、工程科学、地质与地球物理学

数据来源：北京市教委官方文件。

为落实《高等学校基础研究珠峰计划》，教育部在2018年和2019年相继批准成立14家前沿科学中心（表1-7）。前沿中心是探索现代大学制度的试验区，将充分发挥在人才培养、科学研究、学科建设中的枢纽作用，深化体制机制改革，面向世界会聚一流人才，促进学科深度交叉融合、科教深度融合，建设成我国在相关基础前沿领域最具代表性的创新中心和人才摇篮，成为具有国际"领跑者"地位的学术高地。

表 1-7 教育部前沿科学中心 2018—2019 年立项情况

2018 年立项	依托单位	2019 年立项	依托单位
脑科学前沿科学中心	复旦大学	移动信息通信与安全前沿科学中心	东南大学
量子信息前沿科学中心	清华大学	超循环气动热力前沿科学中心	北京航空航天大学
细胞干性与命运编辑前沿科学中心	同济大学	变革性分子前沿科学中心	上海交通大学
脑与脑机融合前沿科学中心	浙江大学	材料生物学与动态化学前沿科学中心	华东理工大学
合成生物学前沿科学中心	天津大学	高能量物质前沿科学中心	北京理工大学
纳光电子前沿科学中心	北京大学	深海圈层与地球系统前沿科学中心	中国海洋大学
疾病分子网络前沿科学中心	四川大学	免疫与代谢前沿科学中心	武汉大学

数据来源：教育部官方文件。

为建设创新型国家和科技强国，进一步贯彻落实创新驱动发展战略，按照中央财政科技计划管理改革方案对科学基金的工作定位以及"聚焦前沿、突出交叉"的要求，国家自然科学基金委员会从 2016 年开始试点资助"国家自然科学基金基础科学中心项目"。基础科学中心项目旨在集中和整合国内优势科研资源，瞄准国际科学前沿，超前部署，充分发挥科学基金制的优势和特色，依靠高水平学术带头人，吸引和凝聚优秀科技人才，着力推动学科深度交叉融合，相对长期稳定地支持科研人员潜心研究和探索，致力科学前沿突破，产出一批国际领先水平的原创成果，抢占国际科学发展的制高点，形成若干具有重要国际影响的学术高地。2018 年启动 4 项，2019 年启动 13 项（表 1-8）。2019 年单项资助金额较之以往大幅下降，但资助项目数量大幅提升。

表 1-8 基础科学中心立项情况（2018—2019 年）

立项年份	项目名称	依托单位	项目负责人
2018	大陆演化与季风系统演变	中国科学院地质与地球物理研究所	郭正堂
2018	高温超导材料与机理研究	北京大学	王楠林
2018	低维信息器件	中国科学院物理研究所	高鸿钧
2018	能源有序转化	西安交通大学	郭烈锦
2019	非线性力学的多尺度问题研究	中国科学院力学研究所	何国威
2019	空气主份转化化学	北京大学	席振峰
2019	青藏高原地球系统基础科学中心	中国科学院青藏高原研究所	陈发虎

续表

立项年份	项目名称	依托单位	项目负责人
2019	仿生超浸润界面材料与界面化学	中国科学院理化技术研究所	江雷
2019	依托 LAMOST 和 FAST 的银河系及近邻宇宙研究	中国科学院国家天文台	赵刚
2019	太赫兹科学技术前沿	中国科学院电子学研究所	吴一戎
2019	生态系统对全球变化的响应	北京大学	方精云
2019	资源生态合成高分子材料	中国科学院长春应用化学研究所	陈学思
2019	计量建模与经济政策研究	厦门大学	洪永淼
2019	肿瘤的分子变异与微环境	北京大学	詹启敏
2019	物质转化制造过程智能优化调控机制	华东理工大学	钱锋
2019	卵子发生和胚胎发育的调控	清华大学	孟安明
2019	多相介质超重力相演变	浙江大学	陈云敏

数据来源：科学基金共享服务网。

（二）综合性国家科学中心：多学科融合打造世界科学中心

2016 年 12 月印发的《国家重大科技基础设施建设"十三五"规划》[46]明确提出，要建设"服务国家战略需求、设施水平先进、多学科交叉融合、高端人才和机构汇聚、科研环境自由开放、运行机制灵活有效"的综合性国家科学中心，打造成为"全球创新网络的重要节点、国家创新体系的基础平台以及带动国家和区域创新发展的辐射中心"。截至目前，我国相继启动了上海张江综合性国家科学中心、安徽合肥综合性国家科学中心、北京怀柔综合性国家科学中心的建设。两年来，三大综合性科学中心的建设均取得了显著的进展。

1. 上海张江综合性国家科学中心

张江实验室自 2017 年 9 月揭牌成立以来，持续聚焦生命科学、光子科学与微纳电子、人工智能等重点领域，开展重大科研任务布局和攻关，为承接国家实验室建设任务夯实了基础。以张江科学城为主要承载区布局建设了一批国家重大科技基础设施，涵盖光子、生命、海洋、能源等领域。其中，全球规模最大、种类最全、综合能力最强的光子大科学设施集聚地在张江科学城初步成型。海底科学观测网、高效低碳燃气轮机试验装置启动建设，软 X 射线装置顺利出光，超强超短激光装置投入试运行，硬 X 射线装置实现核心部件突破和国产替代，活细胞结构与功能成像、上海光源二期、转化医学设施等大科学设施加快建设，已建大科学设施服务功能持续提升（图 1-12）。截至 2019 年 11 月，上海光源一期累计接待用户 4.5 万余人次，累计提供机时 32 万小时，执行课题 11700 余项，发表 SCI 论文超过 5000 篇，其中在《科学》《自然》《细胞》三大国际刊物上发表的论文近 100 篇，SCI-1 区论文约 1500 篇；用户成果入选国内外重大科学科技进展 15 项次，获国家科技奖 7

项。上海光源的生物大分子晶体学线站，有 20 家药物研发企业在此开展研发工作。神光 II 多功能激光综合实验平台 2017 年投入运行，截至 2019 年 11 月，为用户提供激光试验 8000 多发次，获得国家和省部级奖励 6 项，发表论文 500 余篇。截至 2019 年 9 月底，国家蛋白质科学研究（上海）设施累计提供计时 55 万小时，累计执行课题超过 6000 项，发表论文近 1000 篇，其中在《科学》《自然》《细胞》三大学术期刊上发表的研究论文 39 篇。上海超级计算中心"魔方 II"在 2019 年提供了 6009.28 万核小时的计算资源，累计用户 1300 多个。自 2017 年建成以来，国家肝癌中心累计获得国家和省部级课题 80 项，发表论文超过 60 篇。

> 上海光源一期
> 国家蛋白质科学研究（上海）设施
> 上海超级计算中心
> 国家肝癌科学中心
> 神光 II 多功能激光综合实验平台

> 上海超强超短激光实验装置
> 基本建成并试运行
> 硬X射线自由电子激光装置
> 成功研发关键样机
> 上海光源线站工程（光源二期）
> 3条线站调试出光
> 上海软X射线自由电子激光装置
> 开展设备的安装与调试
> 活细胞结构与功能成像等线站工程
> 进入设备的安装调试阶段
> 转化医学国家重大科技基础设施（上海）
> 瑞金基地大楼完成结构验收
> 国家海洋科学观测网
> 6月陆上部分试桩，9月海上部分开工
> 高效低碳燃气轮机试验装置
> 10月开工建设，建设周期4年

已建成　　在建中

图 1-12　张江综合性国家科学中心重大科技基础设施
数据来源:《2019 上海科技进步报告》

2. 合肥综合性国家科学中心

合肥综合性科学中心以中国科学院量子信息与量子科技创新研究院为载体，合肥积极争创量子信息科学国家实验室，目前，研究院一号科研楼主体结构已顺利封顶；安徽省与中国科学院正式签署了合肥综合性国家科学中心能源研究院及人工智能研究院共建协议，积极谋划能源国家实验室和人工智能国家实验室建设；聚变堆主机关键系统综合研究设施项目落户合肥，园区工程加快建设；合肥先进光源和大气环境立体探测实验研究设施预研进展顺利，在中国科学院组织的"十四五"大科学装置项目申报答辩中分别排名所有领域第一和资源环境领域第一；合肥同步辐射光源实现恒流运行，性能达到国际三代光源先进水平；稳态强磁场实验装置再创新高，磁场强度达 42.9T。同时，加快布局交叉前沿研究平台和产业创新转化平台：合肥微尺度物质科学国家研究中心正式获批，类脑智能技术及应用国家工程实验室作为我国类脑智能领域迄今唯一的国家级科研平台已投入运行，天地一体化信息网络合肥中心地面信息港初步上线试运行，合肥离子医学中心引进质子治疗系统的核心部件完成吊装。在政策的叠加效应下，合肥综合性国家科学中心大力促进创新链与产业链的深度融合，促进量子信息领域产学研合作，打造国家级量子产业中心，培育量子科技企业 5 家，关联企业 20 余家，从事量子领域科研人员 600 余人，量子产业全部相关专利占全国 12.1%，位居全国第二。以类脑智能、智能语音、智能机器人为主要方向，加速壮大人工智能产业，同时加快国产质子治疗设备研发集成，并推进产业化。综合性国家科学中心大力推动大科学装置面向国内外开放共享，积极参与建设 ITER（国际热核聚变实验反应堆）和 SKA（平方千米阵列射电望远镜）等国际大科学工程，发起成立国际聚变能联合中心及中俄大气光学联合研究中心。EAST（全超导托卡马克）实验装置吸引了 50 余个国外研究机构开展合作；同步辐射光源 10 条光束线站已全面向用户开放；稳态强磁场实验装置总有效机时不断提升，产出了一批高水平的科研成果。

3. 北京怀柔综合性国家科学中心

北京怀柔综合性国家科学中心各项工程建设正有序推进。在重大科技基础设施方面，综合极端条件实验装置、地球系统数值模拟装置已开工。此外，高能同步辐射光源、空间环境地基综合监测网、多模态尺度生物医学成像设施已于 2019 年开工。在重大科技研发平台方面，目前已有 5 项研发平台实现主体结构封顶，分别是材料基因组研发平台、清洁能源材料测试诊断与研发平台、先进光源技术研发与测试平台、空间科学卫星系列及有效载荷研制测试保障平台、先进载运和测量技术综合实验平台。中心还将加快推进 11 个科教基础设施和 9 个交叉研究平台建设。

（三）科技产业创新平台：深度融合发力产业创新高地

1. 人工智能创新发展试验区

在区域与领域结合方面，科技部在 2019 年发布了《国家新一代人工智能创新发展试验区建设工作指引》（以下简称《试验区工作指引》）。试验区建设以促进人工智能与经济社会发展深度融合为主线，创新体制机制，深化产学研用结合，集成优势资源，构建有利于人工智能发展的良好生态，全面提升人工智能创新能力和水平，打造一批新一代人工智能创新发展样板，形成一批可复制可推广的经验，引领带动全国人工智能健康发展。

《试验区工作指引》指出，试验区的建设，要服务支撑国家区域发展战略。重点围绕京津冀协同发展、长江经济带发展、粤港澳大湾区建设、长三角区域一体化发展等重大区域发展战略进行布局，兼顾东中西部及东北地区协同发展，推动人工智能成为区域发展的重要引领力量。此外，未来申请的人工智能试验区以城市为主要建设载体。重点依托人工智能创新资源丰富、发展基础较好的城市，原则上应是国家自主创新示范区或国家高新区所在城市，并已明确将发展人工智能作为重点产业方向，人工智能核心产业规模超过 50 亿元，人工智能相关产业规模超过 200 亿元。截至 2019 年 12 月 22 日，科技部相继支持了北京、上海、天津、深圳、杭州、合肥与德清进行试验区建设（表 1-9）。

表 1-9　国家新一代人工智能创新发展试验区

批复时间	试验区	建设定位
2019.02.20	北京	充分发挥人才和技术优势，突出高端引领作用。充分发挥北京在人工智能领域国内顶尖研究机构众多、专家团队聚集等优势，加大人工智能研发部署力度，强化原始创新，扩大应用示范，力争在人工智能理论、技术和应用方面取得一批国际领先成果，打造全球人工智能技术创新策源地，支撑引领北京壮大高精尖产业、实现高质量发展
2019.05.22	上海	聚集高端创新资源，强化创新能力建设。充分依托上海科教资源、应用场景、海量数据等基础条件和开放优势，汇聚国内外高端创新资源，找准突破口和主攻方向，提升原始创新策源能力，拓展应用场景，强化产业赋能，深化开放合作和区域联动，力争在人工智能研发和应用方面取得一批标志性创新成果，形成具有国际竞争力的人工智能创新集群，支撑引领上海高质量发展
2019.10.17	天津	整合人工智能创新资源，壮大智能科技产业集群。依托天津丰富的算力和数据资源，加强人工智能研发创新，加快培育智能科技产业，建立人工智能在重大应用场景中的落地模式，在产业升级、城市运营和社会治理领域形成一批应用解决方案，探索智能经济发展和智能社会建设的新路径，支撑引领天津高质量发展
2019.10.17	杭州	强化高端资源集聚效应，提升人工智能创新发展水平。发挥杭州在人工智能领域学术研究、应用场景、产业基础等方面优势，发挥领军企业、高校和科研院所的重要作用，加强人工智能基础研究和关键核心技术的研发，开展重大创新成果应用示范，打造人工智能产业聚集高地，支撑引领杭州进一步壮大数字经济、实现高质量发展
2019.10.17	深圳	充分发挥研发和人才优势，打造具有国际竞争力的人工智能创新高地。发挥深圳研发能力强、高端人才聚集、产业链完整等优势，围绕新一代人工智能发展方向，加强人工智能基础前沿理论和关键核心技术研发，健全智能化基础设施，加快成果转化应用，全面提升人工智能产业国际竞争力，在粤港澳大湾区国际科创中心建设中发挥重要引领作用
2019.11.02	德清县	依托应用场景和资源基础，加快人工智能创新成果应用。发挥德清县在自动驾驶、智能农业、县域智能治理等方面应用场景丰富的优势，健全智能化基础设施，以特色应用为牵引推进人工智能技术研发和成果转化应用，探索人工智能引领县域经济高质量发展、支撑乡村振兴战略的新模式

数据来源：科技部官方网站整理。

2. 国家级创新中心建设稳步推进

近两年，科技部批复支持了两项国家级技术创新中心的建设，一项为 2018 年 1 月批复的《国家新能源汽车技术创新中心建设方案》[47]，由北京市政府与北京汽车集团有限公司等多单位联合共建，总体目标是打造世界级的新能源汽车技术创新高地，力争打造一个"中心"、两个"高地"、三个"平台"，即具有全球影响力的新能源汽车共性、前沿关键技术的集成创新中心；引领全球的新能源汽车研发、制造、服务的技术、标准、模式的输出高地，新能源汽车高端创新人才集聚高地；国际一流的新能源汽车科研成果转化与产业化平台，面向全球的新能源汽车学术交流、专业咨询、高端人才培养与交流平台，立足北京、面向全球的专注于新能源汽车科研转化的金融创投平台。另外一项是 2019 年 11 月批复的《国家合成生物技术创新中心建设方案》[48]，由天津市政府与中国科学院联合共建。天津将为国家合成生物技术创新中心配套建设核心研发基地。基地包括研发试验、创新孵化、综合管理和生活服务四大区域，重点建设科技基础设施平台、产业前沿关键技术研发平台、孵化转化与服务平台、创新创业中心、国际联合中心、知识产权运营管理中心和科教融合中心。

制造业领域，《中国制造2025》提出，将通过政府引导、整合资源，实施国家制造业创新中心建设等五项重大工程，实现长期制约制造业发展的关键共性技术突破，提升我国制造业的整体竞争力。围绕重点行业转型升级和新一代信息技术、智能制造、增材制造、新材料、生物医药等领域创新发展的重大共性需求，形成一批制造业创新中心（工业技术研究基地），重点开展行业基础和共性关键技术研发、成果产业化、人才培训等工作。制定完善制造业创新中心遴选、考核、管理的标准和程序。到2020年，重点形成15家左右制造业创新中心（工业技术研究基地），力争到2025年形成40家左右制造业创新中心（工业技术研究基地）。截至2019年12月，工信部已批复13家国家制造业创新中心，其中2018—2019年新批复8家。表1-10给出了已经批复的13家国家制造业创新中心的情况。

表 1-10 国家制造业创新中心建设情况

批复年度	中心名称	地点	建设单位介绍
2016	国家动力电池创新中心	北京	以国联研究院为核心，由北京有色金属研究总院与一汽、东风、上汽、长安、北汽、广汽、华晨7家整车生产企业以及天津力神电池股份公司、宁德时代、华鼎新动务共同建设
2017	国家增材制造创新中心	西安	依托西安增材制造国家研究院有限公司，由西安交通大学、北京航空航天大学、西北工业大学、清华大学和华中科技大学5所大学及增材制造装备、材料、软件生产及研发的13家重点企业共同建设
2017	国家信息光电子创新中心	武汉	依托武汉光谷信息光电子创新中心有限公司，由武汉邮科院所属武汉光迅科技股份有限公司牵头，联合烽火通信、亨通光电、武汉光电工业技术研究院等30余家行业单位共同建设
2017	国家印刷及柔性显示创新中心	广州	以广东聚华印刷显示技术有限公司为载体，整合深圳华星光电、华南理工大学、华中科技大学、中国科学院福建物质结构研究所等22家业内的骨干企业共同建设
2017	国家机器人创新中心	沈阳	以沈阳智能机器人国家研究院有限公司为依托，由中国科学院沈阳自动化研究所牵头，联合哈尔滨工业大学、新松公司等单位共同建设
2018	国家集成电路创新中心	上海	依托上海集成电路制造创新中心有限公司，采用"公司＋联盟"的方式，由复旦大学牵头，联合行业龙头企业中芯国际、华虹集团等共同建设
2018	国家智能传感器创新中心	上海	依托上海芯物科技有限公司，采用"公司＋联盟"的方式，由上海新微技术研发中心有限公司牵头，联合中电海康、上海国际汽车城、格科微电子、苏州晶方半导体、福建上润精密仪器、华立科技、郑州炜盛电子、杭州士兰微电子、北京中科微等单位共同建设

续表

批复年度	中心名称	地点	建设单位介绍
2018	国家轻量化材料成形技术及装备创新中心	北京	依托北京机科国创轻量化科学研究院有限公司，由机械工业研究总院牵头建设，拟在怀柔科学城建立
2018	国家数字化设计与制造创新中心	武汉	以武汉数字化设计与制造创新中心有限公司为依托，由华中科技大学和清华大学联合发起，上海交通大学、浙江大学、机械科学研究总院、一汽集团共同建设
2018	国家先进轨道交通装备制造业创新中心	株洲	以株洲国创轨道科技有限公司为依托，由中车株机公司牵头，联合中车株洲所、株洲国投、清华大学等联诚控股，九方装备、金蝶软件（中国）上市公司等单位共同建设
2019	国家智能网联汽车创新中心	北京	依托国汽（北京）智能网联汽车研究院有限公司，由中国汽车工程学会、中国汽车工业协会等发起、牵头，联合一汽、上汽、北斗星通、四维图新等单位共同建设
2019	国家农机装备创新中心	洛阳	以洛阳智能农业装备研究院有限公司为依托，由中国一拖牵头，联合中联重机、清华大学、中国科学院计算所等单位共同建设
2019	国家先进功能纤维创新中心	苏州	以新视界先进功能纤维创新中心有限公司为依托，由盛虹集团牵头，联合东华大学等长三角地区9家行业龙头企业和高校共同建设

农业领域，2018年第四家国家现代农业产业科技创新中心在广州成立，广东省将围绕生物种业、功能农业、智能装备等核心产业集群，着力打造世界一流的集科研攻关、成果转化、产业孵化、人才集聚和培养等功能为一体的创新创业公共服务平台。此前分别在江苏南京、山西太古、四川成都成立了国家现代农业产业科技创新中心。南京中心立足长三角科技力量强、经济发展水平高等优势，确立了生物农业、智慧农业、营养健康农产品三大主导产业。太谷中心结合山西杂粮产业优势和生态环境，聚焦功能健康食品和有机旱作农业等特色优势产业。成都科创中心利用统筹城乡综合配套改革的基础优势，聚焦生态休闲农业、精深加工智造等主导产业。广州科创中心依托几十年的研究积累和科技优势，以重振广东丝苗米产业为突破口，发展现代种业等主导产业。四大中心的相继成立标志着农业领域产业与科研的深度融合渐成气候。

3. 产教融合创新平台启动建设

国家发展改革委、教育部等六部门于2019年10月印发了《国家产教融合建设试点实施方案》[49]，指出深化产教融合，促进教育链、人才链与产业链、创新链有机衔接，是推动教育优先发展、人才引领发展、产业创新发展、经济高质量发展相互贯通、相互协同、相互促进的战略性举措。通过5年左右的努力，试点布局50个左右产教融合型城市，在试点城市及其所在省域内打造一批区域特色鲜明的产教融合型行业，在全国建设培育1万家以上的产教融合型企业，建立产教融合型企业制度和组合式激励政策体系。针对集成电路行业，教育部于2019年相继批复立项了四家单位建设"国家集成电路产教融合创新平台"，分别是复旦大学、北京大学、清华大学和厦门大学，实施周期为2019—2021年。

表 1-11 给出了各承建单位具体的建设内容。

表 1-11 国家集成电路产教融合创新平台建设情况

承建单位	国家集成电路产教融合创新平台建设内容
复旦大学	复旦大学国家集成电路产教融合创新平台以复旦大学微电子学院为建设主体，联合国内龙头企业，建立合作共赢的融合模式，打造长三角地区新型产教融合创新平台。创新平台将针对我国集成电路发展中的关键"卡脖子"难题，深入研发新一代节点集成电路共性技术，涵盖芯片设计、EDA工具、器件工艺与芯片封装等方向，着力推进长三角集成电路产业发展，在产教融合攻克关键技术的实际过程中培养我国集成电路的领军人才和产业急需、创新能力强的工程型、技能型人才，获得可进行产业转移的具有自主知识产权的重要突破
北京大学	北京大学国家集成电路产教融合创新平台依托北京大学在集成电路器件方向的研究基础，与中芯北方、华大九天、兆易创新、北大方正集团等北京地区集成电路龙头企业合作建设，突出器件与集成、器件与电路的协调设计，通过"工艺－器件－电路"一体化，以EDA为抓手，服务以CMOS集成电路为主的制造和电路设计行业，并延伸服务材料和装备等行业。该项目以培养满足产业需求、涵盖集成电路全环节、工程和创新能力兼具的集成电路人才为核心目标，为高校和企业协同开展集成电路领域人才培养、科学研究、学科建设等提供综合性创新平台，服务国家战略
清华大学	清华大学国家集成电路产教融合创新平台将依托清华大学在集成电路领域的优势基础，建设集CMOS逻辑器件与电路、存储器技术、传感器等于一体的京津冀地区人才培养、科学研究、学科建设综合创新平台。该平台将面向京津冀及周边地区的相关高校和企业，每年提供至少1600人次的集成电路教学和实训。通过联合设计培养方案、联合培养定向人才、举办高级主题研修班等多种方式，以需求为导向，以实训平台建设等措施带动人才培养质量的显著提升，促进人才培养上的深度合作
厦门大学	厦门大学国家集成电路产教融合创新平台以厦门大学电子科学与技术学院（国家示范性微电子学院）为建设主体，联合国内相关龙头企业、区域集成电路产业园区和其他高校，秉承共建共享理念，通过"企业化管理，项目化运作"的新模式，打造区域共享型跨学科国家集成电路产教融合创新平台。平台将针对我国集成电路发展中的关键"卡脖子"难题，着力突破第三代半导体等集成电路前沿核心技术，聚焦 Micro LED 等新一代显示技术，涵盖芯片设计、EDA工具、特色工艺和先进封测等方面，着力推进海西经济区集成电路产业升级，带动海峡西岸集成电路产业与人才聚集，为福建省和厦门市半导体集成电路产业发展提供人才和技术支撑

4. 新型研发机构乘势而起

为深入实施创新驱动发展战略，推动新型研发机构健康有序发展，提升国家创新体系整体效能，科技部于 2019 年制定了《关于促进新型研发机构发展的指导意见》[50]。新型研发机构聚焦科技创新需求，主要从事科学研究、技术创新和研发服务，投资主体多元化、管理制度现代化、运行机制市场化、用人机制灵活的独立法人机构，可依法注册为科技类民办非企业单位（社会服务机构）、事业单位和企业。新型研发机构以知识探索和技术创新作为主要活动，通过体制机制和服务创新，在开展科技研发、加速成果转化、培育创新人才、建设创新文化等方面取得显著的进展。引导和培育新型研发机构发展壮大，对于加快我国科技体制改革、完善国家创新体系具有重要意义。

近两年，我国新型研发机构快速发展，数量快速增长，据初步估计，各种形态的新型研发机构数以千计；组织形式呈现多样化，采用了事业单位、民办非企业、产学研联合共建等多种形式[51]。新型研发机构发展相对较快的省份有广东省、江苏省、河南省、安徽省、河北省、福建省、内蒙古自治区、云南省等。这些新型研发机构以体制机制创新为主要标志，以多样化的创新服务作为主要商业模式，显示出强劲的创新活力。新型研发机构已经成为我国创新体系建设中一支不可忽视的重要力量。以广东省为例[52]，2015 年认定新型研发机构 124 家，2016 年达到 180 家，截至 2019 年 8 月，总数达 219 家。广东省的新型研发机构的发展体现出了 3 个特征：一是新型研发机构成为科技体制改革的突破口。新型研发机构目前已孵化和创办企业 4236 家，平均每家创办孵化企业 20 家，其中高新技术企业 930 多家，上市公司数量 100 多家，为广东省在探索科研机构有效支撑产业发展方面提供了新的样本和道路，为广东省深化科技机构体制改革提供了新的路子和方向，有效地支撑了产业技术开发。二是新型研发机构成为产学研合作新样本。截至 2017 年年底，从新型研发机构的建设类型看，院校与政府共建型 73 家，院校与企业共建型 13 家，境内外合作共建型 6 家，政府与企业共建型 6 家。新型研发机构共有研发人员 2.7 万人，平均每家机构从事研发工作的人数超过 120 人，形成了较为扎实的研发团队。其中，高端人才达到 720 人，平均每家机构拥有 3 位高端人才，创新能力和活力逐步增强。三是新型研发机构成为提升广东省原始创新能力的重要力量。截至 2017 年，新型研发机构有效发明专利拥有量达 11744 件，近三年年均增长率约为 23%，平均每家机构有效发明专利拥有量达到 54 件。发表论文数达 6468 篇，较 2016 年增长 13%，平均每家机构为 30 篇。牵头或制定标准数达 333 个，较上年增长 14.4%，平均每家机构为 1.5 个。基础科研产出绩效稳步增加，原始创新能力初步形成。

四、基础条件资源进一步改善，支撑学科发展和服务能力进一步加强

重大科技基础设施、大型科学仪器设备、科学数据资源是国家创新体系的重要组成部分，是突破科学前沿、解决经济社会发展和国家安全重大科技问题，服务于全社会科技进步与技术创新的基础支撑。近年来，重大科技基础设施、大型科学仪器设备、科学数据资源的规模和数量持续增长，覆盖领域不断拓展，专业化服务能力逐步提高，共享水平明显提升，综合效益日益显现。

（一）重大科技基础设施稳步推进

20 世纪初期以来，科学研究的范式发生了重要变革，物质结构、宇宙演化、生命起源、意识本质等基础前沿科学领域的研究越来越倚重精度高、功能强、用途广的重大科技基础设施。重大科技基础设施作为科学技术发展的重要物质载体、重要手段和研究平台，对越来越多的学科领域产生着深刻的影响，对满足国家重大战略需求发挥着越来越重要的作用。它是探索未知世界、发现自然规律、实现技术变革的国之重器，也是体现一个国家科技创新能力和综合国力的重要标志。传统大科学装置分两大类：一类就是粒子物理

和核物理专用加速器、核聚变装置、大型天文望远镜等，为相关领域前沿科学的专用研究服务；另一类就是同步辐射装置、散裂中子源、自由电子激光等多学科交叉前沿研究的平台。世纪之交，资源环境等领域的许多分布式的科技基础设施发展迅速，如子午工程、地下资源与地震预测极低频电磁探测网、海底科学观测网等，使得大科学装置的概念扩展成为"重大科技基础设施"。

重大科技基础设施作为创新能力建设的重要组成部分，在我国的科技布局中扮演了重要角色，取得了辉煌的成就。"十一五"之后，我国重大科技基础设施形成了按"五年计划"推进设施建设的局面，设施建设加速发展，呈现出"技术更先进、体系更完整、支撑更有力、产出更丰硕、集群更明显"的发展新态势。为贯彻《国家中长期科学和技术发展规划纲要（2006—2020 年）》[53]，明确未来 20 年我国重大科技基础设施发展方向和"十二五"时期建设重点，国务院制定《国家重大科技基础设施建设中长期规划（2012—2030 年）》[54]。"十二五"时期优先安排 16 项重大科技基础设施建设，包括：海底科学观测网、高能同步辐射光源验证装置、加速器驱动嬗变研究装置、综合极端条件实验装置、强流重离子加速器、高效低碳燃气轮机试验装置、高海拔宇宙线观测站、未来网络试验设施、空间环境地面模拟装置、转化医学研究设施、中国南极天文台、精密重力测量研究设施、大型低速风洞、上海光源线站工程、模式动物表型与遗传研究设施、地球系统数值模拟器。为加快推动"十三五"时期国家重大科技基础设施的建设布局，进一步强化国家重大科技基础设施对经济社会发展、国家安全和科技进步的支撑保障作用，国家发展改革委员会同教育部、科技部、财政部、中国科学院、中国工程院、国家自然科学基金委员会、国防科工局和中央军委装备发展部编制了《国家重大科技基础设施建设"十三五"规划》[46]。确定"十三五"时期国家优先布局 10 个建设项目。这 10 个项目分别为：空间环境地基监测网（子午工程二期），大型光学红外望远镜，极深地下极低辐射本底前沿物理实验设施，大型地震工程模拟研究设施，聚变堆主机关键系统综合研究设施，高能同步辐射光源，硬X 射线自由电子激光装置，多模态跨尺度生物医学成像设施，超重力离心模拟与实验装置，高精度地基授时系统。表 1–12 列出了 3 个"五年计划"所涉及重大科技基础设施项目的相关情况。

表 1–12　"十一五""十二五"和"十三五"期间国家重大科技基础设施项目

编号	设施名称	牵头单位	规划周期	验收年度
1	海洋科学综合考察船	中国科学院海洋研究所	十一五	2011
2	大陆构造环境监测网络	中国地震局地壳运动监测工程研究中心	十一五	2012
3	子午工程（一期）	中国科学院空间科学与应用研究中心	十一五	2012
4	农业生物安全研究设施	中国农业科学院	十一五	2013

编号	设施名称	牵头单位	规划周期	验收年度
5	脉冲强磁场装置	华中科技大学	十一五	2014
6	大型天文望远镜	中国科学院国家天文台	十一五	2016
7	散裂中子源	中国科学院高能物理研究所	十一五	2018
8-1	蛋白质科学研究（上海）设施	中国科学院上海生命科学研究院	十一五	2015
8-2	蛋白质科学研究（北京）设施	军事医学科学院、清华大学、北京大学等	十一五	2018
9	极低频探地（WEM）工程	中国舰研究院	十一五	2020
10	航空遥感系统	中国科学院电子学研究所	十一五	—
11	结冰风洞	中国空气动力研究与发展中心	十一五	—
12	重大工程材料服役安全研究评价设施	北京科技大学	十一五	—
13	500米口径球面射电望远镜	中国科学院国家天文台	十一五	—
14	高能同步辐射光源验证装置	中国科学院高能物理研究所、北京科技大学	十二五	2019
15	国家海底科学观测网	同济大学、中国科学院声学研究所	十二五	—
16	加速器驱动嬗变研究装置	中国科学院广州分院、中国科学院近代物理研究所	十二五	—
17	综合极端条件实验装置	中国科学院物理研究所	十二五	—
18	强流重离子加速器	中国科学院近代物理研究所	十二五	—
19	高效低碳燃气轮机试验装置	中国科学院工程热物理所	十二五	—
20	高海拔宇宙线观测站	中国科学院成都分院	十二五	—
21	未来网络试验设施	江苏省未来网络创新研究院	十二五	—
22	空间环境地面模拟装置	哈尔滨工业大学	十二五	—
23-1	转化医学国家重大科技基础设施（上海）	上海交通大学	十二五	—
23-2	转化医学国家重大科技基础设施（四川）	四川大学	十二五	—
23-3	转化医学国家重大科技基础设施（北京协和）	北京协和医院	十二五	—
24	中国南极天文台	中国科学院紫金山天文台	十二五	—
25	精密重力测量研究设施	华中科技大学	十二五	—
26	大型低速风洞	中国空气动力研究与发展中心	十二五	—
27	上海光源线站工程	中国科学院上海应用物理所	十二五	—
28	模式动物表型与遗传研究设施	中国农业大学、中国科学院昆明动物所	十二五	—
29	地球系统数值模拟器	中国科学院大气物理所	十二五	—

续表

编号	设施名称	牵头单位	规划周期	验收年度
30	空间环境地基综合监测网（子午工程二期）	中国科学院国家空间科学中心	十三五	—
31	大型光学红外望远镜	中国科学院紫金山天文台	十三五	—
32	极深地下极低辐射本底前沿物理实验设施	清华大学	十三五	—
33	大型地震工程模拟研究设施	天津大学	十三五	—
34	聚变堆主机关键系统综合研究设施	中国科学院等离子体物理研究所	十三五	—
35	高能同步辐射光源	中国科学院高能物理研究所	十三五	—
36	硬 X 射线自由电子激光装置	上海科技大学	十三五	—
37	多模态跨尺度生物医学成像	北京大学	十三五	—
38	超重力离心模拟与实验装置	浙江大学	十三五	—
39	高精度地基授时系统	中国科学院国家授时中心	十三五	—

数据来源：《国家科技基础条件资源发展报告 2016》。

重大科技基础设施投入运行之后的影响是显著的，为我国科技发展、诸多重大成果的突破提供了重要支撑，主要体现在 3 个方面：一是依托重大科技基础设施产出一批原创性前沿突破成果。设施高水平的建设和运行，为科学前沿探索提供了重要支撑，推动我国粒子物理、凝聚态物理、生物大分子和蛋白质科学等领域部分前沿方向的科研水平进入国际先进行列。依托上海光源等设施，发现了凝聚态物理中新型准粒子——外尔费米子，对拓扑电子学和量子计算机等颠覆性技术的突破具有重要意义；依托上海光源、蛋白质研究设施等，发现了埃博拉病毒的病毒膜融合激发新机制，为埃博拉病毒防控提供了重要的理论基础；基于子午工程，系统揭示了大气层 – 电离层耦合、磁层 – 电离层耦合及太阳辐射光化学 3 类过程对电离层变化性的驱动机理，对揭示日地系统能量传输与耦合具有重大科学意义，对提升空间环境预报能力具有重要价值。二是解决了若干影响产业发展的瓶颈。兰州重离子加速器在长期的运行过程中发展出一整套完备的重离子治癌技术，目前已经在几个医院开始了临床治疗试验，为今后在全国的推广应用奠定了坚实基础；EAST 及我国后来参加 ITER 建设的过程，带动了超导线材和超导磁体的规模化制备技术，推动了我国稀土产业在国际产业分工价值链中的攀升；利用合肥光源，实现了煤基合成气一步法高效生产烯烃的原理研究，为煤化工发展提供了全新解决方案。三是为解决关系国计民生和国家安全的重大科技问题提供支持。中国遥感卫星地面站和遥感飞机还为完成国产陆地卫星定量遥感关键技术及应用项目提供了数据和试验支持，有力支撑了国产陆地卫星定量化应用水平的提高；长短波授时系统在保证"北斗"系统时间的可靠性、准确性和稳定性的同时，还在"北斗"精密授时等方面作出了重要贡献。

（二）大型仪器开放共享超过 8 万台

在科学技术研究领域，科研仪器是科学研究不可或缺的工具和手段，在原创性科研创新方面，科学仪器设备和装置发挥重要作用。随着国家科技整体能力的逐步提升，科技领域"卡脖子"问题日益显现出来，科研仪器问题已经成为阻碍我国科技快速发展的瓶颈因素之一。从 1998 年起，国家就开始实施重大科研仪器研发的顶层设计和战略布局，国家发展改革委、财政部、教育部、科技部等部门相继设立了科研仪器设备研发的相关计划和专项。科技部和国家自然科学基金委员会分别设立了支持重大科研仪器发展的专项，逐步加大我国科学仪器自主研发的战略性投入。虽然这些年大力推进仪器自主研发，然而总体落后的局面并没有得到根本性的改变，高端科研仪器领域是我国的短板，例如分析仪器、医学科研仪器、激光器、核仪器等还存在受制于人的情况[55]。近年来，我国的科研仪器在国产化上已取得积极进展，针对高端科研仪器长期依赖进口的问题，1998 年，国家自然科学基金委就设立了科学仪器基础研究专项。2011 年，"国家重大科研仪器设备研制专项"和"国家重大科学仪器设备开发专项"设立。根据国家自然科学基金委数据统计显示：2011—2019 年，国家自然科学基金委资助来自中央有关部门推荐、经费体量在 1000 万元以上的重大科研仪器项目 52 项，批准资助金额 37.43 亿元；资助全国科研工作者自由申请、经费体量在 1000 万元以下的重大科研仪器项目 547 项，批准资助金额 35.08 亿元；两类项目合计资助经费超过 72.51 亿元。

2014 年国家颁布了《国务院关于国家重大科研基础设施和大型科研仪器向社会开放的意见》[56]，启动"科技基础体系平台"建设项目，逐步形成了以全国大型科学仪器设备协作共用网为代表的通用仪器设备开放共享体系、以国家大型科学仪器中心为代表的中高端仪器设备开放共享体系、以国家重大基础设施为代表的尖端仪器设备开放共享体系和以国家重点实验室、各高等学校和科研院所为代表的合作研究体系等 4 种框架模式。根据重大科研基础设施和大型科研仪器国家网络管理平台上登记的数据，总计有超过 8 万台来自高等学校和科研院所，高校贡献了 73.3% 的共享仪器。采购于 2014—2018 年的仪器为 32000 余台，进口仪器数量为 30000 余台。共享的仪器中，分析仪器数量最多，超过 19000 台，占比超过了约 50%，包括质谱仪器、生化分离分析仪器、色谱仪器、显微镜及图像分析仪器、X 射线仪器、热分析仪器、波谱仪器、光谱仪器、电化学仪器等。分析仪器的国产率仅有 7.3%，严重依赖国外进口。共享科学仪器中国产率比较高的有计算机及其配套设备、天文仪器和工艺试验仪器，国产率分别为 59.8%、51.7% 和 45.5%（表 1-13）。

表 1-13　采购于 2014—2018 年各类共享仪器数量统计

仪器类别	国产仪器（台）	仪器总量（台）	国产率（%）
计算机及其配套设备	481	805	59.8

续表

仪器类别	国产仪器（台）	仪器总量（台）	国产率（%）
天文仪器	31	60	51.7
工艺试验仪器	1498	3295	45.5
特种检测仪器	133	394	33.8
物理性能测试仪器	897	2669	33.6
大气探测仪器	93	298	31.2
海洋仪器	142	483	29.4
计量仪器	492	1699	29.0
电子测量仪器	349	1321	26.4
地球探测仪器	111	471	23.6
核仪器	29	148	19.6
激光器	64	381	16.8
医学科研仪器	184	1367	13.5
分析仪器	1392	19136	7.3

数据来源：重大科研基础设施和大型科研仪器国家网络管理平台。

2019 年，科技部、财政部会同有关部门，委托国家科技基础条件平台中心，组织开展了 2019 年中央级高等学校和科研院所等单位科研设施与仪器开放共享评价考核工作。总体看来，与 2018 年相比，参评单位对开放共享更加重视，科研设施与仪器利用率进一步提升，支撑科技创新的成效更加显著。参评的科研仪器平均有效工作机时为 1440 小时 / 年，平均对外服务机时为 240 小时 / 年。纳入国家网络平台统一管理的仪器入网比例为 95%。80% 的参评单位建立了在线服务平台，并实现了与国家网络管理平台互联对接。参评的 65 个重大科研基础设施运行和开放共享情况较好，在支撑国家重大科研任务、推动产业技术创新、服务国家重大战略需求和国民经济持续发展等方面取得了显著成效。

（三）科学数据资源体系发展迅速

当前，我们对于科学数据的认知正在发生深刻变化，科学数据已经成为解决复杂科学问题的关键要素，以及驱动科学发现于决策支持的新型基础设施。通过诸如气象、水文、海洋、测绘、国土资源、农林、环保、地震等观测、探测、监测、调查、试验的公益性业务活动，以及重大科学工程、重点实验室、工程中心、野外观测研究站网的建设，我国近年来不仅积累了海量的科学数据，同时在科学数据资源体系建设方面也取得了重要的进展。截至 2017 年年底，我国有效管理与保存的科学数据资源总量共计约 83.72PB，数据记录达到 159.98 亿条，各领域数据资源具体分布情况如图 1-13 所示。同 2016 年的统计结果（63.06PB）相比，2017 年我国科学数据资源整体增量为 20.66PB，整体增长率达

32.76%。主要的增长内容包括新识别的数据资源及现有数据的自然增长，尤其是天文与空间科学和物理与化学领域的数据资源量增长较为明显。

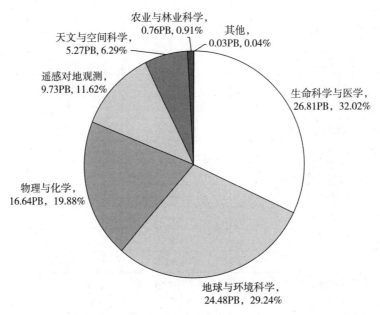

图1-13 我国各领域科学数据资源具体分布情况

在数据管理政策方面，各层级政策不断完善。2002年，科技部提出建立科学数据共享工程，2004年7月，国务院办公厅转发科技部、国家发展改革委、财政部、教育部《2004—2010年国家科技基础条件平台建设纲要》[57]，2018年4月国务院印发的《科学数据管理办法》[58]、2019年2月中国科学院印发的《中国科学院科学数据管理与开放共享办法（试行）》[59]和2019年8月上海市公布的《上海市公共数据开放暂行办法》[60]等文件，强有力地推动了科研数据规范化发展。在数据管理标准方面，科学数据规范化程度逐步提高，覆盖整个数据的生命周期。目前关于数据管理相关的标准文件有以下几类：①数据存储安全标准规范，如《信息安全技术 个人信息安全规范》（GB/T 35273—2017）、《信息安全技术 大数据服务安全能力要求》（GB/T 35274—2017）等；②数据处理技术标准规范，如《非结构化数据管理系统技术要求》（GB/T 32630—2016）、《信息技术 大数据技术参考模型》（GB/T 35589—2017）等；③数据标识描述标准规范，如《科技资源标识》（GB/T 32843—2016）、《信息技术 数据溯源描述模型》（GB/T 34945—2017）、《信息技术 大数据 术语》（GB/T 35295—2017）等；④数据公开发布标准规范，如《陆地观测卫星遥感数据分发与用户服务要求》（GB/T 34514—2017）等；⑤数据参考引用标准规范，如《信息技术 科学数据引用》（GB/T 35294—2017）等。数据存储方面，呈现出向多元化发展的态势，数据基础设施向云服务迈进。共享服务方面，有《科学数据共享工程质量管理规范》《科学数据共享概念与术语》《数学数据共享工程数据分类与编码基本原则与方法》

《国家科学数据中心建设技术规范》《科学数据中心建设规范》《科学数据共享工程技术标准》等。目前，我国的科学数据存储库有以下 3 种类型：①科研项目存储库，存储内容多为大型科研项目的成果产出，如中微子实验数据库等；②领域数据库，主要面对特定学科领域，具有较强的专业性和高度的集中性，如中国空间科学数据中心、中国植物主题数据库等；③机构存储库，主要吸收机构内部的学术科研成果，如北京大学开放研究数据平台等。高速数据网络方面，我国建有专业面向科学数据传输的网络，中国科技网及中国教育和科研计算机网，均实现了与国际数据网络的高速互联互通。2018 年 4 月，中国科技云上线。中国科技云定位于数据与计算融合的新型国家级信息化基础设施，以中国科学院20 多年持续建设的信息化基础设施和资源为基础，汇聚国内外优秀信息化基础设施和服务，为全国科技工作者提供科技资源及服务的发现、访问、使用、交易与交付一体化云服务。中国科技云的上线标志着中国科技数据云服务的建设又向前迈出了坚实的一步。

科学数据共享服务方面，我国呈现出四项特征。一是体现在国家科技资源贡献服务平台数据服务持续发展，如中国科学院建设的国家基础科学数据共享平台，累计在线访问人次超过 1.3 亿次，下载数据量超过 1800TB。二是体现在特定行业领域科学数据共享服务能力进一步提升，目前我国各领域科学数据库集成门户运维主题约 400 个，涵盖生命科学与医学、物理与化学等多领域，如基因组领域的数据库提供了超过了 120TB 数据的下载服务等。三是区域热点数据资源服务特色凸显，如极地数据中心整合了极地海洋学、极地大气科学等 10 多个领域的，数据资源达 7.8PB，提供下载服务超过 7.5TB。四是大科学装置引领的数据服务效果明显。

数据资源平台建设方面，2019 年科技部、财政部对原有国家平台开展了优化调整工作，通过部门推荐和专家咨询，经研究共形成"国家高能物理科学数据中心"等 20 个国家科学数据中心、"国家重要野生植物种质资源库"等 30 个国家生物种质与实验材料资源库。通过统筹规划、统一管理、规范建设，完善已有数据库和建立新数据库，开展网络化的信息共享与服务，最终形成学科覆盖全面、服务功能强大的以科技基础数据库体系为基本单元的国家科技数据信息共享服务。以"国家地球系统科学数据共享服务平台"为例，平台由中国科学院地理科学与资源研究所牵头，由 1 个总中心，7 个学科数据中心和 8 个区域数据中心组成，自 2003 年建设以来，国内外共有 40 多家单位参与了平台的建设，截至 2019 年 8 月，平台数据资源量达到 2000.08TB，实名注册用户人数达到 123410 人，平台访问量 3653.9 万次，向科技界和社会公众提供了数据服务总量 17.8PB，为国家"973"项目、国家科技支撑计划、国家自然科学基金等各类国家和省部级科研项目以及重大建设工程和民生工程提供了有效的数据服务。

国家野外科学观测研究站（以下简称"国家野外站"）是重要的国家科技创新基地之一，是国家创新体系的重要组成部分。国家野外站面向社会经济和科技战略，依据我国自然条件的地理分布规律布局建设，经过多年发展，获取了大量第一手定位观测数据，取得了一大批重要成果，锻炼培养了野外科技工作者，支撑了相关学科发展，为经济社会发展提供科技支撑。为推动新时期国家野外站建设发展，根据《国家科技创新基地优化整合方案》和《国家野外科学观测研究站管理办法》的相关要求，2019年科技部委托专业评估机构开展国家野外站的梳理评估。根据专业机构梳理评估结果和现场抽查核实，确定了国家野外站优化调整结果，将原有105个国家野外站优化调整为"内蒙古呼伦贝尔草原生态系统国家野外科学观测研究站"等97个国家野外站。其中53个生态系统国家野外科学观测研究站，10个大气本底与特殊功能国家野外科学观测研究站，14个地球物理领域国家野外科学观测研究站，20个材料腐蚀领域国家野外科学观测研究站。依托单位中有44家是中国科学院所属的科研机构，18家国资委所属单位，13家高校学校，10家为自然资源部所属单位，其余所属为自然资源部、农业农村部等。

第二节　学科发展步入转变期

党的十八大以来，以习近平同志为核心的党中央把科技创新摆在优先发展的战略地位和核心位置，坚持走中国特色自主创新道路，坚定实施创新驱动发展战略，我国科技创新发生了历史性、整体性、格局性变革。党的十九大报告强调创新型国家建设成果丰硕，科技实力成为彰显国家经济社会发展巨大成就的"四个实力"之一。我国科技创新进入跟跑、并跑、领跑"三跑并存"新阶段，正从量的积累向质的飞跃、从点的突破向系统能力提升转变。

随着创新投入不断加大，创新环境持续优化，我国创新成效逐步显现，科技实力和创新能力再上新台阶。国家统计局最新发布的《中国创新指数研究》[61]测算结果指出，2018年中国创新指数首次突破200，达到212，比2017年增长8.6%，呈稳步提升态势。2018年创新产出指数达264.1，比2017年增长11.7%，增速较2017年加快5.8个百分点。康奈尔大学、英士国际商学院和世界知识产权组织共同发布的《2019年全球创新指数》[62]显示，中国在创新指数位列全球第14位，相较于上一年提升3个名次，中国的创新排行在中等收入国家（区域）内已经连续7年排名第一，并逐步缩小与高收入经济体的差距。这些数据表明，我国在落实实施创新驱动发展战略，将科技创新摆在国家发展全局的核心位置方面取得了显著的成效，我国创新能力和创新质量稳步提升，创新体系不断完善，创新型国家建设持续推进。

在中国科技创新水平快速提升的同时，学科发展也进入新的阶段，进入从量变到质变的重要跃升期，逐步从"仰视"向"平视"演进，部分学科进入国际先进行列，学科之间的融合交叉日益显著且取得重要进展。重大成果呈"星星之火"，蓄积"燎原之势"，取得了一批诸如铁基超导、中微子振荡、量子反常霍尔效应、多自由度量子隐形传态、鸟类起源研究等在世界上具有重大影响的研究成果，在量子调控、纳米科学、蛋白质科学、干细胞、发育与生殖、全球变化等研究领域取得系列重要进展。

在《国家创新驱动发展战略纲要》"三步走"的总体部署框架下，国家自然科学基金委在《国家自然科学基金"十三五"发展规划》中提出了基础研究方面的"三个并行"：① 2020 年达到总量并行，即学术产出和资源投入总体量与科技发达国家相当，学科体系更加健全，为我国进入创新型国家行列奠定科学根基；② 2030 年达到贡献并行，即力争中国科学家为世界科学发展作出可与诸科技强国相媲美的众多里程碑式贡献，形成若干引领全球学术发展的中国学派，为我国跻身创新型国家前列夯实基础储备；③ 2050 年达到源头并行，即对世界科学发展有重大原创贡献，为我国建成科技创新强国提供源头支撑。"三个并行"是对我国基础研究数量和质量水平提升的整体表征，在国家创新能力发展的不同阶段，各项"并行"的实现程度有所不同，是一个积叠、渐进的循序发展过程。"三个并行"不仅为学科发展提供了具体发展规划，也成为衡量中国学科发展水平的一把宏观标尺。借助"三个并行"的概念，本小节我们将从科研产出、学科队伍、科技期刊和成果转化 4 个方面来综述 2018—2019 年学科的发展情况。

一、科研产出由高速增长阶段转向高质量发展阶段

（一）国际论文总量进入并行阶段

1. 总体产出态势

为更全面了解 2018—2019 年我国科研产出的情况，我们分别选取 SCI（Science Citation Index Expanded）[63]、Scopus[64]、ESI（Essential Science Indicators）[65]、Nature Index[66] 4 个数据源的论文数据进行分析。这 4 个数据源各有其特点，其中 SCI 数据库偏重基础研究，学科领域分类层次分明，大类涵盖了 22 个学科，小类覆盖 252 个学科领域，同时也是中国科研人员比较熟悉的数据库；Scopus 是全球最大的文献摘要与科研信息引用数据库，收录了大量 SCI 不予收录的工程类论文，是美国科学与工程指标近年来主要参考的数据来源之一；ESI 数据库则是收录全球高被引论文，并将其分成了生物学与生物化学、化学、计算机科学、工程学等 22 个学科；Nature Index 则由 Nature 集团定期发布，Nature 集团遴选了化学、物理学、生命科学、地球与环境科学 4 个基础学科相关的 82 种一流期刊（如 *Nature*、*Science*、*Cell* 等），并对这些期刊发表的论文进行统计分析，形成 Nature Index。

根据 SCI 数据统计[67]，2018 年世界科技论文总数为 206.97 万篇，比 2017 年增加了

6.8%。2018 年收录中国科技论文为 41.82 万篇，连续第十年排在世界第二位，占世界份额的 20.2%，所占份额比 2017 年提升了 1.6 个百分点。论文数排在世界前 5 位的有美国、中国、英国、德国和日本。排在第一位的美国，其论文数量为 55.20 万篇，是我国的 1.3 倍，占世界份额的 26.7%。根据 Scopus 数据库，2018 年收录的世界科技文献总数为 226.64 万篇，其中收录中国科技文献数量为 49.15 万篇，占世界总数的 21.7%，排在世界第二位。EI 收录中国论文为 49.15 万篇，中国位居第一。根据 ESI 的 2009—2019 十年高被引用论文数据，中国有 3.08 万篇论文，位居历年论文的 1%，世界排名第二，但较之排名第一的美国，落后 50% 以上（表 1-14）。

表 1-14　2018 年中国国际论文产出情况

数据来源	论文数量（万篇）	世界份额（%）	排位	相对第一比例（%）
SCI	41.82	20.2	2	75.8
Scopus	49.15	21.7	2	98.4
EI	26.77	35.8	1	100
ESI	3.08	20	2	41.8

数据来源：2019 年《中国科技论文统计结果》[67]。

以原创性论文（Article）为口径进行统计，图 1-14 给出了 2009—2019 年中国与 G7 国家（美国、英国、德国、法国、意大利、日本和加拿大）在 Scopus 和 SCI 的增长趋势。中国的原创性论文数量分别在 2016 年和 2018 年超越美国成为世界第一，同时年平均增长率分别为 14.6%（Scopus）和 25.7%（SCI），远远超过 G7 国家的平均水平和最高水平。

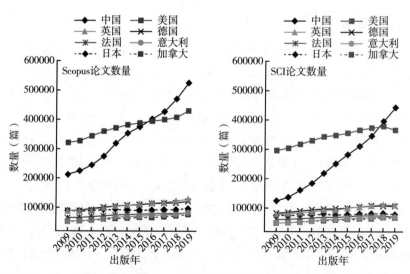

图 1-14　中国与 G7 国家 Scopus 和 SCI 论文变化趋势（2009—2019 年）

2009—2019 年（截至 2019 年 11 月）中国科技人员共发表 SCI 论文 280.36 万篇，仅次于美国排在世界第二位，数量比 2017 年统计时增加了 36.22%；论文共被引用 3222.71 万次，比 2017 年数据增加了 66.55%，位列世界第二。中国国际科技论文被引用次数增长的速度显著超过其他国家。中国平均每篇论文被引用 11.70 次，比上年度统计时的 9.40 次提高了 24.47%。与美国篇均被引用次数 18.44 次相比，中国虽然还有一定的差距，但提升速度相对较快，中国各十年段科技论文被引用次数世界排位如表 1-15 所示。

表 1-15 中国各十年段科技论文被引用次数世界排位变化

时间阶段	1998—2008	1999—2009	2000—2010	2001—2011	2002—2012	2003—2013	2004—2014	2005—2015	2006—2016	2007—2017	2009—2019
世界排位	10	9	8	7	6	5	4	4	4	2	2

数据来源：SCI 数据库，检索时间为 2019 年 11 月。

2. 各学科产出态势

近两年来，我国 SCI 论文分布 TOP10 学科保持不变，其中仅有个别学科发文量排名发生了微调，如图 1-15 所示。

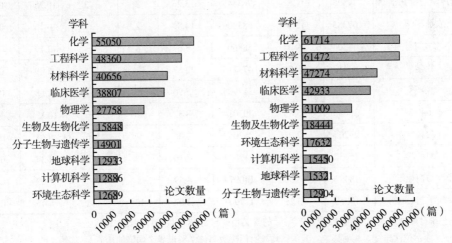

图 1-15 2017 年（左）、2018 年（右）SCI 论文数最多的十个学科
数据来源：InCites Dataset[68]，检索时间为 2019 年 12 月

从世界份额占有率看，我国材料学、化学、工程科学位列前三名。计算机科学、数学、药理学与毒物学等学科，虽然发文量相对不高，但是其占世界份额百分比却较高，相反临床医学虽然发文量很高，但是其占世界份额较低，仅为 10.10%。影响力方面，得益于各学科发文量的提升，各学科总引用量均在稳步上升，从篇均被引及其相对影响（我国篇均被引与其世界篇均被引平均值之比）来看，我国微生物学、植物学与动物学与世界平

均影响力水平相当外，其他学科均低于世界平均水平，各个学科的论文影响力仍较薄弱，具体如表 1-16 所示。

表 1-16　2009—2019 年我国各学科产出 SCI 论文与世界平均水平比较

学科	论文数量（篇）	占世界份额（%）	被引用次数（次）	占世界份额（%）	世界排位	位次变化趋势	篇均被引	相对影响
化学	483467	27.07	7419100	25.78	1	↑1	15.35	0.95
材料科学	312789	33.58	4862538	32.52	1	↑1	15.55	0.91
工程科学	358190	25.51	3496296	23.24	1	—	9.76	0.97
临床医学	290332	10.10	2827496	7.15	7	↑1	9.74	0.71
物理学	259630	23.01	2713826	18.94	2	—	10.45	0.82
生物及生物化学领域	129037	16.65	1563199	11.05	2	↑1	12.11	0.66
分子生物与遗传学	93505	19.05	1315342	10.66	4	—	14.07	0.84
地球科学	98290	20.31	1178890	17.15	2	—	11.99	0.79
环境生态科学	97130	18.04	1093259	14.31	2	—	11.26	0.88
计算机科学	94598	24.35	907326	21.54	2	—	9.59	0.56
植物学与动物学	89131	11.62	881924	11.17	2	—	9.89	1.00
药理学与毒物学	74528	17.57	765848	13.26	2	↑2	10.28	0.96
农业科学	67283	15.01	683309	14.89	2	—	10.16	0.75
神经科学与行为学	48304	9.03	588601	5.67	8	—	12.19	0.99
数学	93417	20.80	475715	20.87	2	↑1	5.09	0.63
免疫学	25278	9.38	317905	5.96	5	↑1	12.58	0.61
微生物学	30038	13.88	305014	8.52	4	—	10.15	1.03
社会科学	29205	2.97	252069	3.06	9	↑6	8.63	0.63
空间科学	15332	9.92	219847	7.10	13	↑1	14.34	0.74
经济与商业学	18495	6.36	140974	4.69	8	—	7.62	0.72
精神病学与心理学	13950	3.21	117907	2.02	13	↑1	8.45	0.63

注：统计时间截至 2019 年 12 月。"↑1"的含义是：与 2018 年度统计相比，位次上升了 1 位；"—"表示位次未变。相对影响：我国篇均被引用次数与该学科世界平均值的比值。

从原创论文数量的角度看，表 1-17 给出了 2019 年中国与 G7 国家在各学科的论文表现情况。总的来说，中国在物质科学和工程技术领域中较之 G7 国家占据了较为明显的优势，优势比较大是化学、材料科学、工程学、物理学、计算机科学、农业科学、药学与毒理学；略有优势的是环境与生态学、分子生物学与遗传学、地球科学和数学；生命科学和空间科学处于明显的劣势地位，体现在临床医学、神经与行为科学、空间科学和精神病学与心理学 4 个学科均未到美国 60% 的论文水平。表 1-18 给出了 2019 年较之 2018 年的增长率数据。除了物理学、生物学和生物化学、神经与行为科学、空间科学与微生物学之外，中国其他学科的增长率均超过了 10%，表现大幅优于 G7 国家的增长水平。优势比较大的学科均保持了 10 个百分点以上的增长速度。

表 1-17　2019 年中国与 G7 国家 SCI 原创论文数据情况　　（单位：篇）

ESI学科	中国	美国	英国	法国	德国	日本	加拿大	意大利
化学	65041	25098	6475	6954	12024	10110	4329	5341
材料科学	53656	16121	4203	3659	6266	5455	2601	2726
工程学	74897	27641	9339	6292	7368	5914	6690	6506
物理学	30946	19323	5748	6282	9503	7960	2764	4598
临床医学	42346	81276	18695	10782	18882	17606	13352	13954
环境与生态学	22098	16675	4425	3066	4215	1937	4073	3062
生物学与生物化学	18452	17466	4079	2854	5053	4240	2713	2645
计算机科学	17123	8296	2721	1967	2074	1312	1938	1805
分子生物学与遗传学	15992	14225	3241	2252	3617	2443	2091	1815
地球科学	17439	14518	4580	3931	5084	2438	3147	2746
农业科学	12596	7579	1234	1454	2001	1653	1567	2358
药学与毒理学	11748	7754	1709	1310	1781	2230	972	1651
植物学与动物学	13821	16771	3874	3145	4614	3657	3743	3021
数学	11986	10026	2280	3172	3031	1800	1688	2282
神经与行为科学	6229	17230	3907	2311	4732	2671	3345	2804
空间科学	2151	6666	2756	2023	3000	1317	1029	1680
社会学	5965	40607	13948	2547	5659	1350	6611	2691
微生物学	4194	5500	1244	1238	1653	1029	786	691
免疫学	3731	7989	2156	1473	1710	1072	1027	1016
经济学与商学	4115	11071	4416	1977	2873	772	1739	1869
精神病学与心理学	2926	21135	5417	1350	4158	881	3656	1781

数据来源：InCites Dataset[68]，检索时间为 2019 年 12 月。

表 1-18　2019 年中国与 G7 国家 SCI 原创论文数据较 2018 年增长率情况 （单位：%）

ESI学科	中国	美国	英国	法国	德国	日本	加拿大	意大利
化学	9.60	−4.31	−0.22	−2.36	3.49	−0.33	1.93	1.68
材料科学	16.45	1.36	4.01	2.95	6.15	7.15	4.58	6.53
工程学	23.85	1.39	6.94	5.08	6.66	5.89	3.30	0.65
物理学	1.38	−6.78	−7.72	−9.70	−8.93	−9.02	−9.26	−8.41
临床医学	10.17	−0.71	0.64	−5.66	1.77	−0.81	3.31	4.82
环境与生态学	28.60	4.64	8.06	−3.98	−0.73	2.60	7.72	4.43
生物学与生物化学	8.19	−6.41	−3.96	−2.83	−1.73	−7.08	−4.34	−2.18
计算机科学	12.28	−1.81	−2.33	−5.48	−3.76	−5.95	−1.97	−2.54
分子生物学与遗传学	31.72	−4.38	−2.35	3.35	2.58	−7.18	2.55	−1.63
地球科学	15.53	−1.30	−1.53	−4.61	−3.55	−4.99	−2.30	−5.96
农业科学	30.57	3.89	2.15	3.49	3.89	3.25	6.24	10.91
药学与毒理学	13.67	2.21	−6.05	−1.06	−0.50	−2.79	2.64	−0.06
植物学与动物学	17.14	−2.85	3.36	−1.78	−3.31	−3.66	1.68	−0.07
数学	12.83	3.83	5.21	1.24	−0.82	−0.83	2.61	4.92
神经与行为科学	4.50	0.32	0.80	−2.94	1.31	−6.05	5.12	4.08
空间科学	4.11	−7.31	−8.26	−9.40	−8.09	−2.23	−2.09	−10.88
社会学	25.18	6.94	14.22	1.35	10.79	6.13	12.18	7.77
微生物学	6.07	−5.14	−6.68	−4.92	1.29	−2.28	−4.15	−0.29
免疫学	11.64	−6.04	−3.84	−2.84	−3.82	−8.30	−5.78	−5.49
经济学与商学	38.13	6.15	13.32	11.25	8.17	16.09	3.51	23.28
精神病学与心理学	24.19	11.89	9.72	−2.24	3.15	−1.45	11.12	3.55

数据来源：InCites Dataset[68]，检索时间为 2019 年 12 月。

　　从 ESI 各学科领域论文数量排名看，在 22 个学科领域中，中国有 19 个学科领域位于世界前 5 位，其中化学、材料科学、工程科学、物理学和计算机科学 5 个学科领域更是位于世界第一；临床医学、生物及生物化学等 11 个学科领域紧随美国之后，位列世界第二。从发表论文总体被引用数量排名看，中国有 20 个学科领域论文被引数量进入世界前 10 位；其中化学、材料科学和工程科学论文被引数量首次位列世界第一；物理学、生物及生物化学、地球科学等 9 个学科领域论文被引数量位居世界第二；多学科、分子生物与遗传学和微生物学科领域论文被引数量分别位居世界第三和第四，如表 1-19 所示。

表 1-19 我国在 ESI 22 个学科领域中论文发文量和引文量世界排名

学科领域	发文量	引文量	学科领域	发文量	引文量
化学	1	1	农业科学	2	2
材料科学	1	1	计算机科学	1	2
工程科学	1	1	数学	2	2
物理学	1	2	微生物学	2	4
临床医学	2	7	多学科	2	3
生物及生物化学	2	2	神经科学及行为学	3	8
分子生物与遗传学	2	4	免疫学	3	5
地球科学	2	2	空间科学	6	13
环境生态科学	2	2	社会科学	8	9
植物学与动物学	2	2	神经病学与心理学	9	13
药理学与毒理学	2	2	经济与商业学	5	8

数据来源：ESI 数据库[65]，检索时间为 2019 年 12 月。

（二）前沿领域持续取得突破

1. 研究前沿

科学研究的世界呈现出蔓延生长、不断演化的景象。科研管理者和政策制定者需要掌握科研的进展和动态，以有限的资源来支持和推进科学进步。对于他们而言，洞察科研动向，尤其是跟踪新兴专业领域对其工作具有重大的意义。研究中国学科的发展态势和规律，深度解析中国的学科发展方向，必然要具备国际视野，掌握全球学科发展趋势，加快跟进创新步伐，缩小与领先国家之间的差距。通过持续跟踪全球最重要的科研和学术论文，研究分析论文被引用的模式和聚类，特别是成簇的高被引论文频繁地共同被引用的情况，可以发现研究前沿。当一簇高被引论文共同被引用的情形达到一定的活跃度和连贯性时，就形成一个研究前沿，而这一簇高被引论文便是组成该研究前沿的"核心论文"。研究前沿的分析提供了一个独特的视角来揭示科学研究的脉络。研究前沿的分析不依赖于对文献的人工标引和分类（因为这种方法可能会有标引分类人员判断的主观性），而是基于研究人员的相互引用而形成的知识之间和人之间的联络。研究前沿热度指数是衡量研究前沿活跃程度的综合评估指标。国家研究前沿热度指数由国家贡献度和国家影响度组成，表 1-20 可以看出国家研究前沿热度指数排名前五的国家在 3 个指标维度的排序完全一致。中国的排名仅次于美国，而日本的排名落后于其他 G7 国家。

表1-20 十大领域整体层面的中国及G7国家研究前沿热度指数得分及排名

国家	国家研究前沿热度指数		国家贡献度		国家影响度	
	得分	排名	得分	排名	得分	排名
美国	204.89	1	107.35	1	97.54	1
中国	139.68	2	81.7	2	57.98	2
英国	80.85	3	42.01	3	38.83	3
德国	67.52	4	35.06	4	32.46	4
法国	46.3	5	23.52	5	22.79	5
意大利	39.42	6	21.5	6	17.92	7
加拿大	39.25	7	18.98	7	20.27	6
日本	33.15	10	17.72	8	15.44	10

数据来源:《2019研究前沿热度指数》。

分领域比较来看（表1-21），中国在化学与材料科学领域，数学、计算机科学与工程学领域以及生态与环境科学领域这3个领域排名第一；在农业、植物学和动物学领域，地球科学领域，生物科学领域，物理领域和经济学、心理学及其他社会科学领域等5个领域排在第二名，表现突出；但在临床医学领域和天文学与天体物理领域仅分别排在第九名和第11名，短板依旧明显。美国除了生态与环境科学领域，化学与材料科学领域以及数学、计算机科学与工程学领域之外，在其他7个领域的研究前沿热度指数得分均排名第一，领先优势明显。

表1-21 十大领域整体及分领域层面的中国及G7国家研究前沿热度指数得分及排名

学科	指标	美国	中国	英国	德国	法国	意大利	加拿大	日本
农业、植物学和动物学	得分	13.02	9.43	5.53	5.65	5.58	3.15	2.71	1.73
	排名	1	2	5	3	4	7	8	15
生态与环境科学	得分	11.19	14.23	2.78	3.28	2.69	2.14	2.06	1.65
	排名	2	1	7	4	8	11	13	16
地球科学	得分	22.13	10.92	4.54	2.16	5.06	1.09	6.15	2.98
	排名	1	2	5	8	4	14	3	7
临床医学	得分	41.31	7.11	21.38	14.03	10.08	10.01	10.15	4.21
	排名	1	9	2	3	5	6	4	11
生物科学	得分	28.28	12.36	9.78	4.84	4.19	5.27	1.8	2.29
	排名	1	2	3	5	7	4	16	11
化学与材料科学	得分	13.03	26.53	4.02	4.44	1.07	0.88	1.03	2.33
	排名	2	1	5	3	10	14	12	6

续表

学科	指标	美国	中国	英国	德国	法国	意大利	加拿大	日本
物理	得分	18.68	9.43	5.24	7.96	2.74	3.54	2.67	2.47
	排名	1	2	4	3	7	6	8	9
天文学与天体物理	得分	30.98	6.91	16.28	17.13	11.12	10.43	8.35	11.25
	排名	1	11	3	2	5	6	9	4
数学、计算机科学与工程学	得分	10.75	33.55	4.99	1.91	1.78	1.03	2.21	2.92
	排名	2	1	4	10	12	18	9	7
经济学、心理学及其他社会科学	得分	15.53	9.23	6.3	6.11	1.98	1.87	2.13	1.32
	排名	1	2	3	4	11	8	15	

数据来源：《2019 研究前沿热度指数》。

　　在十大学科领域的 100 个热点前沿和 37 个新兴前沿中，中国排名第一的前沿数为 33 个，约占 24.09%，美国研究前沿热度指数排名第一的前沿有 80 个，占全部 137 个前沿的 58.39%。英国有 7 个前沿排名第一，德国和法国分别有 1 个前沿排名第一。

　　十大学科领域中，中国在数学、计算机科学和工程学领域和化学与材料科学领域排名第一前沿数分别为 10 个和 8 个，超过 50%（见表 1-22）。其中数学、计算机科学和工程学领域甚至达到 62.50%，表现最为活跃；生态和环境科学领域中国有 4 个前沿排名第一，与美国持平；物理领域中国有 3 个前沿排名第一；地球科学领域，生物科学领域，经济学、心理学以及其他社会科学领域这 3 个领域，中国分别有 2 个前沿排名第一；农业、植物学和动物学领域以及临床医学领域这两个领域中国分别有 1 个前沿排名第一；天文学与天体物理领域中国没有排名第一的研究前沿。与中国相反，美国在数学、计算机科学和工程学领域以及化学与材料科学领域排名第一的前沿最少，这两个领域也是中国高度活跃的优势领域。由于中国在生态和环境科学领域的进步，美国在该领域有 4 个排名第一的前沿，与其他领域相比相对较少。除了上述 3 个领域，美国在农业、植物学和动物学领域，地球科学领域，临床医学领域，生物科学领域，物理领域，天文学与天体物理领域以及经济学、心理学及其他社会科学领域等 7 个领域排名第一的前沿数均在 60% 以上，是所有国家中表现最好的。在 10 个或美国领先、或中国领先的领域的前五名中，均有紧随其后的英国、德国和法国的身影，且三国均表现出较强的实力。其中英国在临床医学领域排名第二，德国在天文学与天体物理领域排名第二。

表 1-22　十大领域整体层面的 TOP5 国家研究前沿排名第一的数量和比例

领域	研究前沿数	排名第一前沿数				
		美国	中国	英国	德国	法国
十大领域整体	137	80	33	7	1	1

续表

领域	研究前沿数	排名第一前沿数				
		美国	中国	英国	德国	法国
农业、植物学和动物学	11	7	1	1	0	0
生态和环境科学	11	4	4	0	0	0
地球科学	11	8	2	0	0	0
临床医学	21	16	1	3	0	0
生物科学	16	12	2	1	0	0
化学与材料科学	15	4	8	1	1	0
物理	12	8	3	0	0	0
天文学与天体物理	13	11	0	1	0	1
数学、计算机科学和工程学	15	2	10	0	0	0
经济学、心理学以及其他社会科学	12	8	2	0	0	0

数据来源:《2019 研究前沿热度指数》。

2. 工程前沿

工程科技是改变世界的重要力量,工程前沿是工程科技未来方向的重要指引。把握全球工程科技大势,瞄准世界工程科技前沿,大力推动科技跨越发展,已成为全球的战略选择。2017 年以来,中国工程院启动"全球工程前沿"研究。全球工程前沿研究以数据分析为基础,以专家研判为依据,遵从定量研究与定性研究相结合、数据挖掘与专家论证相佐证、工程研究前沿与工程开发前沿并重的原则,尤其注重数据与专家的多轮深度交互、综合集成、逐步迭代,凝练出年度全球工程前沿。在数据分析方面,综合利用期刊论文(SCIE 收录)、会议论文和全球专利数据,获得了领域工程前沿遴选的基础素材,供专家参考。在专家研判方面,文献情报专家以及领域专家全程参与数据源的补充、前沿方向的提炼和修订,以及重点前沿的解读。

2019 年度全球工程前沿在以专家为核心、数据为支撑的原则下,采用专家与数据多轮交互、迭代遴选研判的方法,实现了专家主观研判与数据客观分析的深度融合,共遴选出 2019 年度 93 个全球工程研究前沿和 94 个全球工程开发前沿,并按发展前景、受关注程度等原则筛选出重点解读的 28 个工程研究前沿和 28 个工程开发前沿。9 个领域分别在数据源确定之前和数据挖掘之后两次征集专家提名前沿,以期对定量分析查漏补缺。各领域专家经过多轮研讨以及问卷调查,最终遴选出本领域 10 个左右工程研究前沿和 10 个左右工程开发前沿,并从中选出 3 个研究前沿和 3 个开发前沿进行重点解读。

表 1-23 分别是中国在各个领域 TOP3 工程研究前沿中核心论文的比例、被引频次占比以及篇均被引频次占第一名的比例。从整体来看,在超声速流中的减阻减热研究、纳米复

合材料在废水处理中的应用、高效油水分离材料的制备与应用等工程研究前言中，中国的核心论文占比相对较高，排名靠前，但在其他一些工程研究前沿中，如高能固态锂电池、类脑智能、脑成像技术、可再生能源系统、材料生命周期工程、人工智能与油藏预测机制、结构长期性能演化机理与控制和工业 4.0 下的可持续发展研究等，核心论文相对落后，低于 10%，说明中国在这些学科领域的发展较为缓慢，可加大研究力度和资金投入。

表 1-23　中国在各领域 TOP3 工程研究前沿中核心论文占比情况　　（单位：%）

序号	领域	TOP3 工程研究前沿	论文比例	被引频次比例	篇均被引对比第一名数据
1	机械与运载工程	基于工业物联网的智能制造	33.33	21.09	36.47
		高能固态锂电池	3.85	3.02	63.78
		超声速流中的减阻减热研究	70.83	66.23	64.92
2	信息与电子工程	类脑智能	6.23	5.89	61.74
		天地一体化组网	22.13	19.55	69.47
		脑成像技术	8.50	11.11	83.89
3	化工、冶金与材料工程	可再生能源系统	—	—	—
		高温合金	40.20	43.21	79.56
		材料生命周期工程	9.17	8.68	56.08
4	能源与矿业工程	与可再生能源耦合使用的多元高密度储能方法	39.05	21.78	23.58
		先进核燃料和相关材料损伤机理及验证	11.32	5.17	30.53
		人工智能与油藏预测机制	6.82	4.51	26.21
5	土木、水利与建筑工程	结构长期性能演化机理与控制	9.72	9.02	60.27
		基于全寿命周期的绿色建筑设计方法	22.83	35.76	100
		水泥基材料的纳米改性和纤维复合	17.33	18.62	78.92
6	环境与轻纺工程	纳米复合材料在废水处理中的应用	62.32	61.63	56.41
		气候变化与生态环境	16.00	16.58	85.67
		高效油水分离材料的制备与应用	64.71	63.64	82.54
7	农业	农业生物 CRISPR-Cas9 基因编辑	40.48	44.07	77.20
		动物疫病发病机理及防控	18.18	10.46	33.33
		作物基因组选择育种	—	—	—
8	医药卫生	人工智能在生物医药的应用研究	14.93	13.24	67.32
		肠道微生态和稳态免疫	14.29	10.61	55.14
		脑科学的神经计算和类脑智能研究	14.00	13.10	78.14

续表

序号	领域	Top3 工程研究前沿	论文比例	被引频次比例	篇均被引对比第一名数据
9	工程管理	工业 4.0 下的可持续发展研究	9.09	3.50	25.76
		机器视觉驱动的施工管理	41.18	40.57	87.22
		基础设施系统韧性	32.14	33.29	67.26

数据来源:《全球工程前沿 2019》。

(三)专利与成果持续激增

随着知识经济的兴起和经济全球化不断加深,知识产权已经成为各国参与国际竞争的重要资源、对外投资的重要资本和国家发展战略的重要组成部分。根据 WIPO(世界知识产权组织)最新发布的《世界知识产权报告 2019》[69] 报告,全球专利申请量仍然在持续快速增长,2018 年再创新高。2018 年,世界各地提交的专利申请量首次突破 330 万件,比 2017 年增长了 5.2%,增长率(2017 年增长率为 8.3%)虽有所下降,但仍是连续第八年保持增长势头。中国一直是近几年促使全球专利申请量增长的主力,2018 年中国的专利申请量约 154 余万件,相比于 2017 年(138 万件)增长了 11.6%,占全球总申请量的46.4%,超过美国(59.7 万件)、日本(31.4 万件)、韩国(21 万件)和欧洲专利局(17.4万件)的总和,自 2011 年以来,持续位居世界第一(图 1-16)。中国在全球专利申请量所占份额从 2008 年的 15% 增加到 2018 年的 46%,而同期的美国、日本、韩国和欧洲专利局的份额则有所下降。近年来,我国在海外申请专利数量明显增加,从 2006 年的 7000 件增加到 2018 年的 66429 件,但总量仍然不足,专利申请覆盖地理范围较小。2018 年,我国海外申请量与海外申请量排名第一的美国(23 万件)相差甚远,从海外申请量占总申请

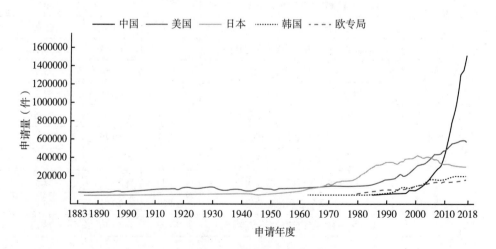

图 1-16　五大专利申请国专利申请年度变化趋势

数据来源:《世界知识产权报告 2019》

量的比例来看，中国海外申请占比仅为 4.3%，远远低于美国（38.5%）和日本（65.9%）。2019 年，我国发明专利申请量为 140.1 万件。共授权发明专利 45.3 万件。截至 2019 年年底，我国（不含港澳台地区数据）发明专利拥有量共计 186.2 万件，每万人口发明专利拥有量达到 13.3 件，提前完成国家"十三五"规划确定的目标任务。2019 年，我国共受理 PCT 国际专利申请 6.1 万件，同比增长 10.4%。其中，5.7 万件来自国内，同比增长 9.4%。

根据《2019 全球工程前沿》的数据，表 1–24 列出了中国在各领域 TOP3 工程开发前沿中核心专利的公开比例情况，可以看出，中国在超精密仪器技术及智能化、城市群综合交通规划系统及安全智能管理技术、河湖海与地下水生态水环境监测与修复技术和面向工程管理的物联网技术开发等工程开发前沿中的核心专利公开量的比例都超过了 90%，说明我国在相关领域的研究中具有一定的优势。但在图像视频分析识别系统与技术、基于微地震监测的裂缝形态处理方法和系统、多技术协同土壤污染修复等工程开发前沿中的核心专利公开量的比例低于 10%，说明我国在这些工程开发前沿中的竞争力有待提高。

表 1–24　中国在各领域 TOP3 工程开发前沿中核心专利的公开比例情况　（单位：%）

序号	领域	TOP3 工程开发前沿	公开量比例	被引数比例	平均被引对比第一名数据
1	机械与运载工程	临近空间高超声速飞行器推进系	46.08	45.27	44.61
		基于深度学习的人机智能交互系	37.31	7.50	8.16
		生物 3D 打印制造技术	73.33	48.76	5.77
2	信息与电子工程	毫米波高速通信技术	27.30	2.36	1.37
		超精密仪器技术及智能化	93.01	86.92	6.61
		图像视频分析识别系统与技术	1.76	1.09	47.17
3	化工、冶金与材料工程	人工智能与化工过程深度结合	25.89	17.72	46.13
		高分子材料的生物基替代	68.34	59.95	35.79
		军用难熔金属材料	59.47	14.30	2.97
4	能源与矿业工程	高效电动 / 混合动力汽车和动力电池技术	16.21	10.82	45.00
		核能高温制氢及氦气透平发电技术	75.51	43.30	15.25
		基于微地震监测的裂缝形态处理方法和系统	7.25	10.22	62.86
5	土木、水利与建筑工程	既有结构加固、修复和改造技术	59.71	68.61	32.88
		城市群综合交通规划系统及安全智能管理技术	91.17	85.10	9
		河湖海与地下水生态水环境监测与修复技术	91.11	68.36	12.18
6	环境与轻纺工程	多技术协同土壤污染修复	—	—	—
		海洋能高效综合利用技术	16.06	1.21	3.07
		食源性致病微生物快速精准检测技术	12.70	0.79	3.93

续表

序号	领域	TOP3 工程开发前沿	公开量比例	被引数比例	平均被引对比第一名数据
7	农业	绿色植保技术	14.22	10.16	24.24
		农业生物基因编辑技术	39.90	18.87	7.15
		土壤重金属污染防治	86.52	82.62	54.91
8	医药卫生	肿瘤免疫治疗技术	18.51	9.54	17.77
		智能辅助诊断技术	25.01	7.50	18.45
		基因编辑技术	28.23	10.93	24.24
9	工程管理	面向工程管理的可视化技术	42.86	42.50	83.38
		面向工程安全的预警技术与方法	16.95	55.93	50.77
		面向工程管理的物联网技术开发	100.00	100.00	100.00

数据来源:《2019 全球工程前沿》。

根据国家科技成果网[70]最新数据显示,2018 年度登记的 57618 项应用技术科技成果中,产业化应用的成果数达到 31378 项,其中由企业完成的科技成果占 60.59%;小批量或小范围应用成果数 14531 项,其中由企业完成的占 42.83%;试用成果数 6184 项,其中由企业完成的占 32.46%;应用后停用成果数 137 项,未应用成果数 5388 项,独立科研机构和大专院校在这两项中所占的比例总计达到 44.98%。可见,成果转移转化的主力军仍然是企业,独立科研机构和大专院校的成果应用转化能力偏弱。从 2018 年登记的各行业产业化应用成果所占比例来看,国际组织、制造业成果的产业化应用比例较高,达到 70%以上;金融业、批发和零售业、租赁和商务服务业的这一比例在 60%~70%;采矿业、电力、热力、燃气及水的生产和供应业,信息传输、软件和信息技术服务业,交通运输、仓储和邮政业的产业化应用成果比例居于 50%~60%;而其他行业的产业化应用成果比例在50% 以下。2018 年登记的高新技术领域成果中,先进制造领域的产业化应用成果比例最高,达到 74.69%;其次是新材料领域,产业化应用成果的比例达到 66.46%;新能源与节能、现代交通、电子信息、环境保护、现代农业领域的产业化应用成果比例在 50%~60%;其他高新技术领域的产业化应用成果比例不足 50%,其中,生物医药与医疗器械最低,比例为 30.36%。可见,高新技术领域先进制造产业化应用水平高,生物医药与医疗器械应用水平有待加强。

二、学科队伍由构建规模优势阶段转向建设人才高地阶段转变

(一)学科队伍规模不断扩大

高校专任教师、R&D 人员是我国人才培养与各学科科研创新的中坚力量,其规模和素质对提高我国科技创新水平有重要意义。根据《全国教育事业发展统计公报》,2015—

2018年我国高等学校专任教师数量分别为157.26万、160.20万、163.32万、167.28万人，呈逐年增长趋势。根据《高等学校科技统计资料汇编》，我国高校R&D人员数量同样呈逐年上涨态势，2017年为39.12万人，较2016年增加了1.01万人，较2015年增加了2.17万人（2018年数据暂未公布），具体如图1-17所示。

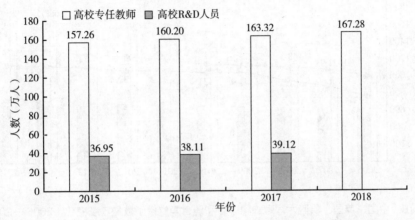

图1-17　2015—2018年我国高等学校专任教师及R&D人员数量变化

表1-25给出了2015—2018年我国研究生培养数量变化情况，可以看出，我国研究生培养规模在逐年扩大。2018年招收研究生85.50万人，其中博士生9.55万人，硕士生76.25万人；毕业研究生60.44万人，其中博士生6.07万人，硕士生54.36万人，各项数据与往年相比均呈现逐年递增的趋势。2017年，研发机构与高等学校R&D人员中硕士、博士毕业生占一半以上，已成为我国科研创新的生力军。研究生队伍是我国科研创新的生力军，培养规模的扩大有利于为我国科研队伍注入新鲜血液和高水平科研成果的产出。

表1-25　2015—2018年我国研究生招收与毕业人数变化　　　（单位：万人）

年份	招生人数			毕业人数		
	研究生	博士生	硕士生	研究生	博士生	硕士生
2015	64.51	7.44	57.06	55.15	5.38	49.77
2016	66.71	7.73	58.98	56.39	5.50	50.89
2017	80.61	8.39	72.22	57.80	5.80	52.00
2018	85.80	9.55	76.25	60.44	6.07	54.36

注：数据来自2015—2018年《全国教育事业发展统计公报》。

图1-18给出了2006—2015年中国、美国和欧盟六国（英国、德国、法国、意大利、西班牙和瑞典）理工科学士和博士授予数量变化。柱状图代表了学士学位授予情况，点线图代表博士学位授予。在学士学位授予规模方面，我国相对于美国和欧盟六国已经呈现压

倒性优势，但在博士学位授予的数量规模方面，我国未能呈现如学士学位般快速增长的趋势，在数量上也大幅落后于美国和欧盟六国。

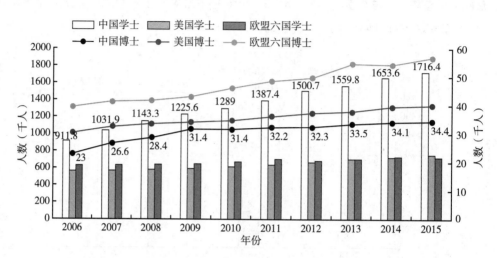

图 1-18　中国、美国、欧盟六国理工科学士和博士学位授予数量年度变化（2006—2015 年）

数据来源：《2020 科学与工程指标》

随着研究生教育规模的发展，研究生导师队伍的规模也在不断发展壮大[71]。2018 年全国研究生导师规模达到 430233 名，较上一年增加了 6.72%。生师比例达到 6.3∶1，较之 2017 年的 6.5∶1 有了进一步的提升，总体上有利于加强研究生的培养。结构上，研究生导师队伍中，有正高级职称的导师人数为 203574 名，占比 47.32%，副高级为 192206 名，占比 44.67%，两者综合超过了 90%。从指导关系来看，导师队伍中有博士生导师 19238 人，硕士生导师 324357 人，博士、硕士导师 86638 人。导师队伍的持续增长为学科发展奠定了坚实的高等教育人力资源基础。

（二）领军人才持续涌现

1. 高被引科学家数量激增

科睿唯安基于 ESI 数据库统计结果每年发布"高被引科学家"名单。根据其 2019 年度发布结果，中国内地共有 636 名学者入选高被引科学家，较 2018 年度的 482 人次增长了 31.95%，较 2017 年度的 249 人次增长幅度超过 150%，增速全球第一。表 1-26 给出了 2019 年度高被引科学家上榜人次前 10 的国家 / 地区名单，可以看出，美国学者在名单中继续占主导地位，而中国取代英国成为第二大"高被引科学家"所在地区（英国 2018 年上榜人数为 546 次）。

图 1-19 给出了中国高被引科学家的学科分布情况，2019 年入选的 636 名学者中，达到 10 人次的有 9 个，分别为化学（72 人次）、材料科学（65 人次）、工程（63 人次）、

计算机科学（43 人次）、物理（23 人次）、数学（18 人次）、动植物科学（18 人次）、地球科学（16 人次）、农业科学（10 人次）。这一分布基本符合我国论文的发表情况，同时也直接反映了我国世界级水平科学家的学科分布情况。

表 1-26　2019 年度高被引科学家上榜人次前 10 国家 / 地区名单

国家 / 地区	高被引科学家总人次	入榜"高被引科学家"名单比例（%）
美国	2737	44
中国	636	10.20
英国	516	8.30
德国	327	5.30
澳大利亚	271	4.40
加拿大	183	2.90
荷兰	164	2.60
法国	156	2.50
瑞士	155	2.50
西班牙	116	1.90

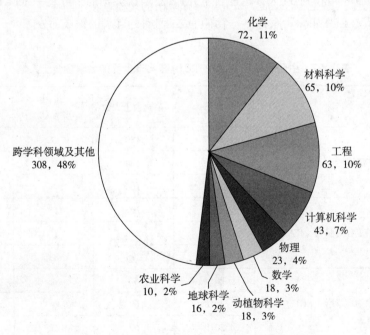

图 1-19　2019 年度中国入选"高被引科学家"学科分布

2. 学会会士队伍不断壮大

学会会士是各学会会员的最高荣誉称号，是各学会对在本领域作出杰出科学贡献者的一项殊荣，每年仅授予极少比例的学会会员。世界知名学会会员由于其严格的准入机制，一般都为各国家和地区的优秀科学家，当选会士更是被业界认定为权威的荣誉和重要的职业成就。表1-27列出了2017—2019年美国物理学会（American Physical Society，APS）等6家各领域国际顶尖学会的新当选会士人数及其中的中国科学家当选情况，可以看出，近年来中国科学家当选顶尖学会会士的比例整体有所上升，越来越多的中国学者获得领域内国际同行专家的认可，成为行业内的领军人才。特别是美国物理学会和电气与电子工程师学会（Institute of Electrical and Electronics Engineers，IEEE），中国会士人数和比例有较大增长。

APS成立于1899年，拥有会员40000多人，是世界上最具声望的物理学专业学会之一，旗下出版的 *Physical Review letters* 是物理界最著名的刊物。APS每年从全体会员中推选出不超过0.5%的对物理学有重要贡献者授予会士称号，2017和2018年分别有一名中国科学家当选为APS会士，2019年这个人数上升为8人，占所有2019年新当选会士人数的4.76%。IEEE是国际性电气与电子工程师学会，是世界上最大的专业技术组织之一。IEEE致力于电气、电子、计算机工程与科学相关领域的开发和研究，是目前具有较大影响力的国际学术组织。其会员人数超过40万人，遍布160个国家，每年新增的会士人数不超过总会员数的千分之一。2017年和2018年分别有18和17名中国学者当选为"IEEE Fellow"，2019年增长到33人，超过当年IEEE新当选会士的十分之一（11.19%），中国学者已成为"IEEE Fellow"家庭中一个不可或缺且日趋壮大的组成部分。

表1-27 中国科学家2017—2019年当选世界知名学会会士人数

学会名称	年份	当选会士人数	中国当选人数	中国当选人数占比（%）
美国物理学会（APS）	2017	189	1	0.53
	2018	154	1	0.65
	2019	168	8	4.76
电气与电子工程师学会（IEEE）	2017	297	18	6.06
	2018	296	17	5.74
	2019	295	33	11.19
美国地球物理学会（AGU）	2017	60	1	1.67
	2018	62	1	1.61
	2019	62	3	4.84
美国医学与生物工程学会（AIMBE）	2017	145	7	4.83
	2018	157	5	3.18
	2019	156	6	3.85

续表

学会名称	年份	当选会士人数	中国当选人数	中国当选人数占比（%）
美国机械工程师协会（ASME）	2017	118	1	0.85
	2018	104	2	1.92
	2019	51	1	1.96
国际计算机学会（ACM）	2017	54	1	1.85
	2018	56	0	0.00
	2019	58	3	5.17

注：数据来自各学会官方网站。

（三）R&D 人员持续增长

R&D 活动按照研究性质分为基础研究、应用研究和试验发展三大类型。2017 年 R&D 人员全时当量为 403.36 万人年，按照从事的研究类型分，其中 R&D 人员从事试验发展比重最大，人员总量为 325.39 万人年，占 80.7%，从事应用研究人员为 48.96 万人年，占 12.1%；从事基础研究人员为 29.01 万人年，占 7.2%。

近几年，三类研究人员数量不断增加（图 1–20），2017 年 R&D 人员全时当量比 2016 年增加了 15.6 万人年，其中，基础研究人员比 2016 年增加了 1.5 万人年，应用研究比 2016 年增加了 5.1 万人年，试验发展人员增长了 9.0 万人年。

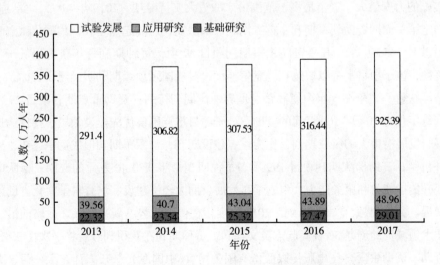

图 1–20　2013—2017 年 R&D 人员从事研究类型分布

三、科技期刊由提升国际影响力阶段转向建设世界一流期刊阶段

（一）谋篇布局，培育世界一流科技期刊成为共识

我国科技期刊的发展在 2018—2019 年受到广泛关注，国家围绕培育世界一流科技期刊，出台了一系列纲领性文件和支持计划。2018 年 11 月，中央全面深化改革委员会第五次会议通过《关于深化改革培育世界一流科技期刊的意见》，会议强调，科技期刊传承人类文明，荟萃科学发现，引领科技发展，直接体现国家科技竞争力和文化软实力。要以建设世界一流科技期刊为目标，科学编制重点建设期刊目录，做精做强一批基础和传统优势领域期刊。为贯彻落实会议精神，推动我国科技期刊改革发展，2019 年 7 月，中国科协、中宣部、教育部、科技部等四部委联合印发《关于深化改革 培育世界一流科技期刊的意见》，重点指出实施"中国科技期刊卓越行动计划"（以下简称"卓越计划"），以建设世界一流科技期刊为目标，围绕变革前沿强化前瞻布局，科学编制重点建设期刊目录，全力推进数字化、专业化、集团化、国际化进程，实现科技期刊管理、运营与评价等机制的深刻调整，构建开放创新、协同融合、世界一流的中国科技期刊体系。

在四部委纲领性文件的指导下，2019 年 9 月中国科协、财政部、教育部、科技部、国家新闻出版署、中国科学院、中国工程院联合下发通知，启动实施"卓越计划"。该计划以 5 年为周期，针对我国科技期刊在编辑、出版、传播、服务全产业链上的关键短板，面向全国科技期刊系统构建支持体系，统筹短期目标与中期目标，对单刊建设、刊群联动、平台托举、融合发展进行系统布局，多点协同发力。该项目是迄今我国在科技期刊领域实施的力度最大、资金最多、范围最广的重大支持专项。2019 年 11 月，"卓越计划"最终确定第一周期资助领军期刊、重点期刊、梯队期刊、高起点新刊、集群化试点等 5 个子项目共计 285 项[72]。其中资助领军期刊项目 22 项，每种期刊每年获得不低于 100 万元的资助，该子项目坚持以域选刊、竞争择优，对标国际顶级期刊明确建设目标，一刊一策、精准扶持，力争在 5 年内使其跻身世界一流期刊行列；资助重点期刊项目 29 项，每种期刊每年获得 50 万~100 万元的资助，该子项目重点围绕优先建设领域，择优遴选办刊基础好、发展潜力大的科技期刊，作为重点建设期刊，与领军期刊形成竞争态势，建立淘汰递补机制；资助梯队期刊项目 199 项，每种期刊每年获得 40 万元的资助，梯队期刊将着力提升传播能力和服务能力，引领学科发展、助力经济建设、培育科学文化。此外，为前瞻布局、突出引领，"卓越计划"2019 年度还在传统优势、新兴交叉、战略前沿、关键共性技术领域资助创办 30 种高起点英文期刊，每种期刊在获得刊号后将一次性获得 50 万元的资助。资助中国科技出版传媒股份有限公司、《中国激光》杂志社有限公司、高等教育出版社有限公司、有研博翰（北京）出版有限公司、中华医学会 5 家单位为集群化试点，给予其每年每项 200 万~600 万元的资助，充分利用一流科研机构和学会的学术资源和出版资源优势，构建功能相异、层次分明、资源互补的刊群，实现集约化、平台化、规

模化运作，以刊带群、以群育刊、刊群联动，为集团化转型积蓄实力。

　　"卓越计划"第一周期资助的 22 种领军期刊均为英文期刊，且除了 *Journal of Rock Mechanics and Geotechnical Engineering*（《岩石力学与岩土工程学报（英文版）》），有 21 种被 SCI 数据库收录。表 1-28 列出了 21 种领军期刊 2016—2018 年的 SCI 影响因子变化情况及其在最新发布的 2018 年 JCR 报告中的学科排名情况。可以看出，这些期刊的影响因子基本呈逐年上升趋势，且排名在学科内名列前茅。例如中国科学院长春光学精密机械与物理研究所、自然出版集团（Nature Publishing Group，NPG）合作出版的开放获取全英文光学学术期刊 *Light: Science&Applications* 于 2012 年创刊，2018 年影响因子为 14.000，在 JCR 报道的 95 种光学期刊中排名第二。由中国科学院昆明植物研究所于 2011 年创办的 *Fungal Diversity* 是真菌学领域的国际专业期刊，其 2016 年影响因子较 2015 年几乎增长一倍（2015 年为 6.991），2018 年影响因子达到 15.596，在 JCR 报道的 29 种真菌学期刊中居于首位。

　　除专业领域期刊外，综合性期刊也取得了比较大的进展。*National Science Review* 是我国第一份英文版自然科学综述性学术期刊，由中国科学院主办，中国科学院院士白春礼担任主编，于 2014 年 3 月正式创刊出版，一年后就被 SCI 收录，2018 年影响因子同比增长 40.54%，达到 13.222，超过自然出版集团旗下的 *Nature Communications* 和美国科学促进会旗下的 *Science Advances* 等期刊，位于全球综合性科技期刊的第三名，仅次于 *Nature*、*Science* 两本世界顶尖期刊。这些中国的领军期刊先天条件得天独厚，后期发展态势喜人，是我国冲击世界一流，打造国际顶尖科技期刊的主要阵地。

表 1-28　卓越计划领军期刊 SCI 影响因子发展情况

序号	中文刊名	英文刊名	2016 年	2017 年	2018 年	2018 年学科排名
1	分子植物	*Molecular Plant*	8.827	9.326	10.812	4/228（植物学）
2	工程	*Engineering*	—	2.667	4.568	7/88（工程类综合）
3	光：科学与应用	*Light: Science&Applications*	14.098	13.625	14.000	2/95（光学）
4	国际口腔科学杂志（英文版）	*International Journal of Oral Science*	3.930	4.138	2.750	15/91（牙科学、口腔外科和医学）
5	国家科学评论（英文）	*National Science Review*	8.843	9.408	13.222	3/69（综合性科学技术）
6	科学通报（英文版）	*Science Bulletin*	4.092	4.136	6.277	8/69（综合性科学技术）
7	昆虫科学（英文）	*Insect Science*	2.026	2.091	2.71	10/98（昆虫学）
8	镁合金学报（英文）	*Journal of Magnesium and Alloys*	—	—	4.523	5/76（冶金和冶金工程学）
9	摩擦（英文）	*Friction*	1.508	1.869	3.000	29/129（机械工程）
10	纳米研究（英文版）	*Nano Research*	7.354	7.994	8.515	13/148（应用物理学）
11	石油科学（英文版）	*Petroleum Science*	1.323	1.624	1.846	5/19（石油工程）

续表

序号	中文刊名	英文刊名	2016 年	2017 年	2018 年	2018 年学科排名
12	微系统与纳米工程（英文）	*Microsystems & Nanoengineering*	—	5.071	5.616	3/61（设备与仪器）
13	细胞研究	*Cell Research*	15.606	15.393	17.848	7/193（细胞生物学）
14	信号转导与靶向治疗	*Signal Transduction and Targeted Therapy*	—	—	5.873	39/299（生物化学与分子生物学）
15	畜牧与生物技术杂志（英文版）	*Journal of Animal Science and Biotechnology*	2.052	3.205	3.441	2/61（农业、制奶业与动物科学）
16	药学学报（英文）	*Acta Pharmaceutica Sinica B*	—	6.014	5.808	17/267（药学与药理学）
17	园艺研究（英文）	*Horticulture Research*	4.554	3.368	3.64	3/36（园艺学）
18	中国航空学报（英文版）	*Chinese Journal of Aeronautics*	1.307	1.614	2.095	7/31（航天工程）
19	中国科学：数学（英文版）	*Science China-Mathematics*	0.956	1.206	1.031	84/314（数学）
20	中国免疫学杂志（英文版）	*Cellular & Molecular Immunology*	5.897	7.551	8.213	14/158（免疫学）
21	中华医学杂志（英文版）	*Chinese Medical Journal*	1.064	1.596	1.555	81/160（全科和内科医学）

注：数据来源：JCR 数据库，检索时间 2019 年 11 月。

（二）基于大数据的中国科技期刊发展态势分析

1. 国际影响力迅速扩大

《中国学术期刊国际引证年报》[73]基于 WOS 数据库统计源期刊和世界范围内遴选增补的人文社科期刊为统计源，每年定期发布各项统计数据，对我国 6000 余种学术期刊的国际影响力进行评价，并分科技期刊和人文社科期刊两个类别，以期刊影响力指数（CI）为评价指标，遴选 TOP10% 为国际影响力品牌学术期刊（以下简称"TOP 期刊"），TOP5% 以内的期刊为"中国最具国际影响力学术期刊"，TOP5%~10% 的为"中国国际影响力优秀学术期刊"。

根据《中国学术期刊国际引证年报》发布数据可知，2016—2018 年我国科技期刊的国际影响力提升显著，国际他引总被引频次连续 3 年呈增长态势，2018 年约为 86.8 万次，较 2017 年增长了 19.15%，较 2016 年增长了 34.38%。其中 TOP 期刊的国际他引总被引频次也呈逐年增长趋势，且对所有科技期刊国际他引总被引频次的贡献率在 65% 左右。

从刊均数据来看，2018 年我国科技期刊刊均国际他引总被引频次为 210 次，较 2017 年增长了 17.32%，较 2016 年增长了 32.08%；刊均国际他引影响因子 0.169，较 2017 年增长了 29.01%，较 2016 年增长了 56.48%。其中 TOP 期刊的刊均国际他引总被引频次和刊均国际他引影响因子同样逐年增长，刊均国际他引总被引频次约为所有科技期刊均值的7.5 倍，刊均国际他引影响因子约为所有科技期刊均值的 9.5 倍（表 1-29）。

表 1-29 2016—2018 年我国科技期刊国际影响力变化

年份	国际他引总被引频次		刊均国际他引总被引频次		刊均国际他引影响因子	
	科技期刊	TOP 科技期刊	科技期刊	TOP 科技期刊	科技期刊	TOP 科技期刊
2016	646254	416096	159	1185	0.108	1.006
2017	728838	466465	179	1333	0.131	1.255
2018	868407	570608	210	1630	0.169	1.571

进一步分析中英文 TOP 期刊的国际影响力增长情况（表 1-30），2018 年，350 种期刊入选科技 TOP 期刊，其中英文刊 205 种，占比 59%。英文 TOP 刊的国际他引总被引频次贡献较大，达到 36.4 万次，占科技类 TOP 期刊的 64%，并且英文刊的刊均国际他引影响因子为 2.418，是中文刊的 6.8 倍；这说明，英文刊由于采用了国际通用的语言，具有中文刊无法比拟的优势，在向国际社会传播中国优秀文化、交流最新学术成果方面发挥了重要作用。从增长率来看，2018 年科技类 TOP 期刊国际他引总被引频次比 2017 年增长约10.4 万，其中，英文 TOP 期刊增长率为 26.71%，远高于中文刊 15.29% 的增长率，说明我国英文科技期刊已进入加速发展期。

表 1-30 中英文 TOP 期刊国际影响力增长对比

语种	刊数		国际他引总被引频次		刊均国际他引总被引频次		刊均国际他引影响因子	
	2017 年	2018 年	2017 年	2018 年	2017 年	2018 年	2017 年	2018 年
中文	157	145	179064	206449	1141	1424	0.298	0.372
英文	193	205	287406	364159	1489	1776	2.033	2.418

2. 国内服务能力持续提升

《中国学术期刊影响因子年报》[74] 基于国内期刊论文、博硕士论文、会议论文等综合统计源，每年发布我国 5000 余种学术期刊的各项计量统计指标。根据其发布结果统计（表 1-31），近年来我国科技期刊的发文规模有所缩减，2016—2018 年每年发表的可被引文献量为 108.1 万 ~112.9 万篇（刊均 277~289 篇），且呈逐年下降趋势。从基金论文比指标来看，基金资助论文占比稳中有升，刊均基金论文比为 0.53~0.56，可以看出目前国家加大科研投入力度，越来越多的论文来自各类基金资助项目，也反映了论文质量水平有所提升。从即年下载率指标来看，2016—2018 年我国科技期刊 Web 即年下载率逐年上升，2018 年刊均 Web 即年下载率为 40 次，相较于 2016 年的 27 次，增长了 48.15%，说明我国科技期刊越来越受读者欢迎，传播能力有较大提升。

表 1-31 2016—2018 年科技期刊发文量、基金论文比与下载率指标

年份	可被引文献量	刊均可被引文献量	刊均基金论文比	刊均 Web 即年下载率
2016	1128641	289	0.53	27
2017	1107599	284	0.55	31
2018	1081287	277	0.56	40

注：可被引文献是指可能被学术创新文献引证的一次发表文献。基金论文比是指某期刊在指定时间范围内发表的各类基金资助论文占全部可被引文献的比例。Web 即年下载率是指统计年某期刊出版并在"中国知网"发布的文献被当年全文下载的总篇次与该期刊当年出版上网发布的文献总数之比。

表 1-32 给出了根据《中国学术期刊影响因子年报》统计的我国科技期刊 2016—2018 年被国内期刊论文统计源引证指标变化情况。可以看出，我国科技期刊 2016—2018 年被国内期刊引用频次、刊均被引频次、刊均影响因子及刊均即年指标均呈逐年增长趋势。从增长率来看，刊均即年指标增长最快，2018 年较 2016 年增长了 17.26%，其次为刊均影响因子，增长了 15.32%。

表 1-32 2016—2018 年科技期刊国内影响力指标

年份	总被引	刊均总被引	刊均影响因子	刊均即年指标
2016	4240533	1111	0.483	0.0738
2017	4476512	1157	0.519	0.0858
2018	4596243	1179	0.557	0.0865
2018 年较 2016 年变化	+8.39%	+6.12%	+15.32%	+17.26%

注：即年指标是指某期刊在统计年发表的可被引文献在统计年被统计源引用的总次数与该期刊当年发表的可被引文献总量之比。

（三）保驾护航，打造自主基础数据平台与评价体系

建设世界一流的科研创新体系，既需要充足的科研条件和良好的政策环境，也需要一流的专业信息服务和科学的学术评价体系。目前，我国科研成果体量已居世界前列，但是至今仍未建立自主的立足国际的期刊基础数据库，使得科研工作者在获得科研信息和开展学术评价时仍要依赖以 WOS 为代表的国外数据库。这会导致两种局面：一方面，由于没有掌握充分的、高质量的底层基础数据而无法满足我国大量的科研创新及科研管理工作中的个性化需求；另一方面，多年来沿袭的"唯 SCI""唯影响因子"等科研评价导向使得

我国的科技期刊在与国外科技期刊竞争中处于劣势地位。例如 SCI 数据库收录期刊偏重欧美等西方国家，2018 年只报道了 179 种中国大陆科技期刊[75]，且多为英文期刊，而我国现有科技期刊接近 5000 种（据《中国科技期刊发展蓝皮书（2019）》[76]，截至 2018 年年底，我国科技期刊总量为 4973 种，其中中文刊 4477 种，占比 90.03%），因此用 SCI 数据库评判并不能真实反映我国科技期刊，特别是优秀的中文期刊在世界学术领域的地位。再者，由于我国科技期刊在当前评价体系中的不利地位，导致大量优质学术论文外流，这些都不利于我国科研创新事业和科技期刊的健康发展。

为解决我国科技论文基础数据资源长期存在的孤岛化、碎片化问题，打造集成国内外期刊的基础数据库，2018 年 10 月，中国科协开始部署建设"科技期刊国家基础数据工程"[77]，计划用 5 年时间，遴选世界级代表性科技期刊为来源，建设面向全球的科技期刊应用数据公共服务平台，掌握世界科技期刊的文献基础数据为我国科研工作者所用，并扭转科技评价的对外依赖局面。

国内多家单位也在积极探索，建设科学、客观、公正的评价体系，引领科技期刊良性发展。中国知网从 2018 年开始开展世界学术期刊学术影响力评价研究工作，连续两年发布《世界学术期刊学术影响力指数（WAJCI）年报》[78]（以下简称"WAJCI 年报"）。该年报综合了国际国内引证统计源的数据，立足专业细化、适应学科发展的原则，设计了一套科学合理、借鉴国内外期刊分类的学科分类体系。采用"世界期刊影响力指数 WAJCI"为评价指标，综合考虑了影响因子和总被引频次两个评价指标，并可实现跨学科的期刊影响力水平比较。以 JCR 期刊和遴选出的中国优秀学术期刊为评价范围，实现了在同一学科体系下、同一统计源范围内对中国期刊和国际期刊开展评价，兼顾了学术期刊的国际国内影响力，让中国期刊走上世界舞台与国际期刊同台竞技。WAJCI 年报通过迭代遴选不低于WOS 统计源期刊水平的中国期刊为统计源，2017 年共有中国统计源期刊 1602 种，评价中国科技期刊 1120 种，有 80 种科技期刊进入 WAJCI-Q1 区，197 种期刊位列 WAJCI-Q2 区。2018 年共有中国统计源期刊 1427 种，评价中国科技期刊 1023 种，有 89 种科技期刊进入WAJCI-Q1 区，193 种期刊位列 WAJCI-Q2 区（表 1-33）。

表 1-33　中国科技期刊 2017—2018 年 WAJCI 指数分区统计

年份	中国统计源期刊数	评价中国科技期刊数	WAJCI-Q1 科技期刊数	WAJCI-Q2 科技期刊数
2017	1602	1120	80	197
2018	1427	1023	89	193

表 1-34 给出了基于 WAJCI 年报统计源的中国科技期刊 2017—2018 年国内外影响力变化情况。可以看出，2018 年中国科技期刊的总被引频次、被 WOS 引用频次、被中国期刊引用频次较 2017 年均有提升，且被 WOS 引用频次的增长对总被引频次增长的贡献更

大。2017 年，中国科技期刊因 WOS 引用刊均影响因子增长 0.579，2018 年中国科技期刊因 WOS 引用刊均影响因子增长 0.783。中国科技期刊刊均影响因子来自国内国际的贡献率几乎各占一半，且国际的贡献率要大于国内，WAJCI 年报对中国科技期刊评价指标有较为明显的改善，彰显了中国科技期刊的真实学术影响力。

表 1-34　中国科技期刊 2017—2018 年国内外影响力指标统计表

年份	总被引频次（万次）	被 WOS 引用频次（万次）	被中国期刊引用频次（万次）	刊均影响因子	被 WOS 引用刊均影响因子	被中国期刊引用刊均影响因子
2017	198.29	71.05	127.24	1.082	0.579	0.503
2018	213.03	84.21	128.81	1.319	0.783	0.537

图 1-21 给出了 2018 年中国科技期刊与 SCI 期刊 WAJCI 指数的对比，从图中可以看出，中国科技期刊已经很好地融入到国际期刊中，说明经过遴选的中国期刊其影响因子与总被引频次均达到 SCI 期刊的同等水平。然而，中国期刊在高端期刊方面与国际期刊还有较大差距。例如 2018 年 Q1 区国际期刊总被引均值是中国科技期刊的 3.5 倍，Q1 区国际期刊影响因子刊均值是中国科技期刊的 1.4 倍。总被引频次差距大于影响因子差距，说明中国期刊不仅要在质量方面追赶世界一流，更要在发文量规模上缩小与世界一流期刊的差距。

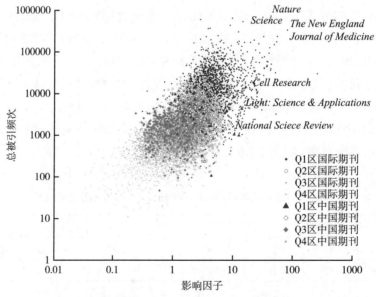

图 1-21　中国科技期刊与 SCI 期刊 WAJCI 指数对比分析云图

为探索认定发布供我国科技工作者使用、供学术文献成果评价参考的高质量科技期刊分级目录，推动同等水平的国内外期刊等效使用，中国科协经过统一部署，启动了分级目录的编制工作。2018 年起，选取中华医学会、中华中医药学会等 6 家全国学会首批试点开展了高质量科技期刊分级目录发布工作，并将成果在第十五届中国科技期刊发展论坛发布，2019 年，试点工作扩大到 15 家全国学会[79]。遵照同行评议、价值导向、等效应用原则，中华中医药学会、中华医学会、中国自动化学会、中国电机工程学会 4 家全国学会已经完成了科技工作者推荐、专家评议、结果公示等规定程序，形成了本领域科技期刊分级目录的初步成果，其他领域的分级目录制定工作会陆续产生成果。"首个中医药科技期刊分级目录"由中华中医药学会联合中国中医科学院历时一年，共同完成。该目录包含 T1 级期刊 11 种，T2 级期刊 27 种[80]，T1 级期刊如表 1-35 所示。

表 1-35 中医药科技期刊分级目录 T1 级期刊

类别	期刊名称	CN	主办单位
中医类	中医杂志	11-2166/R	中华中医药学会、中国中医科学院
	中华中医药杂志	11-5334/R	中华中医药学会
	中华中医药学刊	21-1546/R	中华中医药学会、辽宁中医药大学
	北京中医药大学学报	11-3574/R	北京中医药大学
中药类	中国中药杂志	11-2272/R	中国药学会
	中草药	12-1108/R	天津药物研究院、中国药学会
	中国实验方剂学杂志	11-3495/R	中国中医科学院中药研究所、中华中医药学会
中西医结合类	中国中西医结合杂志	11-2787/R	中国中西医结合学会、中国中医科学院
针灸类	中国针灸	11-2024/R	中国针灸学会、中国中医科学院针灸研究所
英文类	中医杂志（英文版）	11-2167/R	中华中医药学会、中国中医科学院
	中国结合医学杂志（英文版）	11-4928/R	中国中西医结合学会、中国中医科学院

WAJCI 年报的定量评价结果和高质量科技期刊分级目录的建设将为我国科技期刊和期刊管理部门提供强有力的参考依据，帮助中国期刊找到自己在世界学术领域的位置，推动同等水平的国内外期刊等效使用，引导我国科技工作者将更多优秀成果在我国高质量科技期刊首发，突破我国科技期刊发展瓶颈，推动我国科技期刊的可持续发展，推动建设适应世界科技强国需求的科技期刊体系，助推世界一流科技期刊建设。

四、成果转化由体制机制改革激励阶段转向规模化实施落地阶段

科技成果转化是科技成果持续产生、扩散、流动、共享、应用并实现经济与社会价值的关键。目前，我国经济发展进入新时期、新阶段，实施创新驱动发展战略，实现经济转型升级，离不开全面的知识产权保护和管理机制作为支撑。1996 年 5 月，第八届全国人民代表大会常务委员会第十九次会议通过《中华人民共和国促进科技成果转化法》，对规

范科技成果转化活动，加速科学技术进步，推动经济建设和社会发展起到重要作用。2015年8月，第十二届全国人民代表大会常务委员会第十六次会议通过了修改《中华人民共和国促进科技成果转化法》的决定，2016年3月印发《实施〈中华人民共和国促进科技成果转化法〉若干规定》，对技术权益部分进一步明确了有关科技成果权益归属问题，以及对长期困扰科技成果转化的有关问题予以清晰界定，并且对奖励和报酬的数额提出了比例标准，这进一步加快我国科技成果转化步伐。2016年5月，印发《关于〈促进科技成果转移转化行动方案〉的通知》，提出了8个方面、26项重点任务，为打通科技成果转移转化的通道提供有利的政策环境。2017年9月，国务院颁布《关于印发〈国家技术转移体系建设方案〉的通知》，针对技术转移链条不畅、人才队伍不强、体制机制不健全等问题，提出构建符合科技创新规律、技术转移规律和产业发展规律的国家技术转移体系。根据《中国科技成果转化年度报告2018》数据可以看出：随着科技成果转化相关政策的制定和实施，科技成果转化取得了明显的成效。

（一）技术合同金额突破2万亿，成果转化体系初步成型

技术合同登记是我国特有的科技管理方式，统计对象包括技术服务、技术开发、技术转让、技术咨询4类合同。技术含量是合同登记的金标准，因而成交额一定程度上反映了我国科技创新和技术转移情况。2019年我国技术合同成交额为22398.4亿元，比2018年增长26.6%，首次突破2万亿元。2016年刚刚突破1万亿元，而1984年开始登记技术合同时，成交额是7亿元。仅从数据上看，35年来成交额增长了3000多倍。以技术领域划分，2018年达成的2万多亿元合同额中，电子信息、城市建设与社会发展、先进制造位居前三。电子信息技术成交金额超过5600亿元，新能源与高效节能领域涨幅靠前。约1/3的技术合同涉及知识产权，其中计算机软件著作权合同、专利技术合同成交额均有较大的增幅，高价值的生物医药专利总体也在增加。地域上，北京合同成交额高居榜首，上千亿元的还有广东、江苏、上海、陕西、湖北、四川和山东等省份。修订后的《中华人民共和国促进科技成果转化法》通过，《实施〈中华人民共和国促进科技成果转化法〉若干规定》《促进科技成果转移转化行动方案》相继出台，形成了从修订法律条款、制定配套细则到落实具体任务的科技成果转移转化"三部曲"。技术创新有了较为完善的服务体系支撑。全国建立了1000多个技术市场管理机构，800多个技术合同认定登记机构，各类技术交易机构超过2万家。此外，我国还有10家科技成果转移转化示范区、11家国家技术转移区域中心、453家国家技术转移示范机构、92家创新驿站。国家科技成果转化引导基金累计设立21只子基金，国家级科技企业孵化器超过1100家，国家备案众创空间接近1900家，我国技术转移体系初步成形。

（二）科研人员奖励力度加大，科技创富效应进一步显现

根据《中国科技成果转化2018年度报告（高等院校与科研院所篇）》[81]，2017年全

国科技成果转化合同项数 9907 项，与 2016 年同比增长 34.1%，金额 121.1 亿元，同比增长 66.1%，同时，大额度科技成果转化项目频出，出现了一批转让、许可作价过亿的重大成果转让案例，科技成果转化收入总额超过 1 亿元的单位达 31 家，同比增长 55.0%。科技成果交易均价显著提高，以转让、许可、作价投资方式转化科技成果的平均合同金额为 122.2 万元，同比增长了 23.9%。2017 年科研人员获得的现金和股权奖励金额达 47.2 亿元，同比增长 24.2%，奖励研发与转化主要贡献人员获得现金和股权奖励金额 42.6 亿元，同比增长 70.8%，占奖励科研人员总金额的比例达到 90.3%，高于 2016 年的 65.7%，超过《实施〈中华人民共和国促进科技成果转化法〉若干规定》奖励占比不低于 50% 的规定，政策红利显著释放（图 1-22）。

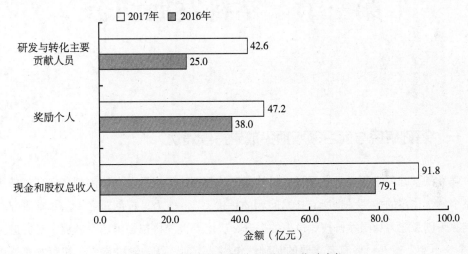

图 1-22　现金和股权收入分配及奖励金额

2017 年受财政资助项目的成果转化合同为 2489 项，同比增长了 198.1%，产生的科技成果转化合同金额为 32.4 亿元，同比增长 369.6%。2017 年中央财政资助项目产生科技成果转让、许可、作价投资方式转化的合同项数、合同金额均成倍增长，合同项目数为 1350 项，同比增长 3.5 倍，合同金额达 23.7 亿，同比增长 7.0 倍。

（三）专利成果运用水平平稳，高校和科研单位专利运用仍有较大提升空间

习近平总书记在 2014 年中央经济工作会议上指出，创新不是发论文、申请到专利就大功告成了，创新必须落实到创造新的增长点上，把创新成果变成实实在在的产业活动。专利运用是实现专利市场价值的重要环节，是创新推动经济高质量发展的具体表现。调查显示，2019 年我国专利实施状况总体平稳，专利布局意识整体良好，高校和科研单位专利运用仍有较大提升空间，信息不对称是制约专利权有效实施的最主要因素。自 2017 年以来，有效专利实施率从 50.3% 逐步上升至 2019 年的 55.4%，专利实施状况稳中有升。从发明专利来看，2019 年有效发明专利实施率为 49.4%、产业化率为 32.9%、许可率

为 5.5%、转让率为 4.4%，较上年依次分别提升 0.8、0.6、1.0、0.6 个百分点，发明专利实施状况总体平稳。高校和科研单位有效专利实施率（高校 13.8%，科研单位 38.0%）、产业化率（高校 3.7%，科研单位 18.3%）远低于企业的 63.7%、45.2%；许可率（高校 2.9%，科研单位 2.0%）、转让率（高校 3.2%，科研单位 1.3%）、作价入股比例（高校 2.0%，科研单位 1.7%）也明显低于企业的 6.1%、3.7%、3.1%。

第三节　学科发展动态

一、基础研究与前沿领域顶尖成果持续涌现

强大的基础科学研究是建设世界科技强国的基石。习近平总书记深刻指出"基础研究是整个科学体系的源头，是所有技术问题的总机关"。作为科技创新之源，基础研究关乎我国源头创新能力和国际科技竞争力的提升，决定着世界科技强国建设进程，对促进实现"两个一百年"奋斗目标有着重要的基础性作用。当前，新一轮科技革命和产业变革蓬勃兴起，科学探索加速演进，学科交叉融合更加紧密，一些基本科学问题孕育重大突破。世界主要发达国家普遍强化基础研究战略部署，全球科技竞争不断向基础研究前移。经过多年发展，我国基础科学研究取得长足进步，整体水平显著提高，国际影响力日益提升，支撑引领经济社会发展的作用不断增强。2018—2019 年，中国在基础研究和前沿领域取得了一系列引领世界的重大成果[82-90]。

（一）物理学

在物理学领域，华中科技大学物理学院引力中心罗俊研究团队自 2009 年起同时采用两种相互独立的方法——扭秤周期法和扭秤角加速度反馈法来测量 G 值，2018 年两种方法均获得了迄今为止国际最高的测量精度。该研究成果被国际同行评价为"精密测量领域卓越工艺的典范"，提升了我国在基本常数测量领域的话语权，并为国际上确定高精度 G 的推荐值作出实质性贡献。2018 年，中国科学院物理研究所高鸿钧和丁洪领导的联合研究团队利用极低温－强磁场－扫描探针显微系统首次在超导块体中观察到了模纯净度高、能在相对更高的温度下得以实现，且材料体系简单的马约拉纳任意子。该研究通过两台独立

的 He–3 极低温强磁场扫描隧道显微镜对 $FeTe_{0.55}Se_{0.45}$ 单晶进行了观察，并验证了材料处于马约拉纳束缚态时在不同隧道结、磁场以及温度下的行为。其观测结果与理论预测相吻合，这是对马约拉纳束缚态的首次清晰观测。同时，实验结果也为实现液氦温度的马约拉纳束缚态调控提供可能。该项成果对构建稳定、高容错、可拓展的未来量子计算机意义重大。

2019 年，南方科技大学物理学系张立源研究组、中国科学技术大学物理学系乔振华研究组及新加坡科技设计大学杨声远等合作，在块体碲化锆（$ZrTe_5$）晶体中首次实验实现了"三维量子霍尔效应"。研究人员对碲化锆体单晶进行了磁场下的低温电子输运测量，在一个相对低的磁场下达到了极端量子极限状态（只有最低朗道能级被占据的）。在该状态下，研究人员观测到了一个接近于零的无耗散纵向电阻，并沿着磁场方向形成了一个正比于半个费米波长的很好的霍尔电阻平台，这些是三维霍尔效应出现的确凿标志。理论分析还表明，该效应源于在极端量子极限下电子关联增强产生的电荷密度波驱动的费米面失稳。通过进一步提高磁场强度，纵向电阻和霍尔电阻都急剧增加，呈现金属－绝缘体相变。该研究进展提供了三维量子霍尔效应的实验证据，并提供了一个进一步探索三维电子体系中奇异量子相及其相变的很有前景的平台。

2019 年，来自中国科学院物理所翁红明、方辰团队和南京大学的万贤纲团队在《自然》上同一日发表的成果给拓扑物理学领域带来了突破性进展：数千种已知材料都可能具有拓扑性质，即自然界中大约 24% 的材料可能具有拓扑结构。研究者开发了根据材料的化学性质和对称性来计算其拓扑属性的算法，基于这种算法，他们研究了上万种材料并根据拓扑属性将其分类。两个中国团队还分别将得到的信息做了可以搜索、交互的数据库。这是世界上首批记录了完整材料拓扑性质的数据库，也是第一次能够对所有已知材料进行地毯式的枚举计算。中国科学院院士、南京大学教授邢定钰表示，"这样高效的方案，很适合对晶体库进行地毯式搜索，从而得到拓扑材料基因库"。他认为，拓扑材料基因库将在未来给实验物理学家带来极大便利，将来的研究可以专注于基因库中的材料，而不必像以前那样"大海捞针"。《自然》编辑部以《新颖材料的宝库使物理学家兴奋不已》为题进行了报道，指出这些成果"使得新奇的拓扑现象离应用更近了一步，或可引发电子学和催化学等方向的革命"。

2019 年，中国科学技术大学的潘建伟团队与国内的合作单位在 300km 真实环境的光纤中完成了双场量子密钥分发实验，相关研究成果近日在线发表在国际权威学术期刊《物理评论快报》上。研究团队提出了基于"发送—不发送"的双场量子密钥分发方案，大大提高了对相位噪声的容忍能力并严格证明了安全性。他们发展了高速高稳定性相位锁定技术、高性能调制与链路相位估计方案，在现实环境下相位剧烈变化的 300km 光纤信道上，实现了双场量子密钥分发。在考虑统计涨落及有限长度分析等重要理论要求后，在 300km 处，密钥生成率达到 2016 年实验的 50 倍，并打破了一般无中继量子密钥分发方案的最高成码率理论极限，而且是唯一考虑了有限码长效应的实验。这项成果不仅完整实现了300km 的双场量子密钥分发，该方案也验证了 700km 以上光纤远距离量子密钥分发的可行

性，有望成为新一代远距离城际量子密钥分发的基础。审稿人评论其为"实用双场量子密钥分发的重要里程碑"。

2019年，中国科学技术大学潘建伟及其同事彭承志、范靖云等合作者，利用"墨子号"量子科学实验卫星，在国际上率先在太空中开展了引力诱导量子纠缠退相干的实验检验，对穿越地球引力场的量子纠缠光子退相干情况进行测试。根据"事件形式"理论模型预言，纠缠光子对在地球引力场中的传播，其关联性会概率性地损失；而依据现有的量子力学理论，所有纠缠光子对将保持纠缠特性。最终，卫星实验检验结果并不支持"事件形式"理论模型的预测，而与标准量子理论一致。这是国际上首次利用量子卫星在地球引力场中对尝试融合量子力学与广义相对论的理论进行实验检验，将极大地推动相关物理学基础理论和实验研究。

（二）化学和材料

在化学和材料领域，2018年北京大学物理学院量子材料科学中心江颖、王恩哥和徐莉梅研究组与化学与分子工程学院高毅勤研究组等合作，开发了一种基于高阶静电力的新型扫描探针技术，实现了氢原子的直接成像和定位，在国际上首次获得了单个钠离子水合物的原子级分辨图像。该研究解决了一百多年来学术界对水合离子的微观结构和动力学的争论，首次澄清了界面上离子水合物的原子构型，并建立了离子水合物的微观结构和输运性质之间的直接关联，对离子电池、防腐蚀、电化学反应、海水淡化、生物离子通道等很多应用领域都具有重要的潜在意义。*Nature Reviews Chemistry* 期刊主编 David Schilter 发表评论文章认为，这项研究获得了"堪称完美的水合离子结构和动力学信息"。

周其林院士及其团队经过20多年的探索，发现了一类全新的手性螺环配体骨架结构，并发展了一系列具有广谱性的手性螺环催化剂。手性螺环催化剂的发现和应用，将手性分子的合成效率提高到一个新高度。

2019年，中国科学院上海有机化学研究所有机氟化学重点实验室董佳家研究员课题组发现一种安全、高效合成罕见的硫（Ⅵ）氟类无机化合物 FSO_2N_3（氟磺酰基叠氮）的方法，他们同时发现该化合物对于一级胺类化合物有极高的重氮转移反应活性和选择性。基于这种模块化的合成方式，短时间内可以对给定药物小分子或者大分子砌块进行万次以上的改造，合成效率的提高对于药物先导分子的发现将起到直接的作用。美国明尼苏达大学的 Joseph Topczewski 教授在《自然》同期以《连续点击反应驱动的导向药物发现的化合物库合成》为题发表专门评述，认为该成果是点击化学领域的一次变革性推进。该成果入选了《自然》2019年度十大杰出论文。美国化学会《化学与工程新闻》也撰文将上述成果列为2019年度合成化学领域的三项重要成果（Sensational syntheses of 2019）之一。

北京大学工学院周欢萍研究组、化学与分子工程学院严纯华/孙聆东研究组及其合作者提出，通过在钙钛矿活性层中引入铕离子对（Eu^{3+}/Eu^{2+}）作为"氧化还原梭"，可同时消除 Pb^0 和 I^0 缺陷，进而大幅提升器件使用寿命。有趣的是，该离子对在器件使用过程中没有明显消耗，对应的器件的效率最高达到了 21.52%（认证值为 20.52%），并且没有明显的迟滞现象。同时，引入铷离子对的薄膜器件表现出优异的热稳定性和光稳定性，在连续太阳光照或 85℃ 加热 1000h 后，器件仍可分别保持原有效率的 91% 和 89%；在最大功率点连续工作 500h 后保持原有效率的 91%。该方法解决了铅卤钙钛矿太阳能电池中限制其稳定性的一个重要的本质性因素，可以推广至其他钙钛矿光电器件，对于其他面临类似问题的无机半导体器件也具有参考意义。

中国科学院物理研究所柳延辉研究组与合作者基于材料基因工程理念开发了具有高效性、无损性、易推广等特点的高通量实验方法，设计了一种 Ir–Ni–Ta–（B）合金体系，获得了高温块体金属玻璃，其玻璃转变温度高达 1162 K。新研制的金属玻璃在高温下具有极高强度，1000K 时的强度高达 3700MPa，远远超出此前报道的块体金属玻璃和传统的高温合金。该金属玻璃的过冷液相区达 136 K，宽于此前报道的大多数金属玻璃，其形成能力可达到 3mm，并使其可通过热塑成形获得在高温或恶劣环境中应用的小尺度部件。该研究开发的高通量实验方法具有很强的实用性，颠覆了金属玻璃领域 60 年来"炒菜式"的材料研发模式，证实了材料基因工程在新材料研发中的有效性和高效率，为解决金属玻璃新材料高效探索的难题开辟了新的途径，也为新型高温、高性能合金材料的设计提供了新的思路。

（三）天文学

天文学领域，我国首颗天文卫星悟空号（DAMPE）在 2018 年首次直接探测到电子宇宙射线能谱在 1TeV 附近的拐折。DAMPE 合作组基于悟空号前 530 天的在轨测量数据，以前所未有的高能量分辨率和低本底对 25GeV—4.6TeV 能量区间的电子宇宙线能谱进行了精确的直接测量。悟空号所获得能谱可以用分段幂律模型而不是单幂律模型很好地拟合，明确表明在 0.9TeV 附近存在一个拐折，证实了地面间接测量的结果。该拐折反映了宇宙中高能电子辐射源的典型加速能力，其精确的下降行为对于判定部分电子宇宙射线是否来自暗物质起着关键性作用。美国约翰霍普金斯大学 Marc Kamionkowski 教授评论认为，这是年度最令人激动的科学进展之一。

2019 年，依托我国自主研制的国家重大科技基础设施郭守敬望远镜（LAMOST），中国科学院国家天文台刘继峰、张昊彤研究团队发现了一颗迄今为止质量最大的恒星级黑洞，并提供了一种利用 LAMOST 巡天优势寻找黑洞的新方法，《自然》在 2019 年 11 月发布了这一重大发现。这颗 70 倍太阳质量的黑洞远超理论预言的质量上限，颠覆了人们对恒星级黑洞形成的认知，有望推动恒星演化和黑洞形成理论的革新。

中国的嫦娥四号探测器成功着陆在月球背面 SPA 区域的冯·卡门撞击坑内，并利用搭载的月球车——玉兔 2 号开展了巡视探测。中国科学院国家天文台李春来研究组与合作者，报告了玉兔 2 号上配置的可见光和近红外光谱仪（VNIS）的初步光谱探测结果，分析发现了低钙（斜方）辉石和橄榄石的存在，这种矿物组合很可能代表了源于月幔的深部物质。进一步的地质背景分析表明，这些物质是由附近直径 72km 的芬森撞击坑挖掘出来并抛射到嫦娥四号着陆地点的月幔物质。这一工作的意义在于揭示了月幔的物质组成，为月球早期岩浆洋研究提供了新的约束条件，加深了对月球内部形成及演化的认识。玉兔 2 号将继续探索冯·卡门撞击坑底部的这些物质，以了解它们的地质背景、起源和组成，为未来开展月球样品采样返回任务提供依据。

（四）生命科学

在生命科学领域，2018 年中国科学院神经科学研究所 / 脑科学与智能技术卓越创新中心孙强和刘真研究团队经过 5 年攻关最终成功得到了两只健康存活的体细胞克隆猴。他们研究发现，联合使用组蛋白 H3K9me3 去甲基酶 KDM4D 和 TSA 可以显著提升克隆胚胎的体外囊胚发育率及移植后受体的怀孕率。在此基础上，他们用胎猴成纤维细胞作为供体细胞进行核移植，并将克隆胚胎移植到代孕受体后，成功得到两只健康存活克隆猴。该技术不仅实现了该领域从无到有的突破，并将为非人灵长类基因编辑操作提供更为便利和精准的技术手段，进而推动灵长类生殖发育、生物医学以及脑认知科学和脑疾病机理等研究的快速发展。德国科学院院士 Nikos K. Logothetis 以《克隆猴：基础和生物医学研究的一个重要里程碑》（*Cloning NHP: A major milestone in basic and biomedical research*）为题发表评论认为，这项工作证明了利用体细胞核生殖克隆猕猴的可行性，打破了技术壁垒并开创了使用非人灵长类动物作为实验模型的新时代，是生物医学研究领域真正精彩的里程碑。

合成生物学领域，中国科学院分子植物卓越中心 / 植生生态所覃重军研究团队与合作者采用工程化精准设计方法，成功将天然酿酒酵母单倍体细胞的 16 条染色体融合为 1 条，染色体"16 合 1"后的酿酒酵母菌株被命名为 SY14。《自然》《科学家》（*The Scientist*）等发表评论认为，这可能是迄今为止动作最大的基因组重构，这些遗传改造的酵母菌株是研究染色体生物学重要概念的强大资源，包括染色体的复制、重组和分离。

2018 年，中国科学院遗传与发育生物学研究所傅向东研究组与合作者的研究发现，水稻生长调节因子 GRF4 和生长抑制因子 DELLA 相互之间的反向平衡调节赋予了植物生长与碳 – 氮代谢之间的稳态共调节。GRF4 促进并整合了植物氮素代谢、光合作用以及生长发育，而 DELLA 抑制了这些过程。作为"绿色革命"品种典型特征的 DELLA 蛋白高水平累积使其获得了半矮化优良农艺性状，但是却伴随着氮肥利用效率降低。通过将 GRF4–DELLA 平衡向 GRF4 丰度的增加倾斜，可以在维持半矮化优良性状的同时提高"绿色革命"品种的氮肥利用效率并增加谷物产量。因此，通过调控植物生长和代谢的协同调节是未来可持续农业和粮食安全的一种新的育种策略，也是一场新的"绿色革命"。

2019 年，中国科学院植物研究所沈建仁和匡廷云研究团队研究发现了自然界"奇葩"光合物种——硅藻高效地捕获和利用光能的独特结构，《科学》以长文形式在线发表了这一成果。这是硅藻的首个光合膜蛋白结构解析研究工作，首次揭示了 FCP 二聚体的结合方式，对几十年来硅藻主要捕光天线蛋白聚合状态研究提供了第一个明确的实验证据。这一研究工作为揭示光合作用光反应拓展捕光截面和高效捕获传递光能机理，以及硅藻超强的光保护机制提供了坚实的结构基础；为实现光合作用宽幅捕获和快速传递光能的理论计算提供了可能，为人工模拟光合作用机理提供了新理论依据；也为指导设计新型作物、提高植物的捕光和光保护效率提供了新思路和新策略。

中国科学院生物物理研究所饶子和、王祥喜团队和中国农业科学院哈尔滨兽医研究所步志高团队联合上海科技大学等单位，在上海科技大学冷冻电镜中心连续收集了高质量数据，采用一种优化的图像重构策略，解析了非洲猪瘟病毒衣壳的三维结构，其分辨率达到4.1埃。该衣壳颗粒体形巨大且结构复杂，由17280个蛋白亚基组成，其中包括1种主要（P72）和4种次级衣壳蛋白（M1249L、P17、P49和H240R），它们组装成五重对称体和三重对称体的复合结构。主要衣壳蛋白P72原子分辨率结构展示出非洲猪瘟病毒潜在的构象型抗原表位，与其他的核胞质大DNA病毒（NCLDV）显著不同。次级衣壳蛋白在衣壳内表面形成了一个复杂的蛋白相互作用网络，通过调控相邻的病毒壳微体之间的作用力介导衣壳的组装并稳定了衣壳的结构。作为核心的组织者，100nm长的M1249L蛋白沿着三重对称体的每个边缘桥接了两个相邻的五重对称体，与其他衣壳蛋白形成了延伸的分子间网络，驱动了衣壳框架的形成。这些结构细节揭示了衣壳稳定性和组装的分子基础，对非洲猪瘟疫苗的研发具有十分重要的理论指导意义。

（五）人类学

在人类学领域，中国科学院广州地球化学研究所朱照宇、古脊椎动物与古人类研究所黄慰文和英国埃克塞特大学Robin Dennell领导的团队历经13年研究，在陕西省蓝田县发现了一处新的旧石器地点——上陈遗址。研究人员综合运用黄土–古土壤地层学、沉积学、矿物学、地球化学、古生物学、岩石磁学和高分辨率古地磁测年等多学科交叉技术方法测试了数千组样品，建立了新的黄土–古土壤年代地层序列，并在早更新世17层黄土或古土壤层中发现了原地埋藏的96件旧石器，包括石核、石片、刮削器、钻孔器、尖状器、石锤等，其年龄为126万年至212万年。上陈遗址的发现将蓝田古人类活动年代向前推进了约100万年，这一年龄比德马尼西遗址年龄还老27万年，使上陈成为非洲以外最老的古人类遗迹地点之一。这将促使科学家重新审视早期人类起源、迁徙、扩散和路径等重大问题。此外，世界罕见的含有20多层旧石器文化层的连续黄土–古土壤剖面的发现将为已经处于世界领先地位的中国黄土研究拓展一个新研究方向，同时将对古人类生存环境及石器文化技术的演进给出年代标尺和环境标记。澳大利亚国立大学Andrew P. Roberts教授评论认为，这项轰动性工作确立了非洲以外已知的最古老的与古人类相关的遗址的年龄及气候环境背景，对于我们了解人类进化有着巨大的影响，不仅是中国科学的重大成果，也是2018年全球科学的一大亮点。2019年中国科学院青藏高原研究所陈发虎团队对发现于甘肃省夏河县的一件古人类下颌骨化石进行了系统研究，发现该化石是阿尔泰山地区丹尼索瓦洞以外发现的首例丹尼索瓦人化石，并且是青藏高原最早的人类活动证据，将青藏高原最早史前人类活动时间由距今4万年推早至距今16万年。这项研究对于神秘的

丹尼索瓦人研究、史前人类对高海拔环境的适应研究以及东亚古人类演化研究具有重要意义，各国的知名专家纷纷认为这一发现为丹尼索瓦人的研究开启了广阔的新空间，堪称是里程碑式的成果。

前沿领域方面，2018 年，中国科学院生物物理研究所李栋研究组与美国霍华德休斯医学研究所 Jennifer Lippincott-Schwartz 和 Eric Betzig 等合作，发展了掠入射结构光照明显微镜（GI-SIM）技术，并利用多色 GI-SIM 技术揭示了细胞器 – 细胞器、细胞器 – 细胞骨架之间的多种新型相互作用。中国科学院外籍院士、美国杜克大学 Xiao-Fan Wang 教授评论认为，这项可视化活细胞内的细胞器与细胞骨架动态相互作用和运动的新技术，将会把细胞生物学带入一个新时代。

（六）脑科学

脑科学领域，浙江大学医学院胡海岚研究组在抑郁症的神经环路研究中，发现大脑外侧缰核中的神经元活动是抑郁情绪的来源，这一区域的神经元细胞通过其特殊的高频密集的"簇状放电"，抑制大脑中产生愉悦感的"奖赏中心"的活动。该研究团队对抑郁症这一重大疾病的机制做出了系统性的阐释，颠覆了以往抑郁症核心机制上流行的"单胺假说"，并为研发氯胺酮的替代品、避免其成瘾等副作用提供了新的科学依据。胡海岚也成为第 12 届国际脑研究组织 – 凯默理国际奖的获得者，这也是该奖自 1998 年设立以来，首次颁发给欧洲和北美洲以外的科学家。

（七）医药

医药领域，军事医学科学院（国家生物医学分析中心）张学敏和李涛研究组与合作者提出基于 DNA 检测酶调控的自身免疫疾病治疗方案。研究发现乙酰化修饰是控制 cGAS 活性的关键分子事件，并揭示了其背后的调控规律。研究人员鉴定了 cGAS 的 3 个关键乙酰化位点（K384、K394 和 K414），发现其中任何一个位点发生乙酰化修饰，都可以致使 cGAS 失去活性。进而，研究者发现乙酰水杨酸（阿司匹林）可以强制 cGAS 在上述关键位点上发生乙酰化从而抑制其活性。上述研究不但揭示了机体抗病毒感染的关键调控机制，还发现了有效的 cGAS 抑制剂，为 AGS（艾卡迪综合征）等自身免疫疾病提供了潜在治疗策略。复旦大学生命科学学院鲁伯埙与丁澦课题组和复旦大学信息科学与工程学院光科学与工程系费义艳课题组等多学科团队通力合作，开创性地提出基于自噬小体绑定化合物（ATTEC）的药物研发原创概念，并巧妙地通过基于化合物芯片和前沿光学方法的筛选，发现了特异性降低亨廷顿病致病蛋白的小分子化合物，有望为亨廷顿病的临床治疗带来新曙光。该成果也入选了《自然》2019 年度十大杰出论文。

（八）纳米

纳米科学与技术领域，国家纳米科学中心聂广军、丁宝全和赵宇亮研究组与美国亚利桑那州立大学颜灏研究组等合作，在活体内可定点输运药物的纳米机器人研究方面取得突破，实现了纳米机器人在活体（小鼠和猪）血管内稳定工作并高效完成定点药物输运功能。研究人员基于 DNA 纳米技术构建了自动化 DNA 机器人，在机器人内装载了凝血蛋白酶——凝血酶。该纳米机器人通过特异性 DNA 适配体功能化，可以与特异表达在肿瘤相关内皮细胞上的核仁素结合，精确靶向定位肿瘤血管内皮细胞；并作为响应性的分子开关，打开 DNA 纳米机器人，在肿瘤位点释放凝血酶，激活其凝血功能，诱导肿瘤血管栓塞和肿瘤组织坏死。这种创新方法的治疗效果在乳腺癌、黑色素瘤、卵巢癌及原发肺癌等多种肿瘤中都得到了验证。并且小鼠和 Bama 小型猪实验显示，这种纳米机器人具有良好的安全性和免疫惰性。上述研究表明，DNA 纳米机器人代表了未来人类精准药物设计的全新模式，为恶性肿瘤等疾病的治疗提供了全新的智能化策略。《自然 – 癌症评论》（ *Nature Reviews Cancer* ）、《自然 – 生物技术》（ *Nature Biotechnology* ）等评论认为该工作为里程碑式的工作；《科学家》（ *The Scientist* ）期刊将该工作与同性繁殖、液体活检、人工智能一起，评选为 2018 年度世界四大技术进步。

（九）信息技术

信息技术领域，清华大学类脑计算研究中心施路平教授团队坚持聚焦支撑人工通用智能的类脑计算，借鉴脑科学的基本原理凝练出发展类脑计算的一些基本原理，并在此基础上提出了符合脑科学基本规律的异构融合的天机类脑计算芯片架构，可同时运行计算机科学和神经科学导向的绝大多数神经网络模型。这项开创性研究得到了外国科学家的高度评价。忆阻器主要发明人、曾在惠普工作的权威专家理查德·斯坦利·威廉姆斯评价说："将这些功能结合在同一块芯片上的方法令人赞叹。"未来"天机芯"的发展方向，是为人工通用智能的研究提供更高能效、高速、灵活的计算平台，还可用于多种应用开发，促进人工通用智能研究，赋能各行各业。

二、学科发展与国家重大科技工程协同前进

重大科技工程，是指国家为了进行基础性和前沿性科学研究，大规模集中人、财、物等各种资源建造大型研究设施，或者多学科、多机构协作的科技开发项目。从学科发展角度看，国家重大科技工程是实现科学前沿突破的重要基础，是推进高新技术和产业的发展动力，是培养人才和提升国际合作水平的重要平台。两年来，依托重大科技工程的快速发展，我国在航空航天领域、天文学领域、物理学领域等均取得了重大进展及突破，呈现出学科发展与重大科技工程建设协同共进的态势[88-92]。

（一）空间科学

空间科学领域，2018 年 5 月，嫦娥四号中继星"鹊桥"成功发射，将搭建地月信息

联通之桥。2018年12月，嫦娥四号成功发射，开启人类首次月背探测。2019年1月，嫦娥四号探测器成功着陆在月球背面冯·卡门撞击坑，在中继星"鹊桥"的支持下，先后完成着陆器与玉兔二号巡视器月面分离、两器互拍，并开始长期科学探测，取得了多项原创性科学成果，初步揭示了月幔的物质组成，为研究月球早期演化历史提供了重要证据。嫦娥四号突破了地月中继通信、复杂地形着陆等关键技术，获取了一批具有自主知识产权的创新成果，标志着我国具备了全月面到达、自主精准着陆、地月L2点中继、高精度高可靠发射、多目标月球测控通信等能力。党和国家领导人在人民大会堂会见了嫦娥四号工程参研参试代表，习近平总书记高度评价嫦娥四号任务："实现人类航天器首次在月球背面巡视探测，率先在月背刻上了中国足迹，是探索建立新型举国体制的又一生动实践。"

2018年12月，北斗三号基本系统完成建设，开始提供全球服务，这标志着北斗系统服务范围由区域扩展为全球，国家时空基础设施北斗系统正式迈入全球时代。2019年，北斗系统三项重大进展，一是全球核心星座部署完成。2019年实施7箭10星高密度发射，北斗三号所有中圆地球轨道（MEO）卫星完成组网，标志着北斗三号系统核心星座部署完成。二是基本服务性能稳中有升。通过提升系统智能运维能力，确保北斗三号系统连续稳定运行。同时服务精度、可用性、连续性等各项性能指标均达到预期要求；水平和高程定位精度实测均优于5m。三是特色服务能力逐步形成。初步形成星基增强、精密定位、短报文通信、国际搜救服务能力、已提供地基增强完全服务能力，构成了集多种服务能力于一体的北斗特色应用服务体系，明年将为用户提供精度更高、性能更优、功能更强的多元化服务。

2019年12月，太极一号在轨测试成功，我国空间引力波探测迈出第一步。太极一号是中国科学院空间科学（二期）战略性先导科技专项首发星，完成了我国空间引力波探测所需载荷和卫星主要关键技术的首次在轨验证，包括高稳定激光器、超高精度干涉仪、高灵敏度引力参考传感器、无拖曳控制技术、微牛级微推进技术、超稳超静航天器等。太极一号在国际上首次实现了射频离子和霍尔双模两种类型电微推技术的全部性能验证；在成功实现加速度模式无拖曳控制实验后，进一步完成了位移模式下的航天器在轨无拖曳控制，率先实现了我国两种无拖曳控制技术的突破；部分核心载荷性能实测指标超过设计指标一个量级，达到了我国最高水平，验证了空间引力波探测关键技术路线。

"高分辨率对地观测系统"是《国家中长期科学和技术发展规划纲要（2006—2020年）》部署的重大科技专项之一（简称高分专项），也是我国迄今为止在遥感领域投资规模最大、系统建设最完整、集中力量最强的重大工程，肩负着争夺国家空间信息自主权、保障社会经济发展和公共安全重大急需、发展相应的国防科技工业和空间信息产业等重任。高分专项于2010年启动实施，至2019年年底已基本如期完成主要工程任务，与我国其他遥感系统共同组成具有覆盖全球（陆地、大气和海洋）、全天候、全天时、多尺度、多维度的高性能对地观测能力的系统，在近地轨道实现空间分辨率从2.1m到0.65m的跨越，在静止轨道实现全球最高的50m空间分辨率分钟级准实时观测，在高光谱遥感领域形成全球能力最强的在轨卫星，并填补了国际上大气和陆表同步观测的空白；有力完善遥感卫星数据接收站、数据中心、定标场、数据传输网络等基础设施，将全球数据获取与传输能力从 12 小时提高到小时级（含指令编制和上传），并支撑累计发放各型卫星数据 2232 万景（至 2019 年年底）。高分专项促进我国民用高分辨率对地观测数据的自给率从不足 10% 提升到近 80%，并牵引全国 20 多个行业部委、31 个省（区、市）政府紧密结合。其主体业务基本实现了遥感数据的工程化、业务化应用，使遥感成为国家治理体系和治理能力现代化的重要支撑。高分专项也率先提出"空间信息产业"的概念并有力推动发展，使其成为国家战略新兴产业的重要组成和数字经济创新发展的新动能。

（二）物理学

物理学领域，2018 年 8 月，国家重大科技基础设施——中国散裂中子源项目在广东东莞通过国家验收，正式投入运行。其综合性能进入国际同类装置先进行列，并将正式对国内外各领域的用户开放。它的投入运行，对我国探索前沿科学问题、攻克产业关键核心技术、解决"卡脖子"问题具有重要意义。

2018 年 11 月，中国科学院合肥物质科学研究院等离子体物理研究所自主设计研制的磁约束核聚变实验装置"东方超环"（EAST）实现了 1 亿度等离子体放电。

2019 年 5 月，中国科学院近代物理所首次发现新核素 ^{220}Np 并检验到 Np 同位素的 N=126 的壳效应。清华大学团队围绕原子尺度自旋表征领域进行了长达十年的持续攻关，原创性地发展了定量电子磁圆二色谱技术，实现了利用透射电子具高空间分辨、占位分辨的磁参数测量及材料面内本征磁性测量等技术，解决了纳米尺度上定量获得材料磁结构信息的难题。在此基础上，结合色差球差校正与空间分辨电子磁圆二色谱技术，团队突破性地实现了逐层原子面的自旋构型成像，以及定量测量原子尺度的轨道自旋磁矩比，并实现了在原子尺度上同时测量材料的结构、成分与磁矩。此外，团队在国际上首次成功地将自旋表征磁圆二色谱的分辨率从纳米尺度推进到原子尺度，将材料的轨道自旋磁矩分布磁信息与其原子构型、元素组成、化学键合等结构信息在原子层次上一一对应，这对于在原子尺度理解自旋、晶格、电荷、轨道等多个自由度的结构参量与材料磁性能间的相互关联具有重要意义。实现自旋构型原子尺度成像，在当今材料科学基础研究中具有重大意义，在设计制造高密度、低功耗、快速的存储器件、推进信息与通信技术方面具有广阔的应用前景。

电子科技大学李言荣院士团队和北京大学王健团队等首次在高温超导纳米多孔薄膜中完全证实了量子金属态的存在。通过调节反应离子刻蚀的时间，在高温超导钇钡铜氧（YBCO）多孔薄膜中实现了超导—量子金属—绝缘体相变。通过极低温输运测试发现，超导、金属与绝缘这三个量子态都有与库珀电子对相关的 h/2e 周期的超导量子磁导振荡，证明了量子金属态是玻色金属态，揭示出库珀对玻色子对于量子金属态的形成起到了主导作用。这一发现为国际上争论了 30 多年的量子金属态的存在提供了有力的证据，并为研究量子金属态提供了新思路。

（三）天文学

在天文学领域，依托郭守敬望远镜，中国科学院国家天文台施建荣研究组与合作者，在 2018 年发现了一颗迄今为止锂丰度最大的巨星，该富锂巨星来自银河系中心附近的蛇夫座方向，位于银河系盘面以北，距离地球约 4500 光年，揭示了富锂巨星起源的一个可能机制。上海天文台沈世银研究员及博士研究生李林林基于郭守敬望远镜巡天得到的海量恒星光谱数据（超过六百万颗）对银河系中尘埃的整体空间分布进行了模型构建，得到了迄今为止最为精确的银河系尘埃盘整体分布的模型参数。北京大学科维理天文与天体物理研究所江林华研究员领衔的国际团队发现了早期宇宙中最大的原星系团。

在技术及设备发展和工程进展方面也取得了巨大成就，例如，暗物质粒子探测卫星在轨运行三年获超 57 亿宇宙线数据，并顺利进入延寿运行阶段；2018 年 6 月，在巡天第七年结束之际，LAMOST 成功获取了 1038 万条光谱，步入发布光谱千万量级时代，也成为世界上首个获取光谱数突破千万的巡天项目；我国首次实现月球激光测距等。

（四）地球科学和地球物理

在地球科学和地球物理领域，热带海洋对全球气候和水循环起着重要的调控作用。该海区的海洋 – 大气相互作用极其强烈并且多尺度和跨海盆特征显著，同时温室气体增暖对该海区海洋与大气环流产生巨大影响。揭示热带多尺度跨海盆海 – 气相互作用的过程与机理以及对温室气体增暖的响应，提高对其预测和预估能力，一直是海洋与地球系统科学的重大前沿问题。中国海洋大学吴立新院士和蔡文炬教授等围绕上述问题，发现温室气体增暖将显著增加东太平洋厄尔尼诺的振幅和发生频率，解决了 ENSO（EI Nino–Southern Oscillation，厄尔 – 尼诺南方振荡）未来是否增强这一困扰海洋与气候学界长达几十年的全球性难题；发现全球变暖背景下热带大西洋变率对太平洋的影响显著减弱，揭示了 ENSO 跨海盆相互作用的未来变化；阐明了西太平洋热带气旋累积效应对厄尔尼诺强度的重要影响，从跨时间尺度角度建立了 ENSO 发展的新机制，有助于提高 ENSO 强度预测能力；领衔全球众多知名学者系统地提出了热带太平洋 – 印度洋 – 大西洋海气系统相互作用的动力学框架，引领这一前沿领域的发展。

中石油新疆油田创建了凹陷砾岩勘探理论技术体系，在世界上首次揭示了成熟—高熟双峰式高效生油规律等，并依靠该理论和技术体系，在玛湖发现了世界上最大的砾岩油田，《凹陷区砾岩油藏勘探理论技术与玛湖特大型油田发现》获得了 2018 年国家科学技术进步奖一等奖。项目团队攻克了准噶尔盆地玛湖凹陷勘探面临的资源潜力不明、储层低效、成藏规模小和技术效果差四大世界级共性难题，丰富与发展了陆相生油与粗粒沉积学理论，形成了砾岩大油区成藏理论，创新了砾岩勘探技术，指导勘探部署由单个圈闭转向整个有利相带，发现了十亿吨玛湖大油田，奠定了世界第一大砾岩油区的地位。中南大学发明了广域电磁法和高精度电磁勘探技术装备及工程化系统，建立了以曲面波为核心的电磁勘探理论，构建了全息电磁勘探技术体系，探测深度、分辨率和信号强度分别是世界先进方法——CSAMT法[①]的5倍、8倍和125倍，实现了探得深、探得精、探得准，满足了"深地"战略需求，在全国成功推广应用，经济和社会效益显著，被誉为"绿色、高效、低成本"的勘探技术，为深地探测提供了"中国范本"，为保证国家资源和能源安全提供了技术保障。2018年，吉林大学负责研发的地壳一号万米钻机正式宣布完成首秀，在松辽盆地科学钻探二井（以下简称"松科二井"）工程中成功应用。完钻井深7018m，创造了亚洲国家大陆科学钻井新纪录，先后攻克了高转速全液压顶部驱动钻井技术、高难度自动化摆排管技术、高速度钻杆柱自动拧卸和输送技术、高精度自动送进技术等四大关键技术，解决了我国科学钻探装备能力小、自动化程度低和钻探效率低等技术难题，填补了我国深部大陆科学钻探专用装备的空白，这标志着我国在"向地球深部进军"的路上取得了新的重大突破。"松科二井"工程是中国地质调查局部署实施的国家重大地调科研项目，是亚洲国家实施的最深大陆科学钻井，也是国际大陆科学钻探计划（ICDP）成立22年来实施的最深钻井。深部大陆科学钻探工程涉及地学、力学、机械、仪电、材料、物理、化学乃至仿生学等多个学科和领域，深部大陆科学钻探装备水平反映的是国家科技发达程度。

（五）航天和航空

2019年，中国航天发射次数达到34次，继2018年之后再次独占世界第一，标志着我国进入空间能力和水平大幅提升，为我国加快推进航天强国建设奠定了坚实基础。2019年12月27日，长征五号遥三运载火箭在中国文昌航天发射场成功发射，将我国东方红五号新一代大型卫星平台的首颗试验卫星实践二十号送入预定轨道。长征五号是我国运载火箭升级换代的重要工程，作为我国首型大推力无毒无污染液体火箭，创新难点多、技术跨度大、复杂程度高。火箭采用全新5m芯级直径箭体结构，捆绑4个3.35m直径助推器，总长57m，起飞重量约870t，近地轨道运载能力25吨级，地球同步转移轨道14吨级，地月转移轨道运载能力8吨级，整体性能和总体技术达到国际先进水平。此次任务的成功，意味着我国具备发射更重航天器，或将航天器送向更远深空的能力，是实现未来探月工程三期、首次火星探测等国家重大科技专项和重大工程的重要基础和前提。

航空领域，2018年10月20日，国产大型水陆两栖飞机"鲲龙"AG600在湖北荆门漳河机场成功实现水上首飞起降。AG600选装4台国产涡桨6发动机，外部尺寸与波音737相当，最大起飞重量53.5t，是我国为满足森林灭火和水上救援的迫切需要，首次研制的大型特种用途民用飞机，是国家应急救援体系建设急需的重大航空装备，对提升国产民机产品供给能力和水平、促进我国应急救援航空装备体系建设、助推海洋强国建设具有重大意义。2019年，中国大型客机项目C919的6架试飞飞机已全部投入试飞工作，项目正

---

① Controlled Source Audio-frequency Magnetotellurics，可控源音频大地电磁法。

式进入"6机4地"大强度试飞阶段。

高原等复杂机场是我国战略利益拓展的重大基础设施。高精度飞行校验是复杂机场开放和安全运行的前提，其核心技术和装备长期被欧美封锁和垄断。北京航空航天大学张军院士团队在多个国家级项目资助下，针对复杂机场存在的飞行窗口受限、可飞空域受限（"两限"）和异常气象扰动、多电磁干扰（"两扰"）等问题，开展技术创新：①发明了飞行校验异质信号的精细探测方法与装置，解决了校验信号特征畸变、采集受扰条件下"精"细探测的难题；②发明了空管设施性能的可信准确验证方法与装置，解决了校验数据缺失、测量参数偏条件下性能"准"确评估的难题；③发明了新型高精度飞行校验系统，实现了校验设备的"优"化集成，通过了美国联邦航空局的适航认证，主要指标达国际领先水平。完成了北京大兴机场的投产校验，保障了机场的如期开航和安全运行；参加了国际民航组织十年一次的飞行校验峰会，展示了我国民航原创性技术实力；应用于中国民航所有机场，完成了所有高高原机场的校验，保障了国家主权，取得显著经济社会效益，使我国跨入飞行校验强国行列。

（六）高技术领域

高技术领域，在国家重大科技基础设施建设等项目的支持下，脉冲强磁场国家重大科技基础设施近两年取得了重大进展，项目首创场路耦合态调控理论，突破极限工况下脉冲磁体电磁和力学设计瓶颈，从理论和技术上彻底解决了磁体外线圈固有的磁场跌落世界性难题；发明了双电容自适应补偿的无纹波平顶磁场电路拓扑，攻克了国外方案场强难以提高、纹波无法避免的难题，彻底颠覆了传统的电力电子技术调控平顶的方案，打开了脉冲场下核磁共振、拉曼光谱和比热测量等科学研究的大门，大幅提升脉冲强磁场装置的应用范围；首创基于磁场时空分布特性调控的测试系统一体化设计方法，攻克了多物理量测量的信号增强与噪声抑制难题，建成国际上唯一能实现磁体复用的多功能高精度测试系统，测量灵敏度世界领先。

2019年，我国首台自主知识产权医疗器械碳离子治疗系统通过国家药品监督管理局批准注册，获准上市，该产品是由中国科学院近代物理研究所研制的，可提供碳离子束用于恶性实体肿瘤的治疗。近代物理所先后建成多代大型重离子加速器装置，并依托重离子加速器装置开展重离子物理及相关应用研究，是我国重离子科学与技术的国家战略科技力量。国产碳离子治疗系统的产业化和临床应用将带动集癌症精准治疗、高端装备制造和运行维护服务为一体的离子医疗产业，培育新的经济增长点，推动上下游企业技术水平提升，实现低端制造向中高端制造转型，使"国之重器"造福社会，产生显著的社会和经济效益，对实现"健康中国"和战略性新兴产业发展战略目标和任务具有重要意义。

武汉大学牵头实施的"中国高精度位置网及其在交通领域的重大应用"瞄准推动我国北斗系统在关键领域规模化应用的国家战略，系统地建立了精准、快速的北斗定位技术体系；突破了高性能、低成本的北斗核心芯片技术，自主研制了全系列北斗应用装备；攻克了稳健、可信的高精度位置网服务技术，建立了一张由北斗地面增强系统、3 类数据处理中心和 10 个交通应用服务系统等组成的中国高精度位置网。项目成果在全国交通行业推广应用，建立了全球最大的营运车辆动态监管平台，实现了全国 530 多万辆重点营运车辆的跨地区精细化监管，有效减少了重特大交通事故的发生；建立了全海域船舶监管与搜救信息系统，实现了北斗全天时、全天候、全海域的船舶监控，累计救助渔民 1 万余人；成功应用于我国海洋岛礁机场建设，为维护我国领海主权起到了不可替代的精准定位保障作用，该项目获 2018 年度国家科学技术进步奖一等奖。

在芯片领域，2014 年 10 月，由中国人民解放军国防科技大学等单位研发的 FT-1500A 高性能 16 核通用 64 位 CPU 惊艳亮相。该芯片兼容生态完善的 ARM 指令集，通过自主设计实现芯片安全可控，性能和效能领先于同期国际同类产品。其研发和面世，标志着我国 CPU 设计技术取得重大突破，打破了国外在高性能 CPU 领域的垄断，为我国自主可控信息系统建设提供了技术保障。随着国产化应用的逐渐深入，FT-1500A 销量逐年递增，仅 2018 年第四季度就销售近 3 万片。而随着 FT-1500A、FT-2000、FT-2000+ 等一系列高性能 CPU 产品的推出，已有 400 多家企业构建了以飞腾 CPU 为核心的全自主生态系统，覆盖了从高性能计算、服务器、桌面、嵌入式等多个应用领域。

清华大学雒建斌团队实现了纳米微粒在线运动状态测量，首次在蒸发水滴中观测到 Marangoni 流动，提出了新的流动判据；揭示出液体中纳米颗粒与固体表面的作用机制，制备出超光滑表面（Ra 0.05 nm）；提出了润滑油中纳米颗粒的减摩机制，通过纳米微粒对缺陷生长的抑制作用，实现了材料的强化。项目成果为纳米摩擦学的发展提供了新的观测手段和理论，已应用于集成电路晶圆制造中。

三、学科成果积极响应国家战略和经济社会发展需求

建设世界科技强国是实现"两个一百年"奋斗目标，实现中华民族伟大复兴的中国梦的内在要求。当前，正值第一个一百年到来之际，国家面向世界科技前沿、面向经济主战场、面向发展重大需求，做出了多项科技强国战略部署。两年来，我国学科发展成果也积极响应国家战略和经济社会发展需求。

（一）基础研究领域

基础研究领域，针对氢燃料电池铂电极 CO 中毒一关键难题，中国科学技术大学路军岭教授课题组利用原子层沉积技术，在 Pt 金属纳米颗粒表面上精准构筑出单位点 $Fe_1(OH)_x$ 物种，进而形成了一种高密度 $Fe_1(OH)_x$-Pt "界面单位点"新型催化剂结构。在富氢氛围 CO 氧化反应中，该催化剂首次在 $-75\sim110℃$ 的超宽温度区间，成功实现了 100% 选择性地 CO 完全去除，在一定程度上可满足氢燃料电池汽车的实际需求。合作者韦世强教授课题组利用原位 X 射线吸收谱发现 $Fe_1(OH)_x$ 物种在反应气氛中的结构是 $Fe_1(OH)_3$，并

惊奇地发现该物种具有超高还原特性，在室温就实现氢气还原生成 $Fe_1(OH)_2$，揭示了其高催化活性的内在原因。杨金龙教授课题组通过理论计算进一步确定了 $Fe_1(OH)_3$ 在 Pt 表面上的空间构型，并揭示了其催化反应机理。该工作为人们设计高性能金属催化剂提供了一崭新思路。电介质电容器具有超高功率密度和超快充放电速度，在能源电力、电子信息、国防军工等高新技术领域有广泛的应用。但其较低的能量储存密度成为制约相关技术发展的瓶颈。近些年来，美国等发达国家一直将高储能密度电介质材料列为重要研发方向。清华大学林元华教授和南策文院士团队提出了一种突破电介质材料低储能密度问题的新途径，即构建一种多形态纳米畴介观结构，以调控材料电畴极化及其翻转能垒，降低极化反转过程中的能量损耗，显著提升储能特性。为此他们设计制备了铁酸锐基三元无铅电介质薄膜材料，使其形成预期的由四方和菱方纳米畴共存于立方顺电基体中的多形态纳米畴结构，成功获得了高极化、低损耗和高击穿强度的综合优异性能，从而实现了高储能密度（112 J/cm^3，超过美国阿贡国家实验室在铅基材料中达到的 85 J/cm^3 纪录）、高储能效率、优异的充放电循环及温度稳定性。该研究发表在国际著名期刊《科学》上，得到了国内外同行高度关注，被《焦耳》等学术期刊重点报道。这一研究成果有望为我国自主高端电介质电容器研制提供关键材料及设计思路。中山大学物理学院王雪华教授团队瞄准高亮度、高纠缠保真度和高不可区分性的"三高"量子光子源，基于量子光辐射控制理论，提出一种能克服光子侧向和背向泄露且能极大提高光子前向出射的新型微纳"射灯"结构，其单光子理论收集效率在较大的带宽中超过 90%、最高可达 95%。"射灯"结构量子光源的实验制备难度极大，要求三大核心微纳制备技术：厚度 160 nm 左右且内有量子点的薄膜转移技术；定位精度小于 10 nm 的量子点光学精确定位技术；环形槽宽度制备精度小于 5 nm 的高质量牛眼微纳结构制备技术。为了制备出这一性能优越的量子光源，王雪华教授研究团队自 2013 年开始，从零起步，经过多年探索，先后发展和掌握了上述三大核心微纳制备技术，在国际上率先制备出综合性能领先的"三高"量子纠缠光子对源。该工作实现了高亮度、高纠缠保真度和高不可分辨性的独特结合，为有高效率量子光源要求的实验提供了可能性。所研制的光子纳米结构与应变调谐技术兼容，为实现可扩展量子光子网络提出一条新路。该纳米结构还能方便地应用到其他类似系统，如二维材料量子点。植物学领域，北京大学瞿礼嘉研究团队系统地开展了对模式植物拟南芥有性生殖过程中小肽信号分子的功能研究，成功鉴定出 7 个 AtLURE1 小肽信号分子及其受体 PRK6 参与植物同种花粉优先过程的调控，揭示了它们控制的花粉管导向信号途径在植物实现同种花粉优先过程中的演化生物学意义。同时，他们还鉴定了另外一组没有种属特异性的花粉管吸引信号"绣球"，建立了花粉管导向最终控制植物育性的新的分子模型，为克服作物远缘种间障碍、促进杂交育种提供了新的理论依据。中国农科院作物科学研究所万建民院士团队和南京农业大学等单位通过图位克隆、分子遗传学方法和基因编辑技术，发现了控制水稻杂种育性的自私基因，阐明了籼粳杂交一代不育的本质，为创制广亲和水稻新种质、有效利用籼粳杂交种优势提供了理论和材料基础。

（二）力学

力学领域，清华大学郑泉水团队在摩擦学领域取得了重大进展，团队创建了范德华层状介质的连续介质力学模型；突破了纳米尺度"零"摩擦（简称超滑）的技术瓶颈，实现了微米尺度以上的超滑技术。这些发现促进了固体力学和相关交叉学科的发展，为极低摩擦磨损器件、高性能多功能微纳米材料提供指导。得到了石墨烯发现者诺贝尔奖得主A. K. Geim 和 K. S. Novoselov 等国际著名学者，《自然》和《科学》等著名期刊论文的引用和积极评价。兰州大学周又和教授领衔完成的"风沙运动的多场耦合特性及规律的力学研究"是力学领域近年的一项重大进展。该项目面对沙漠化与沙尘暴的重大环境问题，立足科学前沿开展了随机性、多场耦合、非线性和跨尺度等共性难题的研究，提出了一条可行的研究路径。率先开展风沙电实验并提出高精度数据处理方法，建立新的理论模型及其有效定量求解方法。解决了理论预报长期存在很大差异的问题，揭示出风沙电的显著影响及特征规律，为相关产品的故障归零等提供了直接支撑。

（三）地质工程

地质工程领域，南京大学等单位完成的"地质工程分布式光纤监测关键技术及其应用"项目瞄准地质工程灾害防治国家需求，形成了拥有完全自主知识产权的技术和设备、创造性地建立了地质工程分布式光纤监测技术体系、在地质工程灾害机理和理论判据方面取得新突破。该项目有 40 余种产品推向了国内外市场，并在南水北调、三峡库区、锦屏电站、青藏铁路、故宫城台、长三角地面沉降等 300 余个重要项目中得到应用。中国矿业大学（北京）等单位完成的"矿井人员与车辆精确定位关键技术与系统"项目发明了无须时钟同步与距离无关的高精度矿井人员定位方法，将定位精度提高到 0.3 m。发明了基于信号到达时间和信号衰减的非视距信号判别方法和双向抵消非视距定位误差方法。研制成功第一个矿井人员精确定位系统。首次提出煤矿井下人员定位系统主要技术要求及测试方法，制定了我国第一个矿井人员定位系统标准，研究制定 5 项国家安全生产行业标准和煤炭行业标准，解决了矿井人员和车辆精确定位的共性和关键性技术难题，研究成果达到世界领先或先进水平。

（四）海洋工程

海洋工程领域，上海交通大学谭家华教授领衔项目组历经 15 年产学研用攻关共设计大型绞吸挖泥船 60 余艘，年挖泥量超过 10 亿 m^3，年产值超过百亿人民币。这批绞吸挖泥船已成为我国疏浚行业的主力军，在"一带一路"港口建设、基础设施建设、航道疏浚等工程中创造了举世瞩目的中国速度和多项世界纪录，创造了瞩目的社会效益和经济效益，该项目"海上大型绞吸疏浚装备的自主研发与产业化"也获得了 2019 年度国家科学技术进步奖特等奖。中国科学院海洋研究所等单位完成的"近海赤潮灾害应急处置关键技术与方法"项目首创了改性黏土治理赤潮的技术与方法，解决了国际上赤潮治理长期存在二次污染、效率低、用量大、不能大规模应用的技术难题，引领了国内外赤潮治理技术的创新与进步。该项技术成果已在我国近海从南到北20多个水域大规模应用，相关技术出口美国、智利等国家，被誉为中国制造的"赤潮灭火器"，研究团队被国际同行誉为"国际赤潮治理的引领者"。

（五）心理学

心理学领域，中国科学院心理研究所王甦菁团队通过计算机科学与心理学学科交叉研究，在自发微表情诱发、微表情检测和微表情识别等方面取得了系统性的创新成果，包括：诱发自发的微表情方法、微表情数据库的建立、微表情系数模型和彩色空间模型的建立、基于光流的微表情检测和识别方法的建立、确定微表情表达时长和形态特征、发现情绪背景和呈现时间都对微表情识别有一定的影响等。这些工作解决了微表情检测和识别方面的一些理论难题，并推动了在心理学和刑侦学等应用领域的发展。

（六）环境科学

环境科学方面，中国生态环境部牵头，华南理工大学等单位联合开发的大气污染防治综合科学决策技术支持平台建立了新的基于环境目标的反算技术及优化集成运行模式，实现了对不同环境目标要求的减排量反算，并对优化的减排策略下的空气质量改善效果、目标可达性、控制成本及健康收益进行快速估算。目前，该平台在京津冀及周边区域"2+26"城市开展了多尺度示范应用，提出了京津冀及周边地区不同大气质量改善目标下 SO_2、NO_x、PM、VOCs 及 NH_3 等污染物的减排要求和技术路径，研究成果支撑了全国多个城市的模型源解析工作，为大气污染防治行动计划终期评估、打赢蓝天保卫战三年行动计划的制定和实施提供了重要科技支撑。清华大学围绕我国工业炉窑烟气多污染物深度减排重大需求，国家和地方针对工业低温烟气，提出了碳基材料吸附 / 催化脱硫脱硝耦合热解二噁英理论，发明了高强度高容量高活性的三效碳基功能材料，研发了精准可控喷氨的双级吸附塔和整体流排料的深度再生塔，解决了碳基功能材料使用中的磨损失重问题并实现了硫资源化利用，形成了中低温特征下的吸附 / 催化－再生的多污染物一体化控制工艺。"烟气多污染物深度治理关键技术及其在非电行业应用"在烟气常规 / 非常规多污染物协同控制理论、核心功能材料、深度治理技术及装备、标准化评价体系等方面取得了重大创新突破，形成了"基础理论—技术方法—决策支持—产业引领"的全链条的完整创新体系。目前，主要技术成果已在钢铁、建材、焦化等多个行业的工业炉窑 / 锅炉进行了工程示范，运行效果良好，支撑了我国重点地区不同行业在全球范围内采取了最严格的超低排放限值，推广应用到全国31个省（直辖市、自治区），并出口到"一带一路"沿线海外国家和地区，取得了良好的经济和社会效益。

苏州大学牵头实施的"多元催化剂嵌入法富集去除低浓度 VOCs 增强技术及应用"项

目发明了"强化富集/催化降解"一体化深度净化低浓度 VOCs 技术，攻克了低浓度 VOCs 低驱动力下强化富集并原位同步快速催化降解的国际难题，破解了低浓度 VOCs 深度净化达超低浓度排放的工程技术难题。这项技术打破国内 VOCs 深度净化主要依靠费用高昂的活性炭吸附和进口日本沸石转轮技术的局面。项目成果转化给企业后，已完成数十家企业废气处理工程，取得显著经济和社会效益。南昌航空大学完成的"含战略资源固废中金属高值化回收关键技术及应用"项目实现了定向调控浸出、空间匹配强化分离、分组分馏纯化三大原理创新，突破了 5 项技术瓶颈，研制了 3 套新装备。该项目解决了我国复杂固废中战略金属的选择性和高值化回收技术难题，扭转了纯投入式固废处置的被动局面，开辟了盈利型资源化回收新模式，取得了显著的经济、社会和环境效益，极大推动了固废资源化处理领域的技术进步。

（七）机械工程

机械工程领域，大连理工大学贾振元院士团队从复材切削本质入手，首次建立虑及法向、切向约束和复材温变特性的切削理论模型，发明了切削机理实验方法及装置，揭示了复材去除机理和损伤形成机制，实现了切削理论源头创新。提出"微元去除"和"反向剪切"复材加工损伤抑制原理，发明了多个系列高质高效加工工具和适温切削损伤抑制工艺，研发出 13 套数字化加工装备。通过将上述成果应用于航天一院、航天三院、中航工业和中国商飞等企业，突破了高端装备中关键复材构件高质高效加工技术瓶颈，支撑了我国新一代重点型号研制和批产。该成果"高性能碳纤维复合材料构件高质高效加工技术与装备"获国家技术发明奖一等奖，将我国碳纤维复材构件加工技术水平推进到国际前沿。大连理工大学康仁科牵头开发的"大尺寸硅片超精密磨削技术与装备"打破了多年以来的芯片制造技术瓶颈，团队系统研究了大尺寸硅片超精密磨削基础理论、工艺、技术和装备，发明了单颗粒金刚石纳米切深高速划擦试验方法与装置，系列化金刚石砂轮及硅片高效低损伤磨削工艺，单晶硅软磨料砂轮机械化学磨削新原理新技术。开发出磨削硅片的系列化软磨料砂轮及超低损伤磨削工艺，发明了大尺寸硅片加工变形测量方法与设备，消除硅片重力附加变形的计算分离法和液浸消除法。研制出国内首台 300mm 硅片双主轴三工位全自动超精密磨床和国际首台 300mm 硅片双主轴两工位多功能超精密磨床。研究成果应用于我国首条国产 300mm 硅材料成套加工设备示范线，还可推广应用于蓝宝石等硬脆基片的超精密加工。

（八）电气工程

电气工程学科，西安交通大学面向新能源接入、国防关键装备以及城市直流配电等国家重大需求，发明了基于磁耦合和断口磁吹的电流快速转移方法，发明了混合驱动和气压缓冲式快速机械开关方案，突破了直流开断电流快速转移、断口绝缘快速恢复、电能快速耗散的关键技术，提出了直流开关设备的新型拓扑结构，研发了 10kV/160kV 系列直流快速开关、直流配电系统用断路器 / 负荷开关，最高分断能力达 60kA。研究成果"先进直流开断关键技术与应用"为未来中高压直流电网、国防重大装备领域的推广应用提供了重要支撑。所提出的直流开断方案及研发的直流断路器，在国家重点研发计划示范工程设备招标中，获得广泛认可并成功夺标，在国内外率先实现批量应用，引领了直流开断技术领域的发展和进步。清华大学历经 17 年产学研用联合攻关，首创了"智能机器调度员（AO）"实现原理和体系架构，发明了调度运行知识自动发现、知识管理与在线应用等关键技术，研发了国内外首个 AO 系统，在 9 个区域 / 省级调度中心推广，近三年来经济效益 7.97 亿。由周孝信、汤广福院士等领衔的鉴定意见认为：项目实现了调度决策从"自动化"到"智能化"的重大跨越，引领了国内外智能调度技术领域的发展和进步，项目整体达到国际领先水平。中国科学院半导体研究所牵头的"高光效长寿命半导体照明关键技术与产业化"项目，面向半导体照明产业化亟须突破的光效低、寿命短、无标准三大核心瓶颈，通过基础研究、技术突破、规模应用和产业推动，形成自主可控的高光效长寿命半导体照明成套技术，关键指标达国际领先水平。成果应用于多项国家重大工程，节能减排效果显著。实现了中国照明产业的转型升级和照明产品的更新换代，促进国家节能环保能力的持续提升，支撑我国成为全球最大的半导体照明生产、消费和出口国。清华大学等单位完成的"复杂电网自律 – 协同自动电压控制关键技术、系统研制与工程应用"项目历经20 多年持续研究，突破了复杂电网自动电压控制（简称 AVC）这一智能电网的核心技术，形成重大原创性成果，研制出世界上首套复杂电网 AVC 系统，构建了电网广域闭环控制体系。同时，成果大规模应用于我国 40 个省级电网、306 个地区电网和全部 13 个大型风 /光汇集区，闭环控制了全国 81% 的水 / 火电、88% 的 220kV 以上变电站和 55% 的集中并网风机 / 光伏。出口至美国最大电网 PJM，控制了美国首都和东部 13 个州的电压。

（九）水利科学与工程

水利科学与工程领域，针对黄河水少沙多、水沙关系不协调，黄土高原生态脆弱，下游防洪短板突出，"地上悬河"形势严峻，下游滩区发展与安全矛盾并存等问题，黄河水利委员会组织相关科研单位通过 20 多年攻关，开展了一系列研究，取得重大突破和创新，为实现堤防不决口、河道不断流、污染不超标、河床不抬高提供了有力的技术支撑：建立了多沙河流水利枢纽工程泥沙理论方法体系，创建了高、超高、特高含沙量河流水库淤积形态设计与控制、拦沙库容再生与多元利用、枢纽泥沙防护等技术，破解了泥沙淤积影响工程设计和运用的世界级难题；揭示了调控水沙条件下滩槽演化和水 – 沙 – 床互馈动力学机理，阐明了中游骨干枢纽群水沙动态调控与水库泥沙资源利用、下游河势控导效果及工程布局的互馈机制，构建了骨干枢纽群水动力与人工措施有机耦合的水沙动态调控理论技术体系和"水沙演进预报 – 治理效益评价 – 水沙优化配置"模拟预测体系；系统集成砒砂岩脆弱生态区治理关键技术，研发了抗蚀促生新型复合材料，开发了砒砂岩改性修建淤地坝技术，对推动黄河流域生态保护和高质量发展具有重大科技支撑作用；从理论层面揭示变化环境下凌汛洪水致灾、成灾过程及演化机制，研发"水－陆－空"相结合的黄河凌情自动监测识别系统，建立了冰凌演化预报模型，研发高效精准的爆破破凌破冰装备，有效地提高了破冰作业的速度和效率；开展了堤防安全评价理论与技术，堤防质量检测、隐患探测和安全监测技术，防汛抢险应急技术及除险加固技术，堤防工程新材料、新结构、新技术研究，生态、智能堤防建设与管理问题等研究，解决了堤防工程防洪防凌安全、泥沙资源利用等关键技术。

另外一项重大成果是南水北调中线干线工程顺利建成并安全平稳运行及管理。干线工程通过将汉江优质水引入北方，是实现水资源配置的重大基础性工程。南水北调中线干线工程建设管理局不仅攻坚克难完成工程建设，更以保障工程不间断供水为目标，综合考虑外部环境、供水目标和工程工作状态，基本建立了科学合理的工程运行调度策略，实行智能化水量实时调度模式。同时通过合理组织和科学安排，利用丹江口水库汛期弃水向北方缺水地区进行生态补水，实现洪水资源化。在工程巡查和日常维护方面，充分利用信息化、智能化手段，建立了完善的工程巡查系统、安全监测系统、水质监控系统、安防系统，实现工程全方位多角度的信息感知和集成。针对工程运行维护的关键技术问题开展攻关，推进智慧中线系统投入使用，探索 InSAR、北斗毫米级位移监测等技术的应用，形成了工程无损检测、带水修复的全套技术和工艺，保障了工程安全平稳运行。

（十）制冷与低温工程

制冷与低温工程领域，我国的工业用蒸汽很大部分是来自煤炭直接燃烧，具有排放高和效率低等缺点。上海交通大学等研究团队基于水蒸气高效压缩技术开发了水蒸气高温热泵，可以有效地回收低于 $100{℃}$ 的低品位工业余热并为工业流程提供高温蒸汽，通过采用自然工质水避免了人工合成工质温室效应强和成本高等问题，具有广阔前景。在此基础上进一步开发了空气源热泵锅炉系统，通过复叠式热泵有效提取空气热能，进而通过闪蒸—分离—压缩过程，实现 $120{℃}$ 以上的高温高压水蒸气输出。该空气源热泵锅炉最低可在 $-14{℃}$ 的环境下运行，具有广泛的地域适用性；利用电力热泵加上水蒸气压缩机供给蒸汽，平均运行效率达到 150%，可以直接满足中小企业清洁经济的蒸汽供应需求。水蒸气高温热泵及空气源热泵锅炉的开发产生了很大的经济、社会效益。中国科学院理化技术研究所低温与制冷研究中心针对传统大型固定式天然气液化工厂及管网集输模式，对我国储量巨大的偏散天然气资源不适用等重大问题，突破了普冷单级油润滑压缩机驱动的低压混合制冷剂液化技术、高效紧凑的多股流换热器技术、润滑油与混合制冷剂的深度分离技术、便于移动的撬装液化装置集成技术，成功发明了"系列规格撬装式天然气液化装置技术"，具有高可靠性、低成本、生产及现场施工周期短等特点，累计有不同规格（0.5~15万标方/天）共 40 余套装置运行，单位能耗与国内外同等规模装置相比下降 20%~30%，与部分日液化量百万标方规模的固定式液化工厂相当，占据国内 10 万标方及以下的撬装液化装置市场份额近半。

（十一）计量科学

计量科学领域，我国在国际单位制（SI）基本单位复现新理论、新方法等方面持续开展研究，开尔文、千克、摩尔等基本单位的重新定义取得了系列突破，作出了中国贡献，有力地提升了我国在国际计量界的影响力和话语权。在温度单位开尔文的重新定义中，中国计量科学研究院采用了两种独立的方法：圆柱声学法和噪声法，将玻尔兹曼常数测量的相对不确定度分别降低至 2.0×10^{-6} 和 2.7×10^{-6}，为 CODATA 波尔兹曼常数平差值作出贡献，尤其是噪声法测量结果，满足了国际温度咨询委员会（CCT）提出的开尔文重新定义的第二个要求。中国科学院理化所参与了法国计量院采用的圆球声学法测量玻尔兹曼常数工作。这些工作为开尔文的重新定义作出了重要贡献。在摩尔的重新定义中，中国计量科学研究院完成了浓缩硅 –28 摩尔质量测量国际比对（CCQM–P160），是全球唯一采用高分辨电感耦合等离子体质谱法和多接收电感耦合等离子体质谱法两种不同方法完成了浓缩硅 –28 摩尔质量的测量，并在共 8 个国家参加的国际比对中获得了最好的比对成绩，相对标准不确定度达到了 2×10^{-9}。

（十二）图学

图学领域，近年来我国的制图标准化在不断完善自主图学体系的同时，积极参与国际图学标准化的竞争，主导制定了一批国际标准，将中国图学技术方案转化为国际标准，实现了制图标准的由弱到强，取得了可喜的成绩。自 2006 年开始，中国专家一直担任国际标准化组织第 10 技术委员会第 6 分技术委员会（ISO/TC10/SC6）"机械文件"的主席，并且承担了该秘书处的工作；自 2017 年开始，中国又与英国联合承担了国际标准化组织第 10 技术委员会第 1 分技术委员会（ISO/TC10/SC1）"基本规则"的秘书处工作。目前，由我国主持制定发布了 6 项国际图学标准。由我国主导制定的图学国际标准有 3 项，如《ISO 21143：2020 技术产品文件 – 机械产品数字模型虚拟装配要求》（ISO 21143 Technical product documentation— Requirements for digital mock–up virtual assembly test for mechanical products）等；重点参与的图学国际标准有 5 项，如《ISO 16792 技术产品文件 – 数字化产品定义数据规范》（ISO 16792 Technical product documentation — Digital product definition data practices）等。我国图学标准转化为国际标准反映出我们的图学标准化研究和应用的水平已处于国际先进行列。

上海交通大学团队在形计算方面取得了重大进展，形计算将思维、几何、代数及计算分别定位在四个不同的层次："思维是设计层次、几何是表述层次、代数是处理层次、计算是实施层次"，通过引入几何数、几何基，采用变换几何化、降维计算以及引入多元、分级零域等，提出并实现了一个"三维思维，二维图解，一维计算"的多维空间融合的几何计算理论和方法。形计算解决了面向"形"的数计算的非可读性，从理论上提出了一套解决几何奇异问题的完整理论和解决方案，为三维 CAD 几何引擎研发奠定了基础，已经在自主版权的 KerenCAD 中得到了全面应用。

图学在建筑业中的应用（如：建筑信息模型，BIM）是近两年图学学科支撑经济社会发展一项重要体现。BIM 作为图学在建筑业发展的新方向，已经大规模运用于工程实施中。BIM 为建筑行业的产业化和数字化转型提供驱动引擎的同时，围绕 BIM 产品研发、BIM 培训与咨询以及既有建筑 BIM 运维等方向，形成规模高速增长的产业市场，为实体经济发展提供了技术支撑。在 BIM 人才的培训培养方面，行业学协会发挥了重要作用。中国图学学会"以赛促学，以赛代训"，其主办的"龙图杯"BIM 应用综合性大赛，自 2012 年开始每年举办一次，2019 年共收到设计、施工、综合、院校 4 个组别的 1844 项作品，年增速达到 52%，大赛已经成为推动建筑业人才培养和技术进步的重要形式。截至 2019 年，已成功举办 15 期 BIM 技能考试，考试报名人数超过 24 万人次，越来越多的企业已经把 BIM 大赛以及 BIM 技能考试成绩与员工的绩效奖励挂钩，对促进产业的发展起到了不可或缺的重要作用。

（十三）计算机科学与技术

计算机科学与技术领域，由北京大学高文院士牵头，以数字音视频编解码技术标准工作组（AVS 工作组）为依托，通过产学研用深度协作，组织制定的第二代视频编码标准（AVS2）针对超高清视频高效编码问题，突破了时空预测、层次变换、分组熵编码和自适应环路滤波等关键技术，对电视类视频的压缩效率达 300 倍，在前一代标准基础上翻了一番，对监控类视频的编码效率更是高达 600 倍，处于国际领先水平。AVS2 继 2016 年被颁布为广播电视行业标准和国家标准之后，2018 年被颁布为 IEEE 国际标准，并被全球超高清联盟采纳。围绕 AVS2 标准，工作组构建了从技术创新、专利许可、标准制定、芯片研制、系统开发和应用推广的生态圈，从技术源头上掌握了视频产业发展的主动权。今年 10 月 1 日，中央电视台采用 AVS2 正式开播 4K 超高清电视，迄今已落地 15 个省区市有线电视网络，同时在电信等行业得到应用，受众数亿，标志着中国正式进入超高清电视时代。

（十四）轨道交通

轨道交通领域，针对我国城市交通拥堵的社会难题和旅游景区观光需求，考虑到地铁、轻轨建设投资大、周期长的客观现实，以构建"分层次、多制式、功能互补"的综合轨道交通系统为出发点，实现地下、地面、空中立体化交通发展目标，西南交通大学翟婉明院士领衔"产学研用"协同创新团队，联合中唐空铁集团、中车、中铁等轨道交通企业，全新研发出一种占地少、投资小、工期短、安全性高、绿色环保的新能源悬挂式空中铁路交通成套技术，并在成都建成 1.41km 长的世界首条新能源空铁试验线，经过 3 万余千米的实车运行试验及系统优化，获得成功，为缓解城市交通拥堵问题提供了一种创新性解决方案。该团队在国际上首创以锂电池为动力源的新能源悬挂式空铁系统，自主设计、制造了悬挂式空铁列车，构建了悬挂式列车－轨道梁桥空间耦合动态仿真设计平台，研发出新能源空铁关键装备——整体平移式道岔和轨道梁系统。主编的我国第一部工程建设地

方标准《悬挂式单轨交通设计标准》于 2018 年正式颁布实施。应用本项目成套技术的我国第一条悬挂式空铁商业运营示范线在四川大邑开工建设。

（十五）测绘科学

测绘科学领域，武汉大学等单位主持完成的"中国高精度数字高程基准建立的关键技术及其推广应用"瞄准国家高程基准现代化和位置服务的重大需求，攻克了 Stokes-Helmert 边值问题严密化及其应用关键技术，形成了精密数字高程基准建立的完整技术体系，并提出了利用数字高程基准实现高程基准维持与测定的新模式，开启了我国高程基准现代化的进程。项目成果革新了我国现代高程测定和基准维持的模式，在湖北、山西、浙江、武汉、宁波、重庆等 100 多个省市实现了工程应用，广泛用于国土、规划、水利、交通、石油等领域，并在"南水北调"和"地理国情监测"等国家重大工程中发挥了重要作用，产生了显著的社会效益和经济效益。2018 年 6 月，武汉大学珞珈一号科学实验卫星 01 星搭乘长征二号丁运载火箭，准确进入预定轨道。珞珈一号 01 星是低轨夜光遥感和导航增强多功能微纳卫星，配置了高灵敏度夜光相机与导航增强载荷。夜光相机地面分辨率 130m，幅宽 250km×250km，其主要产品是夜光 GDP 指数、碳排放图、贫困基尼图和城市住房空置率图，探索夜光遥感在社会经济领域和军事领域的应用。

（十六）制导兵器

制导兵器领域，中国兵器工业开发的红箭 10 导弹是我国首型可超视距、精准打击各类坦克装甲、坚固工事及低空低速飞行目标的一体化先进多用途导弹武器系统，具有攻击目标种类多、信息化程度高、抗干扰能力强、可连续多目标同步打击、适应复杂交战环境、可动态调整攻击任务、即时进行毁伤效果评估等先进技术特质，为陆军提供了具有独特作战能力的新一代陆战导弹系统。红箭 10 导弹创建发展了我国首个光纤图像寻的制导系统，实现了精确制导武器核心技术的自主可控和关键基础研究的自主保障能力，在我军反坦克/反直升机导弹发展历程上具有划时代的意义，实现了陆军主战装备的跨代提升。中国兵器集团公司和北京理工大学联合研制了新型 70km 制导火箭弹配装于 300mm 远程多管火箭炮武器系统，用以提升远火部队精确火力作战能力，标志着我军远程火箭装备实现了从修正控制到全程制导的技术跨越，具备了精确拔点能力，极大地提升了武器系统火力打击效率。新型 70km 制导火箭采用卫星/惯导组合导航体制全程制导，射击精度可以达到米级。同时，在该制导火箭研制中突破了多联装制导火箭一次调炮攻击多个目标、精确攻击姿态控制等关键技术，使得火箭炮具备了在同一射击诸元下，对战场大幅员内多个目标同时实施精确打击的能力。

（十七）冶金工程技术

冶金工程技术学科，东北大学材料与冶金学院等单位历经十余年产学研合作研究，创新开发了绿色高效的电渣重熔成套装备和工艺及系列高端产品，节能减排和提效降本效果显著，产品质量全面提升，形成两项国际标准，实现我国电渣技术"从跟跑、并跑、到领跑"的历史性跨越。该项目"高品质特殊钢绿色高效电渣重熔关键技术的开发和应用"获得 2019 年度国家科学技术进步奖一等奖，项目成果在国内 60 多家企业应用，生产出高端模具钢、轴承钢、叶片钢、特厚板、核电主管道等产品，满足了我国大飞机工程、先进能源、石化和军工国防等领域对"卡脖子"高端材料的急需，有力支持了我国高端装备制造业发展并保证了国家安全。该项目经济和社会效益巨大，近三年新增产值 92.27 亿元、利润 13.98 亿元，项目应用后累计节电 25.65 亿 kW·h，折合减少二氧化碳排放 25.58 亿 kg。

（十八）土木工程

在土木工程领域，中国工程院院士、重庆大学教授周绪红牵头的"高层钢－混凝土混合结构的理论、技术与工程应用"项目针对高层混合结构发展的瓶颈问题，经产学研深度结合，取得了系列创新成果。项目成果在我国的城市化和城市群发展中有很大的应用前景，可用于地标性建筑、住宅、医院、学校、办公和商业等高层建筑。基于这项技术可建造更巨型、更有视觉冲击的城市建筑，在不大幅度增加投资的基础上充分保障建筑的安全性，丰富城市的建筑景观，助力以工业化、信息化、智能化为基础的绿色建筑发展。

（十九）隧道及地下工程

隧道及地下工程学科，西南交通大学主持完成的"复杂艰险山区高速公路大规模隧道群建设及营运安全关键技术"项目历经 15 年协同攻关，突破了复杂艰险山区高速公路大规模隧道群的建设与营运安全关键技术瓶颈，取得复杂地形地质环境隧道失稳灾变综合防控技术、高速公路大规模隧道群通风照明安全提升技术、高速公路大规模隧道群防灾救援联动控制技术三大重要创新成果。项目成果应用在汶川地震极重灾区高速公路隧道群建设，创造了短时间内建成映秀至汶川、广元至甘肃"高速公路生命线"的奇迹，为灾后重建作出巨大贡献；应用在世界最大规模的三峡库区高速公路隧道群，为三峡库区高速交通经济走廊建设发挥了重大安全保障作用。成果将在我国尤其是西部地区干线铁路及公路等重大基础设施建设中继续发挥重要作用。盾构技术方面，盾构及掘进技术国家重点实验室完成的"盾构 TBM 工程大数据云平台"项目是该领域的代表性进展。团队围绕盾构 TBM 大数据分析研究，建设了集盾构 TBM 施工智能监控、协同管理、综合分析及大数据应用为一体的通用平台；该平台建立了统一的数据词典和标准数据库，解决了盾构 TBM 数据采集兼容性不强、数据提取不全、不及时等技术难题。

（二十）造纸

造纸领域，华南理工大学等单位反复攻克科研难关，成功研发了覆盖制浆造纸所有工艺过程的清洁生产和水污染控制 10 项关键技术和 11 项支撑技术，取得了化机浆废水全资源化利用、化学浆三大组分连续分离、消除废纸脱墨废水污染等 10 多项成果，形成 5 套先进可靠的技术体系。项目组研发的集成技术已经在山东、广东、广西、河南、河北等地 10 多家大中型造纸企业的制浆造纸生产线上及末端废水处理中得到应用。

（二十一）粮油科学与技术

粮油科学与技术学科，江南大学、得利斯集团有限公司、国家食品安全风险评估中心、国家粮食和物资储备局科学研究院以及南京海关动植物与食品检测中心联合完成了"200 种重要危害因子单克隆抗体的制备及食品安全快速检测技术与应用"，开发了 209 种高特异性和高灵敏的抗体，研制了 154 种检测产品，在全国 30 多个省（市、地区）得到了广泛应用，满足了企事业单位多层次的检测需求，有效提升了我国食品安全检测科技的自主创新能力，产生了显著的经济效益和良好的社会效益。江苏牧羊控股有限公司、江南大学、南京理工大学、江苏牧羊集团有限公司联合完成了"型智能化饲料加工装备的创制及产业化"，突破了斜向剪切粉碎、双轴高效混合、压辊浮动制粒等多项饲料装备核心技术，研制了国内规格最大、能耗最低的饲料加工主机装备；突破了粉碎筛片智能检测、混合工艺智能调控、制粒全程智能控制等多项智能化技术；建成了国际先进、时产 100t 的大型全流程智能化控制饲料厂。项目销售 156 亿元，近三年在国内外广泛应用，为用户新增产值 1650 亿元。

（二十二）仿真科学与技术

仿真科学与技术领域，陆军装甲兵学院装备毁伤仿真研究团队完成了"典型装甲装备毁伤仿真方法与技术研究"项目，以军事斗争装备保障准备需求为牵引，以装甲装备的毁伤机理为基础，采用基于有限元的非线性动力分析方法，突破反装甲弹药毁伤威力仿真技术，获得进行弹药毁伤装甲装备仿真分析的基础数据；通过装甲装备的易损性分析，确定影响装甲装备易损性的因素，以及装甲装备抵御外界毁伤能力的表征值；同时，采用三维建模技术，通过对装甲装备部件级的建模，建立装甲装备各部件、系统之间的功能关系，完整描述装甲装备几何、结构及功能信息；通过弹目交互作用分析，建立弹目交会空间关系，根据弹药毁伤元特性，结合装甲装备部件毁伤判据，确定装甲装备部件的毁伤情况。通过开展典型装甲装备毁伤仿真方法与技术研究，为深入开展装甲装备的仿真研究提供指导，并为装备保障需求预计、装备保障计划制订提供参考，为军事斗争准备提供定量数据支持。

东南大学分布式发电与主动配电网研究所研发了"高密度分布式电源建模仿真及运行控制技术"，首创了以聚类等值建模和模型误差修正为核心的高密度分布式电源混合建模框架和方法，解决了分布式电源高精度等效建模的难题；提出了基于高精度快速仿真算法、模型优选技术和自动变步长方法的多时间尺度仿真算法理论体系，并发明了国际首套适应高密度分布式电源集群接入的实时仿真装置，最大解算规模＞10 万个节点，抖动时间＜3 μs；提出了分布式电源动态协同、牵制协同和预测协同控制方法，基于局部信息交互实现本地决策类全局优化。项目成果为分布式电源实际规划设计、调控运维、装置测试等提供多层次、多维度的决策依据，提高了决策的可信度，显著提升了分布式电源的电网友好性，同时攻克了分布式电源多时间尺度动态仿真和电力信息混合仿真关键技术，填补了国内外在该技术领域的空白，实现实时仿真装备的国际引领，已在江苏、北京、福建、湖北、宁夏等地区 40 余个分布式发电工程获得应用，2015—2019 年直接经济效益 3.43 亿元，新增利润 7044.54 万元。

国防科技大学牵头完成了"数据驱动的智能仿真优化与调度技术及应用"，提出数据驱动的智能仿真优化与调度方法：采用知识模型和智能优化模型相结合的集成建模思路，以智能优化模型为基础，同时突出知识模型的作用，将智能优化模型和知识模型进行优化组合、优势互补，以提高数据驱动的智能仿真优化与调度方法的效率。在求解复杂仿真优化问题时，将领域知识、专家知识、经验信息和用户偏好等刻画为离线知识；将系统运行数据刻画为在线知识，从优化过程中直接挖掘一些待求解问题的相关知识；然后应用离线知识和在线知识来指导后续优化过程。从理论层面对智能仿真优化与调度方法进行改进，界定了智能优化过程中产生的四类八种知识；设计了多种改进型智能仿真优化与调度方法，提出了数据驱动的学习型智能优化方法、基于学习机制的群智能调度理论与方法、面向高维多目标优化问题的偏好启发的协同进化算法、数据驱动的粒子群算法，极大地推动了智能优化技术的长足进步。项目研究成果在宁夏机械研究院股份有限公司、广东奥博信息产业股份有限公司、浙江创智科技有限公司、中国人民解放军 75775 部队、长沙军民融合先进技术研究院、贵州华云创谷科技有限公司等 16 家单位进行了应用和推广，取得了非常好的应用效果，累计产生间接经济效率 8 千余万元。数据驱动的智能仿真优化与调度方法在资源利用、结构设计、调度管理和后勤供应等许多领域中产生了巨大的经济效益和社会效益。

（二十三）动力机械工程

动力机械工程学科，以浙江大学、浙能集团和天地环保科技公司组成的项目团队完成了"燃煤机组超低排放关键技术研发及应用"，系统研究了烟气中多种污染物转化 / 脱除过程的多相、多场、多尺度相互作用与耦合规律，建立了多种污染物脱除过程强化的协同调控新方法，突破了多场强化细颗粒捕集、硝汞协同催化、氧化－吸收耦合、多相混合强化、协同优化与智能调控等关键技术，研发形成了经济高效稳定的多种污染物高效协同脱除超低排放技术和装备，建成了国内首个燃煤电厂超低排放工程（嘉华电厂在役 1000 MW 燃煤机组），首次实现了燃煤主要烟气污染物排放指标优于国家规定的天然气发电排放限值，被国家能源局授予"国家煤电节能减排示范电站"，开启了我国燃煤电厂进入超低排放的新阶段。成果已规模化应用，全面提升了燃煤污染治理技术及装备水平，推动了国家燃煤电厂超低排放战略的实施，为支撑我国建成全球最大的清洁高效煤电体系作出了重要贡献，同时也为全球解决燃煤污染问题提供了中国方案，经济和社会

环境效益显著。

以清华大学、东方电气和神华集团等单位组成的项目团队完成了"600 MW 超临界循环流化床锅炉技术开发、研制与工程示范",经过多年攻关,系统突破了 CFB 锅炉从 300 MW 亚临界自然循环跨越到 600 MW 超临界强制流动带来的巨大的理论及工程挑战,取得了系列原创性成果:完整地揭示了超临界 CFB 锅炉的基本原理,创建了超临界 CFB 锅炉设计理论和关键技术体系;开发了超临界 CFB 锅炉设计技术,发明了系列的专利部件结构,率先研制出世界容量最大、参数最高超临界 CFB 锅炉;创建了控制、仿真、系统集成和安装、调试、安全运行技术体系,建成了国际首台 600 MW 超临界 CFB 示范工程。示范工程运行平稳,指标全面优于国外超临界 CFB。开发的系列超临界 CFB 锅炉在全球超临界 CFB 市场占有率超过 95%。项目实现了 600MW 超临界 CFB 的国际梦想,国际能源署认定是国际 CFB 燃烧技术发展的标志性事件。

(二十四)复合材料

复合材料学科,西北工业大学顾军渭教授领导的"结构 / 功能高分子复合材料"(SFPC)课题组自 2018 年以来开始从事电磁屏蔽高分子复合材料的设计构筑。基于"电 / 磁"填料的微结构优化制备、三维导电通路的高效构筑、复合材料的辐射仿真模拟及电磁屏蔽机理研究,制备出多种高 σ 和 EMI SE 的高分子复合材料及制品。其中,团队今年年初发表在 *Carbon* 上的文章 *Electromagnetic interference shielding MWCNT -Fe$_3$O$_4$@Ag/epoxy nanocomposites with satisfactory thermal conductivity and high thermal stability* 引起同行的广泛关注,该文阐述了 Fe$_3$O$_4$@Ag 纳米粒子的影响电磁波衰减性能的机理。通过 Fe$_3$O$_4$@Ag(Fe$_3$O$_4$@Ag– COOH)纳米颗粒的羧基化与氨基功能化的 MWCNTs(MWCNTs–NH$_2$)之间的酰基胺反应,获得了具有导电性和磁性的多层碳纳米管(MWCNT)–Fe$_3$O$_4$@Ag 的分层复合纳米颗粒。采用熔铸法制备了 MWCNT–Fe$_3$O$_4$@Ag/ 环氧纳米复合材料。获得了具有最佳的导电性和电磁干扰屏蔽效能的 MWCNT–NH$_2$ 与 Fe$_3$O$_4$@Ag–COOH 的质量比。在发挥复合材料功能性的同时,研究者还兼顾了如杨氏模量、硬度等结构性能。

中国海洋大学材料学院的陈守刚教授为获得强大的抗菌能力和长期有效性,利用一系列金属复合材料进行功能性研究,发表在 *Journal of Colloid and Interface Science* 上的文章 *Long-term antibacterial stable reduced graphene oxide nanocomposites loaded with cuprous oxide nanoparticles* 采用简便策略设计了稳定的 rGO–Cu$_2$O 纳米复合材料。以抗坏血酸为还原剂,在聚乙二醇(PEG)和氢氧化钠的作用下,在室温下还原氧化石墨烯负载的硫酸铜,制备了具有长期抗菌活性的稳定还原氧化亚铜(rGO–Cu$_2$O)纳米复合材料。rGO 为 Cu$_2$O 提供了一个保护屏障,防止 Cu$_2$O 与外部溶液发生反应,过快地滤除铜离子。同时,rGO 还促进了 Cu$_2$O 纳米颗粒光激发载流子的分离,增强氧化应激反应,保护 Cu$_2$O 在磷酸盐缓冲溶液(PBS)中不分解,延长活性氧(ROS)的生成时间。更重要的是,rGO 的大比表面积通过静电相互作用提高了 Cu$_2$O 的分散性。

（二十五）指挥与控制

指挥与控制学科，国防科技大学针对指挥信息系统需求分析难、体系设计复杂等问题，围绕系统顶层设计理论方法以及军事需求工程技术、体系结构设计技术、顶层设计验证评估技术以及系统试验评估等顶层设计主要环节开展研究并取得重大突破。"指挥信息系统顶层设计理论方法及应用"创新提出了指挥信息系统顶层设计过程的"四环"模型，构建了指挥信息系统顶层设计理论体系，为定量、科学、规范地开展系统分析设计提供了理论支撑；提出了基于元模型的体系结构开发方法，创新了模型与数据的解耦机制，提高了体系结构设计灵活性、决策科学性和规划指导性；建立了体系结构全信息验证评估模型，创新提出了可执行体系结构方法、聚合模型驱动的验证评估方法，提升了体系结构量化设计的能力；自主研制我国第一个支持国产软硬件平台、具有自主知识产权的顶层设计系统，打破长期被国外商用软件垄断的局面。成果已在我军重大信息系统的顶层设计中获得成功应用，显著提升了我军信息系统顶层设计水平。由一体化指挥调度技术国家工程实验室完成的"公共安全指挥调度一体化、智能化技术"项目形成了以"指挥调度大脑＋边缘智能系统"为核心的系列最新研究成果，建成了一体化指挥调度技术集成应用平台，可支撑异构通信系统整合、音视频数据融合、综合态势处理与可视化、指令与调度控制智能化、系统随需动态构建等技术和装备的研发与集成；建立了智能指挥调度标准体系、协同创新平台和智力共享平台，提高了产业自主创新能力。

（二十六）基础农学

基础农学学科，中国农业科学院作物科学研究所作物种质资源创新与利用研究团队完成的"小麦与冰草属间远缘杂交技术及其新种质创制"项目攻克了利用冰草属 P 基因组改良小麦的国际难题，将冰草属植物中的优异基因转入小麦，用于小麦的遗传改良。实现了从技术研发、材料创新到新品种培育的全面突破，创制育种急缺的高穗粒数、广谱抗病性等新材料 392 份，培育出携带冰草多粒、广谱抗性基因的新品种，驱动育种技术与品种培育新发展。为引领育种发展新方向奠定了坚实的物质和技术基础，为我国小麦绿色生产和粮食安全作出了突出的贡献。吉林省农业科学院植物营养与新型肥料创新团队，基于 35 年长期定位试验所完成的"黑土地玉米长期连作肥力退化机理与可持续利用技术创建及应用"揭示了土活性有机质量减质退的演变规律，明确了连续不合理单施化肥是导致土壤酸化的主要原因，创立了寒区秸秆多元化还田、合理耕层构建等系列黑土地可持续利用技术，土壤有机质年均提高 0.2g/kg，20 年间提高 12.4%，土壤蓄水保墒能力提高 10% 以上，水分利用效率提高 13.4%~19.5%，玉米增产 13.3%~19.3%。实现了粮食增产、农民增收和黑土提质增效永续利用的协调统一。近 3 年累计推广 13626.60 万亩（1 亩 ≈ 666.67m²），增产玉米 424.65 万 t，增收 59.45 亿元。东北大学陈志教授等人完成的"东北玉米全价值仿生收获关键技术与装备"项目攻克了粒轴兼收、密植摘穗、茎穗兼收和联合打捆等一系列技术难题,解决了玉米机的可靠性和适应性严重不足以适应我国玉米农艺多样性的问题。中国农业科学院蔬菜花卉研究所蔬菜功能基因组团队的"黄瓜基因组和重要农艺性状基因研究"项目破解了第一个蔬菜作物——黄瓜的基因组遗传密码,研究了世界上主要黄瓜资源的全基因组遗传变异,证实了黄瓜原产于印度,逐步驯化形成了欧亚黄瓜、东亚黄瓜、西双版纳黄瓜3个主要类型,发现了控制果实数目和苦味形成的关键基因,实现了苦味物质关键基因精确调控,推动黄瓜育种进入分子设计时代。国内外黄瓜育种家基于上述发现,培育了"蔬研"系列新品种,成功解决了华南黄瓜品种变苦而丧失商品价值的生产难题,累计推广约100万亩,创造约80亿元的经济价值,取得了显著的社会效益。中国农业科学院的王静教授等人实施的"农产品中典型化学污染物精准识别与检测关键技术"项目,在分子印迹设计、核心识别材料创制、免疫检测增敏等核心技术上取得了重大突破。其成果曾被列为"舌尖上的安全"六大成果之一,分别在国家"十二五"科技创新成就展、全国农业科技重大成果展展出,在保障农产品质量安全和消费者安全方面发挥了重要作用。探索农业绿色发展技术并进行大面积示范应用,是保障国家粮食和环境安全的迫切需求,也是国际农业可持续发展的重要科学命题。中国农业大学张福锁团队通过全国范围跨学科、跨部门的交叉合作研究,创新了农业绿色增产增效理论、技术模式及应用途径。首先,融合植物营养学、栽培学、土壤学、环境科学等多学科,创新土壤 – 作物综合管理技术理论,以高效利用光温资源的高产群体定量设计充分挖掘品种的高产潜力、以定量调控根层水肥供应支撑高产群体来实现资源高效利用,地上/地下协调统一突破高产与高效难题。在此基础上,建立与农民一起进行技术创新和应用的新思路,创建了我国粮食主产区绿色增产增效技术体系23套,技术增产20.6%、节肥14.5%、降低活性氮和温室气体34.8%和27.0%。创建了以扎根农村的"科技小院"为核心、覆盖全国的"科教专家—政府推广—校企合作网络"的技术应用新模式,解决了小农户技术应用的瓶颈。10年累计1152名研究人员、20万名推广和企业人员、2090万名农民参与了技术应用,累计推广3770万公顷,增加粮食生产3300万 t,减少氮肥用量120万 t。

(二十七)林业科学

林业科学领域,我国取得了一系列的进展,集成提出了杉木中、大径材定向培育技术体系。划分了桉树四大育种区,预测了在不同浓度排放下桉树大径材品种的潜在适生区和分布格局的变化趋势。解析了干旱与气候变暖对树木的生长、生理、形态解剖和林分结构与产量等影响机制,发现树干注射乙烯能显著促进降香黄檀形成心材,成功培育楸树、柚木、桦树等珍贵树种速生、优质、高抗良种。揭示了杨絮和柳絮形成过程和机制,发现了一批具有潜在育种价值的杨树和柳树功能SNPs及其单倍型,提出了提升杨树和柳树人工林生态系统生产力和生态功能的途径和技术措施。构建了世界首张梅花全基因组图谱和全基因组变异图谱,完成了本科模式植物二穗短柄草基因组测序,选育出14个牧草新品种并创建了丰产栽培、加工利用及退化草地治理等配套技术体系。解析竹类基因表达、蛋白调控、代谢物的对应关系，率先完成了毛竹基因组草图，创新开发出具有自主知识产权的竹层板和胶合竹制造技术。建立了基于径流侵蚀功率的流域次暴雨水沙响应模型，并提出了我国西南地区构建喀斯特峰丛洼地坡地水土流失与阻控技术。初步揭示了气候变化和过度放牧、水资源过度利用等人为干扰驱动荒漠化的作用机制，建立了不同气候区基于水分平衡的低覆盖度防风固沙技术模式。提出了建立以国家公园为主体、自然保护区为基础和自然公园为补充的自然保护地体系理论，建立了"节点–网络–模块–走廊"等生物廊道建设模式。

（二十八）兽医学

兽医学领域，中国农业大学牵头完成了"基于高性能生物识别材料的动物性产品中小分子化合物快速检测技术"，该项研究围绕食品安全国家重大需求，针对兽药、霉菌毒素和非法添加物三大类危害物，提出了半抗原合理设计理论和技术；创新了小分子化合物抗体定点改造理论和技术，创制了单链抗体、受体蛋白等多种新型生物识别材料，为高通量多残留快速检测提供了关键技术和材料；发明了系列核心试剂配方和工艺技术，提高了快速检测产品的灵敏度、稳定性。检测产品已在全国30个省（直辖市）和地方各级检测机构以及食品生产加工企业中广泛应用，经济社会效益显著。中国农科院哈尔滨兽医研究所国家禽流感参考实验室研究人员针对H7N9亚型禽流感病毒由低致病力突变为高致病性，研制出H5/H7二价灭活疫苗。疫苗在家禽中应用后，使家禽中的H7N9病毒分离率下降93.3%，有效阻止了病毒在家禽中的传播和流行，更在阻断H7N9病毒由禽向人传播中发挥了"立竿见影"的防控效果，人患H7N9病例数由疫苗应用前的数百人减少至同期仅有个别人感染H7N9病例，持续监测结果显示，连续两个冬春高发季节，我国未再出现新一波次人患H7N9流感疫情。H7N9流感的有效防控为从动物源头控制人兽共患传染病提供了重要启示。项目"禽流感H5/H7二价灭活疫苗成功控制H7N9流感病毒在禽类和人间的流行"首席专家为中国农科院哈尔滨兽医研究所研究员陈化兰，因在禽流感科学研究和防控方面的贡献，被《自然》杂志评为2013年"全球10大科学人物"，获2016年联合国教科文组织世界杰出女科学家成就奖。扬州大学的"重要食源性人兽共患病原菌的传播生态规律及其防控技术"揭示了重要食源性人兽共患病原菌在全产业链的定量流行病学新特征，创建了定性、定量快速检测新技术及定量风险评估方法；构建了重要的种质资源菌种库和分子流行病学数据库。在国内首次开展了禽肉弯曲菌污染对人群风险的定量评估，探明了风险防控的关键点，建立了覆盖生猪养殖至冷鲜肉终端销售全产业链的产品质量安全溯源系统，实现产品病原菌全程追溯。同时创制了重要食源性人兽共患病原菌有效干预技术，研发出有机酸、低温减菌技术，有效降低肉品生产过程中带菌量90%～98%，形成了覆盖全产业链的重要食源性人兽共患病原菌集成防控创新技术成果。

（二十九）水产学

水产学领域，以中国水产科学研究院东海水产研究所庄平研究员为首席的研究团队，

20余年来针对长江口的资源环境问题,从长江口渔业资源衰退机制、关键生态功能修复和重要资源养护三个递进层面开展了系统研究。"长江口重要渔业资源养护技术创新与应用"项目构建了覆盖长江下游至河口 12000 km^2 的"高精度、高密度、全覆盖"的资源环境监测评估体系,阐明了渔业资源衰退的四大成因及其机制,奠定了生态修复和资源养护理论基础。创新发明了"漂浮湿地 + 底质修复"中华绒螯蟹繁育场生境重建、"柔性鱼礁"中华鲟幼鱼索饵场再造、"一控二限"鳗鲡苗种洄游通道综合管控措施等生态修复方法,重建了长江口关键栖息地生境,恢复了水域生态功能,重要渔业资源增殖成效显著,使枯竭20多年的蟹苗(年均 1t)恢复并稳定在年均 50 t 的历史最好水平。攻克了长江口珍稀鱼类繁育技术,奠定了增殖放流物质基础,支撑了刀鲚、暗纹东方鲀等特色养殖业,实现了保护和利用双赢。

(三十)作物科学

作物科学领域,袁隆平团队紧盯国家粮食安全战略需要,聚焦杂交水稻科学问题,攻克了一系列技术难题,使我国杂交水稻始终稳居国际领先水平:创新两系法杂交水稻理论和技术,推动我国农作物两系法杂种优势利用快速发展;创立形态改良与杂种优势利用相结合的超级杂交稻育种技术体系,先后率先实现中国超级稻第一、二、三、四期育种目标,创造了百亩示范片平均亩产 1026.7 kg 世界纪录,引领了国际超级稻育种方向;创制安农 S-1、培矮 64S、Y58S 等突破性骨干亲本,为全国 80% 两系法杂交稻提供育种资源;培育金优 207、Y 两优 1 号、Y 两优 900 等 93 个全国大面积应用品种,累计推广超过 8 亿亩;创建超级杂交稻安全制种、节氮高效、绿色栽培等产业化技术体系,促进了民族种业发展。李家洋团队围绕"水稻理想株型与品质形成的分子机理"这一核心科学问题,鉴定、创制和利用水稻资源,创建了直接利用自然品种材料进行复杂性状遗传解析的新方法;揭示了水稻理想株型形成的分子基础,发现了理想株型形成的关键基因,其应用可使带有半矮秆基因的现有高产品种的产量进一步提高;阐明了稻米食用品质精细调控网络,用于指导优质稻米品种培育。该项目强调基础理论研究与生产实际应用的结合,将取得的基础研究成果应用于水稻高产优质分子育种,率先提出并建立了高效精准的设计育种体系,示范了高产优质为基础的设计育种,培育了一系列高产优质新品种,为解决水稻产量与品质互相制约的难题提供了有效策略。

(三十一)医药卫生

在医药卫生领域,从新型分子及新型细胞发现的视角去研究炎症性免疫反应,将为炎症免疫疾病诊治提供候选靶标和新方法,一直以来是免疫学界重大前沿课题。北京协和医学院曹雪涛院士团队在天然免疫与炎症领域开展了系统性创新性研究,发现了数个调控免疫炎性启动或消退的新型分子和细胞及其作用机制:发现新型长链非编码 RNA lnc-Lsm3 通过"分子诱饵"竞争机制使天然免疫受体不再与病毒 RNA 结合,提出自我免疫识别可反馈性地及时触发消炎效应，进而维持机体自身稳定的新机制新观点，为炎症疾病防治研究提供新思路；发现 DNA 甲基化氧化酶 Tet2 能够作用于免疫分子 RNA，促进炎症免疫细胞数量增加，揭示 Tet2 参与基因表达转录后调控的新模式，为防治炎症疾病提供了新思路和潜在靶标；揭示干扰素受体 IFNγR2 从胞内合成至转运到细胞膜上形成功能性受体的关键途径，为巨噬细胞激活和炎症性疾病发生与治疗提出了新思路；系统分析晚期癌症宿主免疫细胞异常变化，发现炎症状态下诱导产生的新型 Ter 细胞并揭示了其促进癌症恶性进展机制，为癌症诊治提供了新靶标新观点。研究成果引起国际同行关注和高度评价，为探索炎症性疾病发病机制和临床治疗提供了理论依据和实践基础，进一步提升了我国免疫学研究的国际地位。中山大学宋尔卫团队根据其多年的保乳和术前新辅助治疗乳腺癌的经验，围绕抗肿瘤治疗对肿瘤微环境的改造作用和机制进行探索。发现了肿瘤微环境经历化疗后，富集出一群能耐受化疗并促进肿瘤复发的成纤维细胞，靶向干预该亚群成纤维细胞可显著抑制肿瘤生成并提高化疗敏感性；治疗单抗介导的巨噬细胞吞噬作用可通过上调 PDL1 抑制抗肿瘤淋巴细胞的功能，导致免疫耐受，证实联合使用免疫节点抑制剂能明显增强单抗的治疗效果，从而提出联合单抗和免疫节点抑制的肿瘤治疗新策略；抗肿瘤淋巴细胞激活可上调长非编码 RNANKILA，使其对死亡敏感，导致肿瘤免疫逃逸，在淋巴细胞回输治疗模型中沉默 NKILA 可提高免疫治疗效果，首次揭示 lncRNA 可作为免疫检查点分子。以上系列研究提示，肿瘤微环境决定着恶性肿瘤对化疗、单抗治疗以及免疫治疗的敏感性。研究成果发表在相关领域的重要学术刊物上，得到了国内外同行的高度认可，研究工作为研制新型肿瘤免疫治疗方法提供了理论依据和技术准备。

武汉大学等单位完成的"微创等离子前列腺手术体系的关键技术与临床应用"项目发明了以等离子体发生器为主体的系列核心技术和等离子前列腺电切专用系列产品，并创建了完整的前列腺等离子电切手术体系。该项目为良性前列腺增生手术治疗提供了全新的手段与工具，完全避免了因传统经尿道前列腺电切导致的患者死亡，且手术并发症显著下降，临床研究成果成为中国及欧美良性前列腺增生症诊疗指南将其推荐为一线手术的重要依据，已在全国三千余家各级医院广泛应用。

中国人民解放军陆军军医大学和南方医科大学珠江医院共同完成的"蛋白质抗原工程技术的创立及其应用"项目建立的国际最大病毒表位数据库（EDC）和国际首个抗原超型数据库（HLAsupE），可实现病毒在表位水平的快速拆解，将表位拆解分辨率提升到单个氨基酸残基水平，使描绘某个病毒表位图谱的时间由过去的数年缩短为数周，具有廉价、快捷、高分辨率等特点，应用于流感、登革热、SARS 等重大疫情防控，并形成国家生物安全前瞻性技术储备。

肿瘤微环境与恶性肿瘤的发生、治疗后复发及远处转移密切相关，靶向微环境开发肿瘤治疗新策略对改善恶性肿瘤疗效至关重要。中山大学肿瘤防治中心马骏教授开展的"吉西他滨＋顺铂"新方案前沿技术研究，利用吉西他滨抑制负性免疫分子、协同增强顺铂抗癌作用的能力，在放疗前患者体质较好、能顺利完成化疗的最佳时机进行治疗，建立了"吉西他滨 + 顺铂"两药联合化疗的新策略。马骏教授牵头华中科技大学附属协和医院及同济医院、佛山市第一人民医院、广西医科大学附属肿瘤医院等全国 12 家分中心，通过一项前瞻性临床试验发现，该疗法可将复发风险降低 49%，3 年无瘤生存率提高 8.8%（76.5% 提高到 85.3%），且未增加毒性。由此建立了鼻咽癌高效低毒的用药新体系，形成了国际领先的前沿技术新标准。

（三十二）中药炮制

中药炮制领域，辽宁中医药大学牵头完成的"中药生制饮片区分使用依据及原理解析"综合运用化学、药理学、分子生物学等先进技术和方法，率先从物质基础变化、药理学改变、药代动力学差异等角度，揭示中药饮片生熟异用机理，有效指导临床合理安全使用中药生熟异用饮片，为临床使用生熟异用饮片提供了物质基础依据、临床适应证相关性依据和吸收代谢依据，有力地促进了炮制研究与临床应用的精准结合，极大地提升了临床规范使用中药生熟异用饮片的科学水平。该项目编写了具有临床指导意义的《中药生制饮片临床鉴别应用》，首次依据化学成分转化解释炮制原理的研究模式，并提出蒲黄、茜草"生活血苷之用，炭止血转苷元"等新理论；提出定性炮制、定向炮制、生物炮制等新技术。北京华清科讯科技有限公司牵头研制了全自动中药饮片调剂系统，通过组合秤、多传感器的应用，实现了中药饮片的智能调剂，融合物联网与智能硬件技术，打造中药饮片高效调剂平台；运用机器人、智能制造、大数据、人工智能、物联网等技术，建立医院及代煎中心的中药智能仓储、智能调剂、智能煎煮、智能包装、自动配送系统，实现中药煎制全流程的闭环管理，全程工艺数据可追溯，安全管理无死角。部分饮片生产企业在大量科学实验及生产数据的支持下，不断优化和升级设备参数，配备中药饮片联动生产线。该项目的研究成果极大地推动了中药饮片的智能调剂和智能煎制，既降低劳动强度，又提高调剂和煎制效率，使中药智能调剂完全可以媲美西药调剂，并可促进中药饮片智能生产的快速实现。

（三十三）营养学

营养学领域，哈尔滨医科大学团队首次在国内建立了饥荒暴露人群的家庭队列，通过对暴露"三年自然灾害"家庭的父母和子女的数次追踪调查，发现生命早期暴露饥荒，不仅可使胎儿期暴露于饥荒的人群 2 型糖尿病风险增加，并且这一生物学作用可延伸至多代，这一重要发现丰富了成人慢性病生命早期起源的假说。此外，通过对基因组和表观基因组更全面、更深刻的分析研究后，证明了生命早期营养状况可增加多代人群 2 型糖尿病风险及其表观遗传学机制，揭示了生命早期营养状况如何通过 DNA 甲基化来调节成年期血糖水平的普遍规律。华中科技大学刘烈刚团队通过大型病例 – 对照研究首次揭示全谷类膳食纤维生物标志物 DHPPA 与 2 型糖尿病和糖调节受损发病风险呈现负相关关系。该研究不仅为全谷类食物摄入和 2 型糖尿病风险降低提供了更深层次的数据支撑，而且揭示了除传统的膳食调查外，可应用更为客观的膳食生物标志物来研究膳食与糖尿病之间的关系，为营养流行病学研究提供了新的思路和途径。该团队长期从事膳食营养与慢性病研究，针对鸡蛋摄入与心血管疾病风险进行系统性分析。该研究结果被纳入《食物与健康——科学证据共识》一书，为我国《膳食营养素参考摄入量（2013版）》中胆固醇的膳食推荐量以及《中国居民膳食指南（2016年）》中鸡蛋适宜摄入量的制定提供了重要的循证医学证据。同时，该研究结果也为美国、英国、澳大利亚、日本等国新版居民膳食指南修订中取消膳食胆固醇限量提供了重要的参考依据。

（三十四）图书馆学

图书馆学领域，北京大学从数字人文视角出发，借助符号分析方法对哈佛大学"中国历代人物资料库"进行实证探索，结合已有的史学问题和相关观点，从宋代政治整体网络分布特征、核心人物的地位与结构拓扑以及不同时期宋代政治网络的时序政治关系演化模式三个层次，进行逐一分析与讨论，为人文社科的宋代党争政治格局研究提供了一种新的思考方式，获得人文社科学者的高度认可。同时，对宋明理学重要典籍《宋元学案》240万字的文本进行分析挖掘，将学案中的人物、时间、地点、著作以及它们之间的复杂语义关系提取出来构造成知识图谱，以知识图谱为底层数据结构，根据文本设计了系统功能和界面，人文社科学者可以纵览整个学术史衍化脉络和完整的师承关系网络，从中选取感兴趣的人物、地点、事件、学说来汇聚相关的资料，观察学者的游历行迹、阅读其学说精华片段，考察其学术关系网络。为学者提供了知识化、语义化的分析和研究工具，宋元学案知识图谱系统的发布，引起了各高校代表和相关的高度赞誉和关注，也展现了图情领域的理论与方法在人文历史领域研究中的可行性与巨大潜能。

第四节　学科发展问题与挑战

近年来，在党中央的坚强领导下，在科技界和全社会的共同努力下，我国科学跨越发展、学科演进态势良好，重大创新成果竞相涌现，实现了历史性、整体性、格局性重大变化，科技实力正处于从量的积累向质的飞跃、点的突破向系统能力提升的重要时期。但是我们必须认识到，同建设世界科技强国的目标相比，我国发展还面临重大科技瓶颈，关键领域核心技术受制于人的格局没有从根本上改变，科技创新能力特别是原创能力还有很大差距，开创新的研究方向的能力不足，具有国际影响力的重大原创成果较少，在原始创新能力、基础研究投入、学科发展结构、人才队伍建设和科研学术环境等方面还有诸多差距。

一、原始创新成果不足，核心瓶颈制约发展

科研产出规模快速增长背景下，原始创新成果不足的问题凸显。2018 年下发的《国务院关于全面加强基础科学研究的若干意见》尖锐地指出了我国以基础研究为代表的学科原始创新能力问题，即"我国基础科学研究短板依然突出，数学等基础学科仍是最薄弱的环节，重大原创性成果缺乏"。原始创新成果的体现是有多种方式，对于学科发展的角度来说，科技论文是最为重要的一种体现形式，尤其对于基础研究，论文的地位更是举足轻重。我们首先以论文作为切入点来进行分析，表 1-36 给出了几个不同口径的中国与 G7 国家论文的数据。数学四刊指的是美国的《数学年刊》（*Annals of Mathematics*）、德国的《数学发明》（*Inventiones Mathematicae*）、瑞典的《数学学报》（*Acta Mathematica*）和美国的《美国数学会杂志》（*Journal of the American Mathematical Society*），四刊被学术界誉为世界四大顶尖数学期刊。中国在数学四刊上的署名论文数量排在 G7 身后，不及最末尾意大利的一半，《自然》和《科学》论文不及美国、英国和德国，甚至不到美国四分之一。《自然》子刊论文数量同样不及美国、英国和德国，也不及美国的三分之一。纵然国际期刊对于国别有一定的倾向，但以数学为代表的差距基本直接反映了我国原始创新成果不足的问题。

表 1-36　中国与 G7 国家顶尖期刊论文（2018—2019 年）

国家和地区	数学四刊	*Nature/Science*	*Nature* 子刊
中国	6	510	1041
美国	156	2213	3890
英国	43	647	1196
德国	26	667	1138
法国	56	368	665
意大利	13	176	317
日本	13	318	500
加拿大	19	273	496

学科发展距离新时代要求差距较大，核心技术瓶颈制约经济社会发展。如果顶尖期刊的论文数量只是原始创新能力不足的一种表象，2018 年 4 月 16 日爆发的中兴通讯事件以及随后"卡脖子"问题则暴露了我国学科发展中对于核心技术的掌握已经成为制约我国经济社会发展的本质问题。正如习近平总书记在 2018 年两院院士大会上指出的[93]：实践反复告诉我们，关键技术是要不来、买不来、讨不来的。以此次中兴通讯被制裁的用于光通信领域的光模块为例，其主要功能是实现光电及电光转换。光模块中包括光芯片，即

激光器和光探测器,还有电芯片,即激光器驱动器、放大器等。低速的(≤ 10 Gbps)光芯片和电芯片实现了国产,但高速的(≥ 25 Gbps)光芯片和电芯片全部依赖进口。在半导体制造领域,2018 年,我国集成电路进口总额 2.1 万亿人民币,创造历史新高,远超原油 1.5 万亿的进口额。作为半导体制造的核心装备,目前广泛应用的深紫外光刻机被阿斯麦(ASML)、佳能(Canon)、尼康(Nikon)等公司垄断,而在最先进的极紫外(extreme ultraviolet lithography,EUV)光刻机方面目前只有 ASML 公司能够提供商用产品。我国国产光刻机 90 nm 光刻镜头 2016 年才研制成功,EUV 尚停留在原理验证阶段。在半导体制造工艺方面,英特尔公司(Intel)、三星集团、台湾积体电路制造等公司已经大规模应用 14 nm 工艺,部分 10 nm 工艺开始量产,正逐步研发 7 nm 工艺。中芯国际集成电路制造有限公司作为国内半导体制造龙头企业,其制造工艺仅能达到 28 nm,与国外有 2~3 代的差距。农业方面,尽管中国是一个农业大国,但在农业仪器方面,自主化水平远远无法与中国农业大国的地位相匹配。2015 年,农业农村部重点实验室建设项目仪器设备统一招标采购——农田观测和实验室分析仪器部分中标结果公布,其中涉及质谱、色谱、光谱、聚合酶链式反应(PCR)等 279 套分析仪器设备,金额共计 1.2 亿元。国产仅北京海光仪器有限公司中标一台原子荧光光谱仪,价值 18 万元。6 月,另外一批中标结果公布,金额共计 8385 万元,152 台 / 套仪器中,只有 6 台 / 套来自国产,包括 3 套全球定位系统(GPS)和 3 套果蔬加工设备。精密检测与计量方面完全被进口设备所垄断。科研试剂方面,国内市场约 2 万个品种,目前我国生产的品种规模不到 7000 种,其中常年能够正常生产的仅有 2600 种左右。仪器分析试剂、特种试剂、电子信息行业专用科研试剂、临床诊断试剂以及生化试剂都还没有形成规模,特别是高纯试剂、电子信息行业专用化学试剂等高端试剂的市场缺口较大,有相当一部分品种尚属空白,只能长期依赖进口解决,供需矛盾比较突出。以农科院物资采购平台为例,2016 年 8 月正式上线以来,统计数据显示:采购国外试剂占比 90%,而国内试剂仅占比 10%[94]。全国政协委员、华中科技大学基础医学院院长鲁友明也曾指出[95],目前高等院校和科研院所的科研用试剂超过 90% 依赖进口。事实上,2018 年《科技日报》总计给出了 35 项"卡脖子"技术的报道[96](表 1–37),均涉及国计民生重大行业,不仅相关的产品技术进口额数以千亿美元计算,而且在 2019 年爆发的中美贸易战中成了对方分量最重的砝码。可见,现阶段学科发展的首要问题是原始创新成果不足,而以原始创新为根本的核心技术成为了经济社会发展的主要瓶颈。

表 1–37 三类"卡脖子"技术清单

类别	名称
高技术产品类	芯片、触觉传感器、手机射频器件、激光雷达、航空发动机短舱、高端焊接电源、透射式电镜、扫描电镜、水下连接器、医学影像设备元器件
先进装备和核心部件类	光刻机、重型燃气轮机、真空蒸镀机、高压共轨系统、掘进机主轴承、铣刀、高压柱塞泵、航空发动机短舱

类别	名称
关键材料类	ITO 靶材、光刻胶、微球、航空钢材、燃料电池关键材料、锂电池隔膜、高端轴承钢、环氧树脂、高强度不锈钢
软件、工艺和标准类	数据库管理系统、操作系统、核心算法、适航标准、航空设计软件、超精密抛光工艺、核心工业软件、iCLIP 技术

二、学科发展投入不足，结构布局仍待优化

（一）学科投入规模和强度与经济社会的发展需求不够匹配

随着创新驱动发展战略的不断深入实施，我国科技经费投入快速增长，但是研发经费投入强度只达到 2.15%，距离《国家中长期科学和技术发展规划纲要（2006—2020 年）》提出的 2020 年达到 2.5% 的目标还有一定的差距，与国际上的差距则更为显著，如韩国（4.55%）、以色列（4.54%）、瑞典（3.40%）。从科研活动类型来看，2018 年全国基础研究经费突破千亿元，达到 1090.4 亿元，比 2017 年增长 11.8%，但所占比重仅达到 5.5%，与发达国家 15%~25% 的比重相比有很大的差距。2019 年基础研究经费持续增长，达到 1209 亿元，较之 2018 年增长了 10.9%。从世界科技强国发展历程看，在追赶阶段需要以高强度的基础研究投入作为保障。例如，日本全社会研发强度在 20 世纪 50 年代中期达到 1% 的时候，其基础研究占 R&D 经费比重就已经达到 20%，甚至在 1965 年达到 30.3%。在国家经济发展进入人均 GDP 10000 美元关口后则伴随着基础研究经费投入规模长期稳定增加。例如，美国人均 GDP 在 20 世纪 70 年代末达到 10000 美元，基础研究经费投入在基数较大的基础上仍能保持较高增速，此后大致每十年经费翻一倍。日本在 1981 年跨越人均 GDP 10000 美元关口，在已成为世界基础研究经费投入第二大国之后，到 1995 年基础研究经费投入又增加了 4~5 倍，快于同期其他国家的年均增速。2017 年美国联邦政府对于基础研究的资助为 387 亿美元，占总基础研究经费 914 亿美元的约 42.3%。基础研究是整个科学体系的源头，是所有技术问题的总机关，加大中央财政对基础研究的支持力度，激励企业和社会力量加大基础研究投入，对于世界科技强国建设至关重要。投入不足是制约我国学科发展跨越式发展第二个重要问题。

（二）学科影响力不足

具有高度国际影响力的学科偏少，学科之间的融合发展较之科技强国仍有较大差距。在论文统计的基础上，我们运用文献计量学技术绘制了中国和美国 ESI 高被引论文学科图谱，以此来简要分析学科发展的水平和结构。图 1-23 展示了中国（上）和美国（下）学科高被引论文共引用关系图谱。球体大小代表总被引频次高低，球体远近代表学科高被引论文共引用距离，即学科的交叉程度。通过文献计量学视角下的差异性分析，我们发现中国学科布局呈现两个突出的问题，一是学科高峰偏少，尤其在肿瘤学、生物化学和分子生物学为代表的生命科学，中美差距明显；二是基础研究学科与应用学科方面融合程度上显著落后于美国，突出表现在我国天体物理学与其他学科距离较远，而美国的天体物理学却呈现出了较为明显的融合态势。正如李静海[97]在《中国科学技术发展应重视的几个问题》所指出的：学科交叉已经成为新的科学突破的主要途径。而在学科高峰建设和交叉布局方面，中国依然任重道远。

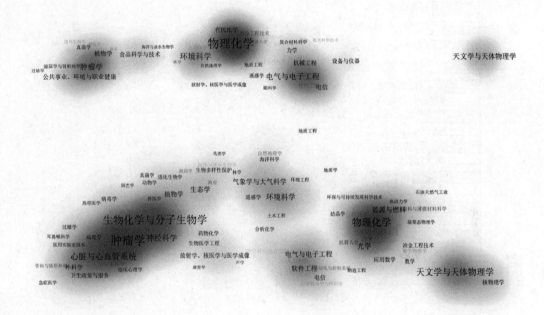

图 1-23 ESI 论文学科图谱

（三）学科发展的区域不平衡现象突出

就学科发展的区域分布上，我国科技体系发展呈现明显的不平衡不充分状况，存在于东部地区与中西部地区、国家研究机构与地方研究机构之间，这与建设世界科技强国的目标是不相适应的。首先，我国的经费投入不仅规模上与经济发展水平（近 100 万亿 GDP）不相匹配，同时在区域上呈现出极端的不平衡。根据 2018 年的统计数据，北京基础研究经费全国占比超过了 25%；而在 2019 年两院院士增选中，北京地区共有 27 人当选中国科学院院士，占 42.2%，32 人当选中国工程院院士，占 42.7%。进一步区域分析显示，从两院院士工作所在地分布看，中国科学院院士数量排名前 8 位的地区合计占全体科学院院士的 81%，中国工程院院士数量排名前 10 位的地区合计占全体工程院院士的 79.6%。从国家重点实验室的地区分布看，排名前 10 位的地区合计拥有国家重点实验室总量的 82.3%。从

2018 年的 ESI 高被引用论文数据来看，署名北京地区的论文为 1313 篇，超过上海 751 篇近 1 倍。我们同时考察了美国各州 ESI 论文的相对水平，在图 1-24 中做了对比。图 1-24 中给出了 10 倍 ESI 高被引用论文差距的区域论文分布，我国距离北京 10 倍差距的区域有 15

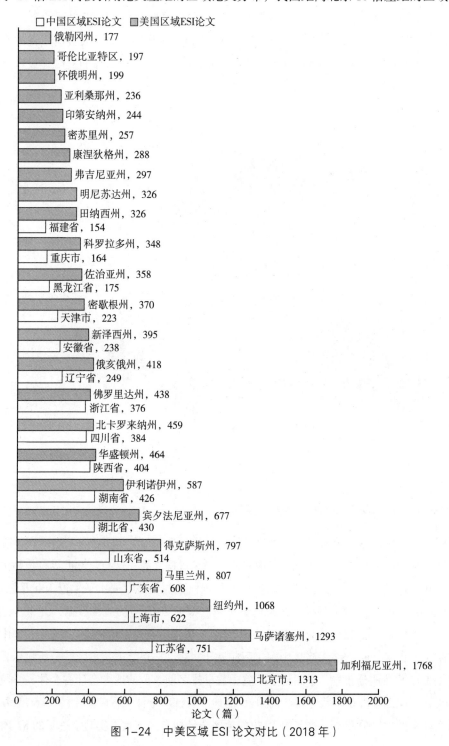

图 1-24　中美区域 ESI 论文对比（2018 年）

个，而美国距离加利福尼亚州 10 倍以内差距的区域有 24 个。尽管我国的龙头区域已经可以与世界级创新高地在论文水平上进行比较，但真正制约我国学科发展整体水平的是中西部欠发达地区的水平，而美国在此方面较之我国仍然拥有相当大的优势，呈现出众星拱月式的分布态势。

三、科研环境治理深度不足，科技期刊发展滞后

健康良好的学术环境是学科发展的必要条件，科研诚信、科技伦理、科研评价和学术期刊共同构成了科研环境的核心部分。近年来，国家高度重视科研环境的建设。中央全面深化改革委员会第一次会议 2018 年第一次会议和 2019 年第九次会议分别通过了《关于进一步加强科研诚信建设的若干意见》和《国家科技伦理委员会组建方案》。2019 年政府工作报告中提出，加强科研伦理和学风建设，惩戒学术不端，力戒浮躁之风。2018 年中共中央办公厅、国务院办公厅印发《关于深化项目评审、人才评价、机构评估改革的意见》。2018 年中央全面深化改革委员会第五次会议审议通过了《关于深化改革培育世界一流科技期刊的意见》。但 2018—2019 年层出不穷的诚信问题、伦理问题和科技期刊发展水平问题突出反映了我国科研环境治理强度不足且科技期刊发展滞后的问题。

（一）科研诚信

科研诚信问题已经成为中国国际科技话语权建设过程中的重大挑战。科研诚信则是科技创新的基石，是实施创新驱动发展战略、实现世界科技强国目标的重要基础。近年来，我国科研诚信建设在工作机制、制度规范、教育引导、监督惩戒等方面取得了显著成效，但整体上仍存在短板和薄弱环节，违背科研诚信要求的行为时有发生。朱邦芬[98]院士撰文指出："我国当前学术诚信问题的现状，可以用两个'史无前例'来描述。一是随着我国社会急功近利趋势增强、道德水准普遍下滑，随着我国学生以考试分数、学位和论文，研究人员以论文数量、刊物影响因子、项目经费、各种奖励和人才头衔为依据的数字化管理和数字化评价体系的全面推广，我国的学术诚信问题涉及面之广，一些问题的严重程度史无前例。二是随着我国科技投入的巨大增加和国家对科技创新的重视，随着互联网和自媒体的普及，社会各界对学术诚信问题的关注史无前例。"随着系列政策的出台和公众关注程度的显著提升，科研诚信问题已经进入深度治理阶段，其中突出的问题反映在科研诚信教育不充分，科研诚信信息化建设程度较低等方面。中国农业大学赵勇[99]团队以"双一流"建设高校为样本，从管理机构、施教对象、施教方式、施教内容（国家科研诚信政策、校内学术规范）、案例宣传教育几个方面具体分析了科研诚信教育工作的开展情况，他们的数据显示出以下的问题：首先是我国的科研诚信教育缺乏顶层设计，其次是施教对象局限于研究生，对教师和科研管理人员重视不足，然后是施教方式多样，但协调配合的局面还没有形成，对国家科研诚信政策法令宣传力度不够，科研人员不能把握大势与大局

等问题。信息化建设方面，科研诚信目前仅停留在"查重"和"举报"阶段，但还未能建立起直接预防性质的"全过程出版"和主动监管性质"科研诚信信息系统"等。科研诚信的深度治理有待加强。

（二）科技伦理

随着基因编辑、人工智能等新兴学科以及颠覆性技术快速崛起而带来的科研伦理问题日益浮出水面。中国科学院院士许智宏指出，近几年，基因编辑技术在快速发展和优化的同时，其所带来的伦理、安全、监管等问题也引发了广泛讨论。由于编辑过的基因组难以逆转并可以遗传至下一代，基因编辑技术在人体上进行试验之后其伦理问题和安全问题更加凸显。而 2018 年的贺建奎事件就给我们敲响了巨大的警钟。2016 年 6 月开始，贺建奎私自组织包括境外人员参加的项目团队，蓄意逃避监管，使用安全性、有效性不确切的技术，实施国家明令禁止的以生殖为目的的人类胚胎基因编辑活动。2017 年 3 月至 2018年 11 月，贺建奎通过他人伪造伦理审查书，招募 8 对夫妇志愿者（艾滋病病毒抗体男方阳性、女方阴性）参与实验，最终有 2 名志愿者怀孕，其中 1 名已生下双胞胎女婴"露露""娜娜"，另 1 名在怀孕中。该行为严重违背伦理道德和科研诚信，严重违反国家有关规定，在国内外造成恶劣影响。从科研伦理的角度来看，首先，该事件显示出我们此前未能充分考量科技发展对人的安全与尊严，以及对人类共同体的福祉所应承担的道德义务。其次，相关立法层级过低，且规定的内容缺乏可操作性，立法间缺乏衔接。再次，伦理审查机制有待进一步完善。最后，公众参与和受试者的保障机制有待提升。事实上，中国科协 2018 年历时一年所做的一项调查显示，九成科技工作者同意"如果忽略了科研伦理，科学研究可能会误入歧途"。而在认为遵守科研伦理很重要的同时，大家也承认我国科研人员的科研伦理道德水平总体不高，违反科研伦理道德的现象时有发生。可见，科研伦理是我国学科发展中又一个亟待深度治理的科研环境问题。令人欣慰的是，中国在相关问题的治理方面，已经迅速作出反应，并正在加强相关立法和制度建设进程。2019 年 4月 20 日，十三届全国人大常委会第十次会议审议的《中华人民共和国民法典》人格权编规定，"从事与人类基因、人体胚胎等有关医学和科研活动的，应当遵守法律、行政法规和国家有关规定，不得危害人体健康，不得违背伦理道德"。虽然该规定草案中的措辞还有一定提升空间，但毕竟在完善基本性法律方面迈出了重要一步。比基因编辑更贴近经济社会的是日益渗透到日常生活的人工智能伦理问题。中国科学院自动化研究所张兆翔研究员指出："人工智能作为一种颠覆性技术，其究竟是造福人类还是毁灭人类或未可知，但是其引发的伦理风险与挑战已经日益浮出水面，如人工智能戴着'有色眼镜'看人，人工智能创造出的'虚拟情感'世界，人工智能的'伪装道德'等问题都值得我们深思和探讨。"《自然》也曾以评论的方式报道 27 位神经科学家与技术专家、临床医师、伦理学家和机器智能工程师共同表示，人工智能和脑－机接口必须尊重和保护人的隐私、身份认同、能动性和平等性。习近平总书记在 2018 年世界人工智能大会的贺信中就指出：新一代人工智能正在全球范围内蓬勃兴起，为经济社会发展注入了新动能，正在深刻改变人们的生产生活方式。把握好这一发展机遇，处理好人工智能在法律、安全、就业、道德伦理和政府治理等方面提出的新课题，需要各国深化合作、共同探讨。

（三）科研评价

科研评价指标化风气依旧，针对项目、人才和机构的以"代表作评价"为核心的新的评价体系尚未建立，学科发展的自由交叉与学科建设的管理评价首尾不相衔接。近年来，我国的科技评价制度不断完善，分类评价改革稳步推进，取得了一定成效。为了给科技工作者、专业技术人员营造潜心研究、追求卓越、风清气正的科研环境，但从当前整体的科研评价环境来看，"数文章、看点数"依然是各大高校以及科研院所的主流方式，SCI 论文在国内还是受到过度的膜拜和推崇，成为各种项目、人才乃至机构评价的金标准、指挥棒。在科研评价导向的影响下，有的科研人员为了完成年度考核工作量、挣年度 SCI 论文"工分"，不愿去做那些周期长、有原创性、前瞻性和引领性的课题，而是挑容易出论文的"短平快"课题。还有少数科研人员迫于职称晋升、业绩提升等压力，搞论文造假、抄袭或代写，破坏了学术生态。同时，这种科研评价导向在一定程度上引发科研人员的"创新焦虑"，不利于形成自由、开拓、追求卓越、宽容失败的科研生态。在中国科学实现跨越发展的当下，如何建立有利于创新的科研生态、让引领性、原创性的研究竞相涌现成为当前科技发展面临的重大课题。针对上面的问题，国家在近两年将代表作制度推向了历史前台。但是，代表作评价制度并不是解决所有评价问题的"万能钥匙"，学界对其有诸多意见，认为其在实施过程中依然存在很多问题，不能完全照搬国外的学术代表作评价流程、指标。同时，代表作评价制度在推行过程中似乎并不那么顺利，用一句俗语形容代表作评价制度实施的现状是"雷声大雨点小"，并没有表现出某些学者预期的态势，尤其在评价实践方面。这种制度并未在高等学校大规模推行，主要限于部分知名高校，尤其是研究型大学。在具体实施上，许多高校的代表作评价实践还属于"摸着石头过河"，并没有将其作为唯一的评价制度，量化评价在各种学术评价中还占据重要的比重，职称评定继续设置定量门槛、机构评价设定定量指标、科研考核多以定量指标为基本依据，等等。更有学者指出代表作制度的几个核心问题：容易遭受多方质疑，评价过程中的程序公平难以保障；评价者存在价值偏好，代表作的质量评判标准难以统一；利益破除困难，贯彻落实的配套改革有待深化。显然，学术环境的深度治理并不是下定决心"破四唯"就能解决的，需要一个长期探索的历史过程。学科发展评价方面，存在着僵化、过度量化的现象，过于强调学科边界，评价、衡量标准单一，往往以出成果的名义干涉科学家的研究，用行政化的"参公管理"约束科学家，缺乏宽松的科研环境、信任的支持体系和自主高效的管理机制，在一定程度上束缚了广大科技人员的创造精神。行政力量和学术资源的条块分割，使得在实践中经常产生"学科中心主义"，即单个学科为单位划地盘分资源。在高校和研究院所领导心中，"只有我的学科方向才是科学"这种心态非常普遍。在"双一流"建设等政策导向下，国家要求学科进一步成为高校发展的主要抓手，直接影响着人才培养、科学研究和社会服务等方方面面。2018年的指导意见进一步强调学科建设的内涵是"要明确学术方向和回应社会需求，坚持人才培养、学术团队、科研创新'三位一体'"。但是，高校的重点学科倾斜发展策略更为普遍。因此，由于要向重点学科倾斜，高校必须进行事实上的"学科砍减"，集中力量办大事。"学科的不当砍减"已经在部分地区导致了高校学科设置与区域社会经济发展需求的严重不匹配问题。尽管在学科管理体制上，许多科研单位也在探索要促进以问题为导向有意识的建设学科群，尤其是跨学科门类的学科群建设。但是也是较为普遍的分完经费就完事，难以"问题导向"地以大领域、大方向为区块，整合学科集群，发扬个体优势，互相取长补短，实现有效的协同合作。

（四）国际合作

国际科技合作风险加大，国际合作人员的跨国保护机制尚未建立。当前，科技创新已成为各国推动经济增长和可持续发展的重要动力。我国始终坚持以全球视野推动科技创新，全方位加强国际科技创新合作。然而，我们对于国际合作的态度始终要保持足够的清醒，在充分尊重国际科技合作的作用、价值和意义的基础上，逐步建立起国际合作人员的跨国保护机制，以确保国际合作中的国家科学利益。中兴事件爆发后不到2个月，2018年5月美国大使馆和领事馆宣布将把中国研究生在某些领域，如机器人、航空和高科技制造等的学习签证时限限制在一年内。2018年12月，加拿大警方应美国政府司法互助要求逮捕在温哥华转机的中国华为公司副董事长兼首席财务官孟晚舟。2019年4月，美国知名医学机构MD安德森癌症研究中心开除了3名华人科研人员，理由是所谓"违反保密原则及未披露同外国机构关系"[100]。而在2018年8月，美国国家卫生研究院院长弗朗西斯·科林斯就曾致信受其资助的上万家机构，要求它们警惕外国政府对美国的医学研究实施所谓"不正当的影响和利用"。事实上，在今后的很长的一段历史时期中，如何面对中国史无前例的科技崛起都将是西方世界的一项重大课题，冷战时代的巨大阴影并未远行，国际科技合作的日益增长的政治影响对于我国正在推动的国际大科学工程等系列事务构成了一定的风险。因此，对于我国来说，在"三跑"并行的历史关口，加大对于与我国有重大科学利益相关人员的保护是已经成为一项亟待解决的问题。

（五）期刊发展

科技期刊较之科技创新发展严重滞后，难以有效服务"把论文写在祖国大地上"。科技期刊是科研成果交流和展示的载体，也是一国科技竞争力与文化软实力的重要体现，同时也是学术环境的核心组成部分。近年来，随着我国科研实力和科研产出的快速提升，科技期刊也得到了稳步发展，我国已进入科技期刊大国行列。但不容忽视的是，目前我国科技期刊总体上质量仍然不高，与科研大国地位不相匹配，成为科技界的一块发展短板。科技期刊的突出问题是世界一流科技期刊数量少，尤其缺乏具有历史沉淀和广泛影响力的国际大刊，根本问题是科技期刊整体发展滞后。具体可概括为以下四个方面：一是供给侧资源配置机制僵化，结构布局严重脱离需求。缺乏全球市场定位和新兴学科期刊，大量期刊定位重复导致争夺国内稿源、新办期刊太难，致使我国科技期刊严重脱离国际、国内市场需求。中英文期刊比例不协调，英文期刊仅占我国科技期刊总量的 6%，与同为非英语母语国家的德国（51%）、日本（21%）相差甚远；学科布局不均衡，在 SCI 划分的 182 个学科领域中，我国有 73 个学科领域的期刊是空白。二是期刊缺乏市场主体，国际竞争意识和能力不强。长期以来，我国科技期刊实行主管、主办和出版三级管理体系，多层级交叉管理，造成期刊资源分散、市场化程度低、产业集成度低的局面，国家主办单位平均拥有 1.55 种期刊，而具有企业性质的出版单位占十分之一，依靠"小作坊"生产模式，小富即安自娱自乐，已不适应市场发展需要，长期下去国际竞争意识或将消磨殆尽，竞争能力将荡然无存。三是缺乏强大国际支撑平台，办刊模式和手段落后。目前我国英文科技期刊采用的国外数字出版、网络传播、知识获取、数据利用、期刊评价等平台，实际上并不能支撑我国科技期刊独立自主成为世界一流期刊；国内平台近年来虽在数字出版、传播、利用等方面有一些新的进展，但要大规模进入国际高端机构市场，尚存在合作机制、大数据处理、资源深度整合等诸多问题。四是科研评价唯 SCI 论文至上，导致优秀论文外流和编辑人才流失。我国很多科研机构在对科研人员考核评定过程中，过度依赖期刊学术指标和论文数量，而国内缺乏满足科技工作者发表高水平论文需求的高水平期刊，直接导致中国优秀论文争相到国外期刊发表，科研人员为发表论文而写论文，期刊为提高指标而做期刊。科技期刊编辑始终没有获得与科研人员同等待遇，导致一流人才不愿进入科技期刊编辑行列。

四、人才培养质量不足，队伍建设偏离初心

党的十八大以来，习近平总书记在不同场合不同会议上强调了人才的重要性。他指出，创新是引领发展的第一动力，创新驱动实质上是人才驱动。我们要充分认识到人才对于推动我国经济社会持续发展的重要性。但是人才工作涉及思想观念、体制机制、制度、作风诸方面因素，必须从思想观念和作风建设、体制机制和制度建设等方面着手，多角度、多层次、多方面加以解决。当前我国学科发展主要面临人才培养质量不足，队伍建设偏离初心两大问题。

高水平人才培养质量不足，一流人才依赖海外引进。当前，我国高等教育正处于内涵发展、质量提升、改革攻坚的关键时期和全面提高人才培养能力、建设高等教育强国的关键阶段。进入新时代以来，高等教育发展取得了历史性成就，高等教育综合改革全面推进，高校办学更加聚焦人才培养，立德树人成效显著。在学科发展的新生力量——博士和博士后培养方面，我国一流人才的培养能力是显著不足的。一项 2011—2017 年北大、清华新任教师教育背景的调查显示：八成以上的新任教师拥有一段或多段海外科研经历，完

全没有海外经历的教师仅占总体的18.6%，海外博士的比例在两校的比例分别为49.4%和47.8%，但考虑到本校博士的比例分别为28.6%和29.6%，意味着其他本土高校向北大、清华输送教师的比例仅为22%和22.6%。从高层次人才的履历看，我国有留学经历人员在两院院士中占80.49%，在教育部直属高校校长中占77.61%，在国家重点实验室和教学研究基地主任中占71.65%，在长江学者中占94%，在国家"863"计划首席科学家中占72%。这些数据直接体现了学科发展中的人才培养问题：一流人才培养不足，依赖海外引进和输入。

队伍建设围绕评价指标，偏离学科建设与发展过程中队伍建设的初心。作为人才队伍建设核心部分的海外人才引进，近年来也逐渐背离了队伍建设的初心，主要体现在海外人才引进政策存在跟风现象，实质是高层次人才引进工作仍需加强。引进海外人才，是用较短时间拥有一批世界一流人才的重要途径，是进一步扩大对外开放、提高国际竞争力，建设创新型国家的迫切需要。党的十八大以来，在中央与地方各级政府多层次、全方位的合力推进下，中国海归人才引进工作取得了显著成效。但是，通过比较中央和10个地区出台的引才政策，特别是比较政策主体、政策客体、政策工具等维度，发现各地出台的引进海外高层次人才政策具有较高的同质化程度，一方面是源于自上而下的"政策同构"和自下而上的"政策对齐"，另一方面来自各地方政府在其管理权限内开展的竞争性模仿。海外人才引进政策存在跟风现象直接导致了人才引进与产业结构不匹配产生的结构化问题，必将导致国内人才竞争的"零和博弈"，是不可持续的。同时，我国的海外高层次人才引进中也呈现领军人才总量偏少、高新技术领域人才引进占比偏低、学科（产业）分布不均等问题，还需要在人才引进的前瞻性、引进渠道、激励机制、发展平台等方面继续加强力度和完善服务。队伍建设中更为显著的偏离初心的问题是人才计划名目繁多，无序竞争问题突出。为优秀人才授予称号，为他们提供相应的荣誉和研究条件，是一种行之有效的激励手段。1994年中国科学院实施"百人计划"取得良好效果。自此，各级政府实施了一系列人才计划，取得显著成效，科技人才队伍迅速壮大。但人才计划名目繁多、杂乱无序，部分人才计划在一些地方和系统变成了名目繁多、重复交错的"帽子工程"。针对人才计划的相关问题，2018年两会上，九三学社中央一份大会书面发言提出了良策：尽快制定人才计划统筹管理办法、推动人才称号"去利益化"、提高人才称号评选科学化水平。同时，人才引进工作近年来成为各级政府、科研机构和高校的重要业绩，但也引发了无序竞争的乱象。全国政协委员方精云认为，"很多高校和研究机构以各种优厚条件，如高薪酬、高房补等不计成本吸引人才。一些地区和单位对引进人才的争夺逐渐白热化，无序竞争的乱象越来越突出。部分'引进人才'为获取个人利益，频繁跳槽于不同单位，不仅在学科建设和科学研究方面没有发挥应有的作用，更给国家和用人单位带来巨大的财物浪费和诸多的棘手问题，应引起国家和政府有关部门的高度重视"。另外，本土人才和海外人才的同质不同价也成为近年来人才队伍方面的突出问题。2018年全国两会期间多位委员代表呼吁"加大本土人才培养支持力度"，"本土人才享受'海归'同等待遇"[101]。2018 年，清华大学的研究人员在全国范围内根据不同高校类型和高校特色抽取了 22 所高校，调查并分析了 2018 年其招聘网站上的教研岗位招聘信息，发现 "211" 和 "985" 高校在招聘时对海外背景要求的比例接近 50%，工科类高校对于海外背景的要求超过了 80%[102]。习近平总书记参加广东代表团审议时提出 "海归人才和本土人才要并用并重，一视同仁"[103]，本土与海归人才同质不同价的问题深刻地反映出了队伍建设中初心的偏离，应引起学科和科技管理者的重视。

第五节　学科发展启示与建议

在大国竞争日益复杂，人类继续科技突破促进经济社会可持续发展的当下，习近平总书记在 2018 年两院院士大会指出，"科技领域是最需要不断改革的领域。推进自主创新，最紧迫的是要破除体制机制障碍，最大限度解放和激发科技作为第一生产力所蕴藏的巨大潜能"。因此，我国应继续深化科技体制改革，提升国家科技创新特别是面向高边疆的重大原始创新能力。为了达成该目标，我国应该全面发展基础科学布局，积极发展新兴学科；扎实提升高等教育从本科到博士后的全链条培养能力；优化现有人才资助体系，制度性保障学术自由和学术民主氛围；积极发展我国自主科技期刊，获取与我国科技实力相称的话语权；进一步提升和优化对科技公共平台的管理，解决科技基础仪器设备中 "卡脖子" 的问题；继续推进产学研一体化模式创新，积极转化学术进展，孵化高科技产业，并促进影响力的智库发展。

一、学科创新发展方面

加快构建有利于提升原始创新和支撑能力科技评价体系。我国的科技评价体系是国家科技创新体系的重要组成部分，同国家科技创新体系的建设与发展背景一致，是经中华人民共和国成立之初的科技封锁历史背景下以及后发国家追赶发达国家的过程中建立的，是在从计划经济向市场经济转型过程中完善的，在面新一轮科技革命机遇和突破事关我国发展全局与长远的重大技术瓶颈需求面前，在 "三跑" 并行阶段向领跑转变的重大历史阶段，亟须加快构建提升原始创新能力，强化科技支撑能力导向的科技评价体系，在评价制度、体系和模式上尽快形成新一轮的突破。周忠和院士曾指出："科研评价就像指挥棒，有什么样的评价体系，就会催生什么样的科学研究。"随着建设创新型国家的速度不断加快，科技评价体系的改革力度也在不断加强，事实上，2018年不断恶化的贸易战局势和《"三评"意见》等系列政策出台，已经把中国学科发展面临的实际问题和科技评价改革的方向都摆在了桌面上，而仍在快速增长的中国经济发展规模，研究投入以及科研产出规模也为新一轮评价体系的构建奠定了坚实的基础。因此，当前的核心任务主要是加快构建基于代表作评价的公正的、可执行可计量的项目、机构和人才评价体系，构建从绩效奖励和待遇匹配出发的面向原始创新和科技支撑的评价体系，从源头上激发学科创新发展的动能，保障科技创新的支撑能力。

加强重大科技基础设施和高端通用科学仪器的设计研发，大力支持科研手段自主研发与创新。一是聚焦空间和天文、粒子物理和核物理、能源、生命、地球系统与环境、新材料、工程技术等世界科技前沿和国家战略急需领域，布局建设一批重大科技基础设施。依托重大科技基础设施开展科学前沿研究，解决经济社会发展重大科技问题。充分发挥设施的集聚作用，吸引国内外创新资源，促进科技交叉融合。二是培育具有原创性学术思想的探索性科学仪器设备研制，聚焦高端通用和专业重大科学仪器设备研发、工程化和产业化研究，推动高端科学仪器设备产业快速发展。三是加大力度支持科研平台、科研手段、方法工具的创新，提升开展原创研究的能力，大力加强实验材料、数据资源、技术方法、工具软件等方面的创新。四是着力开展高端检测试剂、高纯试剂、高附加值专用试剂研发和科研用试剂研究，加强技术标准建设，完善科研用试剂质量体系。五是鼓励研发国产高端设计分析工具软件，保证研发设计过程自主安全可控。六是在重大研发任务中加大对高端试剂、可控软件研发和基础方法创新的支持。

进一步促进聚焦国家战略需求和产学研融合的创新平台、学科平台和新型研发机构的发展壮大，进一步深化国家战略需求与重大项目，产业发展与学科发展的联系。当前，新一轮科技革命和产业革命加速演进，全球创新进入一个前所未有的密集活跃期，由"科"到"技"的变革加快，问题导向型科学研究越来越多，不断产生新兴学科及领域，催生新兴技术及产业。国际创新要素流动空前活跃、重组不断加快，推动着科技创新组织模式、科研范式和产业范式不断转变，网络化、平台化、生态化的新型平台和研发机构模式纷纷涌现。对于国家重点实验室为代表的创新平台，支持牵头组织全国相关领域的科技力量，发挥集群优势，开展协同攻关，承担起行业领域的辐射带动作用，支持围绕孕育重大原始创新、推动学科发展和解决国家战略重大科技问题，在特定优势领域长期持续开展科技创新，在重点学科领域和关键技术领域形成持续创新能力。对于高校和学科建设，促进教育链、人才链与产业链、创新链有机衔接，在集成电路产教融合创新平台的基础上，在综合研判国家战略需求和产业发展的基础上，进一步扩大学科和行业平台建设范围，在更多的关键技术领域不仅提供学科资源支持，同时刺激学科的创新发展。对于新型研发机构，要突出体制机制创新，强化政策引导保障，注重激励约束并举，调动社会各方参与。通过发展新型研发机构，进一步优化科研力量布局，强化产业技术供给，促进科技成果转移转化，推动科技创新和经济社会发展深度融合，同时注意在根据科教资源的分布情况实施具有针对性的促进政策。

二、学科发展布局方面

突出原始创新，切实提升培育重大原创成果的能力。一是全面布局各学科领域基础研究，加大力度支持科研人员自主选题研究。继续加强对数学、物理等基础学科的倾斜支持力度。二是聚焦科学前沿和国家需求中的重要科学问题，关注学科交叉领域中可能产生重大突破的方向，加大稳定支持力度。三是推动学科交叉，进一步加强学科顶层设计，深入研究源于知识体系逻辑和结构、促进知识与应用融通的学科布局，促进学科均衡协调发展的同时，推动学科交叉研究，探索新型科研组织模式以及支持方式，有效培育新的学科生长点[104]。

面向重大需求，不断夯实创新发展的源头基础。一是充分发挥指南引导作用。完善重大基础研究问题建议、咨询、立项和指南引导机制，分阶段部署一批重点方向领域。从国家发展需求出发，聚焦当前和未来一段时期的"卡脖子"技术，关注可能产生引领性成果的重要领域，凝练提出战略性关键核心技术背后的基础科学问题。二是强化与各行业主管部门对接，建立制度化的协调机制，把国家经济社会重大需求作为学科资源配置的重要依据。引导科学家将科学研究与服务国家战略需求紧密结合。三是加强联合学科和各类基金平台导向作用。针对集中攻关"卡脖子"问题和基础性问题。我国需要在"卡脖子"性质的基础技术设施，比如仪器、软件、高精度试验品和高端耗材等方面全面的加强攻关，逐个突破。首先，我国可以按学科对每个学科开展科学研究所必需的"卡脖子"技术、重要进口仪器、依赖国外的软件以及高精度试验品等进行全面的摸底排查；其次，对相近学科共同的内容进行归类整合，最终确定每个学科（或者大类）具体需要解决的"卡脖子"技术、重要进口仪器、依赖国外的软件以及高精度试验品的清单；然后，结合我国现有的研发计划，或者开辟专项的研发计划给予重点部署逐个突破，依次解决；最后，要每年对清单的实现情况进行整理评估，以利于下年度的调整。

加强学科布局决策支撑能力的建设，为形成全面发展与重点突破相结合的学科布局态势的提供坚实的政策基础。一是充分发挥战略科学家的作用，定期开展学科发展战略研究工作，及时把握科学前沿和人才队伍发展动态，为制定学科政策提供科学可靠的决策基础。二是围绕国家战略需求和经济社会发展需要，加强研判，及时分析当前我国各学科发展状况，特别是基础研究领域方面存在的短板和不足，提出相应的措施方案加以解决。三是面向新兴前沿领域以及颠覆性技术，形成科学问题凝练机制和前瞻布局调整机制。四是建立长期稳定的学科前沿监测体系，及时洞察全球科学技术研究前沿和发展动态，为前瞻布局提供有效的信息决策支持。五是学科结构布局是一项重大战略性科学问题，建议在国

家层面成立相关的学科战略布局研究机构，长期从事学科布局研究及阶段性评估工作。

进一步提升基础研究为代表的科技创新与学科建设经费投入，同时进一步优化投入结构，加快构建多元化、稳定化的资助机制和模式。作为一个建设门类齐全的国家，我国应该从有所为有所不为的追踪式科技资助政策，加快转向适合当下的全面支持基础研究，建设全面发展的国家学科发展体系，可结合国家科技发展战略需求，根据不同学科发展的规律和特点，合理规划国家与社会的投入比例和模式，尽快构建多元化和稳定化的资助机制和模式，推动科技创新与学科发展水平的全面提升。

三、学术环境治理方面

大力推进科研诚信建设，进一步夯实科技创新的基础，以科技论文为主要抓手构建中国科技创新的国际品牌。对于科技事业发展来说，科研诚信不仅是科技创新的重要基础，同时也是构建科技话语权的核心支撑。面对当前的来之不易的，逐渐向好的科研诚信发展态势，我们一是要加强科研诚信法制化建设，明确相关主题的法律责任，逐步完善科研相关的行为准则和规范。二是要加强教育、制度、监督（过程监督和不端行为查处）并重的体系建设，特别是加强对科研工作者的科研诚信道德教育，坚持自律和他律相结合，让广大科研工作者形成恪守科研诚信的观念和习惯，自觉抵制学术不端行为，同时要建立健全惩处机制，严格执行相关制度，充分发挥制度的约束功能。三是要以可重复性原则为依据，依托严格的同行评议制度，利用大数据以及人工智能技术，以科技论文为主要抓手构建国家科技创新品牌，从源头增强国际科技话语权。

健全科研伦理治理体系建设，在建设世界科技强国进程中抢占科技伦理制高点。随着创新在我国科技和经济运行中的常态化，科研伦理在科技事务中扮演着愈来愈重要的角色。新兴科技的快速发展在给人类带来福音的同时，也给人类社会带来诸多挑战。对于科研伦理，一是实现治理方式转型。传统"做了再说"的治理方式往往难以有效应对某种颠覆性新技术所带来的社会风险。因此，健全科技伦理治理体制，应推动治理方式从传统的"做了再说"向现代的"适应性治理"转型。二是完善监管制度。随着产学研用深度融合和一体化发展，科技伦理监管的真空地带越来越多。一些案例表明，体制内监管的不完备和体制外监管的缺失，很可能会导致科技伦理领域的"灰犀牛"事件或"黑天鹅"事件。因此，有必要构建体系严整的科技伦理监管制度，通过新的制度安排强化监管机构的横向联系，不断扩大监管覆盖面；完善伦理规制和监管程序，使监管过程有理有据、有机衔接。应改进科技伦理监管制度，实现对新技术从基础研究到产业应用的全过程监管，实现对科研工作者伦理问题的终身追责，有效防范违反科技伦理的事件发生。三是建立自律机制。科研人员能否遵循科技伦理，很大程度上依赖其自律。为防范新兴科技滥用和其他风险，在健全科技伦理治理体制时有必要建立完善的科技伦理自律机制。比如，大型科技企业内部建立伦理审查机制，行业组织制定行业规范；相关行业加强对科研人员的科技伦理规范培训，引导科研人员不断增强自律意识；增强各学术团体的监督意识，确保自律规范落到实处，营造重伦理、讲道德的创新环境和学术氛围。四是推进科技伦理法律化。随着科技对人类社会的影响越来越大，有必要推进科技伦理法律化，借助法律的刚性约束加强科技伦理治理。把科技伦理中的一些重要道德规范上升为法律规范，目的是用法律的特性和优势更好推进科技伦理治理。我们要善于通过立法，借助法律的权威，进一步巩固科技伦理治理成果，增强科研人员和科技企业的伦理意识，使科研人员和科技企业在面对科技伦理问题时的行为选择有明确的依据，更加有效调节和控制科技发展及其后果。五是应把加强科技伦理研究和提高伦理研究能力，参与国际伦理议题讨论和国际伦理规则制定纳入建设世界科技强国的重要内容，并及早在战略层面上加以布局，以改变长期以来伦理研究严重滞后科技发展的局面[105]。

发展多样化的学科管理模式、促进学术影响力提升。一是在学术成果和人才评价中，弱化文章数量考核，强化代表作制度，从以论文数量为评价导向迅速过渡到以研究成果质量为评价导向；二是充分发挥同行评议作用，推广中国科学院曾经进行的全球评估模式，聘请全球顶尖的科学家，匿名评审科研机构和研究人员的实质性贡献。三是根据部门或行业发展的需要，准确把握和尊重学科自身发展的特点和规律，依照学科发展规律调整人才成长规律相适应的资助、教育和管理模式，提升规划和管理水平。此外，国家还应该继续鼓励和资助高校在校内和校际的协同创新，学习欧美先进经验，化解学科间的在经费和人事方面的冲突和竞争，分摊研究所需的间接经费，采用灵活的聘任制度和管理架构，促进跨学科交流和新兴学科方向的设立。

高度重视中国科技期刊的建设，尽快打造世界一流科技期刊，以此为抓手形成全球科技治理能力。一是立足科技中心，把握学科前沿，建设国际品牌。中国本土期刊应立足中国、面向世界，首先牢牢抓住中国各个学科领域的研究中心，并拓展到世界各个学术中心，融入他们的日常学术研究工作中，为这些一流学者的前沿信息交流服务、为保护他们的成果首发权服务、为提高科学家的声望和影响力服务，唯有以更加开放的心态、更加敏锐的学术嗅觉、更加主动和周到的服务态度去办好期刊，才有可能在国际出版激烈的竞争中取得一席之地。二是明确激励制度，吸引优秀人才，鼓励资源流动。通过调研世界一流期刊编辑的履历和收入水平，我们发现，优秀期刊的高级编辑不仅有长期的研究工作经历、出身名校，期刊内部有较为完善的人才培养、升迁机制，而且，优秀编辑经常在期刊之间相互流动，这为经验交流和人才成长提供了很好的保障。匿名数据显示《自然》和《细胞》高级编辑的收入均在8万美元/年以上，相当于一流大学教授的薪酬水平，这也许能成为我们招募国际化、高水平编辑在薪酬水平上的一个标准。因此，要创办世界一流期刊，首先需要改革期刊管理、制定灵活有效的激励制度，向国际先进期刊学习经验，引进有世界一流期刊办刊经验的编辑，加强培训和管理，切实提高办刊队伍素质。建设世界一流期刊应首先从打造一流期刊办刊队伍着手，最后要从一流办刊队伍中落实。三是打造先进平台，提升服务能力，解决基本问题。世界一流期刊都具有与时俱进的特质，主动迎接信息传播方式的变化，采取了积极的态度、创造性融合发展。在互联网和人工智能时代，快速发表早已不是科技出版业面临的首要问题，可重复性以及保障成果可重复性的全过程出版成为国际科学共同体所面临的基本问题。我国科技期刊需要首先完成追赶任务，在集约化、信息化、融合到科研全过程并实现快速发表方面赶上发达国家的水平，并寻求能够实现弯道超车的途径——利用我国先进的人工智能和大数据技术，注重数字出版最新形式，融合最新的科研技术与出版技术，涵盖数字科研、开放创新、开放获取、在线交流、多媒体表现、社交网络交流与传播等各种先进技术，把出版过程融入科研创新过程，创造优良的学术发表环境，解决长期困扰国际学术界中科研诚信等基本问题，以此为根基建设世界一流科技期刊。四是优化发展生态，推进评价导向改革，推动全球科技治理能力的形成。鼓励科技工作者大力弘扬科学家精神，倡导科技报国、严谨求实、潜心钻研、理性质疑、学术民主。准确把握科技期刊功能，合理发挥期刊和论文在科技评价中的作用。进一步发挥全国学会等相关学术共同体的学术评价作用，分领域发布科技期刊分级目录，形成中外期刊同质等效的评价体系标准和激励机制，吸引高水平研究成果在我国一流期刊首发。探索建立具有中国特色的世界一流科技期刊评价指标体系，提升我国科技期刊的首发权、评价权和话语权。同时，我国期刊出版界应该协同国际制定科技资源、科学数据开放共享的规则和权益体系，在秉持互利共赢的原则下，构建更加开放、更加富有活力的学术生态圈，通过建设世界一流科技期刊形成面向全球科技界的科技治理能力。随着全球开放科学的兴起，实现更高水平、更高效率的科技创新已成为学术界、期刊界的共同愿景。

四、学科队伍建设方面

进一步科学统筹人才计划，从体制机制上遏制"帽子文化"对于人才队伍建设的不良影响。一是优化调整人才计划结构。由中央人才工作协调小组对各部委出台的创新型人才计划进行优化调整。合并支持对象高度重复的人才计划，并对合并后的计划统一管理。原则上在中央层面对每一类人才只有一项专门计划，避免重复支持。二是调减以奖励为主的人才政策数量，尤其是针对国内各领域顶尖人才的物质奖励；增加对人才创新创业的支持，尤其是对青年人才的研发经费支持。三是中央人才工作协调小组统筹建立全国人才计划和政策数据库，汇总全国范围内人才计划涉及的入选人员、所属领域、资助金额、工作时限和取得的成果等。数据库对社会公开，允许各级政府、研究机构和个人查询。四是限制各类头衔在科研项目评审中的使用。在人才计划中加入限制性条款，尽量避免人才头衔给科研资源分配带来负面影响。在部委及各级地方政府的人才计划中明确规定本计划的目的和周期，计划结束后禁止再使用相应称号；对授予人才头衔的计划，明确头衔仅具有荣誉性和学术性，不宜作为承担科研项目的评价标准。认真落实《关于深化项目评审、人才评价、机构评估改革的意见》，在项目申报和评审中，不把荣誉性头衔、承担项目和获奖等情况作为限制性条件。在高等学校的学科评估中，取消教师队伍中学术头衔的权重设定。

加快建设以培育原始创新能力为核心目标的博士研究生培养体系，从源头上加强学科队伍的建设。一是大幅度提升博士研究生待遇，加强攻读博士学位对于优秀本科生和研究生的吸引力，从生源上保障博士生的培养质量。二是加强博士研究生课程体系的建设，全面提高课程建设质量，严把考试出口关，加强学风建设，把科研诚信、科研伦理以及思想政治教育贯穿人才培养全过程。三是加强博士原始创新能力的初期和中期考核，尽早分流不宜继续攻读博士学位的学生，切实保障毕业生的培养质量。四是强化博士生导师培养能力考核，在代表作评价机制下，提升原始创新培养能力的考核，坚决淘汰培养能力不合格的博士生导师。

面向学科发展基础和产业关键技术领域，加强重大科技基础设施和重大科研仪器研制、运营等方面的高水平、专业化人才队伍的建设。一是充分研究科技基础设施和重大科研仪器方面高水平人才培养规律，充分认识到其长周期高投入、产学研深度融合发展的特征，科学合理地建立高水平人才培养体系。二是完善高校科研院所考核评价制度，加快扭转"重论文轻支撑"的倾向，为工程技术人才的成长提供有别于传统科研人员的通道，通过指挥棒的调整引导人才队伍的建设方向。三是在科研经费方面采取"稳存量促新增"政策，一方面可以提升仪器运营保障费用的比例，稳定现有的高水平研发和运营人才队伍，另一方面可以进一步提升自主研制重大科研仪器资助的项目数量和经费比例，以重大项目为牵引吸引学科新生力量进入到相关的领域中，推动人才队伍的新陈代谢健康成长。

构建战略科学家和重要国际科技合作人员的保护体系，从人力资源角度有效捍卫国家科技利益。应该防止我国科技领军人物、关键科技支撑人员、引进的域外重点科研人员在国际竞争中被针对性的制裁和打击。一要根据重要人员的贡献，依照其风险暴露程度，进行分类管理。二要加强法律研究和司法实践，使得相关人员在境外活动时，免于某些国家的司法诉讼、长期羁押，及时预警风险。三要准备强大的舆论力量，及时引导舆情，设置专项基金，对遭遇麻烦的科技节点人员进行司法营救和舆论支持。

参考文献

［1］新华网. 习近平：决胜全面建成小康社会 夺取新时代中国特色社会主义伟大胜利——在中国共产党第十九次全国代表大会上的报告［EB/OL］.（2017-10-27）. http://www.xinhuanet.com//politics/19cpcnc/2017-10/27/c_1121867529.htm.

［2］新华网. 中兴通讯：美禁令对中兴通讯极不公平，不能接受［EB/OL］.（2018-04-20）. http://www.xinhuanet.com/politics/2018-04/20/c_1122717559.htm.

［3］新华网. IEEE解除对华为员工参与同行评审的限制［EB/OL］.（2019-06-03）. http://www.xinhuanet.com/fortune/2019-06/03/c_1124576702.htm.

［4］国务院．国务院关于全面加强基础科学研究的若干意见［EB/OL］．（2018-01-31）．http://www.gov.cn/zhengce/content/2018-01/31/content_5262539.htm.

［5］国务院．国务院关于印发积极牵头组织国际大科学计划和大科学工程方案的通知［EB/OL］．（2018-03-28）．http://www.gov.cn/zhengce/content/2018-03/28/content_5278056.htm.

［6］教育部．教育部关于印发《高等学校人工智能创新行动计划》的通知［EB/OL］．（2018-04-03）．http://www.moe.gov.cn/srcsite/A16/s7062/201804/t20180410_332722.html.

［7］教育部．教育部关于印发《高等学校基础研究珠峰计划》的通知［EB/OL］．（2018-07-09）．http://www.moe.gov.cn/srcsite/A16/moe_784/201808/t20180801_344021.html.

［8］科技部．科技部办公厅 教育部办公厅 中科院办公厅 自然科学基金委办公室印发《关于加强数学科学研究工作方案》的通知［EB/OL］．（2019-07-12）．http://www.most.gov.cn/mostinfo/xinxifenlei/fgzc/gfxwj/gfxwj2019/201907/t20190718_147853.htm.

［9］教育部．教育部 财政部 国家发展改革委印发《关于高等学校加快"双一流"建设的指导见》的通知［EB/OL］．（2018-08-20）．http://www.moe.gov.cn/srcsite/A22/moe_843/201808/t20180823_345987.html.

［10］科技部．科技部 财政部关于加强国家重点实验室建设发展的若干意见［EB/OL］．（2018-06-22）．http://www.most.gov.cn/mostinfo/xinxifenlei/fgzc/gfxwj/gfxwj2018/201806/t20180625_140289.htm.

［11］教育部．教育部关于印发《前沿科学中心建设方案（试行）》的通知［EB/OL］．（2018-07-19）．http://www.moe.gov.cn/srcsite/A16/moe_784/201808/t20180801_344025.html.

［12］卫生健康委．国家医学中心和国家区域医疗中心设置实施方案［EB/OL］．（2019-01-10）．http://www.nhc.gov.cn/ewebeditor/uploadfile/2019/01/20190125165755286.pdf.

［13］科技部．科技部关于印发《国家新一代人工智能开放创新平台建设工作指引》的通知［EB/OL］．（2019-08-01）．http://www.most.gov.cn/mostinfo/xinxifenlei/fgzc/gfxwj/gfxwj2019/201908/t20190801_148109.htm.

［14］国务院．国务院关于印发新一代人工智能发展规划的通知［EB/OL］．（2017-07-20）．http://www.gov.cn/zhengce/content/2017-07/20/content_5211996.htm.

［15］科技部．科技部印发《关于促进新型研发机构发展的指导意见》的通知［EB/OL］．（2019-09-12）．http://www.gov.cn/xinwen/2019-09/19/content_5431291.htm.

［16］科技部．科技部 财政部关于印发《国家科技资源共享服务平台管理办法》的通知［EB/OL］．（2018-02-13）．http://www.most.gov.cn/mostinfo/xinxifenlei/fgzc/gfxwj/gfxwj2018/201802/t20180224_138207.htm.

［17］国务院．国务院办公厅关于印发科学数据管理办法的通知［EB/OL］．（2018-04-02）．http://www.gov.cn/zhengce/content/2018-04/02/content_5279272.htm.

［18］科技部．科技部 国家发展改革委 国防科工局 军委装备发展部 军委科技委关于印发《促进国家重点实验室与国防科技重点实验室、军工和军队重大试验设施与国家重大科技基础设施的资源共享管理办法》的通知［EB/OL］．（2018-06-22）．http://www.most.gov.cn/mostinfo/xinxifenlei/fgzc/gfxwj/gfxwj2018/201806/t20180627_140319.htm.

［19］科塔学术．国家野外科学观测研究站建设发展方案（2019—2025）［EB/OL］．https://www.sciping.com/29374.html.

［20］教育部．教育部关于印发《高等学校国家重大科技基础设施建设管理办法（暂行）》的通知［EB/OL］．（2019-10-29）．http://www.moe.gov.cn/srcsite/A16/moe_784/201911/t20191107_407335.html.

［21］教育部．中共中央 国务院关于全面深化新时代教师队伍建设改革的意见［EB/OL］．（2018-01-31）．http://www.moe.gov.cn/jyb_xwfb/moe_1946/fj_2018/201801/t20180131_326148.html.

［22］新华社．北京修订市属高校职务聘任评审办法 全面深化职称制度改革［EB/OL］．http://www.xinhuanet.com/2019-02/26/c_1210068384.htm.

［23］人民网．中共中央办公厅、国务院办公厅印发了《关于分类推进人才评价机制改革的指导意见》［EB/OL］．（2018-02-26）．http://politics.people.com.cn/n1/2018/0226/c1001-29835670.html.

［24］国家自然科学基金委［EB/OL］．（2018-06-11）．http://www.nsfc.gov.cn/publish/portal0/tab442/info73839.htm.

［25］科学网.“破四唯”如何落地“新四条”初获好评［EB/OL］.（2019-08-26）. http://news.sciencenet.cn/htmlnews/2019/8/429821.shtm.

［26］教育部. 教育部关于加快建设高水平本科教育全面提高人才培养能力的意见［EB/OL］.（2018-10-08）. http://www.moe.gov.cn/srcsite/A08/s7056/201810/t20181017_351887.html.

［27］教育部. 教育部等六部门关于实施基础学科拔尖学生培养计划 2.0 的意见［EB/OL］.（2018-10-08）. http://www.moe.gov.cn/srcsite/A08/s7056/201810/t20181017_351895.html.

［28］教育部. 教育部 国家卫生健康委员会 国家中医药管理局关于加强医教协同实施卓越医生教育培养计划 2.0 的意见［EB/OL］.（2018-10-08）. http://www.moe.gov.cn/srcsite/A08/moe_740/s7952/201810/t20181017_351901.html.

［29］教育部. 教育部 农业农村部 国家林业和草原局关于加强农科教结合实施卓越农林人才教育培养计划 2.0 的意见［EB/OL］.（2018-10-08）. http://www.moe.gov.cn/srcsite/A08/moe_740/s7949/201810/t20181017_351891.html.

［30］教育部. 教育部关于实施卓越教师培养计划 2.0 的意见［EB/OL］.（2018-09-30）. http://www.moe.gov.cn/srcsite/A10/s7011/201810/t20181010_350998.html.

［31］教育部. 教育部办公厅关于实施一流本科专业建设“双万计划”的通知［EB/OL］.（2019-04-04）. http://www.moe.gov.cn/srcsite/A08/s7056/201904/t20190409_377216.html.

［32］教育部. 教育部关于深化本科教育教学改革全面提高人才培养质量的意见［EB/OL］.（2019-10-08）. http://www.moe.gov.cn/srcsite/A08/s7056/201910/t20191011_402759.html.

［33］教育部. 教育部关于一流本科课程建设的实施意见［EB/OL］.（2019-10-30）. http://www.moe.gov.cn/srcsite/A08/s7056/201910/t20191031_406269.html.

［34］国务院. 中共中央办公厅 国务院办公厅印发《关于进一步加强科研诚信建设的若干意见》［EB/OL］.（2018-05-30）. http://www.gov.cn/zhengce/2018-05/30/content_5294886.htm.

［35］科技部. 关于印发《科研诚信案件调查处理规则（试行）》的通知［EB/OL］.（2019-09-25）. http://www.most.gov.cn/mostinfo/xinxifenlei/fgzc/gfxwj/gfxwj2019/201910/t20191009_149114.htm.

［36］国务院. 中共中央办公厅 国务院办公厅印发《关于深化项目评审、人才评价、机构评估改革的意见》［EB/OL］.（2018-07-03）. http://www.gov.cn/zhengce/2018-07/03/content_5303251.htm.

［37］清华大学. 清华大学发布《关于完善学术评价制度的若干意见》［EB/OL］.（2019-04-19）. https://news.tsinghua.edu.cn/publish/thunews/10303/2019/20190419111209810655818/20190419111209810655818_.html.

［38］清华大学. 清华大学修订《攻读博士学位研究生培养工作规定》［EB/OL］.（2019-04-22）. https://news.tsinghua.edu.cn/publish/thunews/10303/2019/20190422150724263257696/20190422150724263257696_.html.

［39］人民网. 破“四唯”，中科院大连化物所有高招［EB/OL］.（2019-07-30）. http://sh.people.com.cn/n2/2019/0730/c134768-33193892.html.

［40］新华网. 中国医学科学院发布 2018 年度中国医院/医学院校科技量值［EB/OL］.（2019-12-20）. http://www.xinhuanet.com/health/2019-12/20/c_1125369210.htm.

［41］中国科学技术协会. 中国科协 中宣部 教育部 科技部 关于深化改革 培育世界一流科技期刊的意见［EB/OL］.（2019-08-16）. http://www.cast.org.cn/art/2019/8/16/art_79_100359.html.

［42］中国科学技术协会. 中国科协印发《面向建设世界科技强国的中国科协规划纲要》［EB/OL］.（2019-01-04）. http://www.cast.org.cn/art/2019/1/4/art_79_85036.html.

［43］新华网. 四部门联合印发《关于深化改革 培育世界一流科技期刊的意见》［EB/OL］.（2019-08-19）. http://www.xinhuanet.com/science/2019-08/19/c_138320888.htm.

［44］新华网. 探索基础研究多元化投入：国家自然科学基金联合基金再添新成员［EB/OL］.（2018-12-17）. http://www.xinhuanet.com/2018-12/17/c_1210017442.htm.

［45］中国教育与计算机科研网. 总投入数十亿元！53 所北京高校高精尖学科名单公布［EB/OL］.（2019-05-10）. https://www.edu.cn/rd/gao_xiao_cheng_guo/gao_xiao_zi_xun/201905/t20190510_1658154.shtml.

［46］国家发展和改革委员会．国家重大科技基础设施建设"十三五"规划［EB/OL］．https://www.ndrc.gov.cn/xxgk/zcfb/ghwb/201701/W020190905497895917256.pdf.

［47］科技部．科技部关于支持建设国家新能源汽车技术创新中心的函［EB/OL］．（2018-01-11）．http://www.most.gov.cn/mostinfo/xinxifenlei/fgzc/gfxwj/gfxwj2018/201801/t20180112_137698.htm.

［48］中国新闻网．科技部：支持建设国家合成生物技术创新中心［EB/OL］．（2019-11-12）．http://www.chinanews.com/gn/2019/11-12/9004855.shtml.

［49］中国政府网．《国家产教融合建设试点实施方案》印发［EB/OL］．（2019-10-11）．http://www.gov.cn/xinwen/2019-10/11/content_5438226.htm.

［50］科技部．科技部印发《关于促进新型研发机构发展的指导意见》的通知［EB/OL］．http://www.most.gov.cn/mostinfo/xinxifenlei/fgzc/gfxwj/gfxwj2019/201909/t20190917_148802.htm.

［51］汪曙光，汪贝贝．新时代背景下中国新型研发机构发展的思考与建议［J］．科技与创新，2020（1）：9-13.

［52］张玉磊，李润宜，刘贻新，等．广东省新型研发机构现状分析研究［J］．科技管理研究，2018，38（13）：124-132.

［53］国务院．国家中长期科学和技术发展规划纲要（2006—2020年）［EB/OL］．（2006-02-09）．http://www.gov.cn/jrzg/2006-02/09/content_183787.htm.

［54］国务院．国务院关于印发国家重大科技基础设施建设中长期规划（2012—2030年）的通知［EB/OL］．（2013-03-04）．http://www.gov.cn/zwgk/2013-03/04/content_2344891.htm.

［55］吴月辉，刘诗瑶，喻思南，等．高端科研仪器国产化值得期待［N］．人民日报，2019-04-16（19）.

［56］国务院．国务院关于国家重大科研基础设施和大型科研仪器向社会开放的意见［EB/OL］．（2015-01-26）．http://www.gov.cn/zhengce/content/2015-01/26/content_9431.htm.

［57］科技部．2004-2010年国家科技基础条件平台建设纲要［EB/OL］．（2004-09-14）．http://www.most.gov.cn/tjcw/tczcwj/200708/t20070813_52389.htm.

［58］国务院．国务院办公厅关于印发科学数据管理办法的通知［EB/OL］．（2018-04-02）．http://www.gov.cn/zhengce/content/2018-04/02/content_5279272.htm.

［59］中国科学院．中国科学院科学数据管理与开放共享办法［EB/OL］．（2019-02-19）．http://www.cas.cn/tz/201902/t20190220_4679797.shtml.

［60］上海市人民政府．上海市公共数据开放暂行办法［EB/OL］．（2019-09-04）．http://www.shanghai.gov.cn/nw2/nw2314/nw2319/nw2407/nw45024/u26aw62638.html.

［61］国家统计局．2018年中国创新指数为212.0 科技创新能力再上新台阶［EB/OL］．（2019-10-24）．http://www.stats.gov.cn/tjsj/zxfb/201910/t20191024_1704985.html.

［62］新华网．全球创新指数2019：中国排名再创新高［EB/OL］．http://www.xinhuanet.com/2019-07/24/c_1124795004.htm.

［63］SCI数据库［EB/OL］．http://apps.webofknowledge.com/.

［64］Scopus数据库［EB/OL］．https://www.scopus.com/.

［65］ESI数据库［EB/OL］．https://esi.incites.thomsonreuters.com/.

［66］Nature Index［EB/OL］．https://www.natureindex.com/.

［67］中国科学技术信息研究所．2019《中国科技论文统计结果》［EB/OL］．http://conference.istic.ac.cn/cstpcd2019/.

［68］InCites Dataset［EB/OL］．https://incites.clarivate.com/.

［69］世界知识产权局．World Intellectual Property Indicators 2019［EB/OL］．https://www.wipo.int/edocs/pubdocs/en/wipo_pub_941_2019.pdf.

［70］国家科技成果网［EB/OL］．https://www.tech110.net/portal.php?mod=view&aid=6681851.

［71］北京理工大学研究生教育研究中心．中国研究生教育质量报告［M］．北京：中国科学技术出版社，2019.

［72］科学网．285项目入选中国科技期刊卓越行动计划［EB/OL］．（2019-11-25）．http://news.sciencenet.cn/

htmlnews/2019/11/433140.shtm.

［73］中国知网．中国学术期刊国际引证年报（2019）［EB/OL］．http://cjcr.cnki.net/.

［74］中国知网．中国学术期刊影响因子年报（2019）［EB/OL］．http://cjcr.cnki.net/.

［75］JCR 数据库［EB/OL］．https://jcr.incites.thomsonreuters.com/.

［76］中国科学技术协会．中国科技期刊发展蓝皮书［M］．北京：科学出版社，2019.

［77］中国科学技术协会．关于科技期刊国家基础数据工程总体框架设计和模型开发项目的采购前公示［EB/OL］．（2018-10-18）．http://before.cast.org.cn/n200846/c58213010/content.html.

［78］中国知网．世界学术期刊学术影响力指数（WAJCI）年报［EB/OL］．http://cjcr.cnki.net/.

［79］中国科学技术协会．关于启动 2019 年度分领域发布高质量科技期刊分级目录试点工作的通知［EB/OL］．（2019-03-29）．http://www.cast.org.cn/art/2019/3/29/art_458_93471.html.

［80］中华中医药学会．重磅：首个中医药科技期刊分级目录正式发布［EB/OL］．（2019-09-26）．http://www.cacm.org.cn/zhzyyxh/xhdtyjlanmu/201910/7f2cce8e50ff4e7d8b75d1424fe551c7.shtml.

［81］中国科技成果管理研究会．中国科技成果转化 2018 年度报告（高等院校与科研院所篇）［M］．北京：科学技术文献出版社，2019.

［82］新华网．解读 2018 年度中国科学十大进展［EB/OL］．（2019-02-28）．http://www.xinhuanet.com/tech/2019-02/28/c_1124175047.htm.

［83］中国科技网．解读 2019 年度中国科学十大进展［EB/OL］．（2020-02-27）．http://www.stdaily.com/index/kejixinwen/2020-02/27/content_889438.shtml.

［84］科学网．2018 年中国十大科技进展新闻［EB/OL］．（2019-01-03）．http://news.sciencenet.cn/sbhtmlnews/2019/1/342333.shtm.

［85］科学网．两院院士评选 2019 年中国、世界十大科技进展新闻揭晓［EB/OL］．（2020-01-11）．http://news.sciencenet.cn/htmlnews/2020/1/434723.shtm.

［86］新华网．《自然》年度十大杰出论文公布［EB/OL］．（2019-12-18）．http://www.xinhuanet.com/tech/2019-12/18/c_1125358450.htm.

［87］国务院．国务院关于 2018 年度国家科学技术奖励的决定［EB/OL］．（2019-01-08）．http://www.gov.cn/zhengce/content/2019-01/08/content_5355822.htm.

［88］国务院．国务院关于 2019 年度国家科学技术奖励的决定［EB/OL］．（2020-01-10）．http://www.gov.cn/zhengce/content/2020-01/10/content_5468108.htm.

［89］发改委．国家重大科技基础设施 综合性国家科学中心［EB/OL］．https://www.ndrc.gov.cn/xwdt/ztzl/zhxgjkxzx/.

［90］科技部．国家科技重大专项［EB/OL］．http://www.nmp.gov.cn/.

［91］教育部．2018 年度"中国高等学校十大科技进展"项目评选揭晓［EB/OL］．（2018-12-26）．http://www.moe.gov.cn/jyb_xwfb/gzdt_gzdt/s5987/201812/t20181226_364892.html.

［92］教育部．2019 年度"中国高等学校十大科技进展"项目评选揭晓［EB/OL］．（2020-01-15）．http://www.moe.gov.cn/jyb_xwfb/gzdt_gzdt/s5987/202001/t20200115_415591.html.

［93］新华网．习近平：在中国科学院第十九次院士大会、中国工程院第十四次院士大会上的讲话［EB/OL］．（2018-05-28）．http://www.xinhuanet.com/politics/2018-05/28/c_1122901308.htm.

［94］刘海龙，卢凡．国内实验试剂供应链现状、问题与对策［J］．实验技术与管理，2018，35（11）：263-267.

［95］新华网．切实提升科技支撑能力［EB/OL］．（2019-03-18）．http://www.xinhuanet.com/tech/2019-03/18/c_1124245597.htm.

［96］腾讯网．中国亟待攻克的 35 项核心技术！［EB/OL］．（2019-12-09）．https://new.qq.com/omn/20191209/20191209A069NR00.html.

［97］李静海．中国科学技术发展应重视的几个问题［J］．中国科学院院刊，2019，34（10）：1119-1120.

［98］朱邦芬．我国学术诚信问题的现状分析与应对策略［J］．科学与社会，2019，9（1）：34–40.

［99］袁子晗，靳彤，张红伟，等．我国 42 所大学科研诚信教育状况实证分析［J］．科学与社会，2019，9（1）：50–62.

［100］新华网．综述：美部分科研机构"谈华色变"损害正常学术交流［EB/OL］．（2019–05–29）．http://www.xinhuanet.com/world/2019–05/29/c_1124557360.htm.

［101］李晓轩，徐芳．延续人才计划模式抑或回归常态化市场机制？——关于新时代科技人才政策的思考［J］．中国科学院院刊，2018，33（4）：442–446.

［102］刘文君，刘梦．基于高校招聘公告的教研岗位海外背景要求调查［J］．教育现代化，2019，6（78）：214–216.

［103］新华网．习近平：发展是第一要务，人才是第一资源，创新是第一动力［EB/OL］．（2018–03–07）．http://www.xinhuanet.com/politics/2018lh/2018–03/07/c_1122502719.htm.

［104］杜鹏．寻找前沿科学的突破口，促进基础研究发展的转型［J］．科学与社会，2017，7（4）：26–29.

［105］李泽泉．健全科技伦理治理体制［N］．人民日报，2020–02–19（009）.

第二章

相关学科进展与趋势

第一节　力　学

一、引言

力学是关于物质相互作用和运动的科学，研究介质运动、变形、流动的宏观与微观力学过程，揭示力学过程及其与物理、化学、生物学等过程的相互作用规律。力学以机理性、定量化地认识自然与工程中的规律为目标，兼具基础性和应用性。作为工程科技的先导和基础，力学为开辟新的工程领域提供概念和理论，为工程设计提供有效的方法，是科学技术创新和发展的重要推动力。力学既紧密围绕物质科学中的前沿问题展开，又涉及人类所面临的健康、安全、能源、环境等重大需求，在经济建设和国家安全中具有不可替代作用。力学是一门交叉性突出的学科，具有很强的开拓新研究领域能力，不断涌现新的学科生长点，催生了物理力学、生物力学、环境力学等一批交叉学科。本节主要概述了近些年我国在力学基础理论和实验研究以及在不同工程领域应用中取得的创新性和突破性进展，对比了国内外研究发展的现状，对今后力学学科的研究方向和趋势进行了展望。

二、本学科近年的最新研究进展

（一）学科与人才基础

我国力学学科的近代启航始于 20 世纪 50 年代。1956 年，中共中央、国务院制定《1956—1967 年科学技术发展远景规划》，成立了各学科领导小组，其中力学组由钱学森先生任组长。同年，中国科学院成立以钱学森先生为所长的力学研究所。1957 年，中国力学学会成立。1962 年，钱学森先生领导制定了科学规划中的力学规划。1978 年，力学被纳入基础学科规划。

目前，我国拥有完整的力学学科体系和较为合理的学科布局。根据国家自然科学基金委员会提供的数据，我国开展力学研究的基层单位已达 652 个，拥有与力学相关的国家级学术平台 50 个。2019 年招生的力学硕士授权点 114 个，包括博士授权单位 58 个、硕士授权单位 56 个，分布于 27 个省（自治区、直辖市）。

我国力学学科拥有世界上最具规模的学术队伍。根据国家自然科学基金委员会提供的数据,我国参与力学基础研究的人数(包括研究生)约 7340 人,其中教师人数为 3600~3800 人。目前,我国力学学科拥有 42 位中国科学院 / 中国工程院院士,54 位教育部"长江学者奖励计划"特聘教授,96 位国家杰出青年科学基金获得者,形成了一支老中青相结合的研究生导师队伍。近年来,我国学者在世界力学界的影响力不断提升:4 位学者当选为俄罗斯科学院院士、美国国家工程院院士,3 位学者荣获国际力学界著名的 Warner Koiter 奖、Eric Reissner 奖,20 余位学者在国际理论与应用力学联合会(IUTAM)、国际断裂学会(ICF)、国际计算力学学会(IACM)、国际结构与多学科优化学会(ISSMO)中担任重要职务。

(二)科学研究

我国拥有完整的力学学科体系,是世界公认的力学大国。近些年,我国力学学科既积极开展面向学科前沿的探索和创新,又注重与材料、物理、化学、控制、生物、信息、数学等学科的交叉,不断提出新的科学问题,催生新的研究方向。我国学者在各力学分支都产生了一批具有国际影响力的学术成果,下面将从四个方面作简单介绍。

1. 固体力学

在微纳米力学方面,发现了微纳米尺度下材料力学、表界面力学、流固耦合力学、摩擦力学、器件力学、生物与仿生力学、计算力学、实验力学中的一系列与宏观尺度迥异的力学行为和微观机理。

在软物质力学方面,发展了软物质材料大变形本构和破坏理论,设计和制备了多种智能软机器和软材料,实现了柔性电子器件的设计和创新性应用。

在多尺度与跨尺度固体力学方面,揭示了先进固体材料的跨尺度力学行为及强耦合关联行为,发展了跨尺度理论和计算手段,提出了波传播的新方法,开展了多尺度建模和计算的串、并行法研究,在原子势模拟方面取得了较大进展。

在计算固体力学方面,构建了基于辛体系的计算固体力学新框架,提出了基于显式几何描述的结构拓扑优化新框架,在高性能有限元构造、考虑不确定性的结构分析与优化、微尺度计算塑性力学等若干问题上取得了重要进展。

在实验固体力学方面,进一步发展了光测力学、微纳米实验、多场与极端服役环境下的表征手段,建立和发展了多种实验仪器,解决了航空、航天、船舶、兵器、机械、土木等工程领域的力学测试问题。

在振动、冲击与波动力学方面,发展了高维强非线性振动系统理论、智能结构和系统振动控制技术,解决了复杂服役环境下重大装备的关键振动问题,发展了多种加载和在线观测技术,解决了多个关键领域中材料的动态力学问题,研究了智能材料和器件的波动力学,并应用于大型结构 / 装备。

在损伤、疲劳与断裂力学方面,揭示了在不同尺度和多物理场耦合作用下材料的疲劳、破坏机理以及材料长寿命疲劳失效力学机制，研发了超长寿命疲劳实验系统和极端条件下结构疲劳耐久性实验技术，提出了基于微结构损伤行为的疲劳寿命预测模型，解决了多个关键领域的材料疲劳问题。

在智能材料与结构力学方面，完善了智能软材料本构理论及其在多场耦合作用下非线性、大变形和跨尺度力学行为模型，发展了基于智能材料的振动控制系统和超声换能器导波结构健康监测方法，构建了自给、自感知与自适应的智能结构、自愈合材料与结构以及变体结构、可展开空间结构等。

在复合材料力学方面，发展了复合材料均匀化理论、多场耦合作用下的跨尺度材料－结构一体化理论、损伤、破坏和耐久性预测理论以及多尺度成型缺陷控制模型，揭示了纳米复合材料、形状记忆聚合物、植物纤维复合材料的力学行为及调控机制。

在能源力学方面，揭示了复杂条件下储层岩石力学行为规律和微观机理以及岩石破裂、造缝机理与演化规律，建立了热－流－固多场耦合力学稳定性分析模型，明确了力学损伤过程与电池性能劣化过程的定性关联，提出力学参量在能源转换技术中的调控作用。

在制造工艺力学方面，解决了薄板冲压技术中的起皱、回弹和拉裂等瓶颈问题，发展了恶劣条件下晶体塑性变形、多相材料组织演化的力学模型和多尺度计算方法以及高聚物成型过程的模型，研发了具有完全自主知识产权的汽车部件设计、制造分析软件系统。

2. 流体力学

在湍流方面，提出了约束大涡模拟方法、湍流时空关联的 EA 模型、湍流结构系综理论。发现了转捩中的三维非线性波结构、二次涡环等关键结构。揭示了热对流中热羽流和大尺度环流的起源、演化几何和统计特性，以及高雷诺数下大气表面层流场中湍流统计量的雷诺数效应。

在涡动力学方面，将涡－力理论与流场数据相结合，阐明了升力和阻力随马赫数变化的原因。揭示了细长翼绕流时均不对称涡形成的不稳定性机理、三维旋转圆柱的涡致噪声的产生机制。发展了基于拉格朗日追踪的涡面场方法、基于边界涡量通量的流场诊断、流动控制及气动优化的设计方法。

在计算流体力学方面，提出了高阶粒度非线性紧致格式构造方法、求解稀薄流到连续流各流域复杂流动问题气体动理论统一算法理论。成功研制了高精度数值风洞（TH-HiNWT）。发展了航天再入跨流域大规模并行算法。建立了 Hyperflow、Hoam-OpenCFD 等湍流计算平台。

在实验流体力学方面，提出了爆轰驱动复现风洞理论，自主研制了国际首座超大型高超声速复现风洞、直径 300mm 高超声速静风洞。发展了近壁速度场测量方法、仿复眼的单相机三维流场测试技术、夹心式表面热膜摩阻测量仪、多方向光学 CT 测试技术。

在高超声速气体动力学方面，在 *Ma* 7 状态下的超燃冲压发动机试验中观察到了发动机喘振现象。获得了首张转捩全过程流动结构显示图，观察到声模态快速增长又快速耗散的现象，揭示了高频压缩膨胀气动加热的作用原理。

在稀薄气体动力学方面，提出信息保存方法，确立了描述稀薄流到连续流统一的气体分子速度分布函数方程。发展了模拟微机电系统的微槽道流 Boltzmann 模型方程数值算法。

在多相流体动力学方面，提出了求解纳米颗粒数密度方程的泰勒级数矩方法、直接力 – 虚拟区域方法。建立了多相界面复杂流动的移动接触线模型和高性能数值方法并揭示了接触线的运动机理。

在非牛顿流体力学方面，建立了分数元本构模型，提出了贝叶斯数值算法以优化黏弹性本构模型的参数估计、渐进展开与长波估计相结合的方法。揭示了剪切稀化薄膜流动的非线性波演化机理、黏弹性湍流流动的机理。

在渗流力学方面，提出移动接触线模型，可准确刻画流体在壁面的滑移以及动态接触角。建立了考虑微纳尺度流体运移机制、孔隙介质表面物理化学性质变化和复杂多孔介质结构特征的孔隙网络模型以及离散缝洞网络模型。

在水波动力学方面，从理论上获得无限和有限水深中的稳态共振波系。揭示了高桩承台结构强非线性波浪力突增现象的物理机理。发展了描述极端海浪流场特性的层析水波理论。建立了海洋超大型浮式结构物的水弹性分析理论与预报方法。

在高速水动力学方面，实现了轴对称体自然空泡流脱落与云空泡生成的大涡模拟。获得了水翼附着型空化流动的湍流速度场、湍流脉动、涡量等物理量的时间和空间的分布特征。建立了螺旋桨梢涡空化涡唱频率的定量分析模型、多相耗散质点动力学模型。

在动物飞行和游动的流体力学方面，揭示了昆虫拍动翅的高升力机制，建立了拍动飞行的稳定性理论。发现了蝙蝠翼拍动中翼展动态变化及翅膀弓形变形均可显著增大升力，以及鱼群游动中并列式队形所能达到的推进效率最高。

3. 动力学与控制

在分析力学方面，进一步发展了非完整力学、伯克霍夫力学、哈密顿 – 雅可比理论等理论体系，推动了整体分析和几何数值分析研究方法的变革，完善了非完整系统的运动规划与控制、对称约化理论、计算几何力学与控制算法、复杂环境条件下的动力学控制，拓展了计算几何力学在系统控制中的应用。

在非线性动力学方面，发现了新的全局动力学现象，揭示了高维非线性系统的分岔机理，发展了复杂情况下非线性动力学的分析、控制和设计方法以及参数、非参数和数据驱动的辨识方法，在研究神经系统疾病相关的网络动力学等学科交叉与拓展取得了新进展。

在随机动力学方面，发展了具有随机激励、耗散的哈密顿系统理论体系以及基于大偏差理论及概率密度演化的非线性随机动力学分析方法，建立了适用于各类新型结构系统的随机系统参数控制策略。

在多体动力学与控制方面，发展了柔性部件的大范围运动与大变形耦合及含有非光滑动力学问题的动力学模型，提出了复杂系统多种动力学建模方法、微分代数方程组求解方法以及拓扑优化设计方案，研发了多种专用、通用仿真软件，应用于航天器动力学、武器发射动力学等领域。

在航天动力学与控制方面，实现了多种航天动力问题的轨道设计与控制，发展了航天器的强耦合、强非线性系统动力学模型、动力学控制及运动规划、大型空间结构模型和高效求解方法，解决了系统耦合特性分析、运动规划与控制以及复杂模态下振动的分析和控制问题，为高分辨率遥感任务提供了关键技术。

在转子动力学方面，发展了具有特殊结构、复杂载荷作用下转子 – 支撑 – 基础系统的动力学建模和分析手段，基本满足了我国大型、高端旋转机械研制的工程需求；提高了转子系统单元的动力学建模的模型精度，为航空航天动力系统设计提供了重要支撑。

在神经动力学方面，揭示了神经元及其网络系统放电模式存在、转迁和分岔以及同步与共振的动力学机制，发展了一系列新的动力学与控制理论和方法；提出神经能量编码理论、大脑智力探索的模型与计算方法，建立了针对癫痫、帕金森症等多种神经疾病动力学模型，提出了相关的病灶定位、术后评估和深脑刺激调控策略。

4. 交叉力学

在物理力学方面，发展了完备的动、静态高压加载技术，探讨了热障涂层等材料在极端环境下的微观破坏机理，设计并合成了若干种超硬材料，发现了光电半导体的柔性光电性能和氮化硼纳米结构的绝缘体 – 半导体 – 金属转变，揭示了表界面黏附接触力学机理和高超声速非平衡流作用下气动力、热、辐射的关联，建立了低维纳米材料结构力 – 电 – 磁 – 热耦合的物理力学理论体系。

在生物力学方面，我国学者在力学生物学、生物力学建模及临床应用、分子生物学三个方向均取得了显著进展。其中，细胞、免疫应答、肿瘤转移、心血管、骨肌系统、器官、细胞分子等生物力学与力学生物学方向的研究水平居世界前列；而在人工组织器官、康复辅具、生物医学诊疗仪器、新药设计研发以及生物医学材料的设计与制备等方向也取得了重要成果。

在环境力学方面，我国学者早期研究主要包括干旱半干旱地区治理、自然环境多相复杂流动、风沙运动与治理等。近年来，新的环境力学基本框架已经逐步形成，在土壤侵蚀、河口海岸泥沙运输、风沙（雪 / 尘）运动、泥石流、河沙泥沙运动、水体污染、城市污染等多个领域取得突破性进展。

在爆炸力学方面，自主研发并建成了一系列先进的试验平台，合成了多种高能材料 / 炸药，完善了爆炸过程材料力学响应和行为数据库，发展了细观反应速率模型、统计细观损伤力学理论、非晶合金剪切带理论、动态破碎理论以及二维长杆侵彻等侵彻理论模型和计算方法，提出并发展了船舶拦截和防护技术、新型抗鸟撞结构以及公共防护复合材料结构等。

在等离子体力学方面，建成了世界上第一个全超导托卡马克 EAST 和国内第一个偏滤器位形装置 HL–2A，建成并运行了神光Ⅲ、强光一号等惯性约束聚变研究装置，启动了国家点火装置的设计和建设，建设了国家重大科技基础设施"空间环境地面模拟装置——空间等离子体环境模拟研究系统"，完成了 CFETR 装置的概念设计，获取了磁尾和磁层

顶磁重联的观测证据，建立了磁层亚暴的全球物理过程模型，揭示了辐射带高能粒子加速机制。

（三）社会服务

我国力学工作者积极推动科技成果转化，服务国家重大工程和经济建设。针对航空航天工业发展中的关键力学问题，在我国高超声速飞行器、载人航天、月球探测、大型飞机、新型战机的设计与研发中作出了重要贡献。针对高端装备制造业的技术瓶颈问题，在航空发动机与燃气轮机相关部件的设计和制备工艺、反应堆内不同构形构件的稳定性和安全性、盾构核心部件的设计、建模和监测等关键技术、高速列车－轨道－桥梁动力相互作用理论以及大型铁路工程动力学仿真系统与安全评估技术、载人潜水器、大型舰船动力推进装置等领域，解决了一系列实际难题。我国力学工作者还积极参与特大灾害治理、特大事故调查、西部大开发中灾害预警和防治以及国家的海洋工程、海岸资源开发等重大项目，服务基础设施建设。

力学工作者还积极开展学术交流和科普工作，服务社会公众。我国力学学科着力打造高水平学术会议、主办高水平学术期刊，为学科发展搭建高端前沿学术交流平台，推动我国力学界的学术地位和国际影响力不断提高。我国力学学者组织撰写了面向高中生、大学低年级学生的科普丛书《大众力学丛书》，公开发行了一批网络科普视频公开课，产生了显著的社会效益，受到力学界、科普界和出版界的重视。同时，面向在校青年学生，还主办全国周培源大学生力学竞赛，隔年举办一次，每次参赛人数超过 2 万人。目前，该竞赛成为全国高校中有最有影响的学术竞赛活动之一。中国力学学会每年都举办主题鲜明、内容丰富的科技周活动，通过创建"趣味力学科普展室"，把优质科普资源面向公众。

三、本学科国内外研究进展比较

从学科体系来看，我国具有完整的力学学科体系，研究领域覆盖力学的所有分支学科。而国际上具有比较完整力学学科体系的国家只有为数不多的几个工业强国，包括美国、俄罗斯、英国、法国、德国、意大利等。虽然美国的大学中不独立设立力学学科，但其力学研究已深入和渗透到工程科学的各个分支，并且与生命科学、环境科学等深度交叉，故其力学学科体系非常完整。俄罗斯的力学学科体系比较完整，但在新兴和交叉领域的力学研究方面相对薄弱。上述其他几个工业强国的力学学科不追求体系的完整，但求在某一领域的领先。

从发展态势来看，我国力学学科在科学前沿和国家需求两个方面驱动下，在国家层面的大力支持下，近年来发展速度远超其他国家，在世界力学界的影响力不断提升。而上述工业强国对力学的需求和投入有所下降，发展速度减缓。例如，美国一度下降对制造业的重视程度，对相关力学研究的投入自然下降，促使许多学者转向与生命科学、人类健康相关的力学问题研究。英国、法国、德国、意大利等国家呈现类似倾向。俄罗斯的力学学科则因长期投入不足，学术队伍出现青黄不接，研究水平止步不前。

从国际影响力看，我国是世界力学界的最高学术机构——国际理论与应用力学联合会（IUTAM）的成员国。2016 年，我国成为与美国并列的最高等级会员国。目前，我国在 IUTAM 拥有 1 位资深理事、5 位理事、4 位专门工作委员会成员，比过去有了大幅进步。但与传统的世界力学强国相比，我国在世界力学界的话语权还不强。由 IUTAM 组织召开的世界力学家大会（ICTAM）被誉为"世界力学奥林匹克"。2012 年，我国首次承办 4 年一度的世界力学家大会，标志着我国力学全面走向世界舞台。

四、本学科发展趋势和展望

自 20 世纪 50 年代以来，力学学科作为工程科技的先导与基础，在国民经济和国防建设中发挥着关键作用。与此同时，力学学科不断与信息科学、材料科学、能源科学、生命科学等交叉融合，诞生了诸多新的学科生长点。以下将展望若干值得关注的重点领域。

固体力学方面，需要进一步开拓疆域，发展和完善微纳米与多尺度力学、先进结构力学与设计方法、智能材料与结构力学、软物质与柔性结构力学、生物材料与仿生力学、材料与结构的力学信息学、多场耦合力学等新兴方向。同时，更加深入地融入航空航天、先进制造、新能源等领域，争取通过与生物医学工程、人工智能、脑科学等学科的交融产生更多的应用。

流体力学方面，迫切需要创建湍流结构的新概念，开展湍流结构以及复杂流动中涡和波的产生过程和演化行为探索，进一步提高计算和实验研究能力，攻克先进高超声速飞行技术难题，深入理解多相、复杂流场行为和微纳尺度输运行为，进一步完善与高速航行相关的空化及复杂自由面流动理论体系。

动力学与控制方面，进一步完善分析力学的理论体系和数值算法，探索复杂非线性系统的动力学现象及机理以及高维非线性、非光滑、时滞系统的随机动力学行为，研究极端和多物理场耦合的多时空尺度复杂多体动力学、复杂系统的航天动力学与控制，发展转子系统的动力学模型、主动控制及动平衡实验技术，进一步促进非线性动力学和神经科学的相互交叉，深入理解神经系统的生理结构和神经信号的传导机制。

交叉力学方面，发展面向重大疾病、慢性疾病和生命科学最前沿的生物力学以及跨时间、空间尺度和特殊环境下的生物力学，研究天然生物材料的多尺度力学问题以及生物材料与细胞、组织交互作用中的力学问题，进一步推进仿生材料的设计与器械的开发；发展基于物理力学具有特殊功能的新材料，新装备和大型计算方法，设计新型高性能激光器，设计和制备低维材料、新型微纳结构材料、软体智能材料和器件；深入研究环境领域的共性力学问题，解决西部和沿海经济开发、城市化进程以及重大工程中的实际环境问题；进

一步发展非理想爆轰理论、基于人工智能和大数据的爆炸力学分析方法以及超强加载能力的实验装置与诊断技术，解决重大工程中的爆炸冲击问题；研究复杂物理过程等离子体物理过程，探究等离子体流喷射中不同介质之间的相互作用以及重要空间和天体过程的等离子体力学，设计新型等离子体发生器。

第二节　化　学

一、引言

作为一门研究物质的性质、组成、结构以及变化规律的基础学科，化学是人类用以认识和改造物质世界的主要方法和手段之一，化学学科的发展水平是社会文明的重要标志。当前，能源问题、信息问题、环境问题、生命健康问题和资源问题已成为关乎全球可持续发展的关键。随着社会经济的快速发展，在清洁能源、环境保护、智能器件、信息技术、国防安全等领域强烈需求的驱动下，我国化学研究蓬勃发展，与材料、能源、生物等前沿学科的交叉融合日益增强，学科布局日趋均衡。本节总结了近两年来我国化学工作者在科研和教育方面的进展，涵盖了无机化学、有机化学、物理化学、分析化学、高分子化学5个主要分支学科以及纳米化学、绿色化学、晶体化学等交叉学科和化学教育方面的最新发展。

二、本学科近年的最新研究进展

（一）无机化学

无机化学是化学学科中发展最早的分支学科，可以为能源材料、信息材料和物质转化过程等提供新材料和新过程。我国学者近年来在无机化学领域里的金属有机框架（MOF）材料方面取得了很多创新性的研究成果，揭示了介孔 MOF 与生物大分子、无机簇、纳米颗粒等客体的相互作用，并在催化、药物缓释、基因治疗、能源储存等各方面展示出巨大的应用潜力。在新型功能纳米复合催化剂及多孔催化材料领域，以材料的结构与功能关系为研究重点，开发和拓展了多种无机多孔催化材料的合成方法，既保持了多孔材料相对密度低、比强度高、比面积大、渗透性好等优点，又有效地解决了其孔道调变、多级结构设计、化学稳定性等关键科学问题，提供了其在高效催化等领域的应用。利用计算机技术高通量地预测和筛选具有特定功能的新材料。自修复材料、可穿戴储能器件、分子铁电体、手性发光材料及圆偏振器件的新成果不断涌现。稀土上转换发光特性，结合光热／光动力／光声等光学诊疗手段，发展多功能纳米体系，实现多模态生物医学成像及肿瘤等重大疾病诊疗。

（二）有机化学

有机化学研究碳、氢、氧、氮、硫等元素组成的有机化合物的合成途径和方法、机构和物理性质。近两年来，我国化学家在有机化学领域持续取得突破性进展，在惰性化学键的活化及转化等前沿领域做出了一批原创性的成果，发展出一系列具有自主知识产权的手性配体和催化体现，实现了众多高对映体纯度手性分子的精准可控合成。

手性是自然界的基本属性，医药、农药、香料、材料和信息科学等多个领域的发展对手性物质的需求在不断增长，通过手性催化进行手性物质的高效合成受到广泛重视。我国的手性科学与技术研究经过十多年发展，已跻身世界先进行列。2018 年未来科学大奖物质科学奖的三位获奖者中，周其林和冯小明均从事手性催化研究；2018 年国家自然科学基金委对"多层次手性物质的精准构筑"重大研究计划立项。

两年多以来，我国的化学生物学研究实现了跨越式的发展。例如：在染色体精准合成，光能储存蛋白质构建，不同形式泛素化蛋白的化学合成等方向上实现了突破；利用小分子探针、生物正交化学反应等工具，实现生物大分子及生命过程的在体调控；开发了基于"邻近脱笼"策略的蛋白质在体激活的普适性方法，实现功能细胞在体外的长期维持；在生物大分子动态化学修饰及其参与生命过程的标记与探测方面，开发了蛋白质光控荧光探针复合物，利用机器学习实现蛋白质单分子化学计量比的测定；在黑色素瘤细胞中发现了铁参与细胞焦亡的诱导过程；揭示了琥珀酰化修饰对核小体动态结构的影响等；开发了多种靶向线粒体的金属复合物，并揭示了其抗癌新机制等；将可遗传编码的非天然氨基酸脱笼技术与计算机辅助设计筛选技术相结合，在一系列不同种类的蛋白质上实现了高时间分辨的原位激活，为在活体水平研究蛋白质的动态调控机制提供了一种普适性技术。

（三）物理化学

物理化学是从物理角度分析化学原理的分支学科，是近代化学的原理根基。近年来，我国物理化学研究蓬勃发展，与材料、能源、生物等前沿学科的交叉融合日益增强，相关方向的研究平台日趋完备，催化、化学动力学、生物物理化学等方向的自主研发能力已经达到国际领先水平。

在生物物理化学领域，生物大分子的相分离或者相变在细胞中普遍存在，与基因组的组装、转录调控密切相关。我国学者在揭示生物大分子的相分离机制等方面做出了开创性的工作，首次从高分子的视角审视 DNA 的相变机制，提出了一个基于一维序列的自下而上地解释不同生命过程中染色质结构和表观遗传变化的相分离模型。在催化研究领域，我国学者取得了一系列突破性学术成果，实现了羰基催化实现仿生不对称 Mannich 反应，三苯基膦和碘化钠介导的光催化脱羧烷基化反应，铈基催化选择性官能化甲烷，乙烷和高级烷烃，不对称磷酸催化的四组分 Ugi 反应，Pt 锚定的原子级分散的氢氧化铁用于富氢气条件下的 CO 选择氧化反应，相关学术成果在 *Science* 和 *Nature* 上发表。我国自行研制的"基于可调极紫外相干光源的综合实验研究装置"，于 2018 年 6 月通过国家验收，目前已经投入科研工作并取得了一系列令人振奋的研究成果。我国化学动力学领域的研究专家在揭示大气和星际、团簇和催化、生物大分子中的化学及分子动力学和内在机理方面不断取得进展。我国在复杂流体化学热力学及其模型建立，化学热力学与绿色化学、生命科学、能源、材料科学等交叉领域取得了重要进展。中国学者在胶体与界面化学研究领域十分活跃，创新性研究成果不断涌现，在分子聚集结构或有序分子组合体的构筑、调控与功能化、微纳米结构的先进功能材料的设计合成与应用等方面的研究工作已处于国际前列。

新能源电转化装置因其高效清洁等优势得到了科学家们的广泛关注，电催化已成为国内外学者争相研究的一个热点领域。国内研究学者在电催化这一领域先后提出了研究电催化的新视角、新材料、新反应体系。光化学是研究处于电子激发态的原子和分子的结构及其物理和化学性质的科学，我国光化学取得了一系列重要研究成果。"聚集诱导发光"荣获 2017 年度国家自然科学奖一等奖，"面向太阳能利用的高性能光电材料和器件的结构设计与性能调控"荣获 2017 年度国家自然科学奖二等奖，"带共轭侧链的聚合物给体和茚双加成富勒烯受体光伏材料""细胞稳态调控活性分子的荧光成像研究"项目获 2018 年度国家自然科学奖二等奖。我国学者在可见光催化促进的有机合成反应等方面取得突出进展，相关工作在 *Science* 等杂志上发表。

胶体与界面化学是一门古老而又年轻的学科，在食药、能源、环境、生物医学、先进材料等领域得到广泛的应用。胶体马达，也称微纳米马达，是指在分散介质中能够将周围环境中存储的化学能或其他形式的能量转化为自推进运动的胶体粒子。我国科学家在胶体马达的可控制备、运动控制和生物医学应用等方面取得了长足的进步，在国际上率先将层层自组装技术运用于自驱动胶体马达的设计与构筑中，发展了胶体马达可控构筑的新方法，揭示了胶体马达在动态自组装形成一维带状集群过程中的巨数波动等非平衡态特征，使我国成为国际上胶体马达研究的中心之一。

（四）分析化学

分析化学是研究物质的化学组成、含量、结构和形态的科学，是"科学技术的眼睛"。2017—2019 年，我国分析化学相关研究工作在生物分析和传感领域的研究保持强劲的发展势头，在生物活体分析、单分子和单细胞分析、基于功能性核酸的生物分析、纳米分析等领域的研究不断发展，在国际顶级期刊发表的研究论文数逐年增加，彰显了我国分析化学和分析科学领域在国际上的地位。谭蔚泓院士研究团队在国际上率先提出了核酸适体细胞筛选方法，揭示其细胞识别的基本性质，推动核酸适体在生命科学研究和疾病诊断治疗等研究领域的发展。基于 DNA 折纸术，樊春海教授团队与国内外的合作者在仿生纳米组装、单分子分析和活细胞诊疗方面进行了很多开创性的工作。由阎锡蕴院士团队首先发现，由汪尔康院士等提出了"纳米酶"的概念，使我国纳米酶的研究居于国际的领先地位。我国在色谱研究，包括样品预处理、色谱固定相及柱技术、多维和集成化、色谱创新仪器和装置，以及在复杂样品（蛋白质组、代谢组、中药组等）分离分析等诸多方面取得了显著进展，为生命科学、环境科学、新药创制以及公共安全等领域的发展作出了重要贡献。

（五）高分子化学

高分子化学研究高分子化合物的合成、化学反应、物理化学性质。过去两年，我国学者在高分子科学领域取得一系列成果，在基于聚集诱导发光聚合物的设计合成及应用拓展方面，继续引领这一方向的发展；在基于非富勒烯受体光伏材料设计及太阳能电池领域，也继续保持领先地位。在生物医用高分子领域，突破传统研究思路的高分子载体的设计及生物医用材料等也取得了一些新进展。在烯烃可控聚合方面取得的系统性研究成果也得到国际同行重视。

（六）交叉学科

随着科技和社会的发展，人类对自然界的探索和面临新出现的现象和事物，已经无法用传统的单一学科里的知识来解决，因此出现系列涉及化学中各分学科甚至其他学科领域里的知识和技术的交叉学科。

1. 纳米化学

纳米化学是快速发展的重要研究领域之一，过去两年我国在纳米化学领域的研究取得了一系列重要进展，提出了许多新概念、新技术及新方法，在材料制备、性质及应用研究和产业化发展等方面表现突出，处于世界领先水平。例如：无机纳米结构的控制合成进一步向材料尺寸的极限推进；通过理性设计分子基元及其相互作用调控实现了系列高度有序、复杂多样、功能耦合纳米组装体的可控构建；纳米材料理化特性与毒性效应、性质-活性关系分析方法的建立和功能精准设计推动了纳米药物创新；纳米碳材料如富勒烯等的研究已从制备技术和性质研究走向了太阳能电池、肿瘤治疗等应用领域，处于全球材料研究领域的第一方阵；纳米催化研究已逐渐从纳米尺度跨入团簇和原子尺度；摩擦纳米发电机开始迈向产业化，利用钠离子电池开发的低速电动车已于 2018 年问世。

2. 绿色化学

绿色化学的目标是减少或消除生产和使用化学品的过程中产生的对环境有害的因素和物质。近两年来，我国绿色化学领域取得了较好的研究进展：在高效加氢催化剂体系、二氧化碳转化、生物质利用、光催化体系研究和化工生产新工艺研发方面取得了重大进展。在高效加氢反应方面开发出单原子催化剂用于抗 CO 加氢的新型催化剂体系；在生物质利用方面成功地在木质素得到单环化合物，打破了传统木质素单体化合物的理论收率。在高效光催化体系研究方面，开发出用于偶联反应的高效催化剂体系。在工业化应用方面，开发了新型环己酮生产技术，污染物接近"零排放"。

3. 晶体化学

我国学者近年来在 COF/MOF（共价有机框架 / 金属有机框架）材料、分子基极性材料、深紫外非线性光学晶体、金属团簇材料领域取得了积极的进展。其中 COF/MOF 材料的研究方面，我国学者处于领先地位。在 COF 材料的晶体结构的精确解析、MOF 材料的高纯度分离方面有突破性进展；在发光和光电响应、能源储存和转化等方面也取得大量高质量成果。分子基极性材料研究获得压电系数高达 1540pC/N 的有机 – 无机杂化钙钛矿材料，是传统压电陶瓷 $BaTiO_3$ 的 8 倍以上。在深紫外非线性光学晶体研究方面一直处于领先地位，我国在氟硼酸盐、氟磷酸盐等方面相继发现性能优越的新型深紫外非线性光学晶体，使我国在该领域的研究保持世界领先地位。

4. 公共安全化学

公共安全化学的主要特征是以化学方法途径解决公共安全问题，攸关政治稳定、国防强固、经济建设、国民健康和科技发展。近三年，专家们论证提出了化学安全国家战略并取得了阶段性研究成果，公共安全化学的理论技术体系逐步完善。军事科学院首提国家化学安全战略，聚焦当前国家化学安全态势及未来化学威胁，从战略层面对我国面临的化学安全形势进行了全面分析和研判。技术方面，在爆炸物、毒品与食品安全检测技术研究等方面取得了多项创新性成果，太赫兹光谱与成像技术、化学信息数据库等相关成果已应用于涉恐爆炸物、毒品的检测与危害性评估工作，多孔有机聚合物荧光侦测材料、自修复吸能泡沫材料等已取得一定成果。其他方面，实验室化学安全教育培训、公共安全化学大数据与智能化安全应急等受到广泛重视。

（七）化学教育学

2017—2019 年，我国化学教育工作者在推进基础化学教育课程改革、培养高水平的中学化学教师、提升高等化学教育教学质量等方面，取得了重要的成果：修订并发布了普通高中化学课程标准，3 个版本的高中教材（均完成了教材的修订和送审工作）。许多学者进一步深化了化学学科能力素养的结构与内涵，系统开发科学能力测试、化学学科能力测评、科学态度测评等测评工具，细致刻画学生素养发展的进阶，为素养教育的落地打下了扎实的实证研究基础。

在学生学习机制研究方面，研究者研究学生对科学和化学概念理解的过程与特点，揭示学生头脑中的化学概念结构，以及采用心理学设备研究学生化学学习的机制，为如何教学提供重要支撑。在课堂教学研究方面，研究者提出化学课堂层级结构模型、化学课堂系统要素结构模型，并开发了化学课堂教学内容的编码系统。在中学化学实验研究及信息技术手段应用方面，研究者借助手持技术实验设备、智能手机、微距摄影、增强现实技术等手段开展中学化学实验研究、设计开发化学教育游戏。在职前与职后教师培养研究方面，研究者配合教师资格证制度的实行编写教材，开展提高教师培训的实效性的研究，探索本科、硕士职前教师的培养模式，对于提升教师职前和职后培养的效果起到积极促进作用。

第三节　纳米生物学

一、引言

随着纳米科学的蓬勃发展，纳米技术、纳米材料逐渐渗透到生命科学的各个分支领域，并逐渐延伸出一个新兴的学科——纳米生物学。纳米生物学是在纳米尺度上研究生物体生命活动现象，揭示纳米结构与生物体相互作用规律的一门交叉学科。纳米生物学是纳米技术的重要组成部分，是在纳米尺度考察构成生物机体的分子间作用特征，阐明生物分子的结构与功能关系，以及研究纳米材料与生物机体的相互作用机理，以此来指导全新的疾病诊疗策略的设计构建。不同于宏观生物学，纳米生物学是从微观的角度来观察生命现象，并以对分子的操纵和改性为目标的。目前，纳米生物学的主要应用领域是纳米材料作为药物递送载体的纳米药物递送系统、基于纳米技术构建的诊疗平台用于精准医疗、基于纳米酶的生物催化技术、纳米技术在组织工程中的应用、纳米仿生等。本节将简单介绍纳米生物学的发展情况，纳米生物学国内外研究进展比较以及未来纳米生物学学科的展望。

二、本学科近年的最新研究进展

（一）纳米生物材料

纳米生物材料的研究贯穿在纳米生物学领域发展的历程之中，是纳米生物学领域发展的重中之重。研究人员通过对纳米生物材料的多功能设计、制备，将其应用到不同生物层面（个体、组织、器官、细胞、细胞器等）、不同病理生理状态的纳米生物学研究中，主

要表现在具有纳米尺度的材料由于其独特的光、磁、热力学特性应用在生物成像、疾病诊疗、生物检测、药物递送等领域，揭示纳米生物材料的结构、性质与功能的关系。目前我国纳米生物材料的发展在材料设计及创新理念等研究领域已达到国际领先水平，近年来，我国纳米生物材料发展迅猛，主要表现在纳米生物材料的种类多元化、纳米生物材料的设计合成及功能化策略精巧化。

纳米生物材料具有种类多元化的特点。纳米生物材料的主要分类方式分为从材料来源以及从材料自身进行分类。从材料来源来看，可以分为天然生物材料、合成生物材料以及天然－合成相结合的生物材料；从材料自身来看，主要分为有机材料、无机材料以及有机/无机复合材料三大类。天然材料为基础的纳米生物材料如转铁蛋白、多肽、细胞膜等，引起了极大的关注热点。以天然材料代表转铁蛋白为例，转铁蛋白纳米载体是由人体天然蛋白质自组装而成的药物载体，阎锡蕴院士团队利用转铁蛋白递送抗肿瘤药物，即可直接识别并杀伤肿瘤。动物实验结果证明转铁蛋白递送抗肿瘤药物阿霉素即可有效抑制结肠癌、乳腺癌及黑色素瘤的生长，并且可以跨越血脑屏障，治疗脑胶质瘤。此外，利用细胞膜这一天然材料的纳米药物递送系统，也受到极大的关注。基于红细胞膜、肿瘤细胞膜、中性粒细胞膜等细胞膜的仿生纳米药物递送体系，在肿瘤治疗、细菌感染、关节炎治疗等领域取得了良好的进展。此外，合成纳米生物材料受到广泛关注。例如，王均课题组开发了一系列聚合物纳米药物递送系统如阳离子脂质复合物，递送核酸药物进行基因治疗，该体系可用于多种疾病如小鼠败血症、腹膜炎以及Ⅱ型糖尿病等疾病的防治中。与此同时，无机纳米材料的各种性质被充分发掘，无机纳米材料因其独特的光、电、磁学性能应用于纳米生物材料，可将多种诊断与治疗方式集合在同一个纳米结构体系。除了纳米生物材料种类的不断发展，纳米生物材料的设计合成及功能化策略也更加精巧，各类设计方法如合成生物学法、内源/外源性响应方法、DNA纳米技术等，使得纳米生物材料具有广阔的开展空间。随着纳米生物材料进一步与生物学、医学、材料学等学科的交叉，纳米生物材料的发展潜力不断被挖掘，我国在纳米生物材料领域占据重要战略地位。

（二）纳米药物递送系统

传统小分子药物和目前飞速发展的生物药物（蛋白类、多肽类、基因类）在给药时面临药物靶向性差、易降解的问题。缺乏靶向性以及在体内不稳定的问题在临床要求了更高的治疗剂量，给人体代谢带来更大负担的同时也造成了更多的毒副作用。由于传统药剂学领域控释材料在药物释放的时间、地点及剂量等方面仍存在不足，纳米技术的发展为解决此问题带来了希望，研究人员结合不同药物的理化性质和各类疾病的病理生理状态的研究进展，设计各类先进的多功能纳米载体用于各类药物的递送问题，提高了药物的成药性和临床应用价值。多功能纳米药物载体主要应用于肿瘤的治疗，其主要表现在：①提高难溶性药物的溶解度，提高药物在体的稳定性；②基于肿瘤部位的 EPR 效应，即实体瘤的高通透性和滞留效应（enhanced permeability and retention effect），纳米药物可被动靶向到肿瘤部位；结合具有靶向功能的抗体、多肽等，将药物主动靶向到肿瘤部位；③药物靶向递送到肿瘤部位以后，基于肿瘤特殊的微环境（物理、化学、生物），纳米载体能够根据药物体内释放要求，设计出一系列缓控释/智能响应性释放的多功能药物递释系统。近年来智能型药物控释系统及靶向型给药系统已成为研究的热点。智能响应型纳米递释系统可根据体内生理因素的变化自身调节药物释放量，在局部维持有效药物浓度的同时不对全身其他正常组织和细胞产生不良影响，可达到传统给药方式无法实现的治疗效果。智能型药物控释系统根据刺激来源的不同可以分为内源性刺激源（pH 值、还原环境、高表达的酶、ATP、血糖浓度）和外源性的刺激源（光、磁、热、超声）。目前，我国科学家在纳米载体用于药物靶向递送和智能释放领域，取得了一系列的重要研究成果。针对纳米药物到达肿瘤部位，需经历各类生理递送屏障如血液环境、肿瘤组织微环境、细胞内微环境等，王均教授课题组提出了肿瘤酸度敏感纳米载体设计理念，构建了一系列肿瘤酸度响应聚合物纳米药物载体。该纳米药物载体能够在正常生理条件下延长纳米颗粒血液循环时间，增加肿瘤富集，而在肿瘤部位则发生如电荷反转、尺寸转变、PEG 脱壳、配体重激活等的特异性性能变化，有效克服药物递送的生理屏障，实现了药物在肿瘤组织的精准控释，提高药物递送效率和肿瘤治疗效果。此外，梁兴杰研究员团队与李景虹院士团队在《自然－纳米技术》（*Nature Nanotechnology*）报道了一种碳点支撑的原子尺度分散的金（carbon-dot-supported atomically dispersed gold，CAT-g）材料，该材料是一种具有良好的抗癌疗效和生物安全性新型抗癌纳米材料。研究团队在 CAT-g 表面修饰了可以产生 ROS 的肉桂醛（cinnamaldehyde，CA）和可以靶向线粒体的三苯基膦（triphenylphosphin，TPP），实验结果表明这种纳米材料可以清除线粒体中的 GSH 并增加 ROS 诱发癌细胞凋亡，经过瘤内注射后，可以显著杀伤癌细胞，抑制肿瘤生长，同时不损伤正常组织，具有好的安全性。除了基础研究领域的亮点报道不断，我国纳米药物递送系统的临床应用发展势头旺盛，如多种脂质体制剂已经在国内批准上市。包括：注射用紫杉醇脂质体（国药准字 H20030357）、盐酸多柔比星脂质体注射液（国药准字 H20123273）、盐酸多柔比星脂质体注射液（国药准字 H20113320）、注射用两性霉素 B 脂质体（国药准字 H20030891）等；各类仿制药的积极上市外，新型的药企也重点进行了药物的自主研发，如苏州瑞博与 QUARK 公司合作开发的治疗 NAION（非动脉炎性前部缺血性视神经病变）的 QPI1007 国际多中心 Ⅱ / Ⅲ 期关键性临床试验获批，成为中国第一个获批国际多中心临床研究小核酸药物。纳米药物递送系统具有极大极广的临床应用价值，但是研发周期长也存在了一定的限制。

（三）纳米组织工程和再生医学

组织工程和再生医学是一门研究如何促进创伤与组织器官缺损的生理性修复以及如何进行组织器官再生与功能重建的学科。近年来，纳米技术对组织工程和再生医学领域的发展起到极大的促进作用。纳米技术用于组织工程和再生医学领域主要是：①纳米材料作为活性因子或者基因载体以及自身具有的生物活性、理化特性用于干细胞行为的调控，从而提高治疗效果；②利用纳米材料构建仿生支架，为细胞提供机械支撑作用，并且仿生支架能通过与细胞的相互作用来调控细胞功能如黏附、迁移、增殖和分化。近年来，我国科学家已逐渐将纳米技术在骨组织工程与再生、心血管组织工程与再生、干细胞与组织再生，以及皮肤、抗菌、抗炎、伤口愈合等方面。随着纳米技术在组织工程领域的不断发展，未来衍生出"纳米组织工程学"也许会成为一热门新兴学科和朝阳产业。

（四）其他

纳米影像技术是指传统影像技术与纳米科学相结合形成的一门新兴学科，主要指利用纳米影像探针在分子、细胞或活体水平定性定量分析生命体生物学过程的一种技术。近年来，科学家利用纳米材料独特的量子效应和纳米–生物界面特殊的作用机理，开发了一系列具有特殊光、磁等性能和生物功能响应特性的纳米影像探针，包括：荧光量子点探针、碳纳米管、金纳米颗粒、上转换纳米荧光探针、氧化铁纳米探针、氧化硅纳米探针等；利用不同的分子影像探针进行影像学的研究也衍生出多种纳米影像技术，包括：光学纳米影像技术、磁共振纳米影像技术、超声纳米影像技术、核素纳米影像技术等，大大扩展了影像技术在生物医学中的应用。近年来，在新型探针的研究中，我国科学家取得了重大的突破，我国在新型纳米探针和影像技术的开发方面获得了一些重要原创性成果，例如唐本忠院士课题组在国内外率先提出的聚集态诱导发光的光学成像方法，开发出具有各种不同光学特性和环境响应特性的聚集态诱导发光材料，并将其成功应用于生物体系中的病毒或细菌检测、细胞器成像、血管成像、疾病诊疗等各个领域。此外，纳米影像技术已经开始在细胞生物学、分子生物学、疾病诊疗、药物开发、干细胞再生医学等前沿科学得到了广泛应用，并逐渐从基础研究向临床应用领域转化。但是我国的纳米影像技术的临床转化方面还远远落后于欧美等国家。

生物催化，尤其是酶的催化，催化效率高、选择性强，除了在生命活动和机体代谢过程产生重要作用外，也被广泛用于工业、生物医药、环境保护领域。但是，由于作为生物催化剂的酶、核酸的稳定性较差，对储存环境要求高以及成本高使得其发展具有限制性。因此需要开发能够积极寻找能够提高生物酶稳定性的方法，或者开发模拟酶直接取代生物酶。纳米技术通过利用纳米载体固化具有生物催化的酶或者开发新型的纳米酶为解决这类问题提供了新的途径。纳米载体能够提高生物酶的稳定性，防止其被降解。另外，由于酶分子的尺寸处于纳米尺度，以及酶分子发挥作用的空间恰好处于纳米尺度，因此纳米技术在模拟酶方面具有极大的研究潜力。在模拟酶研究方面，我国科学家阎锡蕴院士团队在国际上报道了首例基于四氧化三铁纳米颗粒（Fe_3O_4 NPs）的纳米材料本身具有内在类似过氧化物酶（peroxidase）的催化活性，率先提出了"纳米酶"的概念，并且首次从酶学角度系统地研究了无机纳米材料的酶学特性（包括催化的分子机制和效率，以及酶促反应动力学），建立了一套表征纳米酶催化活性的标准方法，并将其作为酶的替代品应用于疾病的诊断。纳米酶的领域取得迅速的发展，并在生物医学领域取得了一系列重大研究成果。

纳米尺度的特殊物理化学性质如量子尺寸效应、表面效应、宏观量子隧道效应影响了相同组成下物质的功能特性。纳米尺度物质对生命过程的影响会产生正面的和负面的纳米生物效应。所谓正面的纳米生物效应，将会为疾病的早期诊断和高效治疗带来新的机遇和新的方法；负面纳米生物效应（也称为纳米毒理学），主要是以科学客观的方式描述纳米材料／颗粒在生物环境中的行为、命运以及效应，揭示纳米材料进入人类生存环境对人类健康可能的负面影响。我国是世界上较早开展纳米生物效应和安全性研究的国家之一。近年来，我国纳米生物效应发展取得了巨大进步，研究水平位于世界前列。国家纳米中心与中国科学院与高能物理研究所共同建立中国科学院纳米生物效应与安全性重点实验室，开展纳米材料的生物效应研究，标志着我国的纳米生物效应与安全性研究已初步进入系统化规模化的研究阶段。纳米生物效应和安全性的研究将加强我们对纳米尺度下物质对人体健康效应的认识和了解，这不仅是纳米科技发展产生的新的基础科学的前沿领域，也是保障纳米科技可持续发展的关键环节。

三、本学科国内外研究进展比较

随着材料学和生物医学的紧密结合，纳米材料在生物应用上已取得了很大的进展，并展现出巨大的发展潜力。随着纳米生物材料性质的不断挖掘和医学、材料学、工程学、物理学以及高精尖仪器的不断开发，纳米生物学领域内纳米药物递送载体、纳米组织工程和再生医学、纳米生物检测、纳米材料生物效应和安全性研究的发展具有发展持续的动力，为纳米科技在生物医学的应用提供了各种可能。纳米生物学领域的研究在国外都属于研究热点，相比国外的研究进展，我国纳米生物学研究主要表现也十分亮眼。目前，我国纳米生物材料的发展在材料设计及创新理念等研究领域已达到国际领先水平，在自主研发和国际合作方面均有论文发表在顶尖学术期刊。我国纳米生物学的研究如纳米酶、纳米生物安全效应等的研究与国际水平起头并行，但是从纳米生物学整个学科领域发展的态势进行分析，但是还存在以下几种问题：

1）纳米生物材料的设计复杂烦琐，合成稳定性差、种类繁多，不利于纳米生物材料向临床转化；国外的材料设计简单，思路清晰，侧重实用价值。

2）纳米生物材料的研究深度有限，我国的工作主要集中于新材料的开发，缺乏对材料性能的挖掘以及应该扩大纳米生物材料在疾病应用的范围，而国外的工作更多地研究纳米材料与生物体的相互作用，能够深入挖掘纳米生物材料的特性。

3）纳米生物学的发展是靠多学科的融合。例如纳米生物检测技术，与人工智能及深度学习方面交叉融合，代表着一个新的前沿交叉领域，国外走在前列，国内也有这方面的研究报道，但是与国外相比，仍存在很大的差距。

四、本学科发展趋势和展望

纳米生物学已经成为最活跃的研究领域之一及科技竞争的焦点，国际性的产业化竞争热潮也逐渐显现，掌握了其中的关键技术就获得了生命医学前沿技术的制高点。总之，纳米生物学方兴未艾，纳米生物学的发展和应用具有极大的研究意义和战略意义。在未来无论是基础研究还是产业转化，都需要与国家战略需求相结合。基于我国目前在纳米生物学的研究进展，不难发现我们需要在转化等薄弱方向迎头赶上，另外也需要积极布局未来发展规划，在前沿的基础研究中抢占先机，突出临床转化及应用导向，突出科学前沿的研究及专利、标准导向，形成并保持一批强有力的研发团队，引进企业，参与国际竞争。

第四节 心理学

一、引言

人工智能领域研究如何使用计算机来模拟人的思维过程和智能行为，如学习、推理、思考、规划等，其目标是延伸和扩展人的智能，研制像人类一样可以胜任多种任务的通用人工智能。60余年来，几经潮起潮落，人工智能终于迎来了新的大发展时期。世界各国竞相将其列为人类科学技术和社会经济发展的新引擎。中国政府于2017年发布《新一代人工智能发展规划》，提出了面向2030年我国新一代人工智能发展的指导思想、战略目标、重点任务和保障措施，部署构筑我国人工智能发展的先发优势，加快建设创新型国家和世界科技强国。可以预见，人工智能的发展将带动社会与经济发展的巨大进步。这个目标的实现，不仅有赖于计算机科学与技术，还需要有关于人类智能及其在神经系统的实现的系统理论和知识的支撑。心理学是研究人类心理行为的科学。人与动物最主要的区别在于其主动认识和改造客观世界的能力，即根据自身目标，在开放的环境下、在动态的过程中根据不完全信息进行推理和决策的能力。心理学对人的认知、意志和情感所进行的研究、创建的理论，正是揭示了人类智能的本质。可以说，认知科学时代的开启主要是得益于心理学与计算机科学以及其学科的结合。人工智能的诞生与发展，自始至终有心理学的参与和贡献。

多年来，国内有部分心理学工作者已经将人工智能的理论、方法与技术与自己的研究领域相结合，取得可喜的进展和成就。比较集中和有代表性的是以下三个方面：心理学与认知过程的模拟及其应用，在与脑科学和人工智能深度融合中促进认知和智能理论的突破和创新；研究人机系统中的智能增强，促进各种智能系统的研发和人机系统的集成；人工智能与教育的融合形成了新的研究领域——教育人工智能。本报告主要围绕这三个方面，对我国心理学研究工作者近年来在心理学与人工智能结合方面开展的工作和取得的进展进行了总结。

二、本学科近年的最新研究进展

（一）心理学与认知过程的模拟及其应用

心理学与人工智能的交叉研究和密切联系，进一步推动了心理学研究范式、研究方法及数据挖掘的创新和发展，为深入探讨和解决心理学学科的科学问题提供了新的方向和视角。在思维领域，研究者通过对决策过程进行计算模拟，提出了基于二选一的"差值推理Δ-inference"新启发式模型和基于跨期决策的扩散模型；研究者也采用计算机模拟法对创造力认知模型进行探究，考察影响团体创造力和协同创新的因素。在学习和记忆领域，人工神经网络模拟（如简单循环网络模型）已应用到内隐学习上，通过计算模拟来探究人类内隐学习的机制。在语言和数学认知加工领域，研究者基于神经网络的认知计算提出了激活和竞争交互模型、数量－空间模型等模型，分别探究了邻近词效应、语音和语义交互及数量表征和数量运算等认知过程。此外，通用人工智能可以从思维层次出发对人类心理和认知过程进行"类脑"模拟，能够直接有效地对认知机制、脑机制和精神疾病等心理学问题进行探究。因此，人工智能技术的发展及相关支持为模拟人类的心理认知过程提供了机遇和发展前景。

（二）人机交互

人工智能在人机自然交互、交通安全和人员教育训练等领域都有着重要的应用前景，并有可能对这些领域产生了深刻和革命性的影响。

通过计算机科学与心理学学科交叉研究，在自发微表情诱发、微表情检测和微表情识别等方面取得了系统性的创新成果（图2-1）。具体包括：诱发自发的微表情方法、微表情数据库的建立，微表情系数模型和彩色空间模型的建立，基于光流的微表情检测和识别方法的建立，确定微表情表达时长和形态特征，发现情绪背景对微表情识别有一定的影响，发现呈现时间对微表情识别有一定的影响等。这些工作解决了微表情检测和识别方面的一些理论难题，并推动了在心理学和刑侦学等应用领域的发展。

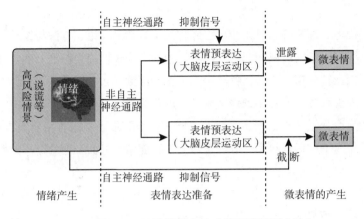

图 2-1　王甦菁博士的"微表情识别方法"

该研究团队由中国科学院心理研究所傅小兰研究员领导，早在 2011 年就开始研究微表情的识别和检测，以及可以应用于谎言识别的线索等，也是国内最早的研究微表情的团队。团队出版相关学术专著《说谎心理学》；获 2018 年第八届吴文俊人工智能科学技术奖一等奖，相关研究成果由中国科学院提名申报 2020 年国家自然科学奖二等奖。

（三）心理学视野中的人工智能与教育

将人工智能应用于教育领域的探索和尝试已有很长的历史。随着近年来信息技术生态系统的发展与成熟，人工智能领域取得了前所未有的突破，其与教育的融合也愈发深入，形成了新的研究领域——教育人工智能（Artificial Intelligence in Education，AIED）。立足于心理学视角，对近年来人工智能教育领域的研究进展进行了梳理，并对国内外研究现状和未来的研究趋势进行了分析和展望。报告首先界定了人工智能教育的基本目标，即使教学中诸多内隐的"黑箱"过程外显化，并实现先进的个性化学习。在此基础上，简要介绍了支撑教育人工智能实现目标的关键技术，并围绕"学习如何发生，怎样促进学习的发生，个体外因素对学习有何影响，怎样对学生有效评价，课堂管理有哪些优化空间"这 5 个问题，从分析学习过程、促进学习动机、促进群体学习、辅助学生评估、优化课堂管理等方面介绍了教育人工智能领域的研究进展。

三、本学科发展趋势和展望

心理学领域开展的与人工智能相结合的工作不仅限于此。人工智能技术或者方法在法律、运动、情绪识别和社会心态等领域也得到了很多的开发和应用。

人工智能在心理学领域的应用将不断推动着心理学学科的发展，同时心理学研究者们也面临着新技术、新方法和新思路的挑战。借助人工智能领域的研究成果，有效地运用和转化到心理学研究中，来挖掘、探究和解决心理学研究的问题，将形成新的研究模式。目前，人工智能已应用到决策、创造力、内隐学习以及语言和数学的认知加工等心理学领域，对心理认知过程进行了模拟和研究，也可以利用通用人工智能对脑运行机制和精神疾病进行有效的模拟和探讨；人机交互在工程心理学领域也开展了一系列研究，主要集中在自然人机交互、自动驾驶、人机信任、认知增强与虚拟现实（VR）技术等方面，以期促进各种智能系统的研发和人机系统的集成；另外，人工智能也辐射到了教育领域，以心理学的视角进行了丰富的实践和研究，为取得理想的教育效果而不断探索。未来期待人工智能与心理学的共同创新和发展。

第五节　环境科学技术及资源科学技术

一、引言

当前，我国正处于中华民族伟大复兴的关键时期，大力推进生态文明，努力建设美丽中国，是关系人民福祉、关乎民族未来的长远大计，社会各界密切关注生态与环境质量改善。近年来，通过全面开展蓝天、碧水、净土保卫战，持续推进污染防治，加强生态系统保护修复，壮大绿色环保产业，大力推动绿色发展，统筹兼顾、标本兼治、精准发力、务求实效，使得生态环境质量持续改善。本节梳理了大气环境、水环境、土壤环境与地下水以及固体废物处理与处置等领域 2018—2019 年的研究成果和进展，并结合目前的科技成果及研究平台发展状况，对今后一个时期环境学科理论和应用技术的重点领域与趋势进行了展望。

二、本学科近年的最新研究进展

（一）大气环境

近年来，我国陆续出台了《大气污染防治行动计划》（以下简称"大气十条"）、《大气污染防治行动计划实施情况考核办法（试行）》《HJ 2.2—2018 环境影响评价技术导则 大气环境》《2018 年重点地区环境空气挥发性有机物监测方案》《打赢蓝天保卫战三年行动计划》等一系列政策法规标准，管理目标从关注污染减排过渡到关注环境质量改善与保障公众健康。大气污染防治方面的研究数量显著增加，占全球相关研究的 11%~20%，相当于美国的 30%~50%，远超其他主要发达国家。大气复合污染方面，加强了大气污染形成机理、污染源追踪与解析关键技术研究，提高了空气质量预报和污染预警技术水平。京津冀等重点区域已探索建立大气污染防治的新区域协作机制，通过多省市共同参与，联合开展科研、联合出台政策、联合执法实现区域空气质量的快速改善。2018 年修订的《中华人民共和国大气污染防治法》设立城市空气质量限期达标机制，城市成为空气质量改善的主体，拥有更大的责任和动力开展创新空气质量管理。"大气重污染成因与治理攻关"项目于 2017 年正式设立，研究结果表明，大气重污染成因及来源主要包括：①污染排放：污染排放是主因和内因，主要来源于工业、燃煤、机动车和扬尘，四者占比达 90% 以上；②气象条件：风速低于 2m/s、湿度大于 60%，近地面逆温、混合层高度低于 500m，这些因素极易形成重污染天气；③区域传输：在一个传输通道内，如京津冀及周边、"2+26"城市范围内，相互之间的平均影响为 20%~30%，重污染天气发生时可能达到 35%~50%，个别城市可能会到 60%~70%。在大气环境健康效应研究领域，通过引入国外先进暴露评价技术，我国科研工作者开始了大气污染暴露与流行病学关联性的研究工作，并在颗粒物与呼吸系统、心血管系统疾病相关的毒理学研究方面有了较大突破。建立了较为完善的大气环境质量监测、污染源在线监测和流动污染源监测体系，大气环境遥感监测技术、大气立体监测技术等先进技术已在京津冀综合观测实验等场合得到应用。工业源大气污染治理方面，一些新技术新工艺应用到了颗粒物治理和脱硫脱硝领域，在 VOCs 治理技术领域，催化燃烧、蓄热燃烧、生物处理等技术有了新的进展和应用。

（二）水环境

2015 年 4 月，国务院印发的《水污染防治行动计划》（以下简称"水十条"）对 2020 年和 2030 年我国地表水水质指标提出了非常明确具体的要求，但目前地表水水质指标与 2020 年和 2030 年工作目标还有一定差距。结合国家在水方面的科技需求，2018—2019 年加强了重要水体、水源地、源头区、水源涵养区等水质监测与预报预警技术体系建设；突破了饮用水质健康风险控制、污废水资源化能源化与安全利用、饮用水水源地的保护。此外，国家积极推进排污许可管理、第三方治理等制度的落实，对水污染的治理都具有重要的现实意义。2018 年 6 月，中共中央、国务院出台《关于全面加强生态环境保护 坚决打好污染防治攻坚战的意见》，布置"着力打好碧水保卫战"和"打好城市黑臭水体治理攻坚战"，推进实施城镇污水处理"提质增效"三年行动，完善污水处理收费政策。经过近两年的落实，长江沿线县级以上城市的 1474 个饮水水源地，99.9% 的存在问题得到整治，长江沿线省会以上城市的 12 家黑臭水体整治已超过 90%，其他地级城市也在积极推进中。同时，将长江流域作为重点，推动解决了一批在自然保护区、其他各类保护地中存在的突出生态环境影响和破坏问题，组织开展了长江生态环境保护修复的联合研究，进一步强化了水污染防治。重要流域、饮用水源地等重要水体的水质安全监测预警方面，环境模型设计、智能云平台搭建、硬件装备研发、风险管控评估体系等方面均取得突破。工业废水中出现的新兴化学污染物等有毒有害污染物的处理技术研究，活性炭吸附、臭氧氧化和膜技术等技术有了较大进展；城市污水处理厂的提标改造也加入了更多新技术和新工艺，城市污水的再生与循环利用率得到了提升。

（三）土壤环境与地下水

2016 年，国务院印发《土壤污染防治行动计划》（以下简称"土十条"）。2018—2019 年，我国先后印发《中华人民共和国土壤污染防治法》《农用地土壤环境质量类别划分技术指南（试行）》《污染地块土壤环境管理办法（试行）》《GB36600—2018 土壤环境质量　建设用地土壤污染风险管控标准（试行）》《污染地块地下水修复和风险管控技术导则》《地下水污染防治实施方案》等法律法规，实现了行业法规、政策、技术、监管水平的整体提升。当前，我国开展土壤和地下水污染机制和风险评估等基础性研究，发展和完善了土壤环境监测与污染预警关键技术。针对土壤重金属和有机污染问题，开展了土壤组分及其理化性质对污染物的影响机制、土壤胶体表面重金属和有机污染物的吸附 – 解吸、降解的动力学过程、土壤环境污染过程及污染物在土壤中的有氧微生物转化降解机理研究、新材料对重金属污染土壤处理效果的长期稳定性机理研究、污染物在土 – 液界面交互作用机理、POPs 在土壤中的环境行为研究等。针对我国重点区域土壤污染特征，开展工业区、矿区和高背景值地区土壤污染的地球化学过程和生态效应研究、农用地土壤 – 生物系统有毒有害重金属和有机物迁移富集规律研究、生态毒性效应及其影响机制研究等。针对重金属和有机物复合污染土壤，进行修复原理及影响机理、复合修复技术的研究。在地下水研究方面，针对人为活动对地下水环境的影响和效应，在地下水系统中污染物赋存与迁移动力学规律、污染物在地层介质—水 – 气多相体系中不同界面之间的物质交换、平原地区地下水氮素污染来源、污染机理及阻控途径、岩溶区地下水污染物分布特征及其迁移转化、土壤 – 地下水系统主要污染物迁移扩散规律和预测模型，以及地下水污染监测、风险评估、损害鉴定、污染模拟、监控预警等方面取得了不同程度的进展和突破。

（四）固体废物处理与处置

固体废物既是造成大气污染、水污染、土壤污染和生态破坏的污染源，也是气、水、土中污染物分离浓缩成为固体废物的污染汇。"大气十条""水十条""土十条"，分别从大气、水、土壤污染防治需求角度对固体废物管理工作做出了具体部署。党的十九大报告指出"加强固体废弃物和垃圾处置"，对未来五年内固体废物处理处置的进一步发展提出了新的要求，生态环境部会同有关部门三次调整《进口废物管理目录》，住房和城乡建设部印发《关于加快推进部分重点城市生活垃圾分类工作的通知》，国务院常务会议通过《中华人民共和国固体废物污染环境防治法（修订草案）》。但我国固体废物产生量大、利用不充分，非法转移、倾倒、处置事件仍呈高发态势。当前，固体废物处理与处置的研究主要着眼于餐厨垃圾和城市污泥的减量化和资源化利用。工业固体废物资源化科学理论与方法研究及应用集中以粉煤灰、磷石膏、工业尾矿、赤泥等为原料制作吸附剂、吸收剂等环保材料，以及制备建筑材料、新兴涂料、土壤改良剂等工业和农业两用的资源化再利用材料。在农业固废资源化利用方面，农作物秸秆、畜禽粪便等主要从肥料化、饲料化、能源化这 3 个方面得到大量的研究和应用。危险废物的污染防治从实验研究方法角度出发，促使危险废物达到无害化标准，同时热等离子体技术、危险废物回转窑焚烧技术这两方面也取得一定进展。

三、本学科国内外研究进展比较

我国环境学科基础研究和应用技术在过去几年间发展较快，发表的 SCI 论文数占国际总体比例逐年上升，在技术研发领域也取得了不少突破，但由于起步较晚等原因，与世界先进国家仍存在较大差距。

（一）大气环境

在大气污染的来源成因和传输规律方面，探索雾霾成因是国外的研究重点，包括颗粒物的化学组成特征、来源解析、新粒子生成、二次颗粒物的生成机制、颗粒物的老化与吸湿增长、颗粒物对光的吸收散射以及人体健康效应等，我国展开的关于详细反应机理的研究较少。大气污染的健康效应研究主要集中在宏观区域层面健康损失核算、健康损失的经济代价评估及控制大气污染的潜在健康收益等方面，微观个体层面的研究相对匮乏。在大气污染源监测技术研究方面，发达国家起步较早、技术较成熟、仪器设备较先进，我国在技术及设备研究方面仍然处于落后阶段。工业源大气污染物治理技术领域，欧美等发达国家的诸多研究机构侧重于生物质等可再生能源利用过程的源排放特征和颗粒物形成规律研究，并建立了成套的颗粒动力学模型，尤其是在静电捕集模型方面较国内更为全面。移动源大气污染物治理技术方面，欧美等发达国家机动车尾气控制技术较为成熟，但随着我国在机动车排放控制技术研发上的长足发展，也研发了具有国际先进水平的催化剂及其制备技术。国外在大气面源污染控制方面的研究起步较早，针对面源污染的发生机制、传播途径、污染效应等开展了大量的研究工作，我国在大气面源污染治理方面仍有欠缺，在散烧煤治理、生物质灶具、餐饮业油烟、农业氨排放等方面有待深入研究。

（二）水环境

水源地或流域水质监测及预警系统领域，国际主流的水质模型较为成熟，但国内基于水质模型的水环境质量预报预警科学研究多以小流域为对象，缺乏宏观尺度的设计和运用。饮用水环境风险研究方面，国外的水质风险管控研究主要集中在农业、生活方面，国内的水质风险管控研究主要集中在评估方法改进、本地化等方面，研究重点以应急处理为主。污水治理研究领域中，国际污水处理行业出现了污染物削减功能被进一步强化的趋势，发达国家的污水处理厂正在由生物脱氮除磷向强化脱氮除磷方向发展，有些甚至达到了技术极限水平。欧美发达国家已针对各自国情，就再生水回用、污水生物质能回用、氮磷回收等领域展开各有侧重的研究，围绕污水处理技术的可持续发展，我国尚需进一步地深入思考和探讨。

（三）土壤环境与地下水

国内的研究工作起步于 21 世纪初，虽然进步明显，但是现有的技术措施相对粗放，在修复技术、装备及规模化应用上与欧美等先进国家相比还存在较大差距，特别是浅地下水埋深的土壤修复、含水层中 DNAPL（重质非水相液体）污染物的去除、高黏土含量污染土壤的修复是当前的难点。地下水污染防治在我国还是一个较新的领域，目前主要是在借鉴国外技术基础上，开展理论研究和实验室规模的效果验证，中试和大规模工程的实践较少。与国际先进水平相比，我国在土壤及地下水污染防治的基础理论、核心技术、材料装备和管理决策等方面还处于明显滞后状态，基础研究原创性不足，技术与装备实用性不强，风险管控科技支撑薄弱，缺乏区域尺度的整体、系统的土壤及地下水污染防治设计与部署。在管理方面，国外已具有健全的法律法规和管理制度、完善的技术体系和标准规范、全过程的监控和管理体系。虽然近两年我国出台了一系列土壤、地下水污染调查、风险评估、修复治理的国家或行业标准，规范并指导我国的土壤、地下水污染防治工作，但在实践过程中发现了诸多问题，需要逐步进行完善。

（四）固体废物处理与处置

西方发达国家固体废物处理处置的研究非常成熟，已经建立了一整套有关固体废物产生、收集、运输、储存、处理、处置等方面的法律法规、政策、制度、管理机构等综合管理体系。而我国固体废物处理方法及管理体制研究相对滞后，如何有效地防治固体废物污染是目前亟待解决的问题。在固体废物资源化及污染防治技术领域，国际上主要的结果产出以固体废弃物厌氧消化产生物燃料技术为主，同时对于堆肥、焚烧、填埋、热解等传统技术的研究也有一定改进与进展。我国现有的废弃物处理仍以简单的堆肥、焚烧、填埋为主，焚烧技术需要投入大量的资金，且效果不佳。此外，我国对工业固体废物高技术利用研究大多还停留在试验阶段，技术和工艺的实用性和稳定性程度不高。近年来，国内外在固体废物资源化管理上也有很大的差异。国外发展重心大多在垃圾管理系统的优化及综合管理，而我国的固体废物资源化管理仍处于初期阶段，以工业固体废物、生活垃圾的处理管理为主，并亟须出台完善的相关法律法规。

四、本学科发展趋势和展望

我国用 30 年的时间走过了发达国家 100 年的发展道路，不可避免地面临着更多、更集中的环境治理问题，虽然环保政策的密集出台，环境科技基础研究、应用基础研究、管理技术研究、技术研发以及能力建设、人才培养等方面取得了诸多进展，但未来形势依旧严峻。基于此，未来环境学科将继续加强基础学科研究，突破大气监测与污染治理关键技术，完善河流和湖泊水污染防治技术体系，构建针对水源保护—净化处理—输配全过程的饮用水安全保障系统，建立科学的土壤环境和地下水污染监测与评价网络体系，向绿色、多技术联合方向发展，聚焦源头减量、固体废物智能化回收与分类、资源化、高效利用及安全处置等重点领域，加强危险废物处理技术与装备的研究开发，进一步完善环境质量改善的政策建议与体制机制创新研究。

第六节　机械工程（机械制造）

一、引言

把原材料变成产品的全过程的生产活动称为制造，研究产品制造过程和制造系统相关的科学，称为制造科学。机械制造科学的基本任务，就是为制造业提供所需求的机械制造过程及装备的新理论、新方法和新技术。现代机械制造学科和制造技术，是具有很强领域带动效应的工程科学，不仅研究多领域多学科交叉的基础性、科学性和创新性等共性问题，同时，可以通过解决企业生产应用中的关键科学技术问题，成为推动制造装备、制造工艺和相关产业发展最有力、最直接的牵引力和原动力。因此，机械制造学科和制造技术，是振兴和强大制造业的重要基础，在国家经济与社会发展中起着非常重要的作用。

近几年我国在机械制造科学研究以及在不同工业领域应用中取得的创新性和标志性研究进展，通过对国内外研究进展进行对比，对今后机械制造理论和应用技术的研究趋势进行了展望。

二、本学科标志性研究进展

在精密与超精密加工领域，清华大学路新春等建立了大尺寸表面纳米级平坦化的加工原理与方法，发明了系列大尺寸超薄硅片纳米级无损伤抛光关键技术，研制开发出 12in

（1in=2.54cm）寸"干进干出"化学机械抛光（CMP）装备与成套工艺，实现了IC制造大尺寸晶圆表面的纳米级平坦化及纳米级缺陷控制。整体技术达到国际先进水平，已在中芯国际等企业实现批量应用，打破了国外高端微电子超精密抛光装备长期垄断的局面。

在高效高质加工领域，大连理工大学贾振元等建立了碳纤维复合材料（复材）新切削理论体系，发明的钻、铣削等9个系列新型复材切削刀具、加工技术及工艺，相比国外及传统刀具，加工损伤由毫米量级降至0.1mm以内，刀具寿命提升2~7倍，加工效率提升3~4倍，加工精度提升50%。成果已应用于航天一院、航天三院、中航工业和中国商飞等企业复材构件的加工制造中。

在非传统加工领域，华中科技大学邵新宇等提出了大型薄壁曲面激光焊接控形控性技术，发明了大型三维薄壁曲面焊缝形貌在线测量－跟踪－补偿技术与装置，实现了汽车车身小变形、低应力、高质量激光焊接。成果已在上汽通用、江铃福特、江淮等企业得到应用。

在微纳制造领域，西安交通大学卢秉恒等提出了电场斥力辅助的脱模新方法，建立了大面积嵌入式功能结构的电场辅助扫描填充技术，实现了金属、低维纳米墨水等功能材料对特定微纳米孔隙的电场辅助填充；提出了异型微纳结构电致流变成形方法和宏观表面的6in晶圆级自动化纳米压印微区控制压印新方法，实现了表面翘曲起伏的晶圆级基材与柔性模板的均匀接触，推动纳米压印技术由二维向三维方向发展。

在绿色制造领域，中南大学郭学益等创新开发了废旧线路板低温连续热解新技术，实现了废旧电路板中有机组元深度碳化与金、银、铜、钯等有价金属的有效富集，以及物料中有机溴、氯的无害转变与尾气超低标准排放，有效消除了废旧电路板中的持久性有机污染物；已在江西等9个省（自治区）推广应用，推动我国再制造产业进入世界先进水平行列。

在仿生制造领域，源于昆虫蜕变翅膀折叠的灵感，仿生成为从小实体到大展开面的神奇变换机构。天津大学陈焱等创造性地将空间结构代替球面机构，建立了基于过约束空间机构网格的厚板折纸运动学模型，解决了厚板折纸的仿生制造难题。研究成果已应用于大型空间可展结构、新型超材料与轻型复合材料、可变形机器人等工程。

在表面功能结构制造领域，华南理工大学汤勇等发明了复杂表面热功能结构形貌特征设计与可控制造关键技术，实现了管外、管内表面热功能结构高效成形及复杂形貌可控生成等，从根本上解决了管壳式换热器、空调及照明高能耗以及高铁核心IGBT、卫星数据传输及相控阵天线高热流密度电子芯片热控问题，在我国相关行业的龙头企业实现大量应用。

在增材制造领域，华中科技大学史玉升提出基于激光选区烧结（SLS）增材制造的复杂零件整体铸造新思路和发明整体铸造成套技术，突破了航空发动机机匣、航天发动机涡轮泵等高性能复杂零件的整体铸造难题。成果应用于中国航空发动机集团、西安航天发动机有限公司等国内外数百家单位，取得了显著的经济和社会效益。

在基础零部件制造领域，中车戚墅堰机车车辆工艺研究所有限公司联合北京工业大学

石照耀，提出了基于记忆合金流量调节的温控技术、高精度齿轮拓扑修形技术和高效齿轮配对技术等核心关键技术，开发的高铁列车用齿轮传动系统温升降低 10℃以上，噪声降低 11%，振动得到显著控制，功率重量比提升 10%。

在传感、检测与仪器领域，重庆理工大学彭东林提出一种将被测齿轮与传感器融汇一体的新方法——寄生式时栅技术，采用非接触、密封的离散测头线圈直接把被测齿轮、蜗轮、蜗杆、齿条、丝杠等当作均匀分度的"齿栅"，作为新检测方法的行波产生器件，再用时钟脉冲作为位移精密测量的基准，从而实现实时、在线、动态精密位移测量。

在智能制造及数字工厂领域，华中科技大学丁汉等针对"大型复杂曲面多机器人高效加工的主动顺应与协同控制"科学难题，在涉及磨抛法兰和力位自律跟踪、高能效移动机器人机构设计、超大高光反射表面三维测量、多机协同运动规划和测量加工一体化协同控制等关键技术上取得突破，并在中国中车等企业得到推广应用。

三、本学科国内外对比与发展趋势

近年来，在国家自然科学基金、国家"973""863"科技计划、国家科技重大专项等项目的支持下，机械制造学科领域取得了一系列突出进展和创新成果，为我国制造业提供了大批新理论、新技术和新方法，在国内外产生了重要影响。我国机械制造科学从过去的跟踪、发展到现在的并跑，有的领域已处于领跑状态。超精密加工、高质高效加工、特种加工、绿色制造、仿生制造、增材制造、功能表面结构制造等领域已在国际学术界占有一席之地，研究水平总体上已步入国际先进行列。同时，我国机械科学领域近年来涌现出一批国际知名的科学家，在国际学术界占有重要的一席之地，包括：国际仿生工程学会创始人、吉林大学任露泉院士；国际摩擦学会副理事长、IFToMM 摩擦学技术委员会主席、清华大学雒建斌院士；获 IWPMA 超声电机终身成就奖的南京航空航天大学赵淳生院士；获国际生产工程科学院 CIRP Fellow 称号的南京航空航天大学朱荻院士和天津大学房丰洲教授；国际光电子与激光工程学会主席、美国激光学会秘书长、清华大学钟敏霖教授；SME Fellow、俄罗斯工程院院士、武汉理工大学周祖德教授；IFToMM 执委会副主席、天津大学黄田教授等。

同时，机械制造学科领域还存在不少问题和差距，主要体现在中国学者提出的机械制造领域的新概念、新理论、新方法和新技术不多；有重要国际影响力的机械制造理论、方法和技术较少；在机械制造领域国际学术界有较大影响力的中国学者少。我国机械制造的理论、方法和技术对中国制造业的自主创新和自强发展的贡献不够显著。

体现机械制造技术先进性的高端装备与发达国家相比仍然存在很大差距。我国高档数控机床、超精密加工机床、精密科学仪器、大型民用飞机、大型民用航空发动机、超大规模集成电路芯片及其制造装备、高档轿车及其关键生产设备与核心技术仍未掌握在自己手中。制造加工理论、工艺及成套装备虽然已有重大突破，但缺少原创性、系统性的深入研究，有些领域甚至还处于起步阶段。例如，我国在航空发动机关键构件的制造精度方面已经接近或达到了与国外产品相同的水平，然而制造的关键构件服役寿命却不及国外同类产品的 50%，在关键构件制造技术方面未能掌握面向高性能制造的表面宏微观几何与物理状态对构件服役影响的影响规律，相关基础数据严重缺乏、高性能加工表面状态设计基础研究不足。高端装备研发依然是仿制国外同类型设备为主，缺乏主动设计手段，没有形成"工艺牵引装备，装备支撑工艺"的良性循环。增材制造基础研究覆盖了相当完整的学科方向，但同世界领先水平还有一定差距，一些近几年显著影响增材制造全局的重大技术进步都来自美欧国家，美国和德国还占据高端增材制造装备商业化销售市场的绝对优势；高端增材制造装备的核心元器件和商用软件还依赖进口；以系统级创新设计引领的规模化工业应用还主要在美欧国家。机器人减速器、高速列车主轴承、液气密封等机械基础件的性能及质量与国外比较差距仍然较大，高端基础零部件发展受制于原材料、精密制造装备、检测试验技术及基础理论与技术前沿研究的落后，与发达国家存在较大差距。检测测量技术还存在自主创新少、测量精度不高、测量准确性不高、测量效率低等特点，高端仪器设备依赖进口的局面尚未改变，现有国内测量仪器的性能及可靠性指标与国外产品相比差距明显，测量理论、方法和技术不太适应国家重大工程的需求。制造业智能制造、大数据的获取、分析和应用、数据化车间及智慧工厂等尚处于初级阶段。

四、本学科发展趋势及展望

机械制造学科发展的总趋势是需求驱动、学科融合和前沿牵引。我国正处在从制造大国向制造强国迈进的征途中，各行业装备制造以及高性能产品的制造等，都迫切需要机械制造学科提供创新而实用的理论、方法和技术。机械制造学科一方面要与信息科学、生命科学、材料科学、管理科学、纳米科学继续深入的交叉融合，发展和完善仿生及生物制造学、微纳制造学、制造管理学和制造信息学。另一方面要与机械学融合，即与机构学、传动学、摩擦学、结构强度学、设计学、仿生及生物等机械学更深入的融合发展。下一代量子计算机、生物计算机、深地深海深空探测、精准医疗、核聚变、新能源与新材料等科学前沿和未来的需求，都对机械制造学科提出了新的机遇和挑战。

当前，制造已经处于网络 / 信息 / 智能制造、极端制造、微纳制造与生物制造的新时代，网络环境下具有信息感知、计算分析和决策反馈控制等智能的高端重要装备和系统的智能制造，不断快速更新的智能数字网络多功能集成产品制造，以及制造特大、特小尺度或极端环境下极高功能的器件和功能系统的极端制造，高知识含量的信息机电产品、仿生机械产品和微纳尺度器件及其产品的制造，将成为制造业发展的重要方向。基于资源节约和环境友好的绿色可持续性制造产品的绿色度，将上升为制造竞争力的首要因素。

各领域重点研究内容简述如下。

精密及超精密加工领域：加强开展超精密加工装备及其高精度关键部件的高品质制

造、超精密加工装备模块化生产、典型材料及复杂零件超精密加工工艺、超精密加工装备制造标准等研究。

高质高效加工领域：应用多学科理论和技术手段，不断完善高质高效加工基础理论，发现新规律、提出新方法、建立更准确有效的模型，支撑以高质量、高精度、高效率、智能化、绿色化、复合化、高集成化等为特征的高质高效加工装备、工具和工艺技术的创新发展。

非传统加工领域：研发多物理场、多工艺复合的激光、超声、电磁、射流、电子束等非传统加工的高精可控机制、技术与装备，实现新型难加工材料的微加工与复杂结构成形，研究 3D 打印的新方法等新技术与装备。

微纳制造领域：研究功能化大面积纳米结构规整平面直接压印制造、真三维复杂仿生微纳结构定域可控制造、复杂曲面、三维多喷头、多材料电喷印打印制造，以及轻薄化、共形性、表贴式的多功能柔性电子皮肤。

绿色制造领域：研发绿色制造的方法工具平台、发展再制造产品损伤检测技术，开发新型绿色材料、节能生产装备、绿色加工工艺，研发智能再制造拆解及高效清洗工艺，在典型行业和关键零部件上推广绿色制造和再制造技术。

仿生制造领域：重点研究仿生生物制造新技术体系、高端 3D / 4D 机械仿生生物制造，加强成熟度高的仿生生物制造系统的关键技术演示验证及应用，研发重大仿生生物机电产品。

表面功能结构制造领域：揭示表面功能结构有别于宏观结构的特殊功能的实质以及与宏观结构作用机制的区别，提出新的表面功能结构制造理论和方法。

增材制造领域：通过增材制造装备、材料、结构和工艺的重大创新或集成优化，实现更高的尺寸精度、更低的表面粗糙度、更高和更稳定可靠的性能、更大的尺寸和更复杂精微的结构、更高的制造效率和更低的成本、适用更广泛的材料等，并尽可能追求同时兼顾上述全部或部分优势。探索微纳增材、三维微电子线路、智能结构 4D 打印等前沿技术。

基础零部件制造领域：围绕重大装备和高端装备发展的配套需求，以产品突破为主攻方向，密切产需合作，加强基础技术研究，推动机械基础件向长寿命、高可靠性、轻量化、减免维修方向发展。

传感、检测与仪器领域：科学仪器已远远超出"光机电一体化"的范畴，未来智能传感器会逐步走向集成化、能量获取自动化、高端需求多样化。需要大量引进日新月异的高新技术，如纳米、MEMS、芯片、网络、自动化、仿生学等新技术。

智能制造及数字工厂：重点突破生产过程智能化、制造装备智能化、新业态新模式智能化、管理智能化、服务智能化中的基础理论与共性关键技术，建立智慧云制造平台，加强数字化、网络化、智能化的深度融合。

第七节 电气工程

一、引言

电是人类文明的基础物质条件之一，是能量转换的枢纽和信息的载体，是现代科技发展的基础。如果没有电，一切社会活动、科技成果和经济成就均无从谈起。

电气工程学科是研究电磁现象、规律及应用的学科，并与信息、材料、控制、智能和生命等学科紧密结合，形成众多学科分支。既是一门历史悠久、积淀深厚的学科，更是一门与时俱进且不断拓展深化的学科。

当前国民经济的快速增长对发电、输变电、配用电以及电力系统建设、电能治理等方面提出了更高要求，人类利用电能的实践活动强劲有力地牵引和推动着电气工程学科的发展。全球能源格局加快重塑，发展清洁能源、保障能源安全、解决环保问题、应对气候变化已成为首要问题。清洁低碳、安全高效已成为电力能源发展的主攻方向和科研重地，发展低碳经济、建设生态文明、实现可持续发展成为人类社会的普遍共识。新能源与传统化石能源转换的临界点已经到来，作为能源的重要供应环节和主要使用形式，电能对能源革命的推进至关重要。因此，电气工程学科发展到今天，自身研究和发展的力度不仅没有随着时间推移而弱化，还日益广泛地应用于或渗透到能源、环境、装备制造和交通运输，特别是与国家安全和国防有关的许多重要领域。

二、本学科近年的最新研究进展

近年来，我国电气工程学科方方面面都取得了长足的进步。特高压电网和智能电网建设以及可再生能源的规模利用带动了高参数、高性能电力设备的强劲需求，促进了高电压与绝缘技术的大力发展；电能高效变换的要求、节能减排的需求驱动、安全战略的纵深谋虑以及信息化社会对电能品质的不断提高，推动了我国电力电子与电力传动技术的快速发展；以电力为核心的新一代能源电力系统发展的要求，丰富了电力系统及其自动化的内涵；高效电磁能转换、风能利用、电动汽车等的发展，提升了电机、变压器等相关的材料

性能和关键技术；物联技术的引入和智能电网的建设需求，带动了传统电器向现代电器转型发展。

（一）高电压与绝缘技术

特高压电网和智能电网建设以及可再生能源的规模利用对高电压与绝缘技术提出了前所未有的挑战。高电压与绝缘技术学科跨度广阔，涉及物理、化学、材料、电气等，理论研究深至凝聚态物理，工程应用广到电气设备的监测与评估。近年来，我国积极开展极端条件下电介质材料失效规律与机理的探索研究，取得了诸如极地船舶、青藏铁路、神州系列载人飞船、天宫一号目标飞行器、蛟龙号深潜器等标志性技术成果，达到了国际先进水平。

我国在绝缘材料新产品开发及制备技术方面还落后于发达国家，基础理论和关键技术研究相对缺乏。一方面，国外在高等级电工环氧、聚乙烯等基础原材料方面掌握核心技术，在高端电工原材料领域几乎垄断了全球市场。另一方面，国外产品在核心制造方面处于领先地位，而我国在高性能绝缘材料领域，产品结构、技术水平、质量性能、技术开发、市场快速反应能力和企业设备技术等方面与国际先进水平相比有待提升。

（二）电力电子与电力传动

电力电子与电力传动学科涉及电磁能量的变换、控制、输送和存储，产业几乎覆盖了关系国民经济发展和国家长久安全的所有关键技术领域。近年来，我国电力电子学科从基础研究、技术水平、产业规模、产业链条完善和标准体系建立等方面都取得了斐然的成就，在元器件研制和生产、装置拓扑和结构、电机变频调速、工业供电电源、新能源发电、电力牵引、电力输配电和绿色照明等主要应用领域，都取得了飞跃发展。

但是在科研生产方面，电力电子学科距离国际先进水平仍存在一定的差距。很多应用电力电子的重大装备在我国尚不掌握关键或核心技术，甚至整个装备的设计和制造能力均为空白，在装备技术方面受制于人。

（三）电力系统及其自动化

电力系统是国民经济发展的重要支撑和保障，维持电力系统安全稳定运行是电力系统及其自动化领域的核心命题。近年来，我国电力系统经历了前所未有的高速发展，实现了从传统电力系统，到特高压交直流输电技术、智能电网、新能源电力系统、能源互联网的跨越，向更加安全、智慧、清洁、高效的方向前进，见图2-2所示。

我国能源资源与负荷中心逆向分布的特征明显，大型能源基地与负荷中心的距离可达1000~3000km，因此，实现我国能源资源大范围优化配置需要大力发展具有输送容量大、距离远、效率高等特点的特高压输电技术。近年来，我国在特高压交流输电技术研究方面，解决了特高压同塔双回输电系统的过电压和绝缘配合、雷电防护、外绝缘优化、电晕特性、无功补偿及潜供电流等多项关键技术难题。

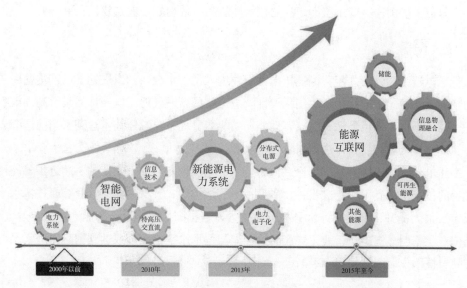

图 2-2　电力系统的发展

储能技术是在传统电力与能源系统电能生产、传输、消费模式中增加"存储"环节，可提高电网运行的安全性、经济性和灵活性，对于支撑高比例可再生能源并网和建设能源互联网具有重要意义。电力系统储能技术在 2018 年得到快速发展，在改善电能质量、缓解电网阻塞、提升电网电压稳定性、缩小负荷峰谷差、提高供电可靠性、延缓配网改造方面发挥积极作用。

新能源消纳是我国能源发展面临的重要问题之一。能源互联网是以电力为核心，以最大化消纳可再生能源为目的，集中式消纳和分布式消纳并存，强调需求侧响应的新一代能源系统。能源互联网的发展为应对当前能源危机和环境污染等问题提供了新的解决思路，同时也带来了全新的挑战。近年来，国内众多科研机构从能源互联网的基础前沿理论、关键技术设备和示范应用转化等方面开展了系统研究。

（四）电机

近年来，我国电机学科整体实力得到了跨越式发展，产品质量得到大幅提升，缩小了与国外先进水平的差距，具有广阔的发展前景。但是，基础研究与国外先进水平相比还存在较大差距，自主创新能力还有待提高，研发高性能、高可靠性、节能环保化、小型化、智能化等特点的电机必要且迫切。电机关键材料（如永磁材料、软磁材料和绝缘材料等）存在着生产工艺相对落后、材料利用率较低等问题。

我国变压器行业技术创新能力及产品制造水平不断实现超越，产品种类涵盖电力变压器、整流变压器、电炉变压器、机车牵引变压器、干式变压器、充气式变压器、非金合

金变压器和并联电抗器等。特高压电网中的关键设备——特高压变压器和并联电抗器的研制成功，带动了国内变压器行业的整体技术进步和产业升级。我国也成为变压器种类最齐全、产量最大的国家，变压器类产品的技术性能和质量均处于世界领先水平。

（五）电器

低压电器方面，近几年我国低压电器行业进入了一个较快的发展期，已基本摆脱了以仿为主的低端模式，开始了自主创新设计阶段。我国新一代低压电器产品具有高性能、小体积、高可靠性、绿色环保等特点，性能和功能明显提升，总体技术达到了当前国际先进水平，部分技术与产品指标达到国际领先水平。

高压电器方面，随着基础理论、材料技术、生产设备和加工工艺的不断进步，高压电器设备的技术水平有了长足进步，在产品种类、结构形式、材料介质以及综合技术水平方面都有了很大提升，产品设计水平与产品质量显著提高，自主创新与制造能力普遍增强，产品国产化率明显提高，行业主导产品的性能与技术水平已接近或达到国际先进水平，部分产品与技术位居国际领先水平。

（六）电工理论与新技术

作为电气工程学科中的基础性学科，电工理论与新技术学科涉及材料与结构、系统与元件，具有跨学科的特点，内涵丰富。近年来在电气基础相关的电工材料、电路电磁场、超导电工、电磁兼容、无线传能、强磁场技术、电磁发射技术、储能、功能电介质等方面以及电场与生命、磁场与生命、等离子体与生命等交叉学科都取得了长足的进步。电工理论与新技术所包含的主要技术领域如图 2-3 所示。

（七）电气工程与数学

电气工程科学是研究电磁现象及其应用的科学，数学是研究现实世界中的空间形式及数量关系的一门学科，电气工程与数学（简称"电工数学"）通过运用数学方法认识电气工程科学问题的本质，揭示并描述其内在规律性，形成理论创新、方法创新和技术创新，是数学与电气工程科学之间的桥梁。

近些年，我国电工数学领域蓬勃发展，研究成果层出不穷，渗透到电气工程领域各个方面，研究对象非常广泛，主要应用领域包括磁悬浮、超导、生物电磁效应、等离子体、高性能电机系统、大规模复杂电力系统等。需要研究的问题包括：磁悬浮交通控制，基于强磁场的图像检测、物性研究，超导输电，气体放电理论、电晕电弧放电理论、电机物理场优化设计、电力电子功率变换、高功率脉冲技术、等离子技术、电磁兼容和电力系统运行优化和规划等，为解决电气工程领域各种关键问题提供了有力的数学理论支撑，有力推动了电气工程科学的发展和电气工程领域的技术进步。

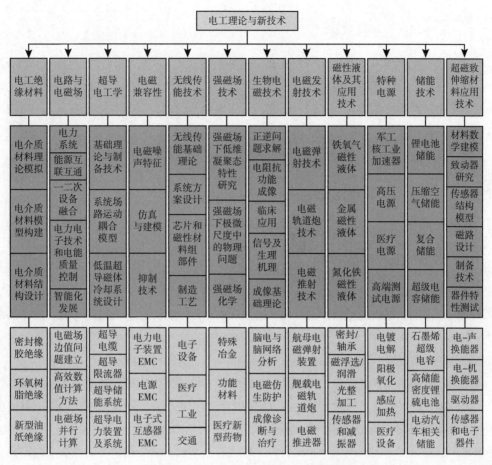

图 2-3 电工理论与新技术的主要技术领域

三、本学科发展趋势和亮点

聚焦于能源供给和使用的可持续发展，近年来掀起的轰轰烈烈的能源革命，为电气工程学科的发展带来了新的机遇。能源革命要求建立一个新的现代能源体系，其典型特征之一是清洁、低碳，其核心是一次能源的清洁替代和二次能源的电能替代；现代能源体系的另一典型特征是高效、安全，其核心是提高能源转换效率、能源输送和利用效率。此外，现代社会能源消费的一个显著特征是终端消费中电能比重越来越大，并且终端的能源消费还出现了许多新特征，如：燃气、电、热力等多种能源互联互通，多元用户开放共享，用户深度参与，用能选择灵活，智慧高效便捷等。新的能源体系的重要核心是电能，电气工程学科将是未来能源系统构建的核心。未来新一代能源系统将是一个以电力为纽带（核心）、融合多种一次能源的新一代能源系统——能源（电力）互联系统。

（一）高电压与绝缘技术

高电压与绝缘技术既有多学科的交叠与成果积累，又有科研与工程的结合，需要从先进电介质材料理论体系、电力设备放电与过电压防护、高压电力电子装备以及智能电气设备与全寿命运行特性等方面加强深入研究，引领本领域的理论创新与技术进步，保障我国电力系统安全稳定运行。

电工绝缘材料研究一直是电气工程领域的前沿基础课题。未来电网的高效性、高电压等级和复杂电压类型对先进电力设备中的绝缘材料和绝缘技术提出了更高的要求。高性能电工绝缘材料是未来第三代电网发展必不可少的基础保障，应具有高非线性、高热导率、高能量密度和高功率密度性能，并能耐受高击穿场强、高低温、电痕化与辐照。

（二）电力电子与电力传动

传统电能系统正在向电力电子化和智能化的电能系统转变，对电力电子技术的创新研究产生深远影响。电力电子器件芯片向大容量、高耐压、高频化、低损耗方向发展，器件封装向标准化、集成化、标准单元组合化方向发展。电力电子装备研究不仅集中于单台变流器和装置的设计上，还面临多台变流器互联以及系统级的优化设计问题。

电力电子装备因其在电能变换方面的灵活性，在电力系统中的渗透水平不断提高，传统交流电力系统的特性正发生着巨大改变，电力电子化电力系统的概念应运而生。电力电子化的电力系统是多类型电源、多电能变换、多电力形态经柔性互联的源网荷协调系统，功率在多层复杂网络间双向流动，具备强非线性、高敏感、快变化、冲击性、多能调控等特征。

（三）电力系统及其自动化

随着风电、光伏等可再生能源的大规模接入，以及电动汽车、电采暖等电能替代技术的快速发展，电力系统在源荷两侧面临着更加复杂的随机因素和运行风险，使得电力系统的安全稳定运行更加困难，电力系统结构和形态特征将因此发生深刻变化。未来我国新能源电力系统将是集中式与分布式可再生电源、远距离大电网输电和区域微网就地消纳相结合的形式，以保证可再生能源能被最大限度地利用。

电力储能是未来一个重要的研究方向。储能技术可有效解决可再生能源大规模接入和弃风、弃光问题，是分布式能源、智能电网、能源互联网中的重要组成部分，亦可用于解决电力削峰填谷、调频调压等常规问题，提高常规能源发电与输电效率、安全性和经济性。

电力系统与信息系统耦合程度不断提高，不仅提高了系统自动化程度和可控性，同样也提升了工作人员的工作效率。随着大数据技术和人工智能技术在电力系统中的推广，作为这些技术基础的数据采集、传输、处理在内的各种类型的信息系统的构建将越来越丰富。

当能源供应实现以清洁能源为主的战略转型后，未来将逐步形成以电力系统为核心，电、气、冷、热等多种能源紧密耦合的能源互联网，燃气、热力管网在能源系统低碳、高效、清洁发展趋势下规模将逐渐缩小，且与能源互联网的交互耦合作用愈益增强。电能在能源消费中的比重逐年增大，未来将有 80% 的能源来自可再生能源和核能，并经过电能转换直接消耗。

（四）电机

高效节能电机方面，通过采用最新材料技术及设计方法，在降低损耗的同时有效提高电机运行效率。超高速三相永磁同步电动机、低速大转矩永磁同步电动机和永磁同步磁阻电动机等高效节能电机的运行效率高、节能效果好，通过采用最新材料技术及设计方法，在降低损耗的同时，有效提高电机运行效率。

变压器技术日益呈现节能、环保、防灾、高可靠性、智能、大容量、特高压的发展趋势。智能变压器是当前变压器产业的研发重点，它是在常规变压器的基础上，配备电子器件、传感器和执行器等设备，增加自我诊断功能，通过网络数字接口实现关键状态参量的监测、控制与数据共享等，实现变压器的经济运行、辅助决策、状态评估和协调控制。

（五）电器

智能电网是一个相对完整的体系，涵盖发电、输电、变电、配电、用电、调度等各个环节。电网建设以及用电总体水平的提高，需要智能电器和先进的传感技术支持，必将有力推进智能电器的技术发展和应用，同时也带来了巨大挑战。困难与机遇并存，电器学科必然围绕智能电网建设不断研究发展。

新一代电力系统需要新一代电工装备，集成新材料、新结构、新原理与新应用的研究成果与应用是实现未来电力设备小型化、轻量化和大容量化发展的主要途径。随着绿色环保的需求，高压电器正向着高压大容量、自能化、小型化、结合化和高可靠性方向发展。

（六）电工理论与新技术

生物电磁技术是电气科学最具生命力的增长点之一，也是学科交叉领域最具创新力、最有前景的方向。在电磁场效应研究方面，交直流输电线路、磁悬浮列车、无线电能传输等相关复杂电磁环境检测技术，以及对环境、健康的影响；基于电磁场理论和电磁技术，多物理场耦合的成像技术、脉冲电场－磁场的医学应用、与纳米技术相关的生物电磁技术、植入式医疗设备的新型供能技术等均是生物电磁领域的研究热点。

（七）电气工程与数学

大规模可再生能源、海量电力电子化装备、直流输电网络、以电动汽车为代表的双向可控负载、大规模储能等新型电气元件的广泛接入，不仅悄然改变着电力系统特性，更从多角度给电气工程科学提出新的挑战。电工数学将更多地向依赖大数据、人工智能和网络计算的、基于"综合"方法论的方向转变（如图 2-4 所示），迎来重大发展机遇。

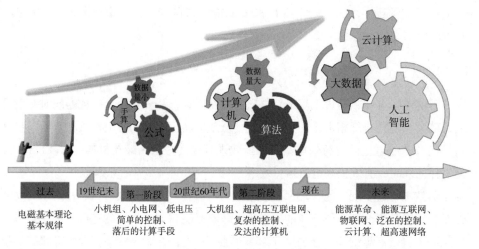

图 2-4　电工数学的过去、现在和未来

第八节　水　利

一、引言

　　水是万物之母、生存之本、文明之源，是人类以及所有生物赖以存在的生命资源。受地理位置、季风气候、阶地地形等因素影响，我国水资源呈现总量多人均少、时空分布不均以及与经济社会发展布局不相匹配等特点，节水治水管水兴水任务艰巨。在经济社会快速发展、城镇化水平持续攀升、极端气候事件影响加剧等多重变化条件下，水资源短缺、水生态损害、水环境污染和水旱灾害频发等新老水问题相互交织、愈发凸显，已成为制约我国经济社会发展的关键瓶颈。河川之危、水源之危是生存环境之危、民族存续之危。党的十八大以来，以习近平同志为核心的党中央，从战略和全局高度，对保障国家水安全作出一系列重大决策部署。2014 年 3 月，中央财经领导小组第五次会议专题研究我国水安全战略，习近平总书记强调要从全面建成小康社会、实现中华民族永续发展的战略高度，重视解决好水安全问题，明确提出"节水优先、空间均衡、系统治理、两手发力"的新时期水利工作思路，赋予了新时代治水的新内涵、新要求、新任务，为强化水治理、保障水安全指明了方向。

水利学科是一门以认识自然、改造自然、服务社会为目的，涉及自然科学、技术科学和社会科学的综合性学科。我国水利学科发展始终以服务支撑国家和行业改革发展重大需求为导向，始终坚持科学治水，持续推动重大理论与关键技术创新，在波澜壮阔的水利实践中得以发展壮大。在水利学科发展过程中，新的专业增长点不断出现，并与相关学科交叉融合，研究领域逐步扩展，学科布局得到不断优化完善，核心竞争力得到显著增强。经过几代水利人不懈地探索和追求，当前我国水利学科整体达到世界先进水平，坝工技术、泥沙研究、水文监测预警预报技术、水资源配置和高效利用、巨型水轮机机组制造技术、引调水工程建设等部分领域已处于国际领先和先进水平，极大地推动了我国现代水利事业的发展。

二、本学科最新研究进展主要创新成果

（一）水旱灾害防御与风险管理

在水旱灾害防御与风险管理领域，我国已经逐步建成了较完备的防洪减灾工程和非工程体系，防洪能力已经提升到较高水平，水旱灾害防御能力达到国际中等水平，在发展中国家中相对靠前。已建成的长江三峡、葛洲坝、黄河小浪底等流域控制性骨干工程成为抵御水旱灾害的屏障。国家防汛抗旱指挥系统工程建成了水情、气象、防洪调度、抗旱、灾情评估、综合信息服务等 6 个业务应用系统，形成了中央、流域、省级的洪水预报体系，洪水预报精度总体达到90% 以上，流域洪水调度方案制订用时由原来的 3 小时左右缩短到 20 分钟。近年来，针对洪涝灾害管理中的薄弱环节，我国的洪涝灾害防治能力显著提升。水文基础理论方面基于风险分析理论、气候变化和人类活动影响、不确定性新理论和新方法的应用等取得重要进展。"天空地网一体化"水利信息综合量测与采集技术极大地拓展了水文、干旱监测的时空连续性，提高了监测精度。云计算、大数据、物联网、移动互联网、人工智能等新一代信息技术的水利应用方兴未艾。基于多源基础数据、实时校正的精细化、全流域、全时空预警预报及防洪调度技术不断完善。

（二）水资源节约与综合作用

在水资源节约与综合利用领域，在完善水循环及其伴生过程理论体系的基础上，揭示了水系统中"五水"（大气水、地表水、地下水、土壤水和植物水）转化和冰冻圈地区水体多相态转换机制及变化环境下水资源演变机理，同时在水循环综合模拟技术方面取得长足发展。开展了"四横三纵、南北调配、东西互济"水资源综合配置与运行调度、长江上中游梯级水库群优化调度、跨省江河水量分配等研究和实践应用，水资源配置规划理论方法处于世界先进水平行列。研发了"三条红线"考核指标监测统计与数据复核的技术方法，形成了可

操作、易推行的"三条红线"管理技术方法与标准体系。第三次全国水资源调查评价工作基本完成，摸清了近年来我国水资源数量、质量、开发利用、水生态环境的变化情况，系统分析了 60 年来我国水资源的演变规律和特点。开展了各大盆地的水文地质调查工作，查明了我国西部地区和北方重点地区主要大型地下水盆地或地下水系统的地下水资源总量，评价了可持续利用的区域地下水资源潜力及其空间分布。已逐步建立了节水型社会建设理论体系，实现了由单项节水技术向行业多环节和区域多行业的目标系统化、技术集成化、管理综合化、措施多元化的综合节水方向发展转化，在理论与管理技术层面处于国际领先水平，在专项节水技术方面部分成果也达到国际先进水平。基于作物水分亏缺补偿原理形成了作物非充分灌溉和调亏灌溉技术系统，已成为世界上最先进的灌溉农业节水技术之一。

（三）水利水电工程建设与安全管理

在水利水电工程建设与安全管理领域，随着近年来锦屏、小湾、溪洛渡、向家坝等一批复杂地形地质条件下的巨型水利水电枢纽工程的相继建成，推动了相关学科的繁荣和进步，相关技术水平已跻身世界前列。在复杂水工建筑物结构设计和施工技术、建筑新材料、大体积混凝土温控防裂、土石坝工程、高边坡与地下工程开挖与爆破、软土地基与特殊土处理技术、工程防灾减灾、施工导截流与围堰、金属结构制作与安装、机电设备制造与安装工程等方面实现了跨越性飞跃，为我国水利水电工程成套技术跨入国际领先行列创造了条件，在"一带一路"倡议的指引下，中国水电占据海外 70% 以上的水电建设市场。在岩土物理模型试验技术方面，建成了 5gt~1000gt 系列离心机和离心模型试验专用附属设备，综合技术指标处于世界领先地位。研制成功的高效系列液动潜孔锤，最深应用深度超过 4000m，多次创造液动冲击回转钻进世界纪录，达到了国际领先水平。针对水库大坝安全运行中的关键技术难题，开展了世界最高的实体坝溃坝模型试验（最大坝高 9.7m），建立了大坝安全预警指标体系与预测模型，显著提升了我国大坝安全管理技术水平。

（四）江河治理与港口航道

在江河治理与港口航道领域，建立了以非均匀不平衡输沙、高含沙水流运动、异重流、水库泥沙淤积、水沙调控理论等为代表的泥沙学科理论体系，成功解决了以三峡工程和小浪底水库为代表的重大水利水电工程泥沙问题和长江、黄河等大江大河治理关键技术问题。围绕黄土高原水土流失综合治理，研发了水土保持耕作、水土流失动态监测与评价等关键技术，进一步界定了多沙粗沙区，评估了水沙锐减的原因和各种水保措施的蓄水减沙效益。发明了基于光学、声学等非接触式方法测量流速、水位、地形、含沙量的新技术，大幅提升水沙测量精度。针对港珠澳大桥沉管安放研发了高精度、高时效的回淤预警预报系统，实现了逐日、厘米级的精细化回淤预报。取得了南水北调工程、大伙房水库输水工程、引汉济渭、引江济淮等长距离输水工程的规划、建设与运行中的工程水力学重大关键技术研究的新突破。依托一批深水港口、海上人工岛、河口深水航道整治、内河航道整治、通航枢纽、跨海通道等工程项目，创新发展了港口与航道工程建设技术，研发了具有完全自主知识产权的水力式升船机，在水力驱动系统同步技术、高速水流阀门防空化及振动技术等重大技术问题方面取得了原创性成果。

（五）水生态环境保护与修复

在水生态环境保护与修复领域，水生生物的响应机制、河湖生态环境影响综合评价、生态水力学模拟与生态调度、生态水力调控技术以及河湖生态修复技术与示范等方面取得若干重要进展。阐明了流域重大工程对富营养化河湖生物生境与蓝藻水华生消的影响机制，研究确定了北方水库蓝藻暴发阈值。建立了重大工程水生态影响、健康长江、健康太湖等综合评价指标体系，形成了河湖健康评价指标、标准与方法，为定期开展我国重要江河湖库"健康诊断"提供了坚实基础。提出了基于集运鱼系统的一种全新的高坝过鱼方案，初步建立了过鱼设施效果监测技术体系与评估方法，形成了适应我国国情的绿色水电评价指标体系。建立了流域水资源承载力、水环境承载力、水生态承载力的理论与评估指标体系，提出了我国的水生态区划方案建议，提高了全球气候变化和人类活动影响下滩涂湿地演化复杂性的认知水平和能力。开展了生态需水量计算模型与方法研究，对七大流域的重点河段均明确了生态流量的控制指标，对重点河湖逐一确定了生态流量保障目标，编制了生态流量保障实施方案，并利用流域大型控制性工程开展了生态调度的试验。集成研发了太湖水华立体监测预警技术，提出了复杂江河湖水系水安全保障多目标联合调度方法，创建了动力调控－强化净化－长效保障的城市河网水环境提升技术体系。开展了水源地生态修复、富营养化水体生态修复、湿地生态修复、近自然河流构建等关键技术研究与示范，形成了适合我国现阶段生态文明建设框架下的河流生态修复理论与技术体系。

三、本学科发展趋势及展望

我国基本水情复杂、新老水安全问题交织、治水管水任务艰巨，水安全保障面临许多重大科技瓶颈问题亟待突破和有效解决，水利改革发展正处于攻坚克难的关键阶段。当前和今后一个时期，全球科技与经济正在发生深刻变化，全球新一轮科技革命蓄势待发。面对日新月异的世界科技发展新趋势，面对深入实施创新驱动发展战略、加快推进水利改革发展的新要求，水利学科建设与发展方面既迎来了难得的机遇又面临着重大的挑战。水利学科发展必须着眼科技创新发展和国际化发展战略需要，立足我国水利改革发展实际，加强与相关学科的交叉融合，注重多学科协同创新，促进水利学科在重要方向取得突破性成果，促进多目标、多功能、多层次治水管水技术的系统集成和综合利用，加快人水和谐美丽中国建设与可持续发展，进一步提高水利科技满足国家重大需求和人民对美好生活向往的需求的能力。

第九节　制冷及低温工程

一、引言

在经历过近几十年的快速发展后，制冷已经成为人们的生活健康、交通运输、食品保鲜等方面不可缺少的技术，并开始在众多新兴领域有了新的发展应用。当前全球科技发展升级加速，制冷与低温技术的研究受到各国的重视，并争相抢占相关技术的制高点。除了受政策和市场驱动的技术更新换代之外，还涌现了一批着眼于未来发展并利用新型材料和新原理的制冷与低温技术：一方面制冷学科将基础科学发展前沿用于学科自身发展，另一方面制冷学科自身发展的新型技术也应用于新的应用领域。近几年来，制冷学科围绕国际科技前沿、国家重大需求和节能减排国家战略，坚持需求牵引和问题导向，分别在不同领域取得了巨大进展。从制冷学科的研究、应用和发展的角度看，换热技术、制冷技术、热湿环境控制、冷链装备技术以及低温技术等方向都涌现了一批科学意义重大且社会经济效益显著的科技成果，对降低建筑能耗、清洁供暖、余热回收、新能源利用、食品安全、物流和大科学工程等众多领域的发展起到了强有力的支撑作用。

二、本学科近年的最新研究进展

（一）空调换热器

管翅式换热器：管翅式换热器是应用最广泛的换热器型式，主要用作空调器的蒸发器和冷凝器。其紧凑化趋势是采用更小管径的换热管，大批量应用的换热管外径现已达到 5 mm 及以下。小管径换热器的采用，能够降低换热器成本、降低制冷剂的充注量。在换热器胀管时需要采用强制式胀管机，若继续采用传统胀管机胀管会使换热铜管在胀管时的收缩率有非常明显的不一致以及管子端口高低不一，造成产品不合格。

板式换热器：其热力性能主要由换热板的波纹形式所决定，人字波板片出现较早，点波波纹的板式换热器则是近年来新出现的产品类型。板式换热器作为多联机的经济器，是该型换热器具有较大使用量的新用途。

印刷板路换热器：由多层经过化学腐蚀后的薄板经扩散连接后形成的换热器芯体和封头组成，具有紧凑高效、安全可靠等优点，被认为是高压、受限空间下高效换热的首选，已在液化天然气、航空航天、化学处理、核电和太阳能发电等领域应用。但其价格较贵，因此在民用制冷领域较少采用。

插片式微通道换热器：为解决一般微通道散热器纹波状翅片易结霜的问题，新型插片式微通道换热器在翅片上加入导流结构以代替一般的波纹型翅片，同时翅片与微通道扁平管之间采用卡合固定，确保二者充分接触以提高换热效率。这类换热器用作商用多联机蒸发器、商用热泵系统蒸发器及汽车空调蒸发器等方面，具有较大的潜力。

（二）制冷技术

1. 压缩式制冷

为了响应《蒙特利尔议定书》"基加利修正案"中关于制冷剂替代工作的具体部署，同时兼顾工商业的发展以及居民日常生活水平，全世界的制冷行业在压缩机和制冷系统配置两方面均产生了明显的转型。在压缩机方面，大型化和小型化是压缩机发展的两个主攻方向。大型磁悬浮离心压缩机、高压比的单机双级螺杆压缩机、小型化滚动转子压缩机是推进较快的技术，其中滚动转子压缩机的发展方向是高效节能、智能变容、小型化、低噪声和高可靠性；而传统的活塞压缩机在小流量、高压比的工况领域仍然有着不可替代的优势。

2. 吸收式制冷

在能源与环境问题日趋凸显的背景下，利用可再生能源和余热回收的吸收式制冷与热泵技术具有显著节能减排的社会意义，并得到了较好的发展。吸收式制冷与热泵目前的主要发展仍然是在往高效率方面在努力。一方面是通过多次内回热的多效结构达到更高的效率，典型技术为三效吸收式制冷机；另一方面是通过与热源的匹配达到更高的效率，这方面具有代表性的技术是为中温太阳能利用所设计的变效吸收式制冷机和针对余热回收中热源具有较大温度变化所设计的多段吸收式机组。近年来吸收式制冷与热泵的新应用包括中温集热器进行太阳能吸收式制冷，基于工业余热换热优化和吸收式制冷／热泵技术的余热回收，采用吸收式换热技术进行大温差区域供热，以及采用燃气驱动的氨水空气源热泵达到清洁高效供暖。

3. 吸附式制冷

我国近几年在吸附式制冷方向上的研究总体上逐渐从相对粗放式转向精细化的研究，表现为从传统吸附材料的应用转向先进吸附材料的研发、从系统实验分析转向计算材料模拟与实验并行研究。为了解决传统吸附式制冷由于效率低和性能不稳定一直难以实用化的问题，国内学者首创回质循环、回热回质循环、高导热多孔基质复合吸附剂，并构建了吸附制冷系统实现了低品位热能的高效制冷。

4. 喷射器制冷

采用喷射器回收膨胀功的新型节能制冷技术近年来得到了快速发展，并且涌现背压分流、高压分流等不同形式的制冷循环。喷射器增效的冷藏、冷冻和热泵系统进行了深入研究，喷嘴可调式喷射器以及用于多制冷回路的多喷射器并联技术是该领域近年来取得的重要进展，并在大型二氧化碳商超制冷系统中得到广泛使用。

5. 卡效应固态制冷

该类技术是近年来兴起的新型制冷技术，卡效应固态制冷技术采用的制冷工质为固态或凝聚态材料，所涉及的相变一般为固体–固体相变，并不会出现气体泄漏、排放等对环境造成破坏的情况。①在弹热制冷方面，在经过材料层面、制冷器件和循环方面研究，弹热制冷从概念演化为技术；现阶段弹热制冷系统可达到 22K 的制冷温差、150W 的制冷量和 3.2 的 COP；②在磁制冷方面，多种大磁热效应室温磁工质的发现及应用、磁回热器的复叠工质技术、新型结构的磁回热器等重要技术进步极大地促进了室温磁制冷机性能的快速发展，现有样机已实现超过 40K 的制冷温差、3kW 的制冷量和 18% 的热力完善度；③在电卡制冷方面，随着巨电卡效应在 2006 年和 2008 年被发现，电卡制冷迅速获得了学术界和工业界的广泛关注，拥有高效和可直接电力驱动属性。

（三）热湿环境控制

1. 溶液除湿

研制出低腐蚀性且除湿效果优良的除湿剂，研制出新型内冷/内热型除湿/再生器，提出了基于质子交换膜的电解除湿新方法。在系统构建及应用方面，热泵式热回收型/预冷型溶液调湿新风/全空气机组、利用溶液除湿技术回收冷凝废热实现蒸汽压缩制冷循环过冷的新方法、利用工业低温余热驱动的溶液除湿与吸收式制冷技术实现空气深度除湿的新型除湿方案。

2. 固体除湿

新型再生式除湿换热器技术的出现，将固体干燥剂涂敷于常规金属换热器表面，通过外掠空气通过换热器翅片时管内流体及管外干燥剂可同时实现耦合降温除湿热力过程，大大提高了干燥剂的动态吸附能力，实现了 20~40℃小温差驱动的除湿再生；固体除湿无水加湿性能的研究以及低品位废热驱动固体除湿空调的研究受到越来越多的关注。

3. 温湿独立控制

温湿度独立控制核心思想为将空调系统分成温度控制子系统和湿度控制子系统，采用不同的方式分别处理显热和潜热负荷。①干式风机盘管出现了采用新型开窗铝翅片、采用更接近理想逆流换热的流程或采用"线性设计外形+贯流风机""吊灯型+轴流式风机"以及落地安装的立柱式风机盘管等新形式以优化换热器结构；②高温冷源的相关研究主要集中在自然冷源与高性能机械冷源设备的结合，在冷冻水出水温度 16℃，冷却水进水 30℃的工况下，离心式和螺杆式冷水机组满负荷 COP 分别高达 9.47 和 7.8，磁悬浮离心式冷水机组在部分负荷下，COP 最高可超过 30，逐渐被应用于工程项目中；③在新风处理设备方面，冷凝除湿新风机组的研究集中在避免热湿新风与低温冷水直接换热造成的品位损失以及解决将已除湿空气直接送风造成的房间局部过冷问题，相应的解决方案包括利用排风、除湿后的空气、高温冷源对新风预冷和利用排风、新风、热泵冷凝器对送风再热等。

4. 数据中心冷却

数据中心作为电子信息产业的主要建筑场所，随着 5G 移动通信、物联网、云计算、大数据、人工智能等应用的快速发展，也得到了飞速发展，其能耗也迅猛增长。为了保障数据中心的安全稳定高效运行，数据中心冷却技术取得了一系列进展。新的发展包括背板冷却、列间空调、冷热通道封闭等形式的传热优化，包括浸泡式液冷、喷淋式液冷、直接接触冷板式液冷、热管式液冷的液体冷却技术，以及对数据中心余热的回收利用。

（四）冷链装备技术

1. 冷冻冷藏

在食品冻结方面，物理场辅助冻结技术得到了持续关注和研究发展，主要有电磁场辅助冻结、微波辅助冻结、射频辅助冻结、超声波冻结等方式；在冷藏库制冷系统方面，发展了 CO_2 天然工质作为载冷剂或低温级的复合系统，并发展了冷热联供集成系统；在超市制冷系统方面，为了解决 CO_2 制冷系统在炎热地区高室外温度制冷性能不佳的问题，发展了采用喷射器辅助压缩制冷系统。

2. 冷链装备

在冷加工方面发展了包括撬装式差压预冷、低温天然工质超低温速冻、冲击式速冻和磁场辅助冻结等技术和装备；在冷库用制冷系统方面，开发了氨 / CO_2 复合系统、低充注氨制冷系统、宽温区冷热联供集成技术（集成了低温制冷、高温制热、谷电蓄热、微压蒸汽及蒸汽增压等系统于一体，可实现 –55~180℃温度范围内的高效环保冷热联供功能）、地源 CO_2 亚临界循环制冷系统（采用地埋管植入式冷凝器，使系统处于亚临界循环状态）；在冷藏销售方面，配合生鲜电商需求，开发了生鲜配送柜等装置。

（五）低温技术

1. 航空航天用低温制冷

随着航空航天领域的不断发展，其对低温制冷技术的需求日益严苛，主动式机械制冷技术以其高效紧凑和长寿命等优势在这一应用方向上展现出强大的潜力和竞争力。以斯特林制冷机和脉管制冷机为代表的小型回热式低温制冷机是主动式机械制冷技术最核心的组成部分，受空间探测需求、LNG 以及超导体冷却等需求牵引，脉管制冷机目前主要的发展方向主要集中在进一步降低制冷温度以实现液氦温区的高效制冷，通过声功回收等方式进一步提高脉管制冷机在各个制冷温区的效率，进一步增大脉管制冷机的冷量以及小型化甚至微型化等。代表性技术包括斯特林 / 脉管复合型制冷机、VM 脉管制冷机等和 JT 节流制

冷机。

2. 低温系统大科学工程

超导无法脱离低温独立存在，为满足超导线圈长时间处于低温（20K 以下）状态并保证一定温度余量的要求，以氦为工质的低温制冷技术不可或缺。受可控核聚变实验装置、同步辐射光源、自由电子激光及粒子对撞机等大科学工程应用需求的牵引，大型商用氦液化/制冷装置得到了广泛的研究与应用。

3. 混合工质制冷

通过采用不同沸点组元构成的混合物作制冷剂，混合工质节流制冷机能够在 80~230K 的广阔温区工作，在能源、材料、生物医学等众多领域具有广泛而重要的需求。混合工质的采用也带来了新问题，体现在混合物热物性、多相流动及传热等低温制冷学科基础方向。从国内外相关公开报道来看，国际上本学科围绕新的应用技术在多元复杂混合工质物性、热力循环、变浓度特性等基础研究继续进行探索，在外在展现上向更低温区、更加紧凑、更快制冷、更加安全等方向发展。目前来看，国内外混合工质制冷技术处于并跑状态，中国在制冷效率方面略为领先，并在基础研究—核心技术—应用技术中实现成体系发展。

4. 低温生物医学

低温生物医学是低温、制冷、医学及生命科学的交叉学科方向，根据应用目的，既可以保护或保存生物活体，也可以对生物活体进行破坏或者疾病治疗。一个研究热点是利用低温下对细胞组织的长期保存，并对较大体积生物材料深低温保存后成功复活；另一个是利用低温造成细胞损伤，开展临床的肿瘤低温治疗，或者采用低温 – 高温循环的技术提高肿瘤细胞的杀伤率。

5. 氢液化技术

氢能被视为 21 世纪最具发展潜力的清洁能源，但储运效率低是影响氢能应用的一个重要因素，以液氢的方式储存是氢储运的最佳方案，因此氢液化技术是氢能利用链条上的重要一环。随着液氢需求量的不断增大，正在运行的设备大多是大型氢液化器，氢的液化技术研究集中在大型氢液化器的核心设备和流程优化两个方面。我国液氢生产规模小，总产能低于 5 TPD，本土氢液化技术水平仍处于初级研发阶段，液化设备基本依赖进口。2014 年以来，随着国内需求的日益增长，多家单位已开始自主研制大型氢液化器。

三、本学科发展趋势和展望

近年来，制冷与低温学科比较重要的内在驱动是受环保条例的限制所进行的新型制冷剂相关研究，采用低臭氧层破坏和低温室效应的有机制冷剂和天然制冷剂的制冷剂物性、压缩机、换热部件以及系统集成是研究热点；采用零制冷剂泄漏的固体制冷也是新兴的研究方向，但相关研究仍处于实验室研究阶段。另外，受到节能减排政策的推动，吸收吸附制冷热泵技术也得到了长足的发展。

除了本学科的进展，在制冷与低温工程和众多新兴国家重大需求结合的领域也出现了新的学科和应用交叉。当前我国经济发展仍然保持了远高于世界平均水平的速度，涌现了以新能源和互联网等具有特色的经济发展驱动新力量，同时加大了对科学研究的重视并建立了支持前沿基础研究的多种大科学工程，此外我们还面临着众多能源短缺和环境污染的问题亟须解决。除了制冷空调本身的技术提升外，制冷与低温工程学科在这些新兴发展领域都开始扮演了重要的角色：配合我国在节能环保、煤改电和大力发展氢能等新政策和举办冬季奥运会的需求，制冷与低温学科在清洁取暖、城市区域供暖扩容、数据中心冷却、生鲜物流、余热回收和低温大科学工程等众多方向发展了一批新技术，有效推动了相关行业的快速发展，并支撑了国家重大需求。未来制冷与低温学科的发展也将在这些交叉领域迎来新的发展机遇。

第十节　计量学

一、引言

计量学是测量的科学及其应用，又简称计量。计量学原是物理学的一部分，后来随着内容的扩展而成为一门研究计量理论与实践的综合学科。计量学包括涉及测量理论和实用的各个方面，不论其不确定度如何，也不论其用于什么测量技术领域。计量学主要有 3 个特点，科学性、法制性、实用性。研究内容通常可概括为 5 个方面：测量新理论和新原理、测量新技术和新仪器、测量操作正确性和有效性、测量结果分析以及测量应用。

从不同的角度可对计量学进行不同的分类。从专业领域划分，计量学分支包括几何量计量、温度计量、力学计量、电磁计量、无线电计量、时间频率计量、声学计量、光学计量、电离辐射计量、化学计量、生物计量等。

计量在科技创新和国民经济发展中的作用得到广泛的重视，2013 年，国务院专门发布了国家《计量发展规划（2013—2020 年）》。我国计量工作得到跨越式发展，各类基础前沿和行业应用广泛的计量科技成果大量涌现，计量测试水平不断提升，计量服务保障能力不断增强。在基础前沿领域，应对国际单位制重新定义，作出中国贡献，科技创新能力显著增强；在服务产业发展、国家重点工程和新兴领域方面，取得一系列标志性成果，计

量支撑作用日益凸显；在测量能力上，截至 2018 年年底，我国建有国家计量基准 177 项、社会公用计量标准 5.6 万余项，批准国家标准物质 1.1 万余种。国际互认的校准与测量能力 1574 项，国际排名跃居世界第三、亚洲第一。

二、本学科近年的最新研究进展

（一）基本单位重新定义

1875 年，阿根廷、比利时、奥匈帝国、巴西等 17 个国家签署了《米制公约》，制造了新的米原器和千克原器，并为 1889 年第一届国际计量大会（CGPM）所正式接受。随着时间的推移，该系统不断发展，目前已经包括 7 个基本单位。1960 年第 11 届国际计量大会决定，这个系统称为国际单位制 SI。随着科技的发展，基本单位的定义被逐个量子化。基本单位时间"秒"、长度"米"先后经历了修订。时间和长度单位计量量子化的成功，不断催生其他计量单位的量子化定义的进程。国际计量委员会于 2005 年一致同意全面进行 SI 基本单位量子化变革，使其直接定义在自然界"恒定不变"的基本物理常数上。

2013 年，我国研制的秒长国家基准 NIM5 铯原子喷泉钟参加欧亚喷泉钟比对，2014 年，通过了国际时间频率咨询委员会频率基准工作组的评审，正式获准成为国际计量局承认的基准钟，与少数先进国家一起"驾驭"国际原子时。2015 年起，NIM5 铯原子喷泉钟的标准频率通过光纤链路传递到北京卫星导航定位中心，为北斗地面时提供溯源支持。2017 年，NIM5 铯原子喷泉钟不确定度提升至 1E-15。

我国研制的锶原子光晶格钟近年来取得了多项关键技术的突破，2015 年进行了首轮系统频移评定，得到锶光钟的评定不确定度为 2.3E-16，相当于 1.3 亿年不差一秒，实现了我国第一台基于中性原子的光钟，测量得到锶原子光钟钟跃迁的绝对频率，相对不确定度为 3.4E-15，数据被国际时间频率咨询委员会采纳，参与国际推荐值的计算。

我国在镱原子光晶格钟研究上，实现了光钟的闭环锁定。在离子钟方面，实现了整体不确定度的评估和绝对频率测量，评估不确定度 5.1E-17，绝对频率测量不确定度 2.7E-15；铝离子光钟、汞离子光钟的研究也都取得了不错的进展。

我国现有四家守时实验室，均保持各自的 UTC（k），同时定期向 BIPM 报送数据，参加国际原子时 TAI 的归算。其中，UTC（NIM）、UTC（NTSC）与 UTC 的时差近期均优于 ±5ns。UTC（BIRM）与 UTC 的时差近期优于 ±20 ns。我国在国际标准时间——协调世界时 UTC 中的权重已位列国际第三。

在温度单位开尔文的重新定义上，我国采用了声学法和电子噪声法测量玻尔兹曼常数。在国际上首次提出虚拟定程圆柱声学共鸣的创新方法，利用两个圆柱腔在特定条件下，共鸣频率相等的现象，在对应的声波节点处，对两个声场相减，留下没有端盖的虚拟共鸣声场，使得圆柱声学法测定玻尔兹曼常数的准确度提高了 4.5 倍。

我国研制了量子电压标定的电子噪声原级测温系统，为全球首创。新型无感应误差磁通量子调控技术，能够在 2MHz 带宽内，使交流量子电压的准确度提升 100 倍以上，被国际同行认为是推动交流量子电压标准应用的一大进步。

基于上述方法和技术创新，两种方法测量玻尔兹曼常数的最终不确定度分别达到了 2.0×10^{-6} 和 2.7×10^{-6}，获得了相应方法全球最佳的测定结果。两种方法测量结果两次被国际科技数据委员会（CODATA）国际基本物理常数推荐值收录，并被用于玻尔兹曼常数的最终定值和温度单位的重新定义。

在质量单位千克重新定义方面，我国提出了一种基于电磁能量与机械势能平衡的"能量天平"新方案，与国际上其他国家采用"功率天平"方案不同。采用不同原理的方案进行测试并能够相互验证是科学研究中经常采用的方法，如果测量结果能在不确定度的允许范围内一致，将更有说服力，因此我国的方案备受国际关注和鼓励。2016 年，新一代能量天平装置 NIM-2 建成并实现了真空条件下的测量。2017 年 5 月，在 *Metrologia* 上发表了普朗克常数的测量结果，相对标准不确定度为 2.4×10^{-7}，成为继加拿大、美国、法国之外，第四个提供普朗克常数测量数据的国家。2018 年，能量天平装置测量数据的相对标准不确定度首次进入 10^{-8} 量级，其中 A 类不确定度达到 3×10^{-8}。在目前国际上的电天平方案测量结果中，仅有加、美、法三国的功率天平方案实现了该不确定度量级的测量。

千克重新定义后，对量传技术提出了新的挑战。我国建立了满载重复性优于 0.47 μg、测量扩展不确定度 25 μg（k = 2）的高准确度真空质量测量装置；形成了不同材料砝码表面吸附率测量、不确定度评估和吸附修正、空气密度测量、砝码交换称量等一系列具有自主知识产权的技术。此外，还实现了多种砝码表面吸附与其逆过程的精确分析，吸附测量扩展不确定度 0.0011 μg/cm^2（k = 2），达到了国际先进水平。

在摩尔的重新定义方面，我国参加了摩尔重新定义国际合作重大科学研究工作，先后对单晶硅密度、硅球表面氧化层以及浓缩硅摩尔质量等重要参数进行了测量研究，并均取得相应的研究进展。硅球直径的测量不确定度达 3nm。建立了基于光谱椭偏仪的自动化扫描测量装置，硅球表面氧化层椭偏扫描的短期重复性达到 0.04 nm。

在摩尔质量测量方面，对于浓缩硅 -28 的丰度超过 99.99% 的样品来说，如何获得精准的同位素丰度值是艰巨挑战。我国首次建立了高分辨电感耦合等离子体质谱（HR-ICP-MS）测量浓缩硅同位素组成的基准方法，通过利用高分辨质谱的分辨能力克服了 ^{28}Si 等严重的质谱干扰。2016 年年底，该团队参加完成了浓缩硅 -28 摩尔质量国际比对（CCQM-P160），我国是唯一采用 HR-ICP-MS 和 MC-ICP-MS 两种不同方法完成测量的计量院，并获得了最好的比对成绩，浓缩硅摩尔质量测量的相对标准不确定度达到了 2×10^{-9}，在阿伏伽德罗常数复现中作出了中国计量的实质性贡献。

2018 年 11 月 16 日，第 26 届国际计量大会通过了关于修订国际单位制的决议。国际单位制 7 个基本单位中的 4 个："千克""安培""开尔文"和"摩尔"分别由普朗克常数、基本电荷、玻尔兹曼常数和阿伏伽德罗常数来定义；自此，7 个基本单位全部实现了基于常数的定义，并于 2019 年 5 月 20 日正式实施。

（二）导出单位基准装置及量值传递

在量子电压核心芯片之集成约瑟夫森结阵芯片上取得突破，实现 40 万结阵，首次采用自主芯片实现可应用量级 0.5 V 高精度量子电压输出，与美国 NIST 比对差值为 5.5×10^{-10} V；设计并实现双通道微伏量子电压芯片，使我国在国际上率先实现基于一个芯片的差分法微伏量子电压标准系统，为量子电压的扁平化量值传递奠定了基础。

建立了新一代水声声压计量基准，大型扫描消声水槽为 10kHz~1MHz 中高频水声声压的复现提供了良好的自由声场环境，参加了中频水听器国际关键比对，到得了国际等效与互认。

我国成功举办了全球绝对重力仪国际比对，来自 14 个国家 32 台绝对重力仪参加比对。我国自主研制的光学干涉型和原子干涉型重力仪成功参加了此次比对，测量不确定度均优于 $5\mu Gal$（$1\mu Gal=10^{-8}m/s^2$）。此次比对是全球重力比对首次移出欧洲，提升了我国在重力计量领域的话语权。

研制了 10MHz~18GHz 同轴 N 型功率基准，不确定度为 0.2%~0.4%（k=2），达到世界领先水平，提出并实现了两种定标方法，攻克了基准及传递标准同轴传输线修正因子定标的技术难题。该基准被新加坡计量院（NMC）和香港计量院（SCL）所采购，成为该国（地区）的计量基准。

建立了医用加速器水吸收剂量基准及量值体系，完成了基准装置的研制并参加了国际关键比对，取得国际等效与互认，解决了放射治疗辐射剂量在高能光子段的量值溯源问题，为我国肿瘤治疗的发展与应用提供了有力的支撑。

建立了永磁磁矩标准测量装置，适用于钐钴、钕铁硼、铝镍钴等永磁材料磁矩测量，完成了永磁磁矩量值传递方法研究，满足了我国永磁材料、消费电子、新能源等行业对磁矩测量的迫切需求。

（三）计量在科技创新和国民经济中的应用

成功研制国内首个高纯铜纯度标准物质，纯度 0.9999961 ± 0.0000019（k=2），实现了我国高纯金属标准物质零的突破；研制 13 种毒品纯度标准物质及 18 种溶液标准物质，全面覆盖全国公安物证鉴定系统 300 多个毒品检测实验室。赤藓红等 20 种标准物质研制水平达到国际领先或先进水平。

建立了核酸／基因检测和高通量测序、基因芯片检测等系列标准，形成了从溯源性、检测技术、质量评价技术、生物样本质量控制为一体的核酸关键技术标准体系，支撑了核酸／基因服务产业检测结果的一致与互认。

开展了离子光学模拟、精密加工、离子阱组合等关键技术的深入系统研究，有力支撑和服务离子反应基础研究和生命科学前沿研究，显著提升化学计量领域中复杂基质痕量分析能力，大大推动了国产小型质谱仪的产业化。

建立了我国真空低背景红外高光谱亮温标准装置，为风云气象三号、四号卫星，高分

5 号卫星，资源和海洋卫星红外遥感载荷开展了大量的计量校准服务，支撑了我国航天遥感技术高定量化的发展。基于国际温标复现技术，开展红外空间基准载荷的研制工作，为未来基准卫星技术的发展奠定了重要的技术基础。

研制完成（5-300）keV 单能 X 射线，实现国际同类装置最高能量，为我国首颗 X 射线空间卫星"慧眼"（HXMT）高能 X 射线探测器提供地面标定，完成了引力波对应电磁体卫星（GECAM）、空间多波基卫星（SVOM）、先进天基太阳天文台（HXI）的前期标定实验。

建立了我国第一个 PM$_{2.5}$ 质量浓度监测仪计量标准装置，为全国多种 PM$_{2.5}$ 监测仪提供了校准服务，保障了我国 PM$_{2.5}$ 浓度测量结果的准确性和一致性，有力支撑我国空气环境的监测工作。

自主研制了棉花色度 LED 光谱测色装置，首次将 LED 与光谱测色技术应用于棉花纤维检测领域，实现了棉花色度与 SI 单位制计量体系的连接。

研发了基于色谱共焦传感器的弹头痕迹测量技术，该技术具有非接触测量、速度快、精度高的优点；研制了一种具有典型弹头痕迹特征的标准器，使弹头痕迹测量仪器实现有效溯源，提高公安部门弹痕鉴别的准确性，保证测量数据的安全、可信。

建立了石墨烯粉体材料晶体结构、层数、拉曼频移等参数的准确测量方法，并经国际比对实现国际等效互认，发布 4 项团体标准、5 个认证技术文件。为企业和认证公司提供检测，并通过对工厂的检查和合格评审程序，认证公司颁发了首份石墨烯认证证书，实现了质量技术基础各要素的集成，并在产业中形成全链条的应用。

三、本学科国内外研究进展比较

纵观国内外计量学科发展现状，我国计量整体水平已接近发达国家计量院，国际互认的校准与测量能力位列世界第三，基本单位重新定义上作出了中国贡献，但是，与发达国家相比，我国还存在着不小的差距，具体体现在：

1）关键性和原创性计量技术研究亟须加强。虽然在应对国际单位制变革的基本物理常数测量研究和新一代量子计量基准研究中突破了一些关键技术，但是在基础研究、核心关键技术上，与国际一流水平仍有较大差距。光钟的不确定度、稳定度还有待大幅提升；基于安培新定义的单电子隧道的研制还未开展；电学量子基准核心芯片在集成化程度和规模上有较大差距，部分关键芯片和器件国内亟须填补空白；基于晶格常数的米定义的复现方法及量传体系研究仍处于起步阶段。在量子传感上，美国、德国等已实现了广泛的应用，而我国尚处在摸索中，还未掌握核心技术。

2）对国家新兴产业和民生等计量需求的支撑仍有不足，服务国防安全的计量体系亟待加强。虽然我院已经开展了新材料、新一代信息技术、新能源、航天、海洋、医学等领域的计量技术与标准物质研究，但仍处于起步阶段，缺乏广泛而深入的研究，对于行业的

支撑与引领作用没有很好的体现，无法满足相关领域对计量技术日益增长的需求。

3）量值传递扁平化和计量仪器研发上，落后幅度较大，部分技术受制于人。计量与传感器、互联网等信息技术有待进一步融合，如嵌入式智能计量校准系统研发、海量数据处理等研究远未涉及，扁平化的高效量值传递国家计量体系尚未建立。传统计量领域优势地位有待进一步巩固，亟须开展多参数、动态量、极端量、综合量以及在线测量等计量研究工作，以满足国家和产业发展需求，确保在国内处于优势地位。在高端计量科学仪器方面，完全依赖进口，没有核心技术。体制机制上不通畅，没有形成产、学、研、用的有机结合，限制了自主国产仪器质量的提升。

四、本学科发展趋势及展望

2019 年 5 月 20 日之后，千克、开尔文、安培、摩尔 4 个基本单位的新定义正式实施，国际计量新格局正在重新构建，国际单位制基本单位的量子化使实物基准逐步退出历史舞台，量子基准确立的同时也确立了先进中国计量院的主角地位。国际计量局的地位和重心由过去量值溯源唯一源头向协调人角色的转变。中国计量院将逐渐成为承担国际计量科学研究的主体，通过国际比对实现各国量值的等效，区域内具有较高技术水平的先进中国计量院将逐渐发展为"区域中心实验室"，在为其他国家提供量值溯源、主导国际比对中发挥重要作用。

计量学不断拓展新领域，形成新的分支学科。随着国民经济对计量需求的牵引，计量学在原有专业计量的基础上，形成了新的分支及以"跨学科、多参量"为特点的领域计量。比如关系大众健康的医学计量、关注环境检测、温室气体排放和碳交易的环境计量、关注节能减排的能源计量等。生命科学的发展促进了生物计量分支的形成与壮大，生物计量以生物测量理论、测量标准、计量标准与生物测量技术为主体，实现生物物质的特性量值在国家和国际范围内的准确一致及溯源到国际单位（SI）或国际公认单位，服务于医疗卫生、司法、农业、食品、医药、海洋等领域。

计量溯源方式革新。一是计量溯源的扁平化，量子计量基准与信息技术相结合，使量值溯源链条更短、速度更快、测量结果更准更稳，将改变过去依靠实物基准逐级传递的计量模式，实现最佳的测量，提升产品质量及工业竞争力。二是从传统的实验室条件溯源转向在线实时校准，从过去终端产品的单点校准或测试转向研发设计、采购、生产、交付及应用全生命周期的计量技术服务。

第十一节　图　学

一、引言

图学是以图为对象，研究在将形演绎到图的过程中，关于图的表达、产生、处理与传播的理论、技术与应用的科学。"一图胜千言"。无所不及图之用，绵历千载图之兴。图是信息、概念和思想的表达和传递的一种主要方式。

本报告将基于图学学科架构，从科学、技术、工具、应用、支撑标准等不同层面，从图学理论、图学计算、应用基础、图学工具，以及相关标准和教育等方面组织专题。通过对比国内外研究，分析图学领域发展趋势，展望我国图学未来发展方向。

二、本学科的近期发展

（一）人才培养与培养基础

1. 人才培养

随着应用需求的驱动，图学学科的范畴及内涵也在扩大，涉及机械、计算机、建筑、医疗、媒体等领域，具有广泛的群众基础，也集中了我国图学界的众多知名专家、学者和科技工作者。近年来，以中国图学学会代表的图学工作者，围绕图学及相关学科，推进学术研究，积极开展国内外学术交流，编辑出版科技刊物，促进图学科学普及，开展继续教育、技术培训与咨询等工作。目前中国图学学会在全国各地拥有会员 8.23 万余人，立足学科，依靠会员，在学科发展研究、国内外学术交流、科学普及、人才培训、举办大奖赛等工作方面都取得了显著成绩。特别是学会结合自身贴近工程实践、工程技术和工程服务的特点，联合人力资源和社会保障部教育培训中心，率先在全国开展了 CAD 及 BIM 高技能人才考评工作，近十年共培训人数 75 万余人。

2. 人才培养基础

图学教育是形象思维教育。教育是一种思维的传授，思维是一切创造的源泉。教育的目的不是教人学会知识，而是学习一种思维方式，图学教育是形象思维教育，训练人的空间思维、形象思维。教学体系和教学模式的设计和选择是多维因素下因材施教的实现途径。因材施教的本意是因人而教，因为人的思维模式是不同的，所以因材施教是因人而异的。其实，教学方法与教学方式的选择不仅仅是因人而异，而是教学对象、教学目标、教学内容，以及学校类型、专业类型、学生类型、课程性质等多维因素下的一种教学模式的选择，每一种教学模式都要指向一定的教学目标，这个目标是教学模式构成的核心要素，它影响着教学模式的操作执行和师生的组合方式，也是教学评价的标准和尺度。教材是学科建设的基础。应该在图学研究图与形及其关系的总前提下，整合分散在其他学科中有关图的理论、方法和技术，宏观上构建一个图学的清晰框架与认知体系，微观上精致编织、准确表述图学具体的知识点，从而支持工程图学、画法几何、计算机图形学、计算机图像学等主要教材的编写。

（二）科学研究

多年来，在社会需求和技术发展的双重推动下，图学在理论研究、计算方法研究、应用模式拓展、图形软件研发等方面都在不断发展、迅猛推进。

1. 图学理论

提出并讨论了若干图学科学问题。图学的科学问题包括图形"表示"中的科学问题和图形"展现"中的科学问题。图形，是构造的；图像，是产生的。用于"表示"的数据描述客观世界和虚拟世界中的"形"，单个几何元的表示以及多个几何元之间的关系描述。用于"展现"的数据对象，描述展现客观世界和虚拟世界的图形图像，有静态数据、动态数据等。

几何与代数学方面：几何代数（Geometric Algebra）是以统一模式生成的协变量代数。几何代数形式化的高阶逻辑则越来越得到关注，对于促进实用性具有重要意义。对画法几何等传统几何理论的研究，为图学计算注入新的方法和手段。在尺规作图理论启发下，引入几何基（Geometric Basis）作为几何求解单元，以几何基序列构造几何问题与几何解的表述。

语义学方面的研究：图学相关的计算机语义学研究将机器对自然语言的理解和图学知识融合在一起，研究可分为基于语义分析的图像切割、识别、分类、检索、建模与基于图像识别及自然语言理解结合的图像描述、问题解答、高级信息检索两类。

2. 图学计算

图学的计算基础是几何计算，着重进行几何问题几何化的研究工作。

（1）形计算机制

基于图形图像已作为计算源、计算对象和计算目标，上海交通大学何援军首次提出了一个更适宜图形图像问题计算的图学科学的研究成果——"形计算"机制。形计算将思维、几何、代数及计算分别定位在 4 个不同的层次：思维是设计层次、几何是表述层次、代数是处理层次、计算是实现层次。

（2）计算基础与理论

从几何与计算两个基本要素出发，厘清图、形、几何与图学计算间的关系。认为图形计算的基础是几何求交、图学计算的本质是重构几何关系。认识到图学计算存在多种维度的不统一、计算稳定性而不是计算速度是算法的主要考量、几何奇异是几何计算不稳定性的关键原因。量子计算开始成为有可能支持图学计算的下一波计算理论。量子图像处理可分为量子图像表示和处理算法两方面。

（3）图形渲染算法发展迅速

为实现真实感和非真实感图形的细节，渲染算法已经从最初的 Phong 光照模型，发展到现在的光子映射、蓝噪声消除、逆向渲染等理论与技术。自然现象模拟算法的逼真程度和效率不断得到提高。目前的图形交互技术更多地趋向智能人机交互和自然人机交互。空间位姿识别算法、人体行为预测算法、手部姿态预测算法、基于音频和视觉特征融合的实时人体动作识别、表情识别等算法研究也是目前的图形算法研究热点。

3. 图学应用技术

（1）计算机图形/图像处理

作为应用支撑基础的计算机图形生成以及图像处理技术，随着应用的驱动近年发展迅速。包括图像识别、三维重建、图像融合等方面的技术得到了较多关注，为大量应用提供了基础支撑。

（2）模式识别

在运动目标检测与跟踪方面，混合分类器方法通过 Kinect 相机获取场景的 RGB-D 数据，并在判断每个像素点是否属于前景时，综合分析了其彩色信息及深度信息的变化过程；在人脸识别技术方面，由 Turk 和 Pent-land 提出特征脸方法，利用主成分分析法（PCA）提取人脸图像的统计特征，是最具代表性的传统识别方法之一，目前深度学习方法在人脸识别领域逐渐成为主流。

（3）数字媒体技术

数字媒体技术以计算机图形学和计算机图像处理两个学科为基础，近年来由于图形图像的融合趋势越发明显，文化创意产业特别是数字动漫产业发展迅速，市场需求拉动了关键技术研究，包括媒体内容的处理、检索与合成、三维高效逼真建模、虚实融合场景生成与交互等方面的研究。

（4）数据可视化技术

数据可视化是借助图形化手段，清晰有效地分析与传达大数据所表征的信息内涵。为了有效地分析与传达信息，可视化对美学形式与功能需求并重，通过直观地传达关键的方面与特征，从而实现对于相当稀疏而又复杂的数据集的深入洞察。在当前信息膨胀的时代，可视化已经越来越受到关注，包括大数据处理、数据融合、评价机制以及智能交互已经成为可视化方向的研究热点。具体而言有多源海量信息融合的大规模可视化、可视化交互、以图形为核心的建筑信息模型（BIM）、3D 场景合成等。

（5）虚拟现实与增强现实技术

虚拟现实的发展趋势是越来越接近真实的生活。如今虚拟现实技术已经在训练演练类系统、设计规划类系统、展示娱乐类系统、单人或群体的虚拟环境交互式体验中得到了应用。增强现实技术具有虚实结合、实时交互、三维注册的新特点。增强现实技术是近年来国内外研究的热点，增强现实技术不仅在虚拟现实技术的传统应用领域，如尖端武器、飞行器研制与开发、数据模型可视化、虚拟训练、娱乐与艺术等具有广泛的应用，而且由于其具有能够对真实环境进行增强显示的特性，在医疗研究、解剖训练、精密仪器制造和维修、军用飞机导航、工程设计和远程机器人控制等领域中，同样具有广阔的应用前景。而混合虚拟现实是当前重要的发展方向，利用计算机技术生成一个逼真的，具有视、听、触等多种感知的虚拟环境，实现虚实融合场景生成与交互的沉浸式计算是当前的研究热点。

4. 图形工具

（1）图形软件

图形软件开发主要围绕着图形软件不断更新的应用需求而发展。图形软件的应用涉及非常多的领域，近年 CAD 软件的主要趋势是从 2D CAD 过渡到 3D CAD 软件，以便更好地发挥人们与辅助设计对象的三维图形交互能力。云化部署以简化部署维护也是 CAD 软件的一个重要发展趋势。近年来，随着深度学习方法的兴起，图学软件也开始更多地结合人工智能技术，例如提高图形生成能力、图形检索能力、图形交互能力。图形学和深度学习的结合已成为前沿研究和应用热点，并具有很大的发展潜力。

（2）图学模型

随着图学相关技术和应用的发展，图学数据的来源和种类在不断扩展和延伸。从空间维度看，有从二维到三维到高维；从时间维度看，从静态到动态。图学数据来源一方面来自相机、运动追踪等各种传感器，另一方面是人们利用各种图学设计软件和处理软件交互生成的。随着图学传感技术和图学交互软件的不断扩展，图学数据将越来越丰富。

5. 图学应用

与文学、数学、物理等基础学科一道，图学奠定了人类文明与科学基础，具备深厚的理论框架与应用支撑。图学的生命在于绚烂多彩的应用，应用模式则定义了图学的应用范畴、应用方式、应用形态等方面。图学在制造、建筑、医疗、数媒等领域都有广泛应用。

（三）社会服务

BIM 作为图学在建筑业发展的新方向，已经大规模运用于工程实施中。在 BIM 人才的培训培养方面，中国图学学会"以赛促学，以赛代训"，其主办的"龙图杯"BIM 应用综合性大赛，自 2012 年开始每年举办一次，2018 年共收到设计、施工、综合、院校 4 个组别的 1158 项作品，年增速达到 52%，大赛已经成为推动建筑业人才培养和技术进步的重要形式。"全国 BIM 技能等级考试"是由中国图学学会发起，联合国家人力资源和社会保障部教育培训中心共同开展的考评工作，该考评工作从 2012 年开始，截至 2018 年上半年已成功举办 13 期考试，参加考试人数达到 15 万人次，具备很强的行业影响力，越来越多的企业已经把 BIM 大赛以及 BIM 技能考试成绩与员工的绩效奖励挂钩。行业协会对培育 BIM 产业市场，推动建筑业技术进步，促进产业发展起到了不可或缺的重要作用。

我国在不断完善自主图学体系的同时，积极参与国际图学标准化的竞争，主导制定了一批国际标准，将中国图学技术方案转化为国际标准，创新过程实现了制图标准的由弱到强，取得了可喜的成绩。我国图学标准转化为国际标准反映出我们的图学标准化研究和应用的水平已处于国际先进行列。2018 年，由我国主导起草的《ISO 17599:2015 技术产品文件（TPD）– 机械产品数字化样机通用要求》和《ISO 128 15:2013 技术产品文件 – 通用表示法 – 第 15 部分：船舶图样表示法》2 项标准分别获得 2018 年中国标准创新贡献奖标准项目奖一等奖和二等奖。

三、本学科国内外研究进展比较

我国图学工作者积极开展国际交流活动，近年来多次和国际几何与图学学会（ISGG）等国际组织主办、承办以及参加国际会议及其他学术交流活动，与世界各国的几何与图学领域的学者和专家们紧密联系、充分交流。围绕"几何与图学"的发展，有力促进了国际学术交流、增进学术友谊、开展学术合作，也扩大了中国图学的国际影响。

图学学科涉及面广，这里依然按照图学相关的科学基础、技术理论、支持工具、应用等方面进行比较。

（一）图学理论研究进展比较

图学理论指的是图学学科的科学基础，包含造型理论、由形显示成图的理论、图的处理理论、由图反求形的理论、图的传输理论以及几何变换等共性理论等。国外图学经过200 多年的发展，特别是近 60 年的发展，形成了一批成熟的图学理论与技术。而由于历史原因，计算机图形学和计算机辅助几何设计进入我国晚了约 20 年。目前来说，我国已掌握了一批图学理论与技术，主要有：工程图学的理论和设计制图技术，计算机图形学的理论与算法，几何造型的理论与算法，真实感图形生成的理论与算法。但整体而言，我国的图学理论在国际上的地位还不高，影响力不够。而国内企业和研究机构对图学理论研究的相关需求不强，重实用轻基础趋向明显。

（二）图学计算研究进展比较

图学计算指的是图学学科的支撑技术，特别是随着计算技术的迅猛发展，图学的计算支撑技术是图学技术的主流。在图学计算研究方向，整体而言，我国有效地跟踪了国际图学科学最新的研究方向和交叉学科，包括科学计算可视化、虚拟现实和混合虚拟现实、计算机动画等，发表了许多具有国际先进水平的论文，也取得了许多计算成果。在图学计算

基础上，我国提出并建立了"形计算"的计算机制，有效补充了以代数为主的数计算机制的不足，探索了从本质上解决几何计算算法问题与挑战的新途径。但在支持应用方面，图学计算在数字媒体、游戏娱乐等行业的计算支持方面需求强劲，发展迅速。但除了在航空等重点行业发展较好，在大多数制造业的物理运动仿真、虚实交互训练等方面发展并不突出。不同行业的图学计算技术发展不均衡仍较为明显。

（三）图学工具研究进展比较

图学软件主要包括 CAD 软件、动漫产业软件、地理信息软件、虚拟现实 / 混合虚拟现实等。国际上对图学数据和图学软件的需求丰富，其工业界图学软件的开发力度和支持力度也很强，上下游产业链布局比较完整，加上社会环境对软件开发和保护的有效措施，其图学软件能够发展壮大，并形成产业链供需良性循环的优势。在比较成熟的应用领域如 CAD、动漫产业软件方面，国外有较全面的软件工具支撑，在工业界的应用也比较成熟。在地理信息软件等数字应用方面，应用规模在扩大，虚拟现实等新兴软件发展迅速，这些在当前情况下既是机遇也是挑战。在制造业，以 3D 打印为核心的增材制造软件改变了传统产品研发的模式和周期，能加快产品创新节奏，成为重要的软件工具发展方向。但覆盖完整产品生命周期的应用图学软件的缺失，是影响我国制造业提质增效的关键。整体而言，国内的图学工具类软件研究进展和国际上相比还有较大差距。如何获得来自企业的强大需求和持久支持、得到社会环境的支持和保护以及数量可观的合格研发队伍，是我国图学软件发展的重要保证。

（四）图学领域应用研究进展比较

图学的技术和理论被应用到了各个领域，主要可以分为工程和产品设计领域、地理信息领域、艺术领域、动漫与娱乐业。图学的应用受到需求的影响。国外图学起步早，经济高度发展，尤其是在进入科技信息时代以后，相关研究发展已经到了较高水平。国内的图学起步较晚，工业也没有国外发达。但国内经济蓬勃发展，对图学的应用需求也逐渐加强。因此，图学在社会需求和国家级重大工程应用项目推动下，发展十分迅速。从整体上看，我国正迎来一个图学应用的热潮，BIM、动漫与娱乐等行业发展迅猛，相关研究进展较好，在部分热门应用领域，我国图学研究的现状不比国外逊色。

四、本学科发展趋势及展望

图学学科在形、意、元、用四个维度上受到社会需求和技术发展的驱动，向更深更广的维度和尺度发展。图的表示方法更多样、信息传达更准确、计算方法更高效、应用层面更多样，是当下的图学发展趋势。现代图学将会进入一个崭新的时代。

基于四维度的图学学科的内涵及学科演化过程，可以看到图学学科的发展趋势：对图学的表示方式,从无序到规范(标准),从具体到抽象,从连续到离散(图像,真实感),从二维到三维、四维,图形的表示和表现技术正在面向大规模实时图形建模、高质量图形输出高速发展;对图形的解读方式从手工作图求解(画法几何等)到计算机计算,从由二维表述三维到三维建模、图形图像融合表述,形成了各种投影变换、三维重构、图像识别等理论与技术等。面向跨媒体的多维语义分析的图形处理逐渐流行,立体视频处理理论技术也将逐步深化;对图形的构造由线条逐步丰富,产生了阴影与透视、光照,并由图形扩展到图像、图形图像融合及各种成像理论和方法,图形构成关系更为复杂。多源海量信息融合的大规模图形可视化技术备受关注,可视化交互已经成为可视化技术的研究热点,图形与语义信息的融合也成为趋势;支撑理论方法工具等与应用相互促进,图形的应用领域不断扩展并展现广阔的应用前景。

随着图形图像和视频本质不断地被揭示、图学内涵的深化、外延的扩展、在科学技术与社会生活中应用的步步深入,现代图学将会进入一个崭新的时代。从图形的意维度来说,随着社会的发展,图形承载的意义越来越丰富。一方面,图形和图像的结合将更为紧密;另一方面,动画和视频将实现无缝的虚实融合。从图形的形维度来说,三维模型越来越受到产品设计、建筑设计、动画影视等应用的青睐,成为当前应用的主流。不同于标准欧几里得空间的四维时空,应用领域开始更关注扩展了时间维度的四维时空环境,图形的维度增高已是不争的趋势;从图形的元维度(构成)来说,虽然矢量图和像素图构成和处理方式不同,但从可视化的表述方式来说是统一的。图形图像的交互融合是当前的主流;从图形的用维度来说,图形的应用领域随着当前支撑理论方法工具等的发展而飞速发展,可以说已经达到了无处不用的地步。这也推动了相关支撑体系的建设,从图板到计算机,到当前更为广泛的云平台、大数据、人工智能等信息技术,以及具有更广泛应用的其他计算技术,都推动了应用领域的深入扩展。

信息技术的发展,使各种模式的图形表达、交流、传递、计算成为可能。在科学、技术与生活中,对此的需求也急剧增长。然而,目前对图形相关研究分散在不同的理论、方法、技术与学科中。系统的图学理论与方法的缺乏,已经并将更加严重制约图形研究与应用的发展。

未来的五年,在新的社会需求和科技进步的推动下,图学研究将向高科技方向发展,一些新的分支与交叉学科会出现,并被广泛地运用到科学研究、工程设计、艺术设计、生产实践的各个领域之中,成为人类征服自然、创造生活、探索未来的有力工具。

第十二节　测绘科学技术

一、引言

伴随着大数据、云计算、物联网、智能机器人等新技术的快速发展，测绘与地理信息科技的发展也储备了源源不断的新动力，正成为大众创业、万众创新的重要领域。中国的测绘与地理信息科技取得了长足进步，测绘与地理信息学科发展进入全面构建智慧中国的关键期、测绘产品服务需求的旺盛期、地理信息产业发展的机遇期、加快建设测绘强国的攻坚期，其内涵已从传统测绘技术条件下的数据生产型测绘转型升级到信息服务型测绘与地理信息。2018—2019 年，测绘与地理信息的科技手段与应用已经从传统的测量制图转变为包含 3S 技术、信息与网络、通信等多种手段的地球空间信息科学，向着与移动互联网、云计算、大数据物联网、人工智能等高新技术紧密融合的多学科专业的方向发展。学科转型升级中的新观点、新理论、新方法、新技术、新成果不断涌现，社会应用与服务取得重大研究成果，获取技术、快速处理分析技术、关键技术升级的攻关水平和装备水平大大得到了提升。

二、本学科近年的最新研究进展

（一）大地测量与导航

大地测量与导航作为前沿性、基础性、创新性、引领性极强的战略科技领域，在国家创新驱动发展的进程中发挥越来越重要的作用。大地测量利用各种大地测量手段获取地球空间信息和重力场信息，监测和研究地壳运动与形变、地质环境变化、地震火山灾害等现象和规律以及相关的地球动力学过程和机制，在合理利用空间资源、社会经济发展战略布局、防灾减灾等方面发挥着重要作用。

1. 北斗全球卫星导航系统

近两年，北斗系统不断推动建设进程，完善和改进系统服务性能，着力加强地面基准站布网、地面数据处理中心等建设，拓展北斗系统创新应用，开展与多个国家卫星导航领域的国际合作。2018 年 1—3 月各发射两颗北斗三号全球组网卫星，面向"一带一路"沿线及周边国家提供基本服务；2020 年将建成由 30 多颗卫星组成的北斗三号系统，提供全球服务。目前正在深入开展 BDS/GNSS 精密定轨定位及应用的理论、算法、模型、软件与服务系统等研究工作。北斗地基增强系统在服务区域内提供 1~2m、分米级和厘米级实时高精度导航定位服务。协同精密定位技术应运而生，分别实现了全国范围室外优于 1m、室内优于 3m 的定位精度，并成功开展了应用示范。

2. 大地基准与参考框架维护

2000 国家大地坐标系（CGCS2000）是全球地心坐标系在我国的具体体现，其推广应用在 2018 年 6 月底结束过渡期，现有的参心系下的成果基本转换到 2000 国家大地坐标系。我国首个 VGOS 站集成联试获得初步结果。构建了海底压强和 GNSS 均匀监测相结合的地球质心三维变化反演模型、陆地站点分布均衡性评价模型、全球板块运动模型、全球框架点非线性变化运动模型等八大模型，实现了多源空间观测（含北斗）数据融合及大型 GNSS 网高效分布解算功能。

3. 重力场与垂直基准

陆海数字高程基准模型 CNGG2013 取得初步成果，与 GNSS 水准比较，全国的精度由 ±12.6cm 提高到 ±10.9cm。建立了全国陆海统一的新一代高精度高程异常模型 CGGM2015 模型，中部地区高程异常精度达到 ±8cm。2019 年发布了第三代量子重力仪样机，测量精度提高了 10 倍，测量速度提升了 2 倍。针对水下导航定位难以接受卫星导航定位信号，开展了地球重力场匹配导航相关研究，使用测量船实测数据进行了模拟实验，验证了重力场匹配导航的可行性。

4. 数据处理与地球动力学

多种数据联合反演仍是大地测量反演的趋势，研究了多源数据多约束病态反演问题方法等，联合 GPS、InSAR、SAR 影像偏移、地质、地震和海啸波数据反演地震滑动分布和破裂过程，在不确定性数据处理方面，先后提出一种适用于 AR 模型的整体最小二乘新算法、有界不确定性误差约束下随机误差与不确定性误差平方和最小的平差准则、新的递推预测算法等。

（二）摄影测量与遥感

近年来，随着航天航空技术、计算机技术、网络通信技术和信息技术的快速发展，形成了高效、多样、快速并以多源（多平台、多传感器、多比例尺）、高分辨率（光谱、空间、时间）为特点的空天地一体化数据获取手段，近两年摄影测量与遥感专业技术进展体现在以下几方面。

1. 高分遥感技术

高分五号卫星于 2018 年 5 月发射，填补了国产卫星无法有效探测区域大气污染气体的空白。高分六号卫星 2018 年 6 月发射，是我国首颗精准农业观测的高分卫星，具有高

分辨率和宽覆盖相结合的特点。国际上，光学遥感测绘卫星的分辨率和精度不断提高。无人机遥感成为新兴发展方向，向高端、微小型化、集成应用方向发展。

2. 合成孔径雷达（SAR）技术

近年来，SAR 向多平台、多波段、多极化、多模式、高空间分辨率和高时间分辨率方向高速发展，包括星载、机载和地基三种系统。国内研制的我国首套机载多波段多极化干涉 SAR 测图系统（CASMSAR），能够实现 1∶5000 到 1∶50000 比例尺测绘。地基 SAR 成像系统的视线向位移测量精度能够达到 0.1 mm。

3. 激光雷达（LiDAR）技术

美国在 2018 年 9 月 15 日发射的 ICESat-2 卫星搭载先进地形激光测高系统 ATLAS，为两极冰层、海水和冰盖的上升和下降变化分析提供更高精度的地形数据；预计 2025 年发射的全球地形测量系统 LIST，是独立实现对地三维立体成像的星载激光雷达系统。国内开发的 LiDAR 系统包括 3DRMS、全景激光 MMS 系统、车载激光建模测量系统 SSW-MMTS 系统等，开发出多个不同测量范围、测量精度、扫描频率、集成化程度和应用领域的地面三维激光扫描仪，无人机 LiDAR 系统得到了迅速发展。

4. 天绘卫星

天绘一号卫星作为我国第一颗传输型立体测绘卫星，实现无地面控制点条件下 1∶5 万比例尺地形图（20m 等高距）的测制。目前三颗星组网摄影，在轨运行状态良好。截至 2017 年 2 月，天绘一号影像全球有效影像覆盖率已达 81.2%，全国覆盖率达 99.9%，向国内外各类用户提供了大量的立体影像、高分辨率和多光谱影像。

5. 珞珈系列科学实验卫星

珞珈一号 01 星主要产品是夜光 GDP 指数、碳排放图、贫困基尼图和城市住房空置率图。珞珈一号 02 星是满足 1∶50000 测绘精度的多角度成像新体制雷达卫星并具备导航增强功能的科学试验小卫星，是国际首颗毫米波高分 SAR 卫星，首次实现多角度 SAR 成像、单天线单航过立体测绘、视频 SAR 等功能。珞珈一号 03 星以 0.5m 分辨率视频成像载荷为基础，具备开放软件平台和高性能实时处理能力。

6. 数据处理

对卫星影像数据的平差处理受到重点关注，构建长条带影像区域网平差模型和长条带影像的整体平差模型。针对超大规模无控制立体测图卫星影像数据平差取得较大进展。在工程应用方面，首次利用 24000 余景资源三号卫星三线阵立体像对，构建了一张覆盖全国的区域网，影像几何定位精度从平差前 15m 提升至 4m。多源空间信息数据的高精度联合平差技术符合当前的发展趋势。移动测量系统正在实现从多回波到全波形，从几何信息到几何与多 / 高光谱信息协同采集，从扫描式三维成像到单光子三维成像的转变。深化发展了视频 GIS、实时 GIS 和全息位置地图等新原理和新方法。面向对象的分析方法成为高分辨率遥感图像的主流分析方法。计算机视觉和深度学习等领域的新理论、新方法不断融入摄影测量。

（三）地图学与 GIS

近年来，地图学与地理信息技术由数字化向信息化发展，地图制图更加注重产品的三维表达以及属性信息的精细化，产品内容和形式向社会化、三维化、动态化、泛在化和智能化发展。这一学科领域的研究集中在地图学与地理信息理论、数字地图制图与地理信息处理技术、地理信息系统技术、地理信息基础框架建立与更新、移动地图与网络地图、地图和地图集制作与出版等方面。

1. 地图学与地理信息理论

地图学和地理信息科学随着云计算、大数据和智慧地球的发展而不断演化，为地图学和地理信息科学在信息时代的进一步发展提供了新动力。从地球空间的宏观、中观、微观3 个尺度上研究空间大数据与人工智能的集成，分别提出对地观测脑、智慧城市脑和智能手机脑 3 个高度智能化系统的概念。

2. 数字地图制图与地理信息处理技术

采用先进的数据库驱动下的制图技术和方法，实现了地理信息生产更新和地图符号化出版的一体化。基于空间数据库驱动的 1：5 万、1：25 万、1：100 万地形图制图生产系统，实现了制图要素符号、注记、图外整饰的自动优化配置。道路更新作为基础地理信息更新的重要内容，道路匹配和交叉口识别研究取得进展。

3. 地理信息系统技术

对地理信息数据感知、获取与集成方面的研究内容主要包括：基于网络文本的地理信息获取、基于激光扫描技术的地理信息获取、地理信息数据插值等。对时空数据组织与管理的研究内容包括：时空数据模型构建、时空数据存储、时空数据查询等。对地理表达与可视化方面的研究内容包括：三维建模可视化、地理现象可视化和时空可视分析等。

4. 移动地图与网络地图

新一代在线地图发展迅速，混搭地图、众包地图、事件地图等在线地图服务的新模式不断涌现。POI 点的多尺度可视化成为研究的热点方向之一。在理解城市场所的模糊认知范围、海量网络数据的信息挖掘、导航等领域有着广泛的应用。导航地图从单一的导航平台发展到综合信息服务平台和社交平台。

（四）工程测量

近年来，在国家重点工程建设、生态文明建设、自然资源管理、国土空间优化管控以及在安全应急等方面，工程测量发挥越来越重要的作用。通过工程测量项目的顺利实施，推动了新技术、新装备和新方法在工程测量中的应用，技术理论方法和技术体系不断发展创新，促进了工程测量学科的发展。

1. 理论与方法

空天地海一体化测绘手段在工程测量领域得到广泛应用，在 GIS 与 BIM 结合的施工

测量信息全生命周期管理方法、工程测量动态基准建立与传递的理论与方法、基于图像的精密动态测量理论、多源异构测量信息处理的理论、高精度室内定位方法、工程变形分析与预报方法等方面取得进步。

2. 基于光纤光栅传感技术的电力隧道变形监测关键技术

采用光纤光栅传感技术，开展数据自动采集、数据实时传输、数据分析、信息查询和预警预报等关键技术研究，实现了电力隧道的实时在线高精度变形监测，建立了数据采集与传输、数据管理与分析、变形监测与预警等子系统组成的电力隧道自动化变形监测系统。

3. 长距离、高精度跨海高程传递方法研究与应用

在长距离、高精度跨海高程传递领域提出了一种基于全站仪三角高程法的长距离跨海高程传递方法，提出了一种全站仪跨海高程传递的垂直角观测方法，实现高精度跨海高程传递测量。

4. 地铁结构智能监测与安全评估系统关键技术

近年来，集成现代测绘、4G无线通信、物联网、云计算、电子传感器等技术，实现了隧道结构变形实时监测和安全评估，解决了在隧道内建立稳定监测基准的技术难题，建立了基于云服务的结构变形智能监测管理系统，提供实时、动态的信息服务，建立了地铁结构安全的层次－模糊数学综合评估模型。

5. 基于倾斜摄影的城市快速测绘技术体系

利用无人机低空遥感对城市进行多层次、多视角的倾斜影像快速获取，内嵌空间位置信息的可量测影像数据能够加工输出为 DSM、DOM、DLG 成果，还可直接基于影像进行高度、长度、面积、角度、坡度等的量测。

6. 智能化全息测绘技术

智能化全息测绘利用倾斜摄影、激光扫描等传感技术获取城市精准空间信息并结合物联网动态传感数据，实现地上下、室内外、动静态空间数据的全覆盖；借助深度学习、强化学习、迁移学习等人工智能手段自动化提取城市全要素地理实体的结构与语义信息。

（五）矿山测量

矿山测量综合运用测绘、地质、采矿工程和生态环境等多学科的理论与技术，研究深地资源开发、形变信息的获取、岩层移动及地表沉陷、矿区修复、环境与灾害监测等问题。

1. 立井井筒形位测量及风险判识

在井筒风险分析和监测预警方面，提出基于双钢丝与测距仪的组合式测量系统、钢丝摆动观测仪、经纬仪工业测量系统与测量机器人联合作业的测量方案。在监测系统方面，建立服役井筒的井壁变形监测系统、高精度地表沉降监测系统、井筒附近表土含水层水位监测系统、井筒车场及附近大巷的地应力变化监测系统等煤层开采对井筒影响分析系统。

2. 开采形变信息获取

综合运用近景摄影测量、无人机、差分干涉雷达、水准测量、三维激光扫描等技术及分布式光纤光栅测量技术等，围绕煤矿区地表沉陷的自动化、大面积快速监测，采动区内建筑物、结构物形变高精度快速获取等目标，深入开展地表形变信息获取的研究。

3. 岩层移动及地表沉陷预测

研究地形、节理以及煤柱剥离等因素对煤柱稳定性的影响，伪条带煤柱在承载过程中的移动变形特征、应力运移规律及破坏形式；针对煤矿老采空区可能形成的变形、沉降、垮塌等灾害给公路工程的建设和运营带来严重的安全隐患展开研究；分析及评价输气管道下采煤的可行性，对煤炭地下气化岩层移动与控制展开研究。

（六）海洋测绘

近年来，伴随着大数据、云计算、移动互联、智能处理等高新技术的快速发展以及在测绘领域的不断渗透，海洋测绘数据获取方式、信息处理技术、产品供应形态、分发服务模式以及应用保障领域发生了深刻变革。

1. 海洋测量平台

海洋测量平台包括天基、空基、岸基、海基、潜基五类作业平台。依托自主研制的天绘、资源、高分等系列卫星以及国外公开的各类卫星资源，开展了各类海洋测绘遥感信息获取与处理。国产无人机为搭载多种传感器和执行多样化任务创造了有利条件。车载海岸地形移动测量系统发展迅速。海洋测量船呈现出种类数量多、功能强的趋势。AUV、ROV等潜基测量平台搭载多波束测深仪、侧扫声呐等探测设备，可在水下连续作业，随时获取所处深度和离底高度数据，实施定高或定深的勘察任务。

2. 海洋测绘基准与导航定位

潮位观测形成了以常规验潮站模式为主、以浮标（潜标）观测与卫星测高遥测模式为辅的潮位观测技术体系，海洋潮汐模型的精度和分辨率得以不断提高。联合多代卫星测高资料和长期验潮站观测资料建立了我国区域精密海潮模型和高程基准与深度基准转换模型，建立了适用于全海域的海洋无缝垂直基准体系。建成了以北斗为主，兼容其他卫星导航系统的高精度位置服务网络，研制了北斗广域精密定位服务系统，研制了北斗海洋广域差分高精度定位终端装备在高端海洋工程平台应用，完成海岛礁基准站抗干扰型接收机以及北斗差分接收机研制。

3. 海岸带、海岛礁地形测量

通过精密单点定位解算分析达到了厘米乃至亚厘米级的精度，建立了海空地一体化海岸带机动测量技术体系，实现了高精度DEM数据获取和滩涂地形4D产品快速制作，开展了基于高分辨率卫星多光谱立体像对的双介质浅水水深测量方法研究。

4. 海底地形地貌底质测量

国内多波束、侧扫声呐等数据处理软件研发突破了技术壁垒，多波束底质分类软件成

功研发。潜基海底地形测量技术已在一些重点勘测水域和工程中得到了应用。机载激光测深技术是海底地形测量的研究热点，2018 年以来，开展了岛礁地形及周边 50m 以浅水深测量任务，验证了空基海底地形测量技术的可行性和高效性。

5. 海洋重力与磁力测量

重力测量数据处理技术实现了全过程自动化与智能化，精细化数据处理方法体系和多源重力数据融合处理理论趋于完善，成果精度显著提高。通过对船载磁力测量成果数据规范化、标准化处理技术的研究，获取高分辨率海洋磁场数据。实现了地磁仪、陀螺仪、天文观测和 GNSS 高精度定位与定向系统等一体化集成应用，提高了海洋地磁测量的精度。

6. 海图制图与海洋地理信息工程

提出了全息海图、智慧海图、移动电子海图等新概念，成功研制了移动电子海图智能应用系统，建立了水深、海洋重力、海洋磁力、潮汐、数字海底模型（DTM）以及全球电子海图等专题数据库，构建了电子海图网络服务的云计算框架，完成了我国数字海洋原型系统设计与实体建设，提出海洋空间信息一体化架构服务平台。

（七）地理国情监测

近年来，地理国情监测成果在"多规合一"、精准扶贫、领导干部自然资源资产离任审计、国土空间用途管制、主体功能区划实施监测、耕地保护和土地节约集约利用、生态文明建设等工作中发挥了重要作用。

截至 2019 年 4 月，2016 年、2017 年和 2018 年三期全国基础性地理国情监测数据已完成入库，涉及遥感影像、遥感影像解译样本、地表覆盖、地理国情要素、地理国情统计分析成果等几个子库。

近年来，地理国情监测有多项技术突破和创新：解决了地理国情内容指标构建、地理国情信息提取、三维时空数据库构建、时空统计分析等技术难题，研制了系列软硬件装备，制定了系列工程化技术规定，构建了国家级地理国情普查与监测数据库以及可支持全国与地方开展统计分析业务的高性能计算平台，形成了以技术规定、软件系统、数据库、图件图集、公报、专报、蓝皮书等为载体的多样化产品体系，建成了从技术突破、装备研制、标准制定，到地理国情信息服务的国家级地理国情普查与监测技术体系，为常态化地理国情监测提供了技术支撑。

第十三节　航天科学技术

一、引言

航天科学技术是一门探索、开发和利用太空以及地球以外天体的综合性科学技术，是开展航天活动的重要物质技术基础。经过多年的发展，特别是 2014 年以来，中国航天取得了以载人航天、月球探测、北斗导航等为代表的一系列举世瞩目的成就，在若干重要技术领域已经跻身世界先进行列。航天活动在国民经济建设、社会发展和科技进步中发挥着越来越重要的作用。

二、本学科近年的最新研究进展

（一）航天核心关键技术取得突破性进展

1. 运载火箭技术

长征六号新一代小型液体运载火箭飞成功，长征十一号新一代小型固体运载火箭、长征七号新一代中型液体运载火箭、长征五号新一代大型液体运载火箭技术全面突破。火箭上面级具备 20 次以上的自主快速轨道机动部署能力，主要用于异轨多星部署任务，可将多颗卫星分别直接送入预定空间位置。完成重型运载火箭大直径箭体结构、大推力发动机等原理样机研制，攻克影响总体方案的核心关键技术，具备发动机整机试车条件。搭载进行了助推器伞降测控终端等飞行试验，实现了对运载火箭子级落点精确控制，后续我国运载火箭残骸落点控制将进入工程应用，开展了垂直起降演示验证试验，正在进行多型重复使用发动机研制。

2. 航天器技术

我国航天器技术取得了长足发展，空间基础设施日趋完善。高分辨率对地观测系统重大科技专项逐步推进，北斗全球卫星导航系统基本系统建设完成并正式向全球用户提供定位、导航和授时服务。科学与新技术试验卫星相继入轨。我国航天器整体技术水平及部署和应用规模实现了跃升。遥感卫星实现了高、低轨卫星的协同配合使用，解决了高空间分辨率与高时间分辨率观测能力有机结合问题；突破了卫星姿态快速机动、载荷参数自主设置等技术。扩展载荷工作新频段，发展太赫兹、紫外、激光等新型载荷手段，攻克多/超光谱、多模式、多极化、多功能一体化等新型载荷技术，针对技术储备需求，探索分离式载荷、稀疏孔径成像、量子成像、薄膜衍射成像、微波光子技术等前沿技术，为有效载荷的跨越式发展提供有效途径。东方红四号通信卫星增强型平台应用多项国际先进技术，包括多层通信舱技术、电推进技术、综合电子技术、锂离子电池技术和重叠可展开天线技术等。东方红五号卫星平台具有高承载、大功率、高散热、长寿命、可扩展等特点，采用了桁架式结构、分舱模块化设计、大功率供配电系统、先进综合电子系统、大推力多模式电推进系统、二维多次展开的半刚性太阳翼、高比能量锂离子电池、可展开热辐射器等多项先进技术。建立了自主创新的全球导航信号体制，信号数量和质量大幅提高，提升信号利用效率和兼容性、互操作性，实现了北斗系统多个信号平稳过渡、与国际其他卫星导航系统兼容等。首次实现新型导航信号播发，服务能力大幅提升。首次实现有源定位业务多波束、大容量、高增益及可动波束覆盖。采用先进调制技术，增强了捕获灵敏度和弱信号接收稳健性。首次直接测量到了电子宇宙射线能谱在1TeV处的拐折，反映了宇宙中高能电子辐射源的典型加速能力，成功实现了从卫星到地面的量子密钥分发和从地面到卫星的量子隐形传态。硬X射线调制望远镜卫星实现了宽谱段、大有效面积和高时间分辨率的空间X射线探测和200keV~3MeV低能段伽马射线暴监测。

3. 载人航天器技术

突破航天员中期驻留技术、人机协同在轨维修技术、可更换单元在轨维修技术等关键技术。实现了空间站流体回路维修技术、典型产品维修技术、系统维修技术、维修工具验证和维修工效学验证共五方面的维修需求进行在轨验证。突破面向变高度、变相位的交会及返回轨道设计技术，解决了飞船入轨轨道异常、远程导引变轨超差、空间碎片应急规避等异常情况下需要快速、精确、可靠实施应急轨道控制的难题。突破大载货比、多功能货运飞船总体设计技术，高效、安全、可靠推进剂在轨补加技术，标准、高适应性的空间物资运输技术等关键技术。解决了空间站物资上行、废弃物下行、组合体支持和拓展试验多重任务要求约束下平台轻量化设计难题，上行货重比达到0.48。解决了补加量精准控制、推进剂高效利用、加注高可靠高安全等技术难题，成为继俄罗斯之后第二个掌握航天器间推进剂补加技术并实现在轨应用的国家。

4. 深空探测器技术

嫦娥四号月球探测器是全球首个在月球背面着陆的探测器。突破了地月L2点中继轨道设计技术、月背崎岖地形软着陆自主控制技术、地月中继通信技术、月夜采温系统技术、巡视器高可靠安全移动与机构控制技术、月背复杂环境巡视器昼夜周期规划技术等多项关键技术。在国际首次提出在地月L2点配置中继通信卫星，提出了基于地月L2点的统一对地，独立对月链路的多用户再生转发中继通信系统方案，实现了人类首次月球背面探测器与地面站之间全时覆盖的可靠中继通信。鹊桥采用了单组元的肼推进系统实现了近月制动等需要大速度增量的轨道控制，星上共配置了 4 台 20N 推力轨控发动机，与以往嫦娥任务采用的单个大推力轨控发动机方案相比，工作组合多，完成轨道转移任务的可靠性大大提高。实现了中继通信天线指向的高精度指向控制和在轨标定。首次在轨实现了对高精度天线指向的精确测试标定，鹊桥在不同轨道位置下的标定测试结果表明，中继通信天线的指向精度在 0.1° 以内，实际在轨飞行结果表明，在着巡组合体环月、落月以及两器月面工作过程中，中继通信天线指向均满足要求，保证了中继通信链路的畅通。首次实现了再生伪码测距功能，大大提高了测距能力，测距灵敏度从 −115dBm 提升到 −140dBm 以上。

5. 小卫星技术

卫星平台型谱不断丰富，卫星多学科集成综合优化设计、整星耦合集成仿真、大型复杂航天器动力学分析、在轨服务、高精度定量化遥感、深空探测等总体技术取得重要进展，有效提升卫星平台总体设计、分析、优化及验证水平。近年来，100kg 以下微小卫星发展迅猛。以"低成本、模块化、标准化"为核心，开展了低成本、高性能微纳卫星的实践，建立了微纳卫星标准体系，形成了覆盖产品设计、试验、接口、可靠性、元器件选用等方面的系列化标准。现代小卫星的"快、好、省"卫星为多星协同应用奠定了基础，由此带来卫星星座设计的革命。

（二）航天专业基础技术实现整体跃升

1. 航天制造工艺技术

开展了某航天发动机用涡轮盘榫槽的特种加工技术研究，成功掌握火箭贮箱主焊缝的全搅拌摩擦焊接技术，实现筒段的纵缝焊接，研发成功阻燃预浸料、高韧环氧预浸料、聚酰亚胺预浸料和分切预浸丝制品等多种新材料。研究了由搬运机器人与柔性功能点组成的智能化装配生产模式，即通过柔性功能集成技术实现设备动态重用，并能够实现装配工艺柔性。从加工过程中的变形控制以及集成加工工装装夹方案出发，对航天动力系统用精密齿轮箱箱体类零件的数控集成制造工艺进行了深入研究。通过一系列举措取得了以"精密铣削技术"为代表的一系列工艺性成果，提升了我国航天领域超精密加工能力。

2. 航天制导、导航与控制技术

提出了一种适合工程应用的基于轨道要素和相位协同的全程自主快速交会对接制导导航控制方法和飞行方案，采用基于环境力矩的空间站姿态和角动量鲁棒控制技术，解决了空间站惯量比普通航天器高出 4~5 个数量级、空间环境干扰力矩达到 1~10Nm 量级、无法采用普通航天器采用喷气或磁力矩器进行卸载的难题。提出了基于测量数据多层筛选学习的前后台并行容错导航方法，完善了基于目标自学习和参数自适应相结合的智能制导方法，提出了垂直接近与智能避障相融合的控制方法，实现了下降过程全系统全自主故障诊断。突破了非合作目标相对测量技术，在轨加注制导、导航与控制技术等。突破了大跨度细长体的多极化 SAR 卫星控制技术、同步轨道面阵遥感卫星姿态控制技术、卫星高敏捷机动控制技术、具有大型柔性天线的航天器动力学及控制技术、高轨卫星电推进位置保持和动量

轮卸载技术、"三超"平台控制技术、航天器集群分布式控制技术等新型卫星控制技术。

3. 航天推进技术

新发动机无毒无污染、性能高，主要指标达到国际先进水平。重型运载液氧煤油发动机和液氧液氢发动机完成了方案论证和关键技术攻关。突破了液氧甲烷发动机重复使用关键技术。我国首台直径 3m/2 分段固体助推发动机地面试车取得了成功。开展了空气涡轮火箭发动机、涡轮辅助火箭增强冲压发动机等特种组合动力关键技术研究。完成了复合预冷发动机系统方案优化。正在开展霍尔、离子、磁等离子体动力学发动机、可变比冲磁等离子体发动机等多类型产品预研。

4. 空间遥感技术

研制了首台 51 波束单光子探测激光雷达，开展了激光雷达技术研究。目前已发射或在研的星载激光设备，主要是嫦娥系列的深空激光高度计、××-4 对地激光高度计等。在高分专项支持下，为我国首颗 1∶1 万比例尺测绘卫星高分七号研制了激光测高仪，在 2GHz 实现地物回波全波形数字化采集的同时，还具备激光落点区域的可见光影像获取能力，可为控制点测量提供精确的高程和二维图像匹配数据。

5. 空间能源技术

190 Wh/kg 比能量的锂离子蓄电池已经在卫星工程上应用，200Wh/kg 的锂离子蓄电池也已完成工程应用验证。锂硫电池、全固态电池的技术水平也已达到国际同类产品的先进水平。太阳电池阵的发展步伐紧紧跟随国际，实现了太阳电池阵种类的全覆盖。

6. 航天测控技术

形成了设施基本完善、功能比较齐全的航天测控体系，在体系架构、测定轨、超远距离测控通信等关键技术方向研究上积累了丰富的技术成果，形成了完备的测控技术体系。

7. 其他基础专业技术

提高了发射技术的可靠性和模块化、通用化水平，具有良好的适应性和使用性，满足快速的测试和发射需求，远距离测试、发射、控制模式研究也取得进展。探月工程二期的嫦娥三号与嫦娥四号探测器成功软着陆在月球表面，标志着我国掌握了动力减速下降、着陆避障等月球表面软着陆技术。围绕探月工程三期取样返回国家重大专项任务，开展了高速再入返回的飞行试验验证，掌握了跳跃式再入的关键技术。针对首次火星探测任务需求，开展了火星进入减速与着陆技术的研究，突破了火星降落伞等关键技术。发射试验领域形成了新型、多样化的运载火箭发射试验能力，测试发射的自动化和信息化水平不断提升。实现了大口径碳化硅关键技术突破，研制成功国际最大口径 4.03m 碳化硅反射镜镜坯，同时完成 4m 量级高精度碳化硅非球面反射镜集成制造系统研制，为空间大口径光学系统的研制解决了核心技术难题。

（三）航天技术应用深度和广度继续拓展

我国空间基础设施进一步完善。中国航天科技集团有限公司研制的应用卫星系统有效促进了各行业的发展。高性能卫星与新一代信息技术结合，形成卫星应用天地一体化系统，通过跨系列、跨星座卫星和数据资源组合应用、多中心协同服务的方式，提供多类型、高质量、稳定可靠、规模化的空间信息综合服务能力。

1. 通信应用方面

形成固定通信广播、移动通信、数据中继等卫星通信技术服务体系，逐步建成覆盖全球主要地区、与地面通信网络融合的卫星通信广播系统，推动信息化与工业化融合，服务宽带中国和全球化战略。首颗高通量宽带卫星中星十六号首次应用 Ka 频段多波束宽带通信系统，率先在西藏实现了基于 Ka 频段宽带卫星的 4G 网络应用，同时具备 Wi-Fi 和微基站服务能力。卫星 4G 覆盖技术主要基于卫星终端接入宽带互联网覆盖，可在无光缆传输、无基站覆盖情况下提供 2G、4G、高清语音、家庭宽带等全业务服务，对于提升西藏盲区覆盖、电信普遍服务、边境通信等重大通信工程网络覆盖和传输能力具有重大现实意义。天通一号正式面向商用市场放号，中国进入卫星移动通信的"手机时代"。天通一号地面业务由中国电信股份有限公司负责运营，与地面移动通信系统共同构成移动通信网络。

2. 遥感服务

我国利用风云系列卫星、高分系列卫星和通信卫星全面支援国内外重特大自然灾害应急救援工作。随着新型卫星的投入，中国卫星灾害监测范围扩大 6~10 倍，灾害监测评估业务时效性提高 3~6 倍。卫星遥感技术及数据已实现在国土资源管理主体业务中的常态化、规模化应用。中国基于资源系列、高分系列、海洋系列卫星形成的高、中分辨率观测平台开展卫星应用工作，增强遥感应用合力，实现了从周期性调查到动态化监测的转型升级，全面提升了自然资源遥感应用的能力与水平。

3. 导航应用

以北斗卫星为代表的航天系统为智能交通新需求提供了重要的信息支持。北斗导航定位服务可以为交通运输管理部门提供准确的车辆位置信息，结合网络传输等技术有效提升交通运输的监管水平。目前，全国超过 617 万辆道路运营车辆、3.5 万辆邮政和快递运输车辆、36 个中心城市约 8 万辆公交车、370 艘交通运输公务船舶等安装或兼容北斗系统，国产民航运输飞机也首次搭载了北斗系统。多单位联合发布《共享单车电子围栏技术要求》，要求采用电子围栏技术，在共享单车内安装可接收北斗等卫星信号的定位模块，引导用户有序停放。中国邮政北斗信息管理系统平台完成建设，实现了超过 3 万台北斗终端的装车与平台系统接入，已覆盖 31 个省、直辖市干线邮路车辆。

三、国内外研究进展比较

运载火箭部分指标仍较为落后，新一代火箭运载能力与国际水平持平或接近，缺乏执行载人登月等大型任务的能力。火箭可靠性落后于国际水平，仅载人运载火箭长征二号 F 可靠性与国外相当。遥感卫星正处于向业务应用型转变的阶段，高分辨率自主卫星数据源短缺，业务卫星未形成保障能力，高效率高质量的数据保障能力不足。通信载荷技术当前水平总体上相比国际水平落后。我国环绕探测能力在遥感分辨率、数传能力方面与国外先进水平相比有所不足。小卫星平台型谱不完善、产品体系单薄、核心部组件自主化能力不够。特种加工设备集成能力、智能化水平等方面水瓶有待提高。尚不具备有人参与的月面软着陆及起飞上升交会的 GNC 验证手段。单个遥感载荷的指标水平和国外相当，但是在载荷的时间分辨率、定量化应用方面水平不高，分发机制不畅。空间能源发电技术未来性能提升还有很大的上升空间。地球轨道航天器测控技术方面，多目标数传、运行管理等能力仍有待提升。在重型运载发射技术、智能发射技术、无人值守发射技术以及快速发射技术与国外相比尚有差距，需要组织资源，开展技术攻关。光电技术与国外发达国家的差距正在逐步缩小，但我国论创新、核心关键材料和器件、系统整体集成能力、环境模拟试验能力等方面仍存在明显不足。航天技术的转化应用效率不高，产业化速度慢。

四、发展趋势及展望

随着科学的不断发展，尤其是在基础与前沿技术不断突破以及航天应用需求的大力牵引下，航天技术将实现多维度、全方位的创新发展。未来航天技术突破的重点和方向包括重复使用运载火箭技术、高速融合的卫星互联网技术、系外行星探测技术、高精度指导、导航与控制技术、大推力液体和固体火箭发动机技术等。我国将继续培育和实施深空探测、重型运载火箭等一批新的重大工程或重大项目，攻克并掌握一批具有自主知识产权的核心关键技术，全面提升航天科技整体水平。将加大卫星应用增值产品开发与商业模式创新，形成多样化专业服务与大众消费服务互为补充的产品与服务体系；加快推动航天与互联网、大数据、物联网等新型产业融合发展，培育壮大"航天+"产业，打造新产品、新技术、新业态，在更高层次、更广范围、更深程度服务国民经济发展。

第十四节　兵器科学技术（制导兵器）

一、引言

制导兵器是指具有制导控制系统，能够精确高效杀伤敌作战力量、重点打击毁瘫敌方设施、有效防卫国家安全的一类武器系统。本报告主要研究在大气层内飞行，攻击各类静止和运动目标的战术导弹、制导火箭、炮射制导弹药、制导炸弹和巡飞弹等。制导兵器技术学科主要涉及总体、发射、推进、制导控制、毁伤、仿真与测试、试验与评估等专业技术。

制导兵器技术的发展和学科研究的重点，需全面适应全维多域、灵敏多能、精准持续等作战能力要求，以智能化弹药及智慧型作战平台为基本特征，体现智能化、网络化、自主化、精确化、立体化，以及高速度、强毁伤、快响应、抗干扰、通用化、低成本等武器系统的技术发展方向，推动一体化智能陆战系统向多维战场感知识别、拒止环境定位导航、联合协同快速精准打击、多手段主动防御、高能强毁伤、全时精准保障、人机融合群智协同等新型陆战能力跨越。

在军事需求的牵引与现代科学技术创新发展的推动下，经过长期发展，我国制导兵器技术取得了重大科研成效。近五年，制导兵器学科坚持面向国家重大战略，满足重大军工需求，坚持创新引领，瞄准科技前沿，在众多装备技术领域和基础产品方面，取得了一批具有世界先进水平的原创性科研成果，实现了我国武器装备作战能力的跃升。

二、本学科最新研究进展

（一）陆军战术导弹

1. 车载"红箭-10"导弹首次实现空、地多种类目标超视距精确打击

"红箭-10"导弹是我国首型采用光纤图像寻的制导体制，集侦、指、打、评、测于一体的信息化武器系统，可对视距外的敌方坦克、装甲车辆、坚固防御工事、低空低速武装直升机和水面船艇等多种类目标实施精确打击，攻击模式多样。

2. 兵组便携导弹制导体制多样，实现四微软发射

"红箭-11"采用激光驾束制导，全系统结构紧凑、作战使用灵活、抗干扰能力强、装备成本低，实现四微软发射，是我国首型可在有限空间发射的攻坚/破甲导弹，主要用于攻击近距离的主战坦克、装甲车辆、工事和火力点等坚固点目标。

3. 直升机载空地导弹填补陆航远程精确打击能力空白

"××-10"是我国首型直升机载激光半主动寻的空地导弹，具有命中精度高、毁伤力强、可靠性高、成本低等突出优点，实现了我国直升机机载对地主战武器作战使用模式的变革，极大提高了我军空中突击能力。"××-9"空地导弹突出轻量化、小型化，适应多型直升机平台挂载使用，是目前世界上综合效能比优异的空地导弹之一。

4. 无人机载"蓝箭"空地导弹系列化发展、大批量出口、实战效果好

"蓝箭-7"系列空地导弹主要打击装甲车辆、防护火力点等目标，已实现大量出口，展现出高命中率等优异的实战化性能，享誉国际军贸市场。

（二）制导火箭

1. 制导火箭首次实现远程精确拔点、一击致命

新型 70km 制导火箭弹配装于 300mm 远程多管火箭炮武器系统，用以提升远火部队精确火力作战能力，目前已装备部队并形成战斗力。该制导火箭弹的成功研制，标志着我军远程火箭装备实现了从修正控制到全程制导的技术跨越，具备了精确拔点能力，极大地提升了武器系统火力打击效率。

2. 远程大威力"火龙 480"制导火箭惊艳亮相国际防务展

"火龙 480"制导火箭采用无翼式气动布局、双锥头部外形，战斗部重 480kg，精度可达米级，具备对地精确打击能力和多域作战潜力。该型制导火箭弹采用卫星 / 惯导组合导航制导，可根据需要选用毫米波 / 激光 / 电视 / 红外成像末制导；采用高加速与高过载变轨机动弹道；在发动机宽温使用，全天候、全地域野外无依托随遇发射方面实现了重大突破，武器系统的火力反应速度和作战使用灵活性显著提高。

3. 近、中、远程野战火箭武器装备体系基本形成

野战制导火箭研究领域成果显著，射程覆盖 10 ～ 300km，射击精度和作战效能大幅提高，相继推出了"火龙 40/ 火龙 70/ 火龙 140/ 火龙 280/ 火龙 480"系列制导火箭产品。我国已具备近、中、远程制导火箭自主研发能力，突破了多联装制导火箭单炮同时攻击多目标弹道规划、末端大落角精确控制等关键技术，实现了全射程范围内的精确打击，性能基本达到国际领先水平。

4. 航空制导火箭关键技术取得重大突破

我国航空制导火箭技术基本达到国外同等水平，先后突破了制导火箭与直升机 / 固定翼飞机等发射平台的适配、基于捷联导引头和微机电陀螺仪的滚转弹视线角速度提取、低成本大量程弹体姿态测量等关键技术，射击精度可达米级，实现了从无控向精确打击的转型。

（三）炮射制导弹药

1. 系列化激光末制导炮弹大幅提升炮兵远程精确打击能力

我国制导炮弹技术突飞猛进，先后突破了总体设计、弹体抗高过载、弹炮适配性、火箭 / 滑翔复合增程和高原适应性等关键技术，成功研制了多口径激光末制导炮弹，实现了我军身管火炮远程化精确打击能力。

2. 炮射导弹家族大幅提升我军主战坦克远距离精确打击能力

炮射导弹融合了火炮发射技术和飞行控制技术，具有反应快、火力猛等特点，实现了直瞄精确打击，可大幅提升坦克火炮作战效能。炮射导弹发展了 100mm、105mm、125mm 三个口径系列产品，现已形成装备平台多样化、打击立体化的发展格局。

3. 卫星制导炮弹射程跃升、低成本化成绩斐然

卫星制导炮弹发展迎来新机遇，射程大幅提升，突破了卫星制导炮弹总体设计、大升

阻比滑翔增程、卫星 / 微惯性组合导航、抗高过载电动舵机、空中快速对准等关键技术，实现了 MEMS、地磁等测量技术和脉冲发动机控制技术的工程应用研究。

（四）制导炸弹

1.激光制导炸弹实现系列化发展，显著提升空面精确打击能力

"天戈"系列激光制导炸弹具备防区外投放、命中精度高、抗干扰能力强、毁伤效果好、作战效费比高等特点，能有效履行反恐冲突、大规模空地作战等多样化使命任务，在打击范围和毁伤效能方面达到了国外第三代制导炸弹的水平，演习中命中率达到100%。

2.卫星制导炸弹多弹种、全射程、全天候、打了不管

"天罡"卫星制导炸弹是我国新研制的高效能、低成本卫星制导武器，具有命中精度高、使用条件广、全天候作战等显著优势，可在昼夜及不良气象条件下投放，精确攻击敌方指挥通信中心、交通枢纽、舰船等多种固定目标，使作战飞机真正做到"只管投放、打了不管"。

3.高隐身超远程航空布撒武器，首次亮相国际航空航天博览会

"天雷 –2"是一种可在敌防区外投放、携带多种子弹药的新型远程精确制导模块化空地武器，具备载荷比重大、隐身性能好、超视距攻击、发射后不管、作战效费比高等先进技术特性，技术指标达到国际同类产品领先水平。

（五）巡飞弹

1.巡飞弹具备长航时察 / 打一体能力，呈现多样化、系列化发展态势

"飞龙 10"巡飞弹武器系统具有重量轻、尺寸小、成本低、作战使用灵活、打击精度高、隐身性能好、自主化程度高等特点，可大幅提升特战分队、侦察分队、步兵班排及兵组作战能力，是传统火力打击手段的有力补充。

2.网络化协同巡飞弹取得重大突破，完成了多弹协同飞行试验演示

我国已从理论上突破了无中心协同任务分配和路径规划技术瓶颈，开展了协同任务分配、协同路径规划、协同任务决策等技术研究，取得了阶段性进展，成功完成了多弹协同飞行试验演示。

（六）制导兵器发射技术

多管火箭炮系统采用通用化发射平台，采用多联装、贮运发一体化箱式发射技术，实现了火箭弹 / 导弹共架发射，成为当今世界上最先进的多管火箭武器系统之一。"红箭 –10"导弹发射车突破多个"首次"，填补了我军远程反坦克导弹发射车领域的空白，具有深远的军事、社会效益。单兵发射技术致力于提高发射稳定性、隐蔽性、机动性与操作简便性，亮点频出，大大降低了复杂环境对单兵武器系统的影响，提高了武器系统命中率、士兵发射安全性和战场生存率。

（七）制导兵器推进技术

小口径固体火箭发动机安全性研究取得显著进展，野战化远程中大口径发动机研制成功，高性能双脉冲发动机即将投入使用。小型化脉冲矢量控制器产品技术成熟度达到工程应用水平，高效能弹用涡喷发动机取得重大技术突破。远程高速固体火箭冲压发动机完成了变轨弹道飞行试验考核，发动机技术成熟度接近工程应用水平。

（八）制导兵器制导控制技术

高超声速制导控制、快速响应控制、低成本制导控制和基于能量管理 XE "能量管理"的弹道优化等制导控制总体技术取得显著进展。探测导引技术快速进步，研制出了小型化红外图像导引头，大大拓展了图像制导技术在制导兵器领域的应用。惯性与组合导航方面突破了卫星导航自适应调零抗干扰、旋转弹空中对准、多源自主导航等关键技术。弹载信息处理一体化集成技术迅速发展，研制出微小型弹载信息处理装置，成功应用于微小型制导弹药。电动舵机突破了轻量化、高功质比、耐高过载等多项关键技术。弹载无线图像 /指令双向数据链传输延时大幅降低，抗毁伤无中心自组网技术取得突破。

（九）制导兵器毁伤技术

反装甲战斗部系列化发展能力持续提升，已具备摧毁国外先进坦克装甲能力。攻坚战斗部技术发展迅猛，侵彻能力大幅度提升，在远火侵彻战斗部、制导兵器攻坚战斗部、制导深钻侵彻弹攻坚战斗部实现运用，填补了我国深侵彻武器战斗部空白。高能炸药应用于大当量杀爆战斗部，取得了重要技术进展，对高价值面目标毁伤幅员持续提升。新技术 /新原理战斗部的研究工作取得显著进展。

（十）制导兵器仿真与测试技术

通用化仿真平台设计能力大幅提升，成体系构建了电视 / 红外组合制导仿真、激光制导仿真、毫米波制导仿真、卫星 / 地磁 / 惯性组合导航仿真等专业技术能力。武器系统对抗与装备体系仿真系统在仿真体系结构、视景仿真、毁伤仿真、军事仿真模型等技术方面取得了长足进步，开发了多款仿真平台工具。

（十一）制导兵器试验与评估技术

高价值制导兵器试验测试理论体系初步形成，远距离网络化试验测试手段不断提升，复杂环境对抗干扰试验评估技术逐渐完善，毁伤测试与评估技术发展迅速。

三、我国制导兵器技术发展趋势

（一）优化总体方案技术，全面提升武器性能

1）作战要素向体系化、智能化、群智化、抗拒止深度发展。

2）依陆制敌，要求制导兵器射程更远、速度更快、精度更高、抗干扰能力更强，实现远程突防、快速响应、联合精准、集火毁瘫。

3）通过柔性可定制的模块化开放式系统设计，实现多样化使命任务灵活重组，多目标打击，多环境适用。

4）全寿命周期作战使用与维护保障的低成本化。

（二）继续优化常规发射技术，重点探索行进间发射

1）运用信息化与智能化技术，发展智慧型发射控制平台，实现新一代发控显控、智能化火控系统、武器系统在线监测与健康管理、网络化协同作战、自主式快速再装填等技术的武器化应用。

2）突破垂直发射、行进间发射技术，实现陆战及海战系统的武器化运用。

3）基于多任务能力需求，突破网络化发射控制、高精度稳定与跟踪、自主安全发射等关键技术，推动无人武器站向智能化、武器化方向发展。

（三）重视推进技术发展与升级，加大多脉冲发动机和微型涡喷发动机等技术研究力度

1）开展新型固体动力技术研究，提升小口径固体火箭发动机对于综合环境的适应性、低易损性、极限温度、冲击、振动环境下的工作安全性、可靠性。

2）突破中大口型发动机总体及结构优化、野战宽温、低成本等关键技术，满足陆海空不同作战环境远程制导火箭的作战使用需求。

3）继续深入优化多脉冲发动机以及小型化、长时间工作变推力发动机技术研究，实现弹箭能量的优化调节。

4）突破微型涡喷发动机机弹一体化设计、超低油耗核心机等关键技术，加快动力系统集成与工程化应用。

（四）先进制导控制技术成为战略制高点，推动制导兵器网络化、智能化发展

1）实现复杂作战环境下"打了不管"精确制导技术，目标识别及跟踪技术向自主识别、自动跟踪方向及信息融合方向发展。

2）惯性与导航技术向卫星拒止环境下自主导航方向发展，为制导兵器在复杂战场环境下的连续高精度导航定位提供技术支撑。

3）开展自主化集群系统与群体智能技术、网络化协同制导技术研究，提高制导兵器整体作战效能。

（五）发展高性能炸药及毁伤元技术，提升严苛环境下毁伤能力

1）研制以 CL-20 为代表的三代压装炸药和注装炸药配方，突破三代炸药高钝感及其在聚能战斗部上的应用技术。

2）重点开展含能毁伤元在药型罩、破片和战斗部壳体上的应用研究，大幅度提升聚能毁伤武器威力。

3）持续开展新技术 / 新原理在战斗部上应用研究，实现协同毁伤、可控毁伤及低附带毁伤等新功能。

（六）加快新制导体制仿真与测试技术应用，保障装备研发

1）适应激光成像、地磁导航、新体制成像雷达制导、多模复合制导仿真需求，突破新型多维多域联合仿真技术。

2）重点突破大规模集群网络化协同仿真、虚实结合仿真，以及天 – 地组网协同仿真等关键技术，构建多弹种 / 多平台网络化协同制导仿真平台。

（七）加紧试验与评估能力建设，稳步推进基础科研

1）按照远程制导弹药、超高速目标以及多目标的不同测试需求，不断完善系统组网测试与数据融合处理能力，进一步增大试验测试范围，提高测试精度。

2）建立复杂战场环境模拟方法，构建综合对抗环境监测技术手段，形成制导兵器对抗干扰测试的能力。

第十五节　冶金工程技术

一、引言

冶金工程技术学科是研究从矿石等资源中提取金属或化合物，并制成具有良好使用性

能和经济价值的各类材料的工程技术学科，本报告主要涉及钢铁冶金部分。我国现已形成包括基础科学、冶金技术、工程应用的原料—炼铁—炼钢—轧钢—应用完整的冶金工程技术学科体系，2018 年由殷瑞钰院士创设的冶金流程工程学新学科列入北京科技大学专业核心课。

近年在基础理论上提出一些新观点、新应用。体现高效率低成本洁净钢产品制造，能源高效转换和回收利用，大宗社会废弃物消纳、处理和再资源化三大功能的新一代钢铁流程理念在鲅鱼圈、曹妃甸和湛江等沿海联合钢厂成功实践，发现间隙原子在合金中存在"有序间隙原子复合体"的新形态，提出了多相、亚稳和多尺度相结合的新型组织调控理论及通过高密度纳米沉淀和降低晶格错配的强韧化合金设计理念；在微细粒复杂难选红磁混合铁矿选矿、薄带铸轧和超大容积顶装焦炉技术，以及汽车轻量化用吉帕级钢板、0.02mm 宽幅超薄精密不锈钢带、核电站主设备材料、350 km/h 高速动车组轮/轴/转向架材料、薄规格超低损耗高性能取向硅钢等产品技术取得了突破，居国际领先水平。在绿色采矿和低品位难选矿综合利用、高炉炼铁、高效低成本高品质炼钢、薄板坯连铸连轧、冶金装备大型化连续化自动化、新一代控轧控冷、烟气多污染物超低排放控制、高温烟气循环分级净化和利用、钢铁废弃物综合利用、冶金生产过程控制/冶金生产管控/企业管理信息化智能制造等领域达世界先进水平。在氢还原、低温还原等冶金前沿领域，也已布局。2018 年重点钢企平均吨钢综合能耗降至 555kg 标煤，吨钢二氧化硫排放降至 0.53kg，吨钢烟粉尘排放量降至 0.56kg。2019 年 ARWU 世界学术排名中，我国高校包揽冶金工程学科前三名。

但在冶金热力学和动力学实验研究、废钢铁、余热余能利用、粉末冶金、真空熔炼装备、电磁冶金、非高炉炼铁、冶炼/凝固/连铸技术创新、钢材个性化/小订单/快交货生产技术、热带无头/半无头轧制、冶金装备等方面仍有差距。

面对我国铁资源对外依存度大、贫矿多、能源以煤为主、电炉钢比低、关键材料仍进口、能耗和排放总量大、高端人才缺乏的现状，需开展直接还原和熔融还原、氢还原、凝固和加工、绿色冶金、智能冶金等理论和技术研究，发展冶金流程学和冶金生态学，依托产品全生命周期理念解决关键材料的生产技术，完善以"冶金+"为特点的冶金工程学科体系，促进冶金工程学科与能源、环境、信息及人工智能等学科的交叉融合，推动我国从冶金大国走向冶金强国。

二、本学科近年研究进展

据《中国科技统计年鉴》统计显示，2013—2017 年，高校 R&D 投入中冶金学科涉及的材料、矿山工程、冶金工程领域，课题数、投入人数和经费分别增长 22.23%、12.17%、11.74%；据中国钢铁工业协会的统计，全行业研究与试验发展经费支出由 2015 年的 561.23 亿元增长到 2018 年的 706.88 亿元，占营业收入比重由 0.89% 增长到 1.05%。推动了我国专利和论文等科研成果的可喜产出。《世界知识产权指标年度报告》显示，2013—
2017 年我国与本学科关联度最大的黑色冶金，冶金学、合金、有色金属，金属加工、涂
料、防腐防锈 3 类，专利的受理数、授权数、有效数分别增长 28.53%、63.25%、88.51%（见
图 2-5）。从发表论文看，与本学科关联较大的材料科学、矿山工程、冶金（和金属学）3
个学科，在国外主要检索工具中 SCI、EI 和 CPCI-S 收录的科技论文在 2013—2016 年分
别增长 6.98%、154.04%、89.54%，其中与本学科最相关的冶金、金属学方面的论文年均
增长超过 17%（见图 2-6）。

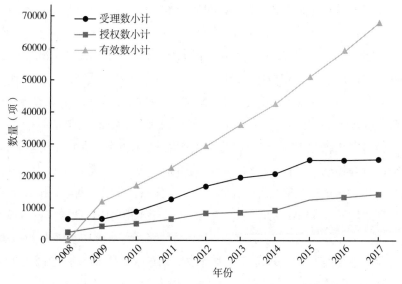

图 2-5　2008—2017 年我国冶金学科相关专利数量

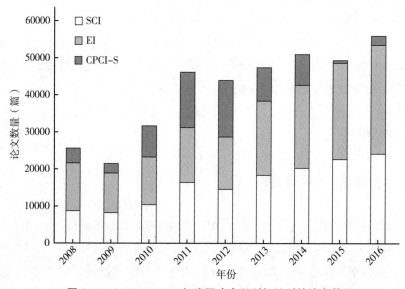

图 2-6　2008—2016 年我国冶金学科相关科技论文数量

（一）基础科学研究

近年来，冶金工程技术学科分别在冶金热力学、冶金动力学、冶金熔体和溶液理论、冶金与能源电化学、材料学、资源与环境物理化学、信息学等多个分支学科，提出一些创新理论、观点及应用成果，包括：

1）发现间隙原子在合金中存在一种名为"有序间隙原子复合体"新的存在状态，这种介于常规随机间隙原子和陶瓷相之间的新的间隙原子结构能够同时提高合金的强度和塑性。

2）提出通过高密度纳米沉淀和降低晶格错配的强韧化合金设计理念，和通过提高位错密度可以同时实现提高强度和延展性的新强韧机理。提出了多相、亚稳和多尺度相结合的新型组织调控理论，开发了强塑积不小于 30GPa% 第三代汽车钢。

3）建立了 CaO–MgO–Al$_2$O$_3$–SiO$_2$ 四元渣复杂熔渣体系中 Al$_2$O$_3$ 熔渣体系电导率预测模型，提出氧离子含量的计算方法。

4）提出了具有普适性的气固相反应动力学模型，可定量预测各因素（温度、气压、颗粒尺寸等）对等温 / 变温反应速率的影响。

5）测定了电渣炉渣精炼条件即 1600℃、低氧分压下，渣中二价及三价铬氧化物的活度系数。并对金属熔体（包括含稀土的熔体）热力学性质进行了实验研究。

6）研究并提出了利用高钛高炉渣合成钙钛矿、制备 Ti–Si 和 Ti–Al 合金，以及熔盐高效分解高钛高炉渣获得纳米二氧化钛的方法；提出以亚熔盐提供高化学活性和高活度的负氧离子的碱金属高浓度离子介质处理钒渣，可提高钒回收率，实现钒铬同步提取的尾渣综合利用技术。

7）研究得到铝酸盐型高炉渣体系性质与结构的关系；得到了钛渣体系中关于 CaO、MgO 和 TiO$_2$ 对于各性质的影响规律，提出了以镁代钙、以铝替硅的全钒钛磁铁矿高炉冶炼新工艺。

8）在基于衡算的物料平衡热平衡模型，基于宏观动力学对反应器过程进程进行表征的动力学模型和用流动模式及其组合对实际反应器与理想反应器的偏差进行表征的流动模型等方面都取得了明显进展。

（二）冶金技术研究

从单体设备、单项技术、单工序的技术开发和应用研究以及系统集成和交叉学科集成的技术研发方面发力，主要成就有：

1）提出了新一代钢铁生产流程新理念，并用于建设和改造钢厂，强调新一代钢铁联合企业应具有高效率、低成本洁净钢产品制造，能源高效转换和回收利用，大宗社会废弃物消纳、处理和再资源化这 3 个功能。自主设计、建设、运行、管理了鲅鱼圈、曹妃甸和湛江等新一代钢铁联合企业。

2）冶金装备实现了大型化、连续化、自动化直至智能化，我国完全掌握了 5500m³ 级特大型高炉、300t 转炉、200 吨级电炉、Φ1000mm 断面圆坯连铸机、特大方矩型连铸机、特厚板坯连铸机、2250mm 宽带钢连轧机组、5m 中厚板生产机组、120m/s 高线轧机等操作运行及部分大型装备的自主设计、制造。

3）综合利用各种选矿新工艺技术，进行优化组合，解决了我国低品位、难选矿的综合利用。对于鞍山式磁铁矿和赤铁矿，磁铁矿铁品位可达 68%，回收率达 80%；赤铁矿铁品位达 66%，回收率达 70%。

4）取得了一整套覆盖特大型高炉工艺理论、设计体系、核心装备、智能控制的技术成果，可保持 1250℃持续高风温，大型高炉寿命接近 20 年。

5）在剖析和优化炼钢各工序流程的基础上进行系统技术集成，提出了高效、低成本洁净钢生产系统技术。

6）新一代控轧控冷技术全面推广应用至热轧板带、中厚板、热轧线棒材、热轧钢筋、H 型钢、钢管等产品，对提高钢材强韧性、节约合金用、提高生产效率、降低能耗作出了巨大贡献。

7）引进 / 自主开发了薄带铸轧、薄板坯无头 / 半无头轧制技术，以及棒材直接轧制和无头轧制技术等，大力促进紧凑流程工艺与装备技术的发展。

8）开发了高铁用钢轨、车轮、车轴用钢，超超临界火电机组、核电机组、水电机组用钢，高牌号取向和无取向硅钢，轴承钢，第三代汽车钢，高强度建筑用钢，双相不锈钢，军工用钢等关键品种，支撑了鸟巢、北京大兴国际机场、川藏铁路、港珠澳大桥、航母、海洋平台、蛟龙号载人潜水器、C919 大飞机、CAP1400 核电机组、高铁、汽车等国家重大工程和重大项目的需要。

其中，中国金属学会作为推动我国冶金、材料科学技术事业发展的重要力量，2014—2018 年主办国内外学术交流 440 次，同比 2009—2013 年增长近 1/3，国际学术交流 31 次，发表论文 13535 篇，外文论文 1219 篇，参加人次共 64282 人次，其中境外专家学者 1323 人。主办和主管 16 个期刊，其中《材料科学与技术（英文版）》和《金属学报（英文版）》获得 2016/2017/2018 年中国科协期刊国际影响力提升计划项目资助，2018 年 JCR 影响因子分别达到 5.04 和 1.828。JMST 入选"2018 年度我国最具国际影响力科技期刊"和"世界影响力 Q1 期刊"。2015 年北京科技大学李晓刚团队在 *Nature* 发表 *Share corrosion data*，吕昭平团队分别于 2017 年、2018 年在 *Nature* 发表 *Ultrastrong steel via minimal lattice misfit and high-density nanoprecipitation*、*Enhanced strength and ductility in a high-entropy alloy via ordered oxygen complexes*，2017 年香港大学、北京科技大学、台湾大学、香港城市大学的黄明欣、罗海文、颜鸿威等在 *Science* 发表 *High dislocation density induced large ductility in deformed and partitioned steels*，标志着我国在冶金基础理论和应用基础理论方面取得了钢铁材料方面的重大突破。

2017 年，北京科技大学和中南大学的"材料科学与工程、冶金工程、矿业工程"列入"双一流"建设高校及建设学科名单，部分省市也相继开展了国内一流学科建设项目，比如昆明理工大学、辽宁科技大学、安徽工业大学的冶金工程学科。2019 年软科世界大学一流学科（冶金工程）排名中，前三名都由我国高校包揽，分别为：北京科技大学、中南大学、东北大学。钢铁行业已建有国家重点实验室 20 个、国家工程研究中心 14 个，国家工程实验室 5 个、国家企业技术中心 42 个、重点企业科技机构 218 个。组成了上下游产学研用协同的国家产业技术创新战略试点联盟 4 个、重点培育联盟 1 个、钢铁行业产业技术创新战略试点联盟 4 个、重点培育联盟 2 个。2015—2019 年，刘正东、王运敏、唐立新、李卫、毛新平、谢建新、丁烈云、邵安林等当选中国工程院院士，张跃等当选中国科学院院士。2014—2019 年评出中国金属学会冶金青年科技奖 79 人，冶金先进青年科技工作者 65 人。2014—2019 年度，冶金领域科技成果中有 25 项获国家发明奖和国家科技进步奖，产生 82 项冶金科技进步奖一等奖以上的大奖。

近 30 年我国粗钢产量稳步上升（见图 2-7）自 1996 年至今我国已连续 22 年占据世界第一产钢大国地位，2005 年，我国一举扭转了钢铁贸易净进口的局面，实现了钢材进出口基本平衡，并在随后几年一跃成为世界最大钢材出口国。2013 年粗钢产量为 7.79 亿吨，2018 年粗钢产量增长至 9.28 亿吨，年均增长 3.19%，占世界钢产量的 51.3%。钢材品种、质量、性能不断提高，已能基本满足国民经济快速发展的需要，大部分企业具备较强的国际竞争力。

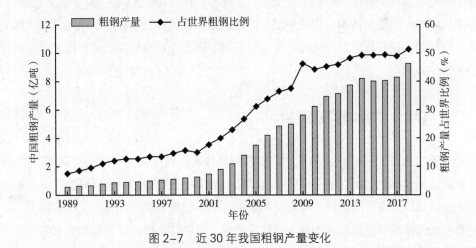

图 2-7　近 30 年我国粗钢产量变化

特别是在环境保护、节能减排、智能制造方面取得了长足进步，引进、研发、推广干熄焦、高炉干法除尘、转炉干法除尘技术，高炉渣、转炉渣以及含铁粉尘的加工处理和综合利用、焦炉煤气、高炉煤气、转炉煤气以及各类蒸汽的回收利用和自发电技术，一大批钢厂建起能源管控中心。2018 年，我国可比能耗降到 492.01 kgce/t，比 2013 年降低 12.89%；吨钢综合能耗降到 544.32 kgce/t，比 2013 年降低 8.22%，与国际先进水平的差距大大缩小。重点钢铁企业吨钢耗新水由 8.6t 下降到 2.75t，水重复利用率由 94.3% 提高到 97.88%。同时，钢渣、高炉渣、含铁尘泥利用率分别达到 97.92%、98.1%、99.65%。钢铁行业主要污染物排放指标大幅度降低。2005—2018 年，重点统计钢铁企业吨钢 SO_2 排放量由 2.83kg 下降到 0.53kg，削减幅度高达 81.3%；吨钢烟粉尘排放量由 2.18kg 下降到 0.56kg，削减幅度为 74.3%。2017 年 8 月，17 家钢铁企业入选工信部第一批绿色制造体系示范企业名单。但与国际先进水平个相比还有差距，比如，日本新日铁 2009 年吨钢 SO_2 排放为 0.44kg/t，德国蒂森钢铁集团 2009 年吨钢烟粉尘排放为 0.42kg/t，韩国浦项 2009 年吨钢烟粉尘排放为 0.14kg/t。尤其在氢还原炼铁、二氧化碳捕获和封存（CCS）、二氧化碳捕集和利用（CCU）、低温冶金技术等革新技术的前期研究和开发上差距较大。我国在冶金单工序机器人、冶金生产过程控制、冶金生产管控和企业管理信息化方面的智能化建设中取得了快速发展，特别是宝武、鞍钢、太钢等 9 家被列入工业和信息化部智能制造试点示范企业，取得了显著成效。

我国冶金技术已整体达到国际先进水平，少部分处于领先地位，钢铁行业亦然成为最具国际竞争力的产业，在全球具有举足轻重的影响力。

但在冶金热力学和动力学实验研究、冶金动力学原位实验和反应初期机理的实验分析技术、废钢铁加工和应用技术、余热余能回收利用基础理论、粉末冶金原料制备 / 精密成形和烧结技术、真空特种熔炼装备技术、高效大尺寸电磁场约束和悬浮液态金属熔炼和成形技术、磁致塑性效应机理、电磁冶金数值模拟技术、非高炉炼铁技术、冶炼 / 凝固 / 连铸技术创新、钢材个性化 / 小订单 / 快交货生产技术、热宽带钢无头轧制 / 半无头轧制技术、高精度轧制与在线检测技术、钢材组织性能精确预报及柔性轧制技术、离线及在线热处理技术、全流程质量在线监控和优化、冶金设备状态数据深层分析能力等方面与国际先进水平仍有一定差距。

三、本学科发展趋势及展望

面对我国铁资源研究与利用现状，以及信息技术、人工智能、移动互联网、物联网、云计算的快速发展，我国在冶金装备与自动化、冶金工艺研究、冶金材料性能预测预报以及冶金基础理论研究带来新的研究方法和新的进展。我国应提高学科自主创新能力，完善行业科技创新体系和产业技术创新支撑体系建设，加强知识产权保护。加大对学科基础理论研究的支持，特别是学科前沿技术和重点关键领域，以及学科综合性研究领域的支持，开发新一代钢铁、新一代材料和新一代材料制备技术。加强冶金院校的高等教育，建立以"冶金 +"为特点的冶金工程学科体系，积极推进冶金工程学科与能源、环境、信息及自动化等学科的交叉融合和集群发展，培养冶金工程学科高素质师资队伍、高水平骨干科技人才和领军人才。

开展以大幅度减排二氧化碳为目的铁矿还原新理论、新方法研究和短流程新工艺研究，包括直接还原和熔融还原、氢还原、废钢铁冶金技术、近终形制造等；加强电炉炼钢过程中粉尘、噪声、二噁英等环保监测技术、治理技术的研究；开发新一轮节能理论、技术和管理体系；发展和完善先进的粉末制备技术、粉末冶金精密成形技术、粉末冶金烧结技术、粉末冶金装备制造技术；加强真空冶金工艺技术的研发，开发高温合金、精密合金、耐蚀合金、超高强度钢、特种不锈钢、高端模具钢等典型特种冶金产品；利用更强的磁场、多样化磁场模式及复合磁场，与温度场、流场、浓度场等协同，更广泛、更精细地应用于冶金过程，对钢铁材料的高质量发展提供更多支撑；进一步加强炼铁、炼钢技术基础理论研究和节能环保技术；开展轧制塑性变形理论与冶金过程控制、连铸凝固理论的融合及一体化研究，轧制理论技术与现代材料科学、纳米技术、复合材料技术、表面技术、材料基因及材料多尺度设计、预测与控制等技术的融合研究，在产品全生命周期、全方位管理的理念下解决关键材料的生产技术问题；开发冶金全流程在线检测和连续监控系统，开发基于分层或分级的多个自治智能单元及其协同的钢铁复杂生产过程智能控制系统，开发通过企业资源计划管理层、生产执行管理层和过程控制层互联而实现物质流、能源流和信息流的三流合一的全流程动态有序优化运行系统，开发面向原燃料采购及运输、钢材生产加工、产品销售及物流的供应链全过程优化系统，逐步实现信息深度自感知、智慧优化自决策、精准控制自执行，提升智能制造能力成熟度。

目前，我国冶金工程技术学科已经整体处于国际先进水平，主要钢铁材料保证了国家重大项目的成功实施、国防军工的升级换代、人民生活的普遍需求，解决了"有没有、够不够"，甚至解决了不少"好不好"的问题，下一个目标是实现与日本、欧洲、美国等冶金科技先进水平的并行直至超越和引领。

第十六节　隧道及地下工程

一、引言

隧道及地下工程是现代公路、铁路、城市地铁、水电工程、城市地下空间建设中的重要组成部分，在现代综合交通运输体系建设、地下空间开发利用中发挥着越来越重要的作用。随着交通强国战略的深入推进，京津冀协调发展、长江经济带、粤港澳大湾区等一系列国家发展战略、规划的启动与实施，建设现代化高质量综合立体交通网络，构建便捷顺畅的城市（群）一体化交通网，隧道及地下工程必将迎来更加迅猛的发展；尤其以川藏铁路为代表的极端复杂艰险条件下的隧道工程建设，对隧道及地下工程理论创新和修建技术等提出了极大的挑战，也给学科发展带来了难得的发展机遇。本报告概述了2013—2017年我国在隧道及地下工程理论研究以及在铁路、公路、水电、地铁、城市地下空间等不同行业领域应用中取得的技术创新和突破性研究成果，通过对国内外研究进展进行对比，对未来五年隧道及地下工程技术的发展趋势进行了展望。

二、本学科最新研究进展

（一）隧道及地下工程基本理论研究进展

我国在隧道岩石力学基本理论、围岩稳定性评价与分级、隧道支护结构设计理论、特殊岩土及不良地质隧道工程、空气动力学效应等方面均取得了较大进展。

1）岩石力学理论的研究集中在岩石强度变形效应、岩石断裂与损伤力学以及岩石动力响应三大方面。建立了国家标准性质的围岩分级方法，并在实践的基础上进一步完善和细化。

2）隧道设计理论主要是以支护结构（支护和衬砌）为对象的设计理论，可分为超前支护结构设计理论和洞身支护结构设计理论，提出了相应的计算模型，并广泛应用。

3）在特殊岩土及不良地质隧道工程方面，主要集中在表征黄土特殊岩土特性的本构模型、破坏准则的提出以及探明黄土深、浅埋隧道破坏模式两方面。寒区隧道工程围岩冻胀机理以及多场耦合作用下温度、应力传递特征是目前研究的重点。高地温隧道研究主要集中在温度场预测方法、支护结构受力性能、施工综合降温设计方法。

4）在空气动力学效应研究方面，主要集中在瞬变压力对隧道结构与旅客舒适度，优化了列车结构、缓冲结构形式，提出了洞口瞬变压力控制标准。

（二）隧道及地下工程设计方法的重大进展与应用

1）隧道结构设计方法主要分为安全系数法（容许应力法和破损阶段法）和概率极限状态法。极限状态法是设计理念的革新，其创新性主要有：提出了铁路隧道复合式衬砌及洞门结构目标可靠指标；建立了铁路隧道复合式衬砌及洞门结构极限状态表达式，提出了基于荷载及结构自重的分项系数值，并给出了相应的调整系数；修正了隧道洞门墙土压力不定性系数、土压力作用点位置，首次提出隧道洞门整体稳定性分块求和计算方法。

2）高速铁路隧道机械化大断面设计方法是以隧道机械化配套施工为前提的采用全断面或微台阶施工的系统设计方法，已经编制完成《高速铁路隧道机械化大断面法设计施工暂行规定》。

3）针对超大跨度超高回填土明洞结构研究提出了设计新方法，包括：高回填明洞荷载计算公式，开孔新型衬砌结构，开孔衬砌结构裂缝计算等。

4）活动断裂组合宽变形缝设计方法方面，首次提出了相应的设计方法并在成兰铁路成川段8次穿越5条活动断裂的隧道设计中进行了应用，解决了隧道及地下工程穿越活动断裂带的设计难题。

（三）隧道及地下工程施工方法与技术的重大进展与应用

在钻爆法、浅埋暗挖法、明挖法、盾构法、TBM法、沉埋管段法这6种施工方法以及辅助工法上具有重大进展与应用。

1. 钻爆法

一是钻爆法施工中全工序采用机械设备，并将人工智能技术应用于钻爆法隧道的施工，同时，研发了川藏铁路极端条件下隧道钻爆法机械化施工装备。二是针对高地应力软岩大变形、岩爆、高地温、富水岩溶隧道、第三系富水粉细砂地层等特殊地质条件，研究应用了钻爆法施工新技术。三是推广应用新的施工技术，包括水压爆破技术、预切槽技术、长大斜井皮带运输机出渣运输及设备配套技术等。四是智能化施工技术。

2. 浅埋暗挖法

一是浅埋暗挖法机械化施工技术，实现超前支护打设、注浆、土方开挖、拱架安装、喷混凝土等工序机械化施工；二衬采用数控台车，实现液压控制。二是研发应用了浅埋暗挖法施工新技术，包括管幕法与浅埋暗挖法结合施工方法、合浅埋暗挖法与装配式管片拼装施工方法、先隧后站法、拱盖法、富水地层非降水开挖、大跨硬岩隧道"十字岩体法"建造等方法。

3. 明挖法

一是深基坑水下开挖法，依托北京8号线永定门外站工程，该项目大约有一半结构都"泡"在水中，成功采用了水下开挖法。二是预制装配式地下车站修建技术，长春、北京等地铁车站积极推进和探索装配式结构的应用。

4. 盾构法

盾构施工技术发展呈现"大、难、新、智"的趋势。"大"——盾构隧道的直径显著增大，在建的盾构机最大直径达到17m。"难"——表现在针对各种不良地层、建构筑物、管线密集的繁华城区，穿越道路、桥梁、隧道等，穿越江、河、湖、海等复杂的工程环境条件下，在大断面软硬不均地层、花岗岩球状风化地层、大卵石地层、高水压（0.9MPa）等盾构隧道难题，开发了限排减压换刀技术与盾构地中对接技术，创新了盾构常压换刀技术。"新"——表现在技术创新方面，如双模盾构、钻爆法+盾构法、海底软弱地层冻结加固技术、海域环境复合地层盾构掘进技术、盾构法联络通道施工技术等。"智"——"智慧盾构"，包括盾构机自动掘进技术、大数据库、BIM技术应用等。

5. TBM法

一是复杂地质条件下TBM技术，对不同段TBM的掘进速度预测与施工参数分析、TBM滚刀磨损预测与反分析、掘进参数与围岩的适应性研究，二次衬砌同步施工。二是TBM智能掘进技术，研发了一套TBM掘进参数智能控制系统为TBM施工提供岩体状态参数和TBM掘进参数的实时预测。

6. 沉埋管段法

一是港珠澳沉管隧道修建新技术。以港珠澳大桥岛隧工程代表了国内外沉埋管段法修建技术的最高水平和发展方向。主要技术创新包括：构筑人工岛时采用自稳式的巨型钢质圆筒，大面积、超深度"挤密砂桩复合地基"加固处理技术，"半刚性管段接头"，"三明治"式钢－钢筋混凝土组合结构倒梯形最终接头，钢筋混凝土沉管结构的控裂和防腐耐久性设计，以及建立了外海深水海工环境下，超长、超大、超重巨型沉管安装的成套技术和设备系统。二是研究应用了复杂条件下沉埋管段法技术，主要包括：水下爆破减震技术、管段快速浮运沉放技术、管节沉放监控系统、沉管隧道基础灌砂新技术等。

（四）隧道及地下工程装备与材料的重大进展、重大应用

1. 隧道及地下工程装备的重大进展及应用

一是围绕超前、开挖、初支、二衬等核心工序形成的装备，包括：凿岩台车、湿喷台车、拱架台车、锚杆台车和衬砌台车等。二是全断面隧道掘进装备，主要包括盾构机和TBM，可实现隧道施工的工厂化作业。在开挖直径方面，超大直径泥水平衡盾构机迅猛发展，国内已建或在建14m直径以上盾构隧道数量10处以上。自主研制了2台敞开式TBM样机。异形断面掘进机突破了非圆全断面多刀盘同步开挖、非标准管片同步拼装等关键技术。同时，掘进机再制造市场需求迅猛增长，掘进机国产化率已由5年前的70%提升至85%。

2. 隧道及地下工程材料的重大进展及应用

一是喷射混凝土，通过试验研究得出混杂纤维喷射混凝土。新型高效外加剂的研制，使得喷混凝土的性能得到极大的改善。高性能掺合料的使用可以增强喷射混凝土的抗压强度，改善结构密实性，提高耐久性，增强其与围岩的黏接效应，减少回弹等。二是衬砌混凝土，引入纤维混凝土。自密实混凝土已成功应用于铁路隧道、水下隧道、地铁隧道等地下工程。三是热处理高强钢材，针对隧道及地下工程开展的热处理高强钢材有高强钢筋格栅拱架、实心锚杆用热处理高强度高冲击功钢筋、空心锚杆用高强高韧性钢管、高强度箍筋、高强度预应力钢筋、高性能锚固件及不同围岩条件各类型热处理高强锚杆。四是防排水材料，成功研发了自粘式防排水板、自粘式防水板、自粘式止水带、预制装配式隧底排水系统、喷涂式防水材料等新型防排水材料，形成了拱墙卷材粘贴式安装工艺、隧底预制标准化构件装配式工艺、洞室喷涂工艺等配套施工工艺。五是保温隔热材料，提出采用保温隔热层、衬砌内置冷却管、耐热型复合防水板及新型防水材料等隔热防水措施。六是锚固材料，主要集中于对原灌浆改性或者开发其他有机或无机的锚杆注浆材料。七是加固材料，制备了纳米二氧化硅增强亲水性聚氨酯注浆材料。

（五）隧道及地下工程养护维修方面的进展与应用

1. 公路隧道养护维修方面的进展与应用

一是运营隧道检测技术，地质雷达检测技术、激光断面仪检测技术、三维激光扫描技

术、红外线检测技术等。二是运营隧道评价技术，建立系统性的 DES 评价技术体系；同时，建立了隧道运营环境安全性"FRAD"综合评价模型。三是运营隧道维修技术，提出了各类型病害特点且适应公路隧道条件的大修技术。

2. 铁路隧道工程养护维修方面的进展与应用

一是衬砌检测监测技术，主要包括激光扫描技术、摄影测量技术、红外热像技术、数据点定位技术等；同时，发展了快速无损检测和自动监测的衬砌结构检测监测技术，包括地质雷达探测技术、冲击回音技术、瞬变电磁检测技术、超声波检测技术、自动监测技术等。二是数据快速处理及综合评价技术，查准率在 70% 以上，同时能提取裂缝特征参数。确定了隧道建筑物劣化类型、劣化状态、劣化等级等，为铁路隧道结构病害的整治提供更准确的技术依据，提高了铁路养护维修效率。三是养护维修技术，提出了高速铁路综合维修生产一体化站段改革方案。四是病害整治技术，从铁路隧道拱墙结构和隧底结构等病害类型及其成因机理入手，提出了针对铁路隧道衬砌渗漏水、裂损、掉块、冻害、隧底下沉及翻浆冒泥、隧底上拱、洞口危岩落石等各类型病害特点且适应铁路隧道条件的病害整治技术。

（六）隧道及地下工程的重大挑战

一是高原、高寒地区修建长大隧道的技术挑战，包括生态脆弱、环境保护挑战巨大、建设人员职业健康风险突出、高效低耗新能源装备、各种混凝土结构的工程品质影响较大等。二是超长山岭隧道面临的重大技术挑战，主要包括：超长山岭隧道勘察技术方面的技术挑战、超长山岭隧道设计方面的技术挑战、深埋超长隧道施工面临的挑战、超长隧道的运维挑战，等等。三是特长水下隧道面临的重大挑战，主要有地震给水下隧道带来的安全挑战、高水压环境给施工装备带来的挑战、长距离水上通风问题带来的挑战等。四是超大跨洞室工程的技术挑战，如何通过设置合理的参数达到安全高效施工是超大跨洞室工程要解决的重大技术难题。五是隧道健康评估与重置技术，如何发展出针对不同类型隧道病害的快速监测和诊断技术以及修复效果经济高效的高性能材料是该领域面临的重大挑战。六是城市深部地下空间建设挑战，地下 50~100 m 的垂直距离范围内的地下空间。这一深度的地下空间开发要面临设计方法、施工技术等多个方面的技术挑战。

（七）人才培养与研究团队

本部分内容主要反映与隧道及地下工程学科直接相关的人才培养和研究团队的情况，其他相关的关联学科或专业如建筑学、地质工程、勘查技术与工程、采矿工程、岩土工程、结构工程、安全工程、防灾减灾工程及防护工程、工程造价、工程管理等内容暂时未全部统计和收录。

1. 人才培养

隧道及地下工程学科的人才培养目前主要分为专科、本科、研究生（硕士、博士）等不同层次和阶段，主要培养单位为各类高等院校和部分科研单位。

一是招生专业目录方面；二是招生机构类型及规模，隧道及地下工程相关专业人才培养的机构以普通高等学校为主，按人才培养层次划分，大学、独立设置的学院主要实施本科层次以上教育，高等专科学校、职业技术学院实施专科层次及以上教育，另外也有部分科研单位也有相应的人才培养智能，但主要为研究生层次；三是人才培养统计分析，在 2013—2017 年，我国隧道及地下工程学科的人才培养体系已经形成了专科—本科—硕士—博士的人才培养体系，相对完备。近年来我国隧道及地下工程学科的人才培养已经超过了 1 万人 / 年。

2. 研究团队及科研成果

一是研究平台及团队，截至 2017 年，我国（大陆地区）共有隧道及地下工程学科的省部级及以上重点实验室共计 28 个。二是科研成果及产出，按照国家自然基金系统统计，2013—2017 年度有关隧道方面的国家自然基金项目数据总计 343 项，其中青年基金 138 项，面上基金 181 项，重点项目 4 项，其他项目（包括地区科学基金项目，国际、地区合作交流项目、联合基金项目、优秀青年基金项目等）20 项。在科研论文发表方面，该 5 年间发表的期刊论文数量超过了 4 万篇。

三、我国隧道及地下工程学科发展趋势与对策

（一）新型的隧道形式

1. 低真空磁悬浮隧道

低真空磁悬浮高速列车和常规的轮轨交通方式相比具有巨大的技术优势，具备下一代主流交通解决方案的能力。

2. 水中悬浮隧道

我国悬浮隧道物理模型试验研究工作全面展开，后续将选取适合水域进行水中悬浮隧道的修建。

（二）新式破岩机理研究与应用

1. 大断面激光破岩技术

发展机械能破岩和化学能破岩之外的破岩技术是隧道和地下工程行业能够取得突破性进展的重大机遇。

2. 其他非爆破开挖技术

主要包括：悬臂掘进机配合铣挖机法、劈裂法、液压冲击锤法、静态破碎法等。

（三）全域型大直径隧道掘进机

1. 大直径盾构机

中国自主设计制造的泥水平衡盾构机的直径达 15.03 m 和 15.80 m，接连刷新了"国

内最大直径盾构"的纪录。

2. 全域型 TBM

全域型 TBM 是相对于目前 TBM 地层通用性不强而提出的一种发展理念，目标是研发出可以适用各种地质条件的理想的掘进设备。

3. 掘进机再制造技术

掘进机再制造市场需求迅猛增长，平均每年完成再制造项目数量约 200 个，主要涉及刀盘、螺旋输送机、管片拼装机、电控系统、液压传动系统等部件，关键技术包括无损检测、绿色清洗、激光熔覆等。

4. 刀具检测与更换技术

陆续发展出多种间接检测方法，如超声波传感器检测、电涡流传感器检测、刀具可视化测量等多种检测方法。

（四）隧道施工与装备的信息化和智能化

大数据技术实现了海量数据的分类并行存储、去噪、清洗，并可对数据运行各种算法处理，最终实现数据高级应用。这些重大技术变革在隧道行业的多个技术方面都存在广阔的应用空间。

第十七节　粮油科学技术

一、引言

近 5 年来，粮油科学技术学科成就斐然。粮食储藏的多项适用技术已达到国际领先水平，粮、油、饲料和粮油食品加工工艺及装备大多已达到世界先进水平，粮油质量安全、粮食物流和信息与自动化等学科在科技研发方面都有喜人进展，为引领粮油产业经济发展和保障国家粮食安全提供坚强科技支撑作出了重要贡献。

今后 5 年，本学科要以习近平关于科技创新的重要思想为指引，继续全力服务于粮食行业供给侧结构性改革总体需求；瞄准国际本学科前沿跟进与探索，精准确立研发方向和重点；深入推进优质粮食工程等发展策略。团结和带领广大粮油科技工作者积极投身创建

两个百年中国梦的伟大建设，描绘中国粮油科学技术发展的新蓝图。

二、本学科最新研究进展

（一）学科研究水平稳步提升

1. 粮食储藏理论与实践获得深入发展

引入了"场"的概念，进一步摸清了虫螨区系分布，深入研究了储粮生态学、储粮害虫防治、储粮微生物、真菌毒素、储粮通风、干燥技术、有害生物发生规律等基础理论。横向通风、粮情云图分析、智能化建设、粉尘治理、内环流控温储粮、低温、氮气绿色储粮、储粮新仓型等创新技术得到推广应用。

2. 粮食加工技术与装备水平大幅提升

稻谷加工实现国际首例引用色选机回砻谷净化技术和留胚米和多等级大米的联产加工方法。小麦及面粉热处理灭虫，以及水分调节对品质影响机理取得突破。玉米深加工完全自主大型化、自动化加工装备并跑国际先进水平且对外出口。杂粮加工解决了以高淀粉甘薯和紫薯甘薯为原料工业化生产新型绿色加工食品的关键技术问题。米制品加工基础理论、工程技术与产业化、质量安全等取得了重大进展。面条制品开发了第二代方便面和高添加杂粮挂面。各类以发酵面食为主食的连锁企业遍地开花，并积极走出国门。粮油营养学科研究控制加工过程对粮油食品中营养物质的影响取得进展。

3. 油脂加工技术装备质量并重成效显著

油料预处理、榨油技术已达到国际先进水平，中小型成套设备已达到国际领先水平。油脂浸出成套设备日趋大型化、智能化。油脂精炼工艺和设备技术水平大幅提升。米糠和玉米胚制油取得突破性进展。大豆分离、浓缩、组织蛋白产品出口多个国家。微生物油脂生产等高新技术得到应用。

4. 粮油质量安全标准体系与品评技术继续完善

2018 年，全国粮油标准化技术委员会（TC270）归口管理的粮食标准共有 640 项（国家标准 350 项，行业标准 290 项）。仪器进步助力粮油产品物理化学特性评价技术发展。粮油储存品质判定标准渐成体系，粮油安全评价借力新型分析工具，溯源监测系统为粮油风险监测预警提供保障。

5. 粮食物流互联技术与装备更加高效

"互联网＋智慧物流"助推产业升级。高新技术与装备极大提升了粮食物流效率，港口大宗货物"公转铁"等工程效果显现。先进信息技术在物流领域广泛应用，物流组织方式不断优化创新。托盘条码与商品条码、箱码、物流单元代码关联衔接技术不断提高。高效化粮食物流技术装备已逐步发挥作用。

6. 饲料加工技术与装备均衡发展

饲料工业标准化成果丰硕。饲料专用机械设计进一步优化。锤片粉碎机、立轴超微粉碎机等粉碎设备的结构创新大大提高了生产效率，降低了能耗。技术交叉应用助力饲料原料加工，提高了饲料利用率。饲料资源开发与利用更加广泛。饲料企业环保技术应用逐渐增加。

7. 粮油行业信息自动化技术应用更加广泛深入

新型粮情测控技术实现无人值守安全储粮。高大平房仓实现散粮出仓作业流程的自动化和智能化。信息和自动化提升粮油加工管控水平，将能效管理引入生产控制系统达到节能增效。高效能粮食行业电子交易体系逐步建立。信息化使得粮食管理更加全面、便捷与直观。

（二）学科发展硕果累累

1. 科学研究成果优良

1）科技创新赋予产业发展新动能。①获得国家科学技术进步奖二等奖5项、国家技术发明奖二等奖2项；省部级一等奖15项；国家粮食与物资储备局软课题一等奖4项；中国粮油学会科学技术奖特等奖1项、一等奖22项；②共申请专利12235项，获得授权691项；③学科刊发的论文数量总数在8600篇以上，比同期增加约20%；出版专著30余部；④在管理国内粮油质量标准的同时，主导制定发布1项、修订2项、参与制修订10项国际粮食质量标准；⑤粮油新产品种类繁多，杂粮制品尤为突出。

2）承担国家科技专项提升创新能力。一是承担和实施了29个粮食储藏、粮油加工国家重点研发计划专项；二是完成了国家"十二五"科技支撑计划的3个杂粮项目和2个粮食物流项目，"十三五"期间"国家粮食储运监管物联网应用示范工程"项目顺利验收；三是有效实施了6个粮食行业公益性粮食储藏科研专项。

3）科研基地与平台建设继续深入。先后建设了10个国家级科研基地与平台，15个省部级重点实验室、工程中心和技术开发中心。研发能力与世界先进水平的差距明显缩小，部分领域达到世界领先水平。

2. 学科建设固本强基行稳致远

1）学科结构日趋稳定。①粮食储藏学科主要依托河南工业大学、南京财经大学、江南大学、武汉轻工大学等四所高校培养相关专业高校毕业生，前两所高校是粮食储藏相关学科博士学位点；②粮食加工相关的食品科学技术与工程专业学士、硕士和博士学位的高校数量分别为约146所、38所和15所，其中，江南大学是以粮食加工为优势特色学科的"211"重点建设高校和"985"平台建设高校；③油脂加工学科全国油脂专业研究生的高校有57所；④粮食物流学科特色的大学主要有9所；⑤有10多所院校具有动物营养与饲料科学博士学位点，30多家高校具有动物营养与饲料科学硕士学位点；⑥粮油信息与自动化学科在国家标准 GBT 13745—2009 中分布于5个专业。

2）学会建设更加繁荣。积极进行团体标准的立项评审，学会首席专家岳国君2015年成功增选为中国工程院院士，江南大学食品学院教授王兴国2018年获第十二届光华工程科

技奖，开展首届"青年科技奖""终身成就奖"和"青年人才托举工程"评选工作，各分会开展大量专业特色活动。学会工作生动活跃，社会知名度、综合服务能力显著提升。

3）多维度培养粮油人才。①学校教育：高等学校师资队伍人才辈出，课程体系与教材传承经典，教学条件建设持续加强。目前已形成从本科生到硕士、博士研究生的成熟人才培养体系；②职称评审：中国粮油学会协助国家粮食和物资储备局开展行业自然科学研究系列、工程系列高级专业技术职务任职资格评审工作；中粮集团可开展本企业副高级职称的评审；各省有关部门可进行高校和企事业单位的高级职称评审，有力地推动了行业高级人才队伍建设；③职业技能培训：协助国家有关部门制定了（粮油）仓储管理员、制粉工、制米工、制油工4个国家职业技能标准，于2019年4月12日颁布施行；河南工业大学拥有国家粮食和物资储备局的"全国粮油食品行业培训郑州基地"，2015—2019年承办了20余期国内粮油食品技术培训班和8期援外技术培训班；④科研创新团队建设。粮油科学技术学科现拥有30余个重要科研团队，形成了如"粮食储藏'四合一'升级新技术"、高效节能、清洁安全小麦加工新技术、大豆油精准适度加工系列关键技术、营养健康与食品安全等一大批关键技术支撑产业发展。

4）学术交流持续广泛。主办、主持国内会议37次，参会超过8500人次；国际会议12次，参会超过2200人次。总会与各分会每年组织20多次国内各类学术年会和研讨会已成常态。举办了第一届"ICC亚太区粮食科技大会""第九届煎炸油与煎炸食品国际研讨会"等国际会议，特邀专家来华讲学等进行学术交流；也派出国内学者到技术先进国家进行学术访问或参加国际会议，走上国际交流的舞台。

5）积极办好学术期刊。主要有《中国粮油学报》等11个基本期刊。此外，还有39种学术期刊。

6）科普活动成效显著。世界粮食日和粮食科技周是每年本学科进行科普宣传的主要窗口和形式，实施中国科协全民科学素质行动计划项目等活动，使粮食科普进社区、进家庭、进学校，受到好评。

（三）学科在产业发展中的重大成果及应用

粮油科学技术创新的一批重大成果得到推广应用，产生了显著的经济和社会效益。其代表性的项目为：

1）营养代餐食品创制关键技术及产业化应用。整体技术达到国际先进水平，在全国多家龙头企业推广，取得了很好的经济及社会效益。

2）油料功能脂质高效制备关键技术与产品创新。成功应用于全国10多个省份30多家企业，产品销往美国、德国、丹麦等50多个国家和地区。

3）大型智能化饲料加工装备的创制及产业化。创新研发了规格最大、国际领先的饲料加工主机装备，设计和工程建设周期分别缩短到原来的1/3和2/3。

4）两百种重要危害因子单克隆抗体制备及食品安全快速检测技术与应用。其等离子手性光学传感检测技术方法敏感度比目前最灵敏的检测方法高出 50 倍。粮食行业快速定量检测仪器和方法的评价技术填补了国内空白，为行业提供了一批已广泛应用的快速检测设备和技术。

5）生物法制备二十二碳六烯酸油脂关键技术及应用。整体技术处于国际领先水平，已在多家企业成功推广应用，产品远销海内外。

6）低温绿色储粮技术。目前已建设低温绿色粮库 96 个、仓容 280 万吨，粮食低温绿色储粮体系率先在四川省形成。

7）大型绿色节能稻谷加工装备关键技术与创新。已在 3 家粮机单位生产，累计获经济效益 16051 万元。先后建立了数十条稻谷加工生产线。

8）食用油适度加工技术及大型智能化装备开发与应用。形成 31 项专利和 13 项操作规程，开发重大产品 2 项。20 余家大型企业应用，建成 59 条生产线。

9）智能化粮库建设项目。物联网技术，政策性粮食收购"一卡通"、巡仓机器人等新成果不断投入运用，共安排智能化粮库建设项目 7821 个。

10）粮食大数据获取分析与集成应用关键技术。该技术达到国内领先水平，已在江苏省 48 家粮库等单位得到产业化应用。

11）室外大型环保物联网控制谷物干燥技术及装备产业化。已成功应用于国家粮食储备库等多种场所，粮食烘干品质好，降水速率较传统机型提高 20%。

三、国内外研究进展比较

（一）国外研究现状

1. 粮食储藏基础和应用基础研究成效明显

澳大利亚、美国等国家重视科研投入，在储粮害虫和微生物区系及发生规律等研究取得了积极进展；粮仓装备、管理基本实现自动控制和智能化管理。

2. 粮食加工技术和装备水平领先营养研究不断深入

日本、瑞士着力研究发展免淘洗 γ－氨基丁酸大米技术等。美国、加拿大、澳大利亚等国研发小麦加工中降低面粉中微生物含量的安全加工等技术。美国的玉米深加工节能节水节料等创新明显。瑞士布勒公司的杂粮、西方大宗面制品、谷物制品加工技术与装备代表了国际领先水平。美国、德国、意大利、日本等已形成产品创新、现代冷链物流等发酵面食一体化产业体系。发达国家对粮油营养组分作用机制及量效关系研究更为深入。

3. 材料科学、生物技术为油脂加工注入新动能

美国发明的分离脂肪酸的膜可以快速分离低纯度顺式混合脂肪酸或顺式脂肪酸酯，将替代蒸馏、冻化、尿素包合等分离手段。

4. 粮油质量安全重视全链条防控粮油食品污染

WHO/FAO 食品添加剂与污染物联合专家委员会等研究制定相应限量标准，加强从生

产到餐桌全链条控制和标准体系的建设。

5. 粮食物流重视系统的顶层设计

世界银行提出更多地利用水路、铁路、公路运输等建议，预期经济回报率可达21%~24%。世界粮食计划署等对强化粮食物流应急运作能力的趋势愈发明显。

6. 饲料加工基础研究深入并重视设备和资源创新

德国、美国、荷兰对饲料原料都有深入研究；推出国际领先的齿蝶辊式粉碎机等原创性新设备；注重满足动物精准营养的综合性创新。

7. 信息与自动化新技术与粮油产业不断融合

美国玉米收获中可以自动在线采集玉米质量信息，日本的食品加工机械设备大多采用光、机、电一体化，并广泛应用智能机器人。

（二）国内研究存在的差距和原因

国内研究与国外存在的差距主要是：基础研究不够广泛深入，原创性研发项目不多，科技成果转化的难点、堵点尚未很好疏解；粮油深加工程度较低，副产品综合利用率不高，营养健康粮油食品不丰富；智能制造刚刚起步，生物交叉技术应用仅处于萌芽状态等。

产生差距的原因有：科技投入不足，产学研结合度较差，产业配合度低，人才结构矛盾突出，缺乏市场主导的标准制定机制，顶层设计与体系建设不足。

四、发展趋势及展望

（一）战略需求

要全力服务于粮食行业供给侧结构性改革总体需求，围绕国家重大战略部署和行业重大工程，发挥科技支撑引领作用，积极推进优质粮食工程，推动粮食行业转型发展。

（二）研究方向及研发重点

1. 粮食储藏学科

加强安全储粮风险预警、粮情智能化测控、储粮工艺与装备、新型替代储粮药剂等基础理论和技术研究。开发新型生物、物理等绿色综合防治害虫技术。

2. 粮食加工学科

建立高品质面条、面包、淀粉及谷朊粉等小麦专用粉品质评价体系。加强高品质食品专用粉评价体系研究和产品开发。开展稻米结构力学特性与碾白工艺技术的研究。开展米制品加工基础理论研究。发展以酶法浸泡等玉米淀粉绿色制造技术。建立粮油营养公共数据库。开展多谷物食品健康功能特性、加工品质改良技术研究。

3. 油脂加工学科

促进食用油料油脂供给多元化。发展油脂精准适度加工技术，对传统工艺进行全面升级。推进油料资源综合利用。加强关键技术装备基础研究和自主创新。

4. 粮油质量安全学科

推进完善粮油标准体系，加强基于加工品质和最终用途的粮食分级定等标准研究等。推进粮油质量安全监测预警体系建设，提升风险预警的时效性和准确性。

5. 粮食物流学科

围绕市场需求，开展粮食物流设施布局优化研究。研发粮食物流管理系统。进行粮食物流高效衔接技术集成研究。拓展粮食物流标准体系研究及装备开发。

6. 饲料加工学科

加强饲料应用基础研究。加强饲料资源开发。提升饲料加工装备与工艺技术水平。开发新型饲料产品和添加剂。饲料产品可追溯技术系统的研发与普遍应用。

7. 粮油信息与自动化学科

推进新型信息技术的应用。加强物联网技术在粮情测控、智能通风及气调、出入库管理、智能安防等方面的应用。促进传统批发市场的转型升级。

（三）发展策略

1）积极服务优质粮食工程，发挥科技创新驱动作用。

2）完善政府科研项目管理机制，提高财政资金使用效益。

3）着力构建行业科研信息平台，增强粮油学科发展活力。

4）深入贯彻"健康中国 2030"规划纲要，充分发挥粮油产业的健康支撑作用。

5）积极发挥学会平台作用，大力促进行业人才培养。

第十八节　仿真科学技术

一、引言

当前，仿真科学与技术在科学研究、国民经济、社会生活和国防建设等各个领域产生了举世瞩目的影响和效益，特别是面对一些重大的、复杂的棘手问题（如社会经济、生态环境、载人航天、军事作战与能源利用等）研究，与传统的理论研究和试验分析方法相

比，采用基于模型的仿真研究手段可以为决策者和工程技术人员提供更为灵活、适用、有效的技术平台和研究环境，高效地帮助人们改善或者解决各类问题。

经过近一个世纪的发展历程，仿真在系统科学、控制科学、计算机科学、管理科学等学科中孕育、交叉、综合和发展，并在各学科、各行业的实际应用中成长，逐渐突破原有学科范畴，成为一门新兴的学科，并已具有相对独立的理论体系、知识基础和稳定的研究对象，已形成独立的知识体系。仿真是工业化社会向信息化社会前进中产生的新的学科。社会与经济发展的需求牵引和各门类科学与技术的发展，有力地推动了仿真科学与技术的发展。在工业、农业、国防、商业、经济、社会服务和娱乐等众多领域，仿真在系统论证、试验、设计、分析、维护、人员训练等应用层次成为不可或缺的重要科学技术。

云计算、超级计算、量子计算的发展使数字时代建模与仿真不再受到计算能力的局限，从而为仿真学科发展提供无限可能。以数字孪生为代表，数字时代的建模与仿真可以与真实世界建立永久、实时、交互的连接，建模与仿真不再是离线的、独立的、特定阶段的存在，而是向在线化、泛在化、常态化、智能化的服务发展。

二、本学科最新研究进展

仿真科学与技术是以建模与仿真理论为基础，以计算机系统、物理效应设备及仿真器为工具，根据研究目标，建立并运行模型，对研究对象进行认识与改造的一门综合性、交叉性的学科。学科包括仿真建模理论与方法、仿真系统与技术和仿真应用工程。其中，仿真建模理论与方法包括相似理论、仿真的方法论和仿真建模理论等；仿真系统与技术包括仿真系统理论、仿真系统的支撑环境和仿真系统构建与运行技术等；仿真应用工程包括仿真应用理论、仿真应用的可信性理论、仿真共性应用技术和各专业领域的仿真应用等。仿真科学与技术学科知识体系，包括仿真学科知识体系构成与仿真学科领域知识（图2-8）。

仿真在国民经济和国家安全中发挥着不可或缺的作用，是人类认识与改造客观世界的重要方法、符合普适性和广泛重大的应用需求，将会对科技发展起到革命性的影响，对实现我国创新型国家战略具有重要意义。

（一）国内仿真学科的研究成果和学科研究平台

仿真学科正向着9个方向发展，即网络化建模仿真、综合自然／人为环境的建模与仿真、智能系统建模及智能仿真系统、复杂系统／开放复杂巨系统的建模／仿真、基于仿真的采办与虚拟样机工程、高性能计算与仿真、基于普适计算技术的普适仿真、嵌入式仿真与基于大数据的仿真。仿真学科最新应用研究进展涉及方面比较广泛，仿真技术主要用于航空、航天、原子反应堆等代价昂贵、周期长、危险性大、实际系统实验难以实现的少数领域，后来逐步发展到电力、石油、化工、冶金、机械等一些主要工业部门，并进一步扩大到社会系统、经济系统、交通运输系统、生态系统、体育娱乐等一些非工程系统领域。

在各类应用需求的牵引及相关学科技术的推动下，仿真技术已经逐渐发展为一门综合性学科，成为人类认识和改造世界的重要手段之一。

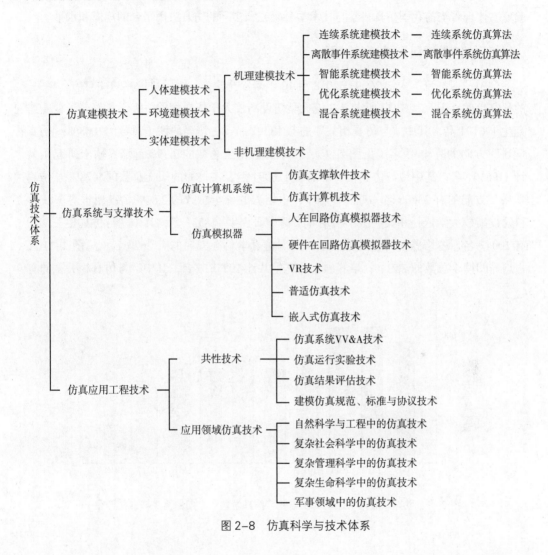

图 2-8　仿真科学与技术体系

（二）仿真学科研究平台和人才培养进展

从事科学研究和工程应用的科研人员和工程技术人员，往往需要对某个应用对象涉及的算法、数学模型和系统流程设计等，通过数值模拟、计算机仿真、半实物仿真、硬件在环仿真、虚拟/增强现实等手段，对局部和整体进行反复的仿真和验证，分析其性能与效果。工程或产品开发应用的仿真平台可提供软件和硬件环境，根据实际情况进行嵌入式开发，可满足现场数据采集、数据处理、数据通信、状态控制等功能，通过计算机仿真软件设计，仿真平台可对实际对象进行模拟和仿真，构造图形化显示界面，方便研发和设计人员对样机参数进行修改，加快产品和系统的研发与创新。依托国内高等院校和科研院所建

立的一批有代表性的仿真研究与应用重点实验室和工程研究中心 24 个，其中包含 8 个国家（或国防）重点实验室、3 个国家级工程技术研究中心、13 个省部级（或行业）重点实验室，体现着当前我国仿真科学与技术学科研究和实际的仿真应用平台的规模和水平。

（三）仿真学科人才培养进展

全国"双一流"大学 2009—2018 年 10 年来依托相关一级学科培养的"与仿真相关"的研究生的情况，其中 42 所世界一流大学建设高校大学依托相关一级学科培养了博士研究生 196191 名，其中"与仿真相关"的有 18992 名，占培养的博士总数的 9.68%；"仿真学科"方向的有 4693 名（见图 2-9），占培养的博士总数的 2.39%；培养硕士研究生共计 1196361 名，其中"与仿真相关"的有 116991 名，占培养的硕士总数的 9.78%；"仿真学科"方向的有 33605 名（见图 2-10），占培养的硕士总数的 2.81%。95 所世界一流学科建设高校大学依托相关一级学科培养了博士研究生 118531 名，其中"与仿真相关"的有 10047 名，占培养的博士总数的 8.48%；"仿真学科"方向的有 2620 名（见图 2-11），占培养的博士总数的 2.21%；培养硕士研究生共计 1027516 名，其中"与仿真相关"的有

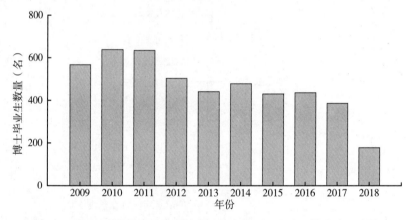

图 2-9 世界一流大学建设高校培养"仿真学科"方向的博士毕业生数量

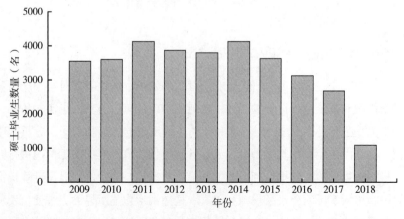

图 2-10 世界一流大学建设高校培养"仿真学科"方向的硕士毕业生数量

85054 名，占培养的硕士总数的 8.28%；"仿真学科"方向的有 26017 名（见图 2-12），占培养的硕士总数的 2.53%。说明"与仿真相关"的研究生占有很高的比例，我国重点高校已经具有了很强的仿真科学与技术学科人才培养能力。

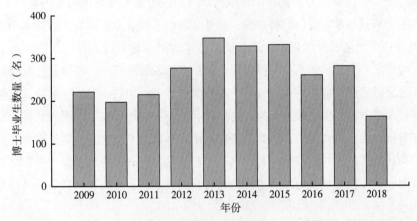

图 2-11 世界一流学科建设高校培养"仿真学科"方向的博士毕业生数量

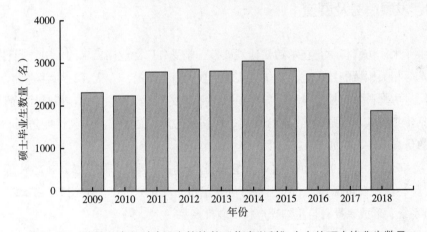

图 2-12 世界一流学科建设高校培养"仿真学科"方向的硕士毕业生数量

三、国内外研究进展比较

首先，对虚拟现实、网络化仿真、智能仿真、高性能仿真、数据驱动的仿真 5 个重点值得特别关注的关键技术方面总结出国际重大研究计划和项目，结论是仿真技术已经发展形成了综合性的专业技术体系，成为一项通用性、战略性技术，并正向"数字化、高效化、网络化、智能化、服务化、普适化"为特征的现代化方向发展，逐步向产业化发展。

国际上仿真学科的最新研究热点、前沿和趋势有 6 个方面：高性能仿真算法、通用仿真软件、仿真应用工程、不确定性量化分析、多尺度建模和仿真、大数据可视化和由数据驱动的仿真。

从我国在仿真建模理论与方法的主要研究成果，特别是对国内外近年来研究热点来看，国内外研究的主体内容基本一致，在热点难点问题上，国内原创性成果不够突出，但复杂系统建模仿真的理论与方法的部分研究成果与国际水平持平或略有超前。仿真系统与支撑技术方面，我国高性能仿真技术领域的研究与应用水平与发达国家仍有不小的差距，标准和规范的研究与制定方面有待加强，软件工程的思想、方法和技术在仿真系统研究与开发中仍没有得到足够的重视，仿真系统与技术的产业化方面，我国与国际上的差距很大；仿真应用工程方面，仿真在我国国民经济的各个领域的应用，特别是在航空航天领域已应用在航天器研制及应用的全过程，仿真对我国经济、国防、科技、社会、文化及突发事件应急处理等方面作出了重要贡献。与国外相比，在应用广度、深度以及社会对其认同的程度还有待加强。总体说来，仿真的基础理论和新概念基本上是由国外提出；仿真框架与体系结构的最新技术与标准规范，我国还没有国际发言权；仿真软件和平台基本上被国外垄断。因此，我们必须大力发展中国仿真科学与技术，推进我国仿真科学与技术及其产业化的发展。

四、发展趋势及展望

几十年来，仿真科学与技术的快速发展，一是受到广泛应用需求的牵引，同时得益于信息技术等相关领域的技术进步对仿真实现手段的有力支持。今天，这两者的驱动力尤其鲜明，促进仿真科学与技术学科在内容和形式上都发生了深刻的变化。最具代表性的仿真技术包括虚拟现实 / 增强现实 / 混合现实、网络化仿真、智能仿真、高性能仿真、动态数据驱动的仿真等。具体如下：

1）虚拟现实（VR）方面，将研发智能化移动 VR 设备、嵌入式 VR 芯片等，突破360°视频、自由视角视频、三维引擎、位置定位、动作捕捉等关键技术，推动研发国产VR 操作系统，形成一批有自主知识产权的软件产品。

2）网络化仿真方面，将初步融合先进信息技术（高性能计算、大数据、云计算 / 边缘计算、物联网 / 移动互联网等）、先进人工智能技术（基于大数据的人工智能、基于互联网的群体智能、跨媒体推理、人机混合智能等）与建模仿真技术，开展智能化高效能仿真计算机系统研究，建立适应"互联网 +"的仿真新模式和新业态。

3）智能仿真方面，将实现大规模 Agent 建模与仿真，可以在高性能计算、云计算平台和其他平台上开发用于分布式 Agent 模型或其交互组件的算法和软件；实现混合建模与仿真，如基于 Agent 建模与仿真与系统动力学、离散事件仿真的组合；加强 Agent 行为建模，考虑情感、认知以及社会方面的因素，可以利用对数据流进行数据分析来推断 Agent行为，行为模型可以持续根据实际数据校准和验证，具有一定鲁棒性。

4）高性能仿真方面，将形成基于新型高性能计算架构的仿真理论和方法，创新研究高性能仿真并行加速理论与方法，以无缝沟通底层硬件平台和仿真实验，有效发掘硬件层的革新红利，满足复杂系统仿真不断增长的计算实验需求，多个核心可由工作线程动态分配给各个仿真内核，达到负载均衡的目的。

5）动态数据驱动仿真方面，将突破面向复杂系统的数据驱动系统支撑平台技术，解决面向应用的数据驱动系统快速构建问题，以应用领域的仿真应用为牵引，初步融合新一代信息技术、人工智能技术、大数据技术，初步建立平行系统理论与方法，为各个应用领域建立基于领域仿真云的数据驱动仿真和平行系统服务能力。

综上所述，仿真科学与技术极大地扩展了人类认知世界的能力，可以不受时空的限制，观察和研究已发生或尚未发生的现象，以及在各种假想条件下这些现象发生和发展的过程。它可以帮助人们深入一般科学及人类生理活动难以到达的宏观或微观世界去进行研究和探索，从而为人类认识世界和改造世界提供了全新的方法和手段。随着科学研究和社会发展所面临的问题复杂性程度的加深，科学研究回归综合、协同、集成和共享已经成为一种趋势，仿真正因为具有这些属性而成为现代科学研究的纽带，它具有其他学科难以替代的求解高度复杂问题的能力。

第十九节 动力机械工程

一、引言

进入 21 世纪以来，人类对能源的需求日益增加，能源短缺和生态环境（全球气候变暖和环境污染）问题凸显，世界面临着能源转型的迫切要求，这对以研究能源高效、洁净、可靠转换成电力 / 动力为主的动力机械工程学科的发展，提出了新的挑战，从而决定了现代先进动力机械设备或装置需要具有高性能、低污染、低排放、长寿命的显著特点，促进了机组向超高参数、大功率 / 容量、环保型以及智能化方向的蓬勃发展，此外随着新能源发电的兴起，储能技术和多能互补技术成为新的研究热点，动力机械装备发展也出现了新的机遇，由此持续不断地推动着动力机械工程学科的创新发展。

我国动力机械工程学科在"十三五"期间，以推动能源生产和消费革命，构建清洁低碳、安全高效的现代能源体系的需求为导向，坚持以能源技术革命为核心，以提升能源自主创新能力为目标，以突破能源重大关键技术为重点，以能源新技术、新装备、新产业、新业

态示范工程和试验项目为依托，重点开展煤炭清洁高效利用技术、高效燃气轮机技术、高效太阳能利用技术、大型风电技术、先进储能技术、节能与能效提升技术等创新研究，取得了一系列的研究进展，为推进我国能源转型、结构优化、节能减排提供了有力的科技支撑和工程示范，为实现我国从能源生产消费大国向能源技术强国战略转变作出了积极的贡献。

本综述将重点评述动力机械工程学科在锅炉、蒸汽轮机、燃气轮机、水轮机和风力机以及核能、光热、超临界二氧化碳煤电、储能、高温材料等先进能源动力技术方面近年来的研究进展、发展趋势及其亮点和热点。

二、本学科最新研究进展

（一）锅炉技术自主创新取得重大突破

煤炭是我国的主体能源和重要工业原料。在推进煤炭清洁高效利用中，锅炉技术的发展是实现煤炭资源消费革命的主体及主流技术。近年来，我国锅炉自主创新技术发展达到新的高度。

在煤燃烧技术方面，研究重点已经转向先进燃烧技术和特殊煤种燃烧技术。近年来，MILD 燃烧、化学链燃烧和半焦燃烧技术处于理论探索、实验室研究和小试阶段；富氧燃烧技术完成中试和 $35MW_{th}$ 工程示范；超临界水煤气化和高碱煤燃烧技术同时具有研究热度、理论深度和应用广度；W 火焰燃烧、旋流对冲燃烧、四角切圆燃烧、水煤浆燃烧和循环流化床等大容量电站煤粉燃烧技术完成技术转化并形成工程应用；燃褐煤机组集成烟气、蒸汽干燥工艺对褐煤预干燥，可大幅提高机组效率。

在电站锅炉技术方面，哈尔滨电气、上海电气和东方电气三大集团在应用现有超超临界锅炉高温耐热钢的前提下，将主汽压力提升到 29.4MPa、一次再热汽温由 605℃提高到 613℃或 623℃，开发出效率更高的高效超超临界锅炉；并在此基础上自主研制成功 660MW 和 1000MW，32.0MPa/605℃ /623℃ /623℃超超临界二次再热锅炉，锅炉实测效率达 94.78%，机组实际供电煤耗降为 269.89 g/（kW·h），系列成果摘得亚洲电力奖——2018 年度燃煤发电项目金奖。

在循环流化床锅炉（CFB）方面，以清华大学、东方电气集团、神华集团等组成的项目团队经过多年攻关，创建了超临界 CFB 锅炉设计理论和关键技术体系，建成了国际首台 600MW 超临界 CFB 示范工程，实现了 600MW 超临界 CFB 的技术突破，运行指标全面优于国外，"600MW 超临界循环流化床锅炉技术开发、研制与工程示范"获 2017 年度国家科学技术进步奖一等奖。

在新型耐热钢及合金研发方面，我国三大锅炉企业配合其他部门自主创新完成了新型高温耐热钢及合金的焊接工艺评定，这些新材料包括 G115、SP2215、CN617、C-HRA-3、HT700、GH984G、GH750 等，部分耐热材料已应用于在建的大唐郓城电厂 1000MW，35MPa/615℃ /633℃ /633℃超超临界二次再热锅炉。

在工程验证方面，2015 年 12 月 30 日，由华能集团清洁能源研究院负责组织的我国"700℃超超临界燃煤发电关键设备研发及应用示范"项目的部件验证试验平台（设计蒸汽流量 10.8t/h、蒸汽参数 26.8MPa/725℃）在华能南京电厂成功投运，实现 700℃稳定运行。

在燃煤电站锅炉超低排放方面，以浙江大学、浙江省能源集团等组成的项目团队建立了多种污染物脱除过程强化的协同调控新方法，建成了国内首个 1000MW 燃煤电厂超低排放工程，被国家能源局授予"国家煤电节能减排示范电站"，"燃煤机组超低排放关键技术研发与应用"获 2017 年度国家技术发明奖一等奖。

在电站锅炉灵活性改造方面，为解决弃风、弃光、弃水难题，我国三大锅炉企业成功实现了锅炉 20%~25%BMCR 负荷条件下的灵活性改造目标，在保证满足环保排放的前提下，实现了机组快速调峰能力。

面向未来，发展高效清洁燃烧技术，设计更高蒸汽参数 633℃/650℃的燃煤超超临界锅炉，开展超临界二氧化碳锅炉研究，将是燃煤机组增效减排的重要途径；同时，在燃煤机组基础上发展多能互补，尤其是与可再生能源实现综合互补利用，以取得最合理的能源利用效益。此外，未来电厂正朝着智能化的方向发展，目前已基本形成的远程诊断系统和智慧电厂技术体系，为发展智能电厂奠定了基础。

（二）蒸汽轮机技术持续创新发展成效卓著

我国火电、核电与工业蒸汽轮机近年来均有新的发展，哈尔滨电气、上海电气和东方电气三大集团汽轮机公司等企业形成了大功率火电与核电蒸汽轮机以及工业蒸汽轮机的自主化设计、国产化制造与批量化生产的能力。在火电蒸汽轮机的单轴最大功率 1240MW、二次再热 31MPa/600℃/620℃/620℃、高参数 35MPa/615℃/630℃/630℃、双轴高低位布置最大功率 1350MW、双机回热抽汽循环、热电联产 28MPa/600℃/620℃的 1000MW、超低背压 2.9kPa 的六缸六排汽超长轴系等方面，取得了国际先进水平的新成就。

第三代核电技术压水堆核电站采用的 1250MW 半速饱和蒸汽轮机与全球功率最大的 1755MW 半速饱和蒸汽轮机率先在国内投入运行，第四代核电技术高温气冷堆核电站采用的 13.24MPa/566℃的 211MW 蒸汽轮机已经完成电站现场安装工作。

全球最大 150 万吨 / 年超大型乙烯装置用 90MW 工业蒸汽轮机（驱动乙烯三机）已经出厂，新研制的一次再热 25~135MW 系列化工业发电蒸汽轮机，广泛应用于生物质发电、垃圾发电、太阳能光热发电、钢厂煤气余热发电等领域，提高了发电效率及能源利用率。

全世界现役空冷蒸汽轮机最长 1100mm 末级叶片已经投入运行，全速火电蒸汽轮机的钛合金 1450mm 末级长叶片以及半速核电蒸汽轮机的 1710mm、1800mm、1828mm 和 1905mm 末级长叶片已经完成叶片动频调频试验，其中 1905mm 末级长叶片为全世界已经制造出的最长末级叶片。

蒸汽轮机部件技术研究取得了新进展，通流部分全三维优化设计与通流部分改造技术、汽封技术、结构强度与寿命、轴系动特性及支撑、焊接转子、蒸汽轮机材料、蒸汽轮

机控制系统的一键起停和热应力监控等先进技术的研究和推广应用，保障了国产蒸汽轮机的经济性、安全性和灵活性。

蒸汽轮机技术未来的发展趋势主要有：发电效率 50% 以上机组的火电蒸汽轮机、1900~2200MW 核电蒸汽轮机、全速 1400~1550mm 和半速 2200~2300mm 长叶片、煤电机组深度调峰与宽负荷性能优化以及蒸汽轮机智能技术。

（三）燃气轮机技术列入重大专项得到快速发展

"十三五"期间，随着"航空发动机及燃气轮机"国家科技重大专项（"两机"专项）的论证和实施，以及"高效低碳燃气轮机试验装置"国家重大科技基础设施项目的实施，我国燃气轮机自主创新技术和产业在多年自主发展形成的基础和积累上，进入快速发展阶段，不断取得新成果并达到新的高度。

中国联合重型燃气轮机技术有限公司（中国重燃）作为"两机"专项重型燃机任务的实施主体单位，与哈尔滨电气集团、东方电气集团、上海电气集团及相关供应链企业、科研院校等单位协同开展了 300MW 级 F 级重型燃机产品研制，并负责具体实施。

截至 2019 年 6 月，中国重燃完成了 300MW 级 F 级重型燃机概念设计，以及概念设计转段预评审，完成了支撑概念设计方案的压气机进口多级试验、燃烧室喷嘴低压性能试验和流量特性试验、燃烧室火焰筒冷却性能验证及冷却单元性能测试、透平第一级静叶中温中压冷效试验以及透平气膜、冲击冷却单元及密封单元试验等，支撑了 300MW 级 F 级重型燃机概念设计方案。在重燃专项实施过程中，同步建设和完善设计体系，初步建立了能够支撑 300MW 级 F 级重型燃机概念设计的设计体系和材料体系，涉及气动、燃烧、冷却、强度 / 振动、热力循环等方向。在重燃核心热部件研制方面，在中国重燃的组织下，由中国科学院金属研究所和江苏永瀚分别牵头完成了 300MW 级 F 级透平第一级静叶试制，并先后于 2019 年 6 月 19 日和 8 月 14 日通过首件制造鉴定；由中国科学院金属研究所牵头完成了 300MW 级 F 级透平第一级动叶试制，并在 2019 年 8 月 14 日通过首件制造鉴定，标志着我国在重型燃机核心热端零部件自主设计、自主冶炼、自主铸造上取得重大突破，为 300MW 级 F 级重型燃机一级动 / 静叶定型设计及批量化生产奠定了坚实的基础。

东方电气集团从 2009 年开始实施 50MW 重型燃机自主研发项目，通过十年努力，建立了自主的重型燃机材料体系，掌握了重燃三大部件相关的气动、冷却和二次空气系统关键设计技术，形成了结构、强度、振动等可靠性设计和评判准则，实现了 50MW 燃机高温部件完全自主配套。近两年建成燃机整机空负荷和满负荷试验台，建立了完整的燃机研发试验平台，完成了 50MW 燃气轮机原型机研发、设计、制造、总装、整机试验系统连接和调试。2019 年 9 月 27 日，50MW 燃气轮机原型机整机空负荷试验点火成功，自主创新技术发展取得新的成绩。目前正在按计划进行整机试验。

随着我国能源结构优化和环境污染治理不断向纵深推进，以及各项国家支持政策的落地，燃气轮机在我国能源和电力工业中的地位得到了进一步提升，从而为燃气轮机制造销售、运营、运维市场，提供了广阔的发展前景。

（四）水轮机技术自主创新取得重大进展

我国近几年水轮机在巨型混流式水轮机和水泵水轮机以及更好满足可再生能源风、光、水电互补、拓展水轮机稳定运行范围等方面，取得重大进展。

在巨型混流式水轮机方面，已投运的向家坝水电站单机容量世界最大，其总装机容量7750MW，包括 8 台 800MW 巨型混流式水轮机（左岸 4 台由中国哈尔滨电机厂有限责任公司设计制造，右岸 4 台由法国阿尔斯通设计制造）和 3 台 450MW 大型水轮机。机组安装高程左岸比右岸高 3m，8 台巨型水轮机组 2014 年 7 月投运至今经历了各种水头考验后运行优良，凸显了我国自主研制机组由于空化系数小而在降低工程造价方面的优势，成果已用于多个电站水轮机设计中。白鹤滩 16 台 1000MW 巨型混流式水轮机 2014 年完成中立台模型试验后确定，全部由中国设计制造，目前处于制造阶段。

在水泵水轮机方面，2016 年 6 月首台投运的仙居单机 375MW（世界之最为 400MW）水泵水轮机为我国抽水蓄能已建电站中国内单机容量之最，其效率、空化及压力脉动等指标先进，运行效果优于同类进口机组。具有完全自主产权的在制长龙山最高扬程 756m 和在制单机容量 400MW 的阳江抽水蓄能电站的水泵水轮机，在扬程和容量上达到或接近世界之最。抽水蓄能电站成为电网调频调峰最重要的力量，今后还将大力发展。

在水轮机稳定运行范围拓展方面，2015—2019 年，白山水电站 5 台机组陆续改造完成并投运，丰满重建水电站 2019 年 1 号机投运，其稳定运行范围均突破了国标规定，在更小负荷区域实现稳定运行，增强了电网调节及风、光、水电能互补能力，成为今后新建电站和电站改造的重要发展趋势。

未来将加强以下几个方面的研发力度：考虑降低噪声、过鱼以及减少油污物排放等方面的环境友好型水轮机；1000m 水头段、单机容量 1000MW 容量冲击式水轮机；水轮机远程运维服务智能制造。

（五）风力发电技术发展迅猛部分产品国际领先

2018 年年底，全球风电累计装机容量达到 6 亿千瓦，中国（除港、澳、台地区外）风电累计装机容量 2.1 亿千瓦，并网容量 1.84 亿千瓦，稳居世界第一。2018 年中国实现风力发电 3660 亿千瓦时，同比增长 20%，发电量继续保持全国第三大电源，占全部发电量的 5.2%。

目前产业化的风力发电机组主要是水平轴式风力发电机组，主导机型有高速双馈式风力发电机组、中速永磁式风力发电机组、低速永磁式风力发电机组。国际陆上已投运功率最大水平轴风力发电机组为 Enercon 公司的 E-126 机组，额定功率 7.5MW；海上已投运功率最大的为三菱 – 维斯塔斯制造的 9.5MW 机组。

我国陆上已投运最大风电机组为金风科技 GW155，额定功率 4.5MW，2019 年 6 月 25

日并网发电。在弱风型风机开发方面，1.5MW 功率多家风轮直径已达 90m 以上，2MW 功率多家风轮直径已达 131m 以上，3MW 功率多家风轮直径已达 140m 以上。我国在陆上风机的总体技术水平基本和欧美国家保持同步，低风速风机开发处于领先水平。

在海上风机开发方面，国外整机制造商已经完成 8MW 级风电机组的产业化，10~12MW 风机在制造中，15~20MW 风机已在规划及概念设计中。我国主要风机制造商的 5~6MW 海上风电机组样机已投运，形成批量供货能力，上海电气、金风科技 8MW 海上风机样机已下线，东方风电 10MW 海上风机样机也已于 2019 年 9 月下线，多个厂家均在研制 10MW 风机。我国在大功率海上风机开发方面已有较强能力。

总体来看，我国在风能开发利用、装备研制等方面已经取得显著成绩，整体发展势头良好，产业和利用规模世界第一，技术创新能力及水平不断提升，在大容量机组研发、高塔架应用技术方面处于国际先进水平，低风速风电机组开发处于国际领先水平。

未来风机将以陆上集中式、分散式及海上为主，陆上分散式和海上风机将逐步成为发展的主力；风机整体性能正在向智慧化、电网友好型方向发展；陆上风机正在向 4MW 以上大功率、弱风型（长叶片）、高塔筒方向发展；海上风机正在向 10MW 以上大功率，朝着深海、远海、抗台风、飘浮式基础方向发展。

（六）多种先进能源动力技术发展取得新的突破

1. 核电技术

近年来我国核电装备技术取得了重大突破，目前已具备三代核电技术自主设计和制造能力，并研发出具有自主知识产权的华龙一号和国和一号（CAP1400）。

华龙一号自主三代技术，由中国广核集团有限公司（中广核）的 ACPR1000+ 和中国核工业集团有限公司（中核集团）的 ACP1000 两项技术融合优化而成，具有完整的自主知识产权，其获得的专利和软件著作权覆盖了设计技术、专用设计软件、燃料技术、运行维护技术等领域，满足核电"走出去"战略的要求。

国和一号也具有完全自主知识产权，可将工期缩短至 56 个月，具有较好的经济性，是中国核电"走出去"战略的另一重要选项。

以高温气冷堆为代表的我国第四代先进核能技术也取得了积极的进展。

2. 太阳能光热技术

近年来光热技术（聚光太阳能热发电技术）作为清洁发电技术在我国发展迅速，主要有中控德令哈 10MW 和 50MW 塔式光热电站、首航节能敦煌 10MW 和 100MW 塔式光热电站以及中广核新能源德令哈 50MW 槽式光热项目、鲁能海西 50MW 塔式光热电站与共和 50MW 塔式光热电站。

目前我国光热产业发展时间较短、产业基础薄弱、核心技术和产业化瓶颈尚未完全实现突破，处于初创和发展阶段，其核心环节在于装备制造、系统集成设计和电站 EPC。

3. 超临界二氧化碳（S-CO$_2$）燃煤发电技术

近年来，以华北电力大学、西安交通大学、华中科技大学、中国科学院工程热物理研究所等组成的研究团队，在国家重点研发计划项目支持下，对 S-CO$_2$ 燃煤发电系统的热力循环构建、S-CO$_2$ 传热特性、S-CO$_2$ 锅炉及透平等关键部件概念设计等开展了研究，取得了重要进展。该系统方案有两个重要创新点：一是基于能量复叠利用的锅炉热能高效利用，实现了烟气热能的高效全温区吸收；二是基于 1/8 分流减阻原理的锅炉模块化设计，解决了 S-CO$_2$ 循环大质量流量导致大压降的难题。在透平入口参数为 630℃ /35MPa 时，发电效率可达 49.73%，显著高于超超临界水蒸气朗肯循环 47% 的效率。

此外，西安热工研究院等正在建设 5MW 燃气 S-CO$_2$ 动力系统；我国太阳能驱动的 S-CO$_2$ 发电重点专项已启动实施。

4. 储能技术

近年来，风能、太阳能等新能源发电量占比逐年上升，但新能源发电存在不稳定和间歇性等问题，而储能技术是解决这一问题的最有效的方法。因此，储能技术在现代能源体系中具有举足轻重的地位。

到 2018 年年底，全球储能装机总量约为 180.9GW，其中，抽水蓄能装机总量 170.7GW，占储能装机总量的 94.4%；压缩空气储能装机总量 0.36GW，占储能装机总量的 0.2%；各类化学电池总量 6.51GW，占储能装机总量的 3.6%。世界范围内，抽水蓄能和压缩空气储能已实现大规模（100MW 级）商业应用。我国储能装机总量在 2018 年年底为 31.3GW，占比 1.65%。

我国的抽水蓄能已是较为成熟的大规模储能技术，压缩空气储能技术处于起步阶段。中国科学院工程热物理研究所于 2009 年提出了超临界压缩空气储能系统，先后建成 1.5MW 级和 10MW 级超临界压缩空气储能示范系统，系统效率分别达到 52.1%、60.2%。现已启动 100MW 超临界压缩空气储能的研发工作，系统设计效率为 70%，首套示范项目已经立项，预计 2020 年建成。

5. 高温材料技术

2015 年，东方电气集团获批建设"长寿命高温材料国家重点实验室"，成为行业内唯一一个以能源高温材料为研究对象的实验室。实验室拥有开展长寿命高温材料研究和分析测试的先进试验条件，建有一条重型燃机高温部件（大尺寸单晶、定向结晶叶片）材料研发和成形技术试验的中试线，具备透平用高温合金大尺寸定向凝固单晶和柱晶空心叶片、新型耐热钢的研发能力。同时，还配置了燃气轮机高温部件热障涂层（TBC）的制备和检验中试线。

实验室在 630℃超超临界汽轮机用高温部件和涂层材料研制、国际最长 1450mm 超长钛合金叶片研制、650~700℃高温材料（转子、铸件）研发、F 级以上重燃动叶片用单晶定向材料研发、超临界二氧化碳用材料的性能评估、重型燃机用定向柱晶、单晶叶片精铸工艺研发、重型燃机叶片涂层的开发与制备、燃机材料体系和数据库建设取得了重要进展，并在 50MW 燃机整机试验取得突破性成果。

第二十节　复合材料

一、引言

随着我国国民经济的蓬勃发展，单一功能的材料已经无法满足现代工业的全面需求。近年来，材料工艺及设备不断成熟，复合材料综合成本不断优化，应用范围已经遍及船舶、轨道交通、风电、汽车、电力、建筑加固、油气田设备、医疗、运动休闲等各个行业，成为非常有前途和潜力的新兴产业。在《中国制造 2025》的引领下，先进复合材料无疑会成为不可或缺的重要新材料和经济增长点。因此，开展复合材料从原材料到设计仿真、制造加工、典型应用、安全评价再到智能 / 功能化的全链条研究具有重要的理论意义与应用价值。

二、复合材料学科的发展现状

复合材料在国民经济领域内应用越来越广泛，对组分原材料、复合工艺界面理论复合效应等方面实践和理论研究越来越深入，我们对复合材料产生了更全面的认识。现在人们可以更主动地选择不同的增强材料与基体进行合理的性能功能和力学设计，如宏观的铺层设计，微结构设计等。采用多种特殊的工艺，使材料复合或交叉结合，从而制造出高于原先单一材料的性能或开发出单一材料所不具备的性质和使用性能，如优异的力学性能、物理 – 化学多功能（电、热、磁、光等）或生物效应的各类高级复合材料。因此，所谓"材料复合化"这一概念涵盖的范围也越来越广：从宏观尺度的复合到微观尺度的复合；从简单复合到非线性复合效应的复合；从结构材料到结构功能一体化材料和功能复合材料；从复合材料到复合结构、从材料的机械设计到仿生设计的发展趋势。

（一）国家发展规划

为促进复合材料学科与产业的发展，发达国家发布了各自的复合材料相关发展战略规划。如：美国的"材料基金组计划"，俄罗斯的"2030 年前材料与技术发展战略"，欧盟的"石墨烯旗舰计划首份招标公告和科技路线图",日本的"第五期科学技术基本计划"与"科技创新综合战略2017(SIP)"都将复合材料作为其优先推进方向。

我国也出台了针对性的复合材料发展规划,并在《国家中长期科学和技术发展规划纲要(2006—2020年)》中将高性能复合材料、大型/超大型复合材料结构部件制备技术作为"重点领域及其优先主题——制造业"中基础原材料的重点研发方向。

针对这些发展战略所制定的目标,我国大力开展复合材料学科基础建设,包括发展学术组织,发展专业科研机构,同时注重各个层次人才培养,为实现长期发展规划提供保障。

(二)技术研究进展

在复合材料学科发展的过程中,原材料技术是先进复合材料研发的基础与前提,低成本技术是先进复合材料拓展应用的根本手段与途径,新型复合材料是先进复合材料可持续发展的趋势与动力,设计/评价一体化技术是先进复合材料应用的重要支撑与保障。

结构的发展不断追求高效能、低成本、长寿命、高可靠性对其材料与结构的综合要求越来越高。为适应此应用需求,一些新型复合材料形式应运而生,在现有材料性能基础上继续挖掘先进复合材料潜力。如超轻材料与结构技术、纳米复合材料技术,多功能化与智能化复合材料技术。

复合材料设计、评价一体化研究,以复合材料细观力学研究为基础,揭示复合材料不同的材料复合具有不同的宏观性能的内在机制,进而为材料及结构分析提供理论依据和方法;同时也对复合材料进行细观层次上的设计,即根据工程的不同需求选取适当的组分材料及优化的细观结构形式。这不仅对复合材料科学具有促进作用,同时对复合材料的工程应用具有重要的指导意义。

(三)学科发展支撑条件

学术组织:复合材料学会成立于1989年1月,按研究方向下辖聚合物基、生物医用、金属基、纳米复合材料、土木工程复合材料、超细纤维、天然纤维、陶瓷基、复合材料增强体分会等分会。

学会通过举办学术会议、展览会、培训课程、科技奖励、主办期刊等活动,建设从业人员交流平台;加强我国复合材料领域学术界、工业界与国际同行的交流,促进和培养青年科技人才成长;推动我国复合材料科学技术发展与应用;坚持独立自主、民主办会的原则,维护会员的合法权益,为建设科技创新型国家、构建和谐社会贡献力量。

学科主要专业科研机构包括:哈尔滨玻璃钢研究院、中国兵器工业集团第五三研究所、西安航天复合材料研究所、航天材料及工艺研究所、中国航发北京航空材料研究院、北京玻璃钢研究设计院、航天特种材料及工艺技术研究所、江苏产业技术研究院、航空工业济南特种结构研究所、中国科学院上海硅酸盐研究所、上海玻璃钢研究院、洛阳船舶材

料研究所等。

除此之外，全国还有 33 个与复合材料学科相关的国家级重点实验室与研究中心，从事从分子层面材料设计到复合材料分析仿真，再到加工制造与应用评价的研究工作。

这些专业研究机构是我国开展复合材料科学基础理论与应用基础研究、培养复合材料科学高层次人才、促进科学及其相关领域国际国内科研合作与学术交流的重要基地。

复合材料领域人才培养：2015 年全国共有 26 所院校开设复合材料与工程本科专业（专业代码：080408），2016 年与 2017 年开设院校数量为 29 所，截至 2018 年 6 月，共有 36 所院校开设此专业本科阶段招生。复合材料相关专业招生院校逐年递增，说明了领域人才需求量大，社会对学科的认可度不断提升。2017 年，我国高校还开设了复合材料成型工程专业（专业代码：080416T）。

目前复合材料学科相关的国家级人才，包括：工程院与科学院院士：19 人，长江学者：65 人，国家杰出青年科学基金获得者：21 人。

三、国内外学科发展状态比较

科技文献是各个研究方向科研活动和科技成果的重要反映。为了分析复合材料学科发展热点，调研了 2014—2018 年在不同领域所发表文献。在 SCI 数据库中，分别用"Composite and {关键词}"作为检索关键词，检索范围为：题目 / 摘要 / 主题。检索结果如表 2-1 所示。

表 2-1　不同领域文献趋势　　　　　　　　　　（单位：篇）

领域	关键词	五年内发表文章数量	2014 年	2015 年	2016 年	2017 年	2018 年
复合材料原材料	聚合物基	31611	5798	5881	6164	6894	6874
	陶瓷基	10297	1926	1889	1982	2234	2266
	金属基	7082	1226	1262	1374	1511	1709
	增强体	21681（纤维：11285，颗粒：5106）	3591	3747	4247	4786	5310
复合材料结构分析、设计与制造	结构设计、分析与仿真	26836	4466	4898	5412	6125	5935
	结果制造与加工	12767	2721	3239	2389	2303	2115
功能 / 智能复合材料	功能材料	14764	2208	2524	2916	3556	3560
	智能材料	2320	407	399	462	506	546
复合材料结构无损检测与健康监测	无损检测	2624	466	597	550	538	473
	健康监测	3026	492	599	554	640	741

文献检索调研结果显示：复合材料领域主要研究方向为聚合物基、金属基、陶瓷基、纤维增强体与颗粒增强体；复合材料结构分析、设计与制造；功能／智能复合材料；复合材料结构无损检测与健康监测。本学科发展报告也将这些研究热点分别作为报告专题进行详细分析与阐述。按照国别分析，近五年来，我国学者共发表文章 66703 篇，其中大陆地区学者发表 63828 篇，由此可见我国学者发表文献数量远超过其他国家发表数量（见图 2-13）。

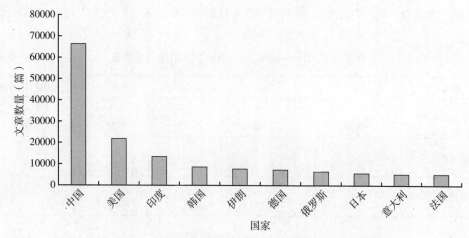

图 2-13　复合材料领域不同国家近五年文章发表数量统计

（一）学科国内外研究热点

在 SCI 数据库中选出 2014 年 1 月—2018 年 12 月的高引用文章（引用排名前 0.1%）提炼出复合材料学科的研究热点，并通过对比国内外研究热点分析我国复合材料学科发展的特色与不足，为制定我国复合材料学科发展策略提供依据。国际复合材料领域的研究热点包括：碳纳米管复合材料、石墨烯复合材料、金属 - 有机框架复合材料、二维过渡金属碳化物复合材料等。

通过分析近年来复合材料学科领域内方向热点文章，可以比较国内外学科发展的不同之处。

在基础理论方面，我国复合材料学科更倾向于研究材料分析、改性、表征以及不同加工制造模式对结构性能的影响等方面，如低温液氧相容树脂领域内，近五年来，全部有影响力的文献都来自我国。

处理材料改性与表征，国外复合材料学科研究人员注重发展不同理论模型用以研究功能材料原理、分析结构跨尺度响应等。美国、加拿大、日本以及伊朗等国在材料微细观尺度理论分析方向的成果影响力较大。

在功能材料方面，国内外研究热点方向基本一致，包含碳纳米管、石墨烯、MXenes、金属 - 有机框架等。高水平研究成果往往是国内外研究人员共同合作所取得的，这是复合

材料学科多年来倡导对外交流的结果。

（二）复合材料研究领域在国内重要科学技术奖项中的获奖情况

国家科学技术奖项是国家对科学技术成果的认可，是行业发展的"晴雨表"。

2014—2018年，复合材料领域内的研究成果多次获得国家科学技术奖项（国家自然科学奖、国家技术发明奖、国家科学技术进步奖，见表2-2）。同时，在复合材料领域两名外籍专家获得国际科学技术合作奖，说明我国复合材料学科在国际合作的道路上快速发展。

表 2-2　2014—2018 年所获国家科学技术奖奖项　　　　（单位：项）

奖项	2014 年	2015 年	2016 年	2017 年	2018 年
国家自然科学奖	1 （共 46 项）	3 （共 42 项）	5 （共 42 项）	5 （共 35 项）	3 （共 38 项）
国家技术发明奖	3 （共 70 项）	4 （共 66 项）	2 （共 66 项）	2 （共 66 项）	0 （共 67 项）
国家科学技术进步奖	1 （共 202 项）	2 （共 187 项）	2 （共 171 项）	2 （共 170 项）	1 （共 173 项）

国家自然科学基金对领域内研究人员的资助是对学科发展的有力支持。近五年，复合材料领域学者共获得自然科学基金资助 2024 项，其中面上项目 796 项，青年项目 912 项（见图 2-14）。资助方向包括了复合材料基础研究、结构制造、加工与评价等。

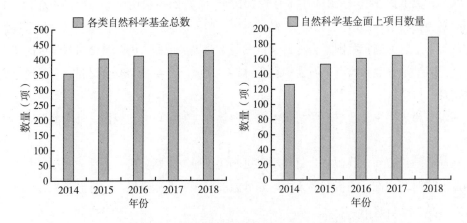

图 2-14　近五年复合材料领域科研工作受自然科学基金资助数量

2014—2018年，复合材料领域所获得的各类自然科学基金资助数量及获得的面上项目资助数量都在逐年稳步上升。说明国家对复合材料学科愈加重视，领域内研究气氛非常活跃，在我国国家自然科学基金的帮助与引导下，复合材料领域内人才大量涌现。进入21世纪以来，共有21名青年科学家获得国家杰出青年科学基金。2014—2018年，自然科学基金在复合材料领域支持了 37 个重点项目。

可见，复合材料学科受到来自工程与材料、数理、化学等科学部的有力支持；复合材料学科研究工作呈现高校、科研院所与企业界共同发展的态势。

四、我国研究趋势与对策

（一）我国复合材料学科的主要需求

我国复合材料学科发展所面临的主要需求与现实挑战包括：如何低成本、高效地生产复合材料结构；越来越多的关键结构复合材料化所带来的极端环境下复合材料可靠性问题；早期生产的复合材料结构评价、维修、延寿问题；复合材料结构智能化与功能化问题。主要需求包括以下方面：

1）高性能复合材料系列化和产业化发展需求。

2）复合材料构件先进制造技术发展需求。

3）复合材料的状态评价与寿命预测技术发展需求。

4）极端环境复合材料的应用需求。

（二）发展趋势与对策

在《中国制造 2025》的指引下，瞄准新一代信息技术、高端装备、新材料、生物医药等战略重点，引导社会各类资源集聚，推动优势和战略产业快速发展，我国明确了国内制造业十大领域，其中新材料领域中先进复合材料为发展重点之一，航空航天装备领域中复合材料的制备与应用也是先进化程度的重要标志。复合材料学科的设计、分析、制造、应用与评价等研究课题，在推动行业科技进步、促进行业转型升级、为国家重大战略部署的实施做好服务方面必将发挥更大的作用。而根据以上分析，我国复合材料学科领域研究中需要注意以下几点：

1）借鉴国际研究方法，发展国内相关技术，形成国内平台研发网络。

2）加强机构间、作者间的合作交流，注重国内产学研合作。

3）应加强基础研究，避免产业盲目布局。

加强基础技术及关键装备研究，复合材料结构设计 – 分析 – 评价一体化技术，多功能化成为未来复合材料发展的重要目标，环境友好催生绿色复合材料、热塑性复合材料以及高效循环再利用技术，"互联网"时代复合材料将面临研究方式的深刻变革。

目前，材料科学技术发展迅速，新的复合材料增强体和基体不断涌现，纳米复合材料、智能复合材料和结构功能一体化复合材料等成为复合材料发展的新方向，在大数据和"互联网 +"的背景下，材料设计和材料基因计划也在得到越来越广泛的重视，会推进新型复合材料的发展。因此，我们应关注复合材料的科学发展问题，研制出更先进、更新型的复合材料，满足未来应用需求。应重点强调复合材料的应用，对于新型的先进复

合材料，要会用、要敢用、要用好，同时更要用多，通过科学高效地使用复合材料，最大限度发挥复合材料的优势，实现产学研紧密结合，才能推动产业升级，促进产业结构优化。

在国家发展战略规划的引领下，在工业界与学术界的共同努力下，我国复合材料学科必将取得长足发展，成为我国国民经济与国防事业的重要增长点。

第二十一节　摄影测量与遥感

一、引言

随着移动互联网、云计算、大数据、人工智能等新技术与测绘学科的深度交叉与融合，传统的数据生产型测绘升级为全领域、全范围全息的地理信息服务。摄影测量与遥感在测绘学科乃至相关学科中扮演着重要的角色。近年来，我国实施了高分辨率对地观测系统重大专项、国家空间基础设施等重大工程。遥感传感器呈现出高空间分辨率、高光谱分辨率、高时间分辨率及宽覆盖的发展趋势，遥感应用显示出自动化、智能化、实时化的需求，遥感服务表现出多领域、社会化与国际化。中国遥感进入前所未有的蓬勃发展阶段。

二、本学科近年的国内外研究进展及展望

现代遥感技术已经进入一个动态、快速、多平台、多时相、高分辨率地提供对地观测数据的新阶段。美国、法国、德国、日本、印度、以色列、韩国等国均已拥有本国的高分辨率对地观测卫星系统。我国也启动了高分专项，作为《国家中长期科学和技术发展规划纲要（2006—2020 年）》所确定的重大专项之一，高分系统建设具备了一定的高空间分辨率、高时间分辨率、高光谱分辨率和高精度对地观测能力，对于推进我国空间基础设施建设、促进遥感应用推广及相关产业发展具有重大意义。此外，我国制定了《国家民用空间基础设施中长期发展规划（2015—2025 年）》，明确了 3 个阶段的建设任务，其发布实施以来，第一阶段任务已经完成，第二阶段任务也在稳步推进，最终形成全球遥感数据接收和服务能力。

（一）摄影测量与遥感发展现状与趋势展望

数据获取方面，摄影测量可以从近景、航空、航天等不同尺度，快速获取多时相、多角度、多光谱、多分辨率的影像。而激光扫描仪、全景相机、深度相机等硬件的集成创新，不断加速摄影测量的产业化应用。数据处理方面，传统基于多视图影像的三维建模技术愈发完善。摄影机无目标校准技术取得长足进步，并已发展出 RGB-D 相机自标定技术。区域网平差技术由地面像控逐步过渡为利用高精度 GNSS 数据像控。影像匹配技术的改进一方面基于特征提取算子的优化，另一方面基于深度学习技术的发展。硬件水平的提升也引领了数据处理手段的变革，同时定位与地图构建（SLAM）技术成为了摄影测量领域新的研究热点。

摄影测量学科的发展将逐步走向实时化、开放化、自动化和智能化。随着航空影像可获取的数据呈几何级增加，测图周期短、时效性强的任务特性对摄影测量学科提出了新的需求。可以预见，从单机到集群、多人协同、并行计算、实时处理等很可能是未来描绘摄影测量的关键词。微观尺度上点云识别、分割、分类及目标检测等领域的研究正如火如荼。宏观尺度上，道路提取、场景语义分割、道路交通指示识别等也为摄影测量未来的应用提出了更多可能。摄影测量与计算机视觉、人工智能等学科的进一步交叉融合是摄影测量发展的必由之路。

（二）高空间分辨率遥感数据信息处理技术发展现状与趋势展望

姿态测量与处理方面，目前多采用星敏感器和陀螺组合进行卫星姿态确定。星上姿态测量代表性的有高精度三轴姿态稳定系统、控制力矩陀螺技术，DORIS 定轨技术和姿态跟踪测算调整技术等。国内研发的 1 角秒的星敏感器也已走上实用化阶段。

几何建模方面，有理多项式模型（RFM）得到了广泛的应用。目前国内外高分卫星对外发布的传感器校正产品均带有有理函数模型（RPC），可以直接在遥感商业软件中使用。

几何定标方面，目前国内外均主要利用地面高精度的数字几何检校场通过误差分析和建模，标定误差，求解卫星对地成像的内外方位元素。同时重视无须定标场的自主几何定标方法研究。

平台震颤处理方面，普遍采用高精度陀螺或角位移测量设备实现高精度姿态变化测量。国内在平台震颤对图像辐射质量影响的理论分析以及震颤模拟仿真方面研究较为集中，主要关注对成像有影响的平台震颤分析与补偿。

传感器校正处理方面，主要是基于统一平台的高精度严格几何模型和检校技术，实现卫星平台上几何基准的统一，保证所有载荷影像的内部几何精度。

相对辐射校正方面，对于正常推扫模式下的定标法主要有实验室相对辐射定标、室外相对辐射定标、星上内定标、场地相对辐射定标。偏航 90° 成像模式使用的方法主要有基于线性模型的均匀场景定标法，基于分段线性的定标法以及基于直方图匹配的定标法。

影像高精度复原方面，遥感影像调制传递函数补偿（MTFC）是较为常见的影像复原方法，MTF 曲线的精度待突破。

人工智能，尤其是深度学习研究成为主流，并期待在遥感影像的分类、识别、检索和提取中深入应用。

高分辨率光学遥感卫星的发展趋势，主要有以下几个层面：

1）单星性能越来越高，成像空间分辨率、时间分辨率、光谱分辨率、定位精度等进一步提升。

2）由传统单星观测模式转变为组建星座观测，对地观测将实现低成本、高效率，以及更优的性能。

3）卫星观测资源、通信 / 导航星群资源、地面处理资源以及用户之间相互集成，构建网络化的天基智能对地观测系统。

4）人工智能技术将在高分辨率遥感数据处理的各个环节发挥越来越重要的作用，并有望出现工程化的解决方案和产品。

（三）高光谱遥感数据处理技术发展现状与趋势展望

高光谱遥感数据处理技术的研究主要包括降噪处理、数据降维、特征提取、图像融合、图像分类、混合像元分解和目标探测等方向。

高光谱数据降噪处理包括条带噪声处理和图像噪声处理。条带噪声降噪处理主要包括空间统计法、最优线性系数法和变换域去条带法；图像噪声降噪处理主要包括光谱域降噪法、空间域降噪法、空谱联合降噪法等。卷积神经网络法、自动编码器法等也成为高光谱影像降噪的研究热点。

高光谱图像混合像元分解主要包括凸几何分析方法、统计分析方法、稀疏回归分析方法以及光谱－空间联合分析方法。亦包含半监督混合像元分解、非线性解混和高性能计算等。

高光谱图像融合方面，从维度（时、空、谱）指标提升的角度包括面向空间维、光谱维、时间维提升的融合算法。融合算法呈现多指标综合、多源传感器综合、融合精度不断提高、算法鲁棒性增强等特点。也包括深度学习方法。

高光谱目标探测方面，在光谱信息之外，空间信息也越来越受到重视。实时处理成为大数据时代高光谱目标探测研究的新方向。

高光谱遥感影像分类方面，主要集中在结合丰度信息分类方法、高光谱非线性学习理论与方法以及针对影像中的多流形结构构造模型的方法，包括深度学习算法的遥感大数据智能化分类。

未来在高光谱卫星产品标准化设计、典型应用产品算法研发、产品精度评价等方面将更加凸显国际化，并加快由研究走向应用的步伐。从数据源头出发，面向观测对象和用户建立精准、快速的数据获取和专题产品生产直接通道，降低高光谱遥感技术的应用门槛。

高光谱遥感已由传统的纳米级光谱分辨率向亚纳米级的超光谱发展。新型高光谱成像仪的出现拓展了高光谱遥感应用的广度和深度，需要新的数据处理与信息提取技术。

大数据、云计算等新兴技术的出现，基于互联网的服务模式变革，为高光谱遥感技术向各个行业拓展提供了机遇。

（四）合成孔径雷达数据处理技术发展现状与趋势展望

合成孔径雷达（SAR）数据的几何处理、极化信息处理以及干涉测量数据处理是几个重要研究方向。

SAR 影像几何校正方法大致可以分为两类：一类是由共线方程定向方法转化而来，已实现实用化的可操作软件。另一类是根据 SAR 本身的构像几何特点开发，也有相应的开源代码及应用软件。

极化 SAR 的研究领域越来越宽，极化分解是散射特性分析最重要的手段，关于极化 SAR 目标散射特性描述，一方面 SAR 成像系统非常复杂，另一方面极化 SAR 的分辨率越来越高，目标和背景杂波已经不能用高斯分布来建模，需要寻求更精确、复杂的模型。

在干涉处理技术方面，InSAR 数据源丰富，应用广泛。永久散射体技术、时间序列 SAR 干涉技术、分布式散射体等得以发展，克服了传统 InSAR 技术在长时间序列的缓慢地表形变监测方面存在的局限性。时序 InSAR 领域的研究热点逐渐转向对分布式散射体的探索。

遥感大数据时代下的 SAR 图像解译是重要目标之一。需要发展先进的 SAR 智能信息获取方法，以处理海量从太空返回的数据。高分辨率–多维度–多模式 SAR 数据的出现，使得基于二维框架结构的解译系统面临巨大挑战。

SAR 的发展趋势主要有以下几个方面：

1）构建高精度地面控制点数据库，建立双站合成孔径雷达（BISAR）几何校正模型，深入研究大前斜合成孔径雷达成像技术，以提高几何精校正水平。

2）极化 SAR 目标散射特性描述仍然是一个复杂的难题。将极化 SAR 目标分解模型引入极化干涉 SAR 以及三维和四维 SAR 提高信息获取精度，以及极化信息与三维和四维 SAR 相结合，是未来 SAR 发展的重要方向。

3）挖掘 SAR 数据的时空几何物理特性在 InSAR 误差改正和多源融合等方面潜力，实现高精度三维时序变形监测和精度评定。优化关键算法和标准化处理流程，实现海量 SAR 数据的分布式处理。

4）结合人工智能，尤其是深度学习技术，利用 MT–InSAR 监测的形变信息进行基础设施、地质灾害体等危险的早期预警。

（五）激光雷达数据处理技术发展现状与趋势展望

地面三维激光扫描点云的误差来源，仪器生产厂家和科研人员从定性和定量角度探索

降低误差影响。

在点云数据的处理中，通过将点云数据转换为体积表示，产生了基于深度学习的点云处理方法，出现了 PointNet、PointNet++、Kd-Network 等经典网络。

利用激光雷达（LiDAR）技术观测地表形态及其变化，广泛用于估计洪水深度、海岸线提取等地学应用。在快速获取城市三维形态、林业生物量评估、三维重建、变形分析、电力巡线、地图生产等众多领域，也得到了广泛应用。LiDAR 技术与其他技术的融合，包括点云和影像数据融合，日益成为测绘领域的核心技术之一。

未来，数据的采集将由几何数据为主走向几何、物理，乃至生化特性的集成化采集，搭载平台也将转变为空地柔性平台，实现对目标的全方位数据获取。

场景三维表达从可视化为主向可计算分析为核心的三维重建发展，针对不同的应用主题构建自适应的多尺度三维重建方法，建立语义与结构正确映射的场景，实现点云精细分类自动化处理。

点云的特征描述、语义理解、关系表达、目标语义模型、多维可视化等关键问题将在人工智能等先进技术的驱动下朝着自动化、智能化的方向发展，点云或将成为继传统矢量模型、栅格模型之后的一类新型模型。

数据处理上，鲁棒而区分性强的同名特征提取，全局优化配准模型的建立及抗差求解等瓶颈问题有望得到解决。

三、本学科应用及教育

（一）学科应用

我国已初步形成了规模化的遥感对地观测体系，形成了覆盖全国的多学科的遥感监测应用网络体系，开展了大量的广泛的遥感调查、监测与评估分析等，建立了一些分领域的遥感监测系统。随着遥感数据日益丰富、遥感信息模型的发展，尤其是深度学习等技术的引入、数据处理技术的发展，遥感的行业应用更加广泛与深入。在自然资源领域，遥感技术能够全面、立体、快速、有效地探明地矿、土地、林草、海洋等自然资源的分布、存量、动态变化等情况；在生态环境领域，遥感服务于环境质量评价和监测、污染防治、生态保护等应用；住房城乡建设领域，遥感为城乡规划、工程建设项目管理、城市黑臭水体整治、城市管理等方面提供必要的服务支持；在交通运输领域，遥感能服务的对象包括公路交通、水上交通、铁路交通、民航交通、邮政业务，等等；在水利行业，遥感技术在水资源管理、水利工程建设、河湖管理、水旱灾害防御等应用中发挥了关键作用；在应急管理领域，遥感服务于重大突发事件情况监测、重大灾害孕灾环境分析与风险评估、重大灾害预测预报预警、重大灾害损失评估、灾区安置支持、灾后重建规划与恢复成效评估等方面；农业农村相关的应用中，遥感为农业资源区划与协调发展、精准扶贫、休闲农业等特色产业发展支持、农村人居环境监测与评价、农村宅基地使用监测、国内外大宗农产品长势监测和估产等提供帮助。亦在统计应用、能源应用、气象应用等领域提供重要的社会服务和信息支持。

未来遥感应用的发展方向体现在自主卫星数据产业化应用，天地一体化立体观测体系构建；融合人工智能、大数据、物联网、云计算等新技术，满足自动化、智能化、实时化的服务需求，体现多领域、社会化、国际化的特点。

（二）学科教育

据不完全统计，我国有 180 余所院校设有摄影测量与遥感等空间信息相关专业，已形成从本科、硕士、博士到博士后的空间信息人才培养体系，每年招收博士生近千人、硕士生过千人、本科生约万人。摄影测量与遥感相关科研院所也如雨后春笋般建立起来，如中国科学院空天信息研究院、中国科学院地理科学与资源研究所、中国测绘科学研究院等。国务院在 1981 年批复正式成立国家遥感中心，培养了大批遥感领域的专家和科技骨干。未来仍需进一步深入学科综合研究，加强国际交流合作，注重摄影测量与遥感学科理论、技术与应用人才的培养。

第二十二节　指挥与控制

一、引言

指挥与控制是综合运用数字化、网络化、智能化等技术，通过情报综合、态势分析、筹划决策、行动控制的动态迭代过程，对军事和公共安全领域的对抗性、应急性、群体性行动进行组织领导、计划协调、监控调度的活动。指挥与控制学科是关于指挥与控制的理论、方法、技术、系统及其工程应用的学科，是在指挥与控制认识和实践过程中所形成的专门的知识体系，是控制科学、信息科学、军队指挥学、系统科学、复杂科学、智能科学、认知科学、数学、管理科学等多学科交叉融合的一门综合性、横断性学科。指挥与控制学科涵盖了作战指挥与控制、非战争军事行动指挥与控制以及反恐维稳、抢险救灾、应急处置、交通管理等公共安全与民用领域的指挥与控制，学科发展的主体涉及军队、高等院校、国防工业部门、研究院所、智库等，力量结构呈现多元化特征。

近几年来，适逢世界"百年未有之大变局"，随着世界军事变革、国家军事战略调整、社会治理现实需求以及信息技术和武器装备技术的发展变化，我国指挥与控制学科的发展始终面向国家安全的战略制高点、始终紧扣科技发展的时代脉络、始终适应国家和军队的发展规划和体系框架，体现出"基于网络信息体系、面向多域精确作战、强调任务式指挥和武器实时控制、突出数据驱动和知识指导、注重人机混合智能和无人自主协同"的阶段性特征。

近五年来，本学科的研究热点主要分布在"模型""仿真""指标体系""体系结构""人工智能""效能评估"和"大数据"等方向，特别是对"指标体系""人工智能"和"大数据"方向的研究尤为突出。最活跃的研究领域是军事领域，其次是交通和应急指挥。作为本学科发展的生力军，博士/硕士研究生论文在学科主要方向的学术贡献占了较大份额，反映出了本学科在人才培养和后备力量的储备上已拥有相当的规模和成效，但在基础性的"概念和组织模型""效能评估模型"及前沿性的"辅助决策"等方面研究有待加强和提升。

二、本学科近年的国内外研究进展

（一）指挥与控制理论

1. 指挥与控制基础理论

国内主要围绕着基于网络信息体系的全域作战、任务式指挥、战区联合作战指挥与控制、智能化指挥与控制等问题开展研究，重在界定内涵、厘清机理、设计模型、提出问题。与此同时，美军也先后提出了多域作战、算法战、马赛克战争等作战概念。总的来看，国内学者的研究仍是始于跟踪国外尤其是美军理论研究成果，并进行理解和借鉴。

2. 指挥与控制过程模型

随着新作战概念及其指挥控制系统的不断演进，经典的 OODA 过程模型逐渐不能适应。多数研究人员针对不同作战场景和作战任务在 OODA 环模型基础上进行优化变形，少数研究人员自主提出新的指挥控制模型。国外也在从战争形态变化的角度重新审视指挥控制过程模型，重构 OODA 模型。国内外的基本思路都是一方面结合军种特点和作战样式具体要求进行落地化改进，另一方面融入信息、知识、不确定性等要素进行智能化提升。

3. 指挥与控制体系结构

国内研究重点放在了指挥控制体系、指挥与控制的组织结构、指挥与控制结构的度量方法以及指挥与控制体系结构的开发方法等方面，在基于复杂网络、C2 组织设计与测度、体系结构分析验证与评估方法等方面取得了一些成果。相比国外来看，国内在指挥与控制组织敏捷性的因素与度量、指挥与控制组织结构优化设计、体系结构集成与优化方法等问题的研究尚很薄弱。

4. 指挥与控制效能评估

国内近年来在指挥控制效能评估方面发展较快，系统动力学模型、网络层次分析法、云模型、模糊理论、神经网络、多 Agent 协同等多种评估方法被广泛应用，同时结合我军实际，体系作战效能评估指标体系的构建和基于体系贡献率的效能评估方法得到了长足的发展，为指控效能评估发展起到重要的支撑作用。在定量分析和有效性评估方面，采用的方法、研究成果已接近或达到国外的水平。国外重点关注于定量评估问题和有效性评估问题，提出了一些新方法。

（二）控制技术

1. 共性支撑技术

在知识图谱构建与应用方面，目前国内外的技术实力基本相当，但在落地应用方面有一定差距，美国更是在军事领域部署了多个重大项目并取得了重大突破，在军事领域的多媒体数据关联推理等应用方面领先于我国。在智能博弈方面，美军正在积极探索智能化技术与战争博弈系统的结合，但仍处于初级研究阶段，相关技术尚未成熟，国内参考借鉴美军的发展路线，但起步较晚，目前对智能博弈方面的研究才刚刚起步。在仿真建模方面，美军开发了大量的模拟训练系统，国内总体参考借鉴美军的发展路线，但起步较晚，尤其是在智能仿真等方面。在人机交互方面，美军在智能交互、人机融合以及智能可穿戴设备方面出现了较多成熟产品和相关方面的成功试验及应用，国内技术水平存在一定差距，成熟技术产品较少，尤其在脑机交互以及人机融合智能交互方面，国内尚处于起步阶段，国外已有成功的应用试验，差距较大。

2. 态势感知认知技术

在态势感知方面，美军实现了空地网络化态势探测、感知模式，无人平台可以飞临战区上空，获取单基系统难以获取的信息。国内在小目标、隐身目标的识别与跟踪技术，联合战场态势感知体系构建，网络化态势感知信息系统建设等领域取得较大进展。在态势认知方面，美军启动了许多智能化态势认知项目，重点在于网络中心战条件下的分布式战场态势认知技术，无人平台的自主态势认知以及算法战等领域；国内人工智能军事应用研究成为热点，在人机融合态势认知、战场态势认知体系、网络化作战目标体系推断、威胁估计智能化算法等方面均取得了重大进展。

3. 任务规划技术

国内在战区作战筹划理论和实践取得了一定的突破，特别是在联合作战领域，通过一些专项建设取得了丰富的成果；多火力、多兵力集群协同规划，人机混合智能决策成为行动规划重要发展方向。相比国外来看，多兵力、多火力协同规划研究大多还处于概念研究阶段，大规模复杂作战场景中多智能体规划决策需进一步开展攻关。

4. 行动控制技术

多武器平台协同控制成为重要发展方向，美军武器协同数据链趋于成熟，我国在地面固定、低速移动平台协同组网技术研究取得了较大突破。围绕行动控制建模、行动控制优化与决策、作战行动效果评估，国内外都处于理论研究阶段，开展了人工智能、博弈论等

多种先进方法的研究。

5. 指控制保障技术

在顶层架构设计方面，外军已经面向强对抗环境，开展开放式体系架构设计、开发、集成和试验验证，支撑体系具有快速更新和适应新技术的能力，我国正在研发"云端"服务体系架构，开放式体系架构还处于理论研究阶段。在设施互联方面，国内外都在研发抗干扰、难探测的高可靠网络通信设施，软件无线电、认知无线电、定向链路通信等技术装备能力处于同一水平。在信息服务方面，国内外都开展了大量的智能化信息服务研究，通过整合认知计算、人工智能等技术，使用户能够更快地从原始信息中获取更精确、更有价值的知识。在安全保障方面，国内外都在寻求将人类免疫系统的机制移植到信息基础设施环境中的手段和方法，旨在保障信息基础设施在受到敌方攻击时能有效运转。在数据保障方面，国内在数据的采集获取、整编处理、集成融合等方面都做了大量工作，开展数据的深度分析挖掘成为重点。

（三）控制应用

1. 联合作战指挥与控制系统

我军正逐步完善战区联合战役指挥体系，现已完成战区联指建设，建成了我军第一套面向联合作战的指挥信息系统。学者普遍围绕智能化、知识驱动、韧性、敏捷性等未来指挥信息系统特征开展研究。当前国内外在联合作战指挥控制系统软件技术方面差距不大，重难点都在于跨域融合。但是从系统整体水平和组织运用来看，我们在联合任务规划系统、分布式协同的联合战术指控系统等方面还有明显差距。

2. 网络作战指挥与控制系统

从指挥与控制的角度研究网络空间攻防对抗得到了学术界的重视。美国参联会发布了新版网络空间作战条令JP3-12，将指导并推动美军赛博空间作战的应用，对赛博空间作战具有里程碑意义，对于研究赛博空间、赛博空间作战具有重大参考价值。

3. 无人作战指挥与控制系统

点对点式指挥控制的无人平台发展迅速，但具备软定义和作战云接入能力的单无人平台指控系统发展不足；逐步开始面向多无人平台协同指挥控制的演示和验证，但尚未见成熟系统；面向无人集群指挥控制的军民用系统有所发展，但距离智能化和真正的集群能力仍有较大差距；无人作战指挥控制自主性、智能性不足。

4. 太空作战指挥与控制系统

尽管我国的太空作战指挥与控制系统正在飞速发展，但同外军相比还有差距：太空作战力量分散，无法充分整合太空作战力量，各兵种间尚未形成快速有效的太空联合作战机制；太空战场态势感知能力弱，无法实时监控全球空间态势，一方面因为地基监视系统和天基监视系统无法有效实时覆盖全球范围，探测能力亟须提高，另一方面则是尽管建立了北斗系统，但要实现全球快速宽带接入能力还有较大困难；太空作战任务系统更新慢，无法满足快速战场态势变化下的太空感知融合和作战任务规划评估，尚不足以实现智能认知和决策能力。

5. 公共安全指挥与控制系统

我国综合性灾害应急管理体系起步较晚，需要参考国外比较成熟完善的应急管理体系；国外的风险评估和预防技术从理论层面和模型建立方面都比较先进，目前主流的风险评估模型都来自国外学者的研究，国内学者的研究多集中于结合当地具体情况对模型进行本地化改进，以适应我国的社会公共安全环境；目前我国在环境灾害监测预警预报方面取得很大进展，初步建成了灾害监测预警预报体系，但精细化预报以及预警预报信息发布能力等还存在一定差距；国外应急管理指挥系统的研究大多基于本国的实际情况，适用于西方国家应急管理工作的实际情况，国内在应急管理指挥系统设计中，各组织之间缺少高效的联系和沟通，资源不能得到很好的集中处理和利用，无法使应急力量在应对突发事件时发挥出最大的功效。

6. 交通指挥与控制系统

国外发展起步较早，已形成世界领先的交通指挥与控制系统成熟产品，且各方面技术都较为领先。相比之下，国内发展起步较晚，但紧跟国际步伐，开展了大量研究工作，虽离实际应用尚有一定差距，但在智能交通指挥与控制方面，近几年也呈现了蓬勃的发展态势，技术进步较快。

三、发展趋势和展望

面向新时代国家、国防和军队发展战略，适应科学技术发展趋势，指挥与控制学科在未来 5 年将更加注重体系制胜、自主原创的战略导向，更加注重全域协同、敏捷韧性的作战形态，更加注重复杂动态、认知博弈的科学机理，更加注重人机智能、网云边端的技术路径。指挥的发展主题是智能决策，突出作战体系分析与战争设计、敏捷自适应、临机决策、人机混合智能、群体智能、不确定性决策、不完备信息博弈、认知对抗等。控制的发展主题是在线协同，突出 5G+ 控制、IoT+ 控制、分布式自主协同、无人自主协同、有人无人协同、边缘 AI 等。

第二十三节　农学（基础农学）

一、引言

2018—2019 年基础农学学科发展报告聚焦农业生物科学，梳理了作物种质资源与作物遗传育种、作物生理、农业生态、农业微生物和农业生物信息等分支学科领域近年来的最新进展与代表性成果，并展望了发展趋势。

二、本学科最新研究进展

（一）作物种质资源学与遗传育种学

作物种质资源收集迈向新高度。2015 年启动了"第三次全国农作物种质资源普查与收集"专项，截至 2018 年年底，已完成全国 12 个省（区、市）共 830 个县的普查和 175 个县的系统调查，抢救性收集各类作物种质资源 29763 份，其中 85% 是新发现的古老地方品种。

我国作物种质资源保护水平进入国际领先方阵。首次掌握了种质在低温库保存条件下的活力丧失规律；优化了超低温保存技术，填补了我国无性繁殖作物种质资源集中离体长期保存的空白。截至 2018 年年底，我国作物种质资源保存总量突破 50 万份，居世界第二位；至 2017 年年底，通过物理隔离和主流化保护方式已建设原生境保护点 271 个。

作物种质资源鉴定评价及利用跨入新阶段。"十三五"期间，对约 17000 份种质资源的重要性状进行了精准表型鉴定评价，发掘出一批作物育种急需的优异种质。创建了以克服授精与幼胚发育障碍、高效诱导易位、特异分子标记追踪为一体的远缘杂交技术体系。

主要农作物骨干亲本遗传基础研究取得重大进展。揭示了骨干亲本形成与利用效应的内在规律，以及骨干亲本衍生近似品种与培育突破性新品种的遗传机制。实现了小麦、水稻、玉米等多个作物骨干亲本重要传递遗传区段的鉴定发掘，克隆了一批产量、品质、抗病虫、抗逆及不育等相关性状基因，并解析了重要性状形成的分子机制。

作物育种理论与技术不断创新。建立了小麦基因组编辑体系、作物基因组单碱基编辑方法，建成了田间机器人和无人机搭载平台的表型鉴定平台，实现了对规模化育种后代基因型精确筛选，建立了基于加倍单倍体的小麦快速育种方法，创建了玉米多控智能不育技术体系。

作物新品种培育能力大幅提升。2017—2018年，1308个主要农作物新品种通过国家审定，登记品种2914个，植物品种授权量3476件。实现了水稻、小麦、大豆、油菜等大宗作物品种全部自主选育，自主选育蔬菜品种的市场份额达到87%。

（二）作物生理学

作物光合作用机理研究取得重大突破。解析了玉米PSI-LHC I和LHC II的结构；设计了一种新的光呼吸旁路，在叶绿体内建立起一种类似C_4植物CO_2浓缩系统，提高光合速率。

作物高产生理与分子机理研究取得重要进展。在籽粒灌浆栽培生理方面取得突破，围绕主要作物器官建成规律、作物生育特性及其调控机理方面已开展了大量卓有成效的工作，在水稻理想株型的研究方面取得了突破性的进展。

作物水分生理与水分高效利用研究取得新进展。在水稻、小麦、玉米、棉花等作物水分生理基础理论研究取得进展，在水稻调控根系生长响应与适应土壤水分胁迫的分子机制、水稻营养生长和干旱胁迫适应之间的调控机制、水稻节水抗旱品种选育、水分高效品种鉴选标准建立等方面均实现了新的突破。

作物采后生理与保鲜的调控机理研究取得重要成果。深入揭示了作物采后成熟衰老和品质保持的调控机理，开发出一种控制番茄软化有效方法；解析了果实在常温和低温条件下不同的衰老信号传导途径和机制，进而提出不同贮藏保鲜策略。

（三）农业生态学

作物间套作氮素高效利用和病害控制获得新进展。近年来，通过关注生态学原理的挖掘和应用，加强了作物种间竞争和促进相互作用的研究，发现了玉米与蚕豆间作体系能够增加生物固氮的作用机制。

在蔬菜连作障碍的研究与应用方面取得明显进步。创建了小麦"填闲"模式，以解决设施蔬菜连作障碍的问题。"设施蔬菜连作障碍防控关键技术及其应用"在鲁、豫、冀、浙和闽等省推广1346万亩，经济效益达220亿元，农药化肥节支27.9亿元。

稻渔复合系统效应与应用研究取得新成效。证实了稻田养鸭对控制农田有害生物、减少化肥农药使用、降低水稻株高、增加水稻产量的效果。进一步开展了稻鱼共生系统中地方田鱼种群的遗传多样性维持研究。

作物对杂草化感作用机制研究取得新进展。对小麦和其他100种植物之间的邻近识别和化感应答的研究，发现小麦可以识别同种和异种特异性邻居植物，并通过增加化感物质的产生来应对资源竞争。

景观生态学农业应用及生态条件脆弱区域农业生态体系构建取得长足发展。将斑块和廊道生态功能理论应用到农业景观建设和生产中，推动了乡村景观分类、评价和乡村空间规划的发展以及水土流失和水环境整治。揭示了喀斯特地貌区域的水土流失过程规律及其

调控途径；研发了东北黑土地的土壤有机质与耕地肥力变化规律及培肥措施。

（四）农业微生物学

建立了"网络型"农业微生物资源收集、鉴定、保藏、共享体系。建成了以中国农业微生物菌种保藏管理中心（ACCC）为主体的农业微生物菌种资源保护框架体系。国内从事农业微生物资源收集与保藏工作的主要保藏机构/实验室达到 28 家，保藏资源总量约11 万株。

重要农业微生物作用机理研究取得突破。揭示了小麦赤霉病、水稻稻瘟菌等重要病原微生物的致病机理和灾变规律。H5N1 高致病性禽流感和人感染 H7N9 禽流感病毒致病性、宿主特异性和遗传演化研究取得国际重大理论突破；首次鉴定并发现了狂犬病病毒的一个全新的入侵神经细胞受体，为世界狂犬病研究领域近 30 年来的重要发现。

合成生物技术和根际微生物组学研究成为新热点。构建了由 5 个巨型基因组成的最小固氮酶体系；重构了植物靶细胞器的电子传递链模块；解析了类固氮酶的晶体结构；实现一系列"非天然的"的聚酮类化合物的一步合成。揭示了水稻亚种间根系微生物组与其氮肥利用效率的关系，建立了第一个水稻根系可培养的细菌资源库；构建了由 7 种细菌组成的玉米根际极简微生物组。

农业微生物产业达到国际先进水平。自主研发的猪瘟兔化弱毒疫苗等一大批动物疫苗在技术上处于国际领先。搭建了先进的饲料用酶技术平台；攻克了半纤维素资源高效利用的技术难题，打破了国际跨国公司的技术垄断；自主研发的木聚糖酶、葡聚糖酶等多种消化酶实现了向发达国家的技术转让和产品输出。2017 年，全国食用菌总产量达到 3712 万吨，产值 2721 亿元，产能稳居全球首位。

（五）农业生物信息学

农业生物组学数据呈爆发式增长。随着现代测序技术的发展，农业基因组学数据呈井喷式增加。构建了一系列功能更强、更有针对性的如国家基因库生命大数据平台（CNGBdb）等一批具有农业专业特色的二级数据库。

农业生物信息学算法不断取得新突破。开发了三代测序数据的纠错、组装软件NextDenovo，实现了超大型基因组组装的突破；开发了 NovoBreak 算法，可以有效地提高结构变异的检测准确性和敏感性；开发的 O2n-seq 算法不仅极大降低了第二代测序技术的碱基错误率，且数据有效利用率较传统标签法高出 10～30 倍。

农业生物信息学加速动植物分子设计育种进程。报道了 3010 份亚洲栽培稻基因组研究成果，启动了"千鸭 X 组"计划；对地方品种和陕西石峁遗址的 4000 年前的古代黄牛样品进行全基因组重测序，为我国兼顾高产、优质和抗逆的肉牛新品种培育提供理论基础。研发的奶牛基因组选择分子育种技术已在全国所有种公牛站推广应用。

（六）研究平台建设与人才团队培育进展

1. 研究平台建设

新国家作物种质库正式开工建设，设计容量为 150 万份，是现有容量的近 4 倍；国家菌种资源库资源总量达 235070 株，备份 320 余万份，源拥有量位居全球微生物资源保藏机构首位。继续实施农作物基因资源与基因改良国家重大科学工程，农业科学领域国家重点实验室达到 25 个，其中涉及作物科学与农业微生物学的共有 14 个；在全国 30 个省（区、市）共建设改良中心（分中心）206 个，涵盖 50 余种主要粮食作物、果树、蔬菜及其他经济作物；依托"农业农村部农业基因数据分析重点实验室"建设了农业基因组大数据分析中心；确定了两批共计 116 个"国家农业科学观测实验站"。

2. 人才团队培育

中国农业科学院作物科学研究所小麦种质资源与遗传改良创新团队和湖南杂交水稻研究中心/湖南省农业科学院杂交水稻创新团队分别荣获 2016 年和 2017 年国家科学技术进步奖创新团队奖；评选出 2018—2019 年度神农中华农业科技奖优秀创新团队 25 个、第六届中华农业英才奖获奖人 10 名和 300 名农业科研杰出人才。

三、本学科国内外学科发展状态比较

（一）农学相关学科加速发展，部分研究领域达到世界先进水平

1. 作物种质资源学与遗传育种学

总体上达到国际先进水平，种质库（圃）保存资源总量突破 50 万份，居世界第二位；原生境保护点 271 个，在世界上居领先地位；杂交水稻、油菜、小麦、大豆、转基因抗虫棉等研究处于国际领先水平，杂交玉米、优质小麦等处于国际先进水平；基因编辑技术应用与国际同步发展，转基因技术进入国际第一方阵，在水稻和小麦功能基因组研究上达到世界领先水平，攻克了同源多倍体基因组拼接组装的世界级技术难题。

2. 作物生理学领域

在作物捕光色素蛋白复合体结构和功能、降低光呼吸的人工光合设计作物、群体光合测定方法等方面达到国际领先或先进水平；在水稻等作物的生长发育机理、水稻理想株型形成机制、稻麦同化物转运和籽粒灌浆的调控机制、抗逆生理机制等方面的研究取得了较大的进展，与国外发达国家基本接近。

3. 农业生态学领域

研发了作物高产栽培理论体系以及周年温光资源高效利用为核心的高产高效种植理论体系，形成了独具中国特色的农业生物高产种养理论；稻鱼共作模式的研究成果获得国际学术界高度评价，在化学生态学相关的化感作用和诱导抗性研究方面已触及国际前沿，在我国亟须解决的连作障碍方面的研究已经取得国际先进的研究成果。

4.农业微生物学领域

在微生物机理解析、病虫害绿色防控、畜禽重大疫病防控、生物固氮、微生物酶工程等领域达到国际先进水平。饲料用酶产业已成为具有国际竞争力的高新技术产业，自主研发的多种消化酶在国际市场的占比超过50%。

5.农业生物信息学领域

构建了全球最大的园艺作物组学数据库，深度解析了人工驯化过程，实现了我国在该领域上由"跟跑"向"领跑"的转变。开发了目前世界上计算效率最高的三代长序列组装算法，可将基因组组装效率提高6000倍，成为首个能够匹配当前及一段时间内测序通量增长需求的组装算法。

（二）重点学科发展的问题与国际差距

1.作物种质资源学与遗传育种学

地方品种和野生种等特有种质资源丧失严重，保存资源总量中国外资源的占有率及物种多样性较低，对现有种质资源开展深度鉴定的仅占2%左右；种质资源重要性状的精准鉴定和全基因组水平上的基因型鉴定尚处于起步阶段，针对重要育种性状的新基因发掘尚未规模化；原创性的农业生物技术较少，育种大数据开发与应用不够，规模化高通量动植物复杂性状表型自动检测设备、育种芯片设计与制备系统等缺乏；主要农作物品质、抗性等遗传改良与国际先进水平有明显差距。

2.作物生理学

光合作用合成生物学研究跟实际应用之间的距离仍较大；3S技术在作物栽培上的应用与机理研究与国外发达国家差距较大；作物栽培学科体系远未完善，在超高产、优质、资源高效利用和栽培的协同方面还未成熟；植物矿质营养研究领域原始创新明显不足；作物采后生理学大而不强，基本处于跟踪地位。

3.农业生态学

智能物流模型、作物轮间套作模拟模型、景观分析和遥感分析模型都基本依赖国外，相关数据库和技术集成体系建设还没有开展，长期观测体系不完整；大数据计算与人工智能的潜力未得到充分认识；利用景观生态学原理和方法开展研究以及相关的社会经济学研究刚刚起步。

4.农业微生物学

合成生物学上原创性、标志性工作少；生物农药种类结构不够合理，存在剂型及助剂等配套技术的技术瓶颈；微生物肥料菌剂与作物品种的匹配技术等技术瓶颈尚未解决，生物肥料保活材料筛选与保活技术落后；微生物发酵饲料普及率低，液体饲喂模式还处在探索阶段。

5.农业生物信息学

真正用于生产实践的农业生物信息学产品或技术服务缺乏；在基因组数据库的建设

上相对滞后，在开放共享、数据分析等功能上仍存在缺陷；既娴熟掌握生物信息学主要技术，又懂农业生物育种、饲养、栽培等环节的复合型人才十分缺乏。

四、本科学发展趋势及展望

（一）种质资源研究朝着深入评价与加速创新利用方向发展

种质资源保护力度越来越大，呈现从一般保护到依法保护、从单一方式保护到多种方式配套保护、从种质资源主权保护到基因资源产权保护的发展态势。对种质资源表型和基因型的精准鉴定评价越来越深入，目标性状表现优异、富含保健功能成分的特色种质资源及其基因的发掘利用更加受到重视。

（二）现代分子育种理论与技术体系持续创新，驱动作物遗传育种不断突破

国际作物基因发掘正朝高效化、规模化及实用化方向发展，拥有"基因专利"已成为垄断生物技术产业的集中表现；生命科学与信息科学交叉催生的组学研究日益深入，表型组学技术与高通量测序技术融合，实现了种质资源和育种材料基因型的快速精准鉴定与优异资源和基因的高效精准筛选，推动实现了育种精准化、高效化和规模化。人工智能与大数据交叉融合的关键技术取得突破，建立基因型和表型选择高通量、自动化、智能化测定系统和分析平台，通过人工智能系统设计最佳育种方案，创建"基因组智能设计育种"体系，定向高效改良和培育新品种，满足未来作物育种需求。

（三）作物品种研发呈多元化发展态势

随着人民生活水平的提高、应对新型病虫害不断出现和过量施用氮肥磷肥带来严重生态问题、满足农业生产方式变革需求等，全球农业动植物品种研发呈现以产量为核心向优质专用、绿色环保、抗病抗逆、资源高效、适宜轻简化、机械化的多元化方向发展态势。

（四）作物生理学重大理论与技术研究持续深入

一是提高作物光合碳同化关键酶活性及调控、高效光合种质资源发掘及关键基因和代谢通路解析；二是作物栽培生理将着眼于提高作物生产能力和改善品质；三是揭示作物耐旱生理机制，研发以肥调水、创新水资源高效利用新途径；四是阐明作物吸收利用矿质元素的分子机理，改进营养利用效率；五是作物采后生理学发展将聚焦提质增效的源头理论创新和实践技术应用。

（五）农业生态学为促进农业可持续发展与应对气候变化提供解决方案

研究重点主要包括发展种养一体化生产体系，建立全产业链资源和废弃物循环高效利用模式；发展轮作、间作套种等资源高效利用多样化的种植体系；发展气候友好型的生态

农业和生态农业措施。

（六）农业微生物组学研究与产业技术创新蓬勃发展

研究重点聚焦在微生物与宿主、环境的相互作用组学，微生物中新型调控因子非编码RNA 的功能研究及应用，以及宏基因组及代谢组学技术。

（七）农业合成生物学成为各国布局重点

光合作用、生物固氮和生物抗逆等重大农业科学难题的最终解决，必须依靠合成生物学技术，相关研究已成为国际高科技发展的前沿与热点，有望推动新一轮的农业科技革命。

（八）生物信息学正在成为农学基础研究必不可少的技术手段

国外非常重视生物信息学的发展，各种专业研究机构和公司如雨后春笋般涌现，生物科技公司或制药企业的生物信息学部门的数量也与日俱增。表型组学研究受到广泛关注，并逐渐发展成农业生物学中的一个重要分支。

第二十四节　林业科学

一、引言

森林、草原、湿地、荒漠是陆地生态系统最为重要的组成部分，是经济社会可持续发展的重要基础。党的十八大以来，习近平总书记对生态文明建设和林业改革发展作出了一系列重要指示和批示，特别指出林业建设是事关经济社会可持续发展的根本性问题。林业科学学科主要是以森林等四大生态系统为研究对象，揭示其生物学现象的本质和规律，研究资源培育、保护、经营、管理和利用等的学科。《2018—2019 林业科学学科发展报告》涵盖了湿地科学、水土保持、荒漠化防治、草原科学、林业经济管理、林下经济、森林防火、森林公园与森林旅游、自然保护区、风景园林、树木学、树木引种与驯化、杨树和柳树、珍贵树种、桉树、杉木、竹藤等 17 个分支学科（领域）的科学研究。

二、本学科最新研究进展

（一）湿地科学

研究了湿地对气候变化的影响。在湿地水文过程模拟及其生态效应、生态补水等方面取得显著进展。开展了湿地生态系统服务评价研究，集成了以湿地植物和水鸟栖息地为核心的基础研究和恢复技术。湿地监测研究已经逐渐形成体系，目前已经初步发展成台站网络，通过建立的湿地退化过程动态监测模型，进一步模拟分析湿地退化机制。

（二）水土保持

创建了我国主要水蚀区土壤侵蚀过程基础数据库，编绘《中国土壤侵蚀地图集》，开发了多尺度土壤侵蚀预报模型。提出了输沙型路基理论模型，建立混合侵蚀灾害链风险评估体系，构建了生产建设项目水土流失分类体系。研发喀斯特坡地水土流失与阻控、生态格局优化与林果粮草产业提质增效、干旱矿区沙尘控制等技术，实现"天地一体化"水土保持监管和图斑精细化管理。

（三）荒漠化防治

初步揭示了旱区部分植被的稳定性维持机制，建立了坡面水沙二相流侵蚀动力学过程的描述方程和荒漠生态系统服务评估指标体系，提出了低覆盖度治沙理念，提出了3种风沙灾害防治模式，构建了高寒沙地林草植被恢复技术体系和适宜高原的综合风沙防治体系。修订了《国家造林技术规程》中旱区部分的造林密度与验收标准。获得省部级以上奖励9项。

（四）草原科学

完成禾本科模式植物二穗短柄草、苜蓿等全基因组测序，绘制了苜蓿等牧草及野牛草等草坪草的遗传连锁图。构建了牧草种质资源搜集、鉴定、评价和保存技术体系。首次提出草业系统的界面论，集成了退化草地生态恢复重建技术和害虫监测预警防治技术体系。获得国家科技进步奖二等奖2项，出版《中国天然草地有毒有害植物名录》等著作，建立9个国家级草原生态系统野外观测台站。

（五）林业经济管理

将生态效益、碳汇价值内容融入林业经济理论模型——福斯特曼模型，指导我国碳汇林的建设。基于新制度经济学产权理论和法学理论的林业经济管理理论研究外延不断扩大。提出在"一带一路"倡议背景下中国林业国际合作与发展策略。林业生态工程管理与林业生态政策方面的成果为制定相关行政法规提供依据。获得梁希林业科学技术奖25项。

（六）林下经济

揭示了林下经济复合系统物质和能量循环规律与相互关系，并分析了其生态环境效应。总结了林药、林菌、林畜、林蜂和林下游憩等林下经济发展模式，提出了典型区域最适发展模式。在林下种植、林下养殖、产品采集加工等可持续利用方面取得显著进展。建立 500 多个国家林下经济示范基地，制定了《全国集体林地林下经济发展规划纲要（2014—2020 年）》。获得梁希林业科学技术奖 3 项。

（七）森林防火

划分了不同针叶林可燃物的危险性等级，提出了影响可燃物的主要因素是地形、林龄、林分和可燃物的含水量。首次提出速效、立体和多功能改培型生物防火林带及其阻隔体系结构模式。完善点烧防火线法，将信息等高技术应用于森林防火研究，研发出背负式灭火水枪、新型多功能森林消防车、手持灭火探测仪和清理余火机。获梁希林业科学技术奖 5 项。

（八）森林公园与森林旅游

揭示了森林公园旅游效率的地区差异和特征，基于旅游规划构建了旅游解说系统，研究了环境因子对森林康养功效的影响。凝练总结了城郊森林公园建设的基础理论、经验做法与模式。颁布《森林体验基地质量评定》等行业标准。成立国家林业草原森林公园工程技术研究中心、森林旅游研究中心。出版"中国森林公园与森林旅游研究进展"系列丛书等专著。

（九）自然保护区

研究提出建立以国家公园为主体、自然保护区为基础和自然公园为补充的自然保护地体系理论，构建自然保护区生态系统服务评估体系。提出"节点 – 网络 – 模块 – 走廊"等模式和相应的定量评价指标，并对其进行了应用验证。提出保护成效定量评估技术及其指标体系，制定了《国家级自然保护区建设标准》《自然保护区功能区划标准》等规范性文件。

（十）风景园林

实现风景园林学科与大数据、文本爬取、遥感影像技术的理论的结合，形成"风景园林学 +"研究。提出"多规合一""城市双修"等风景园林设计理论和"斑块 – 廊道 – 基质"景观规划与生态修复模式，按照连点成线—连线成网—扩面成片的科学性顺序开展园林生态修复研究。集中开展水体修复、土壤修复和植被修复等园林生态修复。

（十一）树木学

编写了泛喜马拉雅植物志，出版了《中国生物目录第一卷 种子植物（Ⅵ）》《江苏植物志》《黑龙江植物志》《京津冀地区保护植物图谱》《北京野生资源植物》《北京保护植物图谱》《树木学》（南方本）等著作，系统地研究了不同类群的亲缘地理学和系统演化。开展了杨属和柳属植物种子及其附属物发生发育的比较研究，揭示了杨絮和柳絮形成的过程和机制。

（十二）树木引种与驯化

在"南树北移"引种驯化中提出了"直播育苗，循序渐进，顺应自然，改造本性"的原则。建立了种内多样性的农艺生态学分类系统，提出了"生境因子分析法"的基本原理，指导开展外来树种改良试验。将计算机模拟技术引入生态位理论研究，突破了传统树木引种驯化程序。完成了一批外来树种生物安全评价，并建立了生物安全风险评价技术规程。出版《国外树种引种概论》《中国主要外来树种引种栽培》等专著。

（十三）树种培育与利用

已完成杨树、尾叶桉、细叶桉和毛竹全基因组测序，启动杉木、楸树、楠木等全基因组测序，完成了毛竹基因组草图。提出杨树生态育种理论，建立杨柳高效培育技术体系。获得一批抗逆性强的桉树转基因株系，构建了桉树环保育苗技术体系，划分四大育种区，集成定向培育技术模式。杉木已进入 3 代生产性种子园，突破了杉木大中径材形成密度调控机理和定向培育技术。在全基因组水平上解析了楸树 COMT 家族基因表达特性和潜在功能，突破了主要珍贵树种无性快繁技术和高效培育技术体系。解析了竹类快速生长、开花调控等分子机制，形成了定向培育技术体系。建立林木遗传育种国家重点实验室和林木育种国家工程实验室、20 余个国家林业草原工程技术研究中心、创新联盟和长期科研基地。获国家科技进步奖二等奖 5 项、梁希林业科学技术奖 20 余项。

三、本学科发展趋势及重点领域

（一）湿地科学

基础理论研究注重多过程耦合和互作机制，监测研究从站台尺度的单点监测，发展为多站点联动的多尺度同步监测。在现代感知技术和信息技术的支持下，注重机理模型相结合，研究手段不断趋于定量化、准确化和网络化。重点研究领域包括：①湿地生物地球化学循环过程；②湿地生态水文过程及其生态效应；③湿地生物多样性维持与保护；④湿地生态系统服务评价；⑤湿地恢复与修复技术。

（二）水土保持

研究手段注重多学科交叉，研究尺度不断拓宽，技术效益评估更加综合。研究尺度从传统的坡面、小流域甚至中等流域尺度，逐渐发展到区域尺度，技术效益评估内容从小流域尺度植被、水文及土壤等生态指标拓宽到产业经济、区域生态安全、生态文明等社会经济指标。重点研究领域包括：①土壤侵蚀动力学机制及其过程；②土壤侵蚀预测预报及评价模型；③土壤侵蚀区退化生态系统植被恢复机制及关键技术；④流域生态经济系统演变过程和水土保持措施配置；⑤水土保持与全球气候变化的耦合关系及评价模型。

（三）荒漠化防治

以风蚀荒漠化为主体，全面部署植被保护、沙害治理、资源开发、科技示范和能力建设等任务，研发基于现代节水、土壤改良、光电及有机农业的防沙治沙新技术，推进土地沙化治理与可持续利用，促进产业发展和经济繁荣。重点研究领域包括：①旱区水资源生态承载力与植被稳定性维持；②荒漠化防治技术标准化与智能化集成；③沙产业可持续开发模式；④北方旱区水土资源优化配置与生态质量提升。

（四）草原科学

基于全基因组关联分析的草资源研究，以及牧草高产栽培、绿色青贮、机械收获等已成为研究的重点。草原植被生长及生态过程实现精准监测、草原自然灾害实现实时预警、生态保护和治理实现可持续发展。重点研究领域包括：①草原生态系统结构与功能维持及其调控机理；②退化草地植被重建与可持续性利用技术；③草种质资源创新；④精准栽培管理与草产品加工技术。

（五）林业经济管理

经济学及管理学方法体系不断发展和创新，计量分析的技术和手段不断完善，林业经济管理定量分析研究更加深入。与生态科学、社会学、系统科学、福利和制度经济等经济学新领域的交叉融合，不断拓展研究视角及范式。林业经济管理问题更加侧重于整体性、综合性研究。重点研究领域包括：①森林资源生态效益计量核算及资产化管理；②林业生态工程管理与林业生态政策研究；③森林可持续经营与林业可持续发展。

（六）林下经济

与农学、经济学、中药学、营养与食品卫生学、管理学等多学科交融渗透，研究广度和范围逐渐扩大，林下经济学科朝着联动协作、交叉融合的格局演变。林下经济研究趋向模式多样化、品种地域特色高值化、生态效应与经济效益协同化。重点研究领域包括：①生态效应与经济效益权衡机制；②特色资源品质形成微生境机理；③种间互作关系；

④林下生物仿生栽培与高效调控。

（七）森林防火

林火行为研究不断深入，林火发生及蔓延过程研究更加定量化；森林火险预测不断完善，物联网、遥感等高新科技与林火监测深度融合。无人机等先进装备广泛用于林火扑救作业，化学灭火剂向高效、低价方向发展，灭火机具向越野性强、多用途、综合性方向发展，林火管理和扑火安全水平不断提高。重点研究领域包括：①森林火险与火行为预报；②森林可燃物管理与扑火安全；③森林火灾损失评估；④林火与气候变化。

（八）自然保护区

自然保护区监测管理技术不断向天－空－地一体化方向发展，利用远程监控以及无线网络等技术建立野外数据自动采集与传输系统。从遗传、物种、生态系统和景观水平进行濒危物种的管理，自然保护区生态保护和管控向标准化、规范化方向发展。重点研究领域包括：①自然保护地体系空间布局规划；②生物多样性与生态服务的监测和管理；③珍稀濒危物种保护和管理；④生态资产评估与生态功能协同提升。

（九）风景园林

走向自然，减少景观设计中的人为干扰；走向生态，保护和尊重自然，保证风景园林与自然生态的和谐；走向地域化，反映当地历史变迁、经济发展等人文要素，实现自然环境与人文环境的统一；走向新材料和新技术，推动新材料新技术在景观设计、施工等方面应用。重点研究领域包括：①多学科融合的风景园林设计理论；②大地景观规划与生态修复；③基于云端大数据的风景园林设计；④公众参与的风景园林设计。

（十）树木学及树木引种驯化

树木学及树木引种驯化的研究对象不断拓展，目标趋于多样化多元化，由经典植物区系研究向生态功能与遗传多样性分析拓展，由植物专科专属分类修订向分子系统发育研究拓展，种内变异由单一表型变异分析向表型和遗传变异联合分析拓展。重点研究领域包括：①世界森林植物区系研究；②树木分子系统发育与分子生态；③高产稳产强适应性优良树种引种驯化关键技术。

（十一）用材树种及竹藤育种、培育研究

用材树种及竹藤研究愈加聚焦现代生物组学分析、高效分子标记、基因编辑等技术及其与常规育种技术的融合，基于分子机理促进珍贵木材形成的新技术新方法以及林木分子设计育种成为未来重要方向。主要用材树种培育向健康、优质、可持续发展，栽培生理学的强化与拓展性研究是未来用材林研究的基本趋势。竹藤经营培育技术向规模化、机械化和省力化

发展。重点研究领域包括：①用材树种重要性状形成的分子机制；②高世代遗传改良理论与技术；③基于基因组技术的分子设计育种；④目标性状突出的新品种创制；⑤用材树种交互控制及近自然育林技术；⑥多树种混交林营建机制与技术；⑦人工林地力衰退机理与维护技术；⑧珍贵树种无节大径材培育及心材形成调控技术；⑨竹林高效培育经营技术。

第二十五节　兽医学

一、引言

兽医学是研究动物生命活动规律进而预防、诊断和治疗其疾病的科学知识体系和实践活动。中国存在着两种兽医学术体系，即传统兽医学和现代兽医学。这两种并存的学术体系在临床实践中发挥各自的优势，共同推动中国兽医学科发展。

本轮兽医学科发展研究涵盖了兽医学全部主干学科，包括动物解剖学、动物组织与胚胎学、动物生理学、动物生物化学、兽医病理学、兽医药理学与毒理学、兽医微生物学、兽医免疫学、兽医传染病学、兽医寄生虫学、兽医公共卫生学、兽医内科学、兽医外科学、兽医产科学和中兽医学。

二、本学科近年的最新研究进展

近年来，我国兽医学科进展显著，取得了一些突破性成果，2014—2018年科技论文竞争力指数同学科全球排名第一，动物疫病防控领域专利技术生产力、影响力、认可度同领域全球均排名第二，专利竞争力指数同领域全球排名第九[①]，实现了从全面"跟跑"到"跟跑""并跑""领跑"并存的转变。

（一）动物解剖学、组织学与胚胎学

动物解剖学、组织学与胚胎学研究对象涉及的动物种类日益丰富，基础研究与生产实践相结合日益增多，数字化和信息化技术的应用日益广泛。应用高压冷冻电镜、电转和脑

---

① 数据来源于中国农业科学院《2019中国农业科技论文与专利全球竞争力分析》。

片培养等现代神经生物学方法，在褪黑激素改善睡眠不足诱导肠道炎症的研究、家禽视觉回路的形成及单色光对鸡生产性状表达和免疫功能的影响研究中取得重要进展，相关研究发表于国际知名期刊——*Journal of Pineal Research*（IF=12.197）。具有优质生物学性状的外来物种扩展了研究对象；对动物机体形态结构的研究深入分子和蛋白水平、时间和空间的多维因素以及作用机制和调控机理等方面，并取得了一定的成果；建立和完善了转基因动物实验规程和动物模型；在转基因克隆动物、干细胞、体细胞克隆、胚胎细胞重编程等方面取得了一定的进展。

（二）动物生理学与生物化学

在动物生长与代谢领域，筛选了能在表遗传调控机制中发挥作用的营养物质，并从多个表遗传调控途径方面进行了系统研究。在生殖生理领域，对雌性胚子发生发育、雄性配子发育成熟、胚胎着床及母胎对话进行了系统研究。在泌乳生理领域，发现泌乳期奶牛饲喂混合粗精饲料可以通过提高乳腺动脉氨基酸和短链脂肪酸含量增加乳脂和乳蛋白的合成。在神经内分泌领域，揭示了环境内分泌干扰物信号调节垂体促性腺激素的合成与分泌的机制，阐明了转录因子 ISL-1 调节褪黑素合成的机制。在动物免疫与应激领域，探究了冷应激对动物内环境稳态及稳态重构的发生发展机制，分析了慢性应激对畜禽机体代谢功能的影响。在反刍动物消化生理领域，在瘤胃组织发育与功能、瘤胃消化逃逸技术、提高或调控瘤胃消化性能的研究等方面都取得显著进展。同时开展了功能性氨基酸和小肽、功能性脂质以及生物活性植物提取物等生物活性分子对畜禽生长调控作用研究。

（三）兽医病理学

兽医病理学新方法、新技术不断涌现，应用领域全方位拓展；深入挖掘多种重大动物疾病、常见病或新发病的病理机制，获得不少突破性成果。紧密结合动物临床诊断，解决生产一线问题；行业服务领域显著拓宽，涉及畜禽、野生动物、水生动物、实验动物等疾病病理诊断、实验动物疾病模型表型鉴定、伴侣动物临床病理诊断、药物毒性病理学评价等；基础教育不断加强，国外经典病理学译著、原创动物病理学图谱、精品病理学教材等陆续出版，显微镜互动和数字化切片扫描平台的应用显著提升了教学质量；兽医病理学从业人员队伍显著扩大，学术交流活跃，内容丰富形式多样；体现了学科衔接、融合的特点与潜在优势；制定了病理行业技术规范，开展实验动物健康监测。

（四）兽医药理学与毒理学

在细菌耐药性、药动－药效同步模型、生理药动学、兽药残留检测技术等领域的研究达到国际先进水平，在耐药性监控和兽药残留检测技术研究方面有重大进展。耐药性研究主要关注的病原菌有产碳青霉烯酶病原菌、携带 mcr-1 基因病原菌和耐甲氧西林金黄色葡萄球菌，开展了畜禽重要病原耐药性检测与控制技术研究、畜禽药物的代谢转归和耐药性形成机制研究;"我国人群可转移性黏菌素耐药基因(mcr-1)的高流行率及其与经济和环境因素的关联性分析"被评为 2019 年中国农业科学十大进展之一;制订了兽医临床常用药物的合理用药方案,预测了剂量调整和种属外推,降低耐药性产生的方案;开展了重要兽药在实验动物与食品动物的比较代谢动力学与体内处置研究。药效学研究主要集中在抗感染药物领域,特别是针对日益严重的畜禽病原菌耐药性问题开展研究。对新兽药(或饲料添加剂)进行毒理学安全性评价,以及对毒性较大或毒理资料不完善的现有兽药(或饲料添加剂)进行安全性再评价以及其可能的毒理机制研究。

(五)兽医微生物学

在新病原发现与鉴定、微生物结构解析与功能认知、致病机制与免疫防控等方面取得了丰硕成果。新发和再发病原微生物鉴定方面的进展尤为突出。2015—2018 年,确证了新基因 4 型禽腺病毒(FAdV-4)、H5N6 型流感病毒、猪肠道甲型冠状病毒(SeACoV)和非洲猪瘟病毒。尤其是非洲猪瘟病原的快速准确鉴定。2019 年首次全面解析出非洲猪瘟病毒颗粒精细三维结构,并揭示了病毒可能的装配机制。针对口蹄疫、禽流感、新城疫、猪瘟、伪狂犬病、猪繁殖与呼吸综合征、猪链球菌病等动物重大传染病的病原的全基因组结构进行完全解析,筛选到大量具有重要价值的功能基因,解析了病原体毒力相关蛋白的结构与功能关系,揭示了动物病原微生物与感染靶细胞之间的相互作用以及对宿主致病的分子基础。针对动物检疫、疫情预警、环境生物污染监测、食品安全监管的微生物检测技术和方法研究呈现快速发展。"H7N9 高致病性禽流感病毒的快速进化及其成功防控"被评为 2019 年中国农业科学十大进展之一。

(六)兽医免疫学

新一代测序技术、组学技术、分子标记技术、基因打靶技术、克隆技术等迅速应用于兽医免疫学研究中,快速推进了不同动物免疫分子机理的研究,发展了多种分子诊断技术和疫苗产品。对畜禽的免疫学研究多数针对天然免疫和获得性免疫组成、不同物种间免疫分子和机制的差异开展研究。感染免疫研究领域成为热点。开展了针对危害我国畜牧业的重要疫病病原的感染与免疫研究,如口蹄疫病毒、禽流感病毒、新城疫病毒、猪繁殖与呼吸综合征病毒、马传染性贫血病毒等,发现了一系列抗病毒天然免疫应答分子机制。对不同病原感染后机体的免疫应答机理进行了大量探索,尤其是在天然免疫识别、天然免疫信号通路激活和调节,病原拮抗和逃逸天然免疫识别机制方面取得了众多发现;对病原影响细胞代谢、改变细胞环境以创造生存条件的机制进行了有益探索,揭示了新的免疫学机制;利用新材料作为免疫刺激剂和佐剂探索了疫苗研发新途径和机理。

(七)兽医传染病学

在重大动物疫病病原学与流行病学、病理学与致病机制、免疫学及综合防控技术与方法等领域取得了重大进展，建立了一批新技术、新工艺和新方法，在国际著名期刊发表一系列学术论文，授权专利和一、二类新兽药注册明显增多。新传入疫病小反刍兽疫、H7亚型禽流感和非洲猪瘟的研究取得重大或阶段性成果。系统解析了H7N9禽流感病毒产生、变异进化和流行传播规律及水禽的适应性演化。发现导致传染病新的病原、亚型或变异。在野生动物中检测出非洲猪瘟等病原。传统疫苗和亚单位疫苗等新一代疫苗的研制取得新进展。我国创制的世界首批禽流感DNA疫苗产品禽流感DNA疫苗（H5亚型，pH5-GD）、猪口蹄疫O型病毒3A3B表位缺失灭活疫苗（O/rV-1株）、兔出血症病毒杆状病毒载体灭活疫苗（BAC-VP60株）达到国际先进水平。利用基因工程技术推出了一批与基因工程疫苗相配套的鉴别诊断试剂盒。

（八）兽医寄生虫学

围绕着畜禽球虫病、新孢子虫病、片形吸虫病、捻转血矛线虫病和畜禽螨病、虫媒病等重要畜禽寄生虫病进行研究，取得多项国际先进成果。国内已有数个实用的鸡球虫病活疫苗应用于生产，基因调控表达技术成功地应用于新孢子虫，建立研究寄生性线虫显微注射技术体系平台。建立了家畜梨形虫病的血清学和分子生物学检测方法，申报了《牛泰勒虫病诊断技术》《牛巴贝斯虫病诊断技术》行业标准。深度、系统地研究了我国弓形虫病和隐孢子虫病，多篇文章发表在国际重要刊物上。制定和修订了农业行业标准《动物棘球蚴病诊断技术》（NY/T 1466—2018），在棘球蚴病高发区近200个县推广犬无污染驱虫的"单项灭绝病原"的控制策略，在流行区对绵羊实行棘球蚴病重组蛋白疫苗的强制免疫。成功建立猪旋毛虫病"无盲区"免疫学诊断与检验技术。"鸡球虫病疫苗和绵羊棘球蚴病重组蛋白疫苗"获得新兽药证书。

（九）兽医公共卫生学

动物性食品安全、人兽共患病控制及监督检查、比较医学与动物健康福利、生态平衡维持、重大应急事件的应急管理、环境污染对人和动物的危害等都是兽医公共卫生研究的范畴。其重要作用在于从源头上做起，监测和控制人兽共患病、控制养殖废弃物对环境的污染、保证"从农场到餐桌"过程中动物源性食品安全、通过动物医学实验促进人类医学发展。面对着日益严峻的人兽共患病及动物重大疫病疫情、动物性食品安全问题、动物养殖污染问题、动物源性微生物耐药性等现况，该学科在食源性病原微生物危害识别技术及风险性评估工作，建立了较完善的监测网络系统，并在食源性寄生虫、人兽共患病、兽药和饲料添加剂残留等领域均有着长足的进步。

（十）兽医内科学

系统调查了奶牛能量代谢紊乱疾病（酮病和脂肪肝）的流行病学，建立了首个围产期奶牛疾病发病率数据库；阐明了酮病和脂肪肝奶牛肝脏脂代谢紊乱的关键环节和调节机制。明确了奶牛围产期代谢应激的特征是脂肪动员和氧化状态失衡，筛选了奶牛围产期疾病预测预报的相关指标，建立了生物抗氧化剂调控奶牛围产期代谢应激关键技术。创制了能有效防控奶牛和猪热应激综合征的饲料添加剂；建立了畜禽硒缺乏症预防与治疗方案；分离鉴定了新的益生菌菌株，创制了新型硒源和锌源益生菌饲料添加剂。查清我国天然草原毒草种类52科168属316种，编制了毒草分布系列图29张，建立了草原毒草基础数据库，创建了以生态治理为核心的技术体系。饲料主要霉菌毒素的系统研究取得许多重要成果。建立了畜禽重金属等环境污染物中毒病的群体监测、预测预报及诊断方法或技术。先进影像学设备的临床应用，显著提高了诊疗水平。

（十一）兽医外科学

围绕动物神经外科病研究的理论前沿、诊疗新技术，学术交流气氛活跃，进一步促进了兽医神经外科新理论、新知识、新技术的传播、应用与推广。宠物诊疗行业的快速发展，先进医疗仪器设备在小动物医院的大量装备，加速了兽医外科新技术的普及。现代吸入麻醉技术已在兽医临床广泛应用，手术安全性得到很大程度的提高。疼痛管理理念和技术日益在兽医临床得到重视。微创与介入手术技术对患病动物的损伤与应激小，疗效佳，提升了疑难危重病例的救治成功率。兽医外科分科趋势日趋凸显，延伸出眼科、牙科、皮肤科、骨科、肿瘤科、神经外科等方向，2019年召开了小动物医学专科建设启动会。多本专著、译著出版，为培养我国兽医外科、小动物医学专门人才发挥了重要作用。兽医外科领域的专家与学者承担麻醉、动物肿瘤、干细胞和组织工程、骨与关节疾病、微创外科、实验外科、矫形外科等领域课题，取得了一些标志性成果，促进了学科的建设和发展。

（十二）兽医产科学

针对动物重要产科疾病开展致病机理、防治新理论等基础研究和新技术、新方法的研发与应用，重点解决制约集约化畜牧场生产效益和母畜繁殖效率的动物子宫疾病、卵巢疾病和奶畜乳房炎，以及动物传染性繁殖障碍疾病的预防与辅助治疗工作。在动物卵子发生与卵泡发育领域，从基因表达和信号通路等角度，解析激素、生长因子和其他调节因子在动物卵泡发育与闭锁、卵母细胞成熟等生殖生理过程中的调控作用及其调控机制。在动物子宫内膜容受性建立和胚胎附植领域，阐明了内质网应激与胚胎附植的相关性，深入研究了有关子宫内膜容受性建立机制，发掘并揭示调控子宫内膜容受性关键基因的作用机理。在动物生殖生物钟领域，已在几种动物初步阐述了生殖系统生物钟基因及其表达产物与某些生殖活动的关系。在动物生殖免疫学领域，阐明了生殖激素与子宫局部免疫细胞的调节机制，子宫局部内分泌－免疫调控网络的调节机制研究。在雄性动物生殖领域，主要开展了精子发生、雄性动物生殖调控及其生殖毒理等方面的研究工作。在动物转基因体细胞克隆与克隆胚胎的重编程已成为动物胚胎生物技术领域最为活跃的研究内容；动物胚胎工程与基因精准编辑技术相结合，推动了家畜抗病育种和家畜优良性状基因编辑育种技术的发展与应用，尤其是在牛羊基因编辑领域处于世界领先水平；克隆犬、克隆猫和基因编辑克隆犬研究与应用跻身世界先进行列。

（十三）中兽医学

中兽医学科立足临床，不断开发防治动物疾病的新技术。在动物疾病个体化诊疗方面，尤其是伴侣动物诊疗，陆续开设了中兽医门诊，中兽医疗法逐渐得到普及。中兽医研究也融合了现代医学的技术和方法，对中兽医证型理论、药物、针灸，进行了组织、细胞、分子层面的研究，阐释了中兽医诊疗的现代医学机理；通过中药药剂学研究，开发中兽药新剂型，提高了药物的利用效率。密切结合畜牧业生产开发新药，近五年获新兽药证书 57 项，部分中兽药已打开了国际市场，产生了较好的经济效益和社会效益。中兽医专业本科已在部分高校试点恢复。国内多所高校开设中兽医对外本科教学，积极推动了中兽医的国际传播。

三、兽医学学科发展趋势

兽医学作为畜牧业的主要技术支撑学科之一，肩负着动物疫病防控和产品质量安全的重任。非洲猪瘟给养猪业带来的巨大损失，凸显兽医学科对畜牧产业的重要性；人兽共患病病原向人群的传播、兽药残留导致的食品安全等问题，同样凸显兽医学科对公共卫生的重要性。随着改革开放后人民生活水平的提高和国际体育赛事的推动，形成了豢养伴侣动物和竞技动物的宠物业新兴市场，伴侣动物、竞技动物的诊疗和人兽共患病的防控同样离不开兽医学科。

因此，围绕国家经济社会发展的战略需求，服务于关乎国计民生的畜牧业主战场，切实保障畜牧业的发展和公共卫生是兽医学科重点优先发展的方向。同时，面对公众丰富生活的宠物业新兴市场，也是兽医学科需要加强的研究领域。提高基础研究和应用基础研究水平，提升面向产业和社会服务的能力，加强学科研究平台和高层次人才队伍建设，优势领域领跑国际学术前沿，落后领域追赶国际先进水平，是建设国际一流兽医学科的重点。

第二十六节　水产学

一、引言

近半个世纪以来，中国水产品总量呈现稳步增长，目前约占全球水产品总量的 37%。2018 年全国水产总产量为 6457.66 万吨，其中水产养殖产量 4991 万吨，捕捞产量 1466.6 万吨。水产业为改善我国人民膳食结构、保障粮食安全和促进社会经济发展作出了巨大贡献。

在产业发展的背后，是水产科技工作者几十年如一日的不懈努力。2018—2019 年，中国水产学科继续取得骄人成绩。在水产生物技术与遗传育种、海水养殖、淡水养殖、水产动物疾病、水产动物营养与饲料、渔药、捕捞、渔业资源保护与利用、生态环境、水产品加工与贮藏工程、渔业装备、渔业信息等各个领域都有所突破，创新性工作成果大量涌现。我国水产学科在国际相关研究领域的优势地位进一步确立。

二、本学科近年的最新研究进展

（一）渔业资源养护与管理

我国渔业管理措施进一步完善。"投入控制"是我国海洋渔业的主要管理措施，近年来通过一系列政策措施进一步强化了捕捞许可证制度、"双控"制度和"减船转产"制度。"产出控制"则是通过调控海洋捕捞总量等资源"产出总量"直接调控资源开发量以更好实现资源养护的管理措施。在我国，"产出控制"主要包括捕捞总量控制和限额捕捞制度。"投入控制"和"技术控制"目前仍是世界上最为普遍的渔业管理措施，有鉴于此，我国采取了"伏季休渔"和"渔具渔法管理"等技术控制措施。我国近年来逐渐加大渔业资源养护措施，包括增殖放流、人工渔礁和海洋牧场、海洋保护区建设等，渔业资源养护和修复初见成效。

在基础研究方面，筛选了海洋生物资源增殖关键种，建立了它们在自然海域和生态调控区的生态容纳量模型，评估了其在不同海域的增殖容量；创制了不同资源增殖关键种的种质快速检测技术，构建了其增殖放流遗传风险评估框架；研发了标志 - 回捕技术、苗种批量快速标志技术；对不同规格增殖关键种的增殖效果进行了评估。

（二）水产生物技术与遗传育种

水产种质资源保存与鉴定评价、新品种培育工作成效明显。迄今共收集、整理 2028 种活体水生生物资源信息、6543 种标本种质资源信息以及 28 种基因组文库、32 种 cDNA 文库和 42 种功能基因等 DNA 资源信息，为水产养殖生物种质资源的鉴定和保护、原良种体系建设和遗传育种研究等打下了良好的基础。农业农村部已批建 31 家国家级遗传育种中心和 84 家国家级水产原良种场等，保存了"四大家鱼"、大黄鱼、中国对虾、扇贝、中华鳖和坛紫菜等一批重要的水产种质资源，进一步完善了水产原良种体系的源头建设。2018 年全国水产原种和良种审定委员会审（认）定通过的水产良种有 19 种（见表 2-3）。

破译多个水产物种基因组，解析了重要性状的分子机制。自 2012 年起，相继破译了太平洋牡蛎、扇贝、半滑舌鳎、牙鲆、鲤鱼、草鱼、大黄鱼、红鲫、海参、花鲈、凡纳滨对虾和海带等物种的全基因组序列，为重要经济性状的遗传解析奠定了重要的基础。传统育种技术与分子育种技术相结合，推动水产种质创新。在应用基础研究和技术研发层面，突破了以规模化家系为基础的现代选择育种技术，建立了水产动物多性状复合育种技术体系，系统性评估了生长、饲料转化效率、抗性、品质、繁殖等重要经济性状的遗传参数。

表 2-3 经全国水产原种和良种审定委员会审（认）定通过的水产良种名录（2016—2018 年）

年份	培育种	杂交种及其他良种	合计（种）
2016 年	白金丰产鲫、香鱼"浙闽 1 号"、扇贝"渤海红"、虾夷扇贝"獐子岛红"、马氏珠母贝"南珍 1 号"、马氏珠母贝"南科 1 号"（6 种）	赣昌鲤鲫、莫荷罗非鱼"广福 1 号"、中华绒螯蟹"江海 21"、牡蛎"华南 1 号"、中华鳖"浙新花鳖"、长丰鲫（6 种）	12
2017 年	团头鲂"华海 1 号"、黄姑鱼"金鳞 1 号"、中华绒螯蟹"诺亚 1 号"、海湾扇贝"海益丰 12"、长牡蛎"海大 2 号"、葡萄牙牡蛎"金蛎 1 号"、菲律宾蛤仔"白斑马蛤"（7 种）	凡纳滨对虾"广泰 1 号"、凡纳滨对虾"海兴农 2 号"、合方鲫、杂交鲟"鲟龙 1 号"、长珠杂交鳜、虎龙杂交斑、牙鲆"鲆优 2 号"（7 种）	14
2018 年	滇池金线鲃"鲃优 1 号"、脊尾白虾"科苏红 1 号"、脊尾白虾"黄育 1 号"、中国对虾"黄海 5 号"、青虾"太湖 2 号"、虾夷扇贝"明月贝"、三角帆蚌"申紫 1 号"、文蛤"万里 2 号"、缢蛏"申浙 1 号"、刺参"安源 1 号"、刺参"东科 1 号"、刺参"参优 1 号"（12 种）	异育银鲫"中科 5 号"福瑞鲤 2 号"、凡纳滨对虾"正金阳 1 号"、凡纳滨对虾"兴海 1 号"、太湖鲂鲌、斑节对虾"南海 2 号"、扇贝"青农 2 号"（7 种）	19

（三）水产养殖装备与技术

池塘养殖是我国最古老，也是最普遍的养殖方式。近年来，在池塘生态工程学基础、装备、信息化、模式构建方面开展了一系列技术研究和创新。探讨池塘菌藻的演变及对系统调控效果，建立多种尾水处理方式，包括潜流湿地菌群特征和净化效率，使用菌藻结合体显著提高养殖废水净化效率；研究了不同植物密度对鱼菜共生系统的运转影响，尾水处理的多种生物滤料，莲藕净化塘和人工湿地组合湿地系统应用于养殖尾水处理；开展16种植物对水体污染物净化效果研究，筛选出黄菖蒲等三种作为潜力净水植物。在装备方面，研发了增氧、投饲等池塘养殖装备；设计了分隔式、分级序批式池塘循环水养殖系统，促进污染物沉积与废物减排。

工厂化养殖系统构建和装备设计取得显著进展。室内循环水养殖已广泛应用于成鱼、苗种繁育等领域，也是未来水产养殖工业化发展的方向。开展了生物滤器、生物絮团、碳源、植物等对养殖水体净化性能和效果研究。在高效循环水养殖设备研发方面，开展了固液分离、气水混合装置的研究。研发了滴淋式臭氧混合吸收塔，可有效降低水体中亚氮浓度和水色；研制了多向流重力沉淀装置，能较高效地去除悬浮颗粒物；研制设计了新型的二氧化碳去除、管式曝气、叶轮气浮等一系列装置，改善了养殖生境。

对近海传统养殖网箱进行了标准化升级改造，研发出可替代传统木质港湾渔排的方形、圆形浮台式 HDPE 环保新型网箱。深远海养殖设施与装备加速研发加速，先后研发了3000t 级养殖工船和 5 万立方米水体的全潜式渔场"深蓝 1 号"（日照外海冷水团海域）、9000m³ 水体的大型钢结构网箱（广西铁山港外海海域）、16 万立方米水体的大型管桩养殖围栏（莱州湾海域）、3 万立方米水体的远海岛礁基围网（南海美济礁海域）、3 万立方米水体的"德海 1 号"智能渔场（珠海万山海域）、6 万立方米水体的"长鲸 1 号"坐底式智能网箱（烟台长岛海域）、1.3 万立方米水体的"振渔 1 号"自翻转式网箱（福州连江海域）、2.1 万立方米水体的"佳益 178"半潜式大型智能网箱（烟台长岛海域）等新型深远海养殖设施，开发了三文鱼、黄条鰤、斑石鲷、黄鳍金枪鱼、大黄鱼、石斑鱼、军曹鱼、许氏平鲉等名优海水鱼类的深远海养殖技术（见图 2-15）。

（四）水产动物营养与饲料

蛋白质营养及蛋白源替代研究取得重要进展，研究和定量了多种水产养殖动物的蛋白质需要量，为饲料蛋白的精准应用奠定了基础。大规模开展了植物蛋白替代鱼粉的研究，利用小麦蛋白粉、菜粕、大豆分离蛋白、螺旋藻等替代鱼粉的研究，取得重要进展。

脂类营养和鱼油替代研究也取得一系列新发现。近两年，我国水产动物营养研究人员补充完善了我国主要养殖品种的脂类需要量，完善了部分养殖品种的陆生脂肪源替代鱼油研究：一定量的陆生脂肪源替代鱼油，不会显著影响水产动物的生长和发育，但高比例鱼油替代后会导致水产动物生长和免疫力下降。

养殖工船（山东日照）

深海渔场"深蓝1号"（山东日照）

大型钢结构浮式网箱（广西北海）

"德海1号"智能渔场（广东珠海桂山岛）

大型管桩养殖围栏（山东莱州湾）

远海岛礁基大型围网（海南南海美济礁）

"长鲸1号"坐底式网（山东烟台长岛）

"振渔1号"自翻转式网（福建福州连江）

图 2-15 我国研制并投入使用（试用）的深远海养殖设施

（五）海水养殖病害防控

水产重大和新发疫病病原学与流行病学研究取得重要进展。在水产病原学和流行病学研究方面，研究确认脊尾白虾和梭子蟹是虾血细胞虹彩病毒（SHIV）的易感宿主，而

卤虫、青龙虾、寄居蟹、天津厚蟹不是 SHIV 的易感宿主；对采集自我国沿海省市虾类样品中偷死野田村病毒（CMNV）及其变异的行动障碍野田村病毒（MDNV）的流行情况进行了系统分析，发现 CMNV 作为一种新发病毒，其流行范围广、宿主种类多、流行率高；开展了以对虾病毒病为主的流行病学调查，2018 年覆盖地区包括广东、广西、天津等 9 个省（区、市）。

多种水产病原的多重、定量和快速检测技术研发取得突破。建立了梭子蟹肌孢虫的常规和定量 PCR 检测技术，并在生长实践和流行病学调查中广泛长期验证与应用。建立了一种能同时检测三种基因型草鱼呼肠孤病毒（GCRV）的通用 RT-PCR 检测方法，具有通用性好、省时高效的突出特点，同时还兼具较高的灵敏度和特异性。建立了 CMNV 的一步法实时荧光定量 RT-PCR（TaqMan RT-qPCR）检测方法。在病原检测试剂盒研发方面，开发了对虾新发疫病病原 CMNV、SHIV 和 MDNV 等的现场快速检测试剂盒。

水产疫苗研发和药物学筛选研究取得进展。筛选了四种常用油佐剂，完成基因 II 型草鱼出血病佐剂灭活疫苗的效力和安全性评价；构建了表达 GCRV-VP4/VP7 的枯草杆菌芽孢口服疫苗，采用口服免疫方式，完成了草鱼疫苗的实验室效力评价；从大量弹状病毒分离株中筛选出一株天然弱毒株，通过安全性与有效性评价，可作为鱼类弹状病毒活疫苗候选菌株。

（六）海洋牧场学科

针对海洋渔业资源衰退的问题，日本在 20 世纪 70 年代就提出海洋牧场概念。海洋牧场概念出现以后，其内涵和外延不断丰富和完善。2019 年，我国学者提出海洋牧场是"基于生态学原理，充分利用自然生产力，运用现代工程技术和管理模式，通过生境修复和人工增殖，在适宜海域构建的兼具环境保护、资源养护和渔业持续产出功能的生态系统"。

海洋牧场建设的主要内容包括增殖放流和构筑人工鱼礁。人工鱼礁是通过工程化的方式模仿自然生境，旨在保护、增殖或修复海洋生态系统的组成部分。我国海洋牧场发展主要经历了三个阶段：一是人工鱼礁，二是人工鱼礁加增殖放流，三是海洋牧场。至 2018 年，全国已建成国家级海洋牧场示范区 86 个，多采用是人工鱼礁加增殖放流的管理模式。筛选出腐蚀率低、析出物影响小、使用寿命大于 30 年的人工鱼礁适用材料，优化设计出新构件、新组合群 22 种和新布局模式，海洋牧场生境的有效流场强度提高 23%；创新了增殖品种筛选和驯化应用技术，形成了基于资源配置优化的现代海洋牧场构建模式。与此同时，增殖放流技术、鱼类行为驯化、藻场建设、生态环境实时监测技术等方面，也开展了广泛的研究，获取了大量科学数据，为科学指导渔业资源增殖养护工作提供了重要基础。

（七）捕捞学科

近海渔具渔法学主要以负责任与标准化渔具渔法研究为重点，远洋渔具渔法主要以高效渔具渔法研究为突破口。近年来，开展了拖网、张网、刺网等渔具渔法现状及渔具补充调查与分析；对主要渔具渔获物组成和主要捕对象进行了采集和分析；构建了我国海洋捕捞渔具数据库，共收录 314 种渔具分类数据，分别归属于我国渔具分类的 12 大类；研究了小黄鱼网囊网目选择性、蓝点马鲛刺网网目选择性等。

针对大宗远洋捕捞对象高性能捕捞渔具渔法开展了一系列研究；改进了远洋金枪鱼网具，沉降速度明显改善，捕捞浮水鱼群空网率明显下降；自主研发了高效生态型延绳钓钓具、建立了金枪鱼延绳钓渔具三维动力学模型；针对南极磷虾个体小、集群密度大、捕捞作业分布水层 0~200m 等特征，自主研发了浅表层、低拖速南极磷虾专用拖网并匹配复合翼、大展弦比、高升阻比的全钢水平扩张装置。

针对南极磷虾、西北太平洋公海秋刀鱼和鱿鱼、东南太平洋公海西部竹荚鱼、太平洋长鳍金枪鱼、东太平洋公海鱿鱼、北太平洋西经海域大型柔鱼、北太平洋公海中上层鱼类、西南大西洋公海变水层拖网、中西太平洋公海中上层渔业资源（灯光围网）、东南太平洋公海鳀鳅、中白令公海狭鳕，以及毛里塔尼亚海域竹荚鱼、莫桑比克虾类、摩洛哥海域沙丁鱼、加蓬外海中上层鱼类、库克群岛海域金枪鱼、阿根廷专属经济区金枪鱼、缅甸外海中上层鱼类，开展了探捕调查工作，掌握了目标海域和目标鱼种的渔业资源状况、开发潜力、中心渔场形成机制及适合的渔具渔法，形成了一批可规模化开发的新渔场和后备渔场。

（八）水产加工学科

水产品水分含量高、肌肉组织疏松，在收获、运输、加工和贮藏过程中极易发生腐败。微生物是引起食品腐败变质的主要原因。近年来，我国学者揭示了波罗的海希瓦氏菌等特定腐败菌是致使水产品腐败变质的主要成因。在水产品的流态化快速冷却、液氮快速冻结及利用射频技术实现水产品保鲜流通中溯源等方面开展研究；流化冰对水产品保鲜研究集中在流化冰制备技术及装备研制；为了提高水产品的冻结速度，冷却介质从之前采用空气和盐水等转变到现在部分采用液氮、液态 CO_2 等，温差和传热系数更大，增大了冻结速率。

在水产品营养成分的加工特性、营养特性及品质调控方面取得重要进展，开展了水产蛋白质氧化对水产品品质的影响、淡水鱼蛋白凝胶形成机制、水产品脂质组学分析及在贮藏加工过程中的变化、不同结构形式海洋活性脂质的生物活性等方面的研究。

水产品质量安全控制方面，利用加热和非热技术（超声波、化学修饰、发酵等）消减典型海洋食品过敏原活性；利用非热杀菌、生物保鲜、噬菌体靶向抑制等技术控制消减微生物危害；结合加工和贮存工艺的优化控制消减水产品中的生物胺、（亚）硝基化合物、脂肪酸降解产物；利用多糖聚合物（净化）、微生物吸附等技术手段降低贝类原料及加工产品中重金属的危害；利用 X 射线等新的无损、智能化技术降低鱼骨鱼刺、贝壳等物理危害等。

（九）渔药学科

结合转录组测序等方法，筛选了水产动物体内参与渔用药物代谢的关键基因，分析了

其调控的相关信号通路；利用高效液相色谱法建立了鱼类中氯硝柳胺/氯霉素等药物残留的测定方法；开展了渔用药物代谢及残留消除规律研究、渔用药物的耐药性及其风险控制研究等；创制了一批新型中草药、免疫增强剂及微生态制剂。

（十）渔业生态环境学科

围绕生态环境的监测与评价、渔业水域污染生态学、渔业生态环境保护与修复技术和渔业生态环境质量管理技术开展了一系列研究，取得的主要科技成果包括：代表性污染物和农渔药对重要水产增养殖品种影响效应、渔业环境和资源养护技术研发与应用、海洋生物对典型环境干扰因子的响应等。

（十一）渔业信息学科

信息技术是实现渔业现代化的重要途径，可贯穿渔业生产、加工、流通、交易全产业链，渗透和覆盖到所有支撑渔业发展的技术装备和设施。从目前渔业信息学科的发展来看，空间信息获取技术已成为支撑海洋渔业科技发展的必要组成部分，基于不同采集方式的多维信息获取技术已经称为水产养殖重要的信息获取手段，无线通信在水产养殖业和海洋渔业信息传输中发挥重要作用，近海无线宽带通信和远海卫星通信成为海洋渔业通信的主要方式。

随着互联网（移动）、物联网、人工智能、大数据、云计算等信息技术在渔业生产各个环节的渗透，产生了大量表征渔业生产过程的数据和数据库系统，例如全国养殖渔情信息动态采集系统、全国水产养殖动植物病情测报信息系统、"渔水云"水产养殖服务（管理）平台、国家水产种质资源平台、水产品品质可追溯平台等。这些数据是指导渔业生产持续高效发展的宝贵财富，数据分析与挖掘技术则被用于发现隐藏在这些数据背后的规律，为渔业生产持续高效发展提供有效的决策支持。

三、本学科发展趋势和展望

当前，"生态优先、绿色发展"已成为我国渔业发展的重要原则。《全国渔业发展第十三个五年规划》提出了"严格控制捕捞强度，养护水生生物资源"的基本要求。遵循我国水产行业"调结构、稳增长"的战略布局，未来一段时期，水产学科的发展将紧紧围绕生态友好、质量安全、集约高效和节能减排等重点研究方向，越来越多地通过多学科联合攻关，以及将信息技术、人工智能等高新技术应用于水产学的各个方面，来促进学科整体的持续良性发展。在渔业国际合作和"走出去"政策与项目的支持下，我国与西方水产强国的科技交流日趋频繁，有利于我们借鉴国外经验，快速推进水产学科基础研究。与此同时，有赖于我国水产行业雄厚的禀赋与数千年发展过程中积累的丰富经验，加之我国良好的社会经济环境和水产品消费需求，作为直接面向产业的应用学科，水产学具有强劲的发展动力。

第二十七节 作物学

一、引言

作物学学科是农业科学的核心科学之一，作物学学科发展能够为农业科技的发展保驾护航。作物学学科发展的核心任务是不断深入探索，揭示农作物生长发育、产量与品质形成规律和作物重要性状遗传规律及其与生态环境、生产条件之间的关系；研究作物遗传改良方法、技术，培育优良新品种，创新集成作物高产、优质、高效、生态、安全栽培技术体系，良种良法配套应用，全面促进我国现代农业可持续发展。作物学学科发展与科技进步为保障国家粮食安全和农产品有效供给、生态安全、增加农民收入，提供可靠有力的技术支撑和储备，是实现"藏粮于技"的重要表现。

作物学在农业发展中占有突出地位，受到国家高度重视。中央一号文件连续 17 年聚焦、关注"三农"（农业、农村、农民）问题，近年来中央一号文件一直锁定"三农"问题，2018 年中央一号文件主题聚焦实施乡村振兴战略，是改革开放以来第 20 个、进入 21 世纪以来连续下发的第 15 个以"三农"为主题的中央一号文件。特别是 2019 年强调了"三农"优先发展的地位，明确了"三农"问题是社会主义现代化时期"重中之重"的地位。做强农业，必须尽快从主要追求产量和依赖资源消耗的粗放经营转到数量质量效益并重、注重提高竞争力、注重农业科技创新、注重可持续的集约发展上来，走产出高效、产品安全、资源节约、环境友好的现代农业发展道路。党的十九大报告首次提出要实施"乡村振兴战略"，同时把"实施乡村振兴战略"作为建设社会主义现代化强国的七大战略之一写进党章，赋予突出的重要地位。

二、本学科近年的最新研究进展

（一）作物学学科新发展

2015—2019 年，在作物遗传育种领域，农作物种质资源研究精度和广度进一步拓展。截至 2018 年年底，我国共收集保存了 340 种作物，保存资源总量达 50.3 万份，其中国家库 43.8 万份，种质圃 6.5 万份，保存作物种质资源总量居世界第二位。我国科学家在水稻、小麦等作物的基因组测序、精细遗传图谱绘制、核心种质收集挖掘、基因组遗传多样性分析和重要农艺性状基因克隆等方面取得了一系列具有国际影响的重要成果。2015—2018年，育成通过国家和省级审定的水稻、小麦、玉米、棉花和大豆新品种达8466个，推广了一批突破性新品种，有效支撑了我国现代农业发展。近些年生物技术发展迅猛，各项技术得到了空前的发展，尤其是基因组编辑技术、单倍体育种、分子设计育种技术等。

作物栽培与耕作学科本学科围绕新型经营主体，在作物优质高产协调栽培、农艺农机融合配套、肥水精确高效利用、保护性耕作栽培技术、逆境栽培生理与基础理论研究、信息化与智慧栽培等方面取得重要研究进展，为我国作物生产实现增产、增收、增效提供了技术支撑与储备。尤其是在作物优质高产协同栽培方面研究进展明显，同时农艺农机融合程度进一步提高，作物肥水资源利用技术更加高效化。作物栽培与耕作学科始终面向生产一线，服务农业主战场，在作物耕作及高产高效栽培技术创新方面取得重要突破，为我国主要粮食作物高产、高效、绿色发展提供直接的支撑与技术保障。

1. 作物学基础理论研究达新高度，作物学多领域理论有创新

（1）作物遗传育种基础研究取得重大进展

主要农作物基因组学研究取得新进展完成了3010份亚洲栽培稻基因组研究，揭示了亚洲栽培稻的起源和群体基因组变异结构，剖析了水稻核心种质资源的基因组遗传多样性，推动了水稻规模化基因发掘和水稻复杂性状分子改良。完成了乌拉尔图小麦G1812的基因组测序和精细组装，绘制出了小麦A基因组7条染色体的序列图谱，为研究小麦的遗传变异提供了宝贵资源。完成了玉米Mo17自交系高质量参考基因组的组装，在基因组学层面对玉米自交系间杂种优势的形成机制提供了新的解释。通过图位克隆、分子遗传学方法和基因编辑技术，发现了控制水稻杂种育性的自私基因，阐明了籼粳杂交一代不育的本质，为创制广亲和水稻新种质、有效利用籼粳交杂种优势提供了理论和材料基础。

（2）作物栽培与耕作理论有创新，丰富了理论体系

作物栽培学长期以来存在定量化研究不足，理论研究薄弱的局面，直接限制了该学科的技术创新与科技水平提升。近年来，中国农业科学院作物科学研究所作物栽培与生理中心、扬州大学作物栽培研究团队在作物栽培基础理论方面构建新理论，深入阐析作物栽培形态生理生化基础理论，丰富了作物栽培学理论体系。

2. 创新了作物学高产高效、绿色、优质新品种及关键技术

（1）完善了遗传育种与种质资源创新技术，培育出一批高产优质新材料和新品种

近年来，生物技术的创新极大地推动了现代育种的发展。我国作物遗传育种学科取得了长足进步和全面发展，围绕作物遗传育种开展前沿基础、新品种选育与种质创制，创新完善了杂种优势利用、细胞及染色体工程、诱变、分子标记、基因组编辑等育种关键技术，提升了我国育种自主创新能力和水平，创制出一批育种新材料和新品种。

（2）作物高产、高效、优质、绿色栽培与耕作新技术发展

作物栽培学的创新发展，对实施乡村振兴战略具有重大意义，需结合新形势、新要

求，深入推进优质粮食工程，发展新型经营主体，达到优质高产协调栽培、促进农艺农机融合配套、做到肥水精确高效利用、完成保护性耕作栽培技术、结合逆境栽培生理与基础理论研究、实现信息化与智慧栽培等，为我国作物生产实现增产、增收、增效达到乡村振兴战略提供了技术支撑与储备。近年来，作物栽培领域涌现出一批新技术在大田生产中应用，主要表现在农艺农机融合技术进一步发展；作物肥水资源利用技术高效化、智能化；作物耕作栽培技术取得重要突破；作物逆境栽培技术研究与创新进一步深化；作物信息化与智慧栽培取得新进展。

（二）作物科学条件建设新突破

1. 学术建制新提高

以加快推进农业现代化、保障国家粮食安全和农民增收为目标，深入实施藏粮于地、藏粮于技战略，超前部署农业前沿和共性关键技术研究。以做大做强民族种业为重点，发展以动植物组学为基础的设计育种关键技术，培育具有自主知识产权的优良品种，开发耕地质量提升与土地综合整治技术，从源头上保障国家粮食安全；以发展农业高新技术产业、支撑农业转型升级为目标，重点发展农业生物制造、农业智能生产、智能农机装备、设施农业等关键技术和产品；围绕提高资源利用率、土地产出率、劳动生产率，加快转变农业发展方式，突破一批节水农业、循环农业、农业污染控制与修复、盐碱地改造、农林防灾减灾等关键技术，实现农业绿色发展。力争到 2020 年，建立信息化主导、生物技术引领、智能化生产、可持续发展的现代农业技术体系，支撑农业走出产出高效、产品安全、资源节约、环境友好的现代化道路。

2. 研究平台质量提升

（1）科技项目支撑力度持续加大

国家组织实施了"七大农作物育种""化学肥料和农药减施增效综合技术研发""粮食丰产增效科技创新""农业面源污染和重金属污染农田综合防治与修复技术研发""智能农机装备"等国家重点研发计划的重点专项。

（2）科技研究交流平台不断壮大

国家农业科技创新基地与平台、区域农业创新中心（实验站）科研条件及硬件设施科技研究交流平台不断壮大、农业科技资源开放共享与服务平台发挥的作用日益增强。

（3）多学科协作机制正在形成

以做大做强民族种业为重点，发展多学科协作机制的形成，并以动植物组学为基础的设计育种关键技术，培育具有自主知识产权的优良品种，开发耕地质量提升与土地综合整治技术，从源头上保障国家粮食安全。

（4）科技成果奖励发挥重要作用

科技奖励评价注重科技成果的广泛应用，通过奖励科技创新转化为现实生产力的成果，引导科技工作面向经济建设主战场发力。作为我国科技奖励体系的重要组成部分，省

部级科技奖和社会力量科技奖在调动科技人员创造性、推动学科或行业科技进步方面也发挥了重要作用。

3. 人才培养与研究团队健康发展

培育壮大农业科技创新人才队伍。深入实施人才优先发展战略，努力培养造就规模宏大、素质优良、结构合理的农业科技创新人才队伍。通过课题合作协作、设立开放课题、接受外单位科技人员和研究生委培、"西部之光"人才工程等，实验室吸收多名客座人员进入实验室研修和培养，增强实验室的研究力量。在农业优势领域突出培养一批世界一流科学家、科技领军人物，重视培养一批优秀青年科学家，增强科技创新人才后备力量；重点培养一批交叉学科创新团队，促进重大成果产出；支持培养农业科技企业创新领军人才，提升企业发展能力和竞争力。

4. 加强学术规范与学术生态建设

作物学多学科领域在开展学术活动中一直注重加强学术规范与学术生态建设，并在学术活动中逐步实现了学术生态建设的创新。在学术交流活动中坚持"以学术为本"、坚持"服务于学术交流主体"，按照《科技工作者科学道德规范》的规定，遵守科学道德，鼓励学术争鸣。

三、本学科国内外研究进展比较

（一）国际作物学学科发展现状、前沿和趋势

世界农业科技革命来势凶猛，现代农业快速兴起。特别是发达国家以科技为主导的农业现代化正在提质加速，其发展的目标、思路和举措悄然发生变化。例如，美国在粮食作物分子标记辅助育种方面资助并开展了多项研究，主要是采用标记辅助选择技术改良作物的抗病性和品质。英国生物技术与生命科学研究理事会资助了多项针对粮食作物的分子标记辅助育种研究项目，包括小麦、大麦、水稻、珍珠粟等。此外，现代农业正在向以互联网为媒介，将网络科技深度融于农业生产经营决策、农业生产精细管理、农产品运输销售等各个环节，实现农业的智能化、精准化、定制化的3.0时代迈进。互联网、大数据、云计算、物联网、电子农情监测等现代信息技术在农业领域的应用越来越广泛，促使世界农业加快转型升级。世界各国纷纷启动和加快农业信息化进程，形成了一批良好的产业化应用模式。利用卫星、电子农情监测等技术对土地、气候、苗情等信息进行实时监测，其结果进入信息融合与决策系统；物联网技术已成为生产管理、辅助决策、精准控制、智能实施的关键技术；互联网技术广泛用于农产品电商、运输环境调控、农产品质量安全溯源等多个方面。

（二）我国作物学学科发展水平与国际水平对比分析

随着我国农业生产方式的变革和需求，对农产品品质、营养健康、功能性食品等方面

需求的增长，农业基础研究由增产导向向提质导向快速转变。农业系统是人类利用自然进行生产的复杂系统，农业领域基础研究的国际前沿逐渐突破单要素思维，呈现多维尺度、多元融合、跨学科、系统化的特征；重点围绕农业生物精准育种理论创新、智慧农业装备与信息网络构建、环境复建与资源高效利用、农业生物疫病快速预警与防控、农产品加工与质量安全技术体系强化等五个方向开展研究。总体表现为从"微观－个体－群体－环境"多尺度演进，基础研究越来越深入、理论创新越来越迅速、多学科理论体系日趋完善的发展态势。当前，我国农业基础研究领域居国际领先的原创性理论、方法和技术偏少，特别是在农业生物智能设计、传统与新兴多学科交叉等领域布局不足，距离实现国际领跑尚存在一定差距。

四、本学科发展趋势及展望

（一）我国作物学在未来发展战略是应对农业现代化新发展

面对粮食需求刚性增长、消费需求结构快速转变、气候变化加剧、环境污染严重等严峻形势，保障农业生物产品有效、安全供给和与环境协调发展面临诸多挑战，亟待通过基础研究引领技术革命，支撑农业生物产品产量和品质提升，促进农业可持续发展和提质增效。至 2035 年，我国农业基础研究将在农业生物遗传多样性解析与拓展、重要农艺性状全功能网络解析等方面全面布局，同时重点在农业生物遗传规律研究与设计育种的前沿理论阐析、绿色智能化农业的方法学基础、农业生物营养品质形成机理和食品安全的理论基础等方向进行重点布局。

（二）重点任务

1）农业生物遗传规律与设计育种的基础研究。

2）绿色智能化农业的基础研究。

3）农业生物品质改良与食品安全的基础研究。

4）超高产作物栽培技术与各作物高产高效栽培技术均衡发展。

5）超高产作物栽培技术与各作物高产高效栽培技术均衡发展——我国粮食总产十二连增，离不开作物超高产的示范推广，我国未来作物的持续增产将更大限度依靠作物超高产栽培技术的进步与引领。

6）精确定量轻简化栽培技术——从精确定量和轻简化两方面入手来使作物栽培技术不断优化，最终达到提高作物产量和质量的目的。

7）智能化栽培技术与智慧农业——在作物生产中大量采用先进的信息技术，使作物的栽培技术走向一条智能化、定量化的道路。

（三）对策与建议

深入贯彻党和国家在农村的"多予、少取、放活"等一系列方针和政策，依靠农业科技进步和集成创新促进农业发展，实施稳定粮田耕地面积、回增复种指数、扩大粮食播种面积、提高粮食单产等措施，实现粮食增产增收，确保国家粮食安全。当前，作物学面临着严峻的挑战，在基础和前沿技术研究、共性关键技术研发、重大新品种培育、体系建设、人才培养等方面与发达国家还有很大差距。我国作物学科发展要继续贯彻"自主创新、重点跨越、支撑发展、引领未来"的科技发展指导方针，坚持行业导向，从我国作物生产实践中提炼有学科特色的重大科学问题，紧密结合我国作物学科研究实际，构建体系完整、特色鲜明、实用性强的作物学基础理论体系。同时，加强与国际、国内同行之间的合作与交流，借力完善基础研究体系，扩大学科影响。更重要的是，要加强青年人才的培养，特别是要关注基层院所工作的青年人才，以此加快培养兼备现代科学素养和生产实践的新一代青年作物学科研人员。此外，建议国家相关部门根据学科均衡发展需要，在作物学相关项目尤其是人才与重点（大）项目中加强支持，以促进该学科健康持续发展。

第二十八节　中医药（中药炮制）

一、引言

中药炮制是按照中医药理论，根据中药材的自身性质，以及调剂、制剂和临床应用的需要，所采取的一项独特的制药技术。是中药有别于天然药物的重要标志。中药材必须炮制成饮片才能用于临床，饮片是中医临床和中成药的处方药。中药在炮制过程中，饮片的外观性状、性味归经、化学成分、药理药效及临床使用均会发生改变，则更适用于临床辨证施治的应用。中药饮片的质量关系着中医临床疗效，是整个中药产业发展的关键环节。中药炮制学科是我国传统特色学科，在国外没有对应学科。近年来受国家重视，教学科研队伍不断扩大，科技成果逐年增加。传统炮制技术及相关研究在国际上处于领跑阶段，但在个别同类研究水平上还略有差距。近年来，中药炮制学科建立了一些新工艺，提出了新理论，制定了新标准，研制了新设备，推进了学科发展和进步。

二、本学科近年的最新研究进展

（一）传承精华 守正创新

1. 传承精华

根据中药炮制学科的特色，传承与创新是永恒的主题。在国家中医药管理传承基地建设的过程中，收集整理了传统中药炮制的大量古籍、古物、古论、古文化，从去粗取精中得到提炼升华。从《神农本草经》的"若有毒宜制，可用相畏、相杀者，不尔勿合用"到《修事指南》的"秋石制抑阳而养阴，枸杞汤制抑阴而养阳"。从《五十二病方》的"㕮咀"到《本草问答》的大黄"用酒炒至黑色"。从朱砂、雄黄的火煅，到"雄黄见火毒如砒"而改为水飞法。通过传承基地建设，深入梳理古代炮制技术和理论，重现了一大批传统的具有地方特色和民族特色的炮制工艺，建立地方特色炮制技术资料档案，撰写"药性变化论"，如"药性始于神农，炮制晟于雷敩"，创作"雍敩楼赋"，如"亲力亲为，自强自立，成炮制精神。育人强己，解惑自佳，怀教师仁心"等，供今后的中药炮制传承的开发应用参考。

2. 守正创新

本着"传承不泥古，创新不离宗"的原则，开展了大量创新性科学研究工作。

（1）新技术

1）微波炮制技术：将微波技术引入中药炮制，提高了饮片生产效率，保证了饮片质量。

2）膨化炮制技术：将膨化技术引入中药炮制，极大提高了饮片中有效成分的溶出率，增强饮片的临床疗效。

3）冻干炮制技术：采用鲜品药材直接冷冻干燥制备冻干饮片，虽然成本稍高，但可减少药材干燥后的再浸润软化过程中的有效成分流失，而且冻干饮片可直接服用，既保证疗效，又方便服用。

4）定性炮制技术：根据中药药性不同所采用的炮制技术，即制寒以热药，制热以寒药。以热药制热药，以寒药制寒药，以升药制降药，以降药制升药，以升药制升药，以降药制降药，达到缓和、改变或增强中药药性的目的，可更好地适应临床辨证施治的需要。

5）定向炮制技术：根据化学成分性质不同所建立的炮制技术。如毒性中药斑蝥，采用碱水炮制，使毒性成分斑蝥酸酐直接转化斑蝥酸钠，可明显降低毒性；用碱水炮制马兜铃，亦可使马兜铃酸发生转化而降低肾毒性。含有生物碱类成分可采用酸水炮制，如延胡索以酒石酸或苹果酸等辅料炮制，可促使其生物碱成盐，溶解度增加，水煎液中有效成分的含量明显提高。白术中的苍术酮容易氧化，可采用氧化剂来炮制，促使白术中的苍术酮转化为白术内酯类成分，既降低燥性，又增强了抗癌作用。定向炮制技术是基于炮制原理而设计的炮制新工艺。

6）生物炮制技术：利用微生物或酶来改变中药原有性能，可增效或减毒，制备新饮片的炮制技术。生物炮制技术包括自然发酵、发芽等传统炮制技术，如六神曲、淡豆豉等；以及利用发酵、酶促等现代炮制技术制备新饮片、新原料药的方法，如采用生物炮制技术制备得到的雷公藤、黄芪等。通过中药生物炮制的研究，明确发酵过程中的优势菌种或菌群，发酵炮制前后药效物质基础变化规律和药理作用改变机制。如首次从六神曲分离得到低聚糖和十八碳酸类成分；从胆南星中分离得到游离胆酸类成分，并提出胆汁和天南星均为胆南星的原料，胆汁并不仅仅是其炮制辅料。

新技术创造新的饮片，研制新型饮片须遵循"饮者喝也，片者型也"的原则，通过改变饮片的片型，可获得较好的流动性和较高煎出率。饮片要达到"规格划一，流动可调"的标准，以适应智能调剂的需要。对于质地松泡类饮片，可采用机械压制的方法制备成定量压制饮片。

（2）新理论

中药炮制拥有独特的传统理论体系，随着科学研究的逐渐深入，炮制领域不断形成新理论。如"中药炮制化学与化学炮制"，基于炮制过程中化学成分变化提出的"炮制转化"理论，基于炮制原理的解析所提出的大黄"入泻下药生用，活血止血蒸熟或炒炭用"，茜草"生活血苷之用，炭止血转苷元"，肉豆蔻"降醚减毒、增酚增效"，白术"减酮减燥，增酯增效"，柴胡"生解表，原油原苷；制疏肝，减油转苷"等炮制理论。

（3）新设备

饮片质量检测设备也不断进步，如应用电子鼻、电子眼、色选机等设备可快速对饮片外观性状进行分析检测。饮片生产设备正在由半自动化、自动化向智能化方向发展，正在研制饮片智能生产线。通过应用组合秤、多传感器联动的智能调剂设备已经研制成功。可完成集调剂、煎煮、灌装、封袋等工序的智能煎制生产线已经开始应用，可实现线上的先煎后下以及散煎功能，极大提高了煎药效率，保证煎药质量。

（二）中药炮制化学与饮片质量标准的提升

1. 中药炮制所致化学成分变化机制研究

饮片炮制的核心作用是减毒、增效，其实质是化学成分变化的过程，通常称为"炮制转化"。炮制转化就是通过炮制的技术，促进化学成分转化，使有毒成分降低，有效成分增加，较比采用单体成分的生物转化，炮制转化的成本低，而且快捷方便。

炮制过程不仅发生了化学成分量的变化，也发生了质的变化，炮制后化学成分不仅有降低，也有升高，更有新化学物质的产生。研究中药炮制过程中化学成分的增加或减少或转化的规律及其生物效应的科学，即为炮制化学。中药炮制过程中的化学反应极其复杂，涉及多种反应类型。化学成分结构、性质相近的同类型结构成分在相同或相近的炮制过程中可能发生同类化学反应，炮制过程中化学成分转化主要为去糖基化、异构化、氧化、酯解和酶转化等化学反应。随着炮制研究的不断深入，炮制化学乃至化学炮制必将会发展成为一门独立的学科。

2. 饮片质量标准的提升研究

目前饮片质量控制常采用多个成分为检测指标，制定并提升质量标准。采取基于指纹（特征）图谱技术结合化学计量学的饮片整体质量评价模式，谱效相关评价方法，一标多测技术，对照提取物等技术相继应用到饮片质量控制研究中。气－质联用、液－质联用等检测分析技术应用于提升饮片质量标准。针对中国药典中饮片质量标准多同药材的现象，炮制学者正着力制订饮片与药材、生饮片与制饮片的差异性、专属性的质量标准。中药指纹图谱技术与多指标成分定量分析相结合，体现了中医药整体治疗的特色。对于饮片内源性、外源性有害物质的测定已引起相关部门的高度重视。

（三）炮制所致中药四气五味、升降浮沉和毒性变化研究

1. 炮制所致中药四气五味、升降浮沉的变化研究

中药药性理论是中药理论的基础和核心，中药药性是中药的基本性质，主要包括四气五味、升降浮沉、归经、毒性等。中药经过炮制，其性味、归经、作用趋向和毒性等都可能发生变化，促使其功效发生相应的改变。通过整体药理学和分子生物学结合的研究方法，揭示生、制饮片的药效作用机制，依据生、制饮片成分差异与单一药味及复方中药的作用差异，建立鉴别生、制异用饮片的质量标准，基于深入探索饮片的成分→药性→功用→临床变化的实质研究，为临床合理使用生、制异用饮片提供科学依据。研究方法包括通过炮制前后功效的变化与谱效相关性，判断物质基础与药性改变规律；采用寒、热证动物模型、代谢组学、系统热力学等药理学研究技术，明确炮制对中药寒热药性的影响机制；通过栅藻延迟发光技术等对中药饮片的寒热药性进行准确判别。

2. 炮制所致中药毒性变化机理研究

毒性中药经过炮制后，可以降低或消除其毒副作用，保存药效或增强药效。阐明炮制解毒机理可为毒性中药饮片质量标准的制定奠定基础。通过炮制使毒性成分发生转化而减毒，如煮制川乌、煮制草乌、复制附子、米炒斑蝥、砂烫马钱子等。通过辅料炮制减毒，如白矾生姜煎煮半夏、天南星、白附子等；醋制京大戟、甘遂、狼毒等。近年来，炮制学者将植物学科属分类、植物化学分类学与炮制解毒技术进行融合，提出"毛茛科有毒中药炮制解毒共性规律、天南星科有毒中药炮制解毒共性规律、大戟科有毒中药炮制解毒共性规律、芫青科有毒中药炮制解毒共性规律、茄科有毒中药炮制解毒共性规律"；根据含有同类有毒成分的毒性中药，融合炮制解毒技术，提出"蛋白类有毒中药炮制解毒共性规律、有毒重金属矿物类有毒中药炮制解毒共性规律、树脂类有毒中药炮制解毒共性规律、脂肪油类有毒中药炮制解毒共性规律、挥发油类有毒中药炮制解毒共性规律"等，在炮制解毒机制和解毒工艺研究中取得较大的突破。

三、本学科国内外研究进展比较

中药炮制学科是我国特色学科。中药炮制工艺属于保密内容，国外学者很难接触到复杂的炮制方法和工艺，仅停留在切制技术层面，一般采用比较简单的加工方法来处理药材。国内学者对中药炮制技术、化学、药效、临床等相关研究比较深入系统，更侧重于炮制减毒、增效、缓性、产生新疗效等诸多原理解析工作。

1）国外对植物药加工的传统理论缺乏深入的了解，缺乏整体性、系统性和延续性的研究思路，国内炮制相关研究内容基本都会涉及炮制历史沿革、炮制工艺、炮制化学、质量评价、药效作用机制、临床应用等方面，研究思路比较系统、完整，而且代谢组学、谱效关系、成分配伍、组分配伍等先进的方法和技术在炮制研究中广泛应用，研究内容的深度和广度都超过了国外。

2）国外对植物药的加工与临床的相关性研究缺乏实践基础，仅局限于单味药的研究和应用，而我国的炮制相关研究已纳入复方配伍来比较中药生制饮片的成分与作用机制。

3）国外从事植物药加工相关研究的国家及研究的炮制品种数量较少，从事炮制研究的团队和人员较少。国内学者的炮制相关研究几乎覆盖了临床常用品种，包括炮制辅料的研究领域，研究内容涵盖范围较宽等。

4）国外可用于饮片生产智能化设备比较先进，我国饮片企业有待进一步提升现有饮片生产的自动化、智能化和综合集成能力。

四、本学科发展趋势和展望

作为我国独有的、最具传统特色的制药技术，中药炮制学科秉着"传承精华，守正创新"的精神，坚持继承为基础，创新为目的，以现代技术为手段，实现中药炮制的"四新八化"，即：新工艺、新辅料、新设备、新理论；来源基地化、工艺规范化、标准国际化、原理清晰化、辅料多样化、规格一致化、产用智能化、流通网络化。建立中药饮片现代生产、流通的可溯源体系，实现饮片生产流通现代化、信息化、智能化，为临床提供质优效确的饮片，满足公众的健康需求，促进中药饮片产业持续健康发展。

（一）强化中药炮制技术的传承与创新

加强传统炮制文化宣传，提倡饮片厂建立有特色的炮制传承基地，坚持传承与创新并重，工艺与标准同行的指导原则，深入开展传承创新工作。开展传统炮制工艺的现代研究。深入挖掘传统的具有地域特色的炮制技术，系统了解传统炮制技术形成的社会、文化背景，保护富有特色的地方药材传统炮制品种，提炼传统工艺技术特色，再现传统炮制工艺，创新现代炮制工艺。重视"临方炮制"技术传承。制定行业统一的临方炮制技术标准，明确规范临方炮制技术的工艺参数及操作流程。开展传统炮制理论科学内涵的研究，深入研究辅料作用论、生熟论、制药论、炮制论的实质作用和原理。充分挖掘、还原、延续传统炮制文化内涵，指导传统炮制的现代研究，创新炮制技术理念。

（二）优化并创新中药炮制工艺

继续完善常用中药饮片规范化生产的技术参数，建立炮制生产工艺标准操作流程，确保实际生产过程中炮制工艺参数稳定可行，保证饮片产业化生产要求。修订完善地方炮制规范。探索新技术、新方法用于炮制创新工艺的研究。以促进有毒成分的降低或转化，并使有效成分增加，疗效增强，实现以炮制转化为导向的中药炮制理论和技术创新。

创制新型饮片，继续深入开展微型饮片、冻干饮片、膨化饮片等研究，以饮片形制的变革为基础，建立可标准化、可规模化生产的制备工艺，结合色谱指纹图谱保证新型饮片的质量均一和稳定，实现对新型饮片的整体性、多层次的质量评价。研制适合新型饮片大生产需要的智能设备。

（三）构建中药饮片质量评价体系

规范中药材从种植到采收、加工炮制全过程的质量控制，系统进行饮片质量标准研究，建立合理的质量评价体系，有效控制饮片质量，保证临床安全有效。修订饮片质量标准中不规范、不专属、少差异的项目，修订部分品种的标准与限度，提高质量标准的规范性及科学性。探索液相色谱－质谱联用检测技术、近红外光谱技术、色差计等新技术在饮片质量标准中的应用。加强动物药和矿物药的质量分析控制技术研究。建立与饮片功效相关且具有生、制品差异性的质量标准。建立生制饮片的特征图谱，实现生制饮片的区分鉴别。探索采用代谢组学技术筛选生制饮片差异性质量标志物的方法。明确毒性饮片的作用部位及毒性成分，确定炮制减毒工艺标准操作，明确炮制减毒机理。规范毒性饮片的炮制工艺、操作规程和工艺参数以及毒性和药效评价。探索毒性饮片共性炮制减毒规律。研制开发可在短时间内按照国家法定标准完成对饮片的定性或定量检测分析的快检设备。

（四）实现中药炮制辅料标准化、多样化

逐步完善炮制用辅料的国家和地方标准，使炮制用辅料规范化、标准化。寻找可以起到减毒、增效作用的炮制新辅料。明确炮制用辅料的地位，制定炮制用辅料通用性指导原则。制定常用炮制辅料的质量标准，建立炮制用辅料的国家药用标准。将炮制用辅料标准纳入药典或全国炮制规范的辅料标准部分，或相关附录或通则中。规范辅料生产工艺，保证炮制用辅料的安全性、有效性、一致性。探索新炮制辅料的研究，开发生物辅料、化学辅料，实现辅料多样化。重点探讨中药炮制辅料与中药之间的作用机制，阐明中药炮制的原理，保证临床用药的安全和有效。

（五）解析炮制原理并创建新的炮制理论

遵循"找差别、做原理、改工艺"的研究思路，依据炮制前后饮片成分变化的差异，探究化学成分变化／转化的机制，明确与药效、药性变化的相关性及机制，最终解析炮制原理，根据这些原理来改进或创新炮制工艺。通过现代分析分离技术，明确炮制前后饮片成分变化规律，探究化学成分转化机制及与药效的相关性，探索作用机制，解析炮制原理，最终规范、改进或创新炮制工艺。进一步归纳并解析减毒增效论、生熟论、制药论、辅料作用论等传统炮制理论，利用现代技术说明其内涵。以饮片炮制前后药性变化为切入点，以炮制前后的物质基础变化，生物活性变化机制为研究手段，揭示炮制改变中药药性的科学内涵。

（六）中药炮制产用智能化研究

借鉴其他行业的制造技术，进行饮片炮制专用设备的研制与开发，研制拥有自主知识产权的中药炮制专用设备。加强洗润切、干包贮等可控性成套成线智能炮制设备的研制。建立炮制设备行业标准，并逐步建立国家标准，尽快使炮制设备实现智能化和标准化。

以传承创新为主旨，以解析炮制原理为目标，以开创新炮制工艺为主线，以炮制品标准制订为基础，深入研究炮制的工艺和原理。建设炮制转化平台、四新八化实施平台，炮制所致药性变化内涵解析平台，生物炮制平台，差异性、专属性标准研究平台。进行中药炮制的产用智能化研究，即：智能生产、智能调剂、智能煎制。全面引领炮制行业的学术进步与发展。

第二十九节　营养学

一、引言

营养是机体从外界环境摄取食物，经过消化、吸收和代谢，利用其有益物质，供给能量，构成和更新身体组织，以及调节生理功能的全过程。营养科学是研究食物、膳食与人体健康关系的科学，主要涉及基础营养、食物营养与人群营养三大方面。

近五年来，我国的营养研究与实践工作，得到了中共中央、国务院的高度重视，先后颁布了《"健康中国 2030"规划纲要》《国民营养计划（2017—2030 年）》《健康中国行动（2019—2030 年）》系列文件。其间在完善营养法规体系，增强营养能力建设，加强营养人才培养，强化营养和食品安全监测与评估，发展食物营养健康产业，构建营养健康基础数据共享利用等方面，开展了系列且卓有成效的工作。同时，科技部、自然科学基金委员会、卫生健康委员会等政府部门在营养相关领域的研究不断加大投入力度，也促进了我国该领域的工作得到快速发展。

本报告总结了我国 2015 年 1 月 1 日—2019 年 6 月 30 日营养学领域提出的新观点、新理论、新方法、新技术与新成果状况。同时，对国内外研究进展进行比较，并提出未来发展趋势及展望。

二、本学科最新研究进展

（一）各分支学科理论研究发展

1. 基础营养

（1）组学与新技术

组学技术被应用于营养学研究领域，为揭示营养相关疾病代谢分子机制提供了新的视角。人工智能等新技术，可实时地收集个体的膳食、运动及生化指标等信息，有助于大规模的疾病和健康的监测。

（2）肠道微生物

研究发现，高脂肪低碳水化合物饮食对健康人体的肠道微生物、粪便代谢物及血浆炎症因子会产生不良影响。高膳食纤维饮食可通过对肠道菌群的作用，降低 T2DM 患者的空腹血糖和餐后血糖。益生菌方面，我国科研人员从婴幼儿及成人粪便中共筛选出具有缓解病毒害作用的益生菌共 32 株，并且鉴定出乳酸菌和双歧杆菌共 16451 株，建成了中国最大的乳酸菌菌种资源库之一。益生元方面，发现了菊粉干预有利于 2 型糖尿病患者的体重、血压、血糖、血脂的控制。

（3）个体化营养

国内多个研究团队通过队列追踪、膳食干预等结合全基因组关联研究，发现了与疾病或营养相关突变位点，如发现与饱和脂肪酸、多不饱和脂肪酸和单不饱和脂肪酸相关的基因位点，为基因筛查、营养干预和疾病预防提供了重要线索。

（4）营养代谢组学

不仅揭示个体对膳食反应差异的潜在机制，还发现与疾病预测相关的食物和营养成分的生物标志物。例如，发现在中国人群中 n-6 PUFA 与新发代谢综合征风险成负相关，血浆长链酰基肉碱谱能显著增加二型糖尿病的发病风险，发现全麦小麦和黑麦摄入量的生物标志物血浆烷基间苯二酚代谢物，与二型糖尿病的发病风险显著正相关。

2. 营养与慢性病的控制

《柳叶刀》在全球营养领域对195个国家和地区进行了长达27年的追踪调查，研究显示，中国每10万人中有300~400人因为膳食结构不合理导致死亡，可见营养对我国居民健康的重要性。中国疾控中心与美国哈佛大学合作，展开了"中国居民营养状况变迁的队列研究"，发现高钠摄入、低水果摄入及低海洋ω–3脂肪酸摄入与2010—2012年心血管代谢疾病死亡率密切相关。此外，还找到了糖尿病、心血管疾病的预测标志物，包括血液黄嘌呤氧化酶的活性，可利用维生素D及游离维生素D水平等。膳食结构方面，研究表明"杂粮模式"与肥胖和高血压的危险成负相关，而"高脂高盐模式"与高血压成正相关。

3. 妇幼营养

（1）生命早期膳食营养状况影响远期健康

研究发现，孕妇适当摄入牛奶、豆制品和肉类以及钙补充剂，可降低婴儿枕秃、前囟门扩大的发生率；孕妇补充ω–3脂肪酸可以增加后代的出生体重和产后腰围。此外，我国学者开展了饥荒队列研究，发现生命早期营养不良暴露于饥荒状态，不仅使成年后肥胖、糖尿病和高血压发病风险增加，而且增加后代慢性病的发病风险。

（2）妇幼人群的营养现状与膳食指导

国家营养与健康监测数据调查显示，我国哺乳期妇女仍存在营养素摄入不足、膳食结构不合理的问题。由此，中国营养学会发布了《中国备孕妇女膳食指南》《中国6月龄内婴儿母乳喂养指南》等指南，提供了各类食物摄入量范围以及运动及生活方式等方面的指导性意见。

（3）母乳成分研究

研究表明，母乳中宏量营养素含量不受母体饮食影响，而脂肪酸组成和含量则与饮食习惯相关；母乳中表皮生长因子和转化生长因子α含量与母体饮食结构密切相关；母乳中孕酮浓度与蛋白质、脂肪、蔬菜、肉类和鸡蛋的摄入量呈显著负相关，雌三醇浓度与大豆制品的摄入量呈显著负相关。此外，我国正在建立母乳成分在线数据库，未来将进一步扩大覆盖范围，实现数据的共享。

（4）婴幼儿喂养与饮食行为

研究发现母乳喂养能够降低传染性和非传染性慢性疾病的发病风险及死亡风险。另外，有研究显示，半岁以内婴儿尽早添加辅食而非纯母乳喂养，可以减少夜醒次数。在食物转换期，及时添加辅食有助于婴儿语言发育。但也有研究显示，辅食添加过早（3~6月龄时添加）与婴幼儿贫血风险增加有关。

（5）学龄前儿童营养与健康

研究发现，家庭–学校–社会的综合干预措施能有效地提高监护人膳食营养的知识水平，增强监护人对儿童膳食营养态度和行为的积极性，从而改善不良饮食行为问题。我国2018年发布《学龄前儿童（3~6岁）运动指南（专家共识版）》，首次提出了学龄前儿童每天运动的指导原则和具体推荐量。

4. 老年人群营养

（1）肌肉衰减征

研究表明，动物性食物、血清维生素 D 水平与老年人群握力、肌肉量成正相关，而动物肉类膳食模式与肌衰征患病率成负相关。干预研究表明，良好的营养与积极的运动干预，有利于控制老年人肌肉衰减。

（2）阿尔茨海默病

多个研究探究了叶酸、维生素 A、n–3 多不饱和脂肪酸对阿尔茨海默病的保护作用及其机制。同时，发现患者粪便微生物菌群的多样性低于正常人群，肠道中 Akkermansia 丰度与海马萎缩成正相关，乳酸菌属丰度与淀粉样蛋白沉积水平成正相关。老年人中肠道菌群合成维生素 K 的能力及粪便中维生素 K 亚型的浓度，与认知水平显著相关。有研究表明，补充植物乳杆菌 P8 可显著缓解压力、焦虑，并降低血浆中的炎症因子，提升记忆及认知能力。

（3）吞咽障碍

我国多项临床研究显示，在住院、养老机构甚至社区老年人中有吞咽障碍状况的人比例很高，是老年人医疗护理中必须面对的问题。同时，应加强分析、比较不同增稠剂以及相关产品在技术参数和临床上的实际应用效果。

（4）老年人营养素需要量研究

近年我国学者应用指示剂氨基酸氧化法研究中国老年人蛋白质需要量，得到老年人的蛋白质平均需要量为 0.91g（kg·d），推荐摄入量为 1.17 g（kg·d）的结果，为中国老年人膳食指导提供了科学依据。此外，我国制定了《老年人营养不良风险评估（WS/T 552—2017）》标准和《老年人膳食指导（WS/T 556—2017）》。

5. 特殊环境营养学

高原低氧环境方面，大量研究证实，ω–3 多不饱和脂肪酸（PUFAs）可能通过肠道菌群改善高原低氧所致认知损伤。针对高温作业人员，出台针对高温作业人群的特殊营养代谢消耗的卫生行业标准《高温作业人员膳食指导》（WS/T 577—2017），标准对减轻高温作业所致健康危害具有重要意义；修订了《军人营养素供给量》（GJB 823B—2016）、《军人食物定量》（GJB 826B—2010）标准，为军人健康维护保驾护航；航天员营养方面，制定了航天员膳食能量推荐供给量、短期航天飞行营养素供给量标准等，保障航天员营养健康。

6. 食物营养与功能食品的发展

（1）食品成分分析技术研究

近年来，利用红外光谱技术、近红外漫反射光谱法和代谢组学技术测定食品中多种化学成分含量，并且建立了多种食物掺假掺杂的鉴别方法，包括天然奶油、茶油、花生油等。构建了多种食物的高效液相色谱指纹图谱。

（2）功能性因子生物学作用研究及开发

已有研究表明大豆 β–伴球蛋白可以改善更年期妇女高脂血症，有效预防心脑血管疾

病。并且开发了以低聚肽为主要原料的功能性食品与复合益生元、益生菌产品，具有健康改善的作用。

（3）膳食补充剂应用和安全性评价

2017 年，我国 54.85% 的居民曾经食用过营养素补充剂，食用种类最多的前三位，分别是维生素 C、钙和 B 族维生素。据统计，2018 年我国膳食营养补充剂的行业规模达到了 4600 亿元。然而，近年的几项研究结果显示，服用高剂量的膳食补充剂可能存在风险。例如，摄入过量的维生素 E 会增加患出血性中风、甚至前列腺癌的风险。综合多项研究及多位营养学专家的建议，中国营养学会发布了营养素补充剂使用科学共识。

7. 临床营养

研究发现，营养不良的肿瘤患者应尽可能给予肠内营养，在口服摄入仍然补充不足的情况下，补充性肠外营养也是有效的。糖尿病方面，低碳水化合物饮食和燕麦代替谷物主食的方法具有改善 2 型糖尿病患者血糖和血脂代谢的潜力。慢性肾脏病方面，限制膳食蛋白摄入、提供充足的能量摄入和应用特殊医疗用途食品等方法可预防慢性肾病的发生。艾滋病患者需补充豆类、奶类、水产类等食物摄入；创伤和危重患者，应早期给予适当的能量，对于改善患者预后、降低死亡率有重要意义。

制定了《中国恶性肿瘤营养治疗通路专家共识》《中国肿瘤营养治疗指南》《慢性肾脏病患者膳食指导》《脑卒中患者膳食指导》《高尿酸血症与痛风患者膳食指导》与《中国 2 型糖尿病膳食指南》等。

在加速康复外科与临床营养全程管理方面，证实营养补充剂在改善患者营养状况、减少术后应激和促进术后康复具有重要作用。发布了《加速康复外科中国专家共识及路径管理指南（2018 版）》《加速康复外科围术期营养支持中国专家共识》等指南，以进一步指导围手术期营养支持的治疗。特医食品方面，2019 年制定了《特殊医学用途配方食品临床应用规范》以及糖尿病、肿瘤、肾病三种特殊医学用途配方食品临床指导原则。

8. 公共营养

（1）慢性病防控措施与计划

为改善我国居民高盐饮食习惯、预防心血管疾病，中国疾病预防控制中心等机构于2018 年共同开展了"以社区为基础的综合减盐干预研究"（CIS 项目），各地市也自行开展了一些干预项目。我国 2015 年以来，每年开展"全民营养周"，已上升为国策，成为国民营养计划、健康中国行动之合理膳食行动的重要内容。

中国营养学会出版了营养学巨著《中国营养科学全书》（第 2 版），以及《中国肥胖预防与控制蓝皮书》等专业书籍，为营养学权威知识的统一与肥胖防治策略的规范化奠定了基础。

（2）营养标准和指南的制修订

近五年，我国完成行业标准研制 11 项，正式发布 21 项，主要包括食物成分数据表达规范，人群铁、维生素 A、叶酸缺乏的筛查方法等。2016 年完成了《中国居民膳食指南

2016》（以下简称《膳食指南》）和《中国儿童青少年零食指南（2018）》的修订工作。

（3）居民营养状况调查监测及营养评估

2015—2017年，完成了第六次"中国居民慢性病与营养监测"，收集了全国31个省（自治区/直辖市）近20万人的膳食、营养及慢性病状况数据。2015年开展"中国居民营养状况变迁的队列研究"第10次和第11次追踪调查，结果显示我国居民谷类食物摄入量呈下降趋势，动物性食物中猪肉占比较高，水果、奶类摄入量均远低于《膳食指南》推荐量，碳水化合物供能比下降明显，脂肪供能比持续增加，中国居民能量来源不平衡的状况已经凸显。

（4）膳食指数研究进展

我国关于膳食质量评价指数的起步较晚，目前国内建立的膳食指数主要有5个，分别是中国膳食平衡指数（Diet Balance Index，DBI）、中国健康膳食指数（China Healthy Diet Index，CHDI）、中国居民膳食指南指数（China Dietary Guideline Index，CDGI）、中国健康饮食指数（Chinese Healthy Eating Index，CHEI）和中国儿童膳食指数（Chinese Children Dietary Index，CCDI）。这些指数在国内得到了不同程度的应用。

（二）学科成果概况

1.科技论文分析

（1）中文论文发表趋势

2015—2019年（截至2019年6月30日），营养学领域相关中文文献约15453篇，各年度发表文献量趋势比较平稳（见图2-16）。

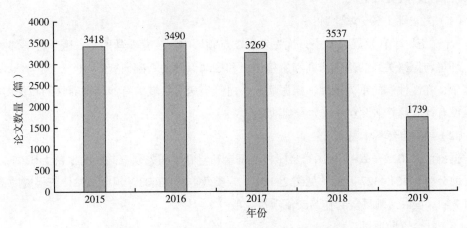

图2-16 营养学研究中文论文的年度趋势

（2）英文论文发表趋势

2015—2019年6月30日，营养学领域相关英文文献约7092篇，各年度文献量整体呈增长趋势（见图2-17）。

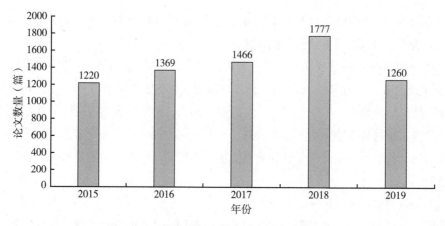

图 2-17　营养学研究英文论文的年度趋势

2. 人才培养

目前，我国高职院校开设的营养相关专业主要涉及营养专业和营养相关专业两大类，共 10 个专业。本科学历教育方面，2015 年至今，教育部新增设（备案）了 101 所高等院校营养、食品相关专业。研究生层次，医学类共开设营养与食品卫生学专业点共 44 个。

我国近年从事营养工作的执业分类情况包括：在临床领域中，一是医疗卫生技术人员中的"临床营养技师"，二是中医医师中的"中医营养医师"，三是从事营养工作的"临床医师"；在疾病预防控制领域中，从事慢性病防控和宣传的"公卫执业医师"。此外，2015 年中国营养学会开展注册营养师水平评价考试，在报考条件、考核内容、实践操作等方面，更贴近临床需求和实践指导需要。

3. 国内科技投入概况

（1）国家科技部支撑计划

"十二五"学科发展战略中，优先发展重点领域中涉及营养学的有，医学科学部的营养、环境与健康关系的基础研究和生殖健康和妇幼保健的基础研究。"十三五"学科发展战略中，在慢性病的重大专项，糖尿病和心血管疾病等领域，有涉及营养学的相关内容，但是没有针对营养学设立的重大专项项目。

（2）国家自然科学基金

据统计，2015—2019 年国家自然科学基金在营养学相关领域共资助项目 1152 项，累计资助金额 61121.4327 万元（见图 2-18）。人类营养（H2603）领域，共计获得资助重点项目 2 项，国际（地区）合作与交流项目 3 项。

（3）社会资助项目

2015—2019 年，中国营养学会营养科研基金、达能营养中心膳食营养研究与宣教基金、汤臣倍健营养科学研究基金共资助营养相关项目 146 项，资金达到 4877.49 万元，资助项目涉及的方向逐年增多，参与社会力量也越来越多。其中，中国营养学会营养科研基金（共有 6 个不同方向的专项基金）资助额度达到 2500 多万元。

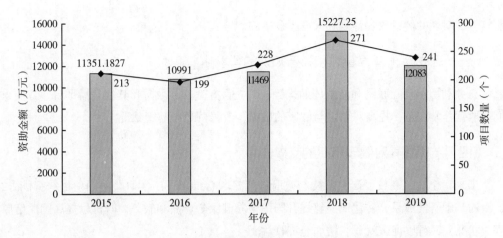

图 2-18 2015—2019 年国家自然科学基金资助营养学相关领域项目
数量及资助金额总体情况

三、国内外发展态势比较

过去五年，我国营养学蓬勃发展，取得了显著的成果和突破，这些卓越的成绩，依托于政府、高校、科研机构和社会各界的资金投入和大力支持。项目资助数量不断增加，项目种类增多，资助经费也有所提高，促进了我国营养学研究范围的扩大，研究水平的提高。

与全球营养学前沿热点同步，我国近年的研究热点也主要集中在营养与慢性病的大型队列建立、个体化营养、肠道菌群和多组学研究等方面。我国投入了大量资金建立了基于人口的大规模队列研究，全国各地开展了大量的人群横断面调查、队列随访和临床干预试验项目，这些项目不仅改进了营养调查方法，也丰富了调查内容，增加了粪便、尿样等生物样本的采集，获取了更为全面多样的信息。我国营养学发表的论文数量呈现上升趋势，发表的高水平文章数量显著提高，并且获得了同行、同领域的普遍关注。

四、本学科发展趋势及展望

（一）个体化营养

个体化营养已成为国际营养科学发展的趋势。未来，我国将开展系统性的、长期的队列追踪和干预研究，并利用多组学和新技术深入地展开机制研究，为制订个体化的营养方案和干预策略奠定基础。

（二）利用大数据探讨营养与疾病的关系

我国需要建立并完善居民的健康和营养状况监测网络，定期进行营养调查、营养监测，健康体检及随访，构建人群健康数据库。利用大数据分析，进行精准的预测和预警，

制订有针对性的健康改善计划和人群干预措施。

（三）互联网＋营养宣教和科普知识的智能化

充分利用移动互联网和新媒体的优势，建立官方微信、微博和其他直播平台，方便人们获取营养学知识，提高对营养与健康的认识，改善营养与健康状况。

（四）发挥营养对健康产业的支撑作用

未来，企业、高校、研究机构与政府部门将联合推出"产学研"协同项目，将优秀、前沿的基础研发成果，转化成能够提升国民营养健康的产品和服务，既可以提高国民健康素质状况，又可以促进就业、增加经济收益。

（五）营养与健康的法律体系和规范的建立与优化

我国应加强营养立法，针对临床营养制剂或医用食品设立专门的法律法规，对营养学工作建立统一的标准体系和规范，并根据各省市具体情况，推行科学、实用的地方标准，促进营养与健康行业的有序发展。

第三十节　公共卫生与预防医学

一、引言

中华人民共和国成立 70 年以来，公共卫生与预防医学事业蓬勃发展，人民健康水平显著提高。我国居民人均预期寿命、孕产妇死亡率和婴儿死亡率目前已非常接近《"十三五"卫生与健康规划》提出的目标。近年来，我国接连印发《"健康中国 2030"规划纲要》《"十三五"卫生与健康规划》《中国防治慢性病中长期规划（2017—2025 年）》等重要大政方针，在继续推进实施"艾滋病、病毒性肝炎等传染病防治"重大科技专项的基础上，启动和推进重大慢性非传染性疾病防控、主动健康和老龄化应对、非洲猪瘟、长寿相关因素、大气污染与健康、食品安全与生物安全关键技术、生殖发育与出生缺陷、精准医学专项、人群大队列建设和队列数据标准化建设等一系列国家重大研发计划和国家重大专项，为本学科发展注入了新的强劲动力。然而，随着工业化、城镇化、人口老龄化进程加快，我国居民疾病谱正在发生变化：一方面，肝炎、结核病、艾滋病等重大传染病防控形势仍然严峻；另一方面，不健康生活方式所引起的疾病问题日益突出。2019 年 7 月，国务院印发的《国务院关于实施健康中国行动的意见》明确了健康中国行动的指导思想、基本原则和总体目标，从全方位干预健康影响因素、维护全生命周期健康和加强重大疾病防控三方面提出 15 项行动。公共卫生与预防医学学科在推进健康中国建设、实施健康中国战略的过程中发挥着关键作用，而与此同时，本学科的发展也面临着前所未有的挑战。

二、本学科最新研究进展

大规模人群队列研究在流行病学学科中扮演着重要角色。我国目前已建立一些大型成人队列和出生队列，这些队列在过去三年里陆续在国际权威期刊上发表多项引人注目的研究成果，明确了重要疾病的发病模式和危险因素。近年来，在高通量组学技术、临床医学大数据、生物科学、环境科学和计算机科学高速发展的推动下，催生了系统流行病学这一新的流行病学分支学科。其最艰巨的挑战是：如何整合多层面多组学的海量健康数据，以及如何建立健全多来源数据的标准化收集、录入、质量控制及数据库管理体系。此外，流行病学研究领域还开展了大量的跨学科研究，并涉及多层次、全生命周期研究及新的数据生成来源和技术，全面深入探索病因。孟德尔随机化（MR）在国外被大量用于因果分析研究，但目前在国内仍较少开展，且存在难以识别有效的基因工具变量及样本量不足的问题。我们需要采取综合性策略来应对挑战，提倡跨学科合作，打破学科界限，整合不同学科的方法学和研究内容。

生产生活环境的污染已成为我国的一大公共卫生威胁。我国政府采取了多项策略评估和控制空气污染的不利影响。例如，自 2013 年以来建立了全国空气监测网络，目前几乎覆盖了中国所有城市；开发了土地利用回归模型（LUR）和卫星模型等统计模型来预测个体的空气污染物暴露水平。我国学者开展了多项空气污染物健康效应研究，所关注的大气污染物已从 $PM_{2.5}$ 和 PM_{10} 扩展到 PM_1 和粒径更小的颗粒物，所关注的器官系统已从呼吸系统扩展到心血管系统和生殖系统。尽管我国政府已采取一些措施来控制水污染，但工业废水的排放量仍在增加，还出现了越来越多的新型水污染物，因此我国的水质问题依然严峻。学者应用生物信息学方法发展了"污染树"，以便综合评估污染物的联合暴露水平。近年来我国高度重视职业病防治工作，职业健康保护行动是"健康中国行动 2030"的 15个专项行动之一。我国学者将组学技术和队列研究设计引入职业健康研究领域中，取得了丰硕的成果，并在科研成果转化工作上也作出了重要贡献，更新了大量的国家标准。然而，我国的研究与西方国家相比仍存在一定的局限，例如，采用前瞻性队列设计的研究较少；多关注发病率和死亡率，而较少关注基因、表观遗传和亚临床指标。此外，应更多地关注新型污染物和新型职业危害因素，还应着眼于流行病学关联和毒理学机制，探讨复合

污染物和其他非化学因素联合暴露的影响。

气候变化是 21 世纪人类社会面临的最严峻挑战之一。气候变化可改变疾病负担，影响公共卫生保健系统的运行。气候变化对健康的影响及其机制已经引起科学界的广泛关注。近年来，我国气候变化与健康学科的研究平台逐步建设形成，产生了较大的国际影响力。学者们探索气候模式的变化如何影响气候敏感性健康结局的疾病负担，并不断发现更多的危险因素。全球的研究重点和前沿领域包括：区域健康风险综合评估和预警系统、极端天气事件下人群和社区的适应性、气候变化适应战略的成本效益评估、减少温室气体排放或其他缓解措施的健康效益。然而，目前的大多数研究仅仅观察和预测气候变化对不良健康结局的影响程度和模式，较少涉及易感性评估、健康协同效益分析和适应性策略的成本效益分析。我国气候变化与健康学科应拓展研究领域，探索自然环境与人类社会的互动机制，促进跨学科协作，提高能力建设的专业培训水平。该学科应致力于全球气候变化背景下的人类健康风险管理，并促进我国社会经济朝着可持续利用地球资源的方向发展。

近年来，我国居民营养健康状况和食品安全卫生管理明显改善，但仍面临营养不足与过剩并存、营养相关疾病多发、营养健康生活方式尚未普及、食品安全卫生问题频发等挑战。我国政府一直十分重视居民营养与健康问题，发布了多项相关文件，合理膳食行动是"健康中国行动 2030"的 15 个专项行动之一。为进一步实现"精准营养"，我国学者引入基因组学、代谢组学、脂质组学、肠道微生态和 3D 打印技术等观点和技术，进行以多组学为基础的中国人群营养需求和代谢健康研究，产出了一系列重要的成果。然而近年来我国居民的膳食结构发生大幅变化，促使慢性非传染性疾病发生风险增加，因此应坚持谷类为主，并限制糖的摄入量。此外，我国可开展更多临床研究以进一步证实地中海饮食的优势，在结合中国传统饮食模式基础上加以改善优化，形成更适合我国居民健康发展的优良饮食状态。新兴的食品加工新技术具有良好的研究前景，但仍需克服成本高等不足的影响。我国医用食品产业也面临着供不应求、加工技术落后、政策法规滞后等问题。因此，学者需要继续加强研究，为进一步修订标准、采取营养预防措施、发现具有早期预防和诊断价值的敏感性生物标志物提供科学依据。国家及相关部门需进一步推动营养立法和政策研究，强化临床营养工作，不断规范营养筛查、评估和治疗；完善食品安全标准体系，制定以食品安全为基础的营养健康标准，推进食品营养标准体系建设。

妇幼保健是公共卫生与预防医学事业的重要组成部分。虽然目前我国适龄儿童和青少年的身体素质有所提高，但儿童肥胖率和近视率飙升的问题应该得到解决。近年来，国家卫生健康委员会发布了新一版的儿童身高、体重、腰围和高血压标准，这对儿童生长发育监测和肥胖预防具有重要的参考价值。同时，鼓励在儿童慢性病预防中使用包括饮食 / 运动健康教育在内的移动健康技术。户外活动少、睡眠时间短、学习负担重、持续近距离用眼、电子产品使用不当等是儿童近视的重要危险因素。2018 年《儿童青少年近视综合防治方案》指出，家庭、学校、医疗卫生机构、学生和政府应共同努力预防近视，建议增加儿童日间户外活动，适当使用电子设备，减轻学习负担。自 2014 年起，国家卫生健康委员会针对 6 岁以下儿童的早期发育问题建立了 50 个国家儿童早期发育示范基地,并在全国范围内建立和应用了多项发育监测量表,引进了多种临床新技术。近年来,我国孕产妇保健事业发展迅速,但各地发展不平衡,尤其是中西部省份的孕产妇保健还没有实现全面覆盖。自 2016 年以来,国家卫生健康委员会与联合国儿童基金会合作,启动了母婴健康发展项目,覆盖中西部 8 省 25 个县,旨在降低孕产妇死亡率、婴儿死亡率和 5 岁以下儿童死亡率,促进幼儿健康发育。我国的生殖健康服务水平也有所改善,目前有 24 个省份推行婚前免费体检,对农村青年夫妇免费进行健康教育、体检、孕期风险评估和咨询。在新技术方面,产前超声诊断技术得到了迅速的推广和普及。农村妇女宫颈癌和乳腺癌筛查已纳入重大公共卫生服务项目,HPV 疫苗已获准在市场销售,部分城市已将其纳入居民医疗保障范围。

中国是世界上老年人口最多的国家。与其他国家的老龄化社会相比,我国人口老龄化的快速进程正值经济发展的初级阶段,因此带来了极大的医疗卫生和社会保障服务的需求和挑战。为此,我国政府最近公布了一系列健康老龄化的重要政策文件,优化医疗和社会保障,促进老年人高质量生活。值得注意的是,我国正在发展长期护理体系,自 2016 年以来已启动了 15 个"先锋城市"。一系列旨在预防衰老相关性慢性病和改善老年人健康的研究也正在如火如荼地开展,并建立了一些大规模人群队列,作为老年医学研究的资源和平台,其中具有代表性的全国性研究包括中国嘉道理生物库(CKB)、中国健康与退休纵向研究(CHARLS)和中国纵向健康长寿研究(CLHLS)。这些研究提供了基本的健康和社会经济数据,以便更好地了解中国老龄化及其相关问题。在过去的五年中,这些队列研究确定了与老年人虚弱或死亡相关的重要危险因素。而将病因因素和相关因素区分开来,将有助于确定有效的干预目标、制定预防策略、解决与老龄化有关的疾病问题。传统的观察研究通常不能区分因果关系,因此非常有必要开展干预研究或类似于干预研究的方法(如 MR)。此外,也需要探索衰老的生物学机制,识别与衰老相关的生物标志物。生物医学和社会科学之间的跨学科研究将为更深入系统地研究衰老机制提供机会。

随着"一带一路"倡议的不断推进,经贸往来和人员往来频繁,增加了中国和"一带一路"沿线地区的传染病风险。近年来,我国新发传染病防控工作取得重大进展,包括温州病毒发现、H7N9 禽流感防控、埃博拉疫苗研制、艾滋病防治、抗菌药物耐药行动计划实施和第二代测序技术的应用。尽管如此,新发传染病仍难以控制。2019 年,WHO 公布的"全球卫生十大健康威胁"中就有 6 项与传染病相关,包括全球流感大流行、抗生素耐药、埃博拉和其他高危病原体、疫苗犹豫、登革热和艾滋病。作为新发传染病的重要防控措施,应警惕病例输入或局部传播。在全球交流日益密切的背景下,应建立全球化合作机制和信息共享体系。此外,"一体化健康"策略开始应用于新发传染病防治工作,提出了开展社区化监测,构建野生动物、家养动物和人–动物交界面监测网络等重要措施,为今后传染病的防治提供新的理论依据。

卫生毒理学主要研究环境有害因素致病机制及其风险评估和管理,为确定接触安全限值、采取有效的防治措施和制定相关对策提供科学依据。社会经济的快速发展带来了环境污染、生态破坏和食品污染等一系列问题，这就促进了化学安全评价和健康风险评估领域在理论和技术上的创新和发展。近20年来，我国卫生毒理学迅速发展：描述毒理学在经典毒理学知识技术系统的基础上得到了改进；通过整合现代生物学技术和信息技术，出现了现代毒理学、毒物动力学和纳米毒理学等新兴毒理学分支。卫生毒理学在毒理学机制、靶器官毒性、环境内分泌干扰物、纳米材料毒性等研究领域取得了喜人的成就，并开始发展管理毒理学、实施安全评估程序。此外，还构建了一系列毒理技术平台，建立了标准毒理学评价实验室。尽管我国的卫生毒理学发展与欧美等发达国家之间还存在一定差距，但中国已经迈出了巨大的一步，在全球毒理学领域的影响力也激增。在"十四五"期间，我国卫生毒理学应重点解决与社会经济发展和群众健康密切相关的优先化合物暴露的健康危害；建立化学品管理法律法规体制和危险度评级体系，增强管理毒理学在国家经济发展中的实际应用。

随着生物医学和计算机科学的飞速发展，医学统计学进入了一个新的发展阶段。医学统计学在我国的主要应用领域包括疾病风险预测／估计、生物信息学、因果推断和临床试验。我国目前统计方法学发展的研究课题主要集中在复杂数据分析（如复杂的纵向数据、复杂数据集成、缺失数据和高维数据）以及贝叶斯统计和机器学习方法的改进。从国际上看，主要的研究热点是纵向数据分析、机器学习、生物信息学中的高维数据处理、临床试验设计与统计分析、生存分析。中国和国外的研究热点往往是相似的，但中国学者更多地关注现有方法的改进和应用。今后，我国学者应加强方法论的探索和创新，特别要注意新的应用要求，并与计算机科学、生物信息学、生物医学等相关学科相结合，大力支持卫生决策。

卫生监督是我国卫生行政部门贯彻执行国家卫生法律法规、保障人民群众健康权益的卫生行政执法行为，而卫生法规和卫生标准是卫生监督的重要执法依据。卫生法学是一门同时具有自然科学和社会科学特点的新兴交叉学科，因此，自然科学广泛使用的循证研究也同样适用于卫生法学研究。近年来，学者们试图在理论和实证研究的基础上，从客观数据的角度来解决研究问题。实证研究包括两个方向：一是传统的社会科学实证研究，以具体案例为主要内容，分析原因和结果，找出解决问题的方法；二是新型的社会科学实证研究，以大数据为背景，分析数据背后的原因，为立法提供理论依据。中国学者也为科研成果向社会经济效益的转化作出了重要贡献。随着国家和社会对健康权的日益重视，学者们将针对医疗卫生领域的各种前沿问题进行全方位的深入研究，为循证规则的制定提供科学依据。卫生法学未来的发展方向应集中在三个方面：一是继续巩固本学科的理论基础，深入研究基础理论、概念框架和创新方法，注意借鉴相关学科的经验，并将其与自身的突出特点相结合。二是在实践和应用方面，紧密结合我国医疗体制改革的步伐，为卫生法制建设提供科学的立法建议。三是及时研究医疗系统热点前沿的新问题，使卫生法研究更好地服务于卫生事业的发展。

卫生政策与管理在卫生管理实践和卫生政策制定中发挥了巨大的学术引领作用，学科本身也取得了重大的发展。随着我国社会的不断进步和经济的快速发展，实施健康中国战略和深化卫生改革迫在眉睫，因而对卫生管理和卫生政策的研究提出了更高的要求。卫生政策与管理涵盖健康管理、健康系统、健康政策等多个方面。目前，卫生体制改革、卫生经济学、卫生大数据、全球卫生、疫苗管理、卫生人力资源能力建设等方面的研究都面临着新的机遇和挑战。

发展社会医学对促进健康中国、保障人民健康具有重要意义。近年来，为应对多种健康决定因素，我国积极倡导和树立大健康理念，将社会医学理念深化到公共政策制定和实施的全过程。目前，我国更加关注影响健康的社会因素，并多次举办了社会医学和跨学科研究的主题论坛。2019 年 7 月，中国预防医学会行为健康分会正式成立。健康和健康公平的社会决定因素是全球范围内的关注点，为此，WHO 及其成员国共同努力推动实现可持续发展目标。我国目前还很缺乏健康影响因素的研究，因此应当开展关于上游决定因素、合规因素和综合理论模型的研究。作为未来的发展方向，我国社会医学的发展应更加注重健康公平，还应当总结中国改善健康状况和公平的经验，为参与"一带一路"倡议的发展中国家提供参考。

第三十一节　图书馆学

一、引言

21 世纪的第二个十年是人类有史以来发展变化最快和最大的历史时期，大数据、云计算、人工智能、数字出版、增强出版、语义出版、数字人文、云图书馆、智能图书馆、智慧图书馆等新概念、新理念、新技术和新事物层出不穷，社会、文化和科技日新月异。我国图书馆事业的快速发展，为图书馆学科发展提出新的研究课题，促使其在新的历史环境下获得了较快的发展。

但图书馆学理论基础是什么、学科的中心是什么、图书馆学的核心研究领域和主题是什么一直困扰着图书馆学科。任何学科的理论基础都是其理论体系的立足之基，深刻影响着学科的长远发展。图书馆学理论基础正是图书馆学发展的根基。图书馆学自 19 世纪诞生以来已经有一百多年的历史了，学科的理论体系始终未能较好地建立起来。特别是自

20世纪90年代初美国芝加哥图书馆学院关闭之后，图书馆学研究日益"去科学化"。特别是iSchool运动，图书馆学教育和研究日益趋向应用化和工具化。对于原本理论基础较为薄弱的图书馆学，无疑是雪上加霜。但同时我们也看到，新技术以及多学科交叉融合的趋势，对图书馆学科的发展产生了重要影响。我们通过对近四年图书馆学相关文献的计量分析，梳理出我国图书馆学学科发展的现状、研究热点与亮点。

二、图书馆学发展现状与趋势

图书情报领域通常利用文献计量的方法，对某一时期学术论文的关键词进行统计分析，概括地揭示该时期内学科的研究热点，分析研究主题的演变与发展趋势。但研究主题不同于研究热点。一个研究主题可能包含若干个研究热点。例如，用户研究是一个研究主题，而用户需求、用户行为（包括检索行为、阅读行为等）、用户偏好等也可以是该主题的研究热点。理论上，通过关键词可以分析热点，通过对热点的"聚类"可以形成主题，可实际上，这种方法的难度较大、准确度不高。客观上，研究热点是词频统计（是语法层面的简单替代），而研究主题是若干个关键词的语义之和，不是几个"语言符号"（关键词）的简单相加。

（一）我国图书馆学研究现状

近几年来，我国图书馆学研究较为活跃，相关文献数量与前几年相比，稳中有升。但通过分析发现，图书馆学和情报学的边界非常模糊，难以准确区分。一方面国内外的期刊都是如此；另一方面许多研究主题或热点是两个二级学科都研究的问题，如用户需求、信息素养、数据素养，等等。从2015—2019年的数千篇文献的关键词分析看，图书馆学科研究有以下特点：关键词分布广、主题较为分散、缺少核心主题、学科交叉与跨界趋势明显。

从整体看，传统图书馆学的研究重点，如信息组织、信息检索、馆藏资源建设、学科服务等，已经不再是这一时期的研究热点和重点。而与新技术相结合的"图书馆工作"研究成了新的研究重点，例如：大数据环境下（或时代）的图书馆用户与服务研究、云计算环境下的馆藏资源建设、智能或智慧图书馆系统构建以及智能或智慧图书馆服务等。从文献的题目看，也具有鲜明的时代特点，例如：新技术（环境或时代）+图书馆工作、基于+新技术+图书馆工作、大数据或云计算环境下的某某等。

从局部看，社交网络用户行为研究、基于大数据的用户画像与数据素养、图书馆评估、公共图书馆法、智能图书馆和智慧图书馆等相关研究成为新的热点。另外，阅读推广或图书馆阅读推广服务继续成为研究热点，同时也是我国图书馆学研究的特色和亮点之一。

从研究内容看，图书馆学研究表现出分化的态势，一方面是以大数据、云计算、人工智能等新技术应用为主的图书馆业务应用研究；另一方面是与当前社会文化发展密切相关的图书馆文化、图书馆法、阅读推广服务等研究。总体上，图书馆学理论研究不多。

（二）国外图书馆学研究现状

国外图书馆学的研究进展是根据 WOS 中的期刊影响因子和 Scopus 中 Citescore 对 Library and Information Science 学科期刊进行筛选和排序，按期刊的学科排名提取前 10% 的期刊集合，并将本学科教育部 A 刊目录与中国人民大学选定核心期刊目录比对，最终选择符合标准的共 7 种期刊[①]。本报告以这 7 种期刊为数据来源，选择 Web of Science 核心数据集，将时间区间设为 2015—2018 年，利用 Citespace 对文献进行关键词的节点聚类分析[②]，得到如图 2-19 所示的 2015—2018 年图书馆学研究科学知识图谱。

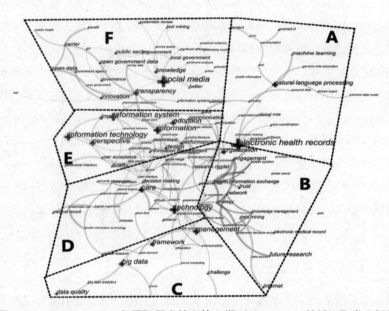

图 2-19 2015—2018 年国际图书馆学核心期刊 Citespace 关键词聚类分析图

注：图中的十字形节点代表关键词，节点越大代表关键词出现频次越高，颜色越深表明该节点中心性越强，图中的连线为文献之间的相互关系，互相连线越多，关系越紧密

对图谱分析得知，各分区集中反映主题如下：A 区中的文献主要集中在对医学信息及其他领域数据的语义关联与知识共享研究。B 区中的文献主要集中在对 EHR 等健康信息资源进行组织、整合利用研究。C 区中的文献主要集中在对大数据资源的管理与应用。D

---

① 7种期刊分别是：*MIS Quarterly*、*Journal of Information Technology*、*International Journal of Information Management*、*Journal of Strategic Information Systems*、*Journal of the American Medical Informatics Association*、*Information Systems Journal*、*Government Information Quarterly*。

② 具体操作参数如下：时间范围为 2015—2018 年，时间切片为 1 年，文本运行为默认，节点类型为 term，term 类型为 term type，网络结构算法为 Pathfinder，同时选择 Pruning sliced network 以及 Pruning the merged network。

区中的文献主要集中在电子病历标准化建设及技术支持体系等医疗决策服务方面。E区中的文献主要关注用户与系统交互应用方面的研究，涉及计划行为理论和信息接收模型等方面实证研究。F区中的文献主要以社交媒体和开放数据建设为主题。

另外，需要说明的是各分区之间界限并非完全清晰，但核心文献主题主要集中在以医药健康信息组织、社交媒体、深度学习、主题建模和开放数据等研究领域。经过对主题进行定性和定量的综合分析，国外图书馆学领域研究进展及热点主要体现在以下4个方面：信息行为与信息素养、健康信息组织与语义搜索、知识重用与共享、开放数据。

（三）国内外图书馆学研究主题与热点比较

通过对国内和国外图书馆学研究主题和热点的比较发现，国内外图书馆学研究热点和主题存在较大的差异，例如：国外关于医学信息的研究相对较多，而我国医学信息研究很少，这可能与我国图书情报学期刊的分布和发文情况有关。又如，我国有大量关于大数据、人工智能、智能图书馆和智慧图书馆的论文，但国外很少。但是，也有较为一致的研究热点，例如信息素养和数据素养。另外，还有一些各自特色的研究热点，如我国图书馆学有阅读推广、公共图书馆法等特色热点，国外有语义知识组织、开放数据、数据共享等特色热点。

概括地说，国内外图书馆学研究的差异主要表现为以下几点：①从学术成果数量看，国内图书馆学研究成果数量更多；②从研究主题看，国内研究主题较国外更多，研究范围也更广；③从研究热点看，国内的研究十分广泛，涉及图书馆工作的方方面面；④从研究趋势看，我国图书馆学研究与社会、文化及技术的联系更加紧密，学科间的交叉融合趋势也更明显。

（四）我国图书馆学发展趋势

从近四年图书馆学相关文献的计量分析看，我国当前的图书馆学研究主题和热点较为分散。总体上看，与当前的社会热点联系较密切，或者说，"追社会热点"在图书馆学界的研究中较为普遍。即使这样，利用文献计量法分析和预测我国图书馆学学科未来几年的发展趋势，也是十分困难的。

学科发展趋势不是当前研究热点的持续，且受到多方面因素的影响。对于图书馆学这样的偏应用型的学科，社会、技术、文化、图书馆事业以及国外图书馆学的相关研究等对其研究趋势影响较大。2018年，我国39位青年学者提出图书馆、情报与档案管理一级学科可能的发展方向是：凝练学科内涵，拓展学科外延；传承核心知识，创新理论体系；强化实践导向，紧跟国家战略。结合我国整个社会与文化、技术与经济以及图书馆事业的发展，参考国外图书馆学学科的发展情况，课题组认为，以下三个方面值得关注：一是与我国图书馆事业发展密切相关的问题或实践仍将是我国图书馆学研究的热点；二是社会热点问题仍将是我国图书馆学跟踪的研究热点；三是从图书馆学教育看，在教育部教学水平评估的指引下，学科发展的国际化是大趋势，因而加入 iSchool 联盟仍将是我国高校图书馆学有关院系发展的方向。具体来说，以下几点可能是未来几年图书馆学的研究热点：① 5G 网络环境下的图书馆事业发展研究将成为新的研究热点；②智能图书馆和智慧图书馆建设研究将会持续成为热点；③馆藏资源数据化建设与研究将成为新的研究热点；④阅读推广和用户信息素养、数据素养研究将继续成为图书馆学研究的热点。

（五）图书馆学学科未来发展应该关注的一些重点问题

图书馆学学科未来发展的重点是什么，与学科发展趋势一样，也是一个难以回答的问题。2019 年年底，由中国人民大学信息资源管理学院召集全国各高校 39 位青年学者对我国图书馆、情报与档案管理学科核心的知识体系、存在的问题和发展方向进行了研讨。青年学者认为：一级学科地位总体不高，一级学科存在认同危机，一级学科与利益相关群体之间的矛盾突出。其实，每个二级学科都存在这样的问题，图书馆学也是如此。因而，如何提高图书馆学的学科地位、如何提高社会对图书馆学学科的认同等问题是未来图书馆学发展中需要关注的重要问题。编写组认为，应该关注以下几个方面：图书馆学研究现实与社会认识的差异；学科基础理论与核心知识体系建设；图书馆学相关研究亟待进一步理论联系实际等。

三、我国图书馆学近年的研究主题与亮点

2015—2019 年，我国图书馆学研究与我国图书馆事业发展实践联系较为密切，通过文献计量分析可以得出，我国图书馆学研究主题主要集中在公共图书馆法和公共图书馆评估、图书馆学史、人工智能技术在图书馆的应用、数字人文、信息检索及图书馆学教育这 6 个方面。与国外图书馆学相关研究相比，我国图书馆学在公共图书馆法、阅读推广服务、新技术在图书馆应用研究等方面研究成果较多，可谓我国图书馆学的研究特色或亮点。

（一）公共图书馆法的研究

图书馆法是近代图书馆事业发展的产物，公共图书馆立法对于公共图书馆的发展具有保障和推动作用。随着我国公共图书馆法的颁布和实施，公共图书馆法相关的研究项目也受到重视，一些文献重点探讨图书馆立法的图书馆学理论基础、法学理论基础和图书馆法学问题等，讨论我国公共图书馆立法进程中的重要问题，解读《中华人民共和国公共图书馆法》的立法背景、意义、理念和内容，并对该法的实施和未来的修订问题进行了研究。

（二）图书馆学史研究

中国图书馆学的诞生也有近百年的历史了。近些年，一些学者对我国图书馆学术史、事业史及思想史，兼具历史与史料进行了整理研究。具体涉及图书馆学史中的基础内容研

究，特定区域或类型的图书馆及图书馆协会史，图书馆通史、断代史及专案研究，图书馆学人生平及其学术思想，国内外图书馆学学术交流史等内容。

（三）人工智能技术在图书馆的应用研究

大数据、云计算、人工智能等在图书馆的应用是近些年的研究热点。2015—2019 年，许多专家学者对人工智能等新的信息技术在图书馆中的应用进行了探讨，提出了智能图书馆和智慧图书馆的概念，大家还为图书馆服务的智能化和智慧化制订了策略和方案。

（四）数字人文研究

数字人文是这些年国内外人文历史等多学科的研究热点，也是图书馆学的研究热点之一。我国的一些高校图书馆开展了有关数字人文的实践，一些院系也开展了有关数字人文的教学与教育实践。

（五）信息检索研究

信息检索既是图书馆学的基础和核心，也是最为经典的研究领域。近年来，图书馆学对信息检索的研究主要集中在用户检索行为、信息素养教育、检索技术的应用 3 个方面。数据驱动下的用户检索行为呈现出多样化的特征，社交网络成为用户获取学术资源的重要方式，而移动技术的发展与普及使得图书馆 OPAC 检索存在着向移动端发展的趋势；图书馆在全民信息素养和数据素养的培养中起着重要的作用；信息检索技术呈现智能化与个性化等特点。

（六）图书馆学教育研究

近些年，我国图书馆事业获得了较快的发展，但图书馆学教育远远滞后于图书馆事业发展的需要。另外，通过文献可以看出，随着国内外学术交流的日益频繁，国内外图书馆学教育进入了彼此借鉴、合作交流和共同发展的新阶段。

第三章

相关学科进展与趋势简介（英文）

1. Mechanics

Mechanics is the science concerned with interactions and motions of physical bodies. It studies the macro and microscale mechanical processes of movement, deformation, and flow of media, and reveals the interaction laws in the mechanical processes and the associated physical, chemical, and biological processes. The goal of mechanics is to quantitatively understand the principles and mechanisms both in nature and in engineering; therefore it is fundamental as well as application-orientated discipline. As the foundation of engineering science and technology, mechanics provides new concepts and theories for opening up emerging fields in engineering and offers effective methods for engineering design. It has been an important driving force for scientific and technological innovation and development. Mechanics not only focuses on the frontier issues in physical sciences, but also serves the major needs of human being, including health, safety, energy, and environments. It plays an indispensable role in economic construction and national security. Mechanics is highly interdisciplinary with strong ability to open up new research fields, such as physical mechanics, biomechanics, and environmental mechanics. This report mainly summarizes the innovative progress and breakthroughs made in theoretical and experimental studies of mechanics as well as major applications in different engineering fields in China in recent years. It compares the current status of research development in China and abroad, and offers some perspectives on future research directions and trend.

The modern mechanics' discipline in China began in the 1950s. In 1956, the State Council formulated a 12-year science and technology vision plan and formed several founding groups for various disciplines, in which the mechanics' group was led by Mr. Tsien Hsue-Shen. In the same year, the Chinese Academy of Sciences established the Institute of Mechanics, also headed by Mr. Tsien Hsue-Shen. In 1957, the Chinese Society of Theoretical and Applied Mechanics was established. In 1962, the plan of mechanics discipline was formulated under the leadership of Mr. Tsien Hsue-Shen. In 1978, mechanics was officially included in the planning of basic disciplines when formulating China's scientific medium and long-term plans.

At present, China has a complete discipline system of mechanics with a reasonably-structured discipline layout. According to the data provided by the National Natural Science Foundation of China, there are 652 units conducting mechanics research in China, and there are 50 national academic platforms related to mechanics. In 2019, there are 114 authorized master's degree programs in mechanics national wide, including 58 doctoral programs and 56 master's programs, distributed in 27 provinces.

The discipline of mechanics in China has the largest academic team in the world. According to data provided by the National Natural Science Foundation of China, the number of people involved in basic mechanics research (including graduate students) in China is about 7 340, among which the number of teachers is about 3 600 to 3 800. At present, mechanics researchers in China have 42 academicians of the Chinese Academy of Sciences / Chinese Academy of Engineering, 54 distinguished professors of the "Cheung Kong Scholars Award Program" of the Ministry of Education, and 96 recipients of the National Outstanding Young Scientists Fund. In recent years, the influence of Chinese scholars in the mechanics society of the world has continued to increase: 4 scholars have been elected as members of the Russian Academy of Sciences and the National Academy of Engineering of the United States, 3 scholars have won the prestigious Warner Koiter Award, Eric Reissner Award, and more than 20 scholars hold important positions in the International Union of Theoretical and Applied Mechanics (IUTAM), the International Congress on Fracture (ICF), the International Association for Computational Mechanics (IACM), and the International Society of Structural and Multidisciplinary Optimization (ISSMO).

China has a complete discipline system of mechanics and a world-recognized large mechanics community. In recent years, mechanics researchers in China have not only actively carried out exploration and innovation-oriented to the frontiers of the discipline, but also worked on interactions with other disciplines, such as materials science, physics, chemistry, biology, control and information technology and mathematics, and identified new scientific challenges and spawned new research directions. Chinese scholars have made a number of internationally influential academic achievements in each branch of mechanics, which will be briefly introduced from four aspects.

1.1 Solid Mechanics

In micro- & nano-mechanics, a series of micro- & nano-scale mechanical phenomena and mechanisms that are distinctively different from the macro-scale behavior have been discovered in mechanics of materials, surface and interface mechanics, solid-fluid interactions, friction, biological and bionic mechanics, computational mechanics, and experimental mechanics.

In mechanics of soft materials, the constitutive and fracture theories considering large deformation of soft materials have been developed, a variety of intelligent soft machines and soft materials have been designed and fabricated; innovative applications of flexible electronic devices have been designed and realized.

In multi-scale and cross-scale solid mechanics, the multi-scale mechanical behavior and strong coupling of advanced solid materials have been revealed. Cross-scale theory and computational methods have been developed. New methods of wave propagation and multi-scale modeling have been proposed. Great progress has been made in the simulation of atomic potential.

In computational solid mechanics, a new framework for computational solid mechanics based on the symplectic system has been constructed, and a new framework for structural topology optimization based on explicit geometric description has been proposed. Important progress has been made in the construction of high-performance finite element, structural analysis and optimization considering uncertainties and microscale plasticity.

In experimental solid mechanics, optical metrology, micro- & nano-scale characterization methods under multi-physics and extreme environments have been further developed; a variety of new experimental instruments have been invented to solve mechanical issues in aviation, aerospace, ship, weapon, machinery, civil engineering issues in engineering.

In vibration, shock and wave dynamics, theory for high-dimensional and strong nonlinear vibration systems, intelligent structures and system vibration control technology have been developed. Key vibration problems of major mechanical equipment in a complex service environment have been solved. A variety of loading and online observation technologies have been invented to solve the dynamic mechanics problems in several key engineering areas. Wave dynamics of smart materials and devices have been studied and applied to large structures/equipment.

In damage, fatigue, and fracture mechanics, the fatigue and failure mechanisms of materials at different scales with multi-physics coupling, and the long-life fatigue failure mechanism of materials have been revealed. An ultra-long-life fatigue experimental system and the durability testing technique for structural fatigue under extreme conditions have been developed. A fatigue life prediction model based on microstructure damage behavior has been proposed to solve the material fatigue problems in multiple key engineering areas.

In smart materials and structural mechanics, the constitutive theory of smart soft materials and their nonlinear, large deformation, and cross-scale mechanical behavior models with multi-physics coupling have been improved. Vibration control systems and ultrasonic transducers based on smart materials and wave-guide structures have been developed. Self-sufficient, self-perceived, and adaptive intelligent structures, self-healing materials and structures, variant structures, and expandable space structures have been invented.

In mechanics of composites, the theory of composite homogenization, the cross–scale material–structure theory with multi–physics coupling, the theory of damage and durability prediction, and the model of multi–scale defect control have been developed. Mechanical behavior and regulation mechanisms of nano–composites, shape memory polymer and plant fiber composite have been revealed.

In energy–related mechanics, the mechanical behavior and the associated micro–mechanisms of rock in reservoirs under complex conditions have been revealed. The evolution mechanism and theoretical models of rock fracture, fracture formation, and thermal–fluid–solid coupled mechanical stability analysis have been established. The critical role of mechanical damage in battery performance degradation process has been clarified.

In mechanics of manufacturing, the bottleneck mechanics problems in sheet metal stamping technology, such as wrinkling, springback, and cracking, have been solved. Mechanical models and multiscale computational methods for plastic deformation of crystals, the evolution of microstructure of multiphase materials under severe conditions, and polymer–forming have been established. A software system for automotive component design and manufacturing analysis with full intellectual property rights has been developed.

1.2   Fluid Mechanics

In terms of turbulence, constrained large–eddy simulation, EA model of space–time correlations, and structural–ensemble–dynamics theory of turbulence are proposed. Key structures such as the three–dimensional nonlinear wave and the secondary vortex ring in the transition were found. The origin, evolutionary geometry, and statistical characteristics of thermal plumes and large–scale circulations in thermal convection are revealed, as well as the Reynolds–number effect of turbulence statistics in the atmospheric boundary layer flows at high Reynolds–numbers.

In terms of vortex dynamics, the vortex–force theory is combined with the flow field data to clarify why the lift and drag vary with the Mach number. The instability mechanism of asymmetric vortex formation and the generation of vortex–induced noise in a three–dimensional rotating cylinder are revealed. The vortex–surface method based on Lagrangian tracking, the design of flow field diagnosis, flow control, and aerodynamic optimization based on boundary vorticity flux are developed.

In terms of computational fluid dynamics, a high–order non–linear compact construction method and the unified algorithm theory of gas dynamics are proposed. A massively parallel algorithm for space reentry is developed.

In terms of experimental fluid mechanics, a detonation–driven wind tunnel theory is proposed, and the world's first ultra-large hypersonic reproduction wind tunnel with a diameter of 300 mm is established. Near-wall velocity measurement methods, single-camera three-dimensional flow measurement technology that mimics compound eyes, thermal film friction measurement instrument, and multi-directional optical CT test technology have been developed.

In terms of hypersonic aerodynamics, the first picture of flow structures of the whole transition process was obtained. The phenomenon of rapid growth and rapid dissipation of acoustic modes was observed, and the principle of high-frequency compression expansion pneumatic heating was revealed.

In the aspect of rarefied gas dynamics, an information preservation method was proposed, and a uniform distribution function equation of gas molecules describing rarefied to continuous flow was established. A numerical algorithm for the Boltzmann model equations of micro-channel electromechanical systems was developed.

In multiphase fluid dynamics, Taylor series moment method for solving the nanoparticle number density equation was proposed. A mobile contact line model and a high-performance numerical method for complex flows with multiphase interfaces were established and the mechanism of contact line motion was revealed.

In non-Newtonian fluid mechanics, a fractional element constitutive model was established, and a Bayesian numerical algorithm is proposed to optimize the parameter estimation of the viscoelastic constitutive model. The mechanism of non-linear wave evolution and viscoelastic turbulent flow of thin films were revealed.

In the aspect of fluid mechanics in porous medium, a moving contact line model was proposed, which can accurately describe the fluid sliding on the wall and the dynamic contact angle.

In terms of water wave dynamics, the steady-state resonance wave system in infinite and finite water depth was theoretically obtained. A wave theory was developed to describe the characteristics of the extreme wave current field. The theory and prediction method for hydroelastic analysis of marine super-large floating structures were established.

In terms of high-speed hydrodynamics, the temporal and spatial distribution of the turbulent velocity field and vorticity of hydrofoil-attached cavitation flow were obtained. A quantitative analysis model of propeller tip vortex frequency and a multiphase dissipative particle dynamic model were established.

In the fluid mechanics of animal flight and swimming, the high lift mechanism of insect flapping wings was revealed, and the stability theory of flapping flight was established.

1.3 Dynamics and Control

In analytical mechanics, the theoretical frameworks of non–holonomic mechanics, Berkhof mechanics, and Hamilton–Jacobi theory, have been further developed. Changes in research methods for global analysis and geometric numerical analysis have been promoted. Motion planning and control of non–complete systems, symmetric reduction theory, computational geometry mechanics and control algorithms, and dynamic control under complex environmental conditions have been further developed.

In nonlinear dynamics, new phenomena in global dynamics have been discovered. The bifurcation mechanism of high–dimensional nonlinear systems has been revealed. Analysis, control, and design methods for nonlinear dynamics in complex situations as well as parametric, nonparametric, and data–driven identification methods have been developed. New progress has been made in the interdisciplinary study of network dynamics focusing on neurological diseases.

In stochastic dynamics, a theoretical system of Hamiltonian systems with random excitation and dissipation, and a nonlinear stochastic dynamic analysis method based on large deviation theory and probability density evolution have been developed; and a parameter control strategy for stochastic system has been proposed to work for various new structural systems.

In multi–body dynamics and control, models containing non–smooth dynamics and flexible components with large–scale motion and large deformation have been developed. Various models for complex dynamic systems, solving methods for differential–algebraic equations and schemes for topology optimization design have been proposed. A variety of special and general simulation software have been developed for spacecraft dynamics, weapon launch dynamics.

In aerospace dynamics and control, orbit design and control for a variety of aerospace dynamic problems has been realized. Dynamics modeling, dynamic control and motion planning have been developed for spacecraft systems with strong coupling and nonlinear effects and for large space structures. System coupling characteristics analysis, motion planning and control, and analysis and control of vibration in complex modes have been tackled, which provides key technologies for high–resolution remote sensing tasks.

In rotor dynamics, the dynamic modeling and analysis methods of the rotor–support–base system with special structures and complex loads have been developed, which meets the essential engineering requirements for developing the large–scale and high–end rotating machinery in China. The accuracy of dynamic modeling of the rotor systems has been improved, which provides important support for the design of aerospace power systems.

In neuro-dynamics, the existence of the discharge modes of neurons and their network systems has been confirmed. The transition, bifurcation, and dynamic mechanisms of synchronization and resonance of neurons and networks have been revealed, leading to a series of novel theories and methods for dynamics and control. Theories and models for neural energy coding and brain intelligence exploration and computational methods have been developed. A variety of dynamic models for neurological diseases, such as epilepsy and Parkinson's disease, have been established. Strategies for lesion location, postoperative evaluation and deep brain stimulation control have been proposed.

1.4 Multidisciplinary Mechanics

In physical mechanics, complete dynamic and static high-pressure loading technology has been developed. The microscale failure mechanism of materials, such as thermal barrier coatings under extreme environments, has been discussed and several super-hard materials have been designed and synthesized. The optoelectronic properties of flexible optoelectronic semiconductors and the insulator-semiconductor-metal transition of the boron nitride nanostructure have been discovered. The mechanical mechanism of interface adhesion and the relationship of aerodynamics, heat, and radiation under the action of hypersonic non-equilibrium flow have been revealed. A mechanical-magnetic-thermal coupling theory for low-dimensional materials has been established for physical mechanics.

In biomechanics, Chinese scholars have made significant progress in the fields of mechanical biology, biomechanical modeling and clinical application, and molecular biology. Among them, biomechanics and mechanical biology research in cells, immune response, tumor metastasis, cardiovascular, skeletal muscle system, organs, and cell molecules among the highest level in the world. And the development in artificial tissues and organs, rehabilitation aids, biomedical diagnostic instruments of new drugs are also pioneering.

In environmental mechanics, the early research mainly focused on the treatment of arid and semi-arid regions, the multiphase and complex flow of natural environment, wind and sand movement and governance. In recent years, a new framework of environmental mechanics has been gradually formed, and breakthroughs have been made in many fields, such as soil erosion, estuarine and coastal sediment transport, aeolian (snow/dust) movement, mudslides, river and sand movement, water pollution, and urban pollution.

In explosion mechanics, a series of advanced test platforms have been independently developed and built. A variety of high-energy materials/explosives have been synthesized and the material

mechanical response and behavior database during the explosion process have been improved. A mesoscale reaction model, statistical meso–damage mechanics theory, amorphous alloy shear band theory, dynamic shattering theory, and penetration theoretical models and computational methods for two–dimensional long–rod penetration have been developed. In addition, ship interception and protection technology, new bird–strike–resistant structures, and composite materials for public protection have been developed.

In plasma mechanics, the world's first fully superconducting Tokamak EAST and the first deflector configuration device HL–2A in China have been built. A few inertial confinement fusions, such as Shenguang Ⅲ and Qiangguang No. 1, have been built and operated. The design and construction of the national ignition device have been initiated. The national key scientific and technological infrastructure "Space environment ground simulation device–Space plasma environment simulation system", has been constructed, and the conceptual design of the CFETR device has been completed. The magnetic tail and observation evidence of magnetic reconnection at the top of the magnetic layer has been obtained. A global physical model of the magnetosphere substorm has been developed, and the acceleration mechanism of high–energy particles in the radiation zone has been revealed.

The disciplines of mechanics have been continuously integrated with information science, materials science, energy science, life science, etc., and many new disciplines have been born. Some important and emerging areas are listed as follows.

In terms of solid mechanics, it is necessary to further explore new territories, develop the emerging directions in micro & nano–mechanics and multi–scale mechanics, advanced structural mechanics and design methods, smart materials and structural mechanics, mechanics of soft materials and flexible structures, mechanics of biomaterials and bionics, and mechanics of materials and structures, informatics and mechanics with multi–physics coupling. At the same time, solid mechanics should be further integrated to aerospace, advanced manufacturing, new energy and other fields, and strives to produce more applications through the integration with biomedical engineering, artificial intelligence, and brain science.

In terms of fluid mechanics, it is urgent to propose new concepts of turbulent structures, explore the generation process and evolutionary behavior of vortex and wave in complex flows, improve the simulation and experimental research capabilities, resolve advanced hypersonic flight technology problems, understand multi–phase, complex flow field behavior, and micro/nano–scale transport, and improve the cavitation and free–surface theory related to high–speed navigation.

In terms of dynamics and control, it is important to further improve the theoretical system and numerical algorithms of analytical mechanics, explore the dynamic phenomena and mechanisms of complex nonlinear systems, and the stochastic dynamic behavior of high–dimensional nonlinear, non–smooth, time–delay systems. It is necessary to study complex multi–body dynamics under extreme conditions and/or with multi–physics coupling and multi–temporal–scale, aerospace dynamics and control of complex systems, to develop dynamic models of rotor systems, active control, and dynamic balance experimental techniques for rotor systems, to further promote the intersection of nonlinear dynamics and neuroscience, and to understand the physiological structure of the nervous system and the transmission mechanism of neural signals.

In terms of multidisciplinary mechanics, it is essential to develop biomechanics oriented to major diseases, chronic diseases and the forefront of life sciences, as well as biomechanics across multiple temporal and spatial scales and in special environments, to study multi–scale mechanical properties of natural biomaterials, and the interaction of biomaterials with cells and tissues and to promote the design and development of biomimetic materials. It is also vital to develop new materials, new equipment and large–scale computational methods based on physical mechanics, to design new high–performance lasers and to design and prepare low–dimensional materials for new microelectronics, structural materials, soft smart materials and devices. It is crucial to study the common mechanics' problems in the environmental fields, and solve practical environmental problems in major construction projects and in the western and coastal economic zones. It is important to further develop non–ideal detonation theory based on artificial intelligence and big data analysis, and experimental device and diagnostic technology with super–high loading capability, to solve the problem of explosion impact in major engineering projects. Finally, it is worth studying the complex physical process in plasma physics, exploring the interaction between different media in the plasma jet or in the process of important space and celestial events.

2. Chemistry

In the modernization of human society, Chemistry has always been an important method and tool for humans to understand and transform the physical world. As a basic discipline that studies the nature, composition, structure, and changing rules of matter, the level of development of the chemistry is an important symbol of social civilization. Driven by the strong demand in the fields of clean energy, environmental protection, intelligent devices, information technology, and national

security, China's chemical research is booming. This report summarizes and analyzes the hot spots of chemistry in the past two years, the latest research progress and future trend of chemistry in China according to the classification of sub–disciplines and cross–disciplines.

2.1 Inorganic Chemistry

Energy, information, environment, life and health and resources issues have become the key to global sustainable development. Inorganic chemistry is the key research foundation of new materials, and the discipline boundary of inorganic chemistry is still expanding. Inorganic chemistry can provide new materials and processes for energy materials, information materials and material conversion processes. Inorganic materials will continue to play an irreplaceable key role in green transformation and applications, in catalytic materials and surface/interface control, homogeneous/heterogeneous catalysis and green processes of fossil energy and biomass, storage and transport of fuel molecules such as hydrogen and methane, development and utilization of new energy sources (optical/electrical and electro/optical conversion, thermal/electrical and electro/thermal conversion, etc.), high density information storage, and catalytic cracking of water, etc. Inorganic chemistry can provide key technologies and materials for the enrichment, separation and utilization of heavy metals, POP and other important pollutants, and provide scientific and material basis for the protection and utilization of water resources. Inorganic chemistry can provide high performance materials for key technologies such as information generation, amplification, transmission and display. Inorganic chemistry can also provide scientific basis and technical guarantee for the development and efficient utilization of rare earth, tungsten and molybdenum, salt lake resources and other special minerals in China. Inorganic chemistry can provide new principles, new materials and new devices for special functional materials related to national defense security.

In recent years, Chinese scholars have made many innovative research achievements in metal–organic frameworks (MOF) materials, revealing the interaction between mesoporous MOF and biological macromolecules, inorganic clusters, nanoparticles and other objects, and showing great potential in catalysis, drug sustained–release, gene therapy, energy storage and other aspects. In the field of new functional nano–composite catalysts and porous catalytic materials, a variety of synthesis methods of inorganic porous catalytic materials have been developed and expanded, focusing on the relationship between structure and function of materials. These methods not only maintain the advantages of low relative density, high specific strength, large specific area and good permeability of porous materials, but also effectively solve the problems. The key scientific problems such as channel modulation, multistage structure design, chemical stability and so on, provide its application in high-efficiency catalysis and other fields. High-throughput prediction and screening of new materials with specific functions using computer technology. New achievements in self-repairing materials, wearable energy storage devices, molecular ferroelectrics, chiral luminescent materials and circular polarization devices are emerging. Combine rare-earth upconversion luminescence materials with photothermal/photodynamic/photoacoustic optical diagnostic and therapeutic means, develop multi-functional nano-system, achieve multi-modal biomedical imaging and diagnosis and treatment of major diseases such as tumors.

2.2 Physical Chemistry

The last two years have witnessed the prosperous development in each branch of physical chemistry in our country. The scientists in biophysical chemistry have established new experimental techniques and novel theoretical methods, as well as unraveling the physical-chemical mechanisms underlying the biological phenomena. They invented the new DNA sequencing technique of ECC, disclosed the molecular mechanism of UDP-glucose impairs lung cancer metastasis, and proposed the chromatin phase segregation model based on 1D mosaic sequence in space. In catalytic chemistry, scientists achieved significant progress both in fundamental science and applied engineering. In the field of fundamental catalytic chemistry, new catalytic system and catalysis were invented, and a number of new principles in catalytic chemistry were proposed which brings up new conception. In the meantime, the invented catalysis has found a successful industrial application, which has formulated the independent chemical engineering industry of China. In chemical dynamics, Chinese scientists have solidified their leading role in the international community. A series of breakthrough were made in disclosing the chemical dynamics of single molecular reaction as was as the atmospheric and interstellar chemistry. Instruments based on independent research was developed which have laid down the fundament for the advanced work in chemical dynamics. In thermal dynamic chemistry, scientists in China have discovered novel phase behavior in the mixture of water/ionic liquid. The toretical model was established to unravel the phase behavior in ionic liquid systems. New principles were found when interfaces were introduced to a chemical system, which have formulated the thermal dynamics of a number of inter-discipline subjects of chemistry. In the field of colloid and interface science, world-leading progress were made in chiral luminescent materials, the self-assembly of bioactive molecules, and applied colloids based on new physical principles. Last but not least, the groups in theoretical and computational chemistry have achieved significant progress in the methodology of computational chemistry as well as in explaining the mechanism of chemical reactions, excited states and photochemistry.

2.3　Analytical Chemical

In 2017-2019, the number of analytical chemical researchers in China grew rapidly, and the research level elevated constantly. Great progress have been made in the fields of bioanalysis and biosensing, together with big developments in the fields of single molecular and single cellular analysis, *in vivo* bioanalysis and imaging, bioanalysis based on functional nucleic acids, biomolecular recognition, nanozyme based biosensing, nanoanalysis and interdiscipline combination analysis. Prof. Tan Weihong's team carried a series of excellent work in the researches of aptamer and their researches take the leading position in the corresponding area worldwide. They selected aptamer specific to cell from nucleic library, based on which some biosensing methods and molecular diagnostic and treatment platform were established. Prof. Fan Chunhai and his collaborators created complex silica composite nanomaterials templated with DNA origami. They showed that, after coating with an amorphous silica layer, the thickness of which can be tuned by adjusting the growth time, hybrid structures can be up to ten times tougher than the DNA template while maintaining flexibility. These findings establish this approach as a general method for creating biomimetic silica nanostructures. The unexpected peroxidase mimicking activity of magnetic iron oxide nanoparticles was firstly discovered by Prof. Yan Xiyun and coworkers, and the concept of nanozyme was firstly introduced by Prof. Wang Erkang. Since then, various nanozymes have been achieved by nanomaterials. Nanozymes have attracted enormous research interests in recent years for the unique advantages of low cost, high stability, tunable catalytic activity, and ease of mass production, as well as storage, which endow them with wide applications in biosensing, tissue engineering, therapeutics, and environmental protection. Researchers in China, represented by Prof. Yan Xiyun and Prof. Wang Erkang, have carried out many original works on it. Prof. Long Yitao et al. construct an aerolysin nanopore in a lipid bilayer for single-oligonucleotide analysis. In comparison with other reported protein nanopores, aerolysin maintains its functional stability in a wide range of pH conditions, which allows for the direct discrimination of oligonucleotides between 2 and 10 nt in length and the monitoring of the stepwise cleavage of oligonucleotides by exonuclease I in real-time. They described the process of activating proaerolysin using immobilized trypsin to obtain the aerolysin monomer, the construction of a lipid membrane and the insertion of an individual aerolysin nanopore into this membrane. The total time required for this protocol is similar to 3d. All these achievements represent the hot research areas in analytical chemistry in recent years, and also demonstrate the development trend of analytical chemistry in China in the future.

Mass spectrometry (MS) is an important method of rapid development and wide applications in different areas, e.g., life science, environment, medicine, food, energy, chemical, materials and other fields. In recent years, greatly supported by national research funding and big market demand, the technique of MS instrumentation and MS-related research have been significantly improved. Among them, the imaging, microfluidic jointed devices, and new application studies for mass spectrometry have been developed quickly in our country. Incomplete statistics from the Scopus database 2017-2019, in the area of mass spectrometry, Chinese researchers have published their works in the *Journal of the American Chemical Society* and *Angewandte Chemie* are 25 and 40 respectively and published 4 in *Nature* group, 2 in *Science* group, 136 in *Analytical Chemistry*, and 1 in *Cell*. The number of these high-impact factor articles accounted for 4.9% of the total number of papers. The contribution rate of articles in the field of mass spectrometry in the world top journal was 27.41 %, close to 34.9% in the United States, highlighting the significant improvement in the research level. However, at present, the market rate of our domestic mass spectrometers is still unsatisfactory, in addition to some special differentiated areas, such as LC-MS, GC-MS and MALDL-TOF market share of less than 1%. In the field of mass spectrometry analysis, it is necessary for Chinese scientists to work together to reach the international leading level.

At present, the analysis of life sciences, public safety and other substances closely related to biological activities have changed from single component analysis to panoramic analysis of complex systems. However, the physical and chemical properties of the components of complex systems vary greatly, the spatial and temporal distribution and dynamic range of them are wide, the identification of unknown structures is difficult, the processing of massive data and information mining is very difficult, which make the panoramic qualitative and quantitative analysis of complex systems face enormous challenges. In response to these challenges, Chinese chromatographic researchers have made remarkable progress in sample pretreatment materials and methods, new chromatographic stationary phase and column technology, multi-dimensional and integrated technology, innovative chromatographic instruments and devices, and separation and analysis of complex samples (proteome, metabolome, traditional Chinese medicine group, etc.),made important distributions for the development of life sciences, environmental sciences, new drug invention, public safety and other fields. Especially, important breakthroughs have been made in new intelligent materials, enrichment materials for proteome post-translational modification, proteomics, traditional Chinese medicine and other fields. Relevant achievements have been published on high-impact journals such as *Advanced Materials*, *Nature* and its series. Compared with the international counterparts, the number of SCI papers published in this field in China has continued to rise. From 2017 to May 2019, the number of SCI papers published reached nearly 19 000, accounting for 28% of the total number of papers in this field, ranking first in the world. It shows that the development momentum of chromatographic discipline in China is good in recent years, the overall level has reached the international advanced

level, and some research directions have reached the international leading level.

2.4 Interdisciplines and Other Disciplines

2.4.1 Chemical Biology

Chemical biology research in China has witnessed another major breakthrough in the past two years. This has further boosted the multidisciplinary research at the chemistry and biology interface, as well as the integration with the international community. Major progress has been made in the following areas in China: ① The highly efficient synthesis and construction of bimolecular machinery. Examples include the precise 1 synthesis of yeast chromosome, the creation of photosensitizer protein that facilitate the development of photocatalytic CO_2 reduction enzyme and chemical synthesis of various forms of ubiquitin-modified proteins. ② Manipulation of biomolecules and various life processes with small molecular probes as well as bioorthogonal reactions. Examples include the development of the bioorthogonal decaying-based protein activation strategy that is applicable to diverse proteins in living systems, the identification of small molecules for long-term functional maintenance of primary human hepatocytes in vitro, as well as the development of visible-light triggered bioorthogonal reactions. ③ Labeling and probing the dynamic modifications of biomolecules and the underlying biological processes. Examples include small molecule probe-based detection and profiling of epigenetic modifications of DNA and RNA, photo-controlled duplexes fluorescent probes in living cells as well as machine-learning enabled single-molecule fluorescent imaging traces. ④Deciphering the molecular mechanism of biomolecular machinery. Examples include the discovery of iron participated pyroptosis in melanoma cells, histone succinylation modulated dynamic chromatin regulations. ⑤ Chemical biology-enabled small molecule drug candidate development and target identification. Examples include the development of mitochondria targeting small molecule inhibitors,Pt-, Ir- containing metal-complexes in particular, which kill cancer cells and suppress antibiotic resistance through various mechanisms such as redox potential modulation, energy metabolism, etc. The development of small molecule inhibitors towards epigenetic enzymes such as the m6A-RNA demethylase FTO, the misregultion of which has been shown to cause various diseases such as leukemia. And the identification of allosteric pocket and the first allosteric agonist for epigenetic enzyme targets such as SIRT6, a crucial histone deacetylase in many disease processes. These progress made by chemical biologists in China in the past two years had significant contributions to the development and thriving of chemical biology world-wide.

2.4.2 Nanochemistry

Nanochemistry is one of the important research fields with rapid development, and has shown wide application prospects in the fields of materials, energy, environment, etc. In the past two years, the research of nanochemistry in our country has made a series of important progress, and many new concepts, new technologies and new methods have played an important role in promoting the development of nanoscience. Moreover, whether in material preparation, properties, applications and industrial development, the research results are at the world's leading level, and have had an important impact on the international community. This is closely related to the existing research directions and excellent teams that have formed in this field in China. In the future, based on the preliminary work, nanochemistry will continue to integrate with other disciplines and continue to focus on precise design and synthesis of nanostructure units, discovery of the special functions of various new nanostructures in–depth, and construction of highly ordered multi–functional nanostructured materials. Furthermore, orienting by the needs of engineering applications, a series of key scientific and technical problems will be solved including design, preparation, laboratory verification, and industrial applications of nanomaterials. It is hoped that the gradual industrial application of various achievements related to nanomaterials can be realized.

2.4.3 Green Chemistry

Green Chemistry is a multidisciplinary and interdisciplinary research subject in chemistry and playing an important role in social development. The core concept of green chemistry is to use environmentally benign and nontoxic raw materials to reduce or eliminate harmful emission to environment. The focus of Green Chemistry is to find alternative routes to traditional processes that emit pollution to the environment. The main feature of Green Chemistry is to pursuit complete utilization of atoms of reactant, mild reactions condition, zero–emission of byproducts and usage of recyclable raw materials. In the past two years, researchers in China have made many breakthroughs in the fields of Green Chemistry and published many important scientific papers in the international top journals. Ma Ding et al. from Peking University have reported the utilization of raw hydrogen containing trace of CO in hydrogenation of functionalized nitrobenzene over single atom Pt/α–MoC, showing high efficiency and resistance to CO, which was published in Nature Nanotechnology. The weakened CO binding over the electron–deficient Pt single atom and a new reaction pathway for nitro group hydrogenation confer high CO resistivity and chemo–selectivity on the Pt/α–MoC. Wang Yanqin et al. from East China University of Science and Technology found an efficient catalyst system based on multifunctional Ru/NbOPO$_4$ catalyst that achieves the first example of catalytic cleavage of both interunit C–C and C–O bonds in lignin in one–pot reactions.

Fu Yao et al. from University of Science and Technology of China reported an efficient photocatalysts for coupling reaction. The combination of triphenylphosphine and sodium iodide under 456nm irradiation by blue light–emitting diodes can catalyze the alkylation of silyl enol ethers by decarboxylative coupling with redox–active esters in the absence of transition metals. This work was published in *Science*. Lu Junling et al. from University of Science and Technology of China reported an efficient atomically dispersed iron hydroxide anchored on Pt for preferential oxidation of CO in H_2, enables complete and 100 percent selective CO removal over the broad temperature range of 198 to 380 K. Characterizations indicate that $Fe_1(OH)_x$–Pt single interfacial sites can readily react with CO and facilitate oxygen activation. These breakthroughs show that the development of Green Chemistry in China has achieved significant advances and some of research results have reached up to international level.

2.4.4 Crystal Chemistry

Driven by the strong demands of clean energy, environmental protection, intelligent devices, information technology, and national defense security, the researches on the high–performance functionalized COF/MOF materials, ferroelectric/piezoelectric materials, deep ultraviolet/mid–far infrared nonlinear optical crystals, photoelectric conversion/detection materials have been highly concerned in recent years, and many new achievements have been made. Chinese scholars published more than 10 000 academic papers in the field of crystal chemistry in 2017–2019. Many promising progresses have been achieved in the fields of COF/MOF crystalline materials, molecular–based crystalline materials, nonlinear optical crystals, and metal clusters.

In the research of COF/MOF materials, Chinese scholars are in a leading position. Some breakthroughs have been achieved in the accurate analysis of COF crystal structure and the MOF materials for the high–purity separation of chemical materials. Many high–quality results in terms of COF/MOF materials for light–emitting, photoelectric response, energy storage and conversion have also been achieved. Especially the MOF materials for the high–purity separation of chemical materials are promising for practical application, which will greatly promote the development of fine chemicals in China. In addition, some breakthroughs on the molecular–based polar materials have also been obtained by Xiong Rengen et al. An organic–inorganic hybrid perovskite material with a piezoelectric coefficient of up to 1540 pC/N is obtained, which is more than 8 times that of the conventional piezoelectric ceramic $BaTiO_3$. In the past two decades, China has been in the leading position in the research of deep–UV nonlinear optical crystals. BBO, LBO and KBBF crystals are the landmark achievements of China in deep–UV optical crystals. In recent years, Chinese scholars have actively explored new deep–UV nonlinear optical crystal with high–quality and low–cost growth for shorter–wavelength deep–UV laser output. some new deep–UV nonlinear optical crystals of fluoroborate, fluorophosphate, etc. have been found, of which the performance is better than that of KBBF. These results enable China to continue to maintain the world's leading position in the field of deep–UV nonlinear optical crystal, and thus promote the development of deep ultraviolet laser devices in China.

In the next five years, the COF/MOF materials, flexible ferroelectric/piezoelectric crystalline materials, new photoelectric crystals, and metal cluster materials is expected to have greater development in China. Some materials will move to practical applications and drive the development of related industries.

2.4.5 Chemistry in Public Safety

This report summarized the progress and development trends on the theories, technologies and materials in the fields of chemistry in public safety from 2017 to 2019. The national strategy of chemical safety and security was initiated. Many innovations have been achieved in the detection of explosives, drugs and foods. New fingerprint identification material, fluorescent material and broad–spectrum safety protection material have been practically applied and have achieved good results. Laboratory chemical safety training, big data technology and intelligent technology on chemistry in public safety have attracted more attention. Chemistry in public safety is an emerging subject，and its concept and connotation will be enriched and improved with the development of science and technology. Chemistry in public safety is developing and integrating with Artificial Intelligence, Big Data, the Internet, the Internet of Things. The research, design and application of materials in the fields of chemistry in public safety will achieve significant breakthroughs. More attention will be paid on science popularization, culture, education and training on public safety.

2.4.6 Chemistry Education

Chemistry education plays an important role in cultivating qualified citizens who are able to adapt to future life and outstanding talents in chemical technology and education and promoting the sustainable development of chemical science and the progress of social civilization. During the period from 2017 to 2019, Chinese chemistry educators have achieved important results in promoting the reform of basic chemistry education curriculum, training high–level chemistry teachers of middle schools, and improving the quality of higher chemistry education.

In terms of courses and textbooks, the standards for general high school chemistry curriculum have been revised and published, and three versions of high school textbooks have completed the revision and submission for review, which are important initiatives for the promotion of chemistry curriculum reform. Besides, a large amount of research work has also been carried out in chemical textbook research and international comparison.

The cultivation of subject—oriented core competencies and chemical subject core competencies are important concepts in the current curriculum reform of basic chemistry education in China. Many scholars have continued to advance in this field and have achieved rich results. Their efforts have further developed the structure and meaning of chemical subject competencies, promoted systematic development of assessment tools such as scientific competency test, chemistry subject competency assessment, and scientific attitude assessment, etc., meticulously portrayed the progress of student competencies and lay a solid foundation for empirical study of competency cultivation.

In the aspect of teaching improvement research that promotes the improvement of disciplinary competency, on the one hand, based on the disciplinary competence framework and indicator system,a systematic theoretical framework has been established for teaching improvement; on the other hand, the research and practice of project—based teaching and in—depth learning have been carried out so as to explore the teaching and learning methods which can promote student competency development.Through researches on the impact of scientific inquiry activities on science competency improvement of different students, the ways and means of teaching with scientific values, the development of teaching resources based on local characteristics, and cultivation of student competency based on excellent traditional Chinese culture, many insightful suggestions have been put forward to promote competency cultivation.

In terms of research on the learning mechanism of students, researchers have assessed the students' learning difficulties in chemistry, studied the process and characteristics of students' understanding of scientific and chemical concepts, revealed the chemical concept structure in the students' minds, and studied their chemistry learning mechanism by means of brain wave analyzer, eye—tracking device and other psychological equipment, which have provided important support for teaching improvement.

In terms of research on classroom teaching, researchers have conducted in—depth studies of the chemistry classroom structure based on systematic science theories, proposed the chemistry classroom hierarchical structure model and the chemistry classroom system element structure model, and developed the coding system of the chemistry classroom teaching content. The classroom teaching research based on the theory of chemical cognition development has also been deepened, and identified the critical effective teaching behaviors of promoting students to establish cognitive perspectives.

In terms of the chemistry experiment research of middle schools and the application of information technology means, researchers have, by means of the handheld experimental equipment, smart phones, macro photography, and augmented reality technology, carried out middle school chemistry experiment research, designed and developed chemical education games, and thus conducted teaching or learning research, which has enhanced the integration of experimental methods, information technology and teaching of chemistry.

In terms of research on pre-service and post-service teacher training, researchers have compiled teaching materials based on the implementation of the teacher qualification certificate system, carried out research on improving the effectiveness of teacher training, explored the training modes for bachelor and master pre-service teachers, established a model for the components of PCK (Pedagogical Content Knowledge), conducted assessments, and carried out process-based research on the development of teachers' PCK, which will play an active role in optimizing the effect of pre-service and post-service training.

In terms of higher chemistry education, taking the release of the National Standards for the Teaching Quality of Chemistry Subjects in Colleges and Universities as a chance, colleges and universities have actively learned and implemented the national standards, strengthened the online open courses of chemistry and resource development, published and revised chemistry textbooks, and carried out researches on higher education in chemistry, which has achieved fruitful results.

Chemistry education research and practice in the following five years will continue to focus on the cultivation of high-level human resources in chemistry and chemistry education, solve the practica lissues of core competencies and core competency education in chemistry subject, strengthen the research and practice of connection and integration of chemistry education in middle schools and universities, promote the reform of teaching methods of chemistry education in middle schools and universities, further strengthen experimental teaching, advocate project-based teaching and learning methods, promote the deep integration of information technology and chemistry teaching, summarize the results of theoretical research and practices of chemistry education in China, and promote the chemistry education research achievements to the world.

3. Nanobiology

Nanobiology, as the emerging interdiscipline of nanotechnology and biology, have exhibited rapid development in the past few decades. Nanomaterials mainly refer to those organic, inorganic and also composite materials with at least one nanoscale dimension (1~100 nm), which enables them to show unique physical and chemical properties, such as quantum size effect, surface effect and macroscopic quantum tunnel effect. Therefore, the nanobio interaction is quite different when compared with the interaction between larger-scale materials and biosystems. It is undoubted that the appearance and development of nanobiology are initiating revolutionary transform in bioimaging, biomedicine and biocatalysis. Here, the current trends of nanobiology are discussed by statistical analysis of literature and patents. We also carry out a comparative study of public policy and financial support in various countries and regions, to further summarize the progress differences of nanobiology. In addition, through analyzing and comparing the Five-year development of nine subdisciplines, we give a sketch of new technologies and concepts, as well as recent accomplishments and challenges in nanobiology.

In the recent few years, the design and application of functionalized nanomaterials have been regarded as the frontier of life science and material chemistry. From the perspective of synthesis, nanomaterials for biomedical uses, are requested to have specific physiochemical properties and high biological compatibility. The quality control and technical processes are needed to be constantly optimized to make it possible for manufacturing production. What is more important is that given to the unique characterizations of nanomaterials, new comprehensive and thoughtful production regulations and standards are the necessary prerequisites for industrialization of biological nanomaterials.

One of the biological applications of nanomaterials is early diagnosis in diseases. For example, magnetic nanomaterials, quantum dots, graphene, gold nanoparticles and aptamers have been widely used in the construction of nanoprobes in precise detection in single molecule, single gene and single cell levels. With the advantages of liquid biopsies, flow cytometry, self-coding microbeads, and also artificial intelligence and deep learning, the nanomaterial-based disease diagnosis is likely to achieve multi-index, real-time and long-term monitoring of biological and physiological processes both in vivo and in vitro. Additionally, when it comes to nanocatalysis, nanozymes, with superb intrinsic biomimetic catalytic activities, have drawn great attention. The discovery of nanozymes dates back to 2007 when the Chinese research team of Yan Xiyun firstly reported that without any chemical modifications on the surface, iron oxide nanozymes, themselves, exhibit strong catalytic activity that is similar to horseradish peroxidase. From then on, various nanozymes have been applied in biocatalysis, biomedicine and other precise regulations of biological processes.

Another biological application of nanomaterials is for effective treatment and visualized monitoring of diseases. As for nano-based drug delivery systems, researchers have constructed functionalized smart nanostructures to achieve the co-delivery of therapeutic molecules, peptides, proteins, nucleic acid fragments at cellular and animal levels. Both active and passive targeting strategies can be used to augment therapeutic efficacy and decrease potential toxicity at the same time. The enhanced permeability and retention effect, can enable nanomedicines to preferentially accumulate in solid tumors. Apart from nano–promoted chemotherapy and radiotherapy, a variety of nano–based emerging treatments, including photodynamic therapy, photothermal therapy, hemodynamic therapy, as well as immunotherapy, have the great potential to further improve life quality of clinical patients, and finally help human to set up the confidence to combat diseases. It is also noteworthy that many nano–based therapeutic strategies have been successfully approved by drug regulators in different countries around the world. For instance, Doxil®, as the first anticancer nanomedicine, got the approval of the U.S. Food and Drug Administration (FDA) in 1995. Only after ten years, Abraxane®, as the first protein–based nanomedicine, was approved for the clinical treatment of breast cancer and pancreatic cancer. Recently, FDA also approved the first small interfering ribonucleic acid (siRNA) nano–drug delivery system in the world, which is termed as Onpattro™. Therefore, funtionalized nanomaterials have been highly expected to break up the bottlenecks of traditional molecular medicines, providing new chances for disease treatments with higher therapeutic effects, lower adverse reactions and more flexible applications. As for nano–based disease monitoring, nanoprobes can be used for high–resolution, high–sensitivity and real–time imaging of diseases in initiating, developing and also processing stages. Capable of long–term and multi–model tracking in vivo, nanoprobes could also provide more details about how cells/tissues/animals can respond to complex and dynamic changes in environments. Thus, it will benefit us with a deeper understanding of life science. In recent decades, many nano–based devices have also gained successful approval in biological and medical applications. More importantly, after complicated modifications and exquisite assembly processes, varieties of nano–based theranostics manage to accomplish disease monitoring and treatment at the same time.

Given to the great potential of nanomaterials in biological applications, researchers gradually put their focus on the safety and biocompatibility of nanomaterials. Firstly, it is still unclear that how nanomaterials could react with the biological systems. From the cellular perspectives, which biochemical processes can be affected by nanomaterials? And how? Is it possible to carry out nanomaterial–based biological regulation in cellular levels? From the in vivo perspective, a strong attention should be given to the administration, distribution, metabolism, elimination and toxicity of nanomaterials after they enter into the living body. Apart from drug uptaking, environmental exposure can also increase the encounter possibility between nanomaterials and human beings. As a result, it is of great importance to figure out the inner mechanisms of nano–bio interaction and nano–toxicology. To further accelerate the industrialization of nanomaterial–based biological productions, public regulations and standards are also in desperate need.

In conclusion, along with the boosting of nanotechnology, nanobiology has gained worldwide development and will still become a scientific hotspot in the next decades. With the advantages of intriguing electronic, thermal, optical, and magnetic properties, nanomaterials can be applied in

biocatalysis, tissue engineering, biomedicine and diagnosis. Through the comparison and analysis of relative literature, patents and public policies, the differences of discipline development between worldwide countries and regions could be roughly figured out. Chances are that the further growth of nanobiology will give us thorough insights into the precise regulation of biological and physiological processes.

4. Psychology

Research in the domain of artificial intelligence focuses on how to enable computers to simulate human thinking processes and intellectual activities, such as learning, reasoning, thinking, planning, and etc. The goal of such research is to extend the potentiality of human intelligence and develop artificial intelligence to complete multiple tasks just like what human can do. For more than sixty years, there are several ups and downs in the AI domain; and now, it comes to its best time for great development. At present, many countries have viewed AI technologies as a new engine for the development of science and technology, and the social and economic progress. The Chinese government issued Development Planning for a New Generation of Artificial Intelligence in 2017, which has stated the guidelines, strategic objectives, key tasks, and supporting measures of the new generation of artificial intelligence toward 2030. It has been planned that China will hold the initial advantages of AI development and speed up the construction of China as a new leading country in science and technology. It can be foreseen that the exploration of AI technology will substantially promote social and economic progress. The fast development of AI will not only rely on computer science and technology, but also the knowledge and theories in human intelligence as well as its realization in the neural system. Psychology is a study of the human mind and behaviors. As we all known, a great distinction between human species and animals is that human beings possess the abilities to proactively learn the world and remold the objective world in accordance with their goal, i.e., the ability to reasoning and making decision based on incomplete information they acquire through a dynamically changing process in open surroundings. Psychological studies and theories on human cognition, volition, and affection attempt to discover the nature of human intelligence. It can be said that the start of the era of cognitive science is credited to the integration of computer science and other disciplines. Psychology, as one of such disciplines, contributes to the birth and growth of human intelligence.

For many years, Chinese psychologists have made positive achievements by integrating AI theories, methodologies, and technologies into their own research. The best representative works include the following three aspects: simulation of mental and cognitive processes and its application, which promotes the theoretical breakthrough and innovations by fusing brain science and artificial intelligence; intelligence augmentation in the course of human-computer interaction, which facilitates the development of various kinds of intelligent systems and the integration of man-machine systems; educational AI, a new research area combining artificial intelligence with education.

4.1 Simulation of Mental and Cognitive Processes and Its Application

The interdisciplinary research between psychology and AI, and the intense contact between psychologists and Computer scientists help create new research paradigms, methods, and data mining approaches. Moreover, they also provide new perspectives to psychological research questions in need of deep exploration and solution. In the domain of Noetic Science, researchers simulated the decision-making process and developed a new heuristic model based on alternative "D-value inference" and a Spreading Model based on intertemporal decision. Some researchers applied computer simulation to the study of cognitive models of creativity to examine the factors which affect group creativity and collaborative innovation. In the domain of learning and memory, Artificial neural network simulation, such as simple Recurrent Neural Network, has been applied to the research of the mechanism of implicit learning. In the studies of cognitive processing of math and language, researchers produced the Interactive Activation and Competition model and the Quantity-Space model, based on Cognitive computation of neural networks. These models examined the effects of adjacent words, the interaction between phonology and semantics, and the cognitive process of the representation and operation of quantities. In addition, general AI can conduct a brain-like simulation on human minds and cognitive process, and can directly work in the studies of cognitive mechanism, brain mechanism, and mental diseases. Therefore, the development of AI technology provides great opportunities for the research of the simulation of the human cognitive process.

4.2 Human-Computer Interaction

There is a good prospect for AI to be applied in Human-Computer Interaction, transportation safety, and staff education and training; and hence it may exert profound influence in the above fields. This report expounds on the interaction between AI and Engineering Psychology and the new research findings in the two fields from five different aspects, i.e., the natural human-computer interaction, unmanned driving, human-robot trust relation, cognitive neuroenhancement, and VR technology. Human-Computer Interaction is an important area that combines AI, psychology, neurology. This report introduces both the research progress in natural human-computer interaction based on the assessment system and cognitive theories of natural interaction, and biological computation of the natural interaction. Unmanned-driving is an important application in transportation; hence, this report discusses studies on the interaction between humans and vehicles during unmanned driving. The relations between human and AI system is a big concern in recent studies on human-robot trust, which will affect the degree of application of auto-system by operators. This reports introduces the notion, the current research, and the changing trend of human-robot trust. Cognitive neuroenhancement aims at improving the cognitive and emotional abilities of individuals by utilizing advanced technologies from biology, psychology, cognitive science and information science.

4.3 Artificial Intelligence and Education

It has been a long time since humans attempted to apply AI in the field of education. With the development and maturation of the IT eco-system, AI has gained an unparalleled breakthrough and formed a new area, i.e., Artificial Intelligence in Education，AIED. This report has reviewed recent studies on AI Education based on a psychological perspective, analyzing relevant research works both domestic and abroad and looking into the future of the studies of AIED .

5. Environmental & Resources Science and Technology

Green development is an inevitable requirement for the construction of a modern economic system and a fundamental solution to solve pollution issues. The proposal of this development concept, as an important support for China's high-quality economic growth, will lay a solid foundation for building a beautiful China and creating a favorable development space for the future of China's environmental science and technology. We have covered the development path that developed countries have covered for a century in just 30 years, and therefore, we inevitably face more and more concentrated environmental protection issues. For a long time, China's environmental issues have shown such features as complexity and severity. Reviewing current environmental protection work, the environmental pollution situation is still relatively severe, the ecological environment cannot meet the demands of social development, still far behind the people's aspiration for a better life, and the improvement of environmental quality has become a weak point for our construction of a well-off society in an all-round way. Based on this, China launched intensive environmental protection policies during 2018 and 2019, further strengthening the efforts in environmental protection and extending environmental protection policies, management, science and technologies. During this period, China has made a lot of progress in environment prevention and control, including fundamental research on environmental science and engineering, environmental management, environmental technology development, capacity building and personnel training, completed a number of demonstration projects, and established systematic solutions for regional comprehensive governance of the environment. We are at an all-round battle to safeguard the blue sky, the clear water and the pure land, and we are continuously promoting pollution prevention and control, strengthening the protection and restoration of ecosystems, expanding the green industry, vigorously promoting green development, making overall plans, addressing both the symptoms and root causes, making precise efforts and ensuring practical results, so as to continuously improve

the environmental quality. The *2018–2019 Report on the Development of Environmental Science* summarizes the latest research progress in the environment in 2018–2019, the comparison of research progress at home and abroad, and the development trend and prospect of the discipline. It sorts out the research achievements and deficiencies of the discipline in recent years from the four fields of atmospheric environment, water environment, soil and underground water environment, and solid waste treatment and disposal, and analyzes the future development trend of the discipline based on the current scientific and technological achievements and the development status of the research platforms. This can be taken as a certain reference for the research and innovative development of environmental science and technology in the new period of China.

6. Manufacturing Science

The basic task of manufacturing science is to provide new theories and techniques for the manufacturing process in the manufacturing industry. Manufacturing science is the foundation for the revitalization and strength of the manufacturing industry, and it plays an extremely important role in the national economic and social development.

With the support of the National Natural Science Foundation of China, National Basis Research Program of China ("973" Program), National High–tech R&D Program ("863" Program), and the National Science and Technology Major Project of China, a series of outstanding progress have been made in the field of manufacturing in recent years, and a number of renowned scholars have emerged as well. This report first summarizes the recent landmark progress of manufacturing science in China. Afterward, the authors look forward to manufacturing science in our country.

Precision and ultra–precision manufacturing. According to the planarization requirements of the integrated circuit (IC) manufacturing, Lu Xinchun group performed the systematic study of the nano–scale planarization technique for large–size surface based on the mechanism of chemical mechanical polishing. This achievement ended the oversea companies' monopolies.

High–quality and high–efficiency machining. Jia Zhenyuan group established the new cutting theory of Carbon Fiber Reinforced Polymer and invented series of new drills and cutters as well. Compared with the oversea and traditional tools, the machining damage induced by using the new cutting techniques is reduced, and the tool life, machining efficiency, and accuracy are also significantly improved.

Non-traditional machining. Shao Xinyu group proposed the shape control technique of laser welding for large-scale thin-walled surface, and the associated devices for online measurement, tracking, and compensation for the welding seam are established as well, which can reduce the laser welding deformation and stress, improving the welding quality.

Micro-nano manufacturing. Lu Bingheng group proposed a new demolding method assisted by electric repulsion and the scan filling technique for large-area embedded functional structure assisted by the electric field. This technique can realize the filling of specific micro-nano pores with metal, low-dimensional nano ink, and other functional materials. The electrorheological forming method of irregular micro-nano structures and the new automatic imprinting method of micro-area control on the macro surface of 6-inch wafer level using the nano-imprint lithography are proposed to realize the uniform contact between the wafer level substrate with a curved surface and the flexible template, promoting the development of nanoimprint lithography from 2D to 3D.

Green manufacturing. Guo Xueyi group invented the low-temperature continuous pyrolysis technology of the waste printed circuit boards, which can realize the deep carbonization of the organic component and the effective enrichment of valuable metals as well as the harmless conversion of organic bromine and chlorine in materials with ultra-low emission of exhaust gases. This technique could eliminate the persistent organic pollutants in the wasted boards effectively.

Bionic and biological manufacturing. Inspired by the insect wing folding when they undergo metamorphosis, bionics becomes a magical transformation mechanism from a small entity to large expansion. Chen Yan group creatively replaced the space structure with the spherical mechanism and developed a comprehensive kinematic synthesis for rigid origami of thick panels that differs from the existing kinematic model but is capable of reproducing motions identical to that of zero-thickness origami.

Surface functional structure manufacturing. Tang Yong group made breakthroughs in the design of thermal functional structure on the complex surface and its controllable manufacturing. This technique can generate the thermal functional structure on the inner and outer of the tube effectively, and the morphology of the thermal functional structure can also be controlled. This achievement fundamentally solves the thermal control problems for tubular heat exchangers, energy-extensive air conditioners and illuminations, IGBT used in high-speed rail, etc.

Additive manufacturing. Based on the selective laser sintering technology, Shi Yusheng group developed an innovative new idea to solve the challenges of the integral casting of high-performance complex parts, such as aero-engine casings and turbopumps, and the associated technology is also

established. The technique has been applied to hundreds of domestic and oversea companies, and remarkable economic and social benefits have been achieved.

Manufacturing of the fundamental components. Qishuyan company developed the key technologies for the gear transmission system used in high-speed rail. The temperature is controlled by regularizing the memory alloy flow rate, solving the contradictory problem between full lubrication at low temperature and temperature rise control at high speed and heavy load. In addition, the developed high-precision gear topology modification technique and the high-efficiency gear pair technique can reduce the vibration significantly. Using the new gear transmission system, the temperature can be lowered by more than 10 degrees Celsius, the noise can be reduced by 11%.

Sensing, inspection and instrument technology. Peng Donglin group presented the novel approach integrating the measured gears with sensors based on the time grating sensor. This technique utilizes the non-contact and sealed discrete coils, and the measured gears, worm wheels, worms, splines, and lead screws are directly taken as gear type grating with equal graduation to be served as novel traveling wave generators. Afterward, the high-frequency clock pulses are employed as the measuring standard for displacement measurement. This approach can achieve real-time, on-line, and dynamic displacement measurement with high precision.

Intelligent manufacturing and digital factory technology. Ding Han group solved the problems of active compliance and coordinated control for multi-robots used for high-efficiency machining of large complex curved surfaces. The key technology includes the grinding and polishing of flanges, force/position automatically tracking, mechanism design of high energy-efficiency moving robots, three-dimensional measurement of super lager and high light reflective surfaces, collaborative control of multi-machine motion, and integrated collaborative control of measurement and processing.

China has made great progress in manufacturing science recently. However, there is still a lack of new concepts, theories, and technologies in the field of manufacturing proposed by Chinese scholars. Accordingly, the outstanding scholars are weak. Moreover, the contributions made by the theories and techniques proposed by our scholars to the domestic manufacturing industry is not enough. On the other hand, the high-end equipment that reflects the advanced attribute of manufacturing technology, such as high-end CNC machine tools, ultra-precision machine tools, large civil aircraft engines, ultra-large scale integration chips, and its manufacturing equipment, still has a big gap compared with the developed countries. The associated core technologies are not yet grasped, and there is still a lack of original and systematic progress in-depth research so far.

The developing trends of manufacturing science are demand-driven, cross-disciplinary integration and cutting-edge traction. Manufacturing science should be further interdisciplinary fusion with information science, life science, material science, management science, and nanoscience to develop and perfect bionics and biological manufacturing, micro-nano manufacturing, manufacturing management, and manufacturing information. Besides, it should be also further integrated with mechanics, which is the mechanism, transmission, tribology, structural strength, design, bionics, and biology.

At present, manufacturing science is in the new era of network/information/ intelligent manufacturing, extreme manufacturing, micro-nano manufacturing, and biological manufacturing. The major trends in the manufacturing industry development are described as follows. ① The intelligent equipment and systems that have the functions of perception, information transfer by network, analysis, decision-making, and feedback. ② The multi-function and integrated manufacturing systems that can update rapidly and network-interconnect intelligently. ③ The extreme manufacturing for the extremely functional device. ④ The mechanical and electrical products with a high content of knowledge, as well as the manufacturing of the bionic and micro-nano scale components.

7. Electrical Engineering

Electricity is one of the basic material conditions of human civilization, and is the hub of energy conversion and the carrier of information. Today, human society is completely inseparable from electricity. Without electricity, all social activities, including scientific and technological achievements, and economic successes would be impossible.

Electrical engineering is a discipline that studies electromagnetic phenomena, laws and applications of modern science and technology. It not only has a long history and deep accumulation, but also is a basic subject rooted in mathematics, physics, and chemistry. It is continuously updated and expanded, and closely integrated with other disciplines, such as information, materials, control, intelligence, and life sciences, etc. The strength of research and development of electrical engineering has not been weakened over time, and has been increasingly applied or penetrated into energy, environment, equipment manufacturing and transportation, especially in many important areas related to national security and defense.

In recent years, China has made great progress in all aspects of electrical engineering. Construction

of Ultra-High-Voltage grids and smart grids and large-scale use of renewable energy sources have driven strong demand for high-parameter, high-performance power equipment, and promoted vigorous development of high-voltage and insulation technologies. Requirements for efficient transformation of electrical energy, energy conservation and emission reduction, deep consideration of safety strategies, and continuous improvement of electrical energy quality in an information society have promoted the rapid development of power electronics and power transmission technology. Requirements for the new generation energy power system focused on electricity have enriched the connotation of power systems and their automation. Developments in the efficient conversion of electromagnetic energy, renewable energy utilization, and electric vehicles have improved the material performance and other related key technologies. Construction requirements for smart grids have driven the transformation development of traditional electrical equipment. In addition, electrical engineering theories and new technologies have also made great progress, such as circuit electromagnetic fields, superconductivity, electromagnetic compatibility, wireless energy transfer, high magnetic field technology, electromagnetic emission technology, energy storage, functional dielectrics, electric fields and life, magnetic fields and life, plasma and life etc.

Focusing on sustainable development of energy supply and utilization, a vigorous energy revolution has set off, and more new opportunities arise. Energy revolution requires establishing a new modern energy system. Electrical engineering will be the core of the future energy system. In the future, new generation energy system will use electricity as a link (core) and integrate multiple primary energy sources, an energy (electricity) interconnection system. One of the typical features of modern energy system is clean and low-carbon. Its core is clean replacement of primary energy and electrical energy replacement of secondary energy. Another typical feature of the modern energy system is high efficiency and safety. The core is to improve efficiency in energy conversion, energy transmission and utilization. In addition, a significant feature of energy consumption in modern society is the increasing proportion of electrical energy in terminal consumption, and many new features have emerged in terminal energy consumption, such as the interconnection of multiple energy sources, multi-user open sharing, deep user participation, flexible energy selection and convenient use of energy, etc.

The rapid growth of the national economy has put forward higher requirements on power generation, power transmission and transformation, power distribution, power system construction, and energy management. Human practices in permanent power utilization have strongly and vigorously led and promoted the development of electrical engineering disciplines. At the same time, Critical point of power conversion between new energy and traditional fossil energy has arrived, and global energy structure is reshaping speedily. The main direction of research and development of electric energy is to be clean, low-carbon, safe, and efficient. Developing low-carbon economy, constructing ecological civilization and achieving sustainable development have become a universal consensus. Developing clean energy, ensuring energy security, solving environmental protection issues and tackling climate change have become the primary issues. As an important supply link and main use form of energy, electrical energy is vital to the advancement of energy revolution. Connected with new types of electrical components widely, such as large-scale renewable energy, massive power electronic equipment, DC transmission networks, two-way controllable loads represented by electric vehicles, large-scale energy storage, characteristics of power systems have changed substantially and new challenges to electrical engineering science have emerged. In order to ensure renewable energy can be used to the maximum, a new energy power system has been establishing in our country at present. In the future, centralized energy will be combined with distributed renewable power harmoniously, and long-distance high-voltage grid transmission will be combined with regional microgrid consumption.

This report, consisting of two parts, analyzes and summarizes current status, research progress and development trends in various fields, as well as the latest international research hotspots, frontiers and trends of electrical engineering disciplines. The first part of this report analyzes from nine aspects according to subject system and the second part divided into ten thematic reports. The nine aspects of the first part are high-voltage and insulation technology, power electronics and power transmission, power system and automation, motors and transformers, high and low voltage electrical appliances, electrical theory and new technology, electrical mathematics, bio-electromagnetic technology, and electrical materials. The ten thematic reports of the second part are new electrical materials, electrical measurement and sensing technology, electrical energy storage technology, intelligent electrical equipment, power electronics for power equipment and systems, smart power distribution, energy internet, discharge plasma technology, and rail transit electrification.

Although China has continuously made new and significant achievements in the field of electrical engineering, and has overcome many key technical problems, and even achieved strategic research results, there is still a significant gap between our country and developed countries. Therefore we should put more time, more money and more energy in basic theory and key technology research to improve our independent innovation ability. We lack new insulation material products. Key technologies of major equipment have not yet been mastered in our country, and even the design and manufacturing capabilities of the entire equipment are blank. Compared with the advanced level, there is still a large gap in the basic research of motors. It is necessary and urgent to develop various motors with high performance, high reliability, energy saving and environmental protection, miniaturization, and intelligence.

By organizing authoritative experts to compile *Reports on advances in Electrical Engineering 2018-2019*, China Electrotechnical Society wants to summarize the results of the development of

electrical engineering disciplines, promote the development of advantageous disciplines, and then explore the social and cultural characteristics. Furthermore, this report would provide scientific and technical personnel with references to identify key research areas and make decisions.

8. Hydroscience

Water is the mother of all things, the foundation of survival, the source of civilization, and the living resource on which mankind and all living things depend. Due to geographical location, monsoon climate, terrace topography and other factors, water resources in China are characterized by large total amount but low amount per capita, uneven spatial and temporal distribution, and their distribution is not matched with the layout economic and social development, therefore we face tremendous tasks to save, harness and control water so as to make proper use of water resources. Under the multiple changing conditions of rapid economic and social development, continuously rising urbanization level and intensified impact of extreme climate events, water resource shortage, water ecological damage, water environmental pollution and frequent floods and droughts are intertwined and become increasingly prominent, becoming the key bottleneck restricting China's economic and social development. The danger of rivers and waters is the danger of the living environment and even the danger of national survival. Since the 18th National Congress of the Communist Party of China, the Party Central Committee with Comrade Xi Jinping at its core has made a series of major decisions and arrangements to ensure national water security from a strategic and overall perspective. In March 2014, the fifth meeting of the central leading group on finance and economics focused on China's water security strategy as a special subject. General Secretary Xi Jinping stressed the importance of addressing water security issues from the strategic perspective of completing the building of a moderately prosperous society in all respects and achieving sustainable development of the Chinese nation, clearly put forward the thinking of water conservancy work in the new era of "giving priority to water saving, achieving balanced spatial distribution, systematic control and making efforts with both hands", and set the new connotation, new requirements and new tasks of water control in the new era, pointing out the direction for strengthening water control and ensuring water security.

8.1 Water Conservancy

Water conservancy is a comprehensive discipline aiming at understanding nature, transforming nature and serving society, involving natural science, technical science and social science. The development of water conservancy discipline in China has always been guided by the service and support of major development demands in the nation and industrial reform, always adhering to scientific water control and harnessing, continuing to promote major theoretical and key technological innovations, to develop and grow in the magnificent practice work of water conservancy. In the development course of water conservancy discipline, new professional growth points keep emerging, and intercross with related disciplines, the research field is gradually expanded, the discipline layout is constantly optimized and improved, and the core competitiveness has been significantly enhanced. After the unremitting exploration and pursuit by water conservancy personnel of several generations, the water conservancy in China as a whole has reached the world advanced level. In some areas, such as dam engineering technology, sediment research, hydrological monitoring and early warning and prediction technology, allocation and efficient utilization of water resources, manufacturing technology for giant water turbine units, and construction of water diversion projects, China is at international leading and advanced level, which has given great impetus to the development of the modern water conservancy undertaking in the country.

8.2 Flood and Drought Disaster Prevention

In the field of flood and drought disaster prevention and risk management, China has gradually built a fairly complete flood control and disaster mitigation engineering and non-engineering system, the flood control capacity has been upgraded to a higher level, the capability of flood and drought disaster prevention has reached the international middle level, and is at relatively advanced level among the developing countries. The completed key river basin control projects such as Three-Gorge and Gezhouba on Yangtze River, and Xiaolangdi on Yellow River have become the main barriers against flood and drought disasters. The national flood control and drought relief command system has established six operational application systems, including water situation, meteorology, flood control dispatching, drought relief, disaster assessment and integrated information services, a flood forecasting system consisting of central, river basin and provincial levels has been established,

the overall flood forecasting accuracy has reached over 90%, and the time for formulating a drainage basin flood control plan has been shortened from the previous about 3 hours to 20 minutes. In recent years, in the weak links in flood disaster management, the flood disaster prevention capacity of China has been significantly raised. Important progresses have been made in the basic theories of hydrology based on the theory of risk analysis, the impact of climate change and human activities, and the application of new theories and methods of uncertainty. The technology of comprehensive measurement and collection of water resources information in the "integrated outer space, sky and ground network" greatly expands the temporal and spatial continuity of hydrology and drought monitoring and improves monitoring accuracy. Water conservancy applications of the new generation of information technologies such as cloud computing, big data, Internet of Things, mobile Internet and artificial intelligence are on the rise. Based on multi-source basic data and real-time correction, precision whole basin and whole space-time early warning and forecast and flood control dispatching technology are constantly improved.

8.3 Water Resources Saving and Comprehensive

In water resources saving and comprehensive utilization, on the basis of completing the theoretical system of water cycle and associated processes, the transformation mechanism of "five waters" (atmospheric water, surface water, groundwater, soil water and plant water) in water system and the multi-phase transformation mechanism of water body in cryosphere area as well as the evolution mechanism of water resources in changing environment have been revealed, and substantial development has been achieved in the integrated water cycling simulation technology. Researches and practical applications have been carried out in the water resources comprehensive allocation and dispatching for "north and south integrated allocation and east and west mutual supplement", and "four transversal and three longitudinal dispatching routes", the optimal operation dispatching of cascade reservoirs in the upper and middle reaches of the Yangtze River, and the allocation of river water across provinces, with the water resources allocation planning, theories and methods at the world advanced level. The technical method of "three red lines" examination indicators monitoring statistics and data review has been developed, and an operational technical method and standard system that can be easily implemented with "three red lines" management has been formed. The third national water resources survey and evaluation work was been basically completed, and the changes in the quantity, quality, development and utilization of water resources and water ecological environment in China in recent years have been made clear. The evolution law and characteristics of water resources in China over the past 70 years have been systematically analyzed. The hydrogeological survey of major basins was carried out, and the total amount of groundwater resources in major large groundwater basins or groundwater systems in western China and key areas in northern China were ascertained, and the potential and spatial distribution of regional groundwater resources for sustainable utilization were evaluated. The theoretical system of building a water-saving society has been gradually established, realizing the transformation from a single water-saving technology to the comprehensive water-saving direction of goal systematization, technology integration, management integration and measures diversification with multiple links in industries and multiple industries in regions, making China at the international leading level in terms of both theory and management technology, and also in some achievements of special water-saving technologies. Based on the principle of crop water deficit compensation, the system of crop non-adequate irrigation and regulated deficit irrigation has been established, and it has become one of the most advanced water-saving technologies in irrigated agriculture in the world.

8.4 Water Conservancy and Hydropower Projects

In the construction and safety management of water conservancy and hydropower projects, the successive construction of a number of giant water conservancy and hydropower projects under complicated topographic and geological conditions such as Jinping, Xiaowan, Xiluodu and Xiangjiaba in recent years, has promoted the prosperity and progress of related disciplines, ranking China in the front positions of the world in relevant technological. In design and construction technologies of complicated hydraulic structures, new building materials, mass concrete crack control, earth-rock dam engineering, high side slope and underground excavation and blasting, soft soil and special soil treatment technology, engineering disaster prevention and mitigation, river diversion, closure and cofferdam for construction, metal structure fabrication and installation, mechanical and electrical equipment manufacturing and installation projects, leap-forward progress has been made, paving the way for the complete set of water conservancy and hydropower technologies of China to step into the leading rank of the world. Guided by the Belt and Road Initiative, China hydropower has now taken over 70% of the overseas hydropower construction market. In geotechnical physical model test technology, the 5gt~1000gt series centrifuges and special ancillary equipment for the centrifugal model test have been completed, with the comprehensive technical indicators at a leading position in the world. The high-efficiency series of hydraulic submersible hammers have been successfully developed, with the maximum application depth over 4000m, and have repeatedly set new world records of hydraulic impact rotary drilling, reaching the international leading level. Aiming at the key technical problems in the safe operation of reservoir

dams, dam collapse model test with the highest physical dam in the world (the maximum dam height 9.7m) was carried out, and the early-warning indicator system and prediction model for dam safety were established, significantly raising the technical level of dam safety management in China.

8.5 River Regulation Ports and Navigation Waterways

In the area of river regulation, ports and navigation waterways, a theoretical system of sediment science, represented by inhomogeneous and unbalanced sediment transport, movement of high-sediment flow, density current, reservoir silting and water-sediment regulation theory, has been established, and the sediment problems in major water conservancy and hydropower projects represented by the Three Gorge Project and Xiaolangdi Reservoir and key technical problems in harnessing main rivers including the Yangtze River and Yellow River have been successfully solved. For the comprehensive harnessing of soil and water erosion on the loess plateau, key technologies such as soil and water conservation tillage, dynamic monitoring and evaluation of soil and water erosion were researched and developed, areas with rich and coarse sand were further defined, and the causes of a sharp decrease of flow and sediment and the effects of various water conservation measures on water storage and sediment reduction were evaluated. New technologies for measuring velocity, water level, terrain and sediment concentration based on optical and acoustic non-contact methods were invented, and they greatly improved the measurement accuracy of water and sediment. A high-precision and time-effective back silting early warning and prediction system was developed for the placement of immersed tubes in the Hong Kong-Zhuhai-Macao Bridge, realizing the daily and centimeter-level fine prediction of back silting. Breakthroughs have been made in major key technologies of engineering hydraulics in the planning, construction and operation of long-distance water transfer projects, such as the South-to-North Water Diversion Project, the Dahuofang Reservoir Water Transfer Project, and projects to divert water from the Hanjiang River to Weihe River and from Yangtze River to Huaihe River. With a number of projects as a backup, such as deep-water ports, man-made islands on the sea, estuary deepwater channel harnessing, inland waterway harnessing, navigation hubs and cross-sea links, we have innovated port and waterway construction technologies, developed hydraulic ship lift with the full proprietary intellectual property right, and obtained creative achievements in major technical issues such as synchronization of hydraulic drive systems, and anti-cavitation and vibration technology in high-speed water flow valves.

8.6 Water Ecological Environment Protection and Restoration

In the field of water ecological environment protection and restoration, some important advances have been made in the response mechanism of aquatic organisms, comprehensive assessment of the impact of river and lake ecological environment, ecological hydraulics simulation and ecological dispatching, ecological hydraulic regulation technology, and river and lake ecology restoration technology and demonstration. The mechanism of the influence of major watershed projects on the biological habitats in rivers and lakes of eutrophication and the growth and disappearance of blue algae was expounded, and the threshold of blue algae outbreak in reservoirs in the north was determined. Comprehensive evaluation indicator systems such as water ecological impact of major projects, healthy Yangtze River and healthy Taihu Lake were established, forming the river and lake health evaluation indicators, standards and methods, as a solid foundation for the regular "health diagnosis" of major rivers and lakes in China. A new high dam fish crossing scheme based on fish collecting and transporting system was proposed, and the fish crossing facility effect monitoring technology system and evaluation method were preliminarily established, forming a green hydropower evaluation indicator system suitable for China's national conditions. The theory and evaluation indicator system of basin water resources carrying capacity, water environment carrying capacity and water ecological carrying capacity were established, and proposals on water ecological zoning scheme were put forward, which improved the cognitive level and ability of shoal wetland evolution complexity under the influence of global climate change and human activities. The research on the calculation model and method of ecological water demand was carried out, the control indicators of ecological flow have been defined for the key river sections of the seven main basins, the guarantee targets of ecological flow were determined for key rivers and lakes one by one, the implementation plans for ecological flow guarantee have been worked out, and an ecological dispatching experiment was carried out by using large control projects in basins. The three-dimensional monitoring and early warning technology of Taihu Lake algae bloom was integrated and developed, the multi-goal joint dispatching method for water security in complex rivers and lakes water systems was proposed, and the urban river network water environment improvement technology system with dynamic regulation – enhanced purification – long-term guarantee was created. Research and demonstration was carried out on key technologies such as water sources area ecological restoration, ecological restoration of eutrophic water bodies, ecological restoration of wetlands, and construction of close-to-natural rivers, forming the river ecological restoration theory and technology systems suitable to the present ecological civilization development framework of China.

8.7 Construction and Development

In China, the basic water situation is complicated, new and old water security problems are intertwined, and the tasks of water control and management are arduous. There are many major scientific and technological bottlenecks in water security that need to be broken through and effectively solved, and the water conservancy reform and development is now in the key phase to solve major difficult problems. At present and for a period of time to come, profound changes are taking place in global science, technology and economy, and a new round of global scientific and technological revolution is gathering momentum. In the face of the ever-changing new trend of world science and technology development and the new requirements of implementing innovation-driven development strategy and speeding up the reform and development of water conservancy, the construction and development of water conservancy discipline are facing both rare opportunities and major challenges. The development of water conservancy discipline must aim at the needs of scientific and technological innovation and internationalized development strategy, take foot on the actual situation of water conservancy reform and development in China, strengthen the cross-integration with associated disciplines, focus on multi-disciplinary collaborative innovation, promote breakthroughs in water conservancy in important directions, promote the systematic integration and comprehensive utilization of multi-goal, multi-functional and multi-level water control and management technologies, and speed up the construction and sustainable development of a beautiful China with harmonious people and water, to further raise the ability of water conservancy to serve the major strategic needs of the nation and meet people's aspirations for a better life.

9. Refrigeration and Cryogenics

The basic task for refrigeration and cryogenics is to achieve and maintain temperatures lower than the ambient. Based on the working principle of refrigeration, the technology and facility development is also the task for this subject, which makes it a complete subject covering both fundamental research and engineering application. Except for the literal meaning of "refrigeration and cryogenics", dehumidification, environment control and heat pump all fall within the boundary of this subject. With the past glory and fast development in recent years, refrigeration has become the fundamental technology supporting the health, transportation and food preservation of human society, and starts to contribute more to emerging fields. With the rapid development of global economy, researches on refrigeration and cryogenics have gained much attention worldwide. Beside of the technology development driven by policy and market, new technologies promoted by the new material and new working physical principles are also being developed aiming at sustainable development of this field. On the one hand, refrigeration and cryogenics have involved the results in fundamental research into its own development; on the other hand, refrigeration and cryogenics are also applied in new application scenarios. Motivated by the frontier science and technology, national demand and energy-saving & environmental protection policy, refrigeration and cryogenics has been promoted a lot in the last few years. The major advances could be classified into five areas including heat exchange, refrigeration, thermal and humid control, cold chain and cryogenics. These advances have contributed a lot to the building energy consumption reduction, clean heating supply, waste heat recovery, new energy utilization, food safety, logistics and large scale scientific construction project.

9.1　Heat Exchanger

Finned tube heat exchanger is the most widely used heat exchanger for evaporator and condenser in air-conditioner. Compact design with smaller tube diameter is necessary for lower cost and less refrigerant charge, and the outer diameter has been reduced to 5 mm or even lower.

Plate heat exchanger is the economizer of VRV system, which will gain a lot attention in near future. Printed plate heat exchanger is made through diffusion bonding between etched thin plate, which is the first choice under high pressure and limited space. It has been widely used for LNG, nuclear and space technology, but is still expensive.

Microchannel heat exchanger with insert is promising due to its high efficiency and the ability of anti-frosting, which is superior compared with conventional microchannel heat exchanger. This technology will be used a lot in VRV, commercial heat pump and vehicle air-conditioner.

9.2　Refrigeration

In vapor compression refrigeration, the substitution of refrigerants has a more serious impact on

the refrigeration system itself. New compressor, heat exchanger and system control based on new refrigeration shall be developed.

In absorption refrigeration, renewable energy and waste heat utilization become the major motivation. Higher efficiency, stronger flexibility and advanced system design are preferred. Solar absorption refrigeration, waste heat recovering absorption heat pump, air-source absorption heat pump and absorption heat conversion and transportation are the major new applications.

In adsorption refrigeration, new material including MOFs have a lot impact on its development. Besides, open adsorption system applied for refrigeration, heat storage and water harvesting have been explored a lot.

Besides the major refrigeration technologies, new refrigeration technology based on the ejector and caloric effect of solid-state material have been explored a lot. The caloric effect based refrigeration is motived by the fundamental research on condensed matter and is very promising, however, it is still within the proof-of-concept or small-scale demonstration stages.

9.3   Thermal and Humid Control

Dehumidification with solution has a lot of advance in anti-corrosion solution and ion-exchange based dehumidification. It is also applied into different areas including the integrations with heat pumps, vapor compression refrigeration and waste heat recovery.

Dehumidification with desiccant coated heat exchanger has been developing very quickly, which could make full use of the flowing air to enhance the adsorption efficiency. This new technology realizes the regeneration within a small temperature range of 20~40℃ .

Independent temperature and humidity control deals with the latent and sensible load separately but at the same time. The main advances include the optimized heat exchanger design of dry fan coil unit, combination between natural heat sink and efficient vapor compression refrigeration, and air temperature redistribution.

Data center cooling is a new area that develops fast in recent years. Its major advances include the enhanced heat transfer, liquid-based cooling design, and waste heat recovery of data center for heating or cooling.

9.4   Cold Chain

Cold storage and cold chain are conventional technologies but experience a lot of progress in the last few years, which is related to the internet plus economy and the booming logistics. For cold storage, freezing assisted by external physical fields, natural refrigerant–based cogeneration system, and CO_2 ejection assisted compression refrigeration are well developed. For cold chain, precooling, fast freezing and fresh delivery cabinet have been developing very quickly.

9.5　Cryogenics

For cryogenic application in aerospace, cryocooler faces a lot of challenges with the rapid development and strict demand of aerospace. Small–scale cryocooler is the major technology which should be developed. Among different refrigeration temperature range, Stirling/Pulse tube hybrid cryocooler, VM pulse tube cryocooler and Joule–Thomson refrigerators are the most effective technologies in current stage. These technologies also have a lot of applications in large–scale scientific construction projects.

Utilizing various refrigerants with different boiling points, multicomponent mixed–refrigerant Joule–Thomson refrigerators (MJTR) are suitable for refrigeration applications at temperatures ranging from liquid nitrogen (80 K) to the lowest effective refrigeration temperature (230 K) of the single-stage vapor compression refrigeration system. There are extensive and significant requirements for this refrigeration technology in fields of biomaterials, medicine, energy, material sciences, and even the state security.

Cryobiology signifies the science of life at icy temperatures. In practice, this field comprises the study of any biological material or system subjected to any temperature below normal. During recent years, the discipline of Cryobiology continues to grow as demands for cryopreserved tissues for transplantation and biobanking of biomaterials increases. This part introduces the current development and future of cryobiology.

Hydrogen energy is regarded as the most promising clean energy in the 21st century, and hydrogen in liquid state is the most efficient distribution way. Therefore, hydrogen liquefaction plants play a major role within the hydrogen supply chain. The core equipment of large hydrogen liquefier is hydrogen expander. For up–to–date large hydrogen liquefiers, hydrogen Claude cycle with LN2 precooling, large piston compressors, ortho–para conversion inside heat exchangers and ejector as first–stage throttling equipment are widely used.

Generally speaking, the development of refrigeration and cryogenics is motivated from inside due to the strict policy on environment friendly refrigerants. Adoption of natural refrigerant and organic refrigerant with low ozone depletion potential and low global warming potential is one of the most significant topics in this area. Thermo–physical property measurement, new compressor design,

efficient heat exchanger and system assembly are among the hot topics regarding new refrigerants. Besides, refrigeration based on the caloric effects of solid refrigeration is also among the most frontier research topics, but the research is still at the lab investigation stage.

Beyond the development inside refrigeration and cryogenics, the interdisciplinary fields between refrigeration and new economy are also developing rapidly. In recent years, economy in China keeps a high speed development, which is promoted by many new technologies including the new energy industry and internet business. The quick development on the economy also highlights the importance of fundamental research, promoting the need of large scale scientific construction project. However, problems including energy shortage and environmental pollution also begin to threaten the sustainable development due to the past extensive development. Refrigeration and cryogenics, as a basic technology of modern society, is beginning to contribute on all these mentioned aspects. For instance, driven by the environmental protection and energy saving policy, coal–to–electricity policy, hydrogen energy developing policy and the demand of Winter Olympics, many new technologies including clean heating supply, district heating, data center cooling, cold chain for fresh food, waste heat recovery and scientific construction project based on cryogenics are being developed within the scope of refrigeration and cryogenics. These new technologies have promoted the rapid development of related areas and support the national demands, and they are also the new opportunities for refrigeration and cryogenics.

10. Metrology

Metrology is the science of measurement and its application. Metrology includes all theoretical and practical aspects of measurement, whatever the measurement uncertainty and field of application. Metrological research mainly involves five aspects: new measurement theories and principles, new measurement technologies and instruments, correct and effective measurement operations, measurement results analysis and application.

Metrological work in China has been developing by leaps and bounds in recent years. Various metrology scientific and technical achievements widely used in basic cutting–edge fields and industry applications have emerged in large numbers. Consequently, the level of metrology testing has been continuously improved, so has the capability of metrology service and support. As of the end of 2018, China has established 177 national primary standards and more than 56 000 social public standards, and approved over 11 000 national reference materials. With 1 574 internationally–recognized calibration and measurement capabilities (CMCs), China ranks third in the world and first in Asia.

In order to redefine the International System of Units (SI), China has made a series of breakthrough achievements and remarkable contributions. For the redefinition of the temperature unit – Kelvin, the National Institute of Metrology, China (NIM) has developed two independent methods, namely the cylindrical acoustic gas thermometer and the Johnson noise thermometer to determine the Boltzmann constant, playing a key role in the redefinition of the temperature unit – Kelvin; NIM also independently proposed a joule balance method for the redefinition of the kilogram, the Type A uncertainty of measurement data has been reduced to 3×10^{-8} ($k = 1$); NIM is the only NMI in the world using two different methods, namely HR–ICP–MS and MC–ICP–MS to measure enriched silicon –28 molar mass, obtaining the best results in international comparison, with the relative standard uncertainty of enriched silicon molar mass measurement being 2×10^{-9}, which made a substantial contribution to the realization of Avogadro constant.

Nevertheless, there is still a large gap between NIM and advanced research laboratories in developed countries. Research on key and original measurement technologies urgently needs to be strengthened; the underpinning for metrological needs of national emerging industries and people's livelihood is still insufficient, the metrology system supporting defense security needs to be enhanced urgently; we are still years behind in the areas of "a flat traceability chain" and the development of measuring instruments, with some technologies tied down by other countries.

Metrology is facing a great opportunity after the redefinition of the SI, the international metrology configuration has changed from unipolar to multipolar. A new metrology system with quantum metrology and quantum sensing as its core will be gradually established; the needs of industrial development promote metrology to continuously expand into new fields and form new sub disciplines; the innovation of metrology traceability created by quantum technology will enable a flat traceability chain, gradually shifting from traditional laboratory condition traceability to online real–time calibration, from single–point calibration or testing of terminal products to an entire life cycle of metrology technical service with R&D design, procurement, production, delivery and application.

11. Graphics

11.1 Introduction

Taking graph as a research object, Graphics is a science that studies the theories, technologies and applications of graph representation, generation, disposing and communication in the process of deducing shape to graph. "One picture is worth a thousand words". Graph has been used with vitality in every field across thousands of years. Graph is a main way of expressing and transmitting information, concepts and ideas. The *2012–2013 report on the Advances in Graphics* proposed the concept of "Big Graphics" and clarified "What is big graphics" after revealing the common origins and attributes of graphs and images. This report propose further discusses the connotation of graphics, and its basic attributes and computing essence in representation, construction, producing and processing, and revises the description of "Big Graphics" to ubiquitous Graphics.

This report describes basic cognition of graph, shape and graphics. It clarifies common and key problems in processing graphs (including shapes and images), reveals the essence of graph, shape, and graphics, and some significant relations among them and the relationships between graphics and geometry, the relationship between graphics and computing. This report comprehensively expounds basic theories, fundamentals of computing, application and supporting system of graphics, sorts out science system, knowledge system, discipline system and objectives of education for graphics, explores scientific and disciplinary status of graphics, refined the orientation of main branches of graphics, constructs a framework for "graphics", paints a brighter future for the graphics discipline. The report discusses the essential tasks of education and the basic characteristics of education for graphics. It clarifies that the implementation approach to this concept is the design and selection of teaching systems and modes in the multi–dimensional factors.

The report shows that graphs and images have been used as a new computing source, object and target. This report refines the orientation of main branches in graphics constructs the discipline framework of graphics and gives an objective of graphics computing. This report also recognizes that the essence of graphics computing is to reconstruct the geometric relationship, that geometric computing implies different dimensional gaps, that robustness rather than speed is the main consideration for algorithms and that geometric singularity is the key reason for un-robustness in geometric computing. According to the above understanding, the report introduces a research achievement of Graphic Science, named Shape Computing, which emphasizes the geometric problem, constructs a complete basic theory and implementation scheme of graphic calculation, pursues the calculation realm of "shape thinking and number calculation", so as to enrich the deficiency of number calculation mechanism.

The organization of this report is based on the structure of the graphics discipline, from science, technology, tools, applications, supporting standards and other aspects, to introduce the advances in graphics theory, graphics computing, application basis, graphics tools, as well as related standards and education. It compares domestic and foreign research, analyzes the development trend and looks forward to the future development direction of graphics in China.

11.2 Recent Development

11.2.1 Education and Its Foundation

11.2.1.1 Education

With the driving of application demand, the scope and connotation of graphics subjects are also expanding. Graphics involves many fields such as mechanical engineering, computer science, architecture, medical treatment, digital media and so on. It has a broad solid foundation, and it also focuses on many well-known experts, scholars and scientists in the field of graphics. In recent years, the graphics researchers and workers represented by the Chinese Graphics Society, around graphics and related disciplines, promote academic research, actively carry out academic exchanges at home and abroad, edit and publish scientific and technological publications, promote the popularization of graphics, and carry out continuing education, technical training and consultation. At present, the Chinese Graphics Society has more than 82 300 members all over the country. Based on disciplines and relying on members, it has made remarkable achievements in discipline development research, academic exchanges at home and abroad, science popularization, talent training, Competition test holding Prix and other work. In particular, society, in combination with its own characteristics close to engineering practice, engineering technology and engineering services, and in combination with the education and training center of the Ministry of human resources and social security, takes the lead in carrying out the assessment of CAD and BIM high skilled talents nationwide, with a total of more than 750 000 trainees in the past decade.

11.2.1.2 Education Foundation

Graphics education is the education of visual thinking. Education is aimed at passing on the mode of thinking. The purpose of education is not to teach people to learn knowledge, but to learn the way of thinking. Thinking is the source of all creation. Graphics education is the education of visual thinking and it trains peoples' spatial thinking and visual thinking. The design and selection of teaching system and teaching mode is the way to realize individualized teaching under multi-dimensional factors. The original intention of individualized teaching is to teach according to people, because people's thinking mode is different, so individualized teaching is different from people. In fact, the choice of teaching methods and teaching methods is not only different from person to person. It is the choice of a teaching mode under multi-dimensional factors such as teaching object, teaching objective, teaching content, school type, major type, student type and course nature. Each teaching mode should point to a certain teaching objective, which is the core element of the teaching mode. It affects the operation and implementation of the teaching mode, the combination of teachers and students and even the standard and scale of teaching evaluation. Textbooks are the basis of discipline construction. Under the general premise that graphics is the study of graphics and its relationship, we should integrate the theories, methods and technologies of graphics scattered in other disciplines, build a clear framework and cognitive system of graphics on the macro level, and finely weave and accurately express the specific knowledge points of graphics to support the construction of textbooks in engineering graphics, descriptive geometry, computer graphics, computer graphics, etc.

11.2.2 Research on Graphics

Over the years, with the dual promotion of social demand and technological development, graphics has been developing rapidly in theoretical research, computing method research, application mode expansion, graphic software developing.

11.2.2.1 Graphics Theory

Some scientific problems of graphics are put forward and discussed. The scientific problems of graphics include scientific problems in the graphical "representation" and scientific problems in the graphical "presentation". Graphics are constructed; images are generated. The data used for "representation" describes the "shape" in the objective world and the virtual world, the representation of a single geometric element, and the relationship description between multiple geometric elements. The data object for "presentation" describes graphic and image showing objective world and virtual world, with static data, dynamic data, etc.

(1) Research on Geometry and Algebra. Geometric algebra is a covariant algebra generated by unified mode. The high-order logic of geometric algebra formalization has been paid more and more attention, which is of great significance for promoting practicability. The study of traditional

geometry theory, such as descriptive geometry, injects new methods and means into graphics computing. Inspired by the theory of drawing with ruler and compass, Geometric Basis is introduced as the constructive cell of geometric solution. The sequence of Geometric Basis expresses geometric problem and even solution.

(2) Research on Semantics. Computer semantics research related to graphics integrates machine understanding of natural language with graphics knowledge. The research can be divided into two categories: image cutting, recognition, classification, retrieval, modeling based on semantic analysis, image description based on image recognition and natural language interpretation, question answering, and advanced information retrieval.

11.2.2.2 *Graphics Computing*

The computing basis of graphics is geometric computing. Graphics computing focuses on solving geometric problems in a geometric way.

(1) Shape Computing. Based on the fact that the graphs and images have been used as the computation source, computation object and computation target, the report introduces the research result of "Shape Computing" mechanism, which is more suitable for the computing problems for graphics and images. Shape Computing positions thinking, geometry, algebra and calculation at four different levels: "thinking is in design level, geometry is in representation level, algebra is in processing level, and calculation is in realization level". The "Shape Computing" is a useful complement to the "number computing"; it expands the depth and breadth of computation, giving full play to their respective advantages, while at the same time coordinating and complementing each other. In Shape Computing, a geometric problem is macro designed in the geometrical framework and is solved in an orderly manner in algebraic way. Pursuing the graphics computing model of "shape thinking, and number calculating". The root of the structural defects and computational un-robustness in geometric models are analyzed theoretically from the respective of the geometrical relationship and numerical errors. A complete solution to the geometric singularity is constructed, which is the basis for the research and development of 3D CAD geometric engine.

(2) Computing fundamentals and theory. The relationship among graph, shape, geometry and graphic computing is further clarified from the two basic elements of geometry and computing. It is noted that the basic work of graphics computing is a geometric intersection, and the essence of graphics computing is to reconstruct geometric relations. It is recognized that dimensional gaps exist in graphic computing, robustness rather than computing speed should be is the main consideration of the algorithm, and geometric singularity is the key reason for the un-robustness in geometric computing. Quantum computing has become the next wave of computing theory that may support graphics computing. Quantum image processing can be divided into quantum image representation and processing algorithms.

(3) The graphics processing algorithm. Graphic rendering algorithms are developing rapidly. In order to realize the details of real-life and non-realistic graphics, the rendering algorithm has developed from the original Phong lighting model to photon mapping, blue noise elimination, reverse rendering and so on. The realisticity and efficiency of natural phenomena simulation algorithms are constantly improving. The current graphics interaction technology tends to intelligent human-computer interaction and natural human-computer interaction. The study of spatial position recognition algorithm, human behavior prediction algorithm, hand attitude prediction algorithm, real-time human motion recognition based on audio and visual feature fusion, expression recognition and other algorithms are also hot spots in the current research of graphics algorithm.

11.2.2.3   Graphics Application Technology

(1) Computer graphics/image processing. Computer graphics generation and image processing technology, which is the fundamental of application support, have developed rapidly in recent years with the driving of application. Technology, including image recognition, three-dimensional reconstruction and image fusion, has received more attention, which provides the basic support for a large number of applications.

(2) Pattern recognition. In motion target detection and tracking, the hybrid classifier method obtains RGB-D data for the scene through the Kinect camera and analyzes the process of change of its color information and depth information when determining whether each pixel is a foreground. In face recognition, the feature face method proposed by Turk and Pent-land uses the main component analysis method (PCA) to extract the statistical characteristics of face image, which is one of the most representative traditional recognition methods; the deep learning method has gradually become mainstream in the field of face recognition. In the aspect of big data in media, combining virtual reality, GIS and cross-media technology, a situational digital city system implementation method with high realism and strong interactive ability are proposed.

(3) Digital media technology. Digital media technology is based on two disciplines: computer graphics and computer image processing. In recent years, due to more and more convergence trend of graphic images, rapid development of cultural and creative industries, especially digital animation industry, market demand has driven the key technology research, including media content processing, retrieval and synthesis, three-dimensional efficient realistic modeling, virtual fusion scene generation and interaction.

(4) Data visualization technology. Data visualization is to clearly and effectively analyze and communicate the information connotation of big data by graphical means. In order to effectively analyze and communicate information, visualization lay equal stress on aesthetic form and functional requirements, through visually communicating key aspects and characteristics, so as to achieve in-depth insight into a fairly sparse and complex data set. In the current era of information expansion,

visualization has drawn more and more attention. Large data processing, data fusion, evaluation mechanism and intelligent interaction have become the focus of visualization research, large-scale visualizations of multi-source massive information fusion, visual interactions, graphics-centric building information models (BIMs), 3D scene synthesis, etc.

(5) Virtual reality and augmented reality technology. Virtual reality and augmented reality technology. The trend of virtual reality is getting closer to real life and has been used in training exercises, design planning, display entertainment, single-person or group virtual environment interactive experiences. Augmented reality technology has the new characteristics of virtual combination, real-time interaction and three-dimensional registration, which has become a hot topic of research at home and abroad in recent years, with many important applications. Mixed Reality is an important development direction at present, using computer technology to generate a realistic virtual environment with visual, listening, touch and so on, and realizing the immersive computing of virtual fusion scene generation and interaction is the current research hotspot.

11.2.2.4　Graphics Tools

(1) Graphics software. Graphics software develops with updating demands in its application constantly. The application of graphics software covers a wide range of areas, and the Cloud deployment to simplify deployment and maintenance is an important development trend of CAD software. In recent years, with the prosper of deep learning methods, graphics software has also combined with more artificial intelligence technology, such as improving graphics generation ability, graphics retrieval ability, graphics interaction ability. The combination of graphics and deep learning has become a hot topic of cutting-edge research and application, and has great potential for development.

(2) Graphic model. With the development of graph-related technologies and applications, the sources and types of graph data are expanding and expanding, from the spatial dimension, expanding from two dimensional to three dimensional and higher dimensional; from the time dimension, expanding from static to dynamic. The source of graph data comes from various sensors such as camera and motion tracking, and on the other hand, people use various graphic design software and processing software to generate interactively. With the continuous expansion of graph sensing technology and graph interaction software, graph data will become more and more abundant.

11.2.2.5　Graphic Application

Together with basic disciplines such as literature, mathematics, physics, and so on, graphics has laid the foundation of human civilization and science, with a profound theoretical framework and application support. The life of graphics is in the colorful application, and the application mode defines the application range, application method, the application form, etc. Graphics is widely used in manufacturing, construction, medical care, and mathematical media. The report focuses on the profound changes in the application of graphs in terms of application breadth, depth, and density.

11.2.3　Social Services

BIM, as a new graphic s direction in the development of construction industry, has been widely used in current engineering implementation. In the field of BIM education and training, China Graphics Society proposes the concept of "Promotion and Learning by Competition". The "Longtu Cup" BIM Application Comprehensive Competition, which has been held once a year since 2012, received 1 158 works in 2018 from four groups including design, construction, comprehensiveness and college, with an annual growth rate of 52%. The competition has become an important form to promote the talent training and technical progress in the construction industry. The market scale of BIM training and skills examination is expanding day by day. The National BIM Skill Level Examination, initiated by Chinese Graphics Society and jointly by the Education & Training Center of the Ministry of Human Resources and Social Security, started in 2012. Since then, the evaluation work has successfully held 13 examinations until the first half of 2018, with 150 000 participants. For its strong industry influence, more and more enterprises have linked the performance of BIM competition and BIM skill test with the rewards of their employees. Industry association plays an indispensable role in cultivating BIM industry market, promoting construction technology progress and promoting industrial development.

Drawing standardization organizations in China are constantly enhancing their own drawing framework, actively participating in the competition among international drawing standardization, leading the formulation of a batch of international standards, and transforming China's drawing technology into international standards. The innovation process has realized the drawing standards from weak to strong, and obtains gratifying achievements. The transformation from China drawing standards into international standards reflects that our research and application levels in drawing standardization have been in the international advanced ranks. In 2018, two standards, including ISO 17599:2015 *Technical Product Documents (TPD) - General Requirements for Digital Prototype of Mechanical Products* and ISO 12815:2013 *Technical Product Documents - General Representation - Part 15: Representation of Ship Drawings*, were respectively awarded the first and second prizes of the Standard Project Award of 2018 China Standard Innovation Contribution Award.

11.3　A Comparison of Graphics Research Progress at Home and Abroad

In recent years, Chinese researchers in graphics have positively participate in international exchange activities. They have hosted, undertaken and participated in ICGG, AFGS and other international conferences, and other academic exchange activities with international organizations such as the International Society of Geometry and Graphics(ISGG), and have close contact and full exchange with scholars and experts in the field of geometry and graphics from all over the world. The development of "Geometry and Graphics" has greatly promoted the international academic exchanges, enhanced academic friendship, and expanded the international influence of Chinese Graphics.

The subject of graphics covers a wide range. Here, a comparison of graphics research progress at home and abroad is presented still according to the relevant scientific basis, technological theory, support tools, applications and other aspects.

11.3.1　A Comparison of the Research Progress of Graphics Theory

The graphics theory refers to the scientific basis of the subject of graphics, including the theory of modeling, the theory of graphics display, the theory of graphics processing, the theory of graphics inversion to shape, the theory of graphics transmission and geometric transformation. After more than 200 years of development, especially in the past 60 years, several mature theories and technologies in graphics have been formed in foreign countries. For historical reasons, computer graphics and computer-aided geometric design came into China about 20 years later. At present, China has mastered a bitch of graphics theory and technology, including engineering graphics theory and designing drawing technology, computer graphics theory and algorithm, geometric modeling theory and algorithm, realistic graphics generation theory and algorithm. While, the international status and influence of graphics theory in China is not high. Meanwhile, domestic enterprises and research institutions do not have a strong demand for the theoretical research of graphics, and there is a trend of emphasizing practice rather than foundation.

11.3.2　A Comparison of the Development of Graphics Computing

Graphics computing refers to the supporting technology of graphics, especially with the rapid development of computing technology, which is the mainstream of graphics technology. Overall, China has been effectively tracking the latest research direction and interdisciplinary subjects of international graphics science, including visualization of scientific computing, virtual reality and hybrid virtual reality, computer animation, etc., publishing many papers with international advanced level, and achieving abundant computing achievements. Based on graphics computing, the mechanism of "Shape Computing" is put forward and established in China, which effectively complements the ignorance of the number computing system dominated by algebra, and explores a new method to solve the problems and challenges of the geometric calculation algorithm essentially. However, in fields of supports and applications, graphics computing has a strong demand and rapid

development in computing support in digital media, game entertainment and other industries. But except the development in key industries such as aviation, the development of physical motion simulation, virtual reality interactive training and other aspects in most manufacturing industries is not outstanding. The uneven development of graphics computing technology in different industries is still obvious.

11.3.3   A Comparison of the Development of Graphics Tools

Graphics software mainly includes CAD software, animation industry software, geographic information software, virtual reality/mixed reality software, etc. The international demand for graphics data and graphics software is rich. The development and support of graphics software in the industry are also strong. The layout of upstream and downstream industry chains is relatively complete. For the effective measures of social environment for the software development and protection, their graphics software has the ability of processive developing and growing to form the advantages of a benign cycle of supply and demand in the industry chain. In the more mature application fields such as CAD, animation industry software, there is more comprehensive software support abroad, and the applications in the industry are also relatively mature. In digital applications such as geographic information software, the scale of application is expanding, and new software such as virtual reality is developing rapidly. These cases are both opportunities and challenges in the current situation. In the manufacturing industry, the additive manufacturing software with 3D printing as the core has changed the mode and cycle of traditional product development, accelerated the pace of product innovation and become an important development direction of software tools. However, the lack of graphics application software covering the complete product life cycle is the key to affect the quality and efficiency of China's manufacturing industry. Generally speaking, there is still a big gap between domestic and international research on graphics tool software. How to obtain the strong demand and lasting support from enterprises, the support and protection from the social environment, and a considerable number of qualified R&D teams are the important guarantee for the development of graphics software in China.

11.3.4   A Comparison of the Application of Graphics

The technology and theory of graphics have been applied in various fields, mainly including engineering and product design, geographic information, art, animation and entertainment, etc. The application of graphics is influenced by their demand. Because of the early start and high economic development of foreign graphics, especially after entering the new era of science and information technology, the relevant research and development have reached a high level. The domestic graphics started late, and the industry has not been developed as advanced as abroad. However, with the rapid development of the domestic economy, the demand for graphics applications has been strengthened gradually. Therefore, the development of graphics research is very rapid driven by social needs and national major engineering application projects. Overall, China is ushering in an upsurge in the application of graphics. BIM, animation and entertainment industries are developing rapidly, and relevant research progress is inspiring. In some hot application fields, the research of graphics in China should not be inferior to that in foreign countries.

11.4　Development Trend and Prospect of Graphics

The subject of graphics is driven by social demand and technological development in the four dimensions of form, meaning, element and use, and develops to a deeper and broader dimension and scale. More various representation methods, more accurate information transmission, more efficient calculation means and more diverse application levels is the current development trend of graphics. Modern graphics will enter a new era.

Based on the connotation and evolution process of the four-dimensional defined graphics, we can observe the development trend of graphics. The representation method of graphics is converted from disorder to order(standard), from concrete to abstract, from continuous to discrete (e.g., image, reality), from two-dimensional to three-dimensional and four-dimensional. The representation and representation technology of graphics is encountering large-scale real-time modeling and high-quality with the rapid development of output. The way to interpret graphics has evolved from hand working drawing solution (descriptive geometry, etc.) to computer calculation, from two-dimension representing three-dimension to direct three-dimensional modeling, graphics and image fusion representation, forming a variety of projection transformation, three-dimensional reconstruction, image recognition and other theories and technologies. The multi-dimensional semantic analysis oriented to cross media is becoming popular, and the theory and technology of stereoscopic video processing will be deepened gradually. The construction of graphics is gradually enriched from lines, resulting in shadow, perspective and illumination, and extended from graphics to images, graphics image fusion and various imaging theories and methods, within which the relationship in graphics composition is more complex. The large-scale visualization technology for multi-source massive information fusion has attracted more and more attention and visual interaction has also become a research hotspot of visualization field. The integration of graphics and semantic information has become a trend. The supporting theory, method, tools and applications promote each other, and the application field of graphics continues to expand and show a broad prospect.

With the continuous revelation of the essence in graphics, images and videos. The connotation of

graphics is deepened and the extension is broadened. With the further application in science and technology and social life, modern graphics will enter a new era. From the meaning dimension of graphics, the meaning of graphics is more and more rich with the development of society. First, the combination of graphics and images will be closer. Second, the animation and video will achieve seamlessly virtual and real integration. From the shape dimension of graphics, 3D model is more and more popular in product design, architectural design, animation film and television applications, becoming the mainstream of current applications. Different from the four-dimensional space-time of the standard Euclidean space, the graphics applications field begin to pay more attention to the four-dimensional space-time environment that expands the time dimension, and it is an indisputable trend that the dimension of the graphics increases. From the perspective of the element dimension (composition) of the graphics, although the composition and processing of the vector graphics and the pixel image are different, they are unified in terms of the visual representation. The interactive fusion of graphics and images becomes the current mainstream. And from the perspective of the use dimension of graphics, the application field has developed rapidly with that of the current supporting theory, methods and tools, which can be said to have reached the point of use everywhere. This has also promoted the construction of relevant supporting architecture, from the board to the computer, to current extensive information technology such as cloud platform, big data, artificial intelligence, and other computing technologies with more extensive application, which will promote the in-depth expansion of the application fields.

With the development of information technology, it is possible to express, exchange, transfer and calculate various patterns of graphics. In science, technology and life, the demand for graphics is also growing rapidly. However, at present, the researches about graphics are scattered in different theories, methods, technologies and disciplines. The lack of systematic graphics theory and method has restricted the development of graphics research and its applications.

In the next five years, driven by the new social needs and progress in science and technology, the research of graphics will develop in the direction of high technology. Several new branches and interdisciplinary subjects in graphics will appear, which will be sure to widely used in various fields of scientific research, engineering design, art design and production practice, and become a powerful tool for human beings to conquer nature, create life and explore the future.

12. Surveying and Mapping

The adjustment of the world economic structure and industrial structure made the support role of science and technology to the sustainable development of the economy and society more obvious. The innovation of science and technology has become the main force for global economic and social development. Developed countries have added investment in science and technology to promote their development through science and technology so they can ensure the leading position in science and technology. The technology innovation chain is more dexterous, technology updates and results transformation are more convenient, and industries upgrade is accelerating. Surveying and Mapping and Geographic Information Technology integrates advanced technologies of information science, space science, high-performance computing and network communication. It's high-tech based on global navigation and positioning technology, remote sensing technology and geographic information system technology ("3S" technology), it reflects the national high-tech level and comprehensive national strength in a large extent.

From 2018 to 2019, surveying and mapping and geographic information subjects developed rapidly. Global navigation satellite positioning systems (GNSS) such as GPS, Beidou (BDS), GLONASS and Galileo have accelerated the construction and improvement process. By the end of 2018, the four GNSS systems have been put into operation. GPS and GLONASS are in full operation; "Beidou" is in the global basic system service status; Galileo is in the initial operation state, provide positioning, navigation and timing (PNT) services, and can provide more high PNT services for GPS, GLONASS, Beidou, Galileo, etc.. The regional satellite navigation and positioning system construction have accelerate development speed . Collaborative precision positioning technology has a rapid develop speed, and technology of large-scale GNSS data processing based on cloud platform was implemented in practical engineering. The relevant observation network of spatial benchmark system was planned and improved. most surveying and mapping departments have completed the conversion of existing reference-ellipsoid-centric coordinate system results to 2000 national geodetic coordinate system.

The resolution and accuracy of optical remote sensing mapping satellites are increasing. The WorldView—4 satellite launched in September 2017 keep leading position of resolution, accuracy, spectral diversity, return visit rate and image quality of WorldView series satellites, serve for high-resolution images of 0.3 meters market. UAV remote sensing has become an emerging development direction following satellite remote sensing and some general aviation remote sensing technology. Multi-source data automation, public data Intelligent applications, which combine high spatial resolution, high spectral resolution, high temporal resolution, synthetic aperture radar (SAR) and lidar (LiDAR) and other thematic data and computer vision and machine learning method theory are becoming an important direction in the research of photogrammetry and remote sensing. The ground LiDAR system is an important method to obtain geometric data with high precision and high-level details for a ground target. The in-vehicle LiDAR system and drone LiDAR system have developed rapidly in recent years with a lot of products. The Luojia scientific experimental satellites follow the principle of "one-star multi-use, multi-star network, multi-network integration, real-time service" to guide integration construction of national PNTRC (positioning, navigation, timing, remote sensing, communication), and promote the development of apply satellites. Mobile measurement system has become the most straightforward and effective means to acquire 3D geospatial data of complex real-world in the digital age. The digital map mapping adopts advanced database-driven drawing technology and method to realize the integration of geographic information production update and map symbolic publishing. The widespread use of crowdsourcing and volunteer geographic information has accelerated the speed and effectiveness of vehicle roads and other features.

With the popularization of network map applications and the development of new media maps, a new model of online map services such as mashup maps, crowdsourcing maps, event maps and so on has been developed, and a multi-modal human-computer interaction model for maps has been explored in combination with various sensors, new map forms such as smart maps and holographic maps will become popular. In the field of geography and national conditions monitoring, large-scale, multi-element and full-coverage geographic information extraction method for "automatic classification – intelligent extraction – real-time verification – full control" was developed. The construction of multi-source massive database construction technology for the full spatial data model supports geographic national database systems. The development and utilization of natural resources and protection and ecological environment protection provide the main field for the application of geographical conditions database.

At the same time, China's surveying and mapping and geographic information technology have also received high-speed development, get a number of important innovations. The GF-5 was equipped with a high spectral resolution detector and multiple atmospheric environments and composition detection equipments to provide a scientific basis for climate change research and atmospheric environmental monitoring, filling the gap that domestic satellites can't effectively detect regional atmospheric pollution gas. The world's first professional night-time remote sensing satellite, the "Luojia-01" scientific experimental satellite was successfully launched to explore the application of night-time remote sensing in the socio-economic and military fields. In 2020, Beidou-3 system consisting of more than 30 satellites will be built to provide global services. The "Global Geographic Information Resource Construction and Maintenance Update" project was started, and global 10 meter resolution digital elevation model was built based on domestic visible light satellite image. The DEM intelligent filtering and orientation precision editing software (LINK) was independently developed. The first VLBI Global Observing System (VGOS) station integration test in China obtained preliminary results. China's 2018 version of the 1 : 50 000 terrain database has been built, and overall potential is within one year.

Science and technology is the inexhaustible force for development of surveying and mapping and geographic information. China's surveying and mapping and geographic information technology have made great progress. The development of surveying and mapping and geographic information science has entered a critical period of comprehensive construction of smart China, the prosperous period of surveying and mapping products, the opportunity period for the development of geographic information industry, and acceleration period of construction of surveying and mapping powers. The connotation has been upgraded from data production type mapping and mapping under the conditions of traditional surveying and mapping technology to information service type mapping and geographic information.

This report reviews and summarizes the position and transformation and upgrade of surveying and mapping and geographic information industry in recent years, focused in 2018-2019. Reviews, summarizes and scientifically evaluates new methods, new technologies, and new achievements in transformation and upgrading of surveying and mapping and geographic information in China, most of them come from current measurement and mapping of scientific and technological means and applications have changed from traditional measurement mapping to geospatial information science including "3S" technology, information and network, communication integrated with high-tech such as mobile Internet, cloud computing, big data Internet of Things, artificial intelligence, etc. Discusses development status of its transformation and upgrading details, condenses some key technological advances, and briefly introduces the academic establishment, talent development, research platforms and important research teams. Combining the relevant major international research projects and major research projects of the subject, analyzing and comparing the latest research hotspots and trends of the subject in the world, reviewing the development trends of the discipline. According to the development status of surveying and mapping and geographic information subject

in 2018-2019, compare the gap between technology development of surveying and mapping and geographic information science at home and abroad, analyze the future development strategy and key development direction of China's surveying and mapping and geographic information disciplines, and propose relevant development trends and development strategies.

13. Space Science and Technology

The report summarizes and evaluates the new progress of China's space science and technology disciplines and the gaps at home and abroad from the latest research progress, domestic and international comparisons and future development trends and prospects, and analyzes the strategic needs of China's space technology discipline development, and puts forward the priority development fields and key directions in the next five years.

Significant progress. China's long march rockets have the ability to launch satellites of various types and manned spacecraft to low, medium, and high-Earth orbits. The orbit injection accuracy has reached the advanced international level, which can meet various needs of different users. The space infrastructure, including High-resolution Earth Observation System (CHEOS) and Beidou Navigation Satellite System, has been constantly improved. The size of the on-orbit spacecraft is already the second-largest in the world. The small satellites have been increasing year by year, and the technical level has been continuously improved. China has successfully carried out human spaceflight missions of Tiangong-2, Shenzhou-11 and Tianzhou-1, the re-entry test of Chang'e-1, Chang'e-2, Chang'e-3 and Chang'e-5, and the five missions of Chang'e-4. China has mastered the key technologies of the lunar probe, soft-landing on the lunar surface and re-entry into the Earth's atmosphere. China has made important progress in the processing and precision forming technology of aerospace lightweight high-strength materials, and has made remarkable achievements in human spaceflight, deep space exploration, and guidance, navigation and control technology in on-orbit servicing. The key technologies such as spacecraft orbit determination and ultra-long-range measurement, control and communication have accumulated a lot of achievements, which has improved the reliability, modularization and generalization of the launch technology. China has mastered lunar soft landing technologies such as propulsive deceleration and descent, landing and obstacle avoidance, and made breakthroughs in key technologies such as Mar parachute. China has formed new and diversified launch vehicle test capabilities, and made important progress in such technologies as multi-beam photon detectors and earth observation LiDAR payloads. The full coverage of the solar array is realized. The lithium ion battery with 190 Wh/kg specific energy has been applied in satellite engineering, and the 200Wh/kg lithium ion battery has also been verified by engineering application. The overall performance of the general drone is close to the world's advanced level, and some high-speed stealth drones have completed their maiden flight. Significant progress has been made in technologies such as Terahertz radar, microwave photonic-based radar, and quantum radar. The application of satellite systems has effectively promoted the development of various industries.

Domestic and international gaps. The key indicators of some of Chinese launch vehicles still lag behind the United States and Russia. The rapid launch is still in its infancy, with gaps in launch cycles and launch forms, and the technical basis for reusable launch vehicles is backward. The satellite remote sensing service has not formed support capability, the high efficiency and high quality data support capability is insufficient, innovation and development of payload technology of communication satellites are slow, and integration capacity of communication satellite system is poor. There are deep gaps in navigation satellite positioning, timing, and accuracy of global speed measurement. As a whole, small satellites still have problems such as imperfect satellite platform spectrum and thin product system. China is basically in a blank state in the large-scale manned deep space exploration technology, and has not yet achieved long-term manned space flight. There is a big gap between China and other countries on Mars, Jupiter and Saturn exploration. In terms of aerospace thermal processing and precision forming technology, there are gaps in processing precision, equipment integration capability and intelligence level compared with foreign countries. China does not yet have the GNC verification means for manned soft landing and lunar takeoff and ascent rendezvous. Compared with foreign countries, there is still a gap in heavy-lift launch technology, smart launch technology, unattended launch technology and fast launch technology. The means of launch is single, and the transportation equipment for moving in and out of space and orbital transfer is also relatively simple. China's photoelectric technology core key materials and devices, system integration capabilities, environmental simulation test capabilities are insufficient. There is a gap between China and foreign countries in the time resolution and quantitative application of space remote sensing technology payloads. The maturity of space power generation technology is lower than that of foreign countries, and the integration of energy control products is lower. At present, most of Chinese space SoC cannot achieve complete system-level functions, and there is still a big gap compared with foreign SoC chips. The high performance, low cost and multi-

purpose detection and guidance technology is insufficient in anti-interference design, verification and evaluation under complex electromagnetic environment. There are still many problems and deficiencies in the transformation and application of space technology, and the market response is slow.

Development direction and focus. Improve the intelligence level of the launch vehicle, focus on building smart rockets, accelerate the development of heavy-lift launch vehicles and upgrade them to a new generation, and reduce launch costs. The three major satellite series of terrestrial observation, ocean observation and atmospheric observation will be constructed to further enhance the carrying capacity of the enhanced DFH-4 platform and improve the efficiency of navigation satellites. Promote the integration of small satellites with the "Internet". Breakthroughs have been made in long-term manned space flight technology, space service technology and other key technologies in human spaceflight. China will launch the Chang'e-5 probe and return it with samples to complete the third phase of the Chinese Lunar Exploration Program, and start the fourth phase of the Chinese Lunar Exploration Program, set up an unmanned scientific research station on the moon, and continue to advance Mars and other exploration missions. Accelerate the optimization and intelligence of process technologies such as hot working and precision forming technology. China will develop the platform control technology for large-scale combined spacecraft of the km-level, make breakthroughs in autonomous guidance, navigation and control technology for deep-space probes, and make breakthroughs in key technologies such as large-capacity and high-rate space information transmission and intelligent control of spacecraft. The rocket transition adopts the overall "three-vertical" or "three-horizontal" test-launch mode, which uses the high-flow gas supply and high-flow cryogenic propellant to increase the reliability, safety, flexibility and rapid response capability of the rocket launch. Achieve the entry deceleration and non-destructive landing of large-load spacecraft, and breakthrough pneumatic deceleration and heat protection technology of hypersonic re-entry of spacecraft. To ensure the successful development of the multi-functional optical facility with a diameter of 2m and give full play to the expected benefits, and to carry out the development of high-resolution Earth observation load for geostationary orbit. Focus on the development of photon counting multi-beam three-dimensional terrain detection technology, in-depth research on the overall design of high-efficiency, high-weight-ratio, fully flexible integrated solar array technology, and break through the key technologies of high specific capacity positive electrode and metal negative cycle stability. The detection frequency band extends to the terahertz and develops toward multi-mode and multi-system detection. The space technology application strengthens the ability of construction from the management system mechanism innovation and the technology innovation system construction.

Development strategy. The first is to strengthen the centralized and unified leadership of aerospace. To establish a mechanism for coordinating and making decisions on space activities at a corresponding levels, to be responsible for formulating national space policies, reviewing the national space budget and making decisions on major issues concerning space development. Accelerate the formulation and promulgation of the national space power development strategy. The second is to continue to implement major aerospace projects. Based on completing National Science and Technology Major Projects, such as lunar exploration, human spaceflight and High-resolution Earth Observation System (CHEOS), China will cultivate and implement a number of new major projects or major programs such as deep space exploration and heavy-lift launch vehicles to comprehensively enhance the overall level of space science and technology. The third is to strengthen research on cutting-edge basic technologies. Promote the transformation of investment structure from mainl engineering to engineering and basic research are equally important, further increase R&D investment in frontier theory, basic technology and basic raw materials and components, and deploy strategic, basic, forward-looking scientific research and technological breakthroughs, and actively carry out frontier technology exploration and application research, comprehensively enhance the original innovation ability and the ability of independent control. The fourth is to strengthen the construction of scientific and technological innovation talents. Promote the construction of a number of innovative teams across industries, interdisciplinary, cross-technical areas and inter-organizations, and cultivate a group of leading talents with high quality, strong ability and strong sense of innovation. Fifth, a new system of integrated and open space research and production should be established. Give full play to the decisive role of market resources, better play the role of the government, continuously promote the integration of the aerospace industry base and the national industrial base, and build an open and cooperative space scientific research and production system rooted in the national economy and based on system integrators, professional contractors, market suppliers and government public service agencies. The sixth is to accelerate the commercialization of aerospace industrialization. We will accelerate the introduction of relevant special policies to support the construction and operation of commercial satellite systems, and the development of value-added products for satellite applications and business model innovation, so as to form a product and service system that complements basic public services, diversified professional services and mass consumer services. We will accelerate the integrated development of aerospace, the Internet, big data, the Internet of Things and other new industries, foster and strengthen the "Space+" industry, and create new products, technologies, and businesses. While serving the development of the national economy at a higher level, in a broader range, and to a greater extent, we will enhance our capacity for self-development and sustainable development.

14. Guided Weapon Technology

Guided weapon is a kind of weapon with guidance and control system, which can kill enemy forces accurately and efficiently, attack enemy important facilities, and defend the national security effectively. The guidance weapon integrates the latest scientific and technological achievements about machinery, electronics, chemistry, information, control and other disciplines, and it is an important symbol of the national science and technology level and plays an increasingly important role in modern war.

This report mainly researchs the tactical missile, guided rocket, gun—launched guided ammunition, guided bomb and loitering munition, which fly in the atmosphere and attack various static and moving targets. The discipline of guided weapon technology mainly involves the system design, launch, propulsion, guidance and control, damage, simulation and test, experimental testing and evaluation. In order to adapt to the increasingly complex battlefield environment and growing operational requirements, guided weapon technology will focus on researching long—range precision strike, cooperative penetration, multi—effect damage, and networked operations.

Driven by military demand and modern science and technology innovation, our country has obtained great scientific achievements about guidance weapon technology after long—term development. In the research of system top—level design, weapon system design, guidance and control system, structure and electrical system, aerodynamic layout and flight performance design, and guidance weapon trajectory design, China has effectively applied and integrated modern design theory, engineering development method, new concept, new material, new technology, and established the professional research and development system for modern weapons and equipment.

In the past five years, the discipline of guided weapons has adhered to the major national strategy, met the needs of major military industry, adhered to innovation guidance, targeted at the forefront of science and technology, achieved original scientific research results with world advanced level, enhanced the industry's independent innovation ability, and has realized the leap of our country's weapon equipment combat capability.

In terms of tactical missiles, for the first time, the vehicle mounted "Red Arrow" 10 missile has achieved the precision strike of air and ground targets over the horizon, with the characteristics of high information level, strong anti-interference ability, high precision, multi-function and strong damage, and has new quality combat performance such as continuous attack over obstacles, adapting to the complex battle environment, and real-time evaluation of damage effect. It has already appeared in the military parade commemorating 70th anniversary of the victories of War of Chinese People's Resistance Against Japan and the world Anti-Fascism war and the world anti-fascist war, and the celebrating the 90th-anniversary parade of People's Liberation Army. The helicopter air-to-ground missile fills in the blank of the long-range precision strike capability of army aviation, and has the characteristics of high hit accuracy, strong damage capability, high reliability and strong platform compatibility. With the advantages of high hit rate and strong combat performance, the "Blue Arrow" series of air to ground missiles have achieved a large number of exports and become the "Star" products in the international military trade market.

In terms of guided rockets, the new 70 kilometers long-range guided rocket achieves long-range precision strike, marking the technical leap of our long-range rocket equipment from correction control to full range guidance. The "Fire Dragon" series of guided rockets cover a range of 10~300km, greatly improving the shooting accuracy and operational efficiency. Among them, the "Fire Dragon" 480 high-power guided rocket has the ability of all-weather, all-around field launch without support, which can achieve accurate ground strike and multi-domain operational potential.

In terms of gun-launched guided ammunitions, a series of laser terminal guided shells achieve long-range precision strike, greatly improving the long-range precision strike ability of our artillery. The successful development of multi-caliber gun launched missiles has greatly improved the long-distance precision strike capability of our main battle tanks.

In terms of guided bombs, "Tian Ge" series laser-guided bombs can be dropped outside the defense zone, which has the characteristics of high hit accuracy, strong anti-jamming ability, and high cost-effectiveness ratio. Its comprehensive performance is close to the world advanced level.

In terms of loitering munitions, the single loitering munition has the capability of long-term air stagnation, wide area reconnaissance, and long-term blockade and precision strike. On the basis of the development of the single loitering munition, the key technologies such as member networking, cooperative perception, dynamic planning, intelligent decision-making and formation control have been broken through.

In terms of launch technology, AR3/SR5 multi-barrel rocket system, "Red Arrow" 10 missile launch vehicle, portable single soldier launched device and other new platforms have been successively completed, and key technologies such as common frame launch and soft launch have made been

broke through.

In terms of guidance and control technology, a series of key technologies have been broke through, and miniaturized infrared image seeker, high-precision MEMS gyroscope and integrated navigation device, high-frequency/high-torque steering gear, integrated flight control device and other products have been successively developed.

In terms of damage technology, the serialization development ability of anti-armor warhead continues to improve, and the technology of anti-hard-target warhead develops rapidly. The high-energy explosive has been applied to the large equivalent explosive warhead.

In terms of simulation and test technology, the design ability of the general simulation platform has been greatly improved, and the simulation ability of various guidance systems has been provided. The simulation system of weapon system confrontation and equipment system of systems have made great progress.

In terms of testing and evaluation technology, the test and evaluation theory represented by the sequential network diagram test theory has been established. The test conditions of supersonic rocket sled test have been met. The dynamic simulation system of seeker and data link has constructed. The guidance performance test specification has been formed around the system of laser semi-active, infrared image, millimeter-wave radar and other conductor systems, and the target characteristic database have been established.

With the efforts of Chinese scientists and technicians, guided weapon technology has not only achieved a series of historic breakthroughs in weapon equipment, but also reached the world advanced level in some important fields. With the continuous advancement of the modernization of our army, higher requirements are put forward for the performance of weapons and equipment. In the new historical period, based on the intelligent ammunition and intelligent platform, guided weapon technology will focus on the issue of multi-dimensional battlefield perception and recognition, refusal of environmental positioning and navigation, human-machine integration, group intelligence and other technologies. We will make further progress in the field of systematization, informationization and intelligentization, make further improvements in the discipline foundation and discipline system, and push boost-guided weapons and equipment advancing toward higher goals. A development path of guided weapon technology should been explored with Chinese characteristics and completely independent innovation, which can meet the needs of future wars and battlefields, and provide strong support for the construction of world first-class army.

15. Metallurgical Engineering and Technology

The discipline of metallurgical engineering technology is an engineering technology discipline devoted to researching how to extract the metal or compound from the resources such as ore and make them into various materials with excellent performance and economic value. At present, China has formed a disciplinary system covering basic–science–metallurgical technology–engineering application as well as raw materials–iron making–steel making–steel rolling–complete applications. The new discipline of metallurgical process engineering created by the academician Yin Ruiyu has been recognized and was listed as a specialized core course of the University of Science and Technology Beijing in 2018.

In recent years, some innovative theories, views and new applications have been proposed in the fields of basic theories and application foundation theories. Featuring the high–efficiency and low–cost clean steel product manufacturing function, the function of high–energy energy conversion and recycling as well as the function for absorbing, treating and re–energizing large social wastes, the idea of the new–generation steel process has been utilized successfully by joint steelworks in coastal areas such as Bayuquan (Yingkou Economic–Technological Development Area), Caofeidian District and Zhanjiang City. New forms of ordered interstitial complexes in alloy have been found. The new theory of organizational regulation combining multiphase, metastable and multiscale has been proposed and the strengthening–and–toughening alloy design concept which passes the high–density nanoprecipitation and reduces lattice mismatch has been also put forward.

Some internationally leading breakthroughs have been made in various technologies and products, including micro–fine particle red magnetic mixed iron ore sorting technology, strip continuous casting and rolling process/equipment and control technology, super–volume top–charging coke oven technology, Gpa steel plates for lightweight automobile, 0.02mm–width ultra–thin precision stainless steel strip, materials for main equipment of nuclear power plants, wheel / axle / bogie materials of

high-speed EMU(electronic multiple units) at the speed of 250km/350km per hour as well as thin ultra-low-loss and high-performance silicon steel. China has occupied a world-leading position for the technologies, such as green mining and comprehensive utilization of low-grade refractory ore, blast-furnace iron making, high-efficiency, low-cost and high-quality steel making, thin-slab continuous casting and rolling, large-scale continuous automation of metallurgical equipment, new-generation rolling and cooling control technology, ultra-low emission of multi-pollutants in flue gas, high-temperature flue-gas recycle, graded purification and utilization, comprehensive utilization of iron and steel wastes as well as intelligent manufacturing for the metallurgical production process control/metallurgical production control/enterprise management informatization. In the metallurgical frontiers such as hydrogen reduction and low-temperature reduction, China has made strategic layout in advance. According to the data released by the China Iron and Steel Industry Association, the fund devoted to the research and experiment in the whole industry increased from RMB 56.123 billion in 2015 to RMB 7.0688 billion in 2018. The proportion of the fund to the operating revenue rose from 0.89% to 1.05%. The comprehensive energy consumption per ton of steel of key iron and steel enterprises surveyed in 2018 was reduced to 555 kilograms standard coal. Sulphur dioxide emissions per ton of steel were reduced to 0.53 kilogram and smoke and dust emissions were reduced to 0.56 kilogram. According to the ARWU world university ranking in 2019, three Chinese universities ranked among the top 3 in terms of metallurgical engineering discipline, namely the University of Science and Technology Beijing, Central South University and Northeastern University.

However, China still falls behind the advanced international standards in terms of the experimental research on metallurgical thermodynamics and kinetics, steel scrap processing and utilization, basic theories on the recovery of residual heat and energy, powder metallurgy material preparation/precision forming and sintering, vacuum special smelting equipment technology, efficient large-scale electromagnetic field constraints and smelting and forming of suspended liquid metal, mechanism on magnetoplasticity effect, numerical simulation of electromagnetic metallurgy, non-blast furnace iron making technology, technological innovation in smelting/solidification/continuous casting, personalized/small order/fast delivery steel production technology, hot wide stripe steel endless rolling/semi-endless rolling and metallurgical equipment technology.

At present, China is faced with many problems, including the high dependence on foreign iron resources, large quantity of lean ores, reliance on coal energy, low proportion of electric furnace steel, lack of key materials and technologies, large emissions, lack of high-end talents as well as limited input into relevant disciplines. Therefore, China should make great efforts to carry out theoretical and technological research on optimizing steel production, such as direct reduction/smelting reduction, hydrogen reduction, solidification/processing, green metallurgy and intelligent metallurgy. Besides developing metallurgical process and metallurgical ecology, China should also research production technologies for key materials under the idea of product life cycle management and all-round management, improve the metallurgical engineering discipline system featuring metallurgy plus, promote the interdisciplinary integration and cluster development between metallurgical engineering and other disciplines such as energy, environment, information and artificial intelligence as well as transform China from a large metallurgical power into a strong metallurgical power.

16. Tunnel and Underground Engineering

In recent years, high-speed railways, highways, water conservancy and hydropower, urban subways, utility tunnels, urban underground space and energy caverns have been developed in an explosive manner in China. The tunnel and underground engineering construction in China have the largest scale and the fastest speed and faces the most complicated geological conditions and the greatest difficulty. In China, engineering construction is of rich types and large scale; the development of education, scientific research, technology and equipment is very active and fast; the technical level of construction has been constantly improved; and the number of people engaged in this field has grown rapidly and is huge. With the development of China into a country with strong transportation network, the construction of perfectly-arranged, three-dimensional and interconnected transportation infrastructure, especially the extremely complex construction represented by the Sichuan-Tibet Railway, will bring significant development opportunities to the development of tunnels and underground projects. This report systematically studies and summarizes the development status quo, research progress, domestic and foreign development comparison, development trend and countermeasures of all aspects of each industry within the scope of the discipline from 2013 to 2017, which is of great significance for the reference of personnel in the industry.

This report consists of one comprehensive report and six special reports. The comprehensive

report includes four parts: introduction, development status and research progress of tunnel and underground engineering discipline in China, development comparison of tunnel and underground engineering discipline at home and abroad, development trend and countermeasures of tunnel and underground engineering discipline in China. The special report includes six sub–reports: railway tunnel, highway tunnel, subway engineering, hydropower tunnel, urban underground space development and special chamber. In view of the highway, railway, subway, hydropower, urban underground space development, special chamber and other relevant directions related to China's tunnel and underground engineering, on the basis of the six special reports, based on major research results, major project construction and important academic papers review, the comprehensive report systematically and succinctly studies and summarizes the progress of basic theory, design method, construction technology, equipment and materials, maintenance and conservation, major challenges, talent training and research team in categorization manner. Combined with the major international research plans and major research projects of the discipline, the comprehensive report studies the latest research hotspots, frontiers and trends of the discipline in the world, compares and analyzes the development status of the discipline at home and abroad, analyzes the new strategic needs and key development directions of the discipline in the next five years in China, and puts forward the development trend and development strategies of the discipline in the next five years.

17. Cereals and Oils Science and Technology

17.1 Introduction

The past five years have witnessed remarkable achievements in cereals and oils science and technology in China. Many applicable technologies for grain storage have reached the internationally leading level. Most of the processing technologies and equipment for grain, oil, feed and cereals and oils food have reached the world's advanced level. Moreover, scientific and technological research and development associated with cereals and oils quality and safety, grain logistics and information and automation have made new and gratifying progress. All these advances have made important contributions to leading the economic development of China's cereals and oils industry and providing strong scientific and technological support for safeguarding China's food security.

In the next five years, the development of cereals and oils science and technology in China will follow General Secretary Xi Jinping's important thought on scientific and technological innovation, and continue to serve the overall demand for supply-side structural reform of the grain industry with all the efforts. The directions and priorities of research and development should be accurately identified to catch up with the international frontier. cereals and oils science should play its role to further push forward the implementation of the industrial development strategies such as the High-Quality Cereals and Oils Project. cereals and oils science and technology workers will work hard together for the realization of the Chinese Dream of two centenary goals, drawing a new blueprint for the development of China's cereals and oils science and technology.

17.2 Recent Developments

17.2.1 Research Level has been Steadily Improving

Grain storage theories and practices have been further developed. Grain processing technologies and equipment have been greatly upgraded. The research on oil processing technologies and equipment has paid equal attention to the quality and quantity and achieved remarkable results. cereals and oils quality and safety standards system and evaluation technologies have been improving. Interconnection technologies and equipment of grain logistics have become more efficient. Feed processing technologies and equipment have realized balanced development. cereals and oils industry has applied information and automation technologies in a more extensive and in-depth way.

17.2.2 Fruitful Outcomes have been Accomplished

17.2.2.1 Scientific Research has Made Excellent Achievements

(1) Industrial Development

a. Cereals and oils S&T achievements have been awarded a number of prizes, including five-second prizes for the State Science and Technology Progress Award, two-second prizes for the State Technology Invention Award, 15 first prizes at provincial and ministerial level, four first prizes for soft science research projects of the National Food and Strategic Reserves Administration (NAFRA), and one special prize and 22 first prizes for the Science and Technology Award of China Cereals and Oils Association.

b. 12 235 patents have been applied for and 691 patents have been authorized.

c. The total number of papers published in academic journals has reached over 8 600, an increase of about 20% over the same period, and more than 30 monographs have been published.

d. While administrating 640 domestic grain standards, China has led the development and release of one, revision of two international grain quality standards, and participated in the development and revision of 10 international grain quality standards.

e. Many new kinds of cereals and oil products have been produced, especially for minor grains products.

(2) 29 national key R&D special projects for grain storage and cereals and oils processing have been implemented. During the 12th Five-Year Plan period, three minor grains projects and two grain logistics projects of the National Science and Technology Support Program have been finished. During the 13th Five-Year Plan period, the National Demonstration Project of Grain Storage, Transportation and Supervision with Application of Internet of Things (IoT) Technology has been completed and successfully accepted. Six special public welfare scientific research projects of grain storage have been effectively carried out.

(3) 10 national-level research bases and platforms, 12 provincial and ministerial level key laboratories, engineering centers and technology development centers have been built successively. The gap between China's R&D capability and the world's advanced level has been significantly narrowed, and China's R&D capability in certain areas has reached the world's leading level.

17.2.2.2 Disciplinary Construction

(1) The disciplinary structure has become more stable.

a. For grain storage discipline, Henan University of Technology and Nanjing University of Finance and Economics could grant doctoral degree.

b. For grain processing discipline, bachelor's degree, master's degree and doctoral degree could be offered by 146, 38 and 15 universities and colleges respectively.

c. For the oil processing discipline, there are 57 universities for postgraduate students.

d. For grain logistics discipline, there are nine universities and colleges offering related courses.

e. For animal nutrition and feed discipline, more than 10 and 30 universities could offer doctoral degree and master's degree.

f. For cereals and oils information and automation discipline, five related subjects are listed in the National Standard GBT 13745—2009.

(2) The Chinese Cereals and Oils Association (CCOA) has been experiencing prosperous development. CCOA has been actively carrying out social organization standards projects evaluation. CCOA chief expert Yue Guojun was successfully elected as a member of the Chinese Academy of Engineering in 2015. Professor Wang Xingguo from the Food Science and Technology School of Jiangnan University received the 12th Guanghua Engineering Science and Technology Award

in 2018. CCOA has conducted the selection for the first Youth Science and Technology Award, Lifetime Achievement Award and Youth Talent Promotion Project. CCOA sub-associations have organized a large number of specialized activities.

(3) Multidimensional approaches have been adopted to cultivate cereals and oils talents.

a. Currently, a mature talents nurturing system has been formed, educating undergraduate, postgraduate and doctoral students.

b. CCOA assists NAFRA in the evaluation of the qualifications of senior professional and technical titles in natural science research and engineering for the industry.

c. Relevant departments of the central government have formulated four national vocational skills standards for (cereals and oils) warehouse keepers and so on. Henan University of Technology has undertaken more than 30 training programs on grain, oil and food technologies for domestic and foreign students.

d. Currently, there are more than 30 important scientific research and innovation teams of cereals and oils science and technology.

(4) 37 domestic and 12 international conferences for academic exchanges have been held and hosted, with more than 8 500 and 2 200 participants respectively.

(5) 11 basic journals including the Journal of the Chinese Cereals and Oils Association and 39 academic journals are being published.

(6) The World Food Day celebration campaign, the Grain Science and Technology Week activities and the implementation of the National Action Plan of Scientific Literacy for All Chinese of the China Association for Science and Technology have benefited the public and been highly praised by the society.

17.2.3　Important Achievements and Their Application

A number of important achievements of cereals and oils S&T innovation have been promoted and applied, generating enormous economic and social benefits. Representative achievements are listed as follows: ① Key technologies of nutritious meal replacement food development and their industrial application. ② Key technologies for the efficient preparation of functional lipids from oilseeds and products innovation. ③ Development and industrialization of large-scale intelligent feed processing equipment. ④ Technologies for the preparation of monoclonal antibodies of two hundred important hazard factors and the rapid detection of food safety and their application. ⑤ Key technologies for the biological preparation of docosahexaenoic acid (DHA) oil and their application. ⑥ Low-temperature green grain storage technology. ⑦ Key technologies and innovation of large-scale energy-saving green paddy processing equipment. ⑧ Development and application of moderate processing technologies of edible oil and large-scale intelligent equipment. ⑨ Intelligent grain depot construction project. ⑩ Key technologies of grain big data acquisition, analysis and integrated

application. ⑪ Industrialization of outdoor large–scale environmental–friendly IoT controlled grain drying technology and equipment.

17.3 Comparison of Research between China and Abroad

17.3.1 Research Developments and Situation Abroad

Australia and the US have made remarkable progress in grain storage basic research and applied basic research. The US, Japan and Switzerland have taken the leading position in grain processing technologies and equipment, and have been deepening the nutrition research. In America, material science and biotechnology have injected new momentum into oil processing. WHO/FAO attaches importance to the prevention and control of grain, oil and food contamination in the whole chain for cereals and oils quality and safety. The World Bank has focused on the top–level design of the grain logistics system. Germany, the US and the Netherlands have been strengthening the basic research on feed processing with emphasis on equipment and resource innovations. In the US and Japan, information and automation technologies are constantly integrating with the cereals and oils industry.

17.3.2 The Gaps between Domestic and Foreign Researches and the Causes of the Gaps

The main gaps are: lack of extensive and in–depth basic research; a small number of original R&D projects; not–well–resolved difficulties in the transformation of S&T achievements; relatively low deep processing degree of cereals and oils; low comprehensive utilization rate of by–products.

The causes are: insufficient S&T input; poor industry–university–research cooperation; lack of market–oriented standard–setting mechanism; inadequate top–level design and system construction.

17.4 Development Trends

17.4.1 Strategic Demands

Cereals and oils science and technology should actively serve the overall demand for supply–side structural reform of China's grain industry, and play the leading and supporting role with focus on major national strategic deployment and major industrial projects, thus promoting the transformation and development of the grain industry.

17.4.2　Research Directions and R&D Priorities

Strengthening the early warning of the risks of safe grain storage and intelligent monitoring and control of grain conditions; Developing new integrated green (biological and physical) prevention and control technologies for stored grain pests.

Strengthening the research on quality evaluation system and products development of high-quality wheat flour specialized for food. Researching on structural mechanical properties and milling technologies of rice. Studying the basic theories of rice product processing. Developing green manufacturing technologies of corn starch-based on enzymatic soaking technology. Conducting the research on health and functional characteristics and processing quality improvement technologies of multi-cereal food.

Developing accurate and moderate processing technologies for oils and fats. Enhancing the comprehensive utilization of oil resources. Strengthening the basic research and independent innovation on key technologies and equipment.

Improving cereals and oils standards system, and strengthening the research on the grading standards of grain based on processing quality and end use. Pushing forward the monitoring and early warning system construction for cereals and oils quality and safety.

Studying the optimization of grain logistics facilities layout. Conducting the research and development of the grain logistics management system. Expanding the research on the standards system and equipment development of grain logistics.

Strengthening the feed applied basic research. Improving feed processing equipment and technologies. Developing new feed products and additives, and carrying out the research and development and universal application of traceability technology system.

Promoting the application of IoT technology in grain conditions monitoring and control, intelligent ventilation and atmosphere control, warehouse input and output management, intelligent security, etc. Enhancing the transformation and upgrading of the traditional wholesale markets.

17.4.3　Development Strategies

(1) Actively serve the High Quality cereals and oils Project.

(2) Improve the management mechanism of government scientific research projects.

(3) Make efforts to build an industry scientific research information platform.

(4) Thoroughly implement the "Healthy China 2030" planning outline.

(5) Actively play the role of CCOA as the platform and vigorously promote the cultivation of talents for the industry.

18. Simulation Science and Technology

This report describes the connotation of simulation science and technology; reviews, summarizes and scientifically evaluates the development of new ideas, theories, methods, technologies and achievements of simulation science and technology in China in recent years; briefly introduces the progress of simulation science and technology in research platform and personnel training; summarizes the international importance of simulation science and technology major research programs and major research projects have studied the latest research hotspot, frontier and trend of simulation science and technology in the world, compared and analyzed the development status of simulation science and technology at home and abroad; analyzed the new strategic demand and key development direction of simulation science and technology in China in the future, and proposed the development trend and development strategy of simulation science and technology in the future.

The first chapter introduces the connotation of simulation science and technology. Simulation science and technology is a comprehensive and interdisciplinary subject based on modeling and simulation theory, with computer system, physical effect equipment and simulator as tools, according to the research objectives, establishing and operating models, and recognizing and transforming the research objects. The scope of the subject is given, including simulation modeling theory and method, simulation system and technology, and simulation application engineering. This paper explains the importance analysis of disciplines, points out that simulation plays an indispensable role in national economy and national security, is an important method for human beings to understand and transform the objective world, is universal and has a wide range of major application needs, has a revolutionary impact on the development of science and technology, and is of great significance to the realization of China's innovative national strategy.

The second chapter summarizes the latest research progress of simulation science and technology.

First of all, the new development of simulation discipline in China is described from two aspects: research achievements and research platform. The simulation discipline is developing in nine directions: networked modeling and simulation, integrated natural/human environment modeling and simulation, intelligent system modeling and intelligent simulation system, complex system/ open complex giant system modeling/simulation, simulation based acquisition and virtual prototype engineering, high–performance computing and simulation, pervasive simulation based on pervasive computing technology, embedded simulation and based on big data simulation. The latest application and research progress of simulation discipline involves a wide range of aspects. Simulation technology is mainly used in a few fields such as aviation, aerospace, atomic reactor, etc., which are expensive, long cycle, dangerous and difficult to realize in actual system experiments. Later, it gradually developed to some major industrial sectors such as electric power, oil, chemical industry, metallurgy, machinery, and further expanded to social system and economy system, transportation system, ecosystem, sports entertainment and other non–engineering system fields. Driven by various application requirements and related disciplines, simulation technology has gradually developed into a comprehensive discipline, becoming one of the important means for human beings to understand and transform the world.

Secondly, the development of simulation research platform is summarized. Researchers and engineers engaged in scientific research and engineering applications often need to design algorithms, mathematical models and system processes related to an application object. The simulation platform of engineering or product development application can provide software and hardware environment. According to the actual situation, the embedded development can meet the functions of field data collection, data processing, data communication, state control, etc. through the design of computer simulation software, the simulation platform can simulate and simulate the actual object, and construct a graphical display interface, which is convenient for R&D and designers. We will modify the parameters of the prototype to speed up the R&D and innovation of products and systems. Relying on a group of representative key simulation research and application laboratories and engineering research centers established by domestic universities and scientific research institutes, 24 of them include 8 national (or national defense) key laboratories, 3 national engineering technology research centers, and 13 provincial key laboratories, which reflect the current research and implementation of simulation science and technology in China. The scale and level of simulation application platform.

Finally, the paper summarizes the development of simulation talents training. As for the development of simulation subject talent training, we investigated 42 world–class university construction universities (referred to as first–class university) and 95 world–class discipline construction universities (referred to as first–class discipline universities). These schools should be able to reflect the cultivation ability of postgraduates in China. The retrieval statistics of China's master's and doctor's degree papers are carried out. The retrieval time range is from 2009 to 2018. The retrieval objects are 42 world–class universities and 95 world–class discipline construction

universities in China. 95 world-class discipline construction universities and colleges have trained 118 531 postgraduates relying on relevant first-class disciplines, including "simulation related" and "simulation related" There are 10 047 "true related" students, accounting for 8.48% of the total number of doctors cultivated; 2 620 "simulation discipline" students, accounting for 2.21% of the total number of doctors cultivated; 1 027 516 "simulation related" students, accounting for 8.28% of the total number of masters cultivated; 26 017 "simulation discipline" students, accounting for 2.53% of the total number of masters cultivated. It shows that the proportion of "simulation related" postgraduates is very high, and the key universities in China have a strong ability of training simulation science and technology talents.

The third chapter compares the research progress of simulation science and technology at home and abroad.

First of all, the international major research plans and projects are summarized from the five key points of virtual reality, networked simulation, intelligent simulation, high-performance simulation and data-driven simulation, which deserve special attention. The conclusion is that the simulation technology has developed into a comprehensive professional technology system, becoming a general and strategic technology, and is becoming "digital, efficient" . The characteristics of network, intelligence, service and universality are developing towards industrialization. Secondly, the latest research hotspots, frontiers and trends of simulation in the world are summarized. There are six aspects: high performance simulation algorithm, general simulation software, simulation application engineering, uncertainty quantitative analysis, multi-scale modeling and simulation, big data visualization and simulation driven by data. Finally, the research progress of simulation science and technology at home and abroad is compared and analyzed, and the main research results of simulation modeling theory and method in China are summarized, especially the research hotspots at home and abroad in recent years. Compared with the international research, the main content of research at home and abroad is basically the same. On the hot and difficult issues, the original results at home and abroad are not enough outstanding, but some research results of the theory and method of complex system modeling and simulation are equal to or slightly ahead of the international level. In the aspect of simulation system and supporting technology, there is still a big gap between the research and application level of high-performance simulation technology in China and developed countries. The research and formulation of standards and specifications need to be strengthened. The ideas, methods and technologies of software engineering are still not paid enough attention in the research and development of simulation system. In the aspect of industrialization of simulation system and technology, China and the world in the aspect of simulation application engineering, simulation has been applied in various fields of national economy, especially in the whole process of spacecraft development and application in the field of aerospace. Simulation has made an important contribution to China's economy, national defense, science and technology, society, culture and emergency response. Compared with foreign countries, the extent and depth of its application, as well as the degree of social recognition, need to be strengthened. Generally speaking, the basic theory and new concept of simulation are basically put forward by foreign countries; the latest technology and standard specifications of simulation framework and architecture, China has no international voice; simulation software and platform are basically monopolized by foreign countries. Therefore, we must further analyze the position of China's simulation engineering and science in the global competition pattern in order to further promote the development of China's simulation engineering and science.

In Chapter 4, the report summarizes the trend of the computer simulation discipline and looks forward to the development of computer simulation.

In the area of virtual reality (VR), we will develop intelligent mobile VR devices and embedded VR chips, and break through key technologies such as 360-degree video, free-view video, 3D engine, location and motion capture. Promote the research and development of home-made VR operating systems, and form a number of independent intellectual property rights of software products.

In the area of network simulation, it will initially integrate advanced information technology (high performance computing, big data, cloud computing / edge computing, Internet of Things / mobile internet, etc.), advanced artificial intelligence technology (AI based on big data, swarm intelligence based on Internet, cross-media reasoning, human-computer hybrid intelligence, etc.) and modeling and simulation technology. The research on intelligent and high-efficiency simulation computer system is carried out, and a new simulation mode and operation mode adapted to internet + something are established.

In the aspect of intelligent simulation, large scale agent modeling and simulation will be realized, and Algorithms and software for distributed agent model or its interaction components can be developed on high performance computing, cloud computing platform and other platforms. For example, based on the combination of Agent modeling and simulation with System dynamics and Discrete event simulation, and strengthening Agent behavior modeling, considering factors of emotion, cognition and society, we can infer Agent behavior by analyzing data stream. The behavior model can be continuously calibrated and verified according to the actual data, and it is robust to some extent.

In the aspect of high-performance simulation, the simulation theory and method based on new high-performance computing architecture will be formed, the parallel acceleration theory and method of high-performance simulation will be innovatively studied, and the hardware platform and simulation experiment of the bottom layer will be seamlessly communicated. The innovation bonus of hardware layer can be found effectively to meet the increasing demand of computing experiment in complex

system simulation. The multi-cores can be dynamically allocated to each simulation kernel by the work thread to achieve the goal of load balance.

In dynamic data-driven simulation, we will break through the technology of supporting platform of data-driven system for complex systems, solve the problem of fast construction of application-oriented data-driven system, and take the simulation application in the application field as the traction. The new information technology, artificial intelligence technology and big data technology are integrated, and the theory and method of parallel system are established. The data-driven simulation and parallel system service capability based on the domain simulation cloud are established for each application field.

In conclusion, simulation science and technology have greatly expanded the ability of human beings to recognize the world, and can observe and study the phenomena that have occurred or have not occurred, as well as the process of their occurrence and development under various hypothetical conditions, without the limitation of time and space. It can help people to go deep into the macroscopic or microcosmic world which is hard to reach in general science and human physiological activities to study and explore, thus providing a new method and means for human beings to understand and transform the world. With the deepening of the complexity of the problems faced by scientific research and social development, it has become a trend for scientific research to return to synthesis, coordination, integration and sharing. Because of these attributes, simulation has become the link of modern scientific research. It has the ability to solve highly complex problems that other disciplines cannot replace.

19. Power Machinery Engineering

With the ever-increasing demand for energy in recent decades, energy shortages and ecological environment issues (including global warming and environmental pollution) are becoming more and more serious, and the world is facing urgent requirements for energy transition. This situation poses new challenges to the development of Power Machinery Engineering Discipline, which mainly focuses on the efficient, clean, and reliable conversion of energy into electricity and power, that determines the modern advanced power machinery equipment or devices need to have significant characteristics of high performance, low pollution, low emissions, and long working life, and also pushes the power generation units' vigorous development towards ultra-high parameter, large power/capacity, environmental protection and intelligence. In addition, with the rise of new energy power generation, energy storage technologies and multi-energy complementary technologies have also become new research and development hotspots, thus continuously promoting the innovative development of the discipline.

During the period of "13th Five-Year Plan", the Power Machinery Engineering Discipline in China, guided by the demand to promote the energy production and consumption revolution, build a clean, low-carbon, safe, and efficient modern energy system, and adhere to the energy technology revolution as the core, with the goal of improving energy independent innovation capabilities, emphasizing on breakthroughs in major energy key technologies, and relying on the demonstration and pilot projects for new energy technologies, new equipment, new industries, and new engineering developments, has focused on innovative researches such as clean and efficient coal utilization technology, high-efficiency gas turbine technology, high-efficiency solar energy utilization technology, large-scale wind power technology, advanced energy storage technology, energy saving and energy efficiency improvement technologies, etc. And a series of progress has been made, which has provided strong scientific and technological support and engineering demonstrations for the promotion of China's energy transition, structural optimization, energy conservation and emission reduction, and has made positive contributions to China's strategic transformation from a large energy production and consumption country to a strong energy technology country.

This summary will review the recent research and development progress in the disciplines of Power Machinery Engineering in advanced energy and power technologies and their development trends, such as boilers, steam turbines, gas turbines, water turbines and wind turbines, as well as nuclear energy, solar thermal, supercritical carbon dioxide coal power, energy storage, high-temperature materials, etc.

19.1 Major Breakthrough in Steam Boiler Technology with Independent Innovation

Coal is China's main energy resource and also an important industrial raw material. In promoting the clean and efficient use of coal, the development of boiler technology is the main subject and mainstream technology for realizing the revolution in the consumption of coal resources. In recent years, China's boiler innovation technology has reached a new height.

In terms of coal combustion technology, research focus has shifted to advanced combustion technology and special coal combustion technology. In recent years, Mild combustion, chemical chain combustion and semi–coke combustion technologies are in the stage of theoretical exploration, laboratory investigation and small trials; oxygen–rich combustion technology has completed pilot test and 35MWth engineering demonstrations; supercritical water coal gasification and high–alkali coal combustion technologies have both research interests, theoretical depth, and breadth of application; pulverized coal combustion technologies for large–capacity power plants such as W flame combustion, swirl opposed combustion, quadrangular tangential combustion, coal water slurry combustion, and circulating fluidized bed complete technical transformation and engineering applications; lignite–fired unit integrates flue gas and steam drying processes to pre–dry lignite can greatly improve the unit efficiency.

In the area of power plant boiler technology, Harbin Electric, Shanghai Electric, and Dongfang Electric Groups increased the main steam pressure to 29.4 MPa and the single reheat steam temperature from 605℃ to 623℃ or 623℃ , on the premise of applying the existing ultra–supercritical boiler high–temperature heat–resistant steel, thus developed a more efficient ultra–supercritical boiler; and based on this progress independently developed 660MW and 1000MW, 32.0MPa/605℃ /623℃ /623℃ ultra supercritical double reheat boiler. The measured efficiency of the boiler reached 94.78%, and the actual coal consumption of the unit was reduced to 269.89g/ (kW·h). The series of achievements won the Asian Power Award — Gold Award for Coal–fired Power Generation Project of 2018.

In the area of circulating fluidized bed boilers (CFB), a project team composed of Tsinghua University, Dongfang Electric Group, Shenhua Group, etc., has established a supercritical CFB boiler design theory and key technical system after many years of research, and built the world's first 600MW supercritical boiler. The demonstration project has achieved a 600MW supercritical CFB technology breakthrough, and its operating indicators are comprehensively superior to those units of foreign countries. "The Research, Development, and Engineering Demonstration of 600MW Supercritical Circulating Fluidized Bed Boiler Technology" won the first prize of National Science and Technology Progress in 2017.

In terms of research and development of new heat–resistant steels and alloys, the three major boiler enterprises in China cooperated with other departments to independently complete the welding process assessment of new high–temperature heat–resistant steels and alloys. These new materials include G115, SP2215, CN617, C–HRA–3, HT700, GH984G, GH750, etc., and some heat–resistant materials have been used in the construction of Datang Yuncheng Power Plant 1000MW, 35MPa/ 615℃ /633℃ /633℃ ultra supercritical double reheat boiler.

In terms of engineering verification, on December 30, 2015, a component verification test platform with designed steam flow rate of 10.8 and steam parameter 26.8MPa/725℃ for China's project of "700℃ Ultra–supercritical Coal–fired Power Plant Key Equipment Research, Development and Application Demonstration", organized by the Huaneng Group Clean Energy Research Institute, was successfully put into operation at Huaneng Nanjing Power Plant and achieved stable operation at 700℃.

With regard to the ultra–low emissions of coal–fired power plant boilers, a project team composed of Zhejiang University, Zhejiang Energy Group, etc. established a new method for enhanced coordination and control of multiple pollutant removal processes, and built the first 1 000MW coal–fired power plant ultra–low emission project in China. The project was awarded the "National Demonstration of Coal Power Plant for Energy Saving and Emission Reduction" by the National Energy Administration of China, and the "R&D and Application of Key Technologies for Ultra–Low Emissions of Coal–Fired Units" won the first prize of National Technology Invention in 2017.

With regard to the flexibility of power plant boilers, in order to solve the problems of abandoning the electricity generated by wind, solar and water, the three major boiler companies in China have successfully reached the goal of flexibility transformation under the conditions of 20% ~ 25% BMCR load of the boiler, and achieved the unit's rapid peak regulation ability under the premise of ensuring that environmental protection emissions were met.

Facing the future, developing efficient and clean combustion technologies, designing coal–fired ultra–supercritical boilers with higher steam parameters of 633℃ /650℃, and conducting research on supercritical carbon dioxide boilers will be an important way to increase efficiency and reduce emissions of coal–fired units. At the same time, on the basis of coal–fired generating units, the development of multi–energy complementarity, especially the comprehensive complementary utilization with renewable energy sources, should be achieved in order to obtain the most reasonable energy utilization benefits. In addition, the future power plant is developing in the direction of intelligence. The remote diagnosis system and smart power plant technology system that has basically formed at present have laid the foundation for the development of smart power plants.

19.2　Outstanding Achievements in Steam Turbine Technology with Continuous Innovation and Development

China's thermal power steam turbines, nuclear power steam turbines and industrial steam turbines have all witnessed new developments in recent years. Harbin Electric, Shanghai Electric and Dongfang Electric Group's steam turbine companies have formed the capability of independent design, domestic manufacturing and mass production of large power thermal and nuclear steam

turbines and industrial steam turbines. Outstanding achievements have been obtained at the international advanced level in the areas of the maximum thermal power of single–axis steam turbines unit of 1 240MW, the double–reheat unit with 31MPa/600℃/620℃/620℃, the high parameter unit with 35MPa/615℃/630℃/630℃, the maximum power of dual–shaft with high and low position layout unit of 1 350MW, the regenerative steam extraction cycle and cogeneration unit of 1 000MW with 28MPa/600℃/620℃, and the super–long shaft unit with six–cylinder, six–exhaust steam and ultra–low back pressure of 2.9kPa, etc.

The 1 250MW half–speed saturated steam turbine used in pressurized water reactor nuclear power plant of the third–generation nuclear power technology and the world's largest 1 755MW half–speed saturated steam turbine are the first to be put into operation in China. The high–temperature gas–cooled reactor nuclear power plant of the fourth–generation nuclear technology adopted a 211MW steam turbine with 13.24MPa/566℃ has been installed on site.

The world's largest 90MW industrial steam turbine used in a 1.5 million tons/year ultra–large ethylene plant to drive ethylene three units has been shipped. The newly developed single reheat 25MW~135MW series of power generation steam turbines used in the chemical industry, are also widely applied in biomass power generation, waste power generation, solar thermal power generation, steel plant gas waste heat power generation and other fields, thus improving power generation efficiency and energy utilization.

The world's longest final stage blades of 1 100mm used in air–cooled steam turbines have been put into operation. The titanium alloy 1 450mm final stage long blades of full–speed thermal power steam turbines and the 1 710mm, 1 800mm, 1 828mm and 1 905mm final stage long blades of half–speed nuclear power steam turbines have been completed the frequency modulation tests, among which the 1 905mm final stage long blades are the longest ones manufactured all over the world.

New progress has been made in the research and development of steam turbine components. The research and promotion of the advanced technologies, such as full three–dimensional optimized design and the flow passage transformation technology, seal technology, structural strength and life, shaft dynamic characteristics and support, welded rotors, steam turbine materials, system's one–button start–stop of steam turbine control, and thermal stress monitoring, etc., ensure the economics, safety and flexibility of the domestic steam turbines.

The future development trends of steam turbine technology will focus on the following aspects: thermal power steam turbines with a power generation efficiency of more than 50%, nuclear power steam turbines from 1 900MW to 2 200MW, long blades of 1 400mm to 1 550mm at full speed and of 2 200mm to 2 300mm at half speeds, deep–peak shaving and wide–load performance optimization of the coal power units, and intelligent technology for steam turbines.

19.3 Fast Development of Gas Turbine Technology with Significant Progress

During the "Thirteenth Five-Year Plan" period, with the demonstration and implementation of the National Science and Technology Major Project "Aero Engine and Gas Turbine" ("Two Engines" Project), and the implementation of the National Science and Technology Infrastructure Project "High Efficiency and Low Carbon Gas Turbine Test Device", the independent innovation technology and industry of gas turbines in China have entered the rapid development stage based on the foundation and accumulation of independent development for many years, and have continuously achieved new results and reached new heights.

China United Gas Turbine Technology Co., Ltd. (UGTC), as the main unit for the implementation of the "Two Engines" Project's heavy-duty gas turbine task, cooperates with Harbin Electric, Dongfang Electric, Shanghai Electric Groups and related supply chain enterprises, scientific research institutions and universities, and coordinates the research and development of 300MW F Class heavy-duty gas turbine products, and is responsible for the specific implementation.

As of June 2019, UGTC has completed the concept design of the 300MW F Class heavy-duty gas turbine and the pre-review of the concept design transition. UGTC has conducted and finished the compressor inlet multi-stage test, the combustion chamber nozzle's low-pressure performance and flow characteristics tests, the combustion chamber flame tube cooling performance verification and cooling unit performance test, the turbine first stage nozzle's cooling efficiency test under medium temperature/pressure condition, and the turbine film cooling unit, impingement cooling unit and sealing unit tests, etc., thus supporting 300MW F Class gas turbine's concept design. During the implementation process of the special project, the construction and improvement of the design system were simultaneously set up, and a design system and material system capable of supporting the conceptual design of 300MW F Class turbine have been initially established, involving the areas of aerodynamics, combustion, cooling, strength/vibration, and thermal cycling, etc. With regard to the development of core thermal components, under the organization of UGTC, the Institute of Metals of Chinese Academy of Sciences and Jiangsu Yonghan Co. Ltd. respectively conducted the trial production of the first stage nozzle of 300MW F Class turbine, and successively passed the first-piece manufacturing appraisal on June 19 and August 14, 2019. The first-stage blade trial production of 300MW F Class turbine was completed by the Institute of Metals of the Chinese Academy of Sciences, and the first-piece manufacturing appraisal was passed on August 14, 2019, marking a significant breakthrough in the independent design, independent smelting, and

independent casting of the gas turbine core hot-end components in China, which has laid a solid foundation for the design of the first-stage nozzle and blade shaping and mass production of 300MW F Class heavy-duty gas turbines.

Dongfang Electric Group has implemented an independent 50MW heavy-duty gas turbine R&D project since 2009. Through ten years of effort, it has established an independent heavy gas turbine material system and mastered the key design of the aerodynamic, cooling and secondary air systems related to its three major components. Technology reliability design and evaluation criteria has formed for structure, strength, vibration, etc., and complete self-matching of high-temperature components for 50MW gas turbines has been achieved. In the past two years, the complete no-load and full-load test benches of the gas turbine have been been built, a complete gas turbine R&D test platform has been established, and 50MW gas turbine prototype has been developed, designed, manufactured, assembled, and connected and debugged to the whole test system. On September 27, 2019, the 50MW gas turbine prototype was successfully ignited in the no-load test, and new achievements were made in the development of independent innovation technology. The whole gas turbine test is currently underway as planned.

With the continuous optimization of China's energy structure and environmental pollution, and the implementation of various national support policies, the position of gas turbines in China's energy and power industries has been further enhanced, thus providing broad development prospects for gas turbine sales, operation, and maintenance markets in China.

19.4 Significant Developments in Hydro Turbine Technology with Independent Innovation

In recent years, China's hydro turbines have made significant progress in giant mixed-flow turbines and pump turbines, as well as better meeting renewable energy of wind, light, and hydropower complementarities, and expanding the stable operating range of hydro turbines.

In the area of giant mixed-flow turbines, the Xiangjiaba Hydropower Station in operation has the largest single-unit capacity in the world, with a total installed capacity of 7 750MW, including 8 units (determined by each bidder through a model comparison test at the Beijing Academy of Hydro Sciences through the same platform: 4 units on the left bank are designed and manufactured by Harbin Electric Machinery Factory Co., Ltd., China, and 4 units on the right bank by Alstom, France) 800MW giant Francis turbines and 3 units 450MW large-scale turbines. The installation elevation of the unit on the left bank is 3m higher than that of the right bank. The 8 mega-turbine units have been put into operation since July 2014, and have been running well after various water head tests. This highlights the advantages of China's self-developed units in reducing engineering costs due to their small cavitation coefficient. The results have been used in the design of hydro turbines for multiple power stations. Sixteen 1 000MW mixed-flow turbines at Baihetan Hydropower Station were confirmed after the neutral platform model test in 2014, all of which were designed and manufactured by China, and are currently in the manufacturing stage.

In the area of pump turbines, the first Xianju single-unit 375MW (the world's most is 400MW) pump-turbine was put into operation in June 2016. It has the largest single-unit capacity in China for pumped storage power stations, advanced performance indicators in its efficiency, cavitation, and pressure pulsation, etc. and the better operation result than the similar imported units. The pump turbines of Changlong Mountain Station with the highest lift of 756m and the single-units capacity of 400MW in Yangjiang Pumped Storage Power Station under production, which have completely independent property rights, have reached or approached the world's highest in terms of lift and capacity. Pumped storage power stations have become the most important force for frequency and peak regulation of the power grid, and will be vigorously developed in the future.

Regarding the expansion of the stable operating range of hydro turbines, from 2015 to 2019, five units of the Baishan Hydropower Station have been retrofitted and put into operation, and No.1 turbine of the Fengman Reconstruction Hydropower Station has been put into operation in 2019, and their stable operating ranges have exceeded the national standard requirements. The stable operation under the smaller load area has strengthened the power grid regulation and the complementary capabilities of wind, light, and hydropower, and from now on has become an important development trend for new power stations and power station reconstruction.

In the future, research and development efforts will be strengthened in the following areas: hydro turbine considering environmentally friendly to reduce noise, over fish, and reduce oil pollution discharge; impact hydro turbines with 1 000m head section, and single-unit capacity 1 000MW; hydro turbine remote operation, maintenance services, and intelligent manufacturing.

19.5 Rapid Development in Wind Turbine Technology with Part of Internationally Leading Products

At the end of 2018, the cumulative installed capacity of wind power worldwide reached 600 million kW, the cumulative installed capacity of wind power in China (excluding Hong Kong, Macao, and Taiwan) was 210 million kW, and the grid-connected capacity was 184 million kW, ranking first in the world. In 2018, China achieved 366 billion kW · h of wind power, up to 20% year-on-year, and its power generation remained the third largest power source in the country, accounting for 5.2% of

the total power generation.

At present, the industrialized wind turbines are mainly horizontal axis wind turbines, and the leading models are high-speed double-fed wind turbines, medium-speed permanent magnet wind turbines, and low-speed permanent magnet wind turbines. The largest horizontal-axis onshore wind turbine that has been put into operation worldwide is Enercon's E-126 with a rated power of 7.5MW, and the largest offshore wind turbine that has been put into operation is a 9.5MW manufactured by Mitsubishi-Vestas.

China's largest onshore wind turbine has been commissioned by Goldwind Technology GW155, with a rated power of 4.5MW, and was connected to the grid for power generation on June 25, 2019. In the development of low-wind turbines, the rotor diameters of many 1.5MW wind turbines have reached more than 90m, the rotor diameters of many 2MW wind turbines have reached more than 131m, and the rotor diameters of many 3MW wind turbines have reached more than 140m. The overall technical level of onshore wind turbines in China has basically kept pace with that of European and American countries, and the development of low-speed wind turbines is at the leading level.

In terms of offshore wind turbine development, foreign OEMs have completed the industrialization of 8MW class wind turbines, 10~12MW wind turbines are under manufacturing, and 15~20MW wind turbines are already in planning and conceptual design. The 5~6MW offshore wind turbine prototypes of major wind turbine manufacturers in China have been put into operation, forming a batch supply capacity. The 8MW offshore wind turbine prototypes by Shanghai Electric and Goldwind Technology have been rolled out. The 10MW offshore wind turbine prototypes by Dongfang Wind Power have also been launched in September 2019, and also several manufacturers are developing 10MW wind turbines. China has strong capabilities in the development of large-power offshore wind turbines.

On the whole, China has made remarkable achievements in wind energy development and utilization, equipment development and other aspects. The overall development momentum is good, and the industry and utilization scale are the largest in the world. The technological innovation capability and level have been continuously improved. The research and development of large-capacity units and high tower application technology is at the international advanced level, and the development of low wind speed wind turbines is at the international leading level.

In the future, the wind turbines will be mainly focused on the onshore centralized, decentralized, and offshore. Onshore decentralized and offshore wind turbines will gradually become the main force of development. The overall performance of the wind turbines is developing in a intellegent and grid-friendly direction. The onshore wind turbines are moving towards power capacity above 4MW, weak wind type (long blade), and high tower development. The offshore wind turbines are moving towards high power above 10MW, deep sea, open sea, anti-typhoon, and floating foundation.

19.6 Various Advanced Energy Power Technologies Achieve New Breakthroughs

19.6.1 Nuclear Power Technology

In recent years, major breakthroughs have been made in China's nuclear power equipment technology. Currently, China has the ability to independently design and manufacture the third-generations of nuclear power technology, and has developed "Hualong No.1" and "Guohe No.1" (CAP1400) with independent intellectual property rights.

Hualong No.1 independent third-generation technology is a combination of two technologies, China General Nuclear Power Croup (CGN)'s ACPR1000+ and China National Nuclear Corporation (CNNC)'s ACP1000, with complete independent intellectual property rights. The patents and software copyrights obtained cover the fields of design technology, special design software, fuel technology, operation and maintenance technology, etc., and meet the requirements of "going global" strategy for China's nuclear power.

Guohe No.1 (CAP1400) also has completely independent intellectual property rights, which can shorten the construction period to 56 months. It has good economics and is another important option for China's nuclear power "going global" strategy.

China's fourth-generation advanced nuclear technology, represented by high-temperature gas-cooled reactors (HTGR), has also made positive progress.

19.6.2 Concentrating Solar Power (CSP) Technology

In recent years, CSP technology has developed rapidly in China as a clean power generation technology. There are mainly Zhongkong Delingha 10MW and 50MW tower CSP stations, Shouhang Energy-saving Dunhuang 10MW and 100MW tower CSP stations, and CGN New Energy Delingha 50MW parabolic trough CSP project, Luneng Haixi 50MW tower CSP station and Gonghe 50MW tower CSP station.

At present, China's CSP industry has a relatively short development time, a weak industrial foundation, and the core technology and industrialization bottlenecks have not yet been completely broken through. It is in the initial and development stage, and its core links are equipment manufacturing, system integration design, and power station EPC.

19.6.3 Supercritical Carbon Dioxide (S-CO$_2$) Coal-fired Power Generation Technology

In recent years, with the support of national key research and development plans, a research team

composed of North China Electric Power University, Xi'an Jiaotong University, Huazhong University of Science and Technology, and the Institute of Engineering Thermophysics of the Chinese Academy of Sciences has studied the construction of the thermal cycle of the S–CO$_2$ coal–fired power generation system, the S–CO$_2$ heat transfer characteristics, the S–CO$_2$ key component conceptual design such as boilers and turbines etc., and made an important progress. This system solution has two important innovations: one is the efficient use of boiler thermal energy based on energy cascade utilization, which achieves efficient full temperature zone absorption of flue gas thermal energy; the other is the modular design of boilers based on the principle of 1/8 split flow and drag reduction, which solves the problem of large pressure drop caused by large mass flow in the S–CO$_2$ cycle. When the turbine inlet parameter is 630℃ /35MPa, the power generation efficiency can reach 49.73%, which is significantly higher than the efficiency of the ultra–supercritical steam Rankine cycle by 47%.

In addition, Xi'an Thermal Power Research Institute is constructing a 5MW gas S–CO$_2$ power system, and China's solar–powered S–CO$_2$ power key project has begun implementation.

19.6.4 Energy Storage Technology

In recent years, the proportion of new energy power generation such as wind energy and solar energy has increased year by year, but new energy power generation has problems such as instability and intermittent. However, energy storage technology is the most effective way to solve this problem, and energy storage technology plays an important role in the modern energy system.

By the end of 2018, the total installed capacity of global energy storage was approximately 180.9GW, of which the total installed capacity of pumped storage was 170.7GW, accounting for 94.4% of the total installed capacity, the total installed capacity of compressed air energy storage was 0.36GW, accounting for 0.2% of the total, and 6.51GW of various types of chemical batteries, accounting for 3.6% of the total. The pumped storage and compressed air storage have achieved large–scale (100MW–class) commercial applications worldwide. The total installed capacity of energy storage in China was 31.3GW at the end of 2018, accounting for 1.65% of the total installed capacity of Chinn's power generation.

Pumped storage in China is a relatively mature large–scale energy storage technology, and compressed air energy storage technology is in its starting stage. The Institute of Engineering Thermophysics of the Chinese Academy of Sciences proposed a supercritical compressed air energy storage system in 2009, and successively built 1.5MW class and 10MW class supercritical compressed air energy storage demonstration systems, with system efficiency reaching 52.1% and 60.2%, respectively. The research and development of 100MW supercritical compressed air energy storage has been started, and the system design efficiency is 70%. The first set of demonstration projects has been established and is planed to be completed in 2020.

19.6.5　High Temperature Material Technology

In 2015, Dongfang Electric Group was approved to build the "State Key Laboratory of Long–Life High–Temperature Materials", becoming the only laboratory in the power machinery industry that takes high–temperature materials applied in energy areas as its research object. The laboratory has advanced test conditions for conducting long–life high–temperature materials research and analysis testing, and has established a pilot line for material research and development and forming technology testing of high–temperature components for heavy–duty gas turbines (large–sized single crystals, directional crystalline blades), with R&D capabilities of large–size directional solidified single crystal and columnar hollow blades of superalloys and new heat–resistant steels. At the same time, a pilot line for the preparation and inspection of thermal barrier coatings (TBC) for high temperature components of gas turbines is also equipped.

The laboratory has made important progress in the research and development of the high–temperature components and coating materials for ultra–supercritical steam turbines at 630℃, the worldwide longest 1 450mm ultra–long titanium alloy blades, the high–temperature materials for rotors and castings ranging from 650℃ to 700℃, the single crystal directional materials for moving blades above F Class gas turbine, the performance evaluation of supercritical carbon dioxide materials, the precision casting process for directional column crystals and single–crystal blades of heavy gas turbines, the development and preparation of thermal barrier coatings for heavy gas turbine blades, and the construction of gas turbine material systems and databases, and achieved breakthrough results in the 50MW gas turbine test in September, 2019.

20.　Composite Materials

With the development of modern industries, such as atomic energy, aerospace, electronic industry, aviation, machinery and chemical industry, the requirements for materials are increasingly strict. In addition to the requirements of high strength, high modulus, high temperature resistance, wear

resistance and corrosion resistance, also various special requirements are put forward for the toughness, density and electrical properties of materials. Sometimes, contradictory properties such as adiabaticity and conductivity, better strength than steel, elasticity like rubber, and weldability are even proposed for materials, etc. This is impossible for a single material. By using composite technology, some materials with different properties can be compounded to meet the requirements of these properties. Thus, the discipline of modern composite material emerges.

Composite materials are widely used in various industries due to their high specific strength/modulus, excellent fatigue resistance/friction reduction/friction resistance/self-lubrication, high temperature resistance/chemical stability/damage safety, etc. The *"Industrial Internet Project"* initiated by the United States will focus on developing lightweight materials such as carbon fiber composites to improve the fuel efficiency, performance and corrosion resistance of next-generation vehicles such as cars, airplanes, trains and ships. The *"Industrial 4.0 Plan"* proposed by Germany will provide great opportunities for the future development of the composite industry. In the *"Made in China 2025 Plan"* put forward by our country, composite materials are listed as the key words in the ten key fields, which points out the direction for the basic development and application research of composite materials. In recent years, under unremitting efforts of Chinese experts in the field of composite materials, major breakthroughs have been made in thermal damage mechanism, structural design and functional construction of metal-organic frame materials, preparation and application of energy storage composites, flame retardant composites, graphene materials, high-performance metal matrix composites and their applications, and high-quality and efficient processing of composite components.

In order to sort out the development history, current situation and future direction of composite materials in China, the Society of Composite Materials plans to prepare the first report on the development of composite materials in China. This report will cover the hot fields including molecular design and modification of materials, characterization of material properties, fabrication and processing of composite structures, simulation and analysis of structural properties, monitoring of structural state information, structural design of composites resistant to extreme environments, composite structure and functional integration design.

Compared with traditional materials, the advantage of composite materials lies in their designability. According to the application of structure and the requirements of service environment, materials can be designed and edited to meet the application requirements of the engineering structure. The designability of composite materials makes it possible to integrate materials and structures. Composite materials and components can be formed at the same time, and the number of parts and connectors can be greatly reduced, which can reduce manufacturing difficulty and cost and improve the reliability of the structure. The designability of composite materials makes it possible for composite structures to develop towards functionalization and intelligence. The cross–scale design concept of molecular – sample – specimen – structure makes the composite structures can have many functions in addition to the mechanical properties. At the same time, they are combined with other advanced technologies, giving a new connotation to the advanced composite materials.

The literature search results show that the main research direction of composites is polymer matrix, metal matrix, ceramic matrix, fiber reinforcement and particle reinforcement; structural analysis, design and manufacture of composite materials; functional/ intelligent composites; nondestructive testing and health monitoring of composites structures. The development report of this discipline also takes these hot spots of research as the report topic to carry on the detailed analysis and elaboration. Through national analysis, Chinese scholars have published 66 703 articles in the last five years, among which 63 828 were published by mainland scholars. The number of published articles by Chinese scholars far exceeds that of other countries. In the SCI database, the high–cited articles in recent five years (the top 0. 1% of the cited articles) are selected to extract the research hotspots of the composite material discipline. The characteristics and deficiencies of the discipline development of the composite material in China are analyzed by comparing the research hotspots at home and abroad, which provides a basis for formulating the development strategies of the composite material discipline in China.

20.1　Carbon Nanotube Composite Components

Since the first discovery in 1991, carbon nanotubes have shown a broad application prospect because of their unique structures and excellent mechanical, electrical and chemical properties. Thus, carbon nanotubes attract great attention from many scientists in the fields of materials, physics, electronics and chemistry, and become the research frontier and hotspot in the field of new materials in the world. Once a breakthrough in the preparation technology, the application research and market development are made, carbon nanotubes will certainly promote the development of nanotechnology. At the same time, it will drive the rise of a series of related high–tech industries and trigger a new revolution of science and technology.

20.2　Graphene Composite Materials

With excellent optical, electrical and mechanical properties, graphene is considered as a revolutionary material in the future. According to its characteristics of ultra–thin and super–strong,

graphene can be widely used in various fields, such as ultra–light body armor and ultra–thin ultra–light aircraft materials. Because of its excellent electrical conductivity, it has great application potential in the field of microelectronics. In addition, graphene material is also an excellent modifier. In the field of new energy such as supercapacitor and lithium ion battery, graphene material can be used as an auxiliary agent of electrode material due to its high conductivity and high specific surface area.

20.3 Metal–Organic Frame Composites

In metal–organic framework (MOF) composites, the arrangement of organic ligands and metal ions or clusters has obvious directionality and can form different frame pore structures, thus showing different adsorption properties, optical properties and electromagnetic properties. In the past few years, various types of MOF materials have been prepared abroad, and have important applications in hydrogen storage, gas adsorption and separation, sensors, drug sustained–release, catalytic reactions and other fields. After recent studies, MOFs have gone through the accumulation stage of original materials, hoping to further advance to the engineering application stage with the promotion of the industry.

20.4 Two-Dimensional Transition Metal Carbides or Carbonitrides

The two–dimensional transition metal carbide or carbonitride (MXenes) is a novel two–dimensional structural material with the advantages of high specific surface area, high conductivity of graphene, flexible and adjustable components, controllable minimum nanometer layer thickness. It has shown great potential in the fields of energy storage, adsorption, sensor, conductive filler and so on. "*2D metal carbides and nitrides for energy storage*", published on *Nature Reviews Materials* in February 2017, has been quoted more than 400 times in less than two years, and another paper published in *Science* has been quoted more than 350 times in two years, indicating that this field is a hot research topic of composite materials.

After decades of development, the discipline of composite materials in our country has formed a complete academic system, personnel training system and infrastructure construction. It is basically formed the multi–level framework model for industry–university–research cooperation under the unified coordination of the society, including the cultivation of talents in colleges and universities, laboratories and research center platform at all levels to carry out the basic research and technology transfer, and enterprise R&D center docking and realizing technology industrialization. However, the development of composite science in our country still faces many demands and practical challenges including low cost and high efficiency production, reliability in extreme environments, structural evaluation of composite materials in early production, maintenance and life extension, intelligent and functional structure, etc.

Under the guidance of "*Made in China 2025*", we should aim at a new generation of information technology, high-end equipment, new materials, biological medicine, and other strategic priorities, guide the society gather various resources, and promote the rapid development of advantages and strategic industries. Our country has defined ten major fields of domestic manufacturing, among which advanced composite materials in the field of new materials are one of development focuses. The research subjects such as design, analysis, manufacturing, application and evaluation of composite materials will play more important roles in promoting the scientific and technological progress of the industry, promoting the transformation and upgrading of the industry, and serving the implementation of the national major strategic deployment. According to the above analysis, the following points should be paid attention to in the study of composite materials in our country:

(1) Strengthen research on basic technologies and key equipment. It is necessary to strengthen basic research and frontier technology research through interdisciplinary and cross-domain technology integration and support the integration of artificial intelligence with big data technology, composite material modification and characterization technology, materials genome database construction and application, multi-scale material simulation methods, composite recovery and reuse and other basic theories. Constructs a whole set of efficient technology including molecular design, cross-scale analysis, centralized characterization, effective recovery and utilization of composite materials, and constructs an intelligent and efficient composite research system to provide technical support for the sustainable supply of mineral resources in our country.

(2) Integrated technology of composite structure design-analysis-evaluation. Composite materials, as interfacial phase materials of multiphase mixing matrix, have remarkable and abundant meso-structural characteristics, therefore its macroeconomic performance and damage failure rule not only depends on the characteristics of each component material, but also depends on the mesoscopic structure characteristics of composite materials. Composite material also has the characteristics of material-structure-process integration, especially for multi-directional braided composites and the filament wound advanced materials. The design and manufacture of the material and structure of the component include the simultaneity of component material-composite material-the structure three levels. Therefore, the research idea of design and evaluation integration must be adopted in the study of composite materials.

(3) Multifunction becomes an important goal in the development of composite materials in the future. Carbon nanotubes and graphene have excellent mechanical properties, electrical and

thermal conductivity, etc., and their composite with polymer matrix should significantly improve the properties of carbon nanocomposites including mechanical properties. However, the properties of carbon nanotubes and graphene are difficult to stabilize, and only a very small amount of carbon nanotubes can be added to the polymer matrix. So the mechanical properties of carbon nanocomposites have not been significantly improved, but the conductivity has been significantly improved, making the polymer transform from insulator to conductor, then the real target of carbon nanocomposites in the future should be multi-function.

(4) Environmental friendliness expedited green composite material, thermoplastic composite materials and high efficient recycling technology. Green composite material refers to a new composite material made of biodegradable biomass resin or biodegradable synthetic resin reinforced by biodegradable fiber such as natural fiber. Advanced thermoplastic composites also have the characteristics of high performance, lightweight and recyclability, with the development of advanced thermoplastic composites online forming technology, the application field of thermoplastic composites will be further expanded. In addition, the high efficient recycling technology of composite materials based on biodegradation and chemical decomposition will also be an indispensable key technology for the development and application of resin matrix composite materials.

(5) In the era of "Internet", composite materials will face profound changes in research methods. In the era of "Internet", the speed of social development will be greatly increased, so it is necessary to develop the understanding method of composite material research. Firstly, find out the correct position of information, and then develop and improve the existing simulations and more accurate models. Nano-composite material, intelligent composite material and structural-functional integrated composite material have become the new direction of the development of composite material. In the background of big data and "The Internet +", the material design and material gene plan also get more and more attention, and the development of new composite materials will be promoted. Therefore, we should pay attention to the scientific development of composite materials and develop more advanced and new composite materials to meet future application needs.

21. Photogrammetry and Remote Sensing

This report is compiled for the first time, which based on the remote sensing platform and sensor, analyzing the latest research hotspot, frontier and trend of this subject in the world, and summarizes the new viewpoints, theories, methods, technologies and achievements of photogrammetry and remote sensing in China. The report objectively reflects the development of the subject at home and abroad, and analyzes the future development strategy and key development direction of photogrammetry and remote sensing in China, so as to gather wisdom for the construction and development of photogrammetry and remote sensing.

This report mainly introduces the recent research progress and future development trend of remote sensing platform and sensor, photogrammetry and remote sensing theory technology, and expounds the latest progress and future development trend of remote sensing platform and sensor, photogrammetry technology, high spatial resolution remote sensing technology, hyperspectral remote sensing technology, synthetic aperture radar technology and Lidar Technology.

Remote sensing technology has entered a new stage, and it is able to provide the Earth observation data in a dynamic, fast, multi-platform, multi-temporal, high-resolution manner. So far, America, France, Germany, Japan, India, Israel and South Korea all have their own high-resolution Earth observation satellite systems. China has also launched a Gaofen project, which is of great significance for promoting the construction of China's space infrastructure and for the application of remote sensing. China has formulated the *"National Medium- and Long-Term Development Plan for Civil Space Infrastructure (2015—2025)"* , which clarifies the construction tasks of the three phases. Since its implementation, the first phase has been completed, and the second phase has been steadily advanced, and eventually, it will form the global remote sensing data receiving and service capabilities.

In recent years, the theory of photogrammetry has been merging with computer vision and deep

learning. The principles of photogrammetry and computer vision are similar. With the wide applications of digital cameras and the rapid development of digital close-range photogrammetry, these two areas are getting closer and closer.

The related technologies of photogrammetry are also emerging with new breakthroughs. In terms of data acquisition, current photogrammetry can quickly acquire multi-temporal, multi-angle, multi-spectral, multi-resolution images from different scales such as close-range, aerospace, and aerospace. Integrated innovations in hardware such as laser scanner, panoramic camera, and depth camera are accelerating the adoption of photogrammetry.

In terms of data processing, the traditional structure from motion technology has become better, and other technologies like self-calibration, bundle adjustment and Feature matching have made breakthroughs, too. The improvement of hardware has also led to the transformation of data processing methods. Simultaneous Localization and Mapping (SLAM) technology has become a new research hotspot in the field of photogrammetry.

Looking into the future, the development of the photogrammetry discipline will gradually move towards real-time, open, automated and intelligent. As the data available for aerial imagery increases geometrically, the characteristics of short period and time-sensitive tasks have placed new demands. It is foreseeable that cluster processing, multi-person collaborative work, parallel computing and real-time processing are likely to be the keywords for depicting photogrammetry. In present, the fields of point cloud recognition, segmentation, classification and target detection on the microscale are in full swing. On the macroscopic scale, the areas of road extraction, scene semantic segmentation, road traffic indicator recognition also provide more possibilities for the future application.

The current progresses of high spatial resolution remote sensing data information processing technology are mainly reflected in the following aspects: ① The combination of star sensor and gyro is used for satellite attitude measurement. ② In terms of geometric modeling, strict imaging models have always been an important choice. ③ The problems of geometric calibration regarding the internal and external orientation elements of satellite-to-ground imaging are mainly solved by ground-based high-precision digital geometry calibration. ④ In terms of platform tremor processing, high-precision gyro or angular displacement measuring equipment is generally used to achieve high-precision attitude change measurement. ⑤ Sensor correction processing is mainly based on the high-precision strict geometric model and calibration technology of the unified platform. In this way, it aims to realize the unification of the geometric reference on the satellite platform and ensure the internal geometric accuracy of all load images. ⑥ In terms of relative radiation correction, the normal push sweep mode mainly includes indoor relative radiation calibration, outdoor relative radiation calibration, in-orbit calibration, and on-site relative radiation calibration. In the yaw 90°

imaging mode, there is mainly a uniform scene calibration based on linear model, a piecewise linear scaling and a histogram matching based calibration. ⑦ In terms of high–precision image restoration, remote sensing image Modulation Transfer Function Compensation (MTFC) is a relatively common image restoration method. Currently, the main breakthrough is the accuracy of MTF curve. Following the development of remote sensing technology and artificial intelligence, deep learning has been widely used in the classification, recognition, retrieval and extraction of remote sensing images.

The development of future high–resolution optical remote sensing satellites will show the characteristics of improving the performance of single satellite, changing from traditional single satellite observation mode to constellation observation, integration of satellite observation resources, communication/navigation cluster resources, ground processing resources and users. Artificial intelligence technology will also play an increasingly important role in all aspects of high–resolution remote sensing data processing.

The research progress of hyperspectral remote sensing data processing technology mainly includes the following aspects: ① In terms of hyperspectral data noise reduction, strip noise reduction mainly includes spatial statistics, optimal linear coefficient and transform domain de–banding; image denoising processing mainly includes spectral domain denoising and spatial domain noise reduction, spatial–spectrum integrated noise reduction etc. ② Hyperspectral image mixed pixel decomposition, mainly including convex geometric analysis, statistical analysis, sparse regression analysis and spectral–space joint analysis method. Semi–supervised mixed pixel decomposition, non–linear mixing pixel decomposition and high–performance computing have also become research hotspots. ③ In terms of hyperspectral image mosaic, the related algorithm presents multi–index synthesis, multi–source sensor synthesis, and enhanced robustness. ④ In terms of hyperspectral target detection, real–time processing becomes a new direction. ⑤ In terms of hyperspectral classification, recent advances have focused on the combination of abundance information classification methods, hyperspectral nonlinear learning theories and methods, and constructing models for multi–manifold structures in images. In addition, deep learning has become a research hotspot in this research area.

The research progress of synthetic aperture radar (SAR) data processing technology mainly includes the following aspects: ① The methods of SAR image geometric correction contains two kinds. One type is a transformed from optical remote sensing image digital photogrammetry, and it is based the collinear equation orientation. The other type is based on the conformational geometry of SAR itself, and there are corresponding open source codes and application software implementations. ② The research field of polarized SAR is wider and wider. Polarization decomposition is the most important means of scattering characteristic analysis. ③ Interference processing technology has been widely used. Permanent scattering technology, time–series SAR interferometry, distributed scatters have been developed to overcome the limitations of traditional InSAR techniques in slow surface

deformation surveillance. Research hotspots in the field of time series InSAR have gradually turned to the exploration of distributed scatters. ④ With the rapid development of big data and artificial intelligence technology, SAR image interpretation in the era of remote sensing big data has become a great scientific application challenge. There is an urgent need to develop advanced SAR intelligent information acquisition methods.

Future developments of SAR mainly include the following aspects: building a high-precision ground control point database, establishing a bistatic synthetic aperture radar (BISAR) geometric correction model, and in-depth study of high squint SAR imaging technology to improve the geometric correction level. The introduction of polarimetric SAR target decomposition model into polarization interferometric SAR, three- and four-dimensional SAR to improve information acquisition accuracy, and also the combination of polarization information with three- and four-dimensional SAR is an important direction for future development. With the rapid development of artificial intelligence, especially deep learning, the use of MT-InSAR for disaster warning will become an important research direction in the future.

After the 1990s, LiDAR technology has experienced explosive growth. The main progress includes: ① The academic and industrial circles have conducted in-depth research on the sources of errors regarding ground 3D laser scanning point clouds, and also explored the direction of error reduction. ② By converting point cloud data into volume representation, processing methods based on deep learning are generated, such as PointNet, PointNet++, and Kd-Network. ③ LiDAR has been widely used to estimate geology applications such as flood depth and coastline extraction. It has also been widely used in many fields such as rapid acquisition of 3D city morphology, forest biomass estimation, 3D reconstruction, deformation analysis and map production. ④ In the research of multi-source data intersection, the integration of LiDAR and other technologies has become one of the core directions in the surveying and mapping.

In the future, the collection of data will brace the integrated acquisition of geometry, physics, and even biochemical property. The platform will also be transformed into ground-to-air flexible platform to achieve comprehensive data acquisition. At the same time, the three-dimensional scene representation is developed from the visualization to the computational analysis in order to realize the point cloud fine-classification automatic processing. The integration of point cloud and image data enhances the ability to characterize the object. The point cloud will become a new type of model following the traditional vector model and grid model.

Remote sensing technology plays an important role in many applications and service fields. For example, remote sensing technology can comprehensively, stereoscopically, quickly and effectively detect the distribution, stocks and dynamic changes of natural resources such as geology, forests and grasses, etc. In the field of ecological environment, remote sensing can serve the monitoring and quality assessment of environment, pollution prevention, and ecological protection. Remote sensing also plays a critical role in other fields, such as emergency management, transportation, water conservancy, meteorology.

22. Command and Control

22.1 Introduction

Through the dynamic iterative process of intelligence synthesis, situation analysis, planning decision–making and action control, command and control is to comprehensively utilize digital, networked and intelligent technologies, to organize leadership, plan coordination, and monitor scheduling on the confrontation, emergency and group actions in the military and public security fields. The discipline of command and control is a discipline on the theory, methods, techniques, systems and engineering applications of command and control. It is a specialized knowledge system formed in the process of command and control cognition and practice. It is a comprehensive and cross–disciplinary discipline that combines the control science, information science, and military command science, system science, complex science, intelligent science, cognitive science, mathematics, and management science. The discipline of command and control covers command and control of combat, non–war military operations, and public security and civil affairs in the areas of anti–terrorism, disaster relief, emergency response, and traffic management. The main body of the discipline development involves the military, colleges and universities, defense industry departments, research institutes, think tanks, etc., and the power structure is diversified.

In recent years, it has coincided with "a great change unseen in a hundred years" in the world. With the revolution in the world's military, the adjustment of the national military strategy, the real needs of social governance, and the development of information technology and weaponry technology, the development of China's command and control discipline has always been oriented towards the strategic commanding heights of national security, the era of technology development, and the development planning and system framework of the country and the military. It reflects the

phased features of "network information system based, multi–domain precision warfare, emphasis on mission–based command and real–time weapon control, highlighting data drive and knowledge guidance, focusing on human–machine hybrid intelligence and Autonomous coordination".

In the past five years, the research hotspots of this discipline have been mainly distributed in the fields of model, simulation, indicator system, system architecture, artificial intelligence, efficiency assessment and big data, especially in indicator system, artificial intelligence and big data. The most active area of research is the military field, followed by traffic and emergency command. As a new force in the development of this discipline, the academic contribution of doctoral/master's thesis in the main direction of the discipline has taken a large share, reflecting that the discipline has considerable scale and effectiveness in the talent cultivation and reserve forces. However, research on basic concept and organizational model, efficiency evaluation model and cutting–edge assisted decision–making needs to be strengthened and improved.

22.2 Current Research

22.2.1 Command and Control Theory

Basic theory of command and control. Domestic research mainly focuses on the global operations, mission–based command, theater joint operations command and control, intelligent command and control based on the network information system, and also focus on defining the connotation, clarifying the mechanism, designing the model, and asking questions. At the same time, the US military has also proposed combat concepts such as multi–domain operations, algorithm warfare, and mosaic warfare. In general, the research of domestic scholars still begins with tracking the results of foreign countries, especially the theoretical research of the US military, and understanding and drawing lessons from it.

Command and control process model. With the continuous evolution of the new operational concept and its command and control system, the classic OODA process model is gradually unable to adapt. Most researchers optimized the OODA ring model based on different operational scenarios and combat missions. A few researchers independently proposed a new command and control model. Foreign countries are also re–examining the command and control process model from the perspective of war form changes and reconstructing the OODA model. The basic ideas at home and abroad are on the one hand, practical improvement combined with the characteristics of the military service and the specific requirements of the combat style, and on the other hand, incorporating information, knowledge, uncertainty and other elements to intelligently improve.

Command and control system structure. Domestic research focuses on the command and control system, the organizational structure of command and control, the measurement method of command and control structure, and the development method of command and control system architecture. Some achievements have been made in the aspects of complex network, C2 organizational design and measurement, architecture analysis verification and evaluation methods. Some achievements have made in the areas of verification and evaluation methods. Compared with foreign research, domestic researches on the factors and measurement of command and control organizational agility, command and control organizational structure optimization design, system structure integration and optimization methods are still weak.

Command and control effectiveness evaluation. In recent years, China has developed rapidly in command and control effectiveness evaluation. System dynamics model, network analytic hierarchy process, cloud model, fuzzy theory, neural network, multi-agent coordination and other evaluation methods are widely used. At the same time, combined with the actual situation of our army, the construction of the system operational effectiveness evaluation index system and the effectiveness evaluation method based on the system contribution rate have been greatly developed, which plays an important supporting role for the development of the command and control efficiency evaluation. In terms of quantitative analysis and effectiveness assessment, the methods and research results are close to or reach the level of foreign research. Foreign research has focused on quantitative assessment issues and effectiveness assessment issues, and proposed some new methods.

22.2.2　Command and Control Technology

Common support technology. In terms of the construction and application of knowledge graphs, the technical strength at home and abroad is basically the same, but there is a certain gap in practical application. The United States has deployed a number of major projects in the military field and made major breakthroughs. Relevant applications such as multimedia data associative reasoning in the military field are ahead of China. In terms of intelligent gaming, the US military is actively exploring the combination of intelligent technology and war game system, but it is still in the primary research stage, the relevant technology is not yet mature, and the domestic researches reference to the development of the US military, but started late, the current research on intelligent gaming has just begun. In terms of simulation modeling, the US military has developed a large number of simulation training systems, while the overall domestic research generally draws on the development route of the US military, but it started late, especially in intelligent simulation. In terms of human-computer interaction, the US military has witnessed successful trials and applications of more mature products and related aspects in intelligent interaction, human-machine integration and smart wearable devices. There is a certain gap in domestic technology level, and there are few mature technology products, especially in terms of brain-computer interaction and intelligent integration

of human-computer integration, the domestic research is still in its infancy, and there have been successful application tests abroad, having a large gap.

Situational awareness of cognitive technology. In terms of situational awareness, the US military has realized the detection and perception mode of the open space network situation, and the unmanned platform that can fly over the theater to obtain information difficult to be gained in the single-base system. Domestically, small-target, stealth target identification and tracking technologies, joint battlefield situational awareness system construction, and networked situational awareness information system construction have made great progress. In terms of situational cognition, the US military has launched a number of intelligent situational awareness projects, focusing on distributed battlefield situational awareness technologies under the conditions of network-centric warfare, autonomic situational awareness of unmanned platforms, and algorithmic warfare; domestic artificial intelligence Military application research has become a hot spot, and significant progress has been made in the aspects of human-computer integration situational awareness, battlefield situational cognition system, networked operational target system inference, and threat estimation intelligent algorithm.

Mission planning techniques. The domestic theory and practice of combat planning in the theater has made certain breakthroughs, especially in the field of joint operations, and achieved rich results through some special constructions; multi-firepower, multi-strength cluster collaborative planning, human-machine hybrid intelligent decision-making has become an important development direction of action planning. Compared with foreign research, most of the multi-strength and multi-fire coordination planning research is still in the concept research stage. In the large-scale complex operational scenarios, multi-agent planning decision-making needs further research.

Action control technology. The multi-weapon platform collaborative control has become an important development direction. The US military weapon collaboration data chain has matured. China has made great breakthroughs in the research of ground-fixed and low-speed mobile platform collaborative networking technology. Around the action control modeling, action control optimization and decision-making, combat action effectiveness evaluation, both domestic and foreign researches are in the theoretical stage, and various advanced methods such as artificial intelligence and game theory are carried out.

Command and control guarantee technology. In terms of top-level architecture design, the foreign military has been facing a strong confrontation environment, carrying out open architecture design, development, integration and test verification. The support system has the ability to quickly update and adapt to new technologies. China is developing a "cloud" service system architecture. The open architecture is still in the theoretical research phase. In terms of facility interconnection, domestic and foreign researches are developing high-reliability network communication facilities that are resistant to interference and difficult to detect. The technical equipment capabilities such as software radio, cognitive radio, and directional link communication are at the same level. In terms of information services, a large number of intelligent information researches have been carried out at home and abroad. By integrating cognitive computing, artificial intelligence and other technologies, users can obtain more accurate and valuable knowledge from the original information. In terms of security, both domestic and foreign researches are seeking means and methods to transplant the human immune system into the information infrastructure environment, in order to ensure that the information infrastructure can operate effectively when attacked by the enemy. In terms of data security, the domestic research has done a lot of work in data acquisition, reorganization processing, integrated fusion, and the in-depth analysis and mining of data has become the focus.

22.2.3 Command and Control Application

Joint operational command and control system. Our military is gradually improving the theater joint battle command system, and has completed the joint operation of the theater, and built our first command information system for joint operations. Scholars generally carry out research on the characteristics of future command information systems such as intelligence, knowledge-driven, resilience, and agility. At present, there is a little gap between the software technology of the joint operational command and control system at home and abroad, and the difficulty lies in cross-domain integration. However, from the overall level of system and organizational use, we still have significant gaps in the joint mission planning system and the distributed collaborative joint tactical command and control system.

Network operations command and control system. From the perspective of command and control, the study of cyberspace attack and defense confrontation has received the attention of the academic community. The United States Joint Chiefs of Staff released a new version of the cyberspace warfare command JP3-12, which will guide and promote the application of the US cyberspace operations. It is a milestone for cyberspace operations and a significant reference for researching cyberspace and cyberspace operations.

Unmanned combat command and control system. The unmanned platform of point-to-point command and control is developing rapidly, but the single unmanned platform command and control system with soft definition and access capability of combat cloud is underdeveloped; the demonstration and verification of coordinated command and control for multiple unmanned platforms is gradually started, but it has not yet matured. The military and civilian systems for unmanned cluster command and control have developed, but there is still a big gap between the intelligent and real cluster capabilities; the unmanned combat command and control autonomy and intelligence are insufficient.

Space operations command and control system. Although China's space combat command and control system is developing at a rapid pace, there is still a gap compared with foreign armies: space

warfare forces are scattered, and space warfare forces cannot be fully integrated. There is no fast and effective space joint warfare mechanism among various arms; space battlefield situational awareness ability is weak, and it is impossible to monitor the global space situation in real-time. On the one hand, it is because of that the ground-based monitoring system and the space-based monitoring system cannot effectively cover the global scope in real time, the detection capability needs to be improved urgently. On the other hand, despite the establishment of the Beidou system, it is still difficult to achieve rapid global broadband access. The space combat mission system is slow to update, unable to meet the space-aware fusion and combat mission planning assessment under the rapid battlefield changing situation, and is not enough to achieve intelligent cognition and decision-making ability.

Public safety command and control system. China's comprehensive disaster emergency management system started late, and it needs to refer to foreign mature and excellent emergency management system; foreign risk assessment and prevention technology are relatively advanced on theoretical level and model establishment. At present, mainstream risk assessment models are from abroad. Domestic scholars' research mostly focuses on localization improvement of the model in accordance with local specific conditions to adapt to China's social public security environment. At present, China has made great progress in monitoring and forecasting environmental disasters, and initially built a disaster monitoring and early warning and forecasting system, but there are still some gaps in the ability of refined forecasting and early warning and forecasting information release. The foreign research of emergency management command system is mostly based on the actual situation in its country, and is applicable to the actual situation of emergency management in western countries. In the design of emergency management command system in China, there is a lack of effective contact and communication between organizations. Resources cannot be well centralized and utilized, and emergency forces cannot be used to maximize their effectiveness in responding to emergencies.

Traffic command and control system. Foreign development started earlier, and has formed a world-leading mature product of traffic command and control system, and all aspects of technology are leading. In contrast, domestic development started late, but it has carried out a lot of research work in keeping with the international pace. Although there is still a certain gap from practical application, in terms of intelligent traffic command and control, it has also shown vigorous growth in recent years, and the technological progress is faster.

22.3 Perspectives

Facing the new era of national, national defense and military development strategies, adapting to the development trend of science and technology, in the next five years, the discipline of command and control will pay more attention to the strategic orientation of system success and independent originality, to the global coordination, agile and resilient operational forms, to the complex dynamic and cognitive gaming scientific mechanism, and to the technological route on human−machine intelligence and the network cloud edge. The development theme of command is intelligent decision−making, highlighting combat system analysis and war design, agile adaptation, temporary decision−making, human−machine hybrid intelligence, group intelligence, uncertainty decision, incomplete information game, cognitive confrontation and so on. The development theme of control is online collaboration, highlighting 5G+ control, IoT+ control, distributed independent collaboration, unmanned autonomous collaboration, manned and unmanned collaboration, and edge AI.

23. Basic Agronomy

The *2018−2019 Report on Basic Agricultural Development* focuses on agricultural biology. It summarizes the latest progress and representative achievements of crop germplasm resources, crop genetics and breeding, crop physiology, agroecology, agricultural microbiology, and agricultural bioinformatics in recent years.

23.1 Crop Germplasm Resources, Crop Genetics and Breeding

In general, the development of crop germplasm resources has reached the international advanced level. The total number of crop germplasm stored in the long−term repository has reached more than 500 000, ranking second worldwide. In addition, research on hybrid rice and rapeseed achieved leading place internationally, while gene editing, genetic modification, and other technologies have entered the first camp, and the ability to cultivate new crop varieties has been greatly improved. In the future, the research on germplasm resources will focus on in−depth evaluation and acceleration of innovative utilization. The further development of modern molecular breeding theory and technology will continuously bring breakthroughs of crop genetic breeding and diverse new varieties.

23.2   Crop Physiology

From microscale physiology and biochemistry to molecular regulation, it has reached the international leading level in the areas of the structure and function of the light–harvesting pigment protein complex, and the artificially designed photosynthetic crop to reduce photorespiration. Great progress has been made in the mechanisms of growth and development, the formation of ideal plant types, the regulation of rice and wheat assimilate transportation and grain filling.

Future research will focus on the discovery of efficient photosynthetic germplasm resources and analysis of key genes and metabolic pathways, to improve crop productivity and quality, reveal physiological mechanisms of crop drought tolerance, clarify molecular mechanisms of crop absorption and utilization of mineral elements, and target on the innovative theory and practical application technology for post–harvest physiological improvement.

23.3   Agroecology

The systematic theory of high yield and high–efficiency planting based on the rational utilization of annual temperature and light resources was developed and formed a unique Chinese–style of high–yield integrated farming theory. Studies on rice–fish co–growth model, allelopathy and induced resistance of crops against weeds have reached the international frontier. Significant progress has been made in research on the soil quality issue of continuous cropping. Future research will focus on the development of the integrated planting and breeding production system, the establishment of the efficient utilization model of the entire industry chain of resources and waste recycle, the development of efficient and diversified planting systems such as crop rotation and intercropping, and the development of climate–friendly agricultural technics.

23.4   Agricultural Microbiology

These areas have reached the international advanced level: microbial mechanisms, eco–friendly pests control, disease control of major livestock and poultry, biological nitrogen fixation, and microbial enzyme engineering. The feed additive enzyme has become a high–tech industry with international competitiveness. Future research will focus on the interaction of microorganisms with the host and the environment using omics techniques, the function and application of novel regulatory non−coding RNAs, as well as metagenomics and metabolomics.

23.5 Agricultural Bioinformatics

The world's largest database of horticulture omics was constructed, and through which the process of domestication was analyzed in depth. The world's most efficient third−generation long−sequence assembly algorithm has been developed. The genome assembly efficiency increased by 6 000 times, making it the first technique that can meet the growing need of the current and future sequencing throughput. Bioinformatics is becoming an indispensable technic for fundamental agricultural research. Phenotypic omics, as a key to break through the research and application of crop science in the future, has been widely concerned.

24. Forest Science

Forest, grassland, wetland and desert are the most important components of terrestrial ecosystem, and foundation of sustainable development of economy and society. Since the 18th National Congress of the Communist Party of China, President Xi Jinping has pointed out a series of important instructions on ecological civilization construction, as well as forestry reform and development, and highlighted that forest construction is a fundamental issue related to the sustainable development of the economy and society.

Forest science mainly takes four major ecosystems (including forestry) as research objects to reveal substantial rules of biological phenomena and focuses on forest resource cultivation, protection, silviculture, management and utilization etc. At present, China has already formed a comprehensive discipline system of forestry science. However, compared with the forest developed countries, China's forest science and technology is in the stage of "follow−up and partial leading". There is still a big gap comparing with the international and industrial development needs.

Facing the trend of intelligent and multivariate tree breeding, precise and intensive forest cultivation, fine and stereoscopic forest resource monitoring, multivariate technology and diversified target of forest ecosystem restoration, green and intelligent manufacturing forest product supply, we need to focus on the current situation of forest resources and stick to the "Three-Facings". Under the guidance of the thought on socialism with Chinese characteristics for a new era, we need to further implement the innovation-driven development strategy and rural revitalization strategy, strengthen basic research, applied basic research, key technology conquest and integration, and industrial development of forest science and technology, optimize innovation platform of forest science and technology, train innovative talents for a new era, promote high-quality development of forestry and provide support for the construction of a beautiful China and ecological civilization.

The *2018-2019 Forest Science Development Report* covers the studies of 17 disciplines (fields), including wetland science, soil and water conservation, desertification control, grassland science, forest economic management, undergrowth economy, forest fire prevention, forest park and forest tourism, nature reserve, landscape architecture, dendrology, introduction and domestication of exotic species, poplar and willow, precious tree species, eucalyptus, Chinese fir, bamboo and rattan. This report mainly summarized the significant research progress of these 17 disciplines in recent years, analyzed the development of veins and rules, pointed out the development trends and key research directions. This report has important reference value for readers to understand the scientific frontier, major research progress and development trend of forest science.

25. Veterinary Medicine

Veterinary Medicine is a scientific knowledge system and practice for studying the laws of animal life activities to prevent, diagnose and treat diseases. There are two distinct veterinary academic systems in China, namely traditional veterinary medicine and modern veterinary medicine. These two coexisting academic systems play their respective advantages in clinical practice and jointly promote the development of Chinese veterinary disciplines.

Animal anatomy, histology and embryology is one of important basic disciplines of animal science and veterinary medicine. In recent years, this discipline has developed rapidly, mainly including: The increase in the variety of research animals; the display of various changes in morphology at the molecular level; from the perspective of multiple factors of time and space, study on the changes of animal morphological structure; the thorough research on the formation mechanism and regulation mechanism of morphological structure; the increasing combination of basic research and practical application; the widely application of digitalization and information technology; the fruitful achievement in teaching research and teaching reform; compared with foreign countries, many teaching and research achievements are on the top. The future development direction is to continue to deepen basic research, strengthen the promotion and application of scientific research achievements, promote cross-disciplinary integration, popularize digital anatomy, and create an environmentally-friendly environment of anatomical teaching.

As an indispensable part of modern veterinary medicine, in recent years, the animal physiology and biochemistry has received extensive attention from scientists and made obvious progress.In the field of animal growth metabolism, we have screened several kinds of nutrients that can play a role in epigenetic regulation and studied their specific mechanismin a variety of epigenetic pathways just like DNA methylation, histone acetylation, and miRNAs. We also focus on skeletal muscle development and the role of adipokines ZAG in the regulation of Lipid metabolism. In the field of reproductive physiology, we have systematically studied the female embryo development, male gamete development, embryo implantation and maternal-fetal dialogue, which has laid a solid foundation for researching the regulation of livestock pregnancy. In the field of animal immunity and stress, we have explored regulation mechanism of cold stress on homeostasis and analyzed the influence of chronic stress on the metabolic function of livestock and poultry. The frequency and diversity of Ig coding genes at different developmental stages of swine has been found.In the field of digestive physiology of ruminants, significant progress has been made in the development and function of rumen tissue, rumen digestion and escape technology, and research on improving or regulating rumen digestion performance. In short, animal physiology and biochemistry as a basic discipline of animal medicine, its development has laid a good foundation for the development of animal medicine science.

As is "pathology-oriented, in-depth exploration, precision service" the guiding ideology in recent years,veterinary pathology in the discipline development, mechanism exploration, industry services, personnel training and other aspects have developed rapidly and significantly improved. New methods of pathology, new technologies, new disciplines are emerging, the field of veterinary pathology applications is expanded in all directions; in-depth excavation of a variety of major animal diseases, common diseases or new diseases of the pathological mechanism, has achieved a

lot of breakthrough results;closely combined with animal clinical diagnosis, to solve the production line problems; industry services significantly broadened, pathological diagnosis of diseases involving in livestock, wild animals, aquatic animals, experimental animals, epigenetic identification of experimental animal diseases, clinical pathological diagnosis of companion animals, evaluation of pharmacotoxic pathology, etc.; original animal pathology maps, fine pathology teaching materials, etc. have been published, at the same time, microscope interaction and the application of digital scanning platform significantly improved the quality of teaching; insight into the development needs of the industry, promote self–discipline in the veterinary pathology industry, significantly enhance the comprehensive business capabilities of pathology professionals; actively respond to the state, give full play to pathological expertise, devote themselves to target poverty alleviation; formulate technical norms for the pathology industry, and carry out animal health monitoring.

In recent years, veterinary pharmacology and toxicology have carried out systematic and in–depth research in veterinary pharmacodynamics, toxicology, drug resistance, pharmacokinetics, veterinary drug residues, and consistent evaluation of new veterinary drugs. Pharmacodynamics mainly focuses on the field of anti–infective drugs, especially for the increasingly drug resistance of pathogenic bacteria in livestock and poultry; toxicology mainly focuses on toxicological safety evaluation of new veterinary drugs (or feed additives) and current veterinary drugs (or feed additives) with incomplete toxicological data; drug resistance is mainly concerned with carbapenemase–producing pathogens, mcr–1 gene–carrying pathogens and methicillin–resistant Staphylococcus aureus; pharmacokinetics mainly focuses on pharmacokinetics/pharmacodynamics synchronization model and physiological pharmacokinetics, formulates rational medication schemes for veterinary clinical commonly used drugs, predicts dose adjustment and species extrapolation, and reduces drug resistance; veterinary drug metabolism and residue research carried out more than 10 important veterinary drugs in experimental animals and food animals comparative metabolic kinetics and in vivo disposal research. The development trends and strategies in the next five years are: ① finding new drug targets and drug resistance reduction products is an important task of pharmacodynamics; ② improving the safety evaluation ability of veterinary drugs and feed additives, and strengthening the standardization of evaluation process are the development trends of toxicology; ③ drug resistance research should be carried out on drug resistance monitoring and drug resistance reduction; ④ pharmacokinetics should play more roles in veterinary drug consistency evaluation, rational drug use and drug resistance control; ⑤ veterinary drug residues should strengthen the research of veterinary drug residue early warning technology and veterinary drug residue reference materials, and strengthen the integration of standardization and monitoring.

Veterinary immunology is an important core discipline of veterinary medicine, which has extensive links and overlaps with veterinary microbiology, veterinary epidemiology and veterinary parasitology.

Veterinary immunology is a branch of immunology that studies the structure and function of the animal immune systems, the mechanisms of immune response. Veterinary immunology aims to understand the composition of different animal immune systems, immune recognition and response to infection, and to develop new diagnostic, preventive and therapeutic techniques. In the past five years, with the continuous innovation of immunology technology and theory, the field of veterinary immunology has developed rapidly with the following features and progress: ① the new techniques are applied rapidly in the research of veterinary immunology; ② the composition of immune system of poultry, pigs, cattle, horses, sheep and other animals has been continuously studied; ③ the field of infection and immunity has become a hot spot in the field of veterinary immunology, and a series of molecular mechanisms of antiviral natural immune response have been discovered; ④ many novel molecular immunology mechanism have been discovered, especially in the pathogen recognition, activation and regulation of innate immune signaling pathway, and the antagonism and escape mechanism of pathogens.

From 2015 to 2019, the discipline Veterinary Microbiology in China has achieved fruitful results in many aspects. As for pathogen surveillance, it is becoming more accurate and convenientfor identifying new and variant pathogens.Microbial structure, function and pathogenic mechanism have been extensively studied.A large number of functional genes have been identified. The structure–function relationship of the virulence–associated proteins, the interaction between pathogenic microorganisms and their target cells and the molecular basis of pathogenicity to the host have been revealed.Microbial drug resistance has attracted much attention. Antibiotic substitutes such as microecological preparations have become one of today's scientific research hotspots. Also, a series of important detection techniques are increasingly developed, from LAMP, qPCR and gene chip technology to RNA sequencing and single–cell sequencing, and from ELISA, colloidal gold test strips to liquid chips, metabolomics and biosensors.The new methods provide us an important guarantee for early warning and tracking of new epidemics.Although the development of veterinary microbiology in China has reached the international advanced level in most fields, scientific research is limited to partial innovation through technical tracking and research object replacement. In future studies, more attention should be paid to open up major innovations of new directions.

In recent years, the subject of animal infectious diseases in China has made rapid development and major breakthroughs in scientific research, personnel training, achievement transformation, condition construction, application demonstration, system integration, animal epidemic prevention system and prevention and control mechanism construction. A series of papers have been published in international famous journals such as *Nature*, *Science*, *PNAS*, and a number of new technologies and techniques have been established. The number of patents has increased dramatically, the application and approval of new veterinary medicine certificates has been accelerated, and a series

of scientific research achievements have been achieved. Scientific research talents and innovative teams have emerged. All these achivement not only laid a solid foundation for the sustainable development of this subject, but also laid a solid foundation for the effective prevention and control of animal infectious diseases, which ensures the healthy and orderly development of animal husbandry in China, as well as the safety of people's lives, social harmony, economic prosperity and long-term stability of the country.

Veterinary parasitology revolves around important parasitic diseases of livestock and poultry and zoonotic parasitosis in recent decade.The parasitic diseases of livestock and poutry were effectively controlled in China, the epidemiological characteristics and pathogenic mechanism of most important zoonotic parasitic diseases were elucidated clearly.The epidemic situation of schistosomiasis continues to decline, and the overall goal of the National Plan for the Prevention and Control of Schistosomiasis in the Middle and Long Term (2014—2015) has been achieved on schedule. It has formulated and revised the agricultural industry standard of "Diagnostic Techniques for Echinococcosis (NY/T1466)". The control strategy of "single extinction pathogen" for non-polluting canine deworming has popularized in nearly 200 counties in echinococcosis high-incidence areas, and compulsory immunization is required by using the recombinant protein vaccine against sheep hydatidosis in epidemic areas. Successful establishment of non-blind-zone immunological diagnosis and testing technology for Trichinella spiralis.Several new veterinary medicine certificates have been obtained for anti-parasitic drugs. Moreover, chicken coccidia vaccine and recombinant protein vaccine for sheep echinococcosis have been also obtained new veterinary drug certificates.

Veterinary public health (VPH) is a component of public health that focuses on the application of veterinary science to protect and improve the physical, mental and social well-being of humans. In several countries, activities related to VPH are organized by the chief veterinary officer. Conventionally veterinary public health has progress in the following areas:Zoonosis control, food production and safety, and environmental contamination etc. Veterinary public health concerns the surveillance and control of zoonosis at many different levels be it via disease control programmes at farm level or wild animals or in the abattoir. And it concerns all aspects of food production chain from controlling epidemic diseases that may impact on agriculture, to ensuring slaughter is conducted safely and humanely.Other issues may concern the use of animals in science, not just for experimentation, but the use of transgenic animals and xenotransplantation or the emergence of resistance to antimicrobial drugs due to their use in animals.

The research carried out in Veterinary internal medicine mainly focused on epidemiology and pathogenesis of nutrition metabolic and poisoning diseases, and elimination rule of feed-origin toxic residuals in livestock and poultry.Disorders of energy metabolism in dairy cattle including ketosis and fatty liver disease were systematically studied, and key technologies of regulating and controlling metabolic diseases in perinatal cows were established. Feed additives were developed to prevent and control heat stress syndrome diseases in cattle and swine.The pharmacokinetic parameters of selenium in various livestock and poultry were obtained, and the prevention and treatment of selenium deficiency in livestock and poultry were established. 316 species of 168 genera of 52 families of poisonous herbs in the natural grassland of China were identified. Among them, there are 20 dominant species including Oxytropisglabra, Oxytropiskansuensis and Oxytropisglacialis. Studies on the hazards of major environmental contaminants including mainly heavy metals have been performed, and the results have confirmed that selenium could antagonize the toxicity of heavy metals such as cadmium and lead, and significantly reduce the levels of heavy metals in tissues. These studies have also suggested that the molecular biological mechanisms by which selenium antagonizes the toxicity of heavy metals are via the regulation of oxidative stress, immunity, endoplasmic reticulum stress and mitochondrial apoptosis.

In 2019, the discipline of veterinary surgery in China develops steadily and achieves remarkable progress in discipline construction practice, scientific research, teaching, technology extension and social services. The major development of the discipline of veterinary surgery involves: Academic exchanges is active; The application of new veterinary surgical techniques is now in the ascendant. The branch of veterinary surgery is growing and becoming more and more prominent. Textbooks and monographs of veterinary surgery are continuously published. New progress has been made in scientific research fields of veterinary surgery.

In recent years, veterinary obstetrics has closely focused on the core content of obstetrics discipline. Basic research in pathogenic mechanism and new theory of prevention and the development and application of new technology for important animal reproductive diseases have all been carried out. Veterinary obstetrics also focuses on uterine diseases, ovarian diseases and mastitis of dairy animals. It also combines the major needs of the national economic development, follows the trend of international veterinary obstetrics, and actively expands the research field, and has achieved a series of important achievements in animal oogenesis and follicular development, animal endometrial receptivity establishment and embryo implantation, animal reproductive immunology, animal transgenic somatic cell cloning and reprogramming of cloned embryos, animal precision gene editing technology, and male reproduction.

Traditional Chinese Veterinary Medicine (TCVM) is a complete and comprehensive veterinarymedicine system with characteristics of Chinese civilization, emphasizing the modification and protection of the self−regulating function of animals. In the past five years, basic scientific researches on the essence of meridians, the effect of acupuncture on animals with the dampness− heat syndrome of colonitis have been carried out. 58 different formulation of Traditional Chinese

veterinary drug has been developed. In the aspect of acupuncture and moxibustion, studies on the mechanism of the anesthetic effect of acupuncture treatments and the effect of acupuncture in the treatment of colitis were carried out. Regarding pharmacological research, effects of anti-inflammation, detoxification, enhancement of immunity and elimination of bacterial resistance of traditional Chinese medicine were studied. Also, we have performed studies on Chinese herbal preparations. In addition, the recruitment and enrollment of undergraduates for the major of Traditional Chinese Veterinary Medicine have now been restored.

26. Fishery Science

During the last few decades, the volume of aquatic products in China has shown steady growth, accounting for about 37% of the total global aquatic products. In 2018, the total output of aquatic products in the country was 64.4766 million tons, of which aquaculture production was 49.91 million tons and catch fishery output was 14.666 million tons. China fisheries industry has made tremendous contributions to improving the dietary structure of our people, ensuring food security and promoting social and economic development.

Behind the development of the industry are the unremitting efforts of fisheries scientists for decades. From 2018 to 2019, China's fisheries science and technology continued to achieve fruitful results. Breakthroughs have been made in all sub-fields including fisheries biotechnology and genetic breeding, marine and freshwater aquaculture, aquatic animal diseases, aquatic animal nutrition and feed, fishery drugs, catch fishery, fishery resource protection and utilization, ecological environment, aquatic product processing and storage engineering, fishery equipment, fishery information, and a large number of innovative work have emerged. The internationally dominant position of China's fisheries science disciplines in related research fields has been further established.

With the "output control" and "technical control" measures gradually replacing "input control", China's fishery resource management system is undergoing a fundamental transformation; with the full implementation of resource conservation measures such as enhancement release, sea ranching and marine protected areas (MPA), and China's fishery resources are expected to be gradually restored. At the same time, China's aquatic genetic resources conservation, identification and evaluation, and new varieties cultivation has achieved remarkable results, including: deciphering the genome of multiple aquatic products, analyzing the molecular mechanisms of important economic traits, as well as new developments in stem cell transplantation technology, genome editing technology and genome of aquatic organisms. The selection of breeding techniques has been further enhanced and applied. The inshore aquaculture net cages and land-based aquaculture facilities have been further upgraded, the rapid development of deep-sea aquaculture facilities and equipments has made China one of the few countries in the world with large-scale deep-sea farming equipment such as "Deep Blue No.1". Extensive research has been conducted on protein and lipid nutrition and substitution; and a series of important research results have been achieved on sugar, vitamin and mineral nutrition, feed additives, larval and broodstock nutrition, efficient environmental-friendly feed etc. Significant progress has been made in the pathogens and epidemiological studies of major mariculture species and new diseases; breakthroughs have been made in the development of multiple, quantitative and rapid detection techniques for various aquatic pathogens; and research on aquatic pathogen infection and host immune mechanisms, aquatic vaccine development and pharmacology screening studies have also achieved phase results. It should be noted that we have yet to improve on fisheries management and conservation policy measures, aquaculture equipment design and its intelligent application, genetic resource conservation and innovative utilization. It should also be noted that, although China has been in the leading position in genome research forcommercially important aquaticorganisms, our functional genomics research relatively lags behind; China ranks among the world leading countries in the exploration of aquatic gene resources, but there are shortcomings in big data analysis; China is one of the frontiers in the application of new generations of breeding technology, but our theoretical basis of breeding technology is still weak. Therefore, in the field of aquaculture science and technology, we urgently need to develop refined theories, techniques and methods for China's unique breeding species and breeding modes, including: to promote technological innovation in aquatic breeding industry based on the analysis of traits; to promote the innovation of key technologies for disease prevention and control, and improve aquaculture health management technology and level of governance; vigorously promote healthy and sustainable deep-sea aquaculture technology system; soundly promote basic research of aquaculture bio-technology, and provide strong support for the development of the industry. At the same time, we will continue to improve the fishery rights and fishery statistics system, and strengthen the management of fishery resources in China.

27. Crop Science

Crop science is one of the core sciences of agricultural science. The development of crop science can escort the development of agricultural science and technology. The core task of the development of crop science is to continuously explore and reveal the laws of crop growth and development, yield and quality formation, the genetic laws of important traits of crops and their relationship with the ecological environment and production conditions; study the methods and technologies of crop genetic improvement, cultivate excellent new varieties, and innovate and integrate the cultivation technology system of high yield, high quality, high efficiency, ecology and safety of crops. It can promote the sustainable development of modern agriculture in China. The development of crop science and the progress of science and technology provide reliable and powerful technical support and reserve for ensuring national food security, effective supply of agricultural products, ecological security and increasing farmers' income, which is an important manifestation of the realization of "storing grain in technology".

This report mainly reviews, summarizes and scientifically and objectively evaluates the new progress, new achievements, new opinions, new viewpoints, new methods and new technologies of the discipline in recent years, as well as the progress in academic construction, personnel training and basic research platform of the discipline; expounds the latest progress and major scientific and technological achievements of the discipline as well as its promotion of agricultural sustainable development and guarantee of national food security. in-depth study and analysis of the development status, trends and trends of this discipline, as well as the comparison between China's crop science and international advanced level, based on China's modern agricultural development, food security, poverty alleviation and the strategic demand for the development of crop science and its research direction; based on the whole country, tracking the international. The development frontier of the discipline, the development prospect and goal of the discipline in the next five years, and the future development trend, research direction and key tasks of the discipline in China are put forward. This report includes the special reports on crop genetics and breeding, crop cultivation and physiology of two main secondary disciplines, and 15 special reports on crop science and technology development of crop seeds, rice, corn, wheat, soybean, potato cetera, major new progress and scientific and technological achievements, comparison of development level at home and abroad, development trend and research direction in the next five years.

At present, the subject and production status of crop science is more prominent. and it is stronger promotion the development of modern agriculture. Crop science development report is more systematic, scientific and comprehensive. In recent years, crop science has made some new research progress. The basic theory research has reach new altitude of crop science, and innovated new theories in many fields of crop science. Innovated high yield and efficiency, high-quality new varieties and key technologies of crop science. Obtain new breakthroughs in the construction of crop scientific conditions. In recent years, crop science has made a series of significant achievements and published a number of international cutting-edge articles. But there is a certain gap between the development level of crop science in China and the international level. We need to continue to strengthen basic cutting-edge research and innovate a number of applicable technologies.

28. Processing of Chinese Materia Medica

28.1 Introduction

Chinese Materia Medica Processing (CMMP) is a traditional pharmaceutical technique aiming to fulfill the various purposes of therapy by dispensing and making preparations according to the theory of traditional Chinese medicine (TCM). It is also the key part that distinguishes TCM from natural medicine in western countries. The aims of processing are to enhance the efficacy and/or reduce the toxicity of crude drugs. Those processed products are named as Yinpian (decoction pieces), which are the prescription drugs applicable to TCM clinical treatment. By processing, the appearance, taste, chemical composition, pharmacological efficacy and clinical application of Chinese

materia medica (CMM) will be changed, and more suitable for clinical usage based on syndrome differentiation.Therefore, processing technology is closely associated with the safety and efficacy of CMM. In recent years, new techniques, theories, standards and equipment have been developed by CMMP researchers, contributing to a great progress of this discipline.

28.2 The Latest Research Progress

28.2.1 Inheriting the Essence while Encouraging Innovation

28.2.1.1 Inheritance of Processing Theories and Techniques

With the establishment of State Administration Base for Inheritance of TCM, we established a data file of processing techniques and proposed a theory of Medicinal properties change, Yongxiaolou poetic essay etc. on the basis of a large number of ancient books, processing applications, theories and techniques.

28.2.1.2 Innovation of Technology, Theory and Equipment

Instructed by the principle of "inheritance but without stubbornly sticking to the convention, and innovation but without deviating from the fundamental", we have made numerous efforts to carry out innovative work over the past years.

28.2.1.3 New Techniques

By introducing microwave technology, puffing technology, and freeze-drying technology into CMMP, the researchers prepared some novel Yinpian, which was considered as a guarantee for the quality of Yinpian due to the great improvement of the production efficiency as well as the increase in the dissolution of active components. Besides, changes in the shape of the slices led to a better liquidity and higher frying rate, making them more suitable for intelligent dispensing. With the use of these techniques, CMM with fine bubble texture could be mechanically pressed into compressed slices for quantitative usage.

A processing method based on the nature of CMM is named as nature processing. Chemical processing, as a new processing method, can achieve the goal of enhancing the therapeutic effect and reducing the toxicity of the medicines by applying chemical or new adjuvant materials during processing to stimulate the changes, such as an increase or decrease in the level of the components, or transformation or detoxication for the materials. Biological Processing is a method by which enzymes and microorganisms are applied to preserve the effective ingredients in Yinpian, to increase the level of the active ingredient, or even transform the toxic constituents into atoxic ones.

28.2.1.4 New Theories

With the gradual deepening of scientific research, new processing theories have constantly been refined, such as "CMMP chemistry and chemical processing", and "processing transformation". For instance, Radix Bupleuri, as a crude drug with its original level of volatile oil and saikosides, can relieve the exterior syndrome of the patients; while after being stir-fried with vinegar, is usually used for dispersing stagnated liver due to the decreased volatile oil content and transformed saikosides.

28.2.1.5　New Equipments

So far, investigators have developed a variety of equipment for quality evaluation of Yinpian, like electronic nose, electronic eye, and color sorter. Some enterprises for producing Yinpian have employed intelligent devices and production line, and also, the intelligent dispensing and decoction system have been used in some provincial hospital of TCM.

28.2.2　Advances on CMMP Chemistry and Quality Standards of Yinpian

28.2.2.1　Study on the Mechanism of Chemical Transformation Caused by CMMP

Complex chemical changes may occur during the processing of CMM, which usually works as the basis for the changes in its clinical efficacy. New components may be formed or the relative contents of certain components may increase, while others may disappear or decrease in the level. Clarifying the changes of the chemical constituents in CMM is the main purpose of the mechanism research associated with CMMP. In recent years, many research institutions have conducted in-depth research related to the chemical mechanism during processing. As a result, the chemical reactions and mechanisms have been outlined well enough to establish the discipline of CMMP chemistry. The clarification of the mechanisms in chemical transformations and the pharmacodynamics changes make it possible to reveal the processing principles, to optimize the processing parameters, and even to develop innovative processing technologies with new processing adjuvants.

28.2.2.2　Study on Quality Standards of Yinpian

The authenticity and quality of Yinpian are closely associated with their clinical efficacy and safety. In the past five years, China has made significant progress in administrative policies regarding CMM management. Some new analytical techniques have been developed for the quality control of Yinpian. Compared to the relevant field in overseas countries, the quality control for Yinpian is superior in China in certain aspects, as demonstrated by the techniques such as the simultaneous quantification of multiple components, quantitative analyses of multiple components using one maker, and fingerprint chromatograms. On the contrary, it is still inferior in safety evaluation, including the detection of sulfur dioxide, heavy metals, harmful elements and aflatoxin. With the revision of the quality control standards for Yinpian in the 2020 edition of *Chinese Pharmacopoeia* and the continuous development of quality control techniques, it is becoming a dominant trend to scientize, standardize and modernize the quality control of Yinpian by using multi-disciplinary methods and techniques.

28.2.3　Advances in Research on the Influence of Processing on CMM Properties

28.2.3.1　Changes in the Four-Qi, five-flavor, Lifting and Floating Caused by CMMP

The properties of CMM, which are the fundamental for disease analyses and clinical usage, are summarized in medical practice on the basis of the theories of yin–yang, meridians, and therapeutic principles of TCM. The theories of the properties are mainly generalized as the four natures and five flavors, floating and sinking, as well as channel tropism. After being processed, these properties may change, resulting in the corresponding changes in their efficacy and clinical usage. Through exploring the application of clinical prescriptions of raw and processed CMM, researchers revealed the differences in pharmacodynamics, mechanisms, and chemical composition between raw and processed Yinpian. New methods and techniques have been applied in the study of CMM properties caused by processing. The changes in chemical composition and medicinal properties were evaluated by comparing the changes in clinical effect and exploring HPLC spectrum–effect relationship before and after processing. A heat syndrome model, metabolomics, system thermodynamics, and other techniques were used to study the effects of processing on the cold–heat nature of CMM. Moreover, the cold–heat nature of CMM were discriminated by delayed luminescence of scenedesmus.

28.2.3.2　Advances in Research on Processing of Poisonous CMM

The toxicity and side effects of CMM can be reduced or eliminated when processed by specific processing techniques while at the same time the therapeutic efficacy is maintained or even enhanced. It is clear that the processing mechanism for detoxication can lay a foundation for the development of the quality standard of the toxic Yinpian. Over the recent years, by study of the history, processing technology, poisoning mechanisms, quality control, and the principle of processing, researchers have put forward a new theory related to poisonous CMM processing named as "Common Detoxification Principle for Poisonous CMM by Applying Processing Technology". As the common toxins and the toxic mechanisms are well known for some poisonous herbs such as the Araceae family and Aconitum family, a common principle for detoxification was elucidated by applying processing technology, which revealed that Arisaematis Rhizoma and Pinelliae Rhizoma could be detoxified by alum, ginger, and decocting during processing. The Quality Standards for poisonous CMM were studied by researchers and recorded in the *Chinese Pharmacopoeia*.

28.3 Comparison of the Research Progress at Home and Abroad

The techniques used in CMMP are kept confidential to foreign researchers. So it is difficult for them to truly understand the quintessence of the processing, and what they use to deal with medicinal materials are merely some simple processing methods. However, domestic scholars have systematically studied the processing technology, chemistry, efficacy and clinic usage of CMM, making it possible to clarify the nature of processing principle. In recent years, domestic scholars have conducted in–depth systematic research on various aspects of CMMP, and have achieved remarkable outcomes as well. Compared with domestic research, the studies on herbal medicine processing carried out by foreign researchers showed a lack of deep understanding of TCM and processing theory, and therefore were very limited in methodology. As a result, few reports were issued from other countries on the theory, technology, standardization or the progress of CMMP. Likewise, absent in the clinical usage of compound preparation, the foreign researchers could only limit their studies to the processing of single medicinal plants. As a contrast, the research conducted in China has long been focusing on the compound prescription to compare the changes in chemical composition and the effects before and after processing. Notably, some foreign countries have more advanced intelligent equipment for herbal medicine processing, and there is still a long way to go for our enterprises to achieve the automated, intelligentized and integrated production of Yinpian.

28.4　The Development Trend and Prospect of this Subject

Based on inheritance of traditional theories and techniques, the development goal of our discipline is to realize the "Four Innovations and Eight Normalizations", i.e., new processing technologies, new auxiliary materials, new equipment, and new theory, as well as raw material base construction, process standardization, standard internationalization, mechanism clarification, diversified auxiliary materials, uniform specifications, intelligent production, and networked distribution.

28.4.1　Inheritance and Innovation of the Processing Technology

Aiming at inheritance of the quintessence and innovation of the processing technology, arduous efforts should be made in multiple areas in the coming years, including a further publicity of traditional processing culture, a thorough explanation in the nature of the traditional processing technology and methods based on modern research, more research on the theories for traditional processing, in–depth studies on the mechanism, and quality control standard for adjuvant materials.

28.4.2　Optimizing and Innovating the Technology Used in CMMP

To achieve this goal, technical parameters for commonly used Yinpian should be optimized, and standard operation flow of processing established so that the national and local standards for CMMP

can be revised. In addition, new technologies and methods should be explored for processing innovation based on the transformation of chemical constituents. New kinds of Yinpian should also be developed, with a multi-level system established for quality evaluation.

28.4.3　Construction of Quality Evaluation System for CMMP

Quality control should be performed for the entire process of CMMP from planting, harvesting to processing. There is an urgent need to establish a scientific quality evaluation system aiming at an effective quality control of Yinpian as well as a guarantee of their clinical safety and effectiveness by employing advanced detection techniques such as liquid chromatography–mass spectrometry, near–infrared spectroscopy, and color difference meter. Quality analysis technology for animal and mineral Yinpian as well as the quality standards related to the efficacy of decoction pieces should also be further developed. Standardization of the processing procedures and parameters for toxic Yinpian is one of the tasks for an accurate evaluation on the toxicity and efficacy. The common mechanisms for processing and detoxification need to be further explored, and equipment use to perform qualitative or quantitative analysis should be developed for a rapid detection.

28.4.4　Standardization and Diversification of Processing Adjuvant Materials

National and local standards for processing adjuvant materials can be optimized in multiple ways. New processing adjuvant materials should be developed aiming to reduce the toxicity and increase the efficiency of CMM. A common principle is also helpful for clarifying the relationship between the adjuvant materials for processing and those for preparation. Quality standards, particularly in a national level, should be established for the commonly used processing adjuvant materials. Exploration into the interaction between processing adjuvant materials and CMM is also favorable for clarification of the processing principle as well as the clinical usage with safety and efficacy.

28.4.5　Explanation of Processing Principles and Establishment of New Processing Theories

Based on the changes in the chemical composition of Yinpian before and after the processing, the mechanism of chemical change/transformation and their correlation with the changes in pharmacological effect and property can be explored, thus to analyze the processing principle and to improve or even innovate the processing technologies.

28.4.6　Study on Intellectualization of Industrial Production and Clinical Application of CMMP

By learning the advanced technology from other industries, we can develop special equipment with independent intellectual property rights for CMMP. Industrial and national standards for CMMP equipment should be established to help achieve the intelligentization and standardization in the near future.

At this stage, the major mission for the discipline of CMMP is to study the processing technologies and principles, develop the new processing technologies, and formulate the standards for Yinpian. We will construct multiple platforms for analysis of the chemical transformation during processing, successful performance of the "Four Innovations and Eight Normalizations", analysis of the changes in the property of CMM caused by processing, biological processing, and the research on the standards for diversity and specificity of CMMP techniques. Meanwhile, we will conduct research on intelligentization to realize intelligentized production, dispensing, and decoction. With all these efforts, we are confident to be a leader in the academic and also the technological fields in CMMP industry.

29. Nutrition Science

Nutrition Science is the science as well as improvements and advancements in human nutrition. With investment and strong support from the government, colleges and universities, research institutes and businesses, nutrition science in China has flourished over the past five years; this is embodied by remarkable breakthroughs and fruitful achievements, an expanding team of talented personnel and a significant rise in both the quantity and quality of papers published.

This comprehensive report summarizes the major progress achieved in the field of Nutrition Science from 1st Jan 2015 to 30th Jun 2019 as well as highlights the major milestones achieved in different aspects such as methodology, academic theory, research and development, talent building, academic development. Simultaneously, research progress in China is compared to those abroad, and future development trends and prospects in nutrition science is proposed in this report. Latest progress in the following disciplines were mainly covered in this comprehensive report: basic nutrition, nutrition and chronic disease control, maternal and child nutrition, elderly nutrition, special environmental nutrition, development of food nutrition and functional food, clinical nutrition and public nutrition.

In the wake of the release of the "*Healthy China 2030*" Planning Outline, China continues to perfect its nutrition–related policies as well as relevant implementation plans and regulations. For this reason, the central government printed and released the "*Action Plan for China Healthy Lifestyle for All (2017–2025)*", promulgated the "*Healthy China Action (2019–2030)*" and a series of other documents, implemented the "*National Nutrition Plan (2017–2030)*" and identified the annual "National Nutrition Week" as an important part of the National Healthy Diet Initiative. Also, China has enacted and revised a number of nutrition standards and policies, a total of 31 nutrition industry standards were also released to date. During 2015–2017, China completed the sixth "*Programme for Monitoring Chronic Diseases and Nutrition of Chinese Residents*" and collected data on diets, nutrition and chronic diseases of nearly 200 000 people from 31 provinces (autonomous regions/municipalities) throughout the country. The release of the "*Chinese Dietary Guidelines (2016)*" and dietary guidelines for specific populations provided scientific–backed advice for the Chinese population to help achieve an adequate diet as well as improve health status.

Considerable progress has been made in the foundation of nutrition science as well as nutrition and chronic diseases. By applying –omics technology, China has conducted studies on physiopathologic mechanisms of nutrition–related diseases, completed testing and identification of specific food components and their biomarkers, discovered new metabolic pathways that can be modified by diets and found biomarkers associated with disease prediction. China has established the world's largest cohort, probed into the relevance of food, nutrients and phytochemicals to chronic diseases such as diabetes, hypertension, chronic kidney diseases and cardiovascular diseases and relevant mechanisms of action, and identified new evidences and paths of nutrition's preventing the occurrence and development of chronic diseases. In terms of elderly nutrition, studies have been carried out on the protective effects and mechanisms of nutrients on Alzheimer disease and new breakthroughs have been made in the research on sarcopenia, dysphagia and protein requirements of the elderly. In terms of women and children nutrition, the effects of dietary nutrition in early life on long–term health have been identified whereas systematic research on components of breast milk has laid a foundation for social sharing of data.

In recent years, China has kept up with international hot topics which are of high concern in international counterparts in the field of nutriological research and development. Over 22 545 papers were published and nearly 7 000 people has successfully qualified as registered dieticians in these 5 years. Also, 101 colleges and universities have newly introduced nutrition–related and food–related courses with the Ministry of Education, including 44 medical master's programs in Nutrition and Food Hygiene. During 2015–2019, with the funds granted amounting to RMB 611 214 327, the National Natural Science Foundation of China (NSFC) funded 1 152 nutrition–related projects. China National Key R&D Program during the 13th Five–Year Plan Period and the

Special Foundation for National Science and Technology Basic Research Program of China during the 13th Five-Year Plan Period have supported the approval of nutrition-related projects. In 2019, the Encyclopedia of Nutrition Science (the 2nd Edition), the most authoritative nutrition book in China, was formally published.

Synchronized with global hot topics in nutriology, China's research in recent years has also focused on the establishment of large cohorts for nutrition and chronic diseases, individual nutrition, intestinal flora and multi-omics, etc. Looking to the future, personalized nutrition, discussion on the relationship between nutrition and diseases with big data, Internet+ nutrition propaganda and education and promotion of popular science, transformation of frontier and basic R&D results into products and services that can improve national health as well as the establishment and optimization of laws and regulations on nutrition and health will remain important development trends of nutriology. Currently, China is faced with severe challenges such as coexistence of undernutrition and overnutrition, rapid growth of chronic diseases and aging of population; nutriology is expected to play a growing role in disease prevention, health maintenance and improvement of national health quality.

30. Public Health and Preventive Medicine

70 years ago, public health and preventive medicine has developed vigorously, and the population health condition has improved significantly. However, with the acceleration of industrialization, urbanization, and population aging, the disease spectrum of Chinese residents is changing: the situation of prevention and control of major infectious diseases such as hepatitis, tuberculosis, and AIDS, is still severe; and the disease problems caused by unhealthy lifestyle are increasingly prominent. Recently, China has been strongly promoting the construction of Healthy China and implementing the strategy of Healthy China. The discipline of Public health and preventive medicine plays a key role during the construction of Healthy China. At the same time, this discipline is also facing unprecedented challenges.

30.1　Epide Miologic Research

Large–scale population cohort studies are indispensable and have played an important role in epidemiologic research. In the past three years, some previously established large cohort studies of Chinese adults and newborn babies have published many important research findings in international peer–reviewed journals. These findings have provided the most updated and direct evidence for clarifying patterns as well as risk factors of major diseases. In addition, in recent years, taking advantage of the rapid development of high–throughput omics technology, clinical medical big data, and biological, environmental and computer science, a new epidemiology branch named system epidemiology has been developed. One of the most important challenges in system epidemiology is how to integrate massive health data from multi–omics technology and how to establish standardized data collection, entry and quality control protocols and database management systems. In addition, a large number of interdisciplinary studies have been performed in the field of epidemiological research, involving multi–level, full life–cycle research and new data generation sources and technologies, so as to comprehensively and further explore the etiology. Mendel's randomization (MR) has been widely used in causality analysis abroad, but it is still rarely performed in China, and it is difficult to identify effective gene tool variables and lack of sample size. We need to advocate an interdisciplinary cooperation, break the boundaries between disciplines and integrate methodologies and research contents among different disciplines.

30.2　Productive and Living Environment Pollution

Productive and living environment pollution has become a great public health threat both worldwide and in China. To estimate and control the adverse effects of air pollution, Chinese governments have taken several strategies. For example, since 2013, China has set up national air monitoring network, which now covers nearly all Chinese cities. In addition, several statistical models have also been developed to predict individual air pollution levels, such as Land Use Regress Model and satellite– based model. What's more, Chinese investigators have performed many studies on the health effects of air pollutants, the studied air pollutants have been extended from $PM_{2.5}$ and PM_{10} to PM_1 and smaller particles, and the studied organ systems have been extended from respiratory system to cardiovascular and reproductive systems. Although Chinese government has taken several effect strategies to control water pollution, waste water discharge from industries is still increasing and more and more new water pollutants are emerging, thus the quality of water in China remains severe. With regards to exposure assessment, researchers have applied bioinformatics to develop "pollution tree" to comprehensive estimate co-exposure of the pollutants. Recently, China attaches great importance to the prevention and control of occupational diseases. The Occupational Health Protection Action is one of the 15 special actions of *Health China Action 2030*. Chinese scholars have introduced omics technology and cohort study design into occupational health research, and yielded substantial results. They have also made important contributions to the transformation of scientific research results, and updated a large number of national standards. Despite these, comparing with studies from Western countries, those in China still have several limitations. For example, studies with prospective cohort design are few. Most studies focused on mortality, whereas less focused on genetic, epigenetic, and subclinical indicators. In addition, more attention should be paid to the emerging pollutants and new occupational hazards, and the impact of co-exposure of combined pollutants and other non chemical factors should also be explored, focusing on the epidemiological correlation and toxicological mechanism.

30.3　Impact of Climate Change on Health

Climate change is already one of the most serious challenges faced by human society in the 21st century. The projected climate change is expected to alter the disease burden and to affect the functioning of public health and health care systems. The impact of climate change on health and its mechanism have attracted extensive attention of the scientific community. Recently, the research platform establishment of climate change and health discipline in China has gradually formed with greater international influence. Additional risks continue to be recognized as more is understood about how changing weather patterns can affect the burden of climate-sensitive health outcomes. The research focus and frontier fields of climate change and health around the world are the comprehensive assessment and early warning system of regional health risks, the resilience of people and communities under extreme weather events, the cost-effectiveness assessment of climate change adaptation strategies, health co-benefits of greenhouse gas emission reduction or other mitigation measures, etc. At present, however, the majority of studies have been carried out only on implications of the observed and projected changes in weather and climate for the magnitude and pattern of adverse climate-sensitive health outcomes, but less on vulnerability assessments, health co-benefit analyses, and cost-effectiveness of adaptation strategies. Climate change and health discipline in China should expand its research contents, explore the interaction mechanisms between the natural environment and human society, promote interdisciplinary

collaboration, and improve professional training for capacity building. The discipline should be committed to improve human health risk management and sustainable development, promote proactive and effective adaptation in the era of global climate change, particularly in the medium–to–long term.

30.4　Food Safety and Health Management

In recent years, the nutritional health condition and food safety and health management of Chinese residents have improved significantly, but they are still facing challenges such as the coexistence of nutrition deficiency and excess, the frequent occurrence of nutrition related diseases, the lack of popularization of nutritional health lifestyle, and the frequent occurrence of food safety and health problems. The Chinese government has always attached great importance to the nutrition and health problems of residents, and issued a number of relevant documents. The Rational Diet Action is one of the 15 special actions of *"Healthy China Action 2030"*. In order to further realize *"precision nutrition"*, Chinese scholars have introduced genomics, metabonomics, lipomics, intestinal microecology, 3D printing technology and other viewpoints and technologies to perform the multi omics research on nutrition demand and metabolic health of Chinese population , and produced a series of important results. However, in recent years, the dietary structure of Chinese residents has changed greatly, which promotes the risk of chronic non infectious diseases to increase. Therefore, we should insist the grain–based dietary structure and limit the intake of sugar. In addition, more clinical studies can be performed in China to further confirm the advantages of Mediterranean diet. Based on the traditional Chinese diet model, it can be improved and optimized to form a better diet state which is more suitable for the healthy development of Chinese residents. The new technology of food processing has a good research prospect, but it still needs to overcome the influence of high cost. China's medical food industry is also faced with problems such as short supply, backward processing technology, policies and regulations lag. Therefore, scholars need to continue to strengthen research to provide scientific basis for further revision of standards, adoption of nutrition prevention measures and discovery of sensitive biomarkers with early prevention and diagnostic value. The state and relevant departments need to further promote nutrition legislation and policy research, strengthen clinical nutrition work, and constantly regulate nutrition screening, evaluation and treatment; improve the food safety standard system, formulate nutrition and health standards based on food safety, and promote the construction of food nutrition standard system.

30.5 Maternal and Child / Adolescent Health

Maternal and child/adolescent health is an important part of public health. Although school aged children and adolescents showed increasing physical fitness, the surging rate of obesity and myopia among children should be tackled. The National Health Committee published a new child version of height, weight, waist and hypertension, which is valuable for growth, development surveillance and obesity prevention. In the meantime, mobile health technology including diet/ activity health education is encouraged in children chronic disease prevention. In myopia prevention, several risk factors is found, such as lack of outdoor activity, short sleep duration, academic burden, lasting up-close eye use and improper electronic product use. In 2018, *"Comprehensive Prevention and Control of Myopia in Children and Adolescents Protocol"* was published and several objectives were proposed. Based on the protocol, family, school, medical and health institution, students and government should work together for myopia prevention, at the same time, increasing daytime outdoor activities, proper electronic device use and decreasing academic burden have been proposed among young age children. Among children under 6 years, children early development, the National Health Committee set up 50 national children early development demonstration base since 2014, and several development surveillance scales have been established and used nationwide, in addition, many new clinical techniques have been introduced in hospital. Recently, maternal health care development rapidly in China, but imbalanced in different area. In middle and west province, pregnancy and postpartum health care have not covered each woman. Since 2016, the National Health Committee cooperated with United Nations Children's Fund, launched a mother-child health development project, which covered 25 counties in 8 middle-west provinces, in order to decrease maternal mortality rate, infant mortality, children under 5 years mortality and promote young children health development. On the other hand, reproduction health service also has improvement. At present, free premarital medical examination has been promoted in 24 provinces, for young couples at rural area, free health education, physical exam, pregnancy risk evaluation and advice have been provided. As to new technology, prenatal ultrasound diagnostic techniques is promoted and covered fast. Cervical and breast cancer screen for women in rural area has been included in major public health service project, and HPV preventive vaccine has been permitted selling in market and covered by residents health care in some cities.

30.6　Health Ageing

China has the world's largest older population. Compared with other ageing societies, the rapid ageing process in China is occurring at an earlier stage of economic development, posing great demands on health and social care services. To cope with this situation, the Chinese Government recently published a series of key policy documents on healthy ageing. The 13th Five–Year Plan sets out aims to optimize health and social care to facilitate independence and high quality of life in old age. Significantly, the country is developing its Long–Term Care system, and 15 "pioneer cities" have been launched since 2016.Research aiming at preventing ageing–related chronic disease and improving the health of older adults is booming. Some large–scale population–based cohorts have been set up and served as resource and platforms in geriatric research. Of them the China Kadoorie Biobank is the largest cohort study. Other nationally representative studies include the China Health and Retirement Longitudinal Study Health and the Chinese Longitudinal Healthy Longevity Study. These longitudinal studies have provided fundamental health and socioeconomic data to enable better understanding of ageing and its related problems in China. From these cohorts, important risk factors associated with frailty or mortality in older people have been identified in the past five years. Efforts distinguishing causal factors from correlated factors may help to identify effective intervention targets for setting up prevention strategy to tackle ageing related disease. Nevertheless, traditional observational studies usually fail to differentiate causation and association. Thus interventional studies or methods analogous to interventional studies. Moreover, substantial research to explore biologic mechanisms of ageing and identify ageing–related biomarkers are also important. Interdisciplinary research across bio–medicine and social science may offer greater potential to investigate the aging mechanisms more thoroughly and systematically.

30.7　Infectious Disease

With the continuous promotion of "the Belt and Road Initiative", there are frequent trade contacts and personnel exchanges, and the exchange and communication has increased the risk of infectious diseases in China and the areas alone the Belt and Road routes. In recent years, great progress has been made in the prevention and control of emerging infectious disease in China, including the discovery of Wenzhou virus, prevention and control of infection with H7N9 avian influenza, Ebola vaccine development, HIV/AIDS prevention and control, implementation of the Action Plan on Antimicrobial Resistance, and development of the application of the second generation sequencing technology. However, emerging infectious diseases are still difficult to control in many cases. Six public health problems among the top ten health threats listed by the 2019 World Health Organization are associated with infectious disease, including global influenza pandemic, antimicrobial resistance, Ebola and other high-threat pathogens, the vaccine hesitancy and dengue virus. We suggest to be vigilant against case importation or local spread as important prevention and control measure of emerging infectious diseases. Moreover, in the context of increasingly close global exchanges, it is essential to establish a global cooperation mechanism and information sharing system for the prevention of infection diseases. Finally, we should apply One Health strategy to deal with emerging infectious diseases, and develop community-based monitoring and construct the monitoring network of wildlife, domestic animals and human interface. These will provide new theories for the prevention and control of future infectious diseases.

30.8　Health Toxicology

Health toxicology is a field of science that studies the mechanisms underlying the health effects of environmental factors and their risk assessment and management, and thus provides scientific basis for determining exposure safety limits, taking effective prevention and control measures, and formulating relevant strategies. Rapid social and economic development has given rise to a range of problems including environmental pollution, ecological destruction and food contamination. This has promoted innovation and the development of theories and technologies in chemical safety assessment and health risk assessment. The past 20 years have witnessed the rapid development of health toxicology in China. Descriptive toxicology has been improved on the basis of classical toxicological knowledge and technology systems. Several new branches of mechanistic toxicology, such as toxicogenomics, toxicokinetics, and nanotoxicology, have emerged by integrating modern biotechnology and information technology. Achievements have been made in health toxicology with respect to toxic mechanisms, target organ toxicity, environmental endocrine disruptors, and nanomaterial toxicity. Furthermore, regulatory toxicology has been constructed from scratch, and safety assessment procedures have been implemented. In addition, a series of toxicological technology platforms has been constructed, and standard toxicological assessment laboratories have been built as well. Although there remains a gap between the development of health toxicology in China and that of developed countries such as Europe and the United States, China has made giant steps, and its influence in the field of global toxicology has ballooned. During the period of the 14th Five-Year Plan, the following aspects in health toxicology should be emphasized in China: solving the problem of hazardous outcomes of exposure to prioritized chemicals related to social

and economic development and public health; integrating advanced biological technology with toxicological research; establishing a chemical management structure and a risk rating system; and promoting the translation of regulatory toxicology into practice in the development of the national economy.

30.9 Medical Statistics

With the rapid development of biomedical and computer science, Medical Statistics has entered a new stage of development. The fields where medical statistics is mostly applied in China include disease risk prediction/estimation, bioinformatics, causal inference, and clinical trials. The current research topics in China in methodological development mainly focus on complex data analysis (e.g., complex longitudinal data, complex data integration, missing data, and high–dimensional data), and methodology improvement of Bayesian statistics and machine learning. From an international perspective, the major research hotspots are longitudinal data analysis, machine learning, high–dimensional data processing in bioinformatics, clinical trial design and statistical analysis, and survival analysis. In general, the research hotspots tend to be similar in China and foreign countries, but researchers in China focus more on refinement and application of the already existing methods. In future, the area of methodological exploration and innovation should be strengthened in China, with special attention to new application requirements and integrating with related disciplines (e.g., computer science, bioinformatics, and biomedicine) to strongly support the health decision–making.

30.10 Health Supervision

Health supervision is the health administrative law enforcement behavior of the health administrative departments in China to implement the national health laws and regulations and protect the health–related rights and interests of the people. Health laws and regulations and health standards are important law enforcement basis for health supervion. As a burgeoning interdiscipline, health law has the characteristics of nature science and social science. So, the evidence–based research widely applied in nature science is also applied in the research of health law. In recent years, scholars try to solve the research problems from the perspective of objective data, based on the theoretical and empirical study. The empirical research method includes two research directions. One is the traditional empirical research of social science, which takes specific cases as the main content to analyze causes and results and find out the solutions. The other is a new type of empirical research in social science, which takes big data as the background and analyzes the reasons behind the data, so as to provide theoretical basis for the legislation. Chinese scholars have also made important contributions to the transformation of scientific research results to the social economic benefits. As the country and the society attach more importance to the right of health, scholars will conduct in-depth studies on all aspects in view of various frontier issues in the field of medical and public health laws the regulations, so as to provide scientific basis for evidence-based rule-making. In the future development, the discipline of health law should focus on three aspects: first, scholars would continue to consolidate the theoretical foundation of the discipline of health law. Further study on basic theories, conceptual framework and innovative methods is necessary. They would also pay attention to the combination of learning from the experience of relevant disciplines and outstanding characteristics. Second, in the aspect of practice and application, health law research provides scientific legislation proposals for construction of health legal system by combining closely with the pace of China's medical system reform. Third, scholars should carry out timely research on the new problems of health law in the forefront of hot issues in medical system, so that health law research can better serve the development of health industry.

30.11　Health Policy and Management

Health Policy and Management has played a tremendous academic leading role in the practice of health management and health policy formulation, and the discipline itself also obtained huge development. With the continuous progress of our society and rapid economic development, as well as the requirements of implementing Healthy China strategy and deepening health reform, research on health management and policy is in greater demand. The content of this subject covers health management, health system, health policy, and so on. At present, the research on health system reform, health economics, health big data, global health, vaccine management and capacity building of health human resources are facing new opportunities and challenges.

30.12　Future Development

The development of social medicine is of great significance for promoting healthy China and safeguarding people's health. In recent years, in order to cope with a wide range of health-determined factors, China has actively promoted and established a concept of great health, and deepened the concept of social medicine into the whole process of public policy making and

implementation. Nowadays, social determinants of health have received extensive attention in China. Major theme forums have been held on social medicine and interdisciplinary research. Behavioral Health Branch of The Chinese Preventive Medicine Association was formally established in July 2019. Globally, the social determinants of health and health equity are the focus. To this end, WHO and its member states work together to advance the achievement of the sustainable development goals. Currently, research on health determinants is still lacking in China. Research on upstream determinants, compliance factors, and comprehensive theoretical models are greatly warranted in China. As future directions, the development of social medicine in China should pay more attention to health equity. It is necessary to summarize China's experience in improving health status and equity, and provide reference for developing countries involved in the "One Belt, One Road" initiative.

31. Library Science

In 2015–2019, the research of Chinese library science is closely related to the development practice of librarianship in China, and the research of library science is more active. Compared with the previous years, the number of relevant literatures has increased steadily. From the scientometric analysis of thousands of literatures in 2015–2019, the research topics of library science in China mainly focus on six aspects: public library law and the evaluation of public library, history of library science, application of artificial intelligence technology in library, digital humanities, information retrieval and library science education.

The research of library science shows the following characteristics: more research hotspots; more scattered themes; lack of core themes, interdisciplinary and cross–border trends. As a whole, the research focus of traditional library science, such as information organization and retrieval, collection resources and services, are no longer the research hotspot and key point. The research of "library work" combined with new technology has become a new research focus. The titles of literatures have distinct characteristics of the times, such as "new technology (environment or times) + library work", "based on + new technology + library work", "under the environment of big data or cloud computing..." . From the perspective of research content, the research of library science shows a trend of differentiation. On the one hand, it is a library business application research based on big data, cloud computing, artificial intelligence and other new technology applications; on the other hand, it is closely related to the development of current social culture, such as library culture, library law and reading promotion services. On the whole, there are few theoretical researches on library science.

In recent years, the research of foreign library science mainly focuses on the semantic association and knowledge sharing of medical information and data, the organization and integration of health information resources, the standardization construction and technical support system of electronic medical records, the interactive application of users and systems, and the construction of social media and open data. The core literatures focus on research topics such as medical health information organization, social media, deep learning, topic modeling and open data. Research hotspots are mainly embodied in information behavior and information literacy, health information organization and semantic search, knowledge reuse and sharing, open data.

On the whole, there are great differences in the research hotspots and themes of library science at home and abroad. For example, there are relatively more researches on medical information abroad, but few in China. There are a lot of papers on big data, artificial intelligence, intelligent library and smart library in China, but few abroad. However, information and data literacy are the common research hotspots at home and abroad. In addition, there are also some research hotspots with their own characteristics, such as reading promotion and public library law in China, semantic knowledge organization, open data and data sharing in foreign countries. In a word, the differences of library science research at home and abroad are as follows: ① in terms of the quantity of academic achievements, the quantity of domestic library science research achievements is more; ② from the research topic, the domestic research topics are more than the foreign, the research scope is also broader; ③ from the research hotspot, the research of library science in China is very extensive, involving all aspects of library work; ④ from the perspective of research trend, the research of library science in China is more closely related to society, culture and technology, and the interdisciplinary integration trend is also more obvious.

Generally speaking, in combination with the development of society, economy, technology, culture and the librarianship in China, as well as the development of foreign library science, the following three aspects will be the important issues that should be paid attention to in the development of China's library science in the next few years: first, the issues or practices closely related to the development of Chinese librarianship are still the research hotspots of library science in China; second, social hot issues are still the research focus of library science in China; third, from the perspective of library science education, under the guidance of the evaluation of teaching level by

the Ministry of Education, the internationalization of discipline development is a general trend, so iSchool movement is still the development direction of relevant departments of library science in China's universities. Specifically, the following points may become the research hotspots of library science in the next few years: ① the research on the development of librarianship in 5G network environment will become a new research hotspot; ② the research on the construction of intelligent library and smart library will continue to be hotspots. ③ the construction and research on the datafication of library resources will become the new research hotspot; ④ the research on reading promotion, user information literacy and data literacy will continue to be the focus of library science.

附 件

附件 1. 63 个重点专项

序号	专项名称
1	变革性技术关键科学问题
2	材料基因工程关键技术与支撑平台
3	场地土壤污染成因与治理技术
4	畜禽重大疫病防控与高效安全养殖综合技术研发
5	大科学装置前沿研究
6	大气污染成因与控制技术研究
7	蛋白质机器与生命过程调控
8	地球观测与导航
9	典型脆弱生态修复与保护研究
10	发育编程及其代谢调节
11	干细胞及转化研究
12	高性能计算
13	公共安全风险防控与应急技术装备
14	固废资源化
15	光电子与微电子器件及集成
16	国家质量基础的共性技术研究与应用
17	海洋环境安全保障
18	合成生物学
19	核安全与先进核能技术
20	化学肥料和农药减施增效综合技术研发
21	精准医学研究
22	科技冬奥
23	可再生能源与氢能技术
24	宽带通信和新型网络
25	蓝色粮仓科技创新
26	粮食丰产增效科技创新
27	量子调控与量子信息
28	林业资源培育及高效利用技术创新
29	绿色建筑及建筑工业化
30	绿色宜居村镇技术创新
31	煤炭清洁高效利用和新型节能技术
32	纳米科技

续表

序号	专项名称
33	农业面源和重金属污染农田综合防治与修复技术研发
34	七大农作物育种
35	全球变化及应对
36	深地资源勘查开采
37	深海关键技术与装备
38	生物安全关键技术研发
39	生物医用材料研发与组织器官修复替代
40	生殖健康及重大出生缺陷防控研究
41	食品安全关键技术研发
42	数字诊疗装备研发
43	水资源高效开发利用
44	网络空间安全
45	网络协同制造与智能工厂
46	物联网与智慧城市关键技术及示范
47	先进轨道交通
48	现代食品加工及粮食收储运技术与装备
49	新能源汽车
50	云计算和大数据
51	增材制造与激光制造
52	战略性先进电子材料
53	制造基础技术与关键部件
54	智能电网技术与装备
55	智能机器人
56	智能农机装备
57	中医药现代化研究
58	重大科学仪器设备开发
59	重大慢性非传染性疾病防控研究
60	重大自然灾害监测预警与防范
61	主动健康和老龄化科技应对
62	主要经济作物优质高产与产业提质增效科技创新
63	综合交通运输与智能交通

附件2. 50个国家科技资源共享服务平台

序号	国家平台名称	依托单位	主管部门
1	国家高能物理科学数据中心	中国科学院高能物理研究所	中国科学院
2	国家基因组科学数据中心	中国科学院北京基因组研究所	中国科学院
3	国家微生物科学数据中心	中国科学院微生物研究所	中国科学院
4	国家空间科学数据中心	中国科学院国家空间科学中心	中国科学院
5	国家天文科学数据中心	中国科学院国家天文台	中国科学院
6	国家对地观测科学数据中心	中国科学院遥感与数字地球研究所	中国科学院
7	国家极地科学数据中心	中国极地研究中心	自然资源部
8	国家青藏高原科学数据中心	中国科学院青藏高原研究所	中国科学院
9	国家生态科学数据中心	中国科学院地理科学与资源研究所	中国科学院
10	国家材料腐蚀与防护科学数据中心	北京科技大学	教育部
11	国家冰川冻土沙漠科学数据中心	中国科学院寒区旱区环境与工程研究所	中国科学院
12	国家计量科学数据中心	中国计量科学研究院	国家市场监督管理总局
13	国家地球系统科学数据中心	中国科学院地理科学与资源研究所	中国科学院
14	国家人口健康科学数据中心	中国医学科学院	国家卫生健康委员会
15	国家基础学科公共科学数据中心	中国科学院计算机网络信息中心	中国科学院
16	国家农业科学数据中心	中国农业科学院农业信息研究所	农业农村部
17	国家林业和草原科学数据中心	中国林业科学研究院资源信息研究所	国家林业和草原局
18	国家气象科学数据中心	国家气象信息中心	中国气象局
19	国家地震科学数据中心	中国地震台网中心	中国地震局
20	国家海洋科学数据中心	国家海洋信息中心	自然资源部
21	国家重要野生植物种质资源库	中国科学院昆明植物研究所	中国科学院
22	国家作物种质资源库	中国农业科学院作物科学研究所	农业农村部
23	国家园艺种质资源库	中国农业科学院郑州果树研究所	农业农村部
24	国家热带植物种质资源库	中国热带农业科学院热带作物品种资源研究所	农业农村部
25	国家林业和草原种质资源库	中国林业科学研究院林业研究所	国家林业和草原局
26	国家家养动物种质资源库	中国农业科学院北京畜牧兽医研究所	农业农村部
27	国家水生生物种质资源库	中国科学院水生生物研究所	中国科学院
28	国家海洋水产种质资源库	中国水产科学研究院黄海水产研究所	农业农村部
29	国家淡水水产种质资源库	中国水产科学研究院	农业农村部
30	国家寄生虫资源库	中国疾病预防控制中心寄生虫病预防控制所	国家卫生健康委员会

序号	国家平台名称	依托单位	主管部门
31	国家菌种资源库	中国农业科学院农业资源与农业区划研究所	农业农村部
32	国家病原微生物资源库	中国疾病预防控制中心	国家卫生健康委员会
33	国家病毒资源库	中国科学院武汉病毒研究所	中国科学院
34	国家人类生殖和健康资源库	国家卫生健康委科学技术研究所	国家卫生健康委员会
35	国家发育和功能人脑组织资源库	中国医学科学院基础医学研究所	国家卫生健康委员会
36	国家健康和疾病人脑组织资源库	浙江大学	教育部
37	国家干细胞资源库	中国科学院动物研究所	中国科学院
38	国家干细胞转化资源库	同济大学	教育部
39	国家植物标本资源库	中国科学院植物研究所	中国科学院
40	国家动物标本资源库	中国科学院动物研究所	中国科学院
41	国家岩矿化石标本资源库	中国地质大学（北京）	教育部
42	国家标准物质资源库	中国计量科学研究院	国家市场监督管理总局
43	国家生物医学实验细胞资源库	中国医学科学院基础医学研究所	国家卫生健康委员会
44	国家模式与特色实验细胞资源库	中国科学院上海生命科学研究院	中国科学院
45	国家啮齿类实验动物资源库	中国食品药品检定研究院	国家药品监督管理局
46	国家鼠和兔类实验动物资源库	中国科学院上海生命科学研究院	中国科学院
47	国家非人灵长类实验动物资源库	中国科学院昆明动物研究所	中国科学院
48	国家禽类实验动物资源库	中国农业科学院哈尔滨兽医研究所	农业农村部
49	国家犬类实验动物资源库	广州医药研究总院有限公司	广东省科学技术厅
50	国家遗传工程小鼠资源库	南京大学	教育部

附件 3. 2018—2019 年香山科学会议学术讨论会一览

序号	会议号	主题会议	召开日期
		2018 年香山科学会议学术讨论会一览表	
1	Y1	自闭症和阿尔兹海默症诊疗的创新探索	2018/3/23
2	619	化学与化工：物质科学前沿交叉	2018/3/29
3	620	强磁场与生命健康：新条件、新问题、新机遇	2018/4/11

续表

序号	会议号	主题会议	召开日期
4	621	空气中关键组分的活化及利用	2018/4/12
5	622	未来地球计划与人类命运共同体建设	2018/4/26
6	623	艾滋病治愈	2018/4/27
7	S40	"全脑介观神经联接图谱"国际大科学计划	2018/5/2
8	624	顺磁共振的科学研究与医学应用	2018/5/3
9	625	现代生物质高值利用科学问题	2018/5/8
10	Y2	柔性电子学前沿技术	2018/5/11
11	626	高端硅基材料及器件关键技术问题探讨	2018/5/19
12	627	动力与储能电池系统全生命周期管理	2018/6/6
13	628	地球大数据	2018/6/14
14	S42	互联网与未来教育	2018/7/5
15	S43	类脑计算与人工智能	2018/8/16
16	629	放射性药物化学发展战略	2018/8/21
17	630	新兴紧缺战略矿产资源前沿问题与找寻	2018/8/28
18	631	伽玛光子对撞机和相关前沿科学	2018/8/30
19	632	核糖核酸与生命调控及健康	2018/9/8
20	633	强化中文科技期刊在国家科技创新战略中的作用	2018/9/11
21	634	小行星监测预警、安全防御和资源利用的前沿科学问题及关键技术	2018/9/13
22	634	小行星监测预警、安全防御和资源利用的前沿科学问题及关键技术	2018/9/13
23	S44	土地资源安全——从科学到政策	2018/9/17
24	636	超晶格密码学	2018/9/19
25	635	以干细胞与基因组学为基础的再生修复与个性化治疗	2018/9/19
26	S45	天琴计划与国际合作	2018/9/26
27	637	多倍体作物基因组解析与品种改良	2018/10/9
28	638	新时代中医药发展战略	2018/10/11
29	639	太阳系边际探测的前沿关键问题	2018/10/26
30	640	新型精神疾病诊疗智能化方法及关键技术	2018/10/30
31	641	宽禁带半导体发光的发展战略	2018/11/8
32	642	多壳层中空纳微结构材料	2018/11/15
33	643	多相流监测与计量中的关键科学问题与技术	2018/11/29
34	Y3	纳米光子学材料	2018/12/4

序号	会议号	主题会议	召开日期
		2019 年香山科学会议学术讨论会一览表	
1	Y4	青藏高原构造地貌研究前沿科学问题	2019/1/10
2	644	深时数字地球：全球古地理重建与深时大数据	2019/2/27
3	645	后基因组时代与肿瘤转化医学	2019/3/1
4	646	绿色生态与化学化工	2019/3/28
5	647	衰老与神经退变的生物学基础及临床干预	2019/4/3
6	649	中国空间引力波探测计划及国际协作联盟	2019/4/17
7	650	未病状态测量与辨识的科学问题、前沿技术和核心装备	2019/4/24
8	651	行星科学与深空探测	2019/5/7
9	653	三极天基观测的前沿关键问题	2019/5/16
10	S47	基因组标签计划（GTP）	2019/5/23
11	S50	智慧中药与智能定制研究设施及其应用	2019/6/11
12	655	基于生态幅的作物养分供应限与高质量农业发展	2019/6/20
13	657	环境中耐药细菌及耐药基因的传播与控制	2019/8/20
14	658	阿秒光源前沿科学与应用	2019/8/21
15	660	近视防控的关键科学、前沿技术与核心政策问题	2019/9/19
16	S54	中国长寿命路面关键科学问题及技术前沿	2019/10/17
17	665	磁外科学机遇和挑战	2019/11/12
18	669	功能农业关键科学问题与发展战略	2019/11/28

附件 4. 2018—2019 年未来科学大奖获奖者

年度	奖项	获奖者	获奖理由
2018	生命科学奖	李家洋	表彰他以水稻株型和淀粉合成的分子机制设计培育高产优质水稻的开创性研究
2018	生命科学奖	袁隆平	表彰他通过杂种优势显著提高水稻产量和抗逆性的开创性贡献
2018	物质科学奖	冯小明	表彰他们在发明新催化剂和新反应方面的创造性贡献，为合成有机分子，特别是药物分子提供了新途径
2018	物质科学奖	马大为	表彰他们在发明新催化剂和新反应方面的创造性贡献，为合成有机分子，特别是药物分子提供了新途径
2018	数学与计算机科学奖	林本坚	表彰他开拓浸润式微影系统方法，持续扩展纳米级集成电路制造，将摩尔定律延伸多代
2018	生命科学奖	张启发	表彰他通过水稻基因组学及杂种优势和杂种不育性分子机制的研究提高水稻产量的重大贡献

续表

年度	奖项	获奖者	获奖理由
2018	物质科学奖	周其林	表彰他们在发明新催化剂和新反应方面的创造性贡献，为合成有机分子，特别是药物分子提供了新途径
2019	生命科学奖	邵　峰	表彰他发现人体细胞内对病原菌内毒素 LPS 炎症反应的受体和执行蛋白
2019	物质科学奖	王贻芳	实验发现第三种中微子振荡模式，为超出标准模型的新物理研究，特别是解释宇宙中物质与反物质不对称性提供了可能
2019	数学与计算机科学奖	王小云	奖励她在密码学中的开创性贡献，她的创新性密码分析方法揭示了被广泛使用的密码哈希函数的弱点，促成了新一代密码哈希函数标准
2020	物质科学奖	陆锦标	实验发现第三种中微子振荡模式，为超出标准模型的新物理研究，特别是解释宇宙中物质与反物质不对称性提供了可能

附件 5. 2018－2019 年度 "中国科学十大进展"

序号	进展名称
	2018 年度 "中国科学十大进展"
1	基于体细胞核移植技术成功克隆出猕猴
2	创建出首例人造单染色体真核细胞
3	揭示抑郁发生及氯胺酮快速抗抑郁机制
4	研制出用于肿瘤治疗的智能型 DNA 纳米机器人
5	测得迄今最高精度的引力常数 G 值
6	首次直接探测到电子宇宙射线能谱在 1TeV 附近的拐折
7	揭示水合离子的原子结构和幻数效应
8	创建出可探测细胞内结构相互作用的纳米和毫秒尺度成像技术
9	调控植物生长—代谢平衡实现可持续农业发展
10	将人类生活在黄土高原的历史推前至距今 212 万年
	2019 年度 "中国科学十大进展"
1	探测到月幔物质出露的初步证据
2	构架出面向人工通用智能的异构芯片
3	提出基于 DNA 检测酶调控的自身免疫疾病治疗方案
4	破解藻类水下光合作用的蛋白结构和功能
5	基于材料基因工程研制出高温块体金属玻璃
6	阐明铷离子对提升钙钛矿太阳能电池寿命的机理
7	青藏高原发现丹尼索瓦人
8	实现对引力诱导量子退相干模型的卫星检验
9	揭示非洲猪瘟病毒结构及其组装机制
10	首次观测到三维量子霍尔效应

附件6. 2018—2019年度"中国十大科技进展新闻"

序号	进展名称
2018年度"中国科学十大进展新闻"	
1	港珠澳大桥正式通车运营
2	我国新一代"E级超算""天河三号"原型机首次亮相
3	我国水稻分子设计育种取得新进展
4	两只克隆猴在我国诞生
5	科学家测出国际最精准万有引力常数
6	科学家首次在超导块体中发现马约拉纳任意子
7	科学家"创造"世界首例单条染色体真核细胞
8	国产大型水陆两栖飞机AG600成功水上首飞
9	科学家首次揭示水合离子微观结构
10	我国首个P4实验室正式运行
2019年度"中国科学十大进展新闻"	
1	嫦娥四号实现人类探测器首次月背软着陆
2	我国天文学家发现迄今最大恒星级黑洞
3	我国科学家首次观测到三维量子霍尔效应
4	我国科学家研制出新型类脑计算芯片
5	世界首台百万千瓦水电机组核心部件完工交付
6	"太极一号"在轨测试成功
7	自然界中约24%的材料可能具有拓扑结构
8	我国科学家解析"奇葩"光合物种硅藻捕光新机制
9	我国自主研发全数字PET/CT装备进入市场
10	研究发现16万年前丹尼索瓦人下颌骨化石

附件7. 2018—2019年度国家科学技术进步奖获奖项目

序号	编号	项目名称
2018年度国家科学技术进步奖获奖项目目录		
一等奖11项（通用项目）		
1	J-210-1-01	凹陷区砾岩油藏勘探理论技术与玛湖特大型油田发现
2	J-235-1-01	脑起搏器关键技术、系统与临床应用
3	J-221-1-01	复合地基理论、关键技术及工程应用

续表

序号	编号	项目名称
4	J-217-1-01	复杂电网自律－协同自动电压控制关键技术、系统研制与工程应用
5	J-22301-1-01	中国高精度位置网及其在交通领域的重大应用
6	J-236-1-01	新一代刀片式基站解决方案研制与大规模应用
7	J-219-1-01	光电显示用高均匀超净面玻璃基板关键技术与设备开发及产业化
8	J-215-1-01	清洁高效炼焦技术与装备的开发及应用
9	J-216-1-01	重型商用车动力总成关键技术及应用
10	J-232-1-01	地质工程分布式光纤监测关键技术及其应用
11	J-230-1-01	温度单位重大变革关键技术研究

创新团队 3 项

1	J-207-1-01	清华大学工程结构创新团队
2	J-207-1-02	中南大学轨道交通空气动力与碰撞安全技术创新团队
3	J-207-1-03	湖南大学电能变换与控制创新团队

二等奖 123 项（通用项目）

1	J-201-2-01	梨优质早、中熟新品种选育与高效育种技术创新
2	J-201-2-02	月季等主要切花高质高效栽培与运销保鲜关键技术及应用
3	J-201-2-03	大豆优异种质挖掘、创新与利用
4	J-201-2-04	黄瓜优质多抗种质资源创制与新品种选育
5	J-201-2-05	高产优质小麦新品种郑麦 7698 的选育与应用
6	J-202-2-01	农林剩余物功能人造板低碳制造关键技术与产业化
7	J-202-2-02	林业病虫害防治高效施药关键技术与装备创制及产业化
8	J-202-2-03	高分辨率遥感林业应用技术与服务平台
9	J-202-2-04	灌木林虫灾发生机制与生态调控技术
10	J-203-2-01	猪抗病营养技术体系创建与应用
11	J-203-2-02	高效瘦肉型种猪新配套系培育与应用
12	J-203-2-03	长江口重要渔业资源养护技术创新与应用
13	J-203-2-04	优质肉鸡新品种京海黄鸡培育及其产业化
14	J-203-2-05	淡水鱼类远缘杂交关键技术及应用
15	J-203-2-06	地方鸡保护利用技术体系创建与应用
16	J-204-2-01	图说灾难逃生自救丛书
17	J-204-2-02	生命奥秘丛书（达尔文的证据、深海鱼影和人体的奥秘）
18	J-204-2-03	"中国珍稀物种"系列科普片
19	J-205-2-01	高速列车整车调试环境模拟技术及应用
20	J-205-2-02	航天超细直径小腔检漏管路制造技术及推广应用
21	J-206-2-01	长飞光纤光缆技术创新工程

续表

序号	编号	项目名称
22	J-210-2-01	高酸性活跃厚沥青层复杂碳酸盐岩油田钻完井技术及应用
23	J-211-2-01	半纤维素酶高效生产及应用关键技术
24	J-211-2-02	特色海洋食品精深加工关键技术创新及产业化应用
25	J-211-2-03	羊肉梯次加工关键技术及产业化
26	J-211-2-04	滚筒洗衣机分区洗护关键技术及产业化
27	J-211-2-05	高安全性、宽温域、长寿命二次电池及关键材料的研发和产业化
28	J-212-2-01	废旧聚酯高效再生及纤维制备产业化集成技术
29	J-212-2-02	高性能特种编织物编织技术与装备及其产业化
30	J-213-2-01	膜法高效回收与减排化工行业挥发性有机气体
31	J-213-2-02	磷酸铁锂动力电池制造及其应用过程关键技术
32	J-213-2-03	特种表面冲击强化抗应力腐蚀与疲劳技术及应用
33	J-213-2-04	稀乙烯增值转化高效催化剂及成套技术
34	J-214-2-01	大型乙烯及煤制烯烃装置成套工艺关键助剂技术与应用
35	J-214-2-02	高强超薄浮法铝硅酸盐屏幕保护玻璃规模化生产成套技术与应用开发
36	J-214-2-03	建筑固体废物资源化共性关键技术及产业化应用
37	J-215-2-01	电子废弃物绿色循环关键技术及产业化
38	J-215-2-02	高世代声表面波材料与滤波器产业化技术
39	J-215-2-03	国产非晶带材在电力系统中的应用开发及工程化
40	J-215-2-04	超大型水电站用金属结构关键材料成套技术开发应用
41	J-215-2-05	锌清洁冶炼与高效利用关键技术和装备
42	J-216-2-01	大型功能壁板自动精准装配关键技术与装备
43	J-216-2-02	异形全断面隧道掘进机设计制造关键技术及应用
44	J-216-2-03	复杂修形齿轮精密数控加工关键技术与装备
45	J-216-2-04	复杂零件整体铸造的型（芯）激光烧结材料制备与控形控性技术
46	J-217-2-01	电力系统接地基础理论、关键技术及工程应用
47	J-217-2-02	国家工频高电压全系列基础标准装置关键技术与工程应用
48	J-217-2-03	我国首座大型海上风电场关键技术及示范应用
49	J-217-2-04	汽轮机系列化减振阻尼叶片设计关键技术及应用
50	J-217-2-05	交直流电力系统连锁故障主动防御关键技术与应用
51	J-217-2-06	高效低风速风电机组关键技术研发和大规模工程应用
52	J-217-2-07	超、特高压变压器/电抗器出线装置关键技术及工程应用
53	J-219-2-01	毫米波与太赫兹（50GHz～500GHz）测量系统
54	J-219-2-02	高磁导率磁性基板关键技术及产业化
55	J-220-2-01	海气界面环境弱目标特性高灵敏度微波探测关键技术及装备

序号	编号	项目名称
56	J–220–2–02	数据库管理系统核心技术的创新与金仓数据库产业化
57	J–220–2–03	大规模街景系统及其位置服务关键技术
58	J–220–2–04	城市污水处理过程控制关键技术及应用
59	J–220–2–05	笔式人机交互关键技术及应用
60	J–220–2–06	空地一体化协同防撞关键技术及重大应用
61	J–220–2–07	大规模网络安全态势分析关键技术及系统 YHSAS
62	J–221–2–01	大型桥梁结构健康监测数据挖掘与安全评定关键技术
63	J–221–2–02	废旧混凝土再生利用关键技术及工程应用
64	J–221–2–03	超 500 米跨径钢管混凝土拱桥关键技术
65	J–221–2–04	大型屋盖及围护体系抗风防灾理论、关键技术和工程应用
66	J–221–2–05	大跨度缆索承重桥梁抗风关键技术与工程应用
67	J–222–2–01	超深与复杂地质条件混凝土防渗墙关键技术
68	J–222–2–02	300m 级特高拱坝安全控制关键技术及工程应用
69	J–222–2–03	气候变化对区域水资源与旱涝的影响及风险应对关键技术
70	J–22301–2–01	城市多模式公交网络协同设计与智能服务关键技术及应用
71	J–22301–2–02	大范围路网交通协同感知与联动控制关键技术及应用
72	J–22301–2–03	重载水泥混凝土铺面关键技术与工程应用
73	J–22302–2–01	基于共用架构的汽车智能驾驶辅助系统关键技术及产业化
74	J–22302–2–02	严寒季冻区高速铁路毫米级变形标准下路基平稳性控制技术及应用
75	J–22302–2–03	高速铁路弓网系统运营安全保障成套技术与装备
76	J–22302–2–04	4000 米级深海工程装备水动力学试验能力建设及应用
77	J–231–2–01	城市集中式再生水系统水质安全协同保障技术及应用
78	J–231–2–02	区域环境污染人群暴露风险防控技术及其应用
79	J–231–2–03	水中典型污染物健康风险识别关键技术及应用
80	J–231–2–04	风沙灾害防治理论与关键技术应用
81	J–231–2–05	全过程优化的焦化废水高效处理与资源化技术及应用
82	J–231–2–06	综合自然灾害风险评估与重大自然灾害应对关键技术研究和应用
83	J–232–2–01	台风监测预报系统关键技术
84	J–233–2–01	血栓性疾病的早期诊断和靶向治疗
85	J–233–2–02	胃肠癌预警、预防和发生中的新发现及其临床应用
86	J–233–2–03	淋巴瘤发病机制新发现与关键诊疗技术建立和应用
87	J–233–2–04	亚临床甲状腺功能减退的危害及干预
88	J–233–2–05	内镜超声微创诊疗体系的建立与临床应用
89	J–23401–2–01	葡萄膜炎病证结合诊疗体系构建研究与临床应用

续表

序号	编号	项目名称
90	J-23401-2-02	"肝主疏泄"的理论源流与现代科学内涵
91	J-23402-2-01	基于整体观的中药方剂现代研究关键技术的建立及其应用
92	J-23402-2-02	中药资源产业化过程循环利用模式与适宜技术体系创建及其推广应用
93	J-235-2-01	我国原创细胞生长因子类蛋白药物关键技术突破、理论创新及产业化
94	J-235-2-02	泮托拉唑钠及制剂关键技术研究与产业化
95	J-235-2-03	基于药物基因组学的高血压个体化治疗策略、产品与推广应用
96	J-235-2-04	心脏瓣膜外科创新技术及产品的建立和应用
97	J-236-2-01	高效融合的超大容量光接入技术及应用
98	J-236-2-02	数字电视广播系统与核心芯片的国产化
99	J-25101-2-01	主要蔬菜卵菌病害关键防控技术研究与应用
100	J-25101-2-02	多熟制地区水稻机插栽培关键技术创新及应用
101	J-25101-2-03	沿淮主要粮食作物涝渍灾害综合防控关键技术及应用
102	J-25101-2-04	苹果树腐烂病致灾机理及其防控关键技术研发与应用
103	J-25101-2-05	杀菌剂氰烯菌酯新靶标的发现及其产业化应用
104	J-25101-2-06	我国典型红壤区农田酸化特征及防治关键技术构建与应用
105	J-25103-2-01	畜禽粪便污染监测核算方法和减排增效关键技术研发与应用
106	J-25201-2-01	InSAR 毫米级地表形变监测的关键技术及应用
107	J-25201-2-02	三江特提斯复合造山成矿作用与找矿突破
108	J-25201-2-03	海洋测绘和内陆水域监测的卫星大地测量关键技术及应用
109	J-25201-2-04	复杂大电网时空信息服务平台关键技术与应用
110	J-25201-2-05	高光谱遥感信息机理与多学科应用
111	J-25201-2-06	系列海洋监测浮标研制及在国家海洋环境监测中的应用
112	J-25201-2-07	土地调查监测空地一体化技术开发与装备研制
113	J-25202-2-01	煤矿柔模复合材料支护安全高回收开采成套技术与装备
114	J-25202-2-02	钨氟磷含钙战略矿物资源浮选界面组装技术及应用
115	J-25202-2-03	煤炭高效干法分选关键技术及应用
116	J-25202-2-04	西北地区煤与煤层气协同勘查与开发的地质关键技术及应用
117	J-253-2-01	肾癌外科治疗体系创新及关键技术的应用推广
118	J-253-2-02	肺癌微创治疗体系及关键技术的研究与推广
119	J-253-2-03	儿童肝移植关键技术的建立及其临床推广应用
120	J-253-2-04	严重脊柱创伤修复关键技术的创新与推广
121	J-253-2-05	基于听觉保存与重建关键技术的听神经瘤治疗策略及应用
122	J-253-2-06	重症先心病外科治疗关键技术创新与应用
123	J-253-2-07	眼睑和眼眶恶性肿瘤关键诊疗技术体系的建立和应用

序号	编号	项目名称
		2019 年度国家科学技术进步奖获奖项目目录

特等奖 2 项（通用项目）

序号	编号	项目名称
1	J-216-0-01	海上大型绞吸疏浚装备的自主研发与产业化
2	J-222-0-01	长江三峡枢纽工程

一等奖 12 项（通用项目）

序号	编号	项目名称
1	J-215-1-01	高品质特殊钢绿色高效电渣重熔关键技术的开发和应用
2	J-210-1-01	渤海湾盆地深层大型整装凝析气田勘探理论技术与重大发现
3	J-25201-1-01	中国高精度数字高程基准建立的关键技术及其推广应用
4	J-219-1-01	高光效长寿命半导体照明关键技术与产业化
5	J-22301-1-01	复杂艰险山区高速公路大规模隧道群建设及营运安全关键技术
6	J-22302-1-01	ARJ21 喷气支线客机工程
7	J-220-1-01	FT-1500A 高性能通用 64 位微处理器及应用
8	J-21702-1-01	脉冲强磁场国家重大科技基础设施
9	J-211-1-01	制浆造纸清洁生产与水污染全过程控制关键技术及产业化
10	J-22101-1-01	高层钢－混凝土混合结构的理论、技术与工程应用
11	J-234-1-01	中医脉络学说构建及其指导微血管病变防治
12	J-210-1-02	中东巨厚复杂碳酸盐岩油藏亿吨级产能工程及高效开发

二等奖 131 项（通用项目）

序号	编号	项目名称
1	J-201-2-01	优质早熟抗寒抗赤霉病小麦新品种西农 979 的选育与应用
2	J-201-2-02	多抗优质高产"农大棉"新品种选育与应用
3	J-201-2-03	茄果类蔬菜分子育种技术创新及新品种选育
4	J-201-2-04	广适高产稳产小麦新品种鲁原 502 的选育与应用
5	J-201-2-05	耐密高产广适玉米新品种中单 808 和中单 909 培育与应用
6	J-202-2-01	混合材高得率清洁制浆关键技术及产业化
7	J-202-2-02	东北东部山区森林保育与林下资源高效利用技术
8	J-202-2-03	植物细胞壁力学表征技术体系构建及应用
9	J-202-2-04	中国特色兰科植物保育与种质创新及产业化关键技术
10	J-202-2-05	人造板连续平压生产线节能高效关键技术
11	J-203-2-01	蛋鸭种质创新与产业化
12	J-203-2-02	猪健康养殖的饲用抗生素替代关键技术及应用
13	J-203-2-03	动物专用新型抗菌原料药及制剂创制与应用
14	J-203-2-04	家畜养殖数字化关键技术与智能饲喂装备创制及应用
15	J-203-2-05	饲草优质高效青贮关键技术与应用
16	J-203-2-06	草鱼健康养殖营养技术创新与应用

续表

序号	编号	项目名称
17	J-204-2-01	优质专用小麦生产关键技术百问百答
18	J-204-2-02	《急诊室故事》医学科普纪录片
19	J-205-2-01	高落差高压电缆线路无损施工技术创新及应用
20	J-205-2-02	镍阳极泥中铂钯铑铱绿色高效提取技术
21	J-210-2-01	多类型复杂油气藏叠前地震直接反演技术及基础软件工业化
22	J-210-2-02	中国西部海相碳酸盐岩层系构造–沉积分异与大规模油气聚集
23	J-210-2-03	薄储层超稠油高效开发关键技术及应用
24	J-211-2-01	玉米精深加工关键技术创新与应用
25	J-211-2-02	传统特色肉制品现代化加工关键技术及产业化
26	J-211-2-03	柑橘绿色加工与副产物高值利用产业化关键技术
27	J-211-2-04	功能性乳酸菌靶向筛选及产业化应用关键技术
28	J-212-2-01	高性能工业丝节能加捻制备技术与装备及其产业化
29	J-212-2-02	纺织面料颜色数字化关键技术及产业化
30	J-213-2-01	面向制浆废水零排放的膜制备、集成技术与应用
31	J-213-2-02	芯片用超高纯电子级磷酸及高选择性蚀刻液生产关键技术
32	J-213-2-03	湿法磷酸高值化和清洁生产的微化工技术及应用
33	J-213-2-04	乙烯装置效益最大化的优化控制技术
34	J-214-2-01	特种高性能橡胶复合材料关键技术及工程应用
35	J-214-2-02	现代混凝土开裂风险评估与收缩裂缝控制关键技术
36	J-214-2-03	功率型高频宽温低功耗软磁铁氧体关键技术及其产业化
37	J-214-2-04	地下空间防水防护用高性能多材多层高分子卷材成套技术及工程应用
38	J-214-2-05	低摩擦固体润滑碳薄膜关键技术及产业化应用
39	J-215-2-01	大尺寸铝合金车轮成型关键技术及应用
40	J-215-2-02	红土镍矿冶炼镍铁及冶炼渣增值利用关键技术与应用
41	J-215-2-03	冶金炉窑强化供热关键技术及应用
42	J-215-2-04	绿色高效电弧炉炼钢技术与装备的开发应用
43	J-215-2-05	铝合金节能输电导线及多场景应用
44	J-216-2-01	中厚板及难焊材料激光焊接与复杂曲面曲线激光切割技术及装备
45	J-216-2-02	塑料注射成形过程形性智能调控技术及装备
46	J-216-2-03	商用车机械自动变速式混合动力系统总成关键技术及其产业化应用
47	J-216-2-04	重载列车与轨道相互作用安全保障关键技术及工程应用
48	J-216-2-05	高端印制电路板高效高可靠性微细加工技术与应用
49	J-21701-2-01	燃煤电站硫氮污染物超低排放全流程协同控制技术及工程应用
50	J-21701-2-02	跨临界 CO_2 热泵的并行复合循环关键技术及其应用

序号	编号	项目名称
51	J–21701–2–03	新型多温区 SCR 脱硝催化剂与低能耗脱硝技术及应用
52	J–21702–2–01	青藏地区可再生能源独立供电系统关键技术及工程应用
53	J–21702–2–02	电制热储热提升电网消纳风电能力的关键技术与规模化应用
54	J–21702–2–03	千万千瓦级风光电集群源网协调控制关键技术及应用
55	J–219–2–01	高性能 MEMS 器件设计与制造关键技术及应用
56	J–219–2–02	面向柔性光电子的微纳制造关键技术与应用
57	J–220–2–01	高效能异构并行调度关键技术及应用
58	J–220–2–02	支持互联网级关键核心业务的分布式数据库系统
59	J–220–2–03	面向公共安全的大规模监控视频智能处理技术及应用
60	J–220–2–04	编码摄像关键技术及应用
61	J–22101–2–01	绿色公共建筑环境与节能设计关键技术研究及应用
62	J–22101–2–02	大跨度结构技术创新与工程应用
63	J–22101–2–03	混凝土结构非接触式检测评估与高效加固修复关键技术
64	J–22102–2–01	长大深埋挤压性围岩铁路隧道设计施工关键技术及应用
65	J–22102–2–02	河谷场地地震动输入方法及工程抗震关键技术
66	J–22102–2–03	强风作用下高速铁路桥上行车安全保障关键技术及应用
67	J–222–2–01	复杂水域动力特征和生境要素模拟与调控关键技术及应用
68	J–222–2–02	长三角地区城市河网水环境提升技术与应用
69	J–22301–2–01	黄河中下游地区粉土路基建造支撑技术及工程应用
70	J–22301–2–02	公路桥梁检测新技术研发与应用
71	J–22301–2–03	车用高性能制动系统关键技术及产业化
72	J–22302–2–01	中国民航数字化协同管制新技术及应用
73	J–22302–2–02	大型飞机研制强度关键技术及应用
74	J–22302–2–03	高速铁路高性能混凝土成套技术与工程应用
75	J–22302–2–04	近浅海新型构筑物设计、施工与安全保障关键技术
76	J–230–2–01	新能源汽车能源系统关键共性检测技术及标准体系
77	J–230–2–02	食品中化学性有害物检测关键技术创新及应用
78	J–230–2–03	考古现场脆弱性文物临时固型提取及其保护技术
79	J–231–2–01	稻田镉砷污染阻控关键技术与应用
80	J–231–2–02	大型污水厂污水污泥臭气高效处理工程技术体系与应用
81	J–231–2–03	煤矸石山自燃污染控制与生态修复关键技术及应用
82	J–231–2–04	淮河流域闸坝型河流废水治理与生态安全利用关键技术
83	J–231–2–05	工业园区有毒有害气体光学监测技术及应用
84	J–231–2–06	废弃物焚烧与钢铁冶炼二噁英污染控制技术与对策

序号	编号	项目名称
85	J-231-2-07	炼化含硫废气超低硫排放及资源化利用成套技术开发与应用
86	J-232-2-01	重大工程滑坡动态评价、监测预警与治理关键技术
87	J-232-2-02	空间高性能紫外 / 真空紫外光谱探测技术及应用
88	J-233-2-01	血液系统疾病出凝血异常诊疗新策略的建立及推广应用
89	J-233-2-02	急性冠脉综合征精准介入诊疗体系的建立与应用
90	J-233-2-03	乳腺癌精准诊疗关键技术创新与应用
91	J-233-2-04	肺癌精准诊疗关键技术研究与推广应用
92	J-233-2-05	消化系统肿瘤分子标志物的发现及临床应用
93	J-233-2-06	基于外周血分子分型的肺癌个体化诊疗体系建立及临床推广应用
94	J-233-2-07	内镜微创治疗食管疾病技术体系的创建与推广
95	J-233-2-08	心血管疾病磁共振诊断体系的创建与应用
96	J-234-2-01	雪莲、人参等药用植物细胞和不定根培养及产业化关键技术
97	J-234-2-02	针刺治疗缺血性中风的理论创新与临床应用
98	J-234-2-03	中药制造现代化——固体制剂产业化关键技术研究及应用
99	J-234-2-04	脑卒中后功能障碍中西医结合康复关键技术及临床应用
100	J-234-2-05	基于中医原创思维的中药药性理论创新与应用
101	J-235-2-01	新型稀缺酶资源研发体系创建及其在医药领域应用
102	J-235-2-02	药物新制剂中乳化关键技术体系的建立与应用
103	J-235-2-03	依替米星和庆大霉素联产的绿色、高效关键技术创新及产业化
104	J-235-2-04	头孢西酮钠等系列头孢类药物共性关键技术及产业化
105	J-235-2-05	人类重大传染病动物模型体系的建立及应用
106	J-236-2-01	超高速超长距离 T 比特光传输系统关键技术与工程实现
107	J-236-2-02	北斗性能提升与广域分米星基增强技术及应用
108	J-236-2-03	大容量弹性化灵活带宽光网络技术创新与规模应用
109	J-25101-2-01	防治农作物主要病虫害绿色新农药新制剂的研制及应用
110	J-25101-2-02	黑土地玉米长期连作肥力退化机理与可持续利用技术创建及应用
111	J-25101-2-03	植物源油脂包膜肥控释关键技术创建与应用
112	J-25101-2-04	花生抗逆高产关键技术创新与应用
113	J-25101-2-05	重大蔬菜害虫韭蛆绿色防控关键技术创新与应用
114	J-25101-2-06	茶叶中农药残留和污染物管控技术体系创建及应用
115	J-25103-2-01	北方玉米少免耕高速精量播种关键技术与装备
116	J-25103-2-02	肉品风味与凝胶品质控制关键技术研发及产业化应用
117	J-25103-2-03	水产集约化养殖精准测控关键技术与装备
118	J-25103-2-04	砒砂岩与沙复配成土造田关键技术及工程应用

序号	编号	项目名称
119	J-25201-2-01	国产卫星准实时厘米级精密定轨系统及其重大工程应用
120	J-25201-2-02	深部资源电磁探测理论技术突破与应用
121	J-25201-2-03	西部山区大型滑坡潜在隐患早期识别与监测预警关键技术
122	J-25201-2-04	超慢速扩张洋中脊热液硫化物发现与探测关键技术创新
123	J-25202-2-01	易燃易爆危险物质爆炸防控关键技术与装备
124	J-25202-2-02	贫杂铁矿石资源化利用关键技术集成与工业示范
125	J-25202-2-03	复杂地形下长距离大运力带式输送系统关键技术
126	J-253-2-01	颌骨缺损功能重建的技术创新与推广应用
127	J-253-2-02	白内障精准防治关键技术及策略的创新和应用
128	J-253-2-03	基于脊柱脊髓损伤流行病学及微环境理论的诊疗体系建立与临床应用
129	J-253-2-04	围术期脓毒症预警与救治关键技术的建立和应用
130	J-253-2-05	女性盆底功能障碍性疾病治疗体系的建立和推广
131	J-253-2-06	基于小儿肝胆胰计算机辅助手术系统研发、临床应用及产业化

附件8．2018－2019年度国家自然科学奖项目

序号	编号	项目名称
		2018年度国家自然科学奖项目名单
一等奖1项		
1	Z-102-1-01	量子反常霍尔效应的实验发现
二等奖37项		
1	Z-101-2-01	动力系统的结构及其复杂性研究
2	Z-101-2-02	典型群表示论
3	Z-101-2-03	向量最优化问题的理论研究
4	Z-102-2-01	固体材料中贝里相位效应的第一性原理研究
5	Z-103-2-01	金属纳米材料的表面配位化学
6	Z-103-2-02	纳米材料蛋白冠的化学生物学特性及其机制
7	Z-103-2-03	细胞稳态调控活性分子的荧光成像研究
8	Z-103-2-04	自组装纳米结构的构建及功能化
9	Z-103-2-05	面向能源转化与存储的有机和碳纳米材料研究
10	Z-103-2-06	瞬态新奇分子的光谱、成键和反应研究
11	Z-104-2-01	中国最古老大陆的时代和演化
12	Z-104-2-02	纳米材料的选择性吸附环境污染物机理及水相分离功能调控

续表

序号	编号	项目名称
13	Z-104-2-03	大洋能量传递过程、机制及其气候效应
14	Z-104-2-04	亚洲中部干旱区多尺度气候环境变化的特征与机理
15	Z-105-2-01	黄瓜基因组和重要农艺性状基因研究
16	Z-105-2-02	EMT-MET 的细胞命运调控
17	Z-105-2-03	中国蝙蝠携带重要病毒研究
18	Z-105-2-04	杂交稻育性控制的分子遗传基础
19	Z-106-2-01	基于药效团模型的原创小分子靶向药物发现
20	Z-106-2-02	中国人群肺癌遗传易感新机制
21	Z-106-2-03	心血管重构分子机制、检测技术和干预策略的基础研究
22	Z-107-2-01	网络系统的分布式感知与协同控制基础理论与方法
23	Z-107-2-02	动态系统故障诊断与可靠容错控制
24	Z-107-2-03	大规模多媒体的资源跨域协同计算理论方法
25	Z-107-2-04	功能成像脑连接机理研究
26	Z-107-2-05	新型微波超材料对空间波和表面等离激元波的自由调控或实时调控
27	Z-107-2-06	金属有机半导体的结构设计、性能调控与光电应用
28	Z-107-2-07	网络化系统安全优化理论与方法及在能源电力等系统的应用
29	Z-108-2-01	块体非晶合金的结构与强韧化研究
30	Z-108-2-02	带共轭侧链的聚合物给体和茚双加成富勒烯受体光伏材料
31	Z-108-2-03	一维氧化锌的界面调控及其应用基础研究
32	Z-108-2-04	石墨烯微结构调控及其表界面效应研究
33	Z-109-2-01	发动机燃烧反应网络调控理论及方法
34	Z-109-2-02	摩擦界面的声子传递理论与能量耗散模型
35	Z-109-2-03	摩擦过程的微粒行为和作用机制
36	Z-110-2-01	风沙运动的多场耦合特性及规律的力学研究
37	Z-110-2-02	超长寿命疲劳裂纹萌生机理与寿命预测

2019 年度国家自然科学奖项目名单

一等奖 1 项

1	Z-103-1-01	高效手性螺环催化剂的发现

二等奖 45 项

1	Z-101-2-01	随机控制与非线性滤波的数学理论
2	Z-101-2-02	几类偏微分方程高效算法研究
3	Z-101-2-03	Pinkall-Sterling 猜想和超曲面几何的研究
4	Z-102-2-01	拓扑量子材料制备与量子特性的实验研究
5	Z-102-2-02	超构表面对电磁波的调控

序号	编号	项目名称
6	Z-102-2-03	铁基超导电子结构与磁相互作用的理论研究
7	Z-102-2-04	CALYPSO 晶体结构预测方法与应用
8	Z-103-2-01	电化学表面增强拉曼光谱学研究
9	Z-103-2-02	石墨烯的可控生长及其性能调控
10	Z-103-2-03	氧化氟烷基化反应
11	Z-103-2-04	功能染料稳定性强化原理与应用基础研究
12	Z-103-2-05	固体催化剂结构缺陷调控方法和机理研究
13	Z-104-2-01	碰撞型斑岩铜矿成矿理论
14	Z-104-2-02	燃烧废气中氮氧化物催化净化基础研究
15	Z-104-2-03	地表水热关键参数热红外遥感反演理论与方法
16	Z-104-2-04	大气复合污染条件下新粒子生成与二次气溶胶增长机制
17	Z-104-2-05	复杂地质过程的激光微区同位素研究
18	Z-105-2-01	大熊猫适应性演化与濒危机制研究
19	Z-105-2-02	组蛋白甲基化和小 RNA 调控植物生长发育和转座子活性的机制研究
20	Z-105-2-03	多细胞生物细胞自噬分子机制及与神经退行性疾病的关系
21	Z-105-2-04	动物流感病毒跨种感染人及传播能力研究
22	Z-105-2-05	基于连锁不平衡及长单倍型分析的精神疾病关键基因精细定位研究
23	Z-106-2-01	数种新发自然疫源性疾病的发现与溯源研究
24	Z-106-2-02	抑郁症发病新机理及抗抑郁新靶点的研究
25	Z-106-2-03	炎症巨噬细胞的活化、调控及效应机制
26	Z-106-2-04	乙肝病毒变异和免疫遗传在肝细胞癌发生发展中的新机制
27	Z-107-2-01	互联网视频流的高通量计算理论与方法
28	Z-107-2-02	高功率微波击穿机理及抑制方法
29	Z-107-2-03	时延系统的鲁棒控制理论与方法
30	Z-107-2-04	多模图像结构化稀疏表示与融合理论方法研究
31	Z-107-2-05	动态系统运行安全性评估理论与方法
32	Z-107-2-06	神经网络的若干关键基础理论研究
33	Z-107-2-07	生产全流程多目标动态优化决策与控制一体化理论及应用
34	Z-108-2-01	磁性纳米材料构筑与多功能调控
35	Z-108-2-02	高性能纳米线储能材料与器件的制备科学和输运调控机制
36	Z-108-2-03	低维半导体材料的能带结构与光子特性调控
37	Z-108-2-04	动力学新模式的发现及在塑性非晶合金材料研发中的应用
38	Z-108-2-05	不易成炭高分子材料的高效凝聚相阻燃体系构建及其作用机制
39	Z-108-2-06	低维氧化物半导体同质/异质界面构建与应用基础研究

续表

序号	编号	项目名称
40	Z-108-2-07	碳纳米管复合纤维锂离子电池
41	Z-109-2-01	海洋天然气水合物分解演化理论与调控方法
42	Z-109-2-02	特种焊接冶金机理与组织性能调控
43	Z-109-2-03	基于全寿命周期的钢管混凝土结构损伤机理与分析理论
44	Z-110-2-01	复杂约束下结构优化设计理论与方法研究
45	Z-110-2-02	软材料与生物软组织的表面失稳力学研究

注　释

研究与试验发展（R&D）：指在科学技术领域，为增加知识总量以及运用这些知识去创造新的应用而进行的系统的、创造性的活动，包括基础研究、应用研究、试验发展三类活动。

基础研究：指为了获得关于现象和可观察事实的基本原理的新知识（揭示客观事物的本质、运动规律，获得新发展、新学说）而进行的实验性或理论性研究，它不以任何专门或特定的应用或使用为目的。

应用研究：指为获得新知识而进行的创造性研究，主要针对某一特定的目的或目标。应用研究是为了确定基础研究成果可能的用途，或是为达到预定的目标探索应采取的新方法（原理性）或新途径。

试验发展：指利用从基础研究、应用研究和实际经验所获得的现有知识，为产生新的产品、材料和装置，建立新的工艺、系统和服务，以及对已产生和建立的上述各项作实质性的改进而进行的系统性工作。

研究与试验发展（R&D）经费：统计年度内全社会实际用于基础研究、应用研究和试验发展的经费支出。包括实际用于研究与试验发展活动的人员劳务费、原材料费、固定资产购建费、管理费及其他费用支出。

研究与试验发展（R&D）经费投入强度：全社会研究与试验发展（R&D）经费支出与国内生产总值（GDP）之比。

研究人员：指 R&D 人员中具备中级以上职称或博士学历（学位）的人员。

R&D 人员全时当量：是国际上通用的、用于比较科技人力投入的指标。指 R&D 全时人员（全年从事 R&D 活动累积工作时间占全部工作时间的 90% 及以上人员）工作量与非全时人员按实际工作时间折算的工作量之和。例如：有 2 个 R&D 全时人员（工作时间分别为 0.9 年和 1 年）和 3 个 R&D 非全时人员（工作时间分别为 0.2 年、0.3 年和 0.7 年），则 R&D 人员全时当量 =1+1+0.2+0.3+0.7=3.2（人年）。

规模以上工业企业：模以上工业企业的统计范围是年主营业务收入 2000 万元及以上的工业法人单位。

发文量：指被 WOS 核心合集中的三大期刊引文数据库收录的且文献类型为论文（article）和综述（review）的论文数量。

被引频次：指论文被来自 WOS 核心合集论文引用的次数。

专利家族：具有共同优先权的在不同国家或国际专利组织多次申请、多次公布或批准的内容相同或基本相同的一组专利文献称作专利家族。

影响因子：影响因子（Impact Factor，IF）是汤森路透（Thomson Reuters）出品的期刊引证报告（Journal Citation Reports，JCR）中的一项数据。即某期刊前两年发表的论文在该报告年份（JCR year）中被引用总次数除以该期刊在这两年内发表的论文总数。这是一个国际上通行的期刊评价指标。

国际合作论文：指由两个或两个以上国家和／或地区作者合作发表的被 WOS 收录的论文。本报告中，中国的国际合作论文特指中国大陆学者与国外学者合作发表的论文。合作论文的计数方式为，每一篇合作论文在每个参与国家和／或地区中均计作一篇发文。

高被引论文占比：指基于合作论文总量的高被引论文占比。若国际合作论文中高被引论文总数为 A，国际合作论文总量为 B，则高被引论文占比为 A/B。

学科国际合作论文占比：指某学科的国际合作发文量在全部学科国际合作论文总量中的占比。若全部学科国际论文发文总量为 N，其中某学科的国际合作论总量为 G，则学科国际合作论文占比为：G/N。

学科内国际合作论文占比：指某学科的国际合作发文量在该学科论文总量中的占比。若某学科论文发文总量为 M，而该学科的国际合作论总量为 G，则学科内国际合作论文占比为 G/M。

国际科研合作中心度：是用来测度某国在国际科研合作网络中地位和重要性的一个指标。计算方法如下：如果两个国家 A 和 B 合作的论文数为 P，B 国的国际合作论文总数是 N，P/N 代表 A 国在 B 国的所有合作国家中的活跃度。P/N 比值越高，表明 A 国作为 B 国的合作伙伴的地位和重要性越高。A 国与所有国家合作的活跃度 P/N 值相加，即为 A 国的国际科研合作中心度。

学科国际合作相对活跃度（本报告中简称合作相对活跃度）：通过计算某学科在某国国际科研合作中的相对规模，测度该学科在该国国际科研合作中的相对活跃度。计算方法如下：

$$PAI_j = \frac{P_j/P_{wj}}{P/P_w}$$

P_j：一国在某学科发表的国际合作论文数；P_{wj}：金球在某学科发表的国际合作论文数；P：一国发表的国际合件论文数；P_w：金球发表的国际合作论文数。

合作相对活跃度指标消除了学科间国际合作论文发文总量差异带来的影响，使得同一国家不同学科之间具有了可比性，若 $PAI > 1$，说明该学科在该国中的国际合作程度高于该国所有论文的国际合作程度。

ESI 22 学科：ESI 设置的 22 个学科为生物学与生物化学、化学、计算机科学、经济与商业、工程学、地球科学、材料科学、数学、综合交叉学科、物理学、社会科学总论、空间科学、农业科学、临床医学、分子生物学与遗传学、神经系统学与行为学、免疫学、精神病学与心理学、微生物学、环境科学与生态学、植物学与动物学、药理学和毒理学。

Nature Index（自然指数）：依托于全球 68 种顶级期刊，统计各高校、科研院所（国家）在国际上最具影响力的研究型学术期刊上发表论文数量的数据库。自然指数最近十二个月的数据都在指数网站上（https://www.natureindex.com/）滚动发布，以方便用户分析自己的科研产出情况。通过该网站，科研机构可根据大的学科分类浏览自己最近 12 个月的论文产出情况，各机构的国际和国内科研合作情况也有显示。

AC /article count（论文计数）：Nature Index 里面的一个指标，不论一篇文章有一个还是多个作者，每位作者所在的国家或机构都获得 1 个 AC 分值。

FC/ fractional count（分数式计量）：Nature Index 里面的一个指标，FC 考虑的是每位论文作者的相对贡献。一篇文章的 FC 总分值为 1，在假定每人的贡献是相同的情况下，该分值由所有作者平等共享。例如，一篇论文有十个作者，那每位作者的 FC 得分为 0.1。如果作者有多个工作单位，那其个人 FC 分值将在这些工作单位中再进行平均分配。

WFC/weighted fractional count（加权分数式计量）：Nature Index 里面的一个指标，即为 FC 增加权重，以调整占比过多的天文学和天体物理学论文。这两个学科有 4 种期刊入选自然指数，其发表的论文量约占该领域国际期刊论文发表量的 50%，大致相当于其他学科的 5 倍。因此，尽管其数据编制方法与其他学科相同，但这 4 种期刊上论文的权重为其他论文的 1/5。